AF790659

KOMPENDIUM DER BILDSTÖRUNGEN BEIM ANALOGEN VIDEO //

// COMPENDIUM OF IMAGE ERRORS IN ANALOGUE VIDEO

KUNST
material | 2

herausgegeben vom Schweizerischen Institut für Kunstwissenschaft //
// published by Swiss Institute for Art Research

Agathe Jarczyk, Joanna Phillips

Damit Sie ein passendes Abspielgerät wählen können, müssen Sie zunächst das Videoformat Ihrer Kassette bestimmen. Es befinden sich nicht immer Formatbezeichnungen auf dem Kassettengehäuse oder dem Etikett. Für eine optische Identifizierung der Kassette sind daher ihre Form und Aussenmasse charakteristisch (hier angegeben in Höhe x Länge x Breite in mm). Auch die Gestaltung und Position der Kassettenfenster sind in der Regel formatspezifisch. Je nach Hersteller kann die Fenstergestaltung leicht von den Piktogrammen abweichen. Die wenigen Ausnahmen, bei denen deutlich unterschiedliche Kassetten-Designs auftreten, sind in der Legende vermerkt.
Die Piktogramme illustrieren alle gängigen Formate, die in europäischen Kunstsammlungen anzutreffen sind. Die Formatfamilien sind gruppiert und chronologisch nach ihrem Erscheinungsjahr angeordnet. Auf den hinteren Vorsatzseiten dieses Buches finden Sie die digitalen Videoformate.

Before selecting a suitable video player, it is important to determine the cassette's video format. The video format will not always be evident from markings on the cassette or cassette label. For purposes of visual identification, it is useful to know the shape and dimensions of the actual cassette (given below in mm, as Height x Length x Width). The shapes and positions of any windows in the cassettes are usually also format-specific, although depending on the manufacturer, they may differ slightly from the shapes shown in the pictograms. There are certain exceptions to the standard cassette designs: variants are mentioned in the relevant captions.
The following pictograms illustrate all the analogue video formats most likely to be found in European art collections. Formats are grouped together by family and arranged chronologically, according to the year in which each format first appeared. A similar list of digital video formats appears in the endpapers at the back of this book.

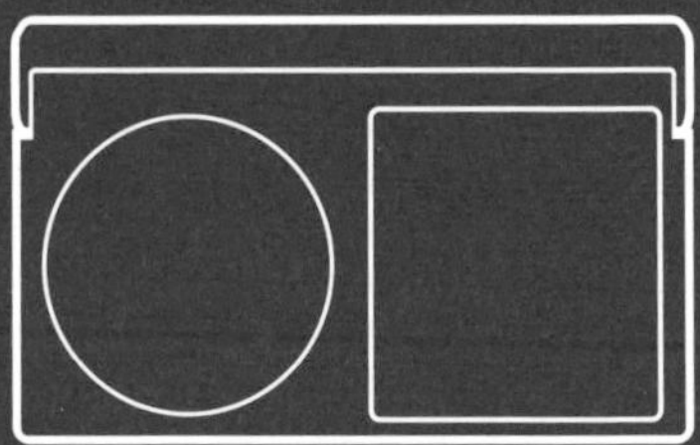

12. Betamax

13. BETACAM™

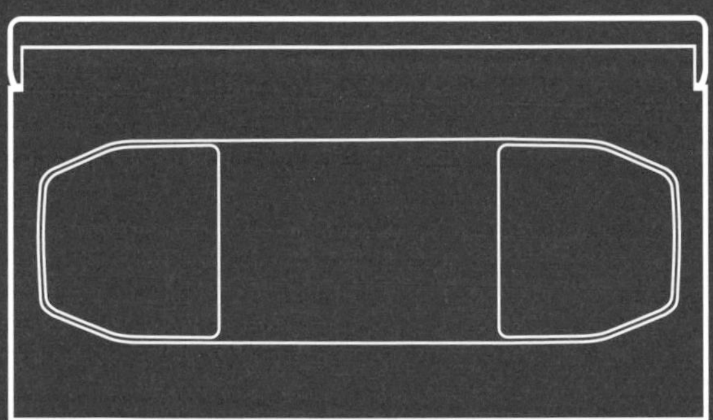

14. BETACAM SP™

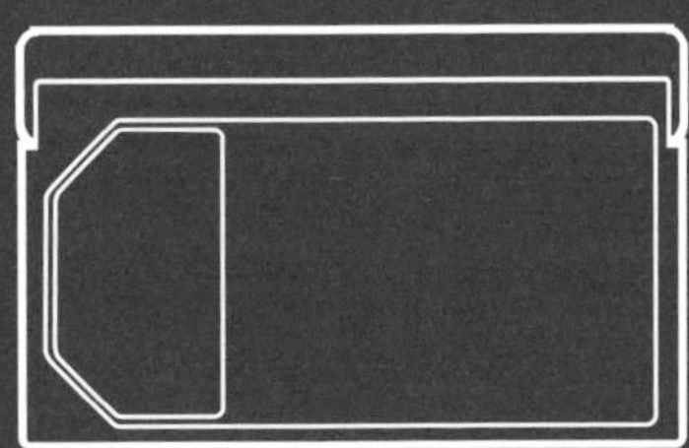

15. BETACAM SP™

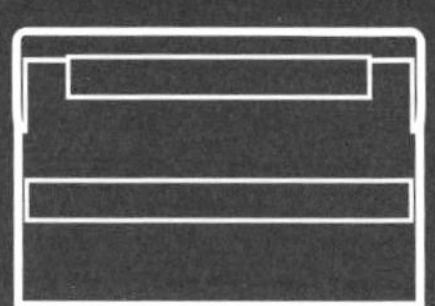

16. 8 oder/or Video 8

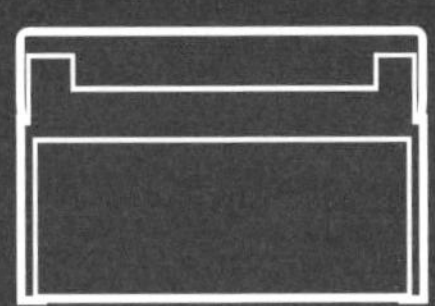

17. Hi8

9. Video 2000 (1979)
110 x 183 x 26 mm
Auch als Video Compact Cassette (VCC) bekannt. Kann beidseitig bespielt werden. Es gibt verschiedene Versionen des Logos.
// Also known as Video Compact Cassette (VCC). Both sides of the videotape are recordable. There are various versions of the logo.

10. M II (1986)
Gross // Large · 106 x 188 x 25 mm

11. M II (1986)
Klein // Small · 87 x 130 x 25 mm

12. Betamax (1975)
96 x 155 x 25 mm
Es gibt verschiedene Versionen des Logos.
// There are various versions of the logo.

13. Betacam (1982)
Klein // Small · 96 x 156 x 25 mm
Verschiedene Kassetten-Designs sind möglich, die Kassette kann auch wie Betamax aussehen.
// There are various different cassette designs. Cassettes may also look identical to Betamax.

14. Betacam SP (1986)
Gross // Large · 145 x 253 x 25 mm

15. Betacam SP (1986)
Klein // Small · 96 x 156 x 25 mm

16. Video8 (1984)
62 x 95 x 15 mm
Verschiedene Kassetten-Designs sind möglich.
// There are various different cassette designs.

17. Hi8 (1989)
62 x 95 x 15 mm
Verschiedene Kassetten-Designs sind möglich.
// There are various different cassette designs.

1. 1" Offene Spule // 1" open reel (ab 1962 // as from 1962)
Bandbreite // Width of tape 1" = 2.54 cm
Diverse Spulengrössen und -formen. Es gibt zahlreiche inkompatible Formate, die jeweils ihr eigenes Abspielgerät erfordern.
// Various reel shapes and sizes. Many formats are incompatible, so require dedicated playback devices.

2. ½" Offene Spule // ½" open reel (ab 1965 // as from 1965)
Gross // Large · Bandbreite // Width of tape ½" = 1.27 cm
Diverse Spulengrössen. Es gibt zahlreiche inkompatible Formate, die jeweils ihr eigenes Abspielgerät erfordern.
// Various reel sizes. Many formats are incompatible, so require dedicated playback devices.

3. ½" Offene Spule // ½" open reel (ab 1965 // as from 1965)
Klein // Small · Bandbreite // Width of tape ½" = 1.27 cm
Diverse Spulengrössen. Es gibt zahlreiche inkompatible Formate, die jeweils ihr eigenes Abspielgerät erfordern.
// Various reel sizes. Many formats are incompatible, so require dedicated playback devices.

4. U-matic LB (1971), U-matic HB (1977), U-matic SP (1986)
Gross // Large · 138 x 220 x 32 mm
Die drei U-matic-Formate sind abwärts, aber nicht aufwärts kompatibel. U-matic SP unterscheidet sich durch ein eigenes Logo.
// The three U-matic formats are backward-compatible, but not forward-compatible. U-matic SP has a separate, distinct logo.

5. U-matic LB (1971), U-matic HB (1977), U-matic SP (1986)
Klein // Small · 122 x 185 x 32 mm
Die kleinen Kassetten zeigen im Logo ein zusätzliches S (small). Die drei U-matic-Formate sind abwärts, aber nicht aufwärts kompatibel. U-matic SP unterscheidet sich durch ein eigenes Logo.
// The small cassettes are distinguished by an additional 'S' (for 'Small') in the logo. The three U-matic formats are backward-compatible, but not forward-compatible. U-matic SP has a separate, distinct logo.

6. VCR (1971), VCR Long Play (1975), SVR / Super Video (1978)
145 x 125 x 40 mm
Alle drei Formate besitzen eine identische Kassette, sind aber nicht kompatibel und erfordern eigene Abspielgeräte. SVR war auch unter dem Namen Super Video verbreitet.
// All three formats are housed in an identical cassette but are incompatible with each other, so require separate players. SVR was also described as Super Video by certain distributors.

7. VHS (1976), S-VHS (1987)
104 x 187 x 25 mm
VHS lässt sich im S-VHS-Gerät wiedergeben, aber nicht umgekehrt.
// VHS cassettes can be played back in S-VHS machines, but not vice versa.

8. VHS-C (1983), S-VHS-C (1987)
59 x 92 x 23 mm
Diese kleinen Kassetten, die zur Kamera-Aufzeichnung dienen, benötigen für die Wiedergabe in einem Player eine Adapter-Kassette. Es sind verschiedene Kassetten-Designs möglich.
// These small cassettes are used for making camcorder recordings and require cassette adapters for playback in standard video players. There are various different cassette designs.

KOMPENDIUM DER BILDSTÖRUNGEN BEIM ANALOGEN VIDEO //

// COMPENDIUM OF IMAGE ERRORS IN ANALOGUE VIDEO

Johannes Gfeller
Agathe Jarczyk
Joanna Phillips

mit einem Beitrag von //// with a chapter by
Irene Schubiger

SIK ISEA

Berner Fachhochschule
Bern University of Applied Sciences
Hochschule der Künste Bern
Bern University of the Arts

Schweizerische Eidgenossenschaft
Confédération suisse
Confederazione Svizzera
Confederaziun svizra

Swiss Confederation

Federal Department of Home Affairs FDHA
Federal Office of Culture FOC

ISBN 978-3-908196-76-1
ISSN 1661-8815

Lektorat //// Copy editing
Urs Hobi, Bill Maslen

Übersetzung //// Translation
Bill Maslen (The Word Gym, Scotland)

Redaktion //// Review
Juerg Albrecht, Denise Frey, Urs Hobi,
Hans-Peter Wittwer (Deutsch)
Heather Lyon Weaver (The Reel Time Color, California)
(English)

Gestaltung //// Design
Grafikdesign Maurice Ettlin, Zürich

Nachweis der Videosequenzen und -stills //
// Index of video sequences and stills
Siehe S. 242–261 / cf. pp. 242–261

DVD //// DVD
Agathe Jarczyk (Atelier für Videokonservierung, Bern)

Druck //// Printing
Südostschweiz Presse und Print AG, Chur

Buchbinderei //// Binding and finishing
Buchbinderei Burkhardt AG, Mönchaltorf

ISBN 978-3-908196-76-1 / ISSN 1661-8815

Autorinnen und Autoren //// The authors
Schweizerisches Institut für Kunstwissenschaft, Zürich
Swiss Institute for Art Research, Zurich
www.sik-isea.ch

Vertrieb //// Distribution
Balmer Bücherdienst AG, Einsiedeln
www.balmer-buecherdienst.ch

Einband //// Cover illustration
Vito Acconci, *Claim Excerpt*, ©1971 Vito Acconci

Vorsatz-Illustrationen //// Flyleaf illustrations
Grafikdesign Maurice Ettlin, Zürich

Die Erarbeitung der Publikation des Kompendiums der Bildstörungen beim analogen Video wurden ermöglicht durch die Swiss Re, Zürich, und das Bundesamt für Kultur. //
// The production and publication of the Compendium of Image Errors in Analogue Video was made possible through the generous support of Swiss Re, Zurich, and the Swiss Federal Office of Culture.

Die Schweizerische Akademie der Geistes- und Sozialwissenschaften und die Hochschule der Künste Bern entrichteten Beiträge an die Produktion von Buch und DVD. //
// The Swiss Academy of Humanities and Social Sciences and Bern University of the Arts kindly contributed to the production of this book and the accompanying DVD.

INHALT //
// CONTENTS

8 Vorwort und Dank
Karoline Beltinger

12 Zur Benutzung des Kompendiums
Die AutorInnen

18 Ein Ratgeber zur Sichtung und Erfassung von Videokassetten
Agathe Jarczyk, Joanna Phillips

38 Datenblatt zur Erfassung von Videobändern
Agathe Jarczyk, Joanna Phillips

46 Kompendium der Bildstörungen beim analogen Video
Johannes Gfeller, Agathe Jarczyk, Joanna Phillips

116 Videotechnische Grundlagen
Johannes Gfeller

142 Die künstlerische Verwendung von analogen Bildstörungen
Irene Schubiger

172 Glossar zur Videoterminologie
Agathe Jarczyk, Joanna Phillips

244 Nachweis der Videosequenzen und -stills

264 Weiterführende Literatur

268 Die AutorInnen

10 Preface and Acknowledgements
Karoline Beltinger

15 How to Use this Compendium
The Authors

28 A Guide to Viewing and Cataloguing Videocassettes
Joanna Phillips, Agathe Jarczyk

42 Data Sheet for Cataloguing Videotapes
Joanna Phillips, Agathe Jarczyk

46 Compendium of Image Errors in Analogue Video
Johannes Gfeller, Joanna Phillips, Agathe Jarczyk

132 Basic Principles of Video Technology
Johannes Gfeller

160 The Artistic Use of Analogue Image Errors
Irene Schubiger

208 Glossary of Video Terminology
Joanna Phillips, Agathe Jarczyk

245 Index of Video Sequences and Stills

264 Further Reading

268 The Authors

VORWORT UND DANK

Mit dem «Kompendium der Bildstörungen beim analogen Video» legt das Schweizerische Institut für Kunstwissenschaft (SIK-ISEA) den zweiten Band seiner 2007 lancierten Schriftenreihe «KUNSTmaterial» vor. Die Reihe ist der Untersuchung und Konservierung von Kunstwerken gewidmet und präsentiert Forschungsresultate, welche die Abteilung Kunsttechnologie von SIK-ISEA allein oder in Zusammenarbeit mit anderen Disziplinen, Institutionen und Fachpersonen erarbeitet hat; ein dritter Titel ist zurzeit in Vorbereitung. Konzeption und Erarbeitung des Kompendiums geschahen im Rahmen des Forschungsprojekts «AktiveArchive». Dieses vom Bundesamt für Kultur finanzierte Forschungsvorhaben war der Erhaltung elektronischer Kunst gewidmet und wurde als Kooperationsprojekt zwischen SIK-ISEA und der Hochschule der Künste Bern (HKB) durchgeführt.

Seit einigen Jahrzehnten sind Videobänder zu einem integralen Bestandteil vieler Kunstsammlungen geworden, als Informationsträger sowohl für Einkanal-Arbeiten als auch für komplexe Videoinstallationen. Doch bis heute stellt das Medium Video für die KunsthistorikerInnen, KuratorInnen, RestauratorInnen und RegistrarInnen, die diese Sammlungen betreuen, eine grosse Herausforderung dar. Angesichts der Aufgabe, die Vielzahl der verschiedenen Kassetten- und Bandformate zu identifizieren und ihren Zustand zu beurteilen, sind sie häufig ratlos. Eine genaue Zustandsbeurteilung ist aber spätestens dann unerlässlich, wenn analoges Videomaterial digitalisiert werden soll, da analoge Störungen oft behoben oder minimiert werden können, bevor sie bei der Digitalisierung irreversibel mit dem Bildinhalt vereint werden.

Das vorliegende, zweisprachige Kompendium soll Sammlungsverantwortlichen einen Ratgeber zur Sichtung und Erfassung ihrer analogen Videobänder liefern, sowie als Nachschlagewerk für die Zustandsbestimmung dienen. Als Grundlage für eine vergleichende Beurteilung sind 28 verbreitete Bildstörungen in Wort und (bewegtem) Bild kompiliert. Zusätzlich werden Empfehlungen gegeben, welche Schritte hinsichtlich einer Behebung dieser Störungen zu unternehmen sind.

Die Erarbeitung und Veröffentlichung des Kompendiums wurden ermöglicht durch das Bundesamt für Kultur und die Swiss Re, Zürich, denen an dieser Stelle herzlich gedankt sei. Ein weiterer Dank geht an die Schweizerische Akademie der Geistes- und Sozialwissenschaften für ihren Beitrag an die Drucklegung. Gedankt sei ferner den Künstlerinnen und Künstlern, die Ausschnitte ihrer Werke für Abbildungen zur Verfügung gestellt haben: Vito Acconci, Patrice Baizet, Geneviève Calame, Josef Dabernig, Silvie Defraoui und Chérif Defraoui †, Peter Fischli und David Weiss †, Claude Gaçon, Lukas Gähwiler, Jacques Gyonnet, Nan Hoover †, Klara Kuchta, Barbara Meyer Cesta, Gérald Minkoff †, Jean Otth, RELAX, Pipilotti Rist, Roman Signer, Rudolf Steiner, Alex Sutter, Mika Taanila, Janos Urban, Steina & Woody Vasulka, Herbert Wentscher und Simone Zaugg.
Für inhaltliche Ratschläge und Hinweise geht der Dank der AutorInnen an Maurice Schechter (DuArt, New York), Aufdi Aufdermauer (videocompany, Zofingen), David Jordan (BBC, London) und Matthias Schätzle (TPC AG, Zürich).
Für technische Unterstützung sei Dani Bolliger, Claude von Büren, Claude Fink, Lukas Gähwiler, Davide Legittimo, Beni Mosele und Nathalie Oestreicher sowie dem Medialab (Hochschule der Künste, Bern) gedankt.

Unser besonderer Dank gilt Bill Maslen (The Word Gym, Schottland) für die sorgfältige und sachkundige Übersetzung ins Englische, Heather Lyon Weaver (The Reel Time Color, Kalifornien) für die fachliche Durchsicht sowie der videocompany für die grosszügige Bereitstellung ihrer technischen Infrastruktur zur Aufnahme des Grossteils der Videosequenzen.

Karoline Beltinger
Abteilungsleiterin Kunsttechnologie
Schweizerisches Institut für Kunstwissenschaft, Zürich

PREFACE AND ACKNOWLEDGEMENTS

This 'Compendium of Image Errors in Analogue Video' is the second volume in the 'KUNSTmaterial' series launched by the Swiss Institute for Art Research (SIK-ISEA) in 2007. The series is dedicated to the study and preservation of works of art and presents the results of research undertaken by the Art Technology Department at SIK-ISEA either independently or in collaboration with external disciplines, institutions and specialists. A third title in the series is currently in preparation.
The Compendium was devised and produced as part of the 'AktiveArchive' research project. This project, financed by the Swiss Federal Office of Culture, was dedicated to the preservation of electronic artworks and took the form of a partnership project between the Swiss Institute for Art Research and Bern University of the Arts (BUA).

Over the last few decades, videotapes have become an integral part of many art collections, used as information carriers for both single-channel works and complex video installations. But video as a medium continues to present major challenges to the art historians, curators, conservators and registrars responsible for these art collections, who are often at a loss when first confronted by the need to identify and then assess the condition of videocassettes and tapes in a wide variety of different formats. And yet, when planning to digitise analogue video material, it is vitally important to assess the precise nature of any image errors, because these analogue defects can often be removed or minimised before they are irreversibly merged with the actual image content during the digitisation process.
This dual-language Compendium is intended to act as a guide for collection caretakers who wish to view and catalogue their analogue videotapes. It is also intended as a reference work for assessing the tapes' condition. As a basis for making comparative assessments, 28 common image errors have been described in words and (moving) images. The Compendium also includes recommendations for eliminating these errors.

The preparation and publication of this Compendium were made possible by the generous support of two organisations, the Swiss Federal Office of Culture and Swiss Re, Zurich, to both of which we extend our heartfelt thanks. We would also like to thank the Swiss Academy of the Humanities and Social Sciences for their contribution towards the cost of printing.
Further thanks go to the artists who kindly made sequences of their video artworks available for illustrative purposes, including Vito Acconci, Patrice Baizet, Geneviève Calame, Josef Dabernig, Silvie Defraoui and Chérif Defraoui †, Peter Fischli and David Weiss †, Claude Gaçon, Lukas Gähwiler, Jacques Gyonnet, Nan Hoover †, Klara Kuchta, Barbara Meyer Cesta, Gérald Minkoff †, Jean Otth, RELAX, Pipilotti Rist, Roman Signer, Rudolf Steiner, Alex Sutter, Mika Taanila, Janos Urban, Steina & Woody Vasulka, Herbert Wentscher and Simone Zaugg.

For their valuable suggestions and advice on content, the authors would like to thank Maurice Schechter (DuArt, New York), Aufdi Aufdermauer (videocompany, Zofingen), David Jordan (BBC, London) and Matthias Schätzle (TPC AG, Zurich).
For their generous technical support our thanks also go to Dani Bolliger, Claude von Büren, Claude Fink, Lukas Gähwiler, Davide Legittimo, Beni Mosele and Nathalie Oestreicher, as well as MediaLab (Bern University of the Arts).

Finally, we wish to express our gratitude to Bill Maslen (The Word Gym, Scotland) for the thorough English translation, to Heather Lyon Weaver (The Reel Time Color, California) for reviewing this publication, and to videocompany for generously making their technical infrastructure available for recording the majority of the video sequences.

Karoline Beltinger
Head of the Art Technology Department
Swiss Institute for Art Research, Zurich

ZUR BENUTZUNG DES KOMPENDIUMS

Die vorliegende Publikation behandelt ausschliesslich analoge Videokassetten und -bänder. Als Hilfe für ihre Identifikation werden zum Anfang des Buches Piktogramme der häufigsten analogen Videoformate, und zum Ende des Buches, als Vergleich, die Piktogramme aktueller digitaler Kassettenformate abgebildet. Für die Formatbestimmung von Kassetten mit sehr ähnlichem Aussehen liefern die Klappentexte zusätzliche Anhaltspunkte. Die Identifizierung des Videoformates ist nicht nur für die Erfassung eines Videos notwendig, sondern auch Voraussetzung für die Sichtung des Inhaltes, da in der Regel jedes Format sein individuelles Abspielgerät benötigt. Hinweise zu Formatkompatibilitäten finden sich ebenfalls in den Klappentexten, sowie im Kapitel zu den Bildstörungen.

Im ersten Kapitel («Ein Ratgeber zur Sichtung und Erfassung von Videokassetten») wird der Laie Schritt für Schritt an das korrekte Vorgehen bei der Videosichtung herangeführt. Als Hilfe für eine systematische Erfassung der technischen Daten, des Inhalts und des Zustands eines Videos wird ein «Datenblatt zur Erfassung von Videobändern» angeboten, das an sammlungsspezifische Anforderungen angepasst werden kann.

Das zentrale Kapitel («Kompendium der Bildstörungen beim analogen Video») illustriert und beschreibt insgesamt 28 verbreitete Bildstörungen beim analogen Video und dient somit als Referenzsammlung, welche die Identifikation und Beurteilung von Schäden an einer Kassette oder an einem Band ermöglicht. Da bis heute keine einheitliche Terminologie für Bildstörungen etabliert ist, wurden bei der Benennung der Phänomene auch synonyme Bezeichnungen berücksichtigt. Es folgt eine Beschreibung der Störung und ihrer möglichen Ursachen, sowie die Kategorisierung von Bedienfehlern, Gerätefehlern, Bandfehlern bzw. Produktionsfehlern.
Die Videostills im Buch dienen als Verweise für die entsprechende Videosequenz auf der beiliegenden DVD dieser Publikation. Die Konsultation der DVD ist v. a. für Bildstörungen unerlässlich, die als Videostill verwechselt

werden können, wie z. B. die >*Vertikale Synchronstörung* und der >*Vertikale Bildfang*. Am Schluss der Beschreibung ist jeweils angegeben, ob und auf welche Weise eine Störung vom videotechnischen Laien behoben werden kann, oder ob das Band bzw. das Abspielgerät an eine Fachperson weitergegeben werden müssen.

Die meisten Bildstörungen entstehen aufgrund von Schäden an den Bändern oder Abspielgeräten; solche Störungen konnten für das Kompendium direkt digitalisiert werden. Andere Störungen, die auf inkompatible oder schlecht eingestellte Monitore zurückzuführen sind, wurden vom Monitor abgefilmt. Störungen, die nicht durch vorgefundene Bänder repräsentiert waren, wurden von den Autoren dieser Publikation selbst erzeugt. Weitere Informationen zur Erzeugung dieser Bildstörungen sowie die Geräteanordnungen zur Aufnahme sämtlicher Bildstörungen sind weiter hinten im Buch, im Kapitel «Nachweis der Videosequenzen und -stills» dokumentiert. Die Auswahl der hier vorgestellten Bildstörungen ist nicht vollständig, sondern wurde vielmehr im Hinblick auf ihre Relevanz für analoge Kunstvideos im europäischen Raum getroffen. Bildstörungen, die für analoge Formate mit Komponentenaufzeichnung typisch sind sowie digitale Bildstörungen wurden ausgeschlossen. Begleitende Tonstörungen werden nur erwähnt; sie stehen nicht im Fokus dieser Publikation.

Das Kapitel «Videotechnische Grundlagen» legt die wichtigsten historischen und technischen Zusammenhänge dar; dasjenige mit dem Titel «Die künstlerische Verwendung von analogen Bildstörungen» erweitert den Blick auf Bildfehler um die künstlerische Dimension und beschreibt, auf welche Art KünstlerInnen über Jahrzehnte hinweg mit Bildstörungen und -manipulationen gearbeitet und diese bewusst in ihren Werken eingesetzt haben.

Am Ende des Buches befindet sich ein «Glossar zur Videoterminologie», in dem die verwendeten Fachbegriffe erklärt werden. Alle Begriffe, die im Glossar erläutert sind, erscheinen im Text fett gedruckt, wie z. B. **Videoformat**. Direkte Verweise auf Bildstörungen wie >*Bandkleben und -quietschen*, sind kursiv gesetzt.

Die AutorInnen

This publication focuses exclusively on analogue videocassettes and videotapes. For ease of identification, pictograms of the most common analogue video formats are listed at the front of the book. For comparative purposes, pictograms of current digital cassette formats are also included at the back of the book. Further tips on how to differentiate between videocassettes that look similar or identical are provided on the flyleaf.

Identifying the format of a videotape is not just an important step in cataloguing the video, but also a vital prerequisite for viewing the video content, because as a rule each different video format needs a dedicated video player. Further information on compatibility between video formats is also provided on the flyleaf, as well as in the chapter describing the image errors.

In the first chapter, entitled 'A Guide to Viewing and Cataloguing Videocassettes', the lay reader will find step-by-step instructions on the correct procedures for viewing a video. To facilitate the systematic cataloguing of each video's technical specifications, content and condition, a 'Data Sheet for Cataloguing Videotapes' is included, which can be adapted to suit the needs of individual collections.

The central chapter, 'Compendium of Image Errors in Analogue Video', illustrates and describes 28 image errors commonly encountered in analogue video, acting as a reference source for readers seeking to identify and assess damage to a videocassette or videotape. The terminology used to describe video image errors has never been standardised, so a number of synonyms are provided beneath the name of each error, followed by a classification (operator error, device error, tape error, production error) and a full description of the symptoms and their possible causes.

Each of the video stills in the book refers to a corresponding video sequence on the accompanying DVD. It is especially important to consult the DVD when assessing an image error which – on the basis of the video stills alone – could easily be confused with other similar errors, for example >*Vertical Synchronisation Error* and >*Vertical Hold*. At the end of each description a final section discusses whether – and if so, how – a layperson might resolve the problem, or whether it would be more advisable to give the tape and/or playback or display equipment to a video conservator or other specialist.

Most image errors result from damage to the tapes or playback equipment. Examples of all such errors were successfully digitised for inclusion in the Compendium. Other errors caused by incompatible or incorrectly adjusted monitors were filmed directly from the monitor screen. Image errors which did not appear on any of the available videotapes were deliberately generated in studio by the authors of the publication. Further details on the production of these image errors, as well as the equipment setup used to capture all the image errors, are provided towards the end of the book in the chapter entitled 'Index of Video Sequences and Stills'.

The selection of image errors provided in this publication is not comprehensive. The errors were chosen primarily for their relevance to analogue art videos produced in Europe. Digital image errors and errors typical of analogue formats with component recording have both been excluded. While associated audio errors are mentioned in the text, they do not form the main focus of this publication.

The chapter entitled 'Basic Principles of Video Technology' provides more background on the historic and technical aspects of analogue video recording, while the chapter on 'The Artistic Use of Analogue

Image Errors' discusses the artistic dimension of image errors in more detail, describing the many ways in which artists have experimented with image distortion and manipulation over the past few decades, and how they have used these techniques in their work.

Readers will also find a 'Glossary of Video Terminology' at the back of the book, in which the technical terms used in the body of the text are explained in more detail. All terms defined in the glossary appear in bold type in the body text, for example **video format**. Cross-references to descriptions of image errors are indicated by the use of italics, for example *>Sticky Tape Syndrome*.

The Authors

EIN RATGEBER ZUR SICHTUNG UND ERFASSUNG VON VIDEOKASSETTEN

Agathe Jarczyk, Joanna Phillips

Voraussetzung für die Erfassung einer Videosammlung ist die korrekte Sichtung aller Bänder. Auch Videoarchive, deren Bänder bereits fachgerecht erfasst und gelagert sind, müssen alle paar Jahre mindestens stichprobenmässig gesichtet werden, da ein kontinuierliches Schadensmonitoring unerlässlich für die Langzeitlagerung ist. Dies trifft nicht nur für historische, gefährdete **Videoformate** zu, sondern auch für neu erstellte **Archivkopien**. Bei der Digitalisierung eines Videoarchives sollte das analoge Ausgangsmaterial unbedingt erhalten und archiviert bleiben, damit für zukünftige **Migrationen** bei Bedarf wieder darauf zurückgegriffen werden kann.
Dieser Ratgeber informiert über die korrekte Vorgehensweise bei der Sichtung von Videokassetten. Er ist für alle Videoformate gültig, die man üblicherweise in europäischen Videokunstsammlungen antrifft. Ist nur ein Format, bzw. eine Gruppe von Formaten betroffen, wird dies im Text ausgewiesen. Es wird erklärt, worauf vor, während und nach der Sichtung zu achten ist. Tipps zur richtigen Bedienung der Geräte werden gegeben. Ergänzend wird ein «Datenblatt zur Erfassung von Videobändern» zur Verfügung gestellt, das als Richtlinie und Vorlage für individuelle Anpassungen verstanden werden kann. Das Datenblatt ist primär für analoge Videoformate ausgelegt, lässt aber auch die Erfassung digitaler Formate zu. Allerdings können für eine vollständige Beschreibung digitaler Videobänder Erweiterungen des Datenblattes nötig werden.

Die Kassette

1. Handhabung der Kassette

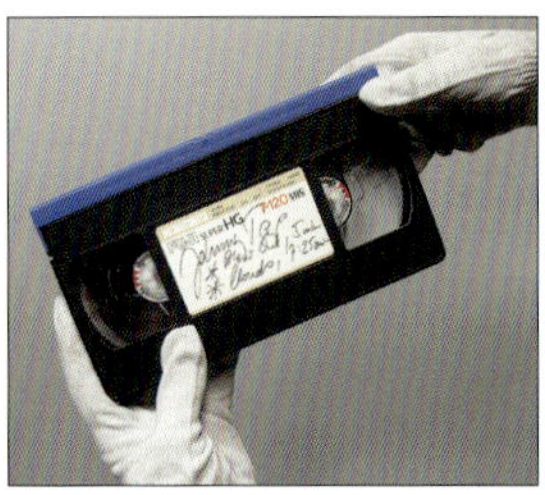

Berühren Sie nie das **Magnetband** mit blossen Händen, da bereits kleinste Fingerabdrücke und Verunreinigungen zu **Dropouts** führen. Es ist empfehlenswert, sich vor dem Sichten die Hände zu waschen oder Handschuhe zu tragen. Sie schonen damit auch das Kassettengehäuse und die Etiketten, die oft eigenhändig vom Künstler beschriftet sind.

2. Welchen Status hat die Kassette?

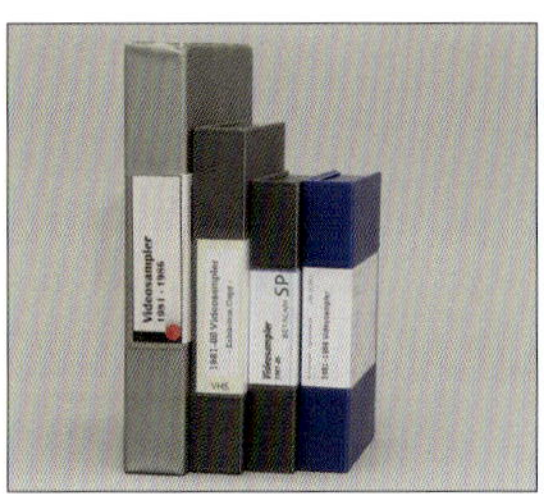

Sie sollten darüber informiert sein, ob Sie z. B. den **Master**, den **Archivmaster**, die **Ausstellungs-** oder die **Sichtungskopie** in den Händen halten. Master müssen mit besonderer Vorsicht gesichtet werden, da sie unwiederbringliche Unikate sein können und in der Regel über die beste Signalqualität verfügen. Schonen Sie daher den (Archiv-)Master, wann immer dies möglich ist, und verwenden Sie zur eingehenden inhaltlichen Analyse eines Werkes ausschliesslich Sichtungskopien, die für diesen Zweck zu erstellen sind.

3. Zusammentragen der technischen Informationen

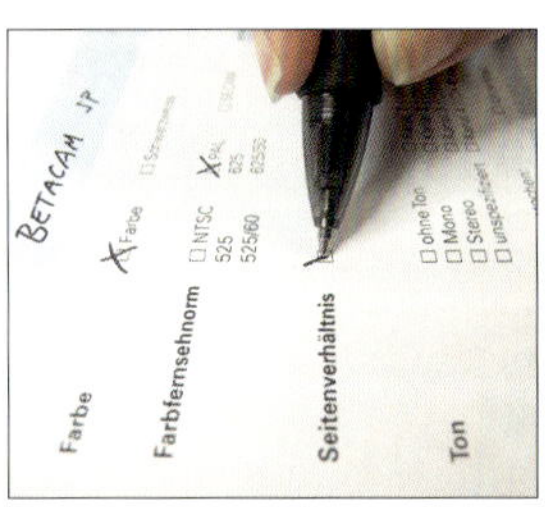

Tragen Sie alle verfügbaren technischen Informationen vor dem Sichten zusammen: Lesen Sie alle Aufschriften auf der Kassette und Hülle und studieren Sie – wenn vorhanden – die beiliegende **MAZ-Karte** sowie alle anderen Unterlagen. Nehmen Sie das «Datenblatt zur Erfassung von Videobändern» zu Hilfe und erfassen Sie alle vor der Sichtung verfügbaren Informationen.

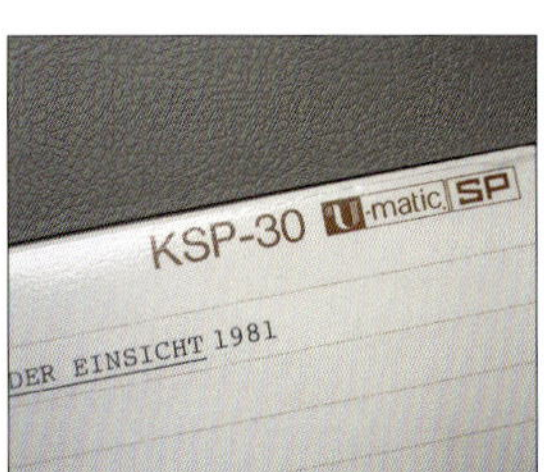

Um welches **Videoformat** handelt es sich? Für die Wahl des passenden Abspielgerätes muss zuerst das Videoformat einer Kassette bestimmt werden (inkl. seiner Spezifizierung, z. B. **U-matic LB**, **U-matic HB** oder **U-matic SP**). Nehmen Sie für die Identifizierung die Vorsatzinnenseiten dieses Buches zu Hilfe: vorne im Buch befinden sich die Piktogramme der analogen, hinten der digitalen Formate. Signifikant für die optische Formatidentifizierung sind Form und Aussenmasse der Kassette sowie die Form und Position der Kassettenfenster. Letztere weichen nur in Ausnahmefällen von den Piktogrammen ab.

Ist Ihre Videokassette im **Long Play** (LP)-, Super Long Play (SLP)- oder Extended Play (EP)-Modus aufgezeichnet? Dann benötigen Sie ein Abspielgerät mit der entsprechenden Wiedergabeoption, da das Band sonst zu schnell abgespielt wird und es zu Bild- und Tonstörungen kommt (vgl. >*Long Play*).

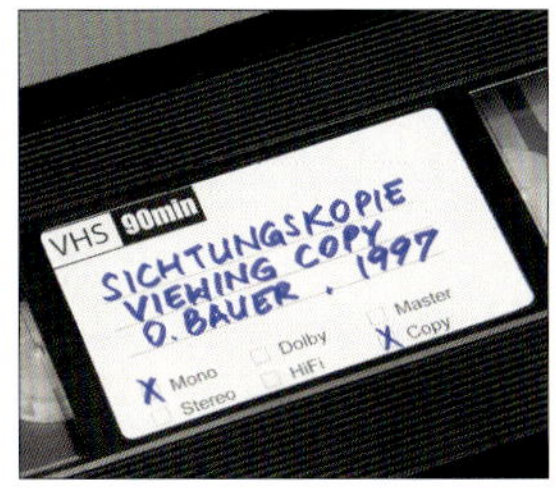

In welcher **Farbfernsehnorm** ist die Kassette aufgezeichnet (z. B. **PAL, NTSC** oder **SECAM**, manchmal auch bezeichnet als 625/50, 525/60)? Die Abspiel- und Sichtgeräte müssen mit der Farbfernsehnorm der Kassette übereinstimmen, sonst treten Bild- und Tonstörungen auf (vgl. >*Inkompatibilität der Farbfernsehnormen [PAL – NTSC – SECAM]*).

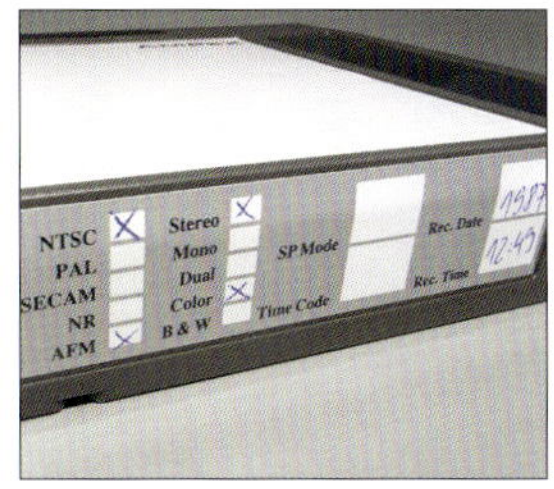

Vor der Sichtung sollten Sie wissen, ob das Video farbig oder schwarz-weiss ist und ob es über einen Ton verfügt. Tragen Sie auch diese Informationen vorab so detailliert wie möglich in das Datenblatt ein (z. B. mono/stereo, **FM-/PCM-Ton**, Belegung der **Audiospuren**, ggf. mit einem **Time Code**). Stehen vor der Sichtung keine Informationen zur Verfügung und stellen Sie bei der Sichtung und nach Überprüfung mittels **Testkassette** fest, dass auf dem Band Farbe oder Ton fehlen, sollten Sie unbedingt recherchieren, ob dies vom Künstler so beabsichtigt sein könnte!

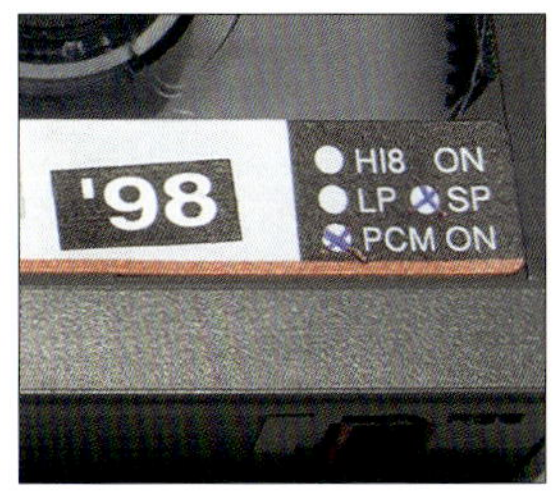

4. Sichtbarer, hörbarer und riechbarer Zustand des Bandes

Schauen Sie sich die **Bandwickel** durch die Kassettenfenster an und öffnen Sie vorsichtig die bewegliche Schliessklappe (Entriegelung am Gehäuse): Sehen Sie Staub, Schmutz, **Bandabrieb** oder weissliche Kristalle? Oder sehen Sie >*Einzelne Knicke und zerknittertes Band*? Wenn ja, spielen Sie das Band nicht ab, da es sonst zerkratzt und/oder das Gerät verschmutzt werden kann. Geben Sie das Band ungesichtet an einen Videorestaurator.
Achtung: Berühren Sie nie das Band. Auch das sogenannte >*Bandkleben und -quietschen* degradierter **Magnetbänder** lässt sich nicht haptisch, d. h. mit den Fingern, sondern erst bei der Wiedergabe erkennen.

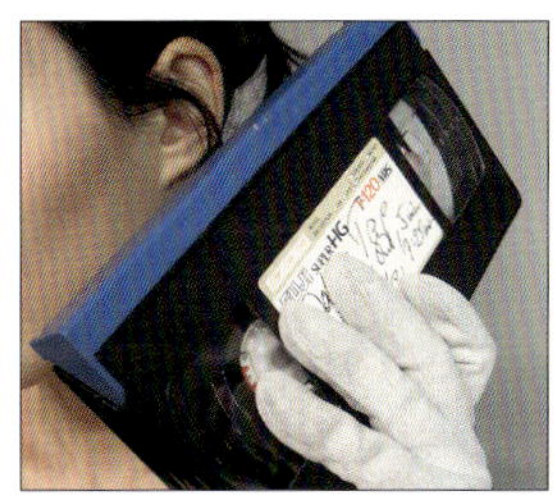

Vergewissern Sie sich, dass das Kassettengehäuse intakt ist. Erfassen Sie allfällige Beschädigungen mithilfe des Datenblattes. Drehen Sie die Kassette in alle Richtungen: hören Sie lose Teile im Inneren herunterfallen, oder sehen Sie welche durch das Fenster? Dann spielen Sie das Band nicht ab, sondern geben Sie es ungesichtet an einen Videorestaurator.

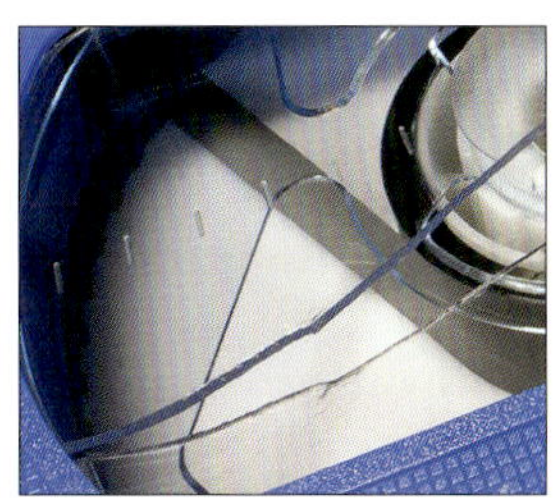

Sind einzelne Lagen aus dem **Bandwickel** gezogen, bzw. ist das Band an der Schliessklappe herausgezogen und eingeklemmt? Dann legen Sie das Band nicht in das Abspielgerät ein, da sonst die Gefahr eines Bandsalates besteht. Geben Sie es ungesichtet an einen Videorestaurator.

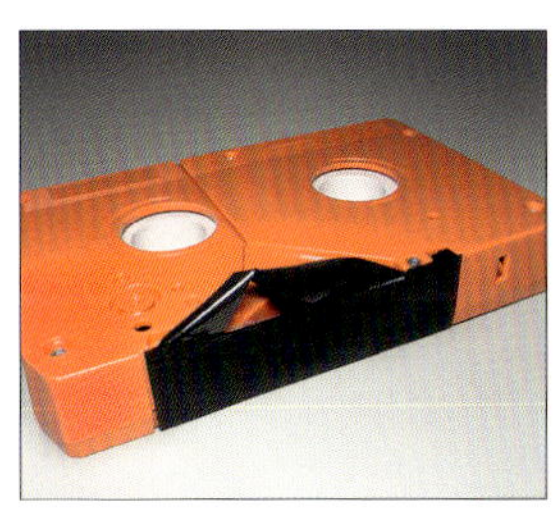

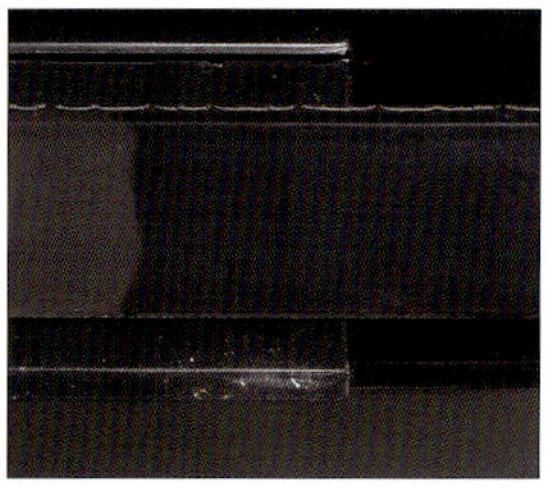

Zeigt der **Bandwickel** Auffälligkeiten, kann dies ein Hinweis auf eine Beschädigung oder eine >*Deformation des Bandes*, z. B. an seinen Rändern, sein. Prüfen Sie daher das Band unter der beweglichen Schliessklappe. Sehen Sie >*Einzelne Knicke und zerknittertes Band* oder eine Deformation der Bandränder? Dann geben Sie das Band ungesichtet an einen Videorestaurator.

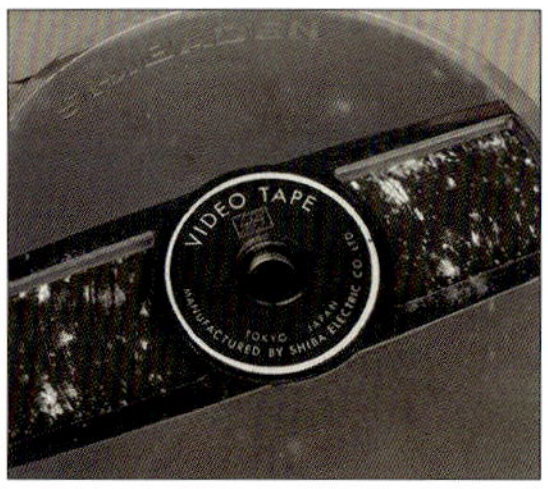

Entdecken Sie an Band und/oder Gehäuse weissliche Fäden oder dunkle Flecken, gibt es einen signifikanten Schimmel- oder Modergeruch? Wenn ja, spielen Sie die Kassette auf keinen Fall ab, sondern geben Sie sie ungesichtet zur Behandlung an einen Videorestaurator! Videobänder mit Schimmelbefall müssen sofort isoliert werden. Waren sie bereits längere Zeit zusammen mit anderen Bändern gelagert, sollten auch diese untersucht und ggf. behandelt werden. Schimmelsporen, die im Abspielgerät zurückbleiben, können alle weiteren Bänder kontaminieren und sind darüber hinaus gesundheitsgefährdend.

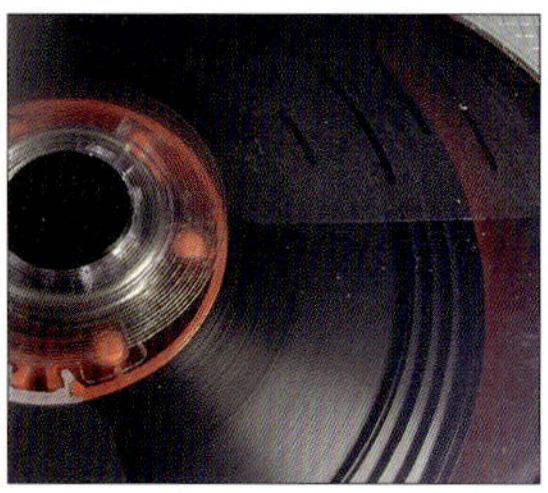

Zeigt der **Bandwickel** Stufen, bzw. wellige Bandpakete? Wenn ja, spulen Sie das Band komplett vor und wieder zurück. Wenn das Band beim Spulen stockt oder quietscht, unterbrechen Sie den Spulvorgang sofort. Geben Sie es beim Verdacht auf >*Bandkleben und -quietschen* ungesichtet an einen Videorestaurator.

5. Ist der Löschschutz aktiviert?

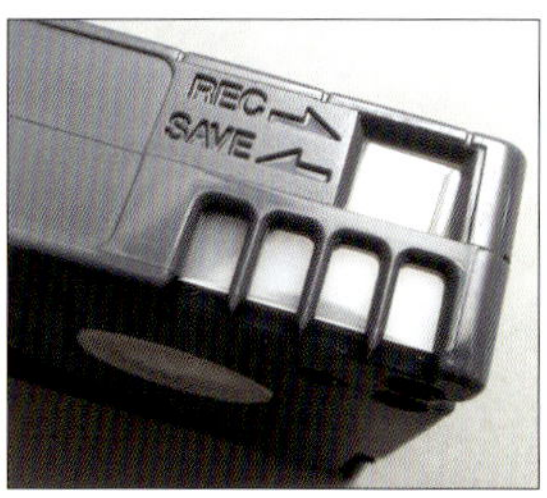

Damit eine Videoaufzeichnung bei der Wiedergabe im Rekorder nicht versehentlich gelöscht oder überschrieben wird, verfügen alle Kassetten über eine mechanische Sicherung. Dieser Löschschutz sollte unbedingt aktiviert sein. Wenn dies nicht der Fall ist, holen Sie dies nach. Je nach **Videoformat** gibt es verschiedene Systeme des Löschschutzes.

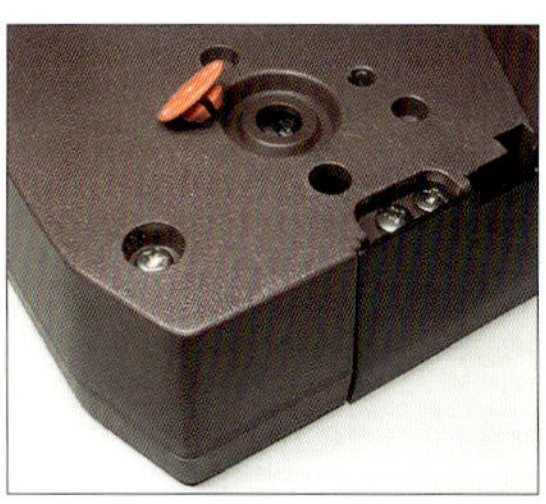

U-matic: Auf der Unterseite der Kassette befindet sich ein roter Stöpsel, der entfernt sein muss.

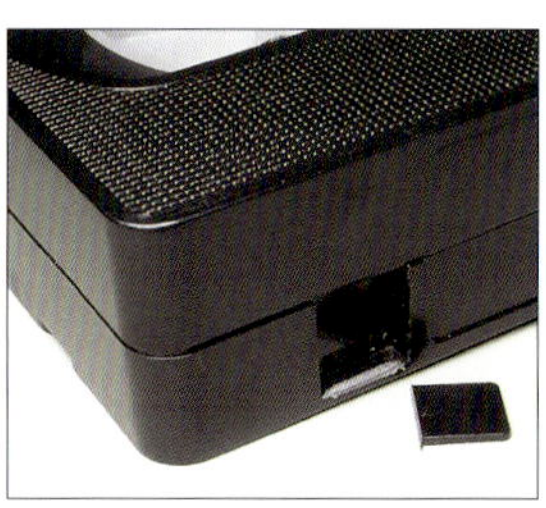

VCR, **Betamax**, **VHS**, **S-VHS**, **VHS-C und S-VHS-C**: Auf der Seite oder Unterseite der Kassette befindet sich eine Kunststoffzunge, die herausgebrochen sein muss.

Video 2000: Auf der Seite befinden sich zwei Drehscheiben, die auf Rot gestellt sein müssen.

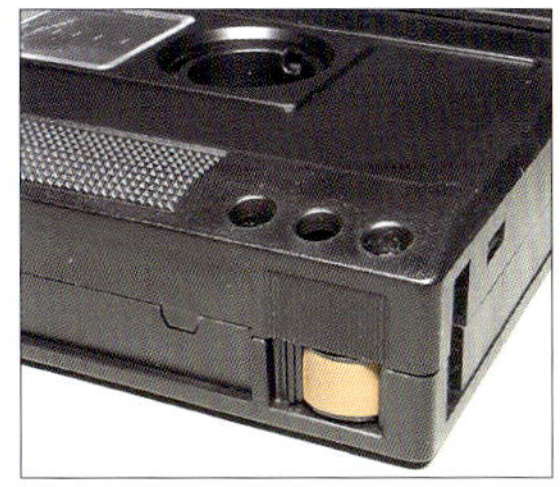

MII, DV, MiniDV, DVCAM, DVCPro, HDV, DVCPro HD; oft **VHS**, **S-VHS**, **VHS-C** und **S-VHS-C**: Auf der Seite der Kassette befindet sich ein Schieber, der geöffnet sein muss.

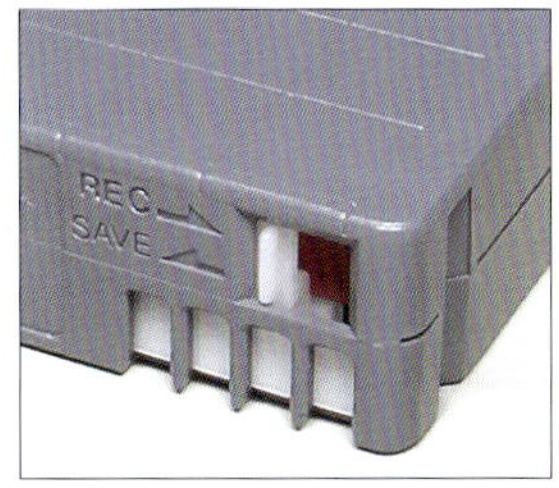

Video8, **Hi8**, Digital8: Auf der Seite der Kassette befindet sich ein Schieber, der geschlossen sein muss.

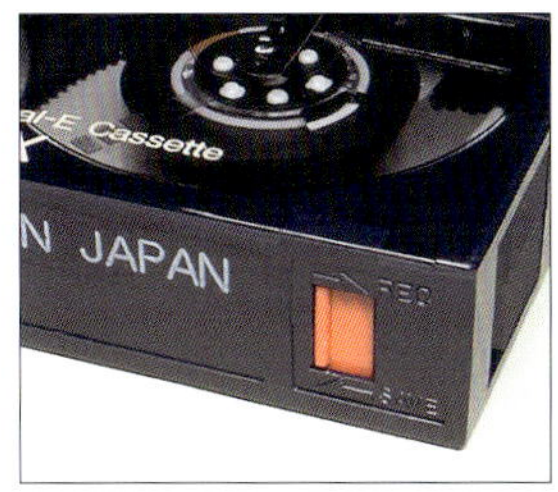

Alle analogen und digitalen Kassetten der **Betacam**-Familie, sowie MPEG IMX, HDCAM und HDCAM SR: Auf der Unterseite der Kassette befindet sich ein roter Riegel, der hinuntergedrückt sein muss.

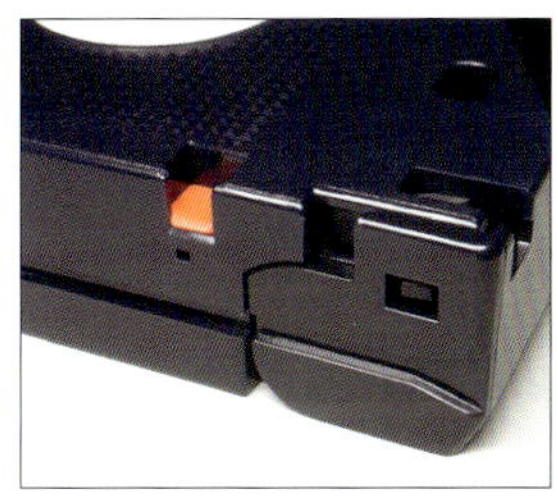

6. Überprüfung der Etiketten an der Kassette

Vergewissern Sie sich vor dem Einlegen der Kassette, dass sich die Etiketten nicht lösen oder über die bewegliche Schliessklappe der Kassette geklebt sind. Auch evtl. vorhandene Post-it-Kleber müssen entfernt werden, da sie sich im Gerät lösen könnten.

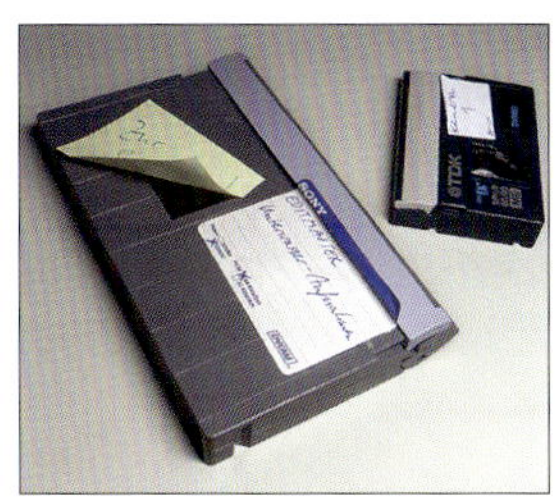

7. Sie brauchen eine Testkassette!

Als Referenz für die Funktionstüchtigkeit und die Einstellungen Ihrer Geräte benötigen Sie eine **Testkassette**, die Sie sich z. B. von einem Videorestaurator oder einem Produktionsstudio anfertigen lassen können. Mit ihrer Hilfe ermitteln Sie auch bei der Zustandserfassung des Videos, ob es sich bei angetroffenen Bildstörungen um Geräte-, Band-, Bedien- oder Produktionsfehler handelt (siehe Rubrik «Weiteres Vorgehen» zu jeder Bildstörung in diesem Buch). Die Testkassette muss hinsichtlich ihres **Videoformates** (inkl. Spezifizierung) und ihrer **Farbfernsehnorm** identisch mit den zu sichtenden Bändern sein. Auf der Testkassette sollten zunächst **Farbbalken** aufgezeichnet sein, die von einem Referenzton von 1 kHz begleitet sind. Daran sollte sich eine farbige, bewegte Bildsequenz mit synchronem Ton anschliessen. Der Bildinhalt ist dabei beliebig, sollte aber bekannt und unbedingt ohne Bildstörungen sein. Da auch Testkassetten altern und verschleissen, sollten diese regelmässig ersetzt werden.

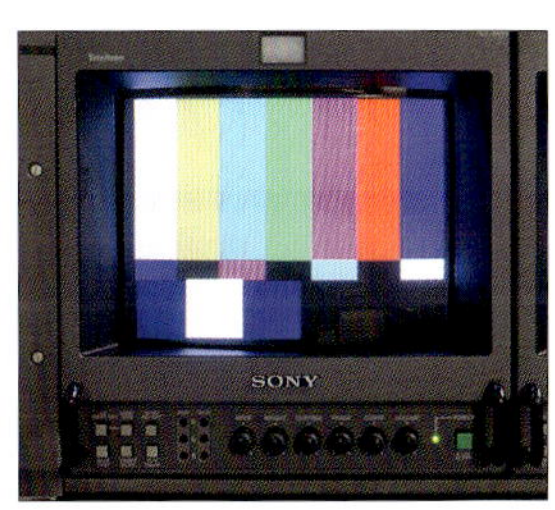

Die Abspiel- und Sichtgeräte

8. Auswahl des geeigneten Abspielgerätes

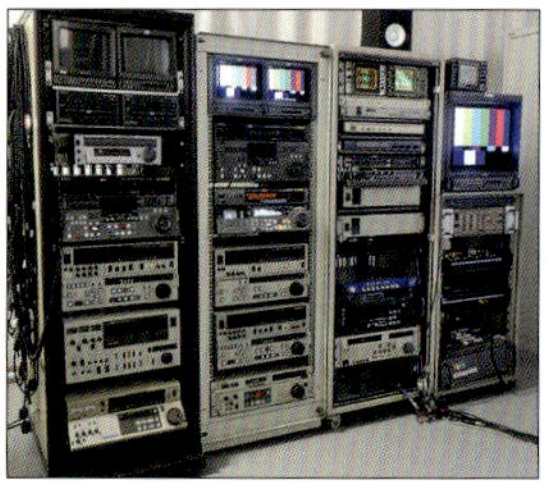

Das Abspielgerät muss 1. mit dem **Videoformat** (inkl. seiner Spezifizierung), 2. mit der **Farbfernsehnorm** der Kassette übereinstimmen sowie 3. den Aufnahmemodus (z. B. **Long Play**) wiedergeben können.
Zu 1.: Grundsätzlich benötigt jedes Videoformat sein eigenes Abspielgerät. Bei Weiterentwicklungen innerhalb einer Formatfamilie sind diese in der Regel abwärtskompatibel, d. h. **VHS**-Kassetten können auf **S-VHS**-Geräten abgespielt werden (aber nicht umgekehrt) oder **Video8**-Kassetten auf **Hi8**-Geräten (aber nicht umgekehrt). Eine Ausnahme bildet die VCR-Familie: **VCR, VCR LP** und **SVR** besitzen zwar die gleiche Kassette, sind aber untereinander inkompatibel und benötigen jeweils ein eigenes Abspielgerät (vgl. hierzu die Ausführungen unter >*Inkompatibilität innerhalb einer Videoformat-Familie*).
Zu 2.: In Europa gibt es für die meisten Videoformate **Multinorm-Abspielgeräte**, bei denen zwischen **PAL**-, **SECAM**- und **NTSC**-Wiedergabe umgeschaltet werden kann. Diese Geräte eignen sich für die Sichtung, aber nicht für die Erstellung von Kopien.
Zu 3.: Im **Long Play**-Modus aufgezeichnete Kassetten (**VCR**, **Video 2000**, **Betamax**, **VHS**, **S-VHS**, **Video8**, **Hi8** sowie Digital8, DV und diverse weitere digitale Formate) müssen auf LP-fähigen Videogeräten abgespielt werden (das gleiche gilt für die Aufzeichnungsmodi Super Long Play SLP und Extended Play EP).

9. Zustand des Abspielgerätes

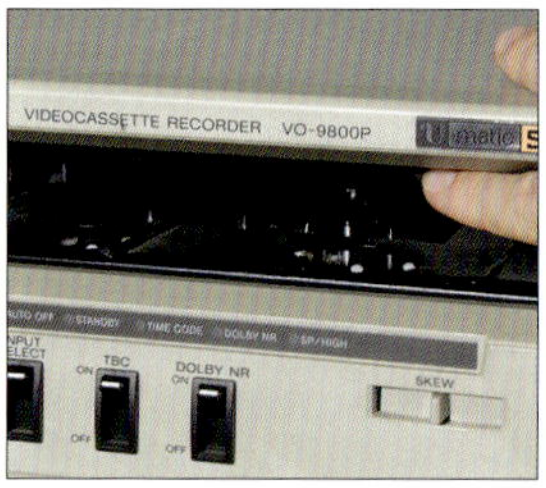

Das Gerät sollte sauber und intakt sein. Werfen Sie einen Blick ins Kassettenfach: Ist das Fach leer, ist es staubfrei? Loser Staub kann mittels Druckluft(-Spray) und kräftigem Staubsauger entfernt werden. Fassen Sie niemals an die **Kopftrommel** und die **bandführende Teile**. Lassen Sie hartnäckigere Verschmutzungen vom Fachmann entfernen und das Gerät in regelmässigen Abständen warten.

10. Voreinstellungen am Abspielgerät

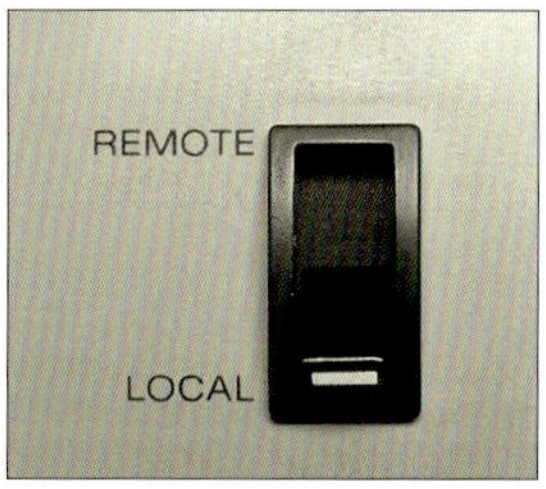

Professionelle Abspielgeräte ab **U-matic** verfügen über einen sog. Remote-Schalter, mit dem geregelt werden kann, ob das Gerät direkt («Local») oder mittels einer externen Steuerung («Remote») bedient wird. Überprüfen Sie die korrekte Stellung des Schalters.

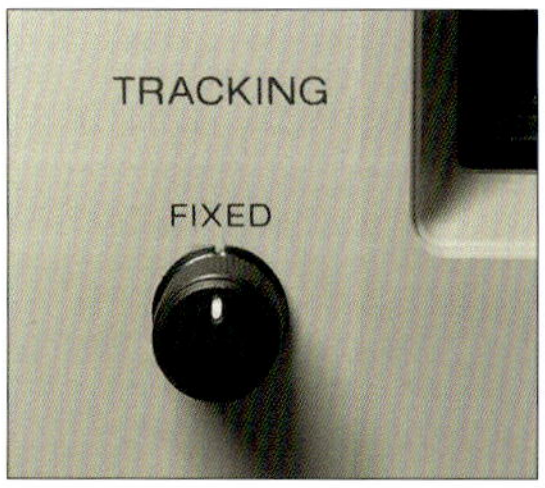

Wenn Ihr Abspielgerät über einen **Tracking-Regler** verfügt, stellen Sie ihn vor der Sichtung in die mittlere Position. Bei modernen Abspielgeräten können sich die Tracking-Einstellungen auch per Fernbedienung, bzw. über das Menü regeln lassen (vgl. >*Tracking-Fehler*).

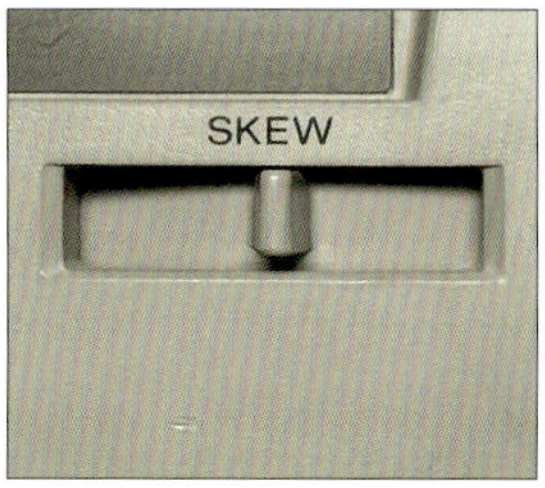

U-matic-Abspielgeräte verfügen zur Regelung des **Bandzuges** über einen **Skew-Regler**. Stellen Sie diesen vor der Sichtung in die mittlere Position (vgl. >*Skew-Fehler*).

U-matic-Abspielgeräte der Farbfernsehnorm **PAL** verfügen an ihrer Geräterückseite über einen **Colour Lock-Schalter**. Dieser muss in der Regel in der mittleren Position stehen (vgl. >*Colour Lock-Fehler*).

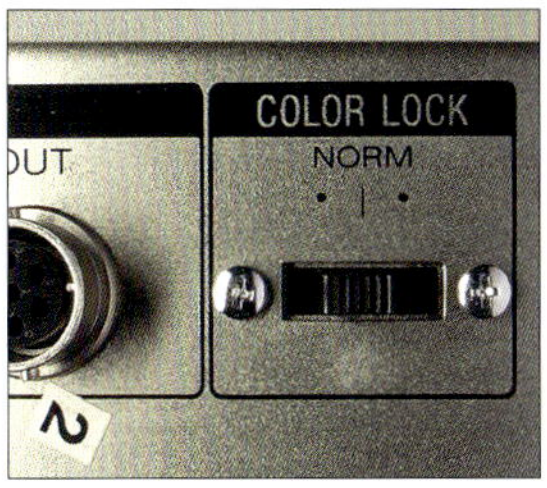

11. Wahl des geeigneten Monitors

Grundsätzlich sind (Farb-)Röhrenmonitore für die Sichtung von Videobändern von Vorteil. Sie geben die Bildstruktur präzise und zeilengenau wieder, sodass allfällige Bildstörungen besser beurteilt werden können. Einige Bildstörungen sind besser im **Underscan**-Modus zu bestimmen, über den nur professionelle Studio-Monitore verfügen. Das Sichtgerät muss die **Farbfernsehnorm** von Kassette- und Abspielgerät darstellen können (Automatik, Schalter oder Menüeinstellungen). Ist dies nicht der Fall, werden **NTSC**-Videos auf **PAL**-Monitoren vertikal gestaucht und in Fehlfarben oder schwarz-weiss wiedergegeben, bzw. PAL-Videos auf NTSC-Monitoren vertikal gestreckt, oben und unten beschnitten und schwarz-weiss wiedergegeben. Werden PAL-Videos auf **SECAM**-Monitoren oder umgekehrt gezeigt, werden diese nicht gestaucht, sondern schwarz-weiss oder fehlfarbig wiedergegeben (vgl. >*Inkompatibilität der Farbfernsehnormen*). Wünschenswert wäre weiterhin eine Option zur Umstellung des **Seitenverhältnisses**, damit 16:9-Videos auf einem 4:3-Monitor unverzerrt wiedergegeben werden können. Für die Wiedergabe von High Definition (HDTV)-Signalen muss ein entsprechender HD-Monitor gewählt werden. Für die korrekte Wiedergabe eines Stereo-Tones können die integrierten Lautsprecher am Monitor benutzt werden. Verfügt der Monitor nur über einen Mono-Eingang, sollten entweder Kopfhörer oder zwei externe Lautsprecher über einen Verstärker angeschlossen werden.

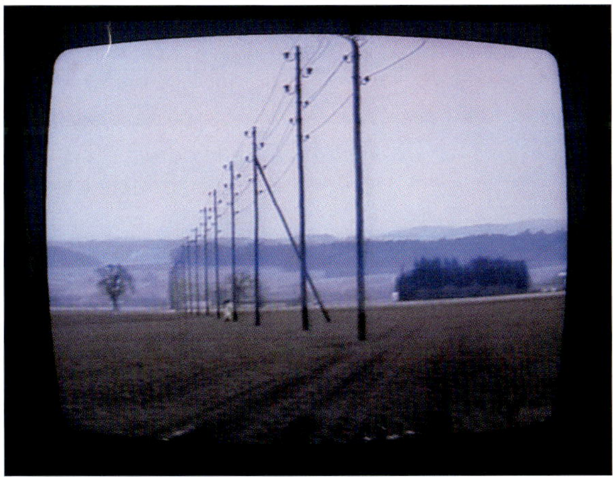

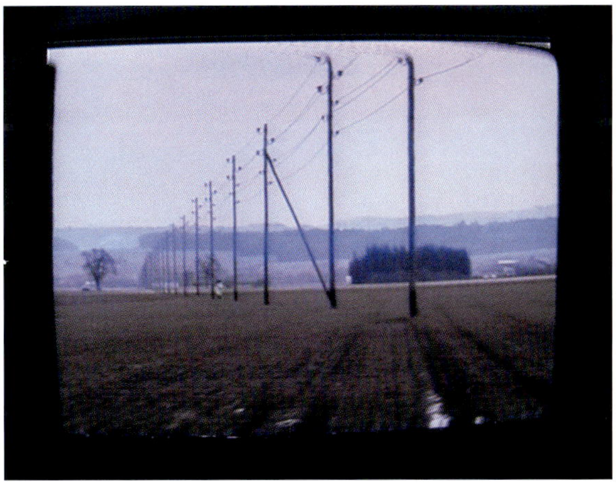

Links: Normalerweise ist das **Bildraster** vom Gehäuse des Monitors oder TV-Empfängers beschnitten. Rechts: Im aktivierten **Underscan**-Modus hingegen werden einige Bildstörungen erst richtig sichtbar, wie z.B. ein Bildverzug bei >*Dehnung oder Schrumpfung des Bandes in Längsrichtung.*

12. Voreinstellungen am Monitor

Stellen Sie alle Regler auf ihre Mittelstellung (Kontrast, Helligkeit, Farbe, V-Hold, H-Hold etc.). Wählen Sie das passende **Seitenverhältnis** (Schalter oder Menü). Stellen Sie für die Zustandserfassung den **Underscan**-Modus ein, wenn vorhanden. Professionelle Studio-Monitore müssen «terminiert» werden, d.h. als End-Ausgabegerät definiert werden, da sonst das Bild zu hell ist. Dazu befindet sich an der Rückseite des Monitors ein Schalter (Widerstand 75 Ω mit «on» aktivieren) oder ein Ausgang, auf den ein Abschlusswiderstand (ein geschlossener Stecker ohne Kabel) gesteckt werden kann.

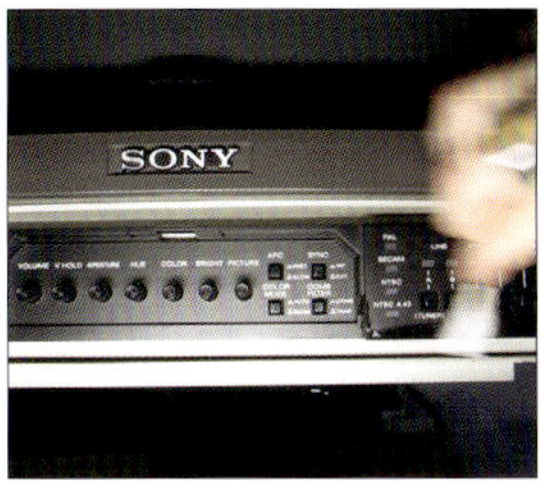

13. Verkabelung von Abspiel- und Sichtgerät

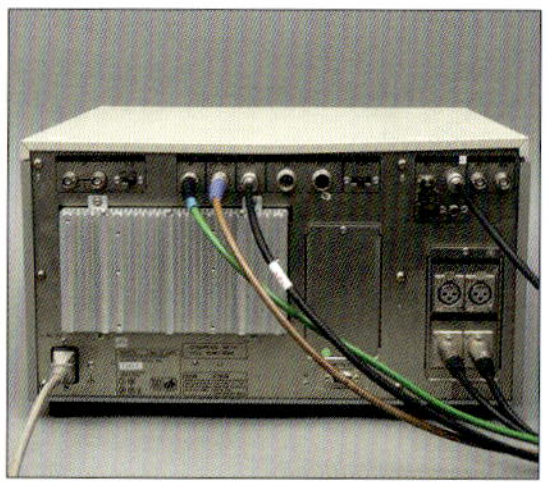

Stellen Sie die Kabelverbindungen zwischen Abspiel- und Sichtgerät her und achten Sie darauf, dass immer sowohl Bild als auch Ton angeschlossen sind. Letzterer ist zur Diagnose von vielen Störungen unverzichtbar. Legen Sie die **Testkassette** ein und überprüfen Sie, ob die Wiedergabe von Bild und Ton korrekt ist.

14. Gerätewartung und -erfassung

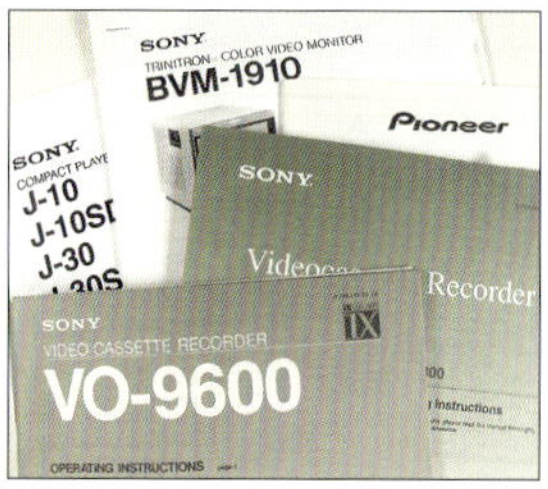

Bewahren Sie die Bedienungs- und Serviceanleitungen zu allen Geräten unbedingt auf, da diese für die Behebung von Gerätefehlern unverzichtbar sein können. Vor allem die Abspielgeräte sollten in regelmässigen Abständen mindestens alle 2–3 Jahre professionell gewartet werden, auch wenn sie nur wenige Male im Monat benutzt werden.

Verfügen Sie über eine Vielzahl von Geräten, kann es sinnvoll sein, deren genaue technische Spezifikationen (inkl. Gerätetyp und Seriennummer) separat zu erfassen und die Geräte mit einer Laufnummer zu versehen. Im Sichtungsprotokoll des Datenblattes müssen dann nur noch die Laufnummern eingetragen werden.

Die Sichtung und Erfassung

15. Akklimatisierung von Bändern und Geräten

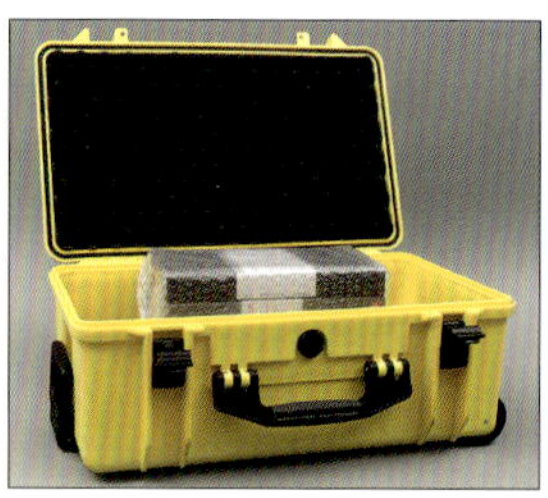

Den Kassetten und Geräten muss vor der Sichtung Zeit zum Akklimatisieren gegeben werden, v.a. wenn sie in einem kühlen Depot gelagert waren oder einen Transport hinter sich haben. Im Zweifelsfall sollten mindestens 24 Stunden für die Akklimatisierung eingeplant werden.

16. Kassette starten und Spulen des Bandes

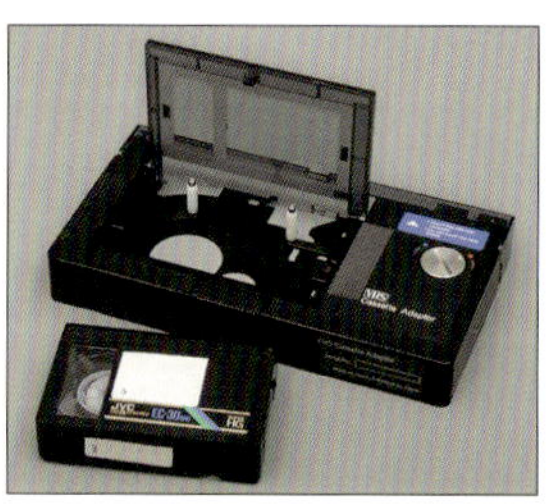

Führen Sie die Kassette gerade in das Einschubfach hinein. Bei **Videoformaten** mit mehreren Kassettengrössen schieben Sie die kleinen Kassetten entlang der Führungsschienen ein, die sich meist in der Mitte des Faches befinden. Bei **VHS-C** und **S-VHS-C**-Kassetten verwenden Sie einen Kassettenadapter. Spulen Sie die Kassette bei Bedarf zurück. War sie Erschütterungen ausgesetzt, z. B. durch einen Transport, ist zu empfehlen, das Band vor der Sichtung einmal komplett vor- und wieder zurückzuspulen, damit es wieder korrekt und gleichmässig gewickelt ist.

17. Time Code oder Zählerstand einstellen

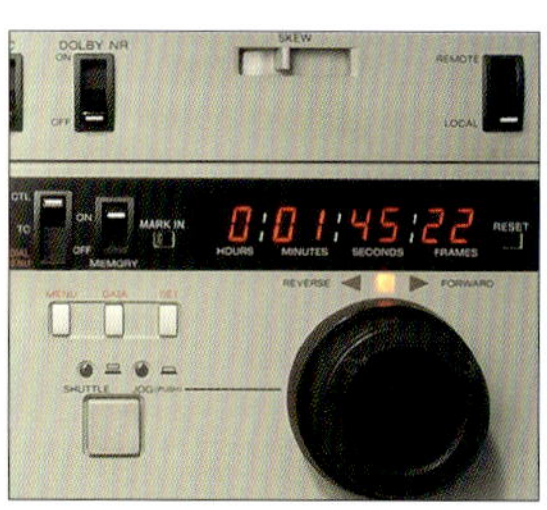

Verfügt das Band über einen **Time Code**, erscheint dieser bei der Wiedergabe automatisch im Display des Gerätes (Schalter in TC-Stellung). Ist kein Time Code mit aufgezeichnet, stellen Sie am Anfang oder an gewünschter Stelle des Bandes den Zählerstand am Gerät manuell auf 00:00:00 (Schalter in CTL-Stellung und Reset-Schalter betätigen).

18. Sichtung und Erfassung von Inhalt und Zustand des Bandes

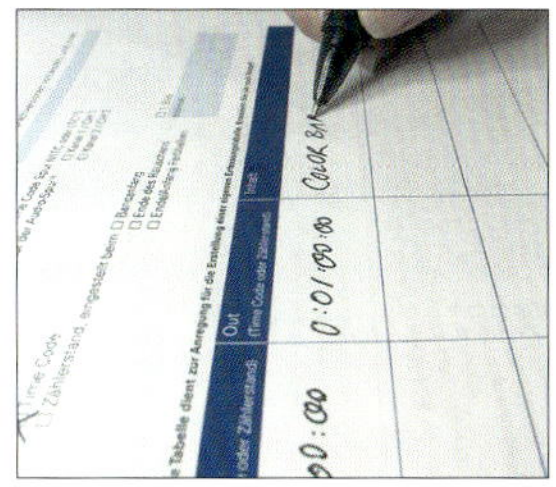

Nehmen Sie das «Datenblatt zur Erfassung von Videobändern» zur Hilfe und ergänzen Sie es nun Punkt für Punkt. Sichten Sie immer in Echtzeit (weder beschleunigt noch verlangsamt), da Bildstörungen sonst nicht sichtbar oder verfälscht werden. Bei Gelegenheit einer Sichtung ist zu empfehlen, nicht nur die Bildstörungen eines Bandes, sondern auch den Inhalt formal zu erfassen. Damit können z. B. verschiedene Versionen eines Werkes charakterisiert werden. Alle Charakteristika und Auffälligkeiten sollten mit der Angabe des **Time Codes** oder Zählerstandes notiert werden. Ebenfalls wichtig ist das Festhalten des letzten Abspieldatums und des verwendeten Gerätes. Lassen Sie das Band bei der Sichtung nie länger als nötig im Pausenmodus, da es durch die weiterrotierende **Kopftromme**l beansprucht wird. Schonen Sie **U-matic**-Bänder, indem Sie während der Sichtung nicht mitten im Programm auf die Stop-, FF- oder REW-Tasten drücken. Zum Spulen während der Sichtung benutzen Sie ausschliesslich den Search-Modus.

19. Wenn Bildstörungen auftreten

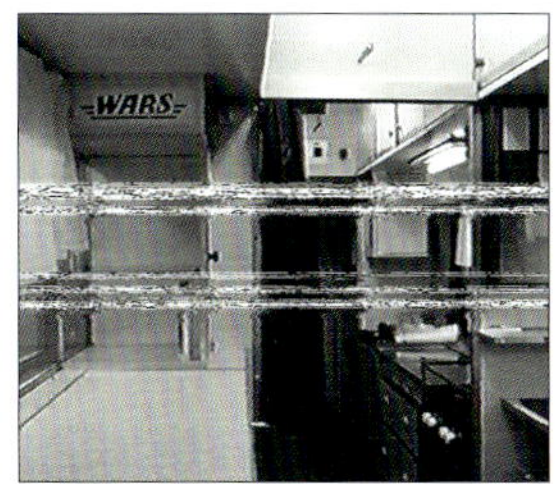

Sind Sie sicher, dass es sich nicht um eine intendierte, künstlerische Verwendung von Bildstörungen handelt? Überprüfen Sie ggf. mithilfe Ihrer **Testkassette**, ob Sie die geeigneten Abspiel- und Sichtgeräte gewählt haben, ob die Verkabelungen stimmen und ob die Voreinstellungen an den Geräten korrekt sind. Nehmen Sie Anpassungen vor wenn nötig. Nehmen Sie das Kapitel «Kompendium der Bildstörungen beim analogen Video» in diesem Buch zu Hilfe und vergleichen Sie die vorgefundenen mit den beschriebenen Phänomenen. Benutzen Sie die beiliegende DVD, um die Störungen als Videosequenzen zu sehen. Zu jeder Bildstörung finden Sie Anweisungen zum «Weiteren Vorgehen». Diverse Störungen ähneln sich untereinander und sind für eine unerfahrene Person schwer zu unterscheiden. Beschreiben Sie daher im Zweifelsfall das Phänomen, bevor Sie falsche Diagnosen stellen, und konsultieren Sie eine Fachperson.

20. Wenn Tonstörungen auftreten

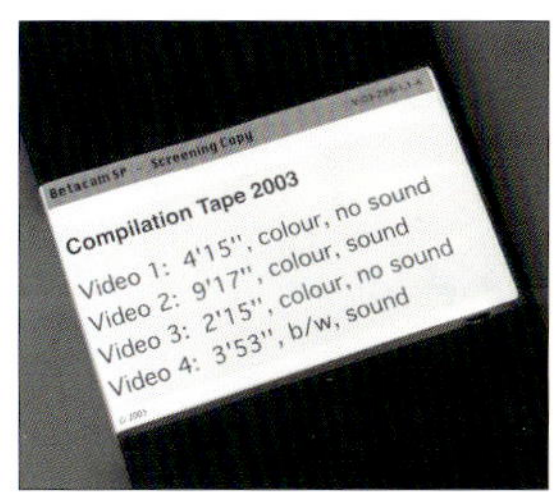

Überprüfen Sie, ob das Video überhaupt über einen Ton verfügt, bzw. ob ein verzerrter oder gestörter Ton vom Künstler intendiert sein könnte. Überprüfen Sie, ob Sie die geeigneten Abspiel- und Sichtgeräte gewählt haben, ob die Verkabelungen stimmen und ob die Voreinstellungen an den Geräten korrekt sind. Nehmen Sie ggf. Anpassungen vor. Liegt ein **FM**- oder **PCM-Ton** vor, ist eventuell eine Optimierung des Tones mit dem **Tracking-Regler** möglich. Tritt die Tonstörung in Kombination mit einer Bildstörung auf, finden Sie weiteren Aufschluss zu Phänomenen, Ursachen und Behandlungsmöglichkeiten im Kapitel «Kompendium der Bilstörungen beim analogen Video».

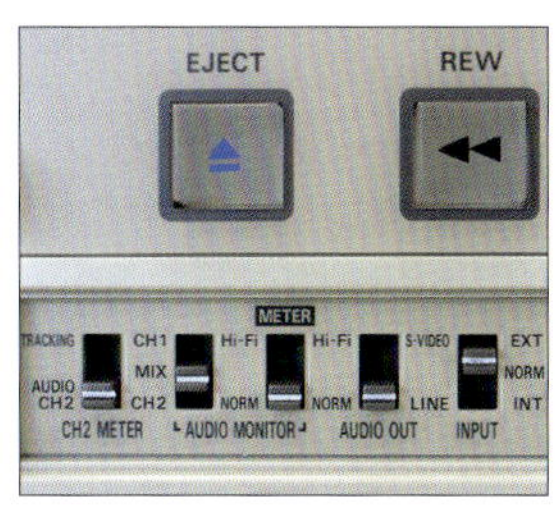

Sollte ein Ton vorhanden sein, aber Sie hören ihn nicht oder sehr leise, haben Sie möglicherweise die Kabelverbindungen falsch angeschlossen oder die Voreinstellungen am Gerät nicht korrekt gewählt. Achten Sie z. B. darauf, dass der FM-/HiFi-, bzw. der PCM-Schalter in der richtigen Position ist und dass die Kabel mit den entsprechenden Ausgängen am Gerät verbunden sind.

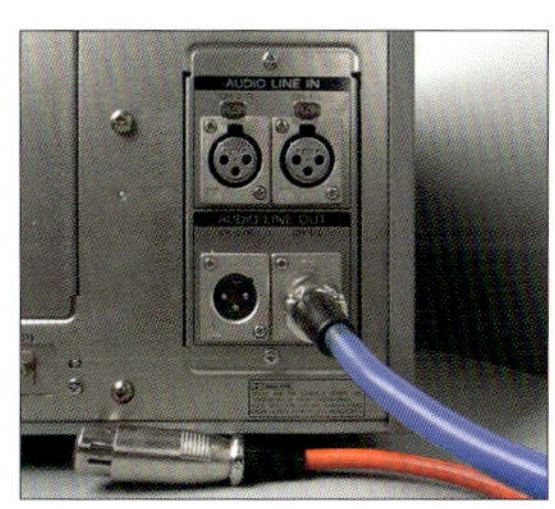

Wenn bei der Wiedergabe ein sehr lauter, hoher, knatternder Ton hörbar wird, ist vermutlich eine der **Audiospuren** mit einem **Time Code** belegt (Hinweis: Beschriftung «TC CH1/CH2» auf der Kassette). Der störende Ton kann abgestellt werden, indem das Kabel des entsprechenden Ausgangs gezogen wird.

21. Sichtung sofort stoppen, wenn …

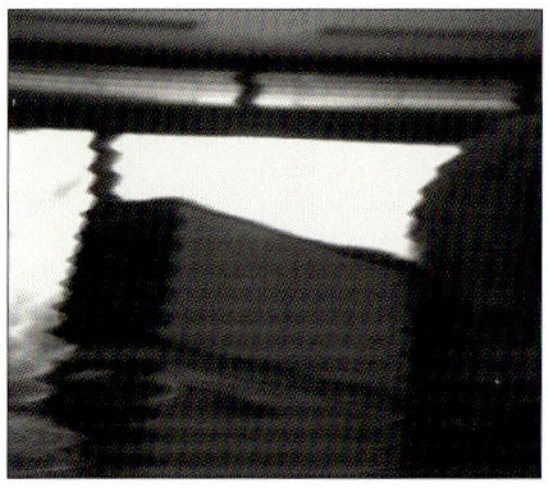

… deutliche Störgeräusche aus dem Geräteinneren auftreten.
… das Band bei der Wiedergabe stockt.
… das Band bei der Wiedergabe signifikant **quietscht** (vgl. >*Bandkleben und -quietschen*).
… das **Bildrauschen** immer stärker zunimmt (vgl. >*Wiedergabeköpfe verschmutzt*).
… wenn beim Auswerfen der Kassette Bandsalat entsteht.

22. Nach dem Sichten …

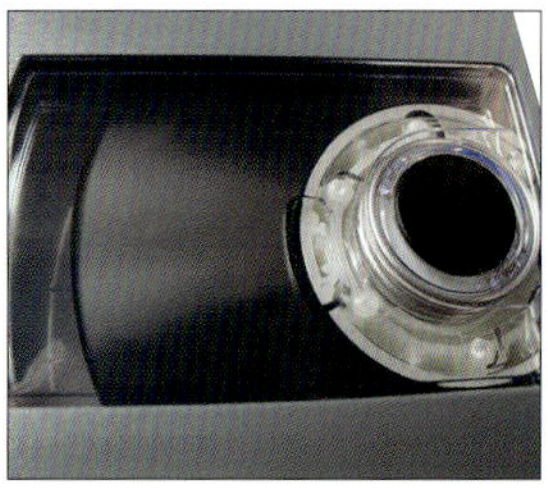

Ist die Sichtung abgeschlossen, spulen Sie die Kassette zuerst bis an ihr Ende und dann in einem Zug bis an ihren Anfang zurück, um einen möglichst gleichmässigen **Bandwickel** zu erzeugen. Lassen Sie die Kassetten nach dem Sichten nie unnötig lange im Gerät. Nach Betätigen der Eject-Taste warten Sie, bis die Kassette vollständig ausgeworfen ist. Ein vorzeitiges Ziehen kann Bandsalat erzeugen.
Lässt sich die Kassette entnehmen, doch das Band führt noch ins Gerät zurück, ziehen Sie auf keinen Fall am Band, sondern lassen Sie es durch einen Techniker aus dem Gerät entfernen. Wenn die Kassette bei Betätigung der Eject-Taste nicht ausgeworfen wird, schalten Sie das Gerät aus und halten Sie die Eject-Taste gedrückt, während Sie das Gerät wieder einschalten. Sollte die Kassette noch immer nicht ausgeworfen werden, wenden Sie keine Gewalt an, sondern bringen Sie das Gerät mit der Kassette zum Techniker.

Wichtige Tipps

23. Rauchfreie Lagerung und Sichtung

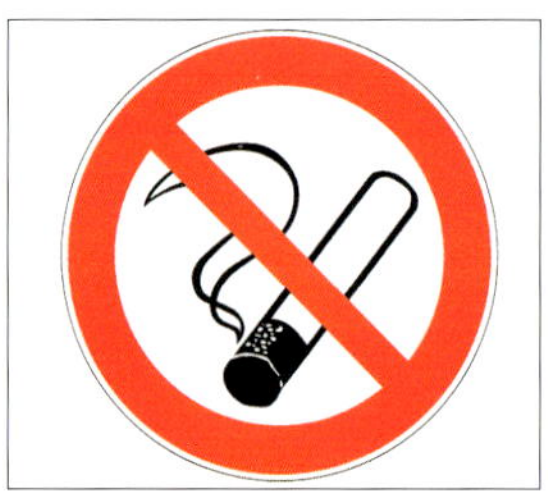

Halten Sie ein striktes Rauchverbot in Archiv- und Sichtungsräumen ein! Schon ein geringster Nikotin-Belag auf dem Band oder im Geräteinneren kann zu **Dropouts** und anderen Bildstörungen führen.

24. Wärme, Sonne oder Magnetfelder schädigen die Kassette!

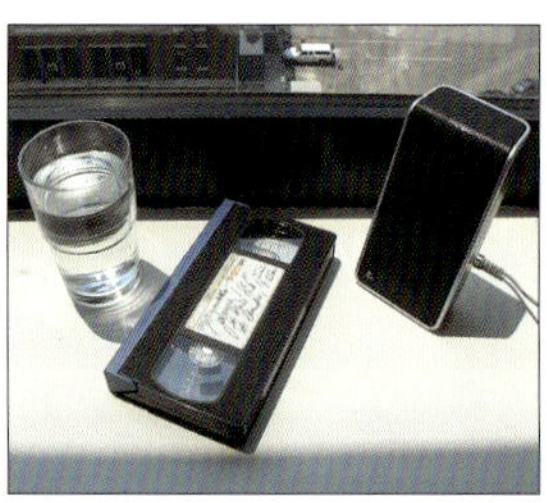

Schützen Sie Ihre Kassetten vor Magnetfeldern und legen Sie diese weder auf dem Monitor noch auf Lautsprechern ab. Meiden Sie die direkte Nähe von Kopfhörern, Aktiv-Lautsprechern, Pegelmeter-Anzeigen an Geräten und anderen Erzeugern von Magnetfeldern. Schützen Sie die Kassetten vor direkter Wärme- und Sonneneinstrahlung. Legen Sie sie z. B. nicht in Heizkörpernähe ab oder auf sonnenbeschienene Oberflächen. Vor allem im Sommer sollten Sie auf die Transportbedingungen achten: meiden Sie z. B. heisse Kofferräume!

25. Magnetfelder können das Sichtgerät stören

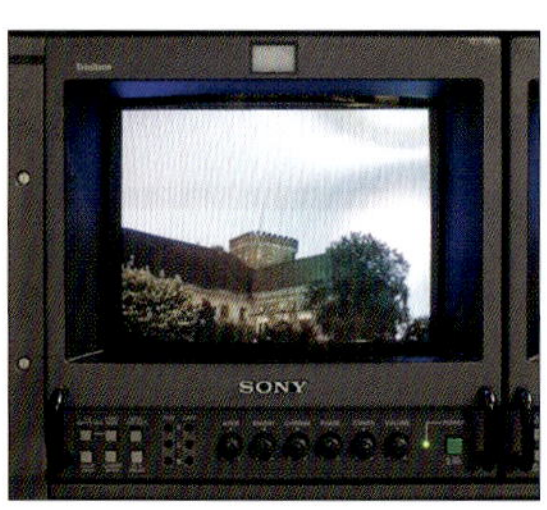

Schützen Sie auch ihren Röhrenmonitor vor Magnetfeldern. Meiden Sie z. B. die direkte Nähe von Kopfhörern, Aktiv-Lautsprechern und anderen Erzeugern von Magnetfeldern, da sonst Farbverschiebungen auftreten können.

26. Reinigung des Abspielgerätes

Das Abspielgerät muss gereinigt werden, wenn der **Bandpfad** oder die >*Wiedergabeköpfe* verschmutzt sind. Zu diesem Zweck werden im Handel **Reinigungskassetten** (trocken und nass) angeboten, die jedoch unter Fachleuten kontrovers diskutiert werden. Das Ausmass der abrasiven Wirkung von Trocken-Reinigungskassetten, bzw. die Schädlichkeit unflüchtiger Rückstände von Löse- und Reinigungsmittel bei Nass-Reinigungskassetten sind nicht hinlänglich untersucht. Sollten Sie sich dennoch für die Verwendung einer Reinigungskassette entscheiden, erwerben Sie diese ausschliesslich im Fachhandel und befolgen Sie genau die beigelegten Anweisungen. Es ist nicht zu empfehlen, Reinigungskassetten regelmässig, also präventiv anzuwenden. Eine eigenhändige Reinigung des Geräteinneren ist riskant. Die **Videoköpfe** und **bandführenden Teile** sind äusserst empfindlich und mechanischer Druck oder das falsche Löse-/Reinigungsmittel kann grossen Schaden anrichten. Lassen Sie Ihr Gerät besser von einer Fachperson reinigen.

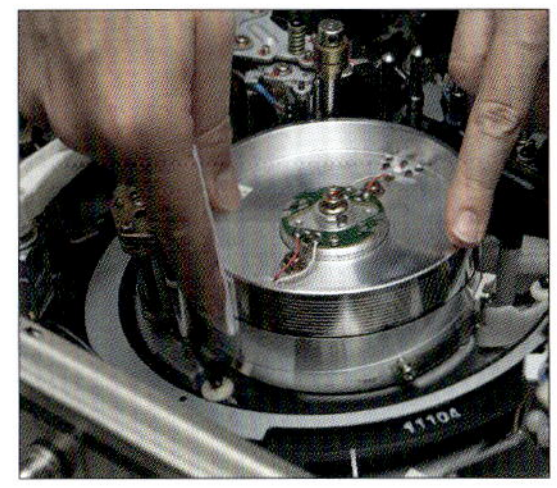

27. Kopieren und Digitalisieren

Lassen Sie sämtliche Kopier- und Digitalisierungsarbeiten unbedingt von professionellen Videorestauratoren oder anderen Fachpersonen ausführen, um auszuschliessen, dass behebbare **Dropouts** und andere analoge Bildstörungen mitkopiert oder digitalisiert und somit irreversibel Teil des Bildinhaltes werden. Achten Sie darauf, dass Bänder vollständig kopiert werden, z.B. auch inklusive Vor- und Nachspann des Distributors. Achten Sie darauf, dass jede neue Kopie eine eigene **MAZ-Karte** erhält (ein Exemplar zur Kassette, eines in die Unterlagen). Hinweis: Beim Kopieren sollte man grundsätzlich auf einen Wandel der **Farbfernsehnorm** («Normenwandel») verzichten, da sich beim Transcodieren die Signalqualität stets verringert.

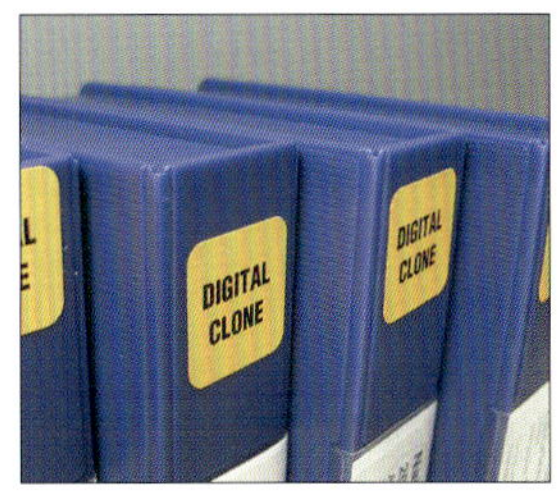

28. Beschriftung und Einlagerung der Kassette

Kassetten sollten grundsätzlich nie ohne Hülle aufbewahrt werden. Weil Kartonhüllen aus faserigem, säurehaltigem Material bestehen, ersetzen Sie diese durch archivtaugliche Polypropylen-Hüllen. Verfügt die Kartonhülle über einen Einzigartigkeitswert, ist sie z.B. vom Künstler beschriftet oder gestaltet, bewahren Sie sie separat von der Kassette auf. Verwenden Sie für die Beschriftung archivtaugliche, säurefreie Etiketten, die sich nicht von allein lösen können. Die Etiketten sollten unbedingt auf die dafür vorgesehenen Felder geklebt werden.

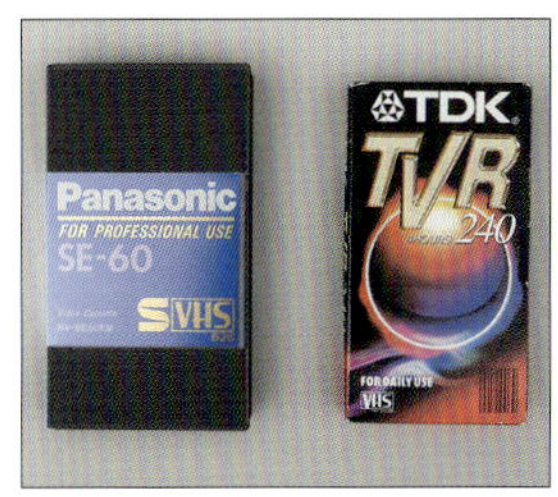

29. Langzeitlagerung und präventive Konservierung

Wählen Sie für die **Archivmaster** unbedingt ein professionelles **Videoformat**. Informieren Sie sich gut und stellen Sie sicher, dass das gewählte Format 1. über eine möglichst geringe Kompression, 2. über eine möglichst weite Verbreitung und 3. über eine vorraussehbare, lange Nutzungsdauer verfügt. Zur fachgerechten Archivpflege und zur Herstellung optimaler Bedingungen für die Lagerung konsultieren Sie die «Weiterführende Literatur» in diesem Buch.

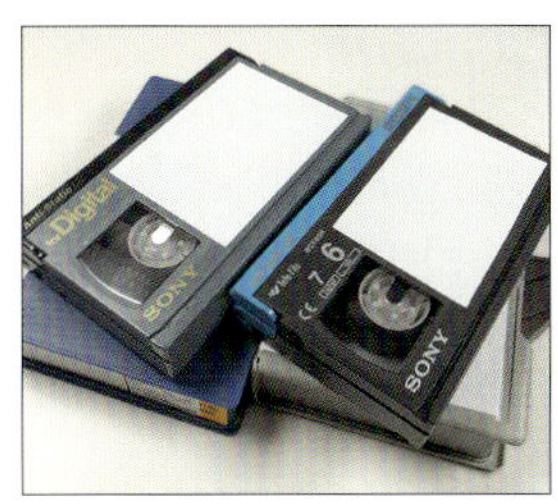

30. Transport

Kassetten sollten grundsätzlich nie ohne Hülle transportiert werden. Beim Handling und Transport sowohl von **Offenen Spulen** aber auch von Kassetten sollte Druck auf die Spulendeckel, bzw. Gehäuse vermieden werden, da sonst die Bandränder beschädigt werden können. Achten Sie beim Transport von Geräten darauf, dass keine Kassetten im Gerät verblieben sind!

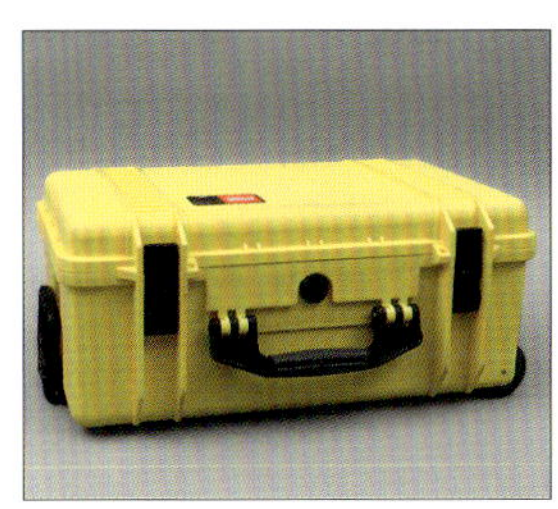

A GUIDE TO VIEWING AND CATALOGUING VIDEOCASSETTES

Joanna Phillips, Agathe Jarczyk

In order to catalogue a video collection, it is essential to view and review all the tapes. Even video archives with tapes that have already been professionally catalogued and stored should be regularly reviewed – at the very least on a random-sample basis – because tape can only be successfully stored over the long term if it is continuously monitored for damage or deterioration. This is not just important where historic, endangered **video formats** are concerned; it also applies to recently created **archival copies**. When digitising a video archive, the analogue source material should always be preserved and archived, so that it remains available as a source for future format **migrations** if required.
This guide explains the correct procedures for viewing and inspecting videocassettes. It applies to all video formats commonly encountered in European collections of video art. If explanations only apply to a single format or group of formats, this is indicated in the text as appropriate. The guide explains what the viewer should pay attention to before, during and after the viewing session. Tips are also provided on the correct use of playback equipment. Appended to the guide is an example of a 'Data Sheet for Cataloguing Videotapes', intended for use as a guideline and template – the data sheet may be customised to suit the specific cataloguing requirements of any collection. While the data sheet is designed primarily for cataloguing analogue video formats, it can also be used to catalogue digital formats. However, in order to describe digital videotapes in full, it may be necessary to extend the data sheet to include additional information.

The Videocassette

1. Handling the cassette

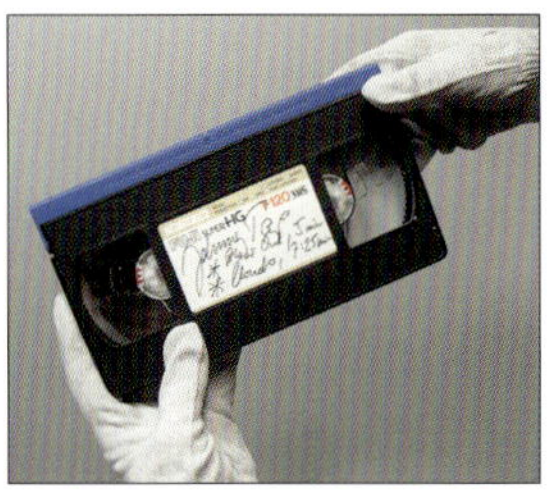

Never touch the **magnetic tape** with bare hands, because any trace of fingerprints or other contaminants may cause **dropouts**. Before inspecting a tape, it is a good idea to wash your hands or wear clean gloves. This also helps to protect the cassette shell and any labels, which are often designed or inscribed by the artists themselves.

2. What is the cassette's status?

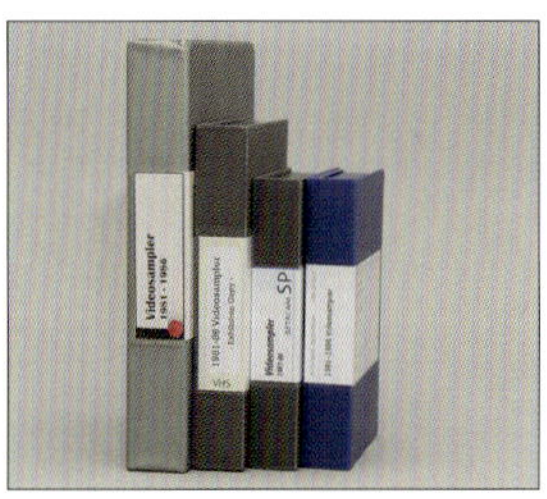

You should know whether you are holding e.g. the video **master**, the **archival master**, the **exhibition copy** or **viewing copy** in your hands. Special care should be taken when inspecting and viewing masters, because they may be unique and irreplaceable, and usually have the best signal quality. To obviate any unnecessary risk of damage or wear, make sure you do not use the (archival) master if you can possibly avoid it. When carrying out an in-depth analysis of the contents of a video recording, only use viewing copies created specifically for this purpose.

3. Compiling the technical information

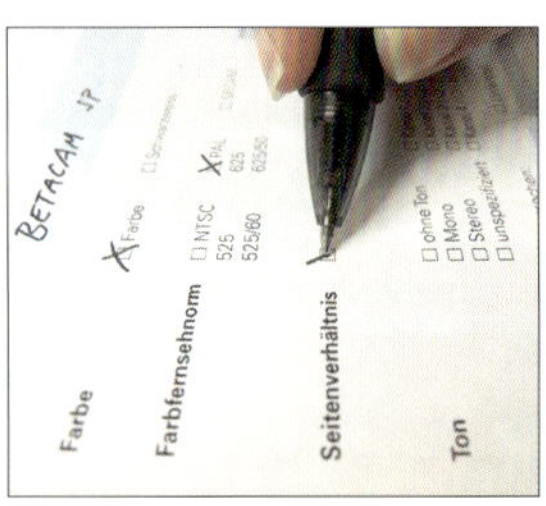

Prior to viewing the tape, compile all relevant technical information. Read all the labels on the cassette shell and case and study the attached **dub sheet** – if present – as well as any other reference material or documentation. Use the 'Data Sheet for Cataloguing Videotapes' as a guide and note down all available information before viewing the tape.

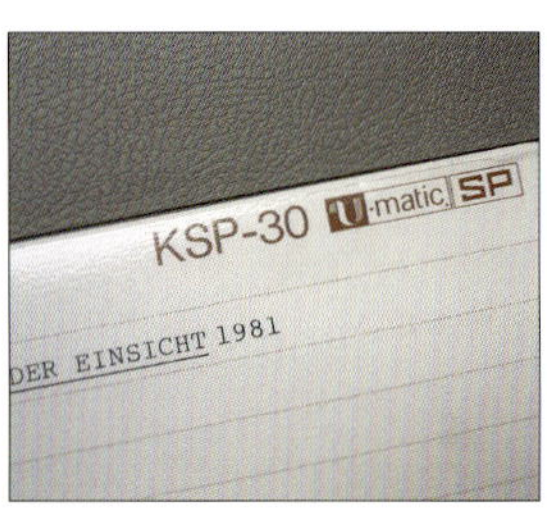

First, what is the **video format**? In order to choose the right video player, you must first determine the cassette's video format (including its extended specification, e.g. **U-matic LB**, **U-matic HB** or **U-matic SP**). Information provided on the flyleaves of this book will help you identify the format: at the front of the book you will find the pictograms used to indicate analogue formats; the pictograms for digital formats are at the back of the book. The most important criteria for identifying a video format visually are the shape and external dimensions of the cassette, and the shape(s) and position(s) of the cassette windows; the latter only deviate from the pictograms in exceptional cases.

Was the videocassette recorded in **Long Play** (LP), Super Long Play (SLP) or Extended Play (EP) mode? In each case, you need a player with the appropriate playback option, because otherwise the tape will be played back too fast, resulting in video and audio distortion (cf. >*Long Play*).

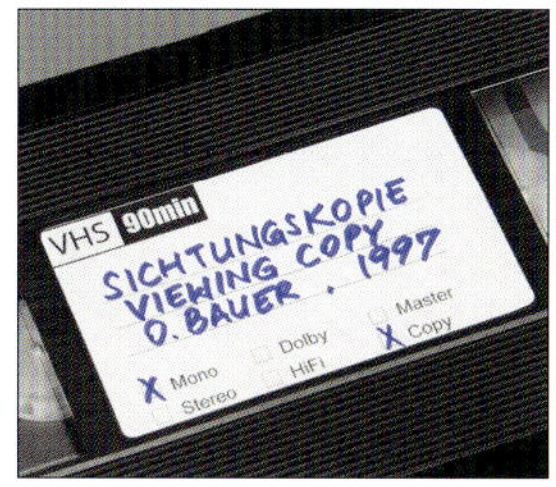

Which **television standard** was the cassette recorded in (e.g. **PAL**, **NTSC** or **SECAM**, sometimes also described as 625/50, 525/60)?
Your player and display device should support the videocassette's television standard, otherwise you will experience video and audio distortion (cf. >*Incompatibility between Television Standards* [*PAL – NTSC – SECAM*]).

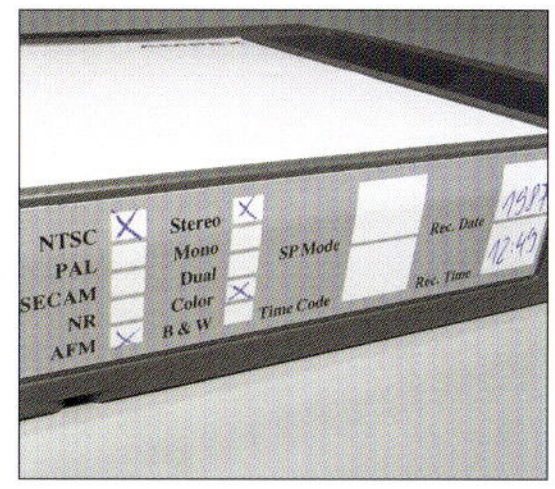

Before viewing the tape, it is helpful to know whether the video is colour or black-and-white, and whether it has a soundtrack.
Note down this information – in as much detail as possible – on the data sheet (e.g. mono/stereo, **FM/PCM audio**, allocation of **audio tracks**, if possible including **time code**). If no information is available prior to viewing the videocassette, and if, by viewing the tape (and confirming your observations with the help of a **test cassette**) you discover that colour or audio is missing from the tape, you should research the artist's intentions in order to establish whether the effect is deliberate.

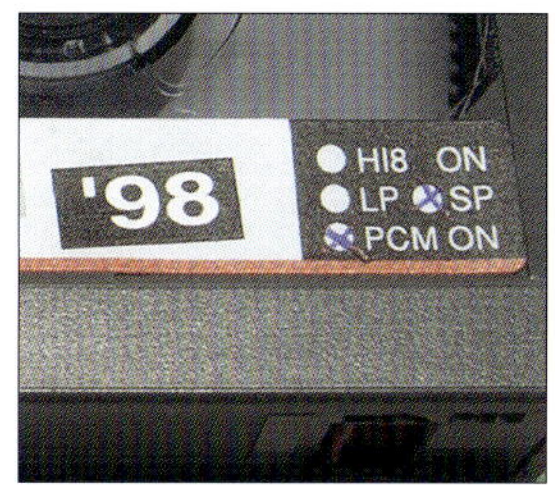

4. Visible, audible and olfactory condition of the tape

Visually inspect the condition of the **tape pack** through the cassette window and by carefully opening the lid (after pressing the release on the shell).
Can you see dust, dirt, **debris** or whitish crystals? Can you see any >*Creased or Crumpled Tape*? If you can, do not play the tape, because otherwise the dirt or dust particles might scratch it and/or contaminate the video player. Do not view the tape: give it to a video conservator.
Caution: never touch the tape. It is not possible to identify **magnetic tape** deterioration by touch, i.e. by using your fingers – even the notorious >*Sticky Tape Syndrome* can only be identified when the tape is played.

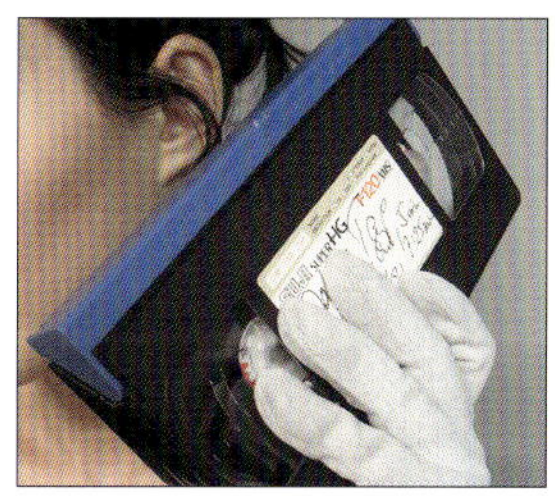

Make sure the cassette shell is intact. Note down any damage you find on the data sheet. Gently rotate the cassette in all directions; can you hear loose parts tumbling about inside, or see them through the window? If so, do not play or view the tape: give it to a video conservator.

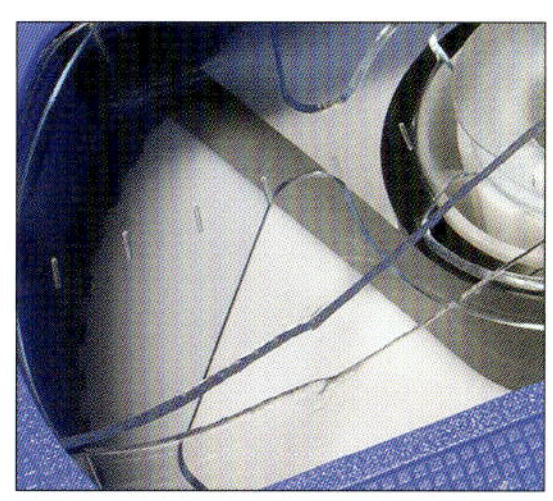

Are individual strands of tape protruding from the tape pack ('popped strands'), or is the tape itself projecting from and/or jammed in the lid of the cassette?
Never put a tape displaying such symptoms in a player, otherwise the tape may become tangled and damaged. Again, do not view the tape: give it to a video conservator.

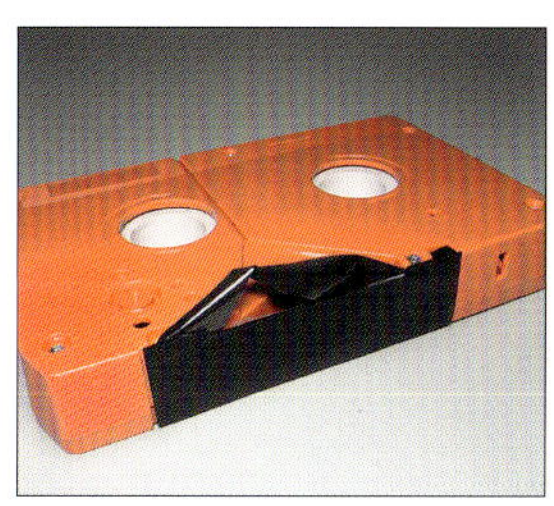

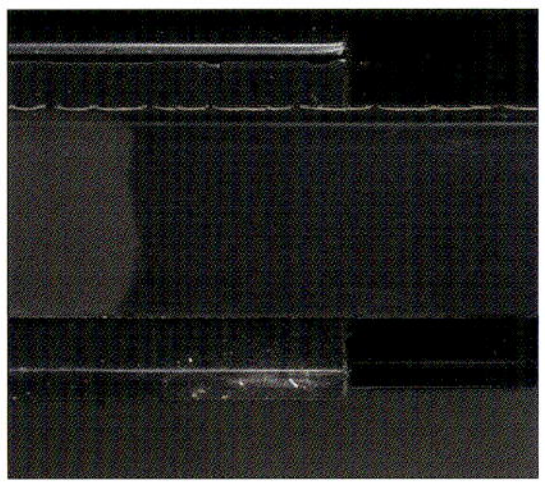

If the **tape pack** exhibits any abnormalities, this may indicate that the tape is damaged or suffering from >*Tape Deformation*, e.g. along the edges. Check the tape by carefully opening the lid of the cassette. Can you see any >*Creased or Crumpled Tape* or any sign of deformation along the tape's edges? If so, do not play the tape: give it to a video conservator.

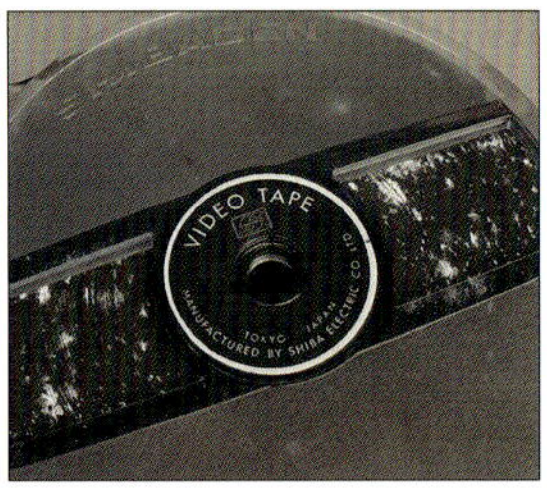

If you find any whitish threads or dark spots or patches on the tape and/or the cassette shell, are they accompanied by a noticeable mouldy or musty smell?
If the answer is yes, do not play the tape under any circumstances: give it to a video conservator for treatment! Video tapes with mould should be isolated immediately. If they have been stored alongside other tapes for extended periods of time, these other tapes should also be examined and may also need treatment. Mould spores left behind in a player can contaminate any other tapes that are inserted in the player, and also represent a health hazard.

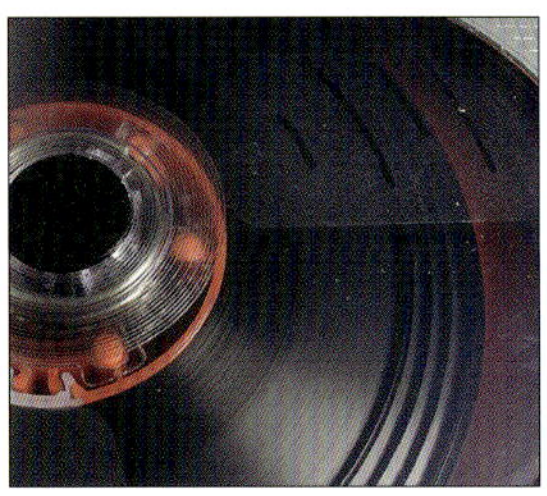

Does the **tape pack** show stepping or unevenness? If so, wind and rewind the tape from one end to the other.
If the tape sticks or **squeals** while it is being wound or rewound, stop the winding process immediately. If you suspect the tape is afflicted by >*Sticky Tape Syndrome*, give it to a video conservator without attempting to view it.

5. Is the cassette tape record-protected?

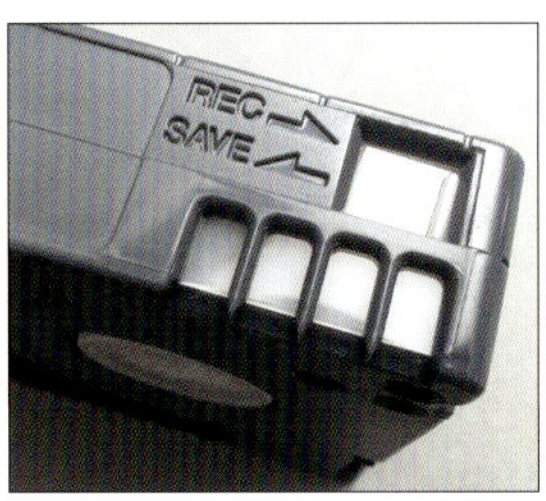

To make sure that a video recording is not inadvertently erased or overwritten, all video cassettes are fitted with a safety mechanism, a record tab that needs to be activated. If this record-protect mechanism has not been activated, you should remedy the situation immediately. Record tabs differ according to the **video format**.

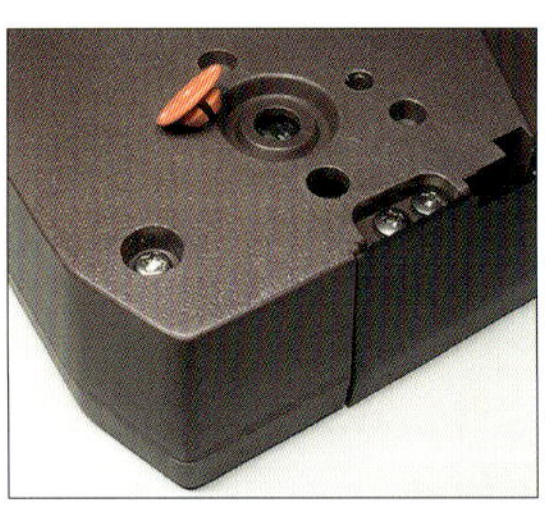

U-matic: the red button on the underside of the cassette should be removed.

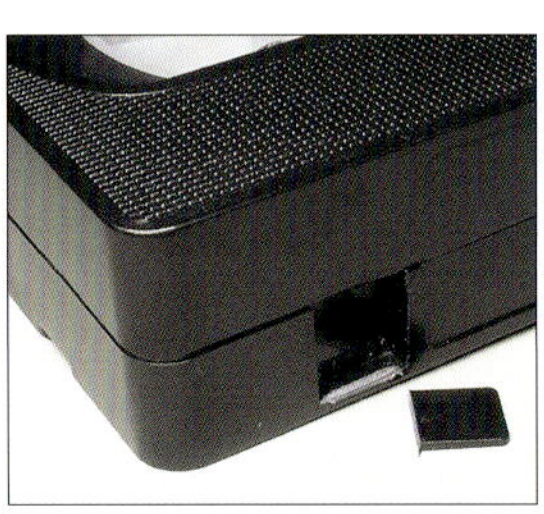

VCR, **Betamax**, **VHS**, **S-VHS**, **VHS-C** and **S-VHS-C**: there is a snap-off tab on the side or underside of the cassette. To record-protect the tape, the tab should be removed.

Video 2000: there are two rotary switches on either side of the cassette. Both of them should be turned to red.

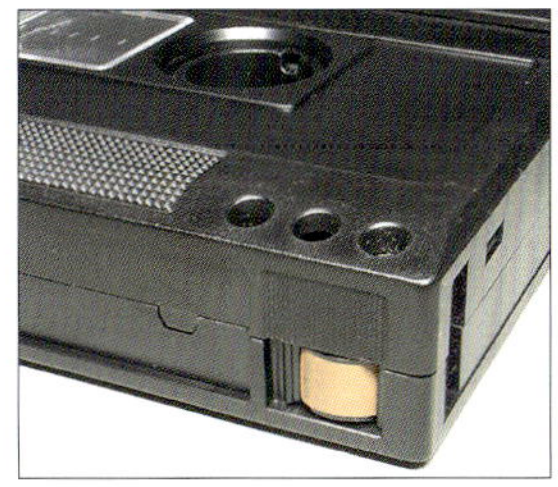

MII, DV, MiniDV, DVCAM, DVCPro, HDV, DVCPro HD; often also **VHS**, **S-VHS**, **VHS-C** and **S-VHS-C**: there is a sliding tab on the side of the cassette, which should be moved to the open position.

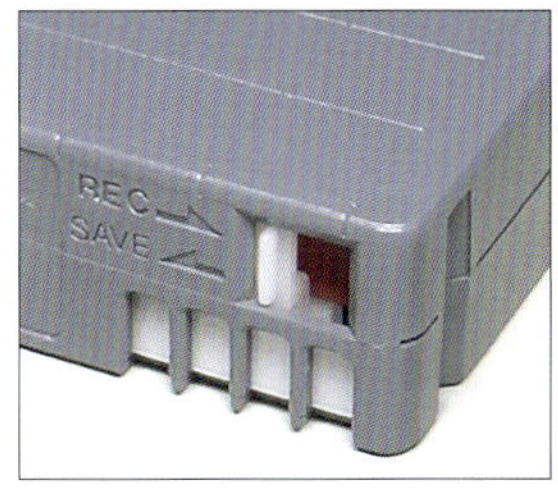

Video8, **Hi8**, Digital8: there is a sliding tab on the side of the cassette, which should be moved to the closed position.

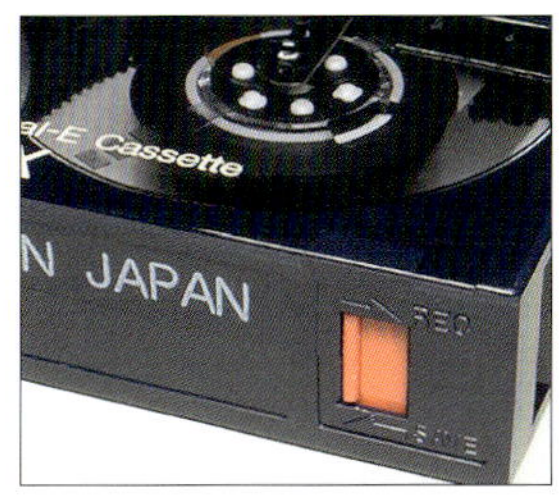

All analogue and digital cassettes in the **Betacam** family, as well as MPEG IMX, HDCAM and HDCAM SR cassettes: on the underside of the cassette is a red latch which should be pressed down.

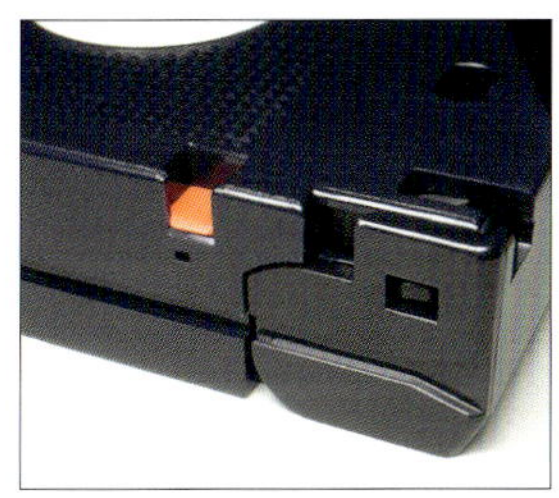

6. Inspecting the labels on the cassette

Before inserting the cassette in a player, make sure that any labels on the shell are not loose or pasted over the cassette's lid. Any sticky notes attached to the cassette should also be removed, otherwise they could come off inside the player.

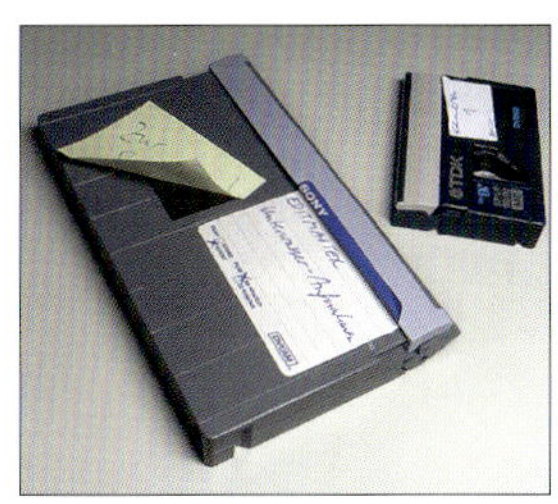

7. You need a test cassette!

You need a **test cassette** to use as a reference point for the proper operation and correct settings of your equipment; the best place to obtain one is from a video conservator or a production studio. As you assess the condition of the video, you can use the test cassette to help establish whether image errors occur due to device error, tape error, operator error or production error (cf. the section 'What to do next' after the description of each image error in the Compendium chapter).
In terms of **video format** (including the extended specification) and **television standard**, the test cassette should be identical to the tapes you are inspecting.
Before anything else, **colour bars** should be recorded on the test cassette, accompanied by a 1 kHz tone for reference. This should be followed by a sequence of full-motion pictures in colour with synchronous audio. The image content can be arbitrary, but should be familiar to the reviewers and should not contain any defects whatsoever.
Because test cassettes also deteriorate and wear out, they should be replaced on a regular basis.

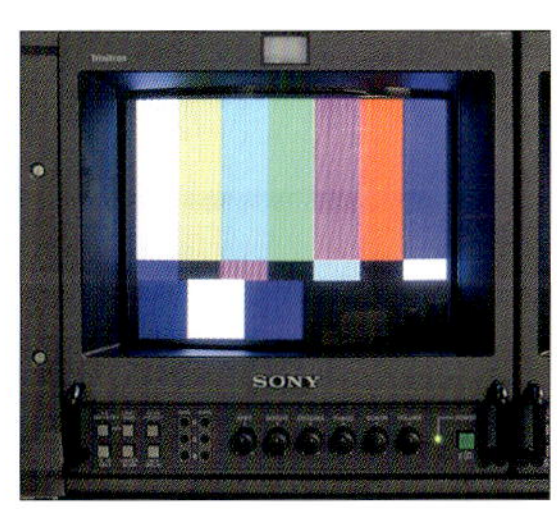

Playback and Display Equipment

8. Choosing a suitable player

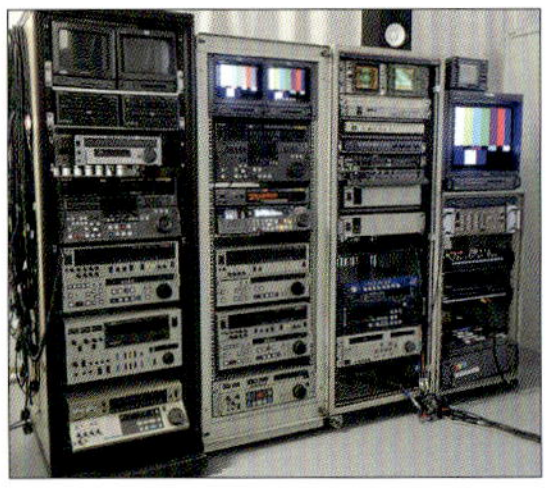

The player should be (1) compatible with the **video format** (including its extended specification), (2) support the cassette's **television standard** and (3) be capable of playing back the cassette's recording mode (e.g. **Long Play**).
With respect to (1): in principle, each video format requires its own dedicated player. Where a video format has been enhanced, enhanced formats are generally backward-compatible. For example, **VHS** cassettes can be played on **S-VHS** players (but not vice versa), **Video8** cassettes can be played on **Hi8** equipment (but not vice versa), and so on. The VCR family is an exception to this rule: **VCR**, **VCR LP** and **SVR** all use identical cassettes, but are incompatible with each other, hence each need a dedicated player (for further reference, see the explanations in >*Incompatibility within a Family of Video Formats*).
With respect to (2): in Europe **multi-standard players** are available for most video formats, capable of switching between **PAL**, **SECAM** and **NTSC** playback as required. These devices are ideal for viewing video tapes, but not for copying them.
With respect to (3): cassettes recorded in **Long Play** mode (e.g. **VCR**, **Video 2000**, **Betamax**, **VHS**, **S-VHS**, **Video8**, **Hi8** as well as Digital8, DV and various other digital formats) should be played back on compatible equipment (the same applies to Super Long Play [SLP] and Extended Play [EP] recording modes).

9. Condition of the player

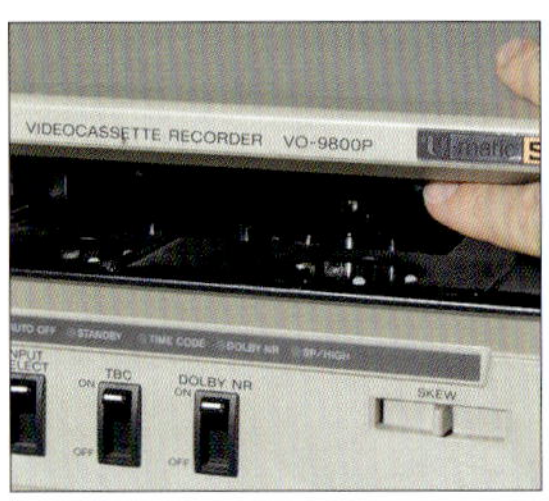

The playback equipment should be clean and in good working order. Take a look in the cassette slot – is it empty and dust-free? You can remove loose dust using compressed air (e.g. from an aerosol) and a powerful vacuum cleaner. Never touch the **head drum** or the **tape guides**. Always ask a specialist or a professional technician to remove stubborn dirt, and also to service the device at regular intervals.

10. Setting up the player correctly

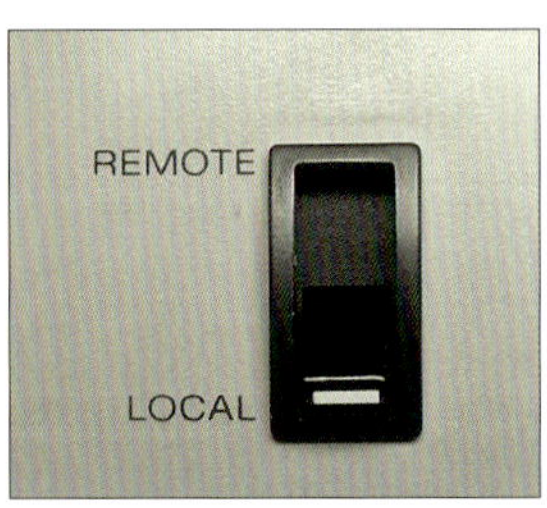

Professional videotape players from **U-matic** onwards have what is known as a remote switch, which can be used to select whether the unit is operated directly ('local' setting) or from an external control system ('remote' setting). Check that this switch is in the correct position.

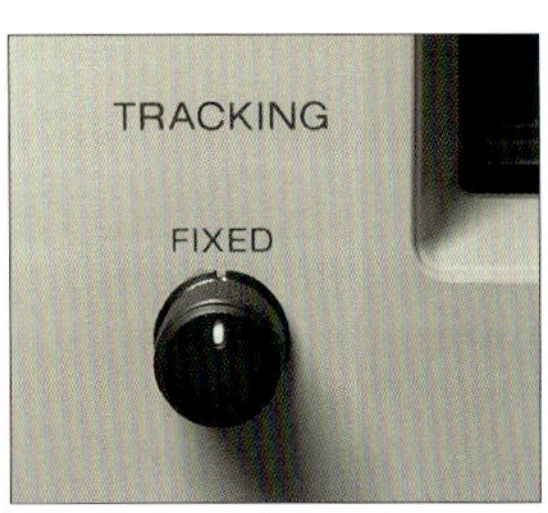

If the player is fitted with a **tracking control**, set it to the neutral position before viewing the video.
In modern players, tracking settings can also be adjusted using a remote control or menu selection (cf. >*Tracking Error*).

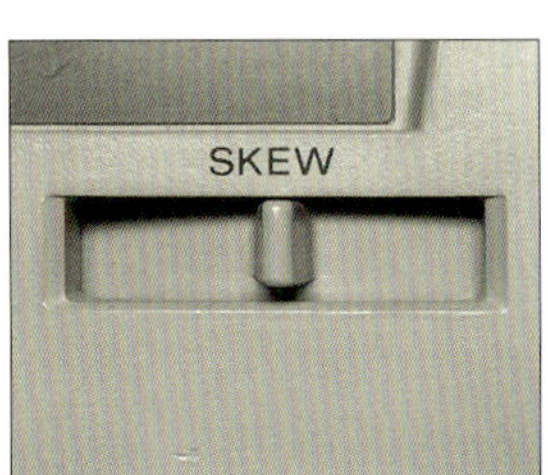

U-matic players have a control for adjusting the **tape tension**, known as a **skew control**. Before viewing the tape, make sure this control is switched to the neutral position (cf. >*Skew Error*).

On the back of **U-matic** players that support the **PAL** television standard, you will also find a **colour lock control**. As a rule, this should be set to the neutral position (cf. >*Loss of Colour Lock*).

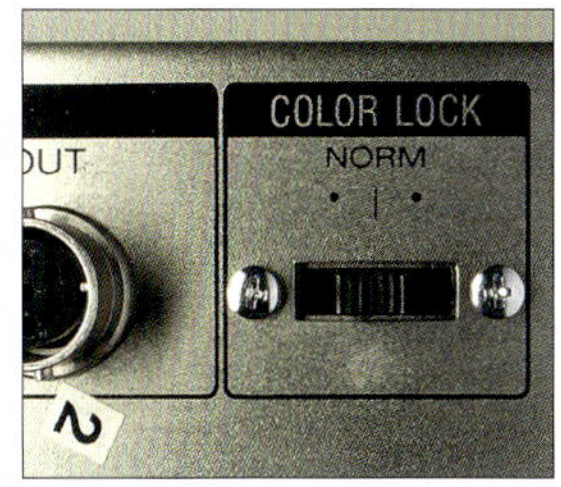

11. Choosing a suitable monitor

(Colour) cathode-ray tube (CRT) monitors are generally the best option for viewing videotapes. They reproduce the image structure precisely, line by line, which makes it easier to assess any image errors. Certain types of image errors are easier to judge in **underscan** mode, which is only available on professional studio monitors.
The display should support the **television standard** used by the cassette and video player (either automatically, or by manual switching, or by menu selection). If it does not, **NTSC** videos will appear vertically compressed and discoloured – or even black-and-white – on **PAL** monitors; conversely PAL videos will appear vertically elongated, cropped at top and bottom, and always black-and-white on NTSC monitors. If you attempt to display PAL videos on **SECAM** monitors – or vice versa – they will not be compressed, but they will appear either in black and white or in the wrong colours (cf. >*Incompatibility between Television Standards*).
Ideally, the monitor should also be capable of switching between different **aspect ratios**, so you can watch a 16:9 video on a 4:3 monitor without distortion. For playing back a High Definition signal, you must choose an appropriate HD monitor.
The internal speakers on the monitor should be perfectly adequate for playing back a stereo soundtrack correctly. But if the monitor only has a mono input, then either headphones or two external speakers should be connected through an amplifier.

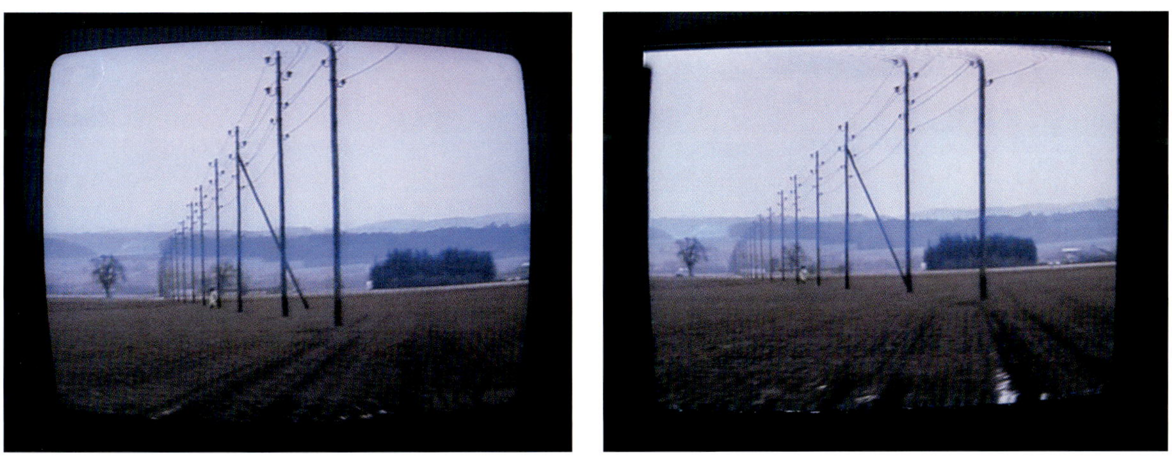

Left: the **picture raster** is normally cropped by the housing of the monitor or TV set…
Right: … but if **underscan** mode is switched on, it enables you to see certain kinds of image errors properly, e.g. image distortion resulting from >*Lengthwise Tape Expansion or Shrinkage*.

12. Setting up the monitor correctly

Make sure all controls are switched to the neutral position (including contrast, brightness, colour, V-hold, H-hold, etc.)
Select the appropriate **aspect ratio** (manually or by menu selection). To assess the video's condition, switch on **underscan** mode (if available).
Professional studio monitors should be properly terminated, i.e. defined as the final output device, otherwise the image will be too bright. For this purpose there is a switch on the back of the monitor (75 Ω resistance should be switched 'on') or a jack into which a terminating resistor (a sealed connector without a cable) should be plugged.

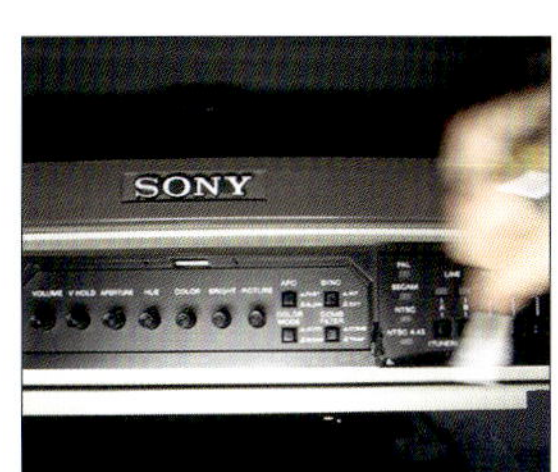

13. Connecting the player to the monitor

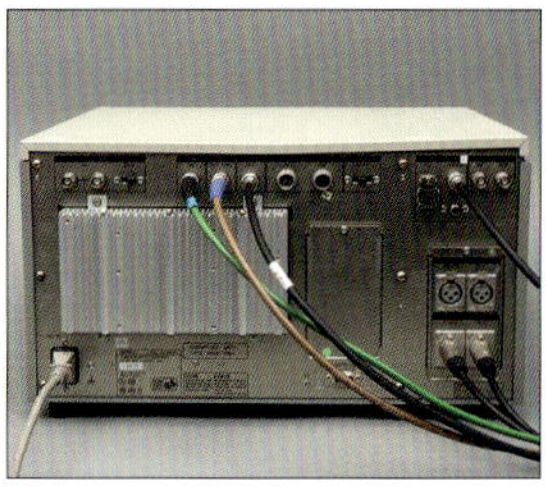

Set up the cable connections between the player and the display device, making sure that the video and audio cables are properly connected to the appropriate sockets. A proper audio connection is essential for diagnosing many different kinds of errors. Insert the **test cassette** to check that the equipment plays back video and audio correctly.

14. Maintaining and cataloguing equipment

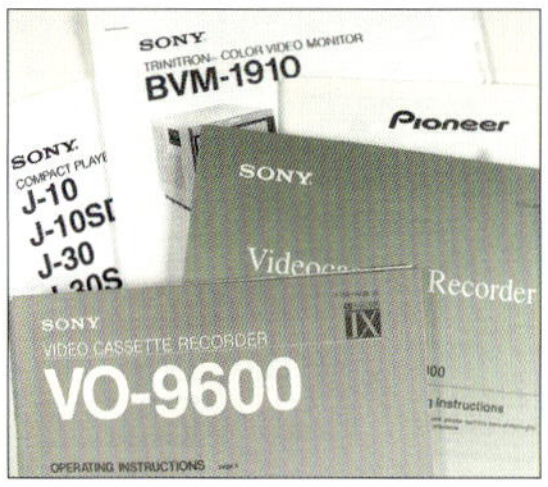

Always make sure you keep the operating and service manuals for all your equipment, because they may be essential for identifying and repairing any equipment failures or problems.
In particular, players should be professionally serviced at regular intervals, at least every 2–3 years, even if they are only used a few times each month.
If you use many different types of equipment, it makes sense to catalogue each device's technical specifications (including model and serial number) separately, and to assign a consecutive reference number to each item of equipment. Then, in the 'viewing report' section on the data sheet, you need only write down the relevant reference number to indicate which equipment you are using.

Viewing and Cataloguing

15. Acclimatising tapes and equipment

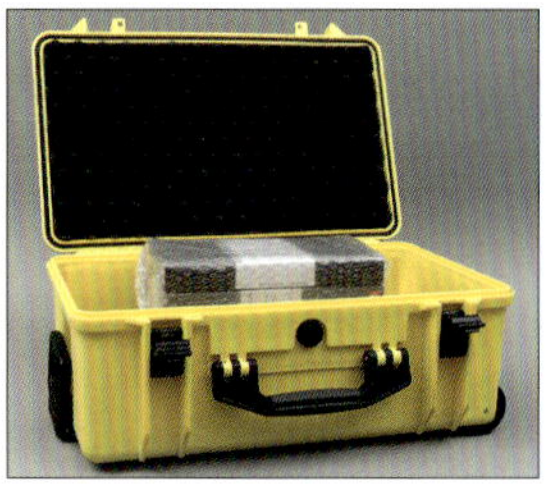

Prior to viewing the videotapes, you should give both tapes and equipment time to acclimatise. This is especially important if they come out of cool storage, or have travelled for any distance. In cases of doubt, allow at least 24 hours for acclimatisation.

16. Loading the cassette, winding the tape

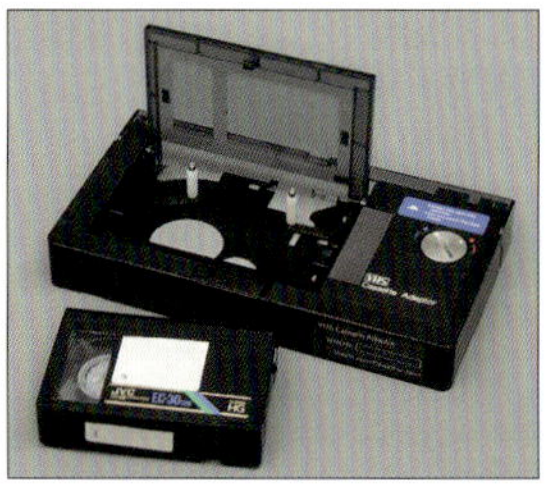

Insert the cassette smoothly into the slot. If you are watching a **video format** with various sizes of cassette, insert smaller cassettes by using the appropriate guide rails, which are generally positioned in the middle of the slot. In the case of **VHS-C** and **S-VHS-C** cassettes, use a suitable adapter cassette.
If necessary, rewind the cassette. If the tape was exposed to impacts or vibrations, for example during transport, it is a good idea to fully wind and then rewind the tape in both directions to make sure the tape pack is correctly wound and evenly distributed.

17. Setting the time code or tape counter

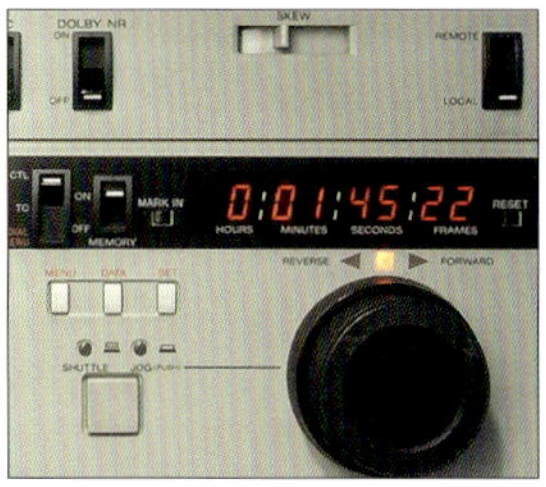

If the tape has **time code**, this will automatically appear on the player's display while the tape is playing (set the switch to TC). If no time code has been recorded on the tape, you should manually set the tape counter to 00:00:00 either at the start of the tape or at a desirable point along the tape (set the switch to CTL and press the reset button).

Use the 'Data Sheet for Cataloguing Videotapes' as your guide and complete it point by point. Always view the tape in real time (rather than fast-forward or slow-motion), because otherwise you may not see the image errors, or may assess them incorrectly. While viewing the tape, in addition to logging any errors observed in the audio and/or video, it is a good idea to make notes on the tape's actual content. This is useful for describing and characterising e.g. different versions of the work.
Enter a **time code** or tape counter reading whenever you make a note of specific characteristics or peculiarities. It is also important to record the last time the tape was played, as well as the equipment used. During a viewing session, never leave the tape in 'Pause' mode for longer than absolutely necessary, because the continually rotating **head drum** will place it under stress.
Protect **U-matic** tapes by not pressing the 'Stop', 'FF' or 'REW' buttons in the middle of watching the tape. If you need to wind the tape during the viewing session, use 'Search' mode exclusively.

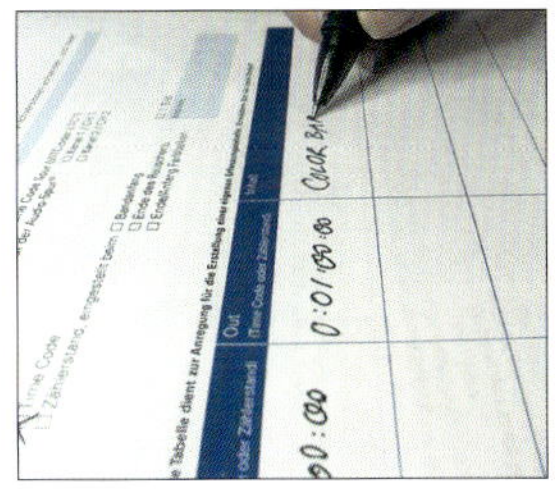

18. Viewing and noting down the contents and condition of the tape

Are you quite sure the effect is not due to intentional use of image errors by the artist? Double-check (where applicable: with your test cassette) that you have selected the correct playback and display equipment, that all connections have been made correctly and that the equipment has been set up correctly (as described above). Make any necessary adjustments.
Consult the chapter entitled 'Compendium of Image Errors in Analogue Video' in this book, and compare the symptoms you are observing with those described in that chapter. Use the attached DVD to view video sequences showing different kinds of image errors. Immediately after each description of an image error in the Compendium, you will find instructions on 'What to do next'.
Different kinds of errors can resemble each other closely, meaning that inexperienced viewers may find them very hard to distinguish. In cases of doubt, rather than making an incorrect diagnosis, describe the phenomenon in as much precise detail as you can and consult a specialist.

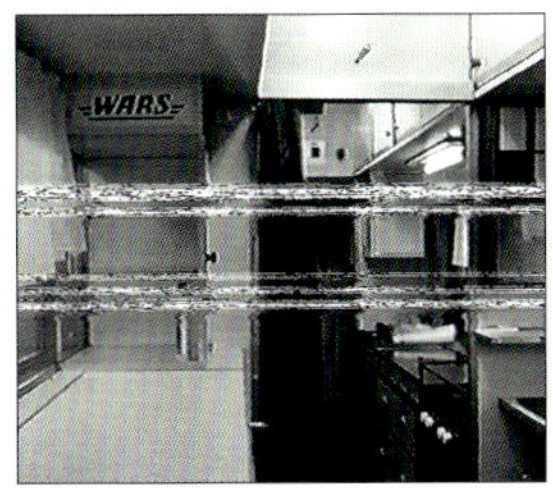

19. If image errors appear…

Check whether the video actually has any soundtrack at all, or whether the audio might have been intentionally distorted or manipulated by the artist.
Double-check that you have selected the right playback and display equipment, that all connections have been made correctly and that the equipment has been set up correctly. Make any necessary adjustments. If the soundtrack is in the form of **FM** or **PCM audio**, you may be able to optimise the audio playback using your player's **tracking control**.
If the audio distortion is accompanied by video distortion, you will find more details of symptoms, causes and possible solutions in the chapter 'Compendium of Image Errors in Analogue Video'.

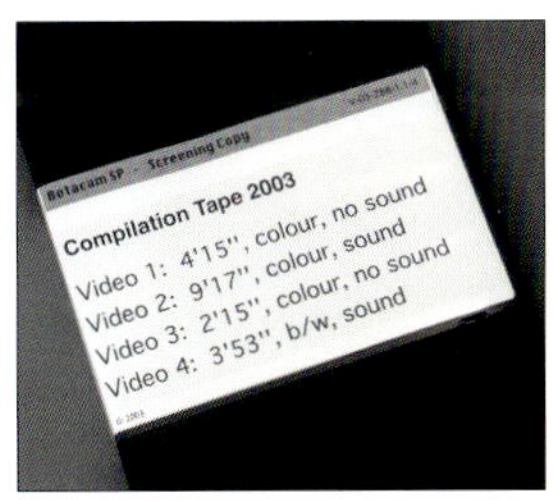

20. If audio errors appear…

If audio is present but is either inaudible or barely audible, you may not have connected or set up the equipment correctly prior to the viewing. For example, make sure that the FM/HiFi or PCM switch is in the right position, and that the cables are correctly connected to the corresponding input/output jacks on the equipment.

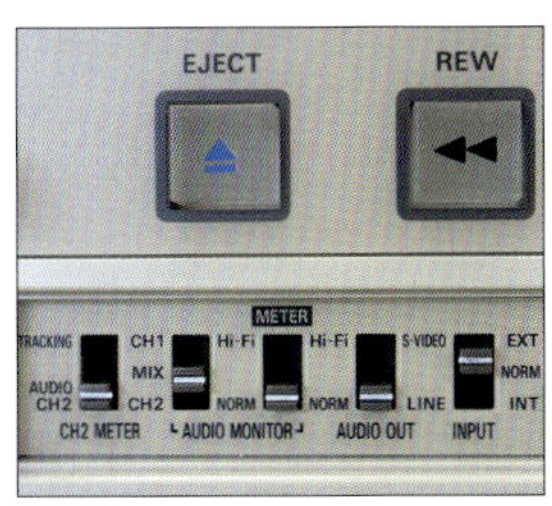

If, during playback, you can hear a very loud, high-pitched roaring noise, it is quite likely that one of the audio tracks is overlaid with **time code** (hint: check the cassette for a label marked 'TC CH1/CH2'). The irritating sound can be switched off by unplugging the cable from the relevant output jack.

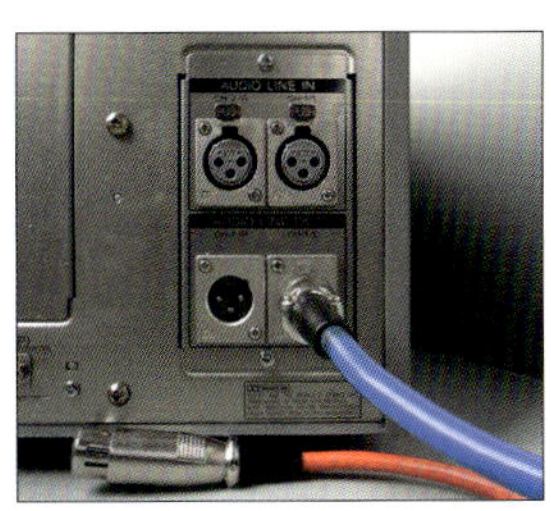

21. Stop the viewing session immediately if…

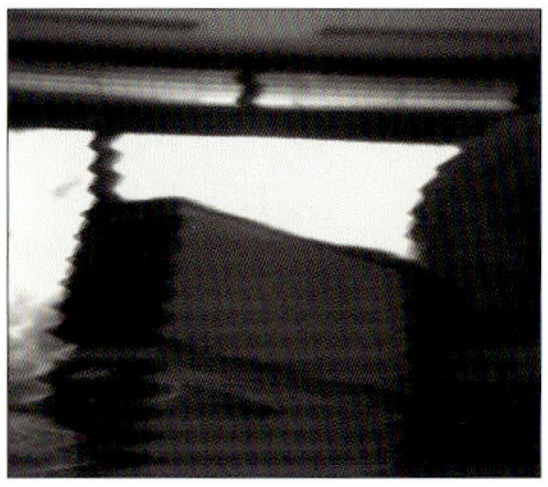

… you hear sounds of mechanical distress inside the equipment
… the tape sticks or jams during playback
… the tape **squeals** loudly during playback (cf. >*Sticky Tape Syndrome*)
… the image errors, e. g. **picture noise**, steadily get worse (cf. >*Head Clogging*)
… the tape is tangled when you eject the cassette.

22. After the viewing session

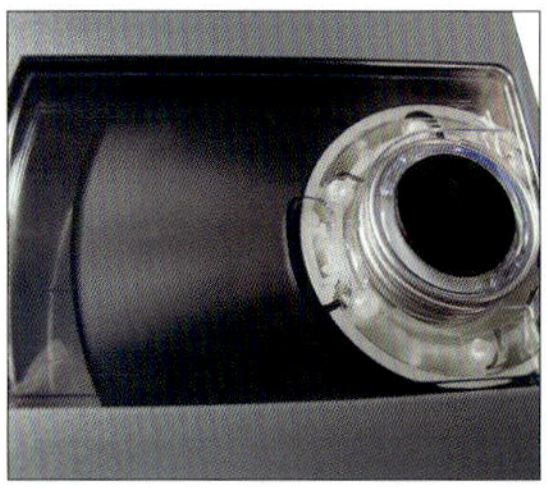

Once you have finished viewing the tape, wind the cassette right to the end, then rewind it to the beginning without stopping, so that the **tape pack** is wound as evenly as possible. Do not leave the cassette sitting in the machine for any length of time after the viewing session.
After pushing the 'Eject' button, wait until the cassette has been fully ejected. If you pull on the cassette before it has been fully ejected, the tape may become tangled.
If the cassette ejects successfully but there is still tape leading back into the machine do not, under any circumstances, pull on the tape; ask a technician to remove the tape from the player.
If, when you press the 'Eject' button, the tape is not ejected, switch off the machine and hold down the 'Eject' button while you switch it back on again. If the cassette is still not ejected, do not attempt to use force but take the player and tape to the nearest technician or specialist.

Top Tips

23. Store and view tapes in no-smoking areas

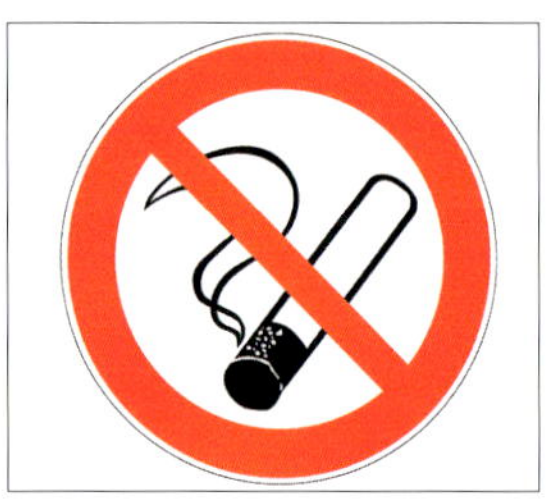

Make sure a strict no-smoking rule is imposed throughout the archival and viewing areas. The slightest trace of nicotine inside players or on tape surfaces may cause **dropouts** and other image errors.

24. Heat, sunlight and magnetic fields all damage cassettes!

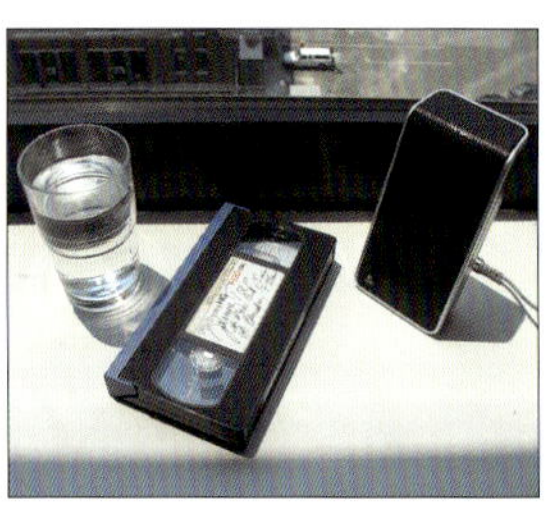

Protect cassettes from magnetic fields: do not place them on monitors or speakers. Avoid leaving cassettes in the immediate vicinity of headphones, powered speakers, level meters on equipment and any other hardware that generates magnetic fields.
Keep cassettes away from direct heat and sunlight; do not, for example, place them on radiators or sunlit surfaces. In summer you should be especially careful when transporting tapes – so e. g. avoid hot car boots / trunks!

25. Magnetic fields can also disrupt your display device

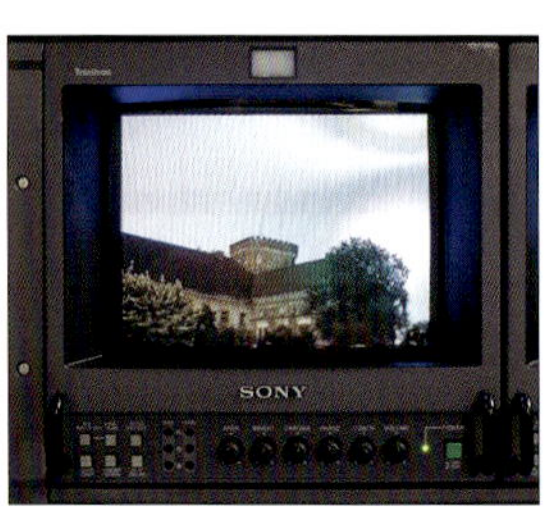

Protect your CRT monitor from magnetic fields, too. For example, do not position it in the immediate vicinity of headphones, active speakers or other hardware that generates magnetic fields, or colour shifts may occur on the display.

The player must be cleaned regularly in order to avoid >*Head Clogging* or dirt clogging the **tape path**. A variety of different **cleaning tapes** (wet and dry) are available commercially, although there is considerable controversy among specialists regarding their respective positive/negative effects. In short, not enough research has been carried out into e.g. the abrasive effects of dry head cleaning cassettes or the potential damage caused by non-volatile residue left behind by the solvents and cleaning agents in wet cleaning tapes. Should you decide to use a cleaning cassette, make sure you purchase the cassette from a specialist supplier and always follow the operating instructions precisely. It is not advisable to use cleaning cassettes regularly, i.e. as a preventive measure.
Trying to clean the interior of the equipment yourself is also risky. The **video heads** and **tape guides** are extremely fragile and sensitive, and can easily be damaged by any mechanical pressure or use of the wrong solvents or cleaners. It is best to ask a specialist to clean your video device.

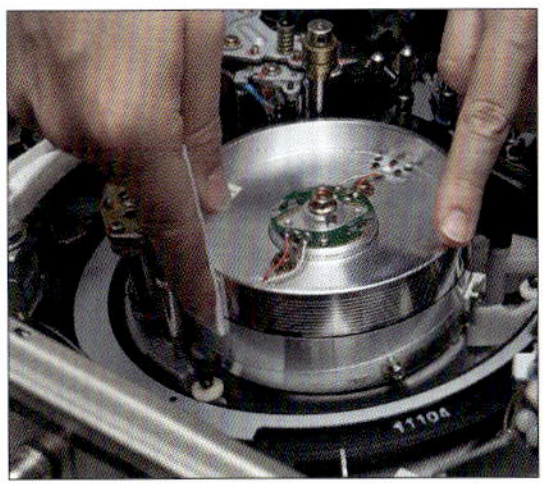

26. Cleaning the playback device

Always ask a professional video conservator or A/V specialist to carry out any copying or digitisation operations, to ensure that correctable **dropouts** and other analogue image errors are not also copied or digitised, so that they become an indelible part of the image content.
Make sure the tapes are copied in their entirety; thus for example include the distributor's opening and closing credits.
Make sure each new copy is given its own **dub sheet** (one copy included with the cassette, one copy inserted in the accompanying documentation).
Hint: when copying a tape, always avoid converting from one **television standard** to another, because the signal quality will deteriorate during the transcoding process.

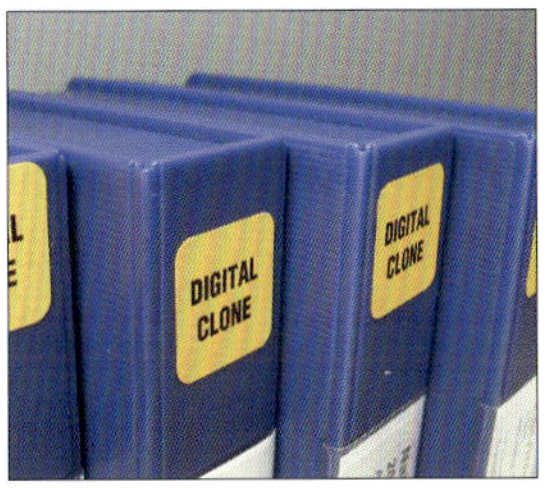

27. Copying and digitisation

Cassettes should never be stored without a protective sleeve or case. Cardboard sleeves are made out of fibrous, acidic material and should be replaced with polypropylene sleeves that are suitable for archival purposes. If the cardboard sleeve itself possesses some kind of intrinsic – possibly unique – value, e.g. if has been labelled or designed by the artist, it should be stored separately from the cassette.
For labelling, always use acid-free archival labels that will not come unstuck by themselves. Labels should always be placed on the areas of the cassette shell or case provided for labelling.

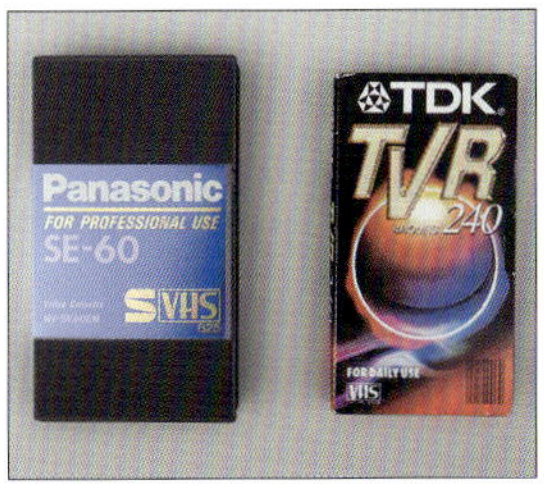

28. Labelling and storing videocassettes

When creating an **archival master**, always choose a professional **video format**. Research the best options, seek professional advice, and ensure that the selected format has (1) the lowest possible compression, (2) the widest possible (standards-based) dissemination and (3) the longest possible useful life.
For more details on the expert care of archives and the creation of optimum conditions for storing videocassettes, consult the literature listed under 'Further Reading' in this book.

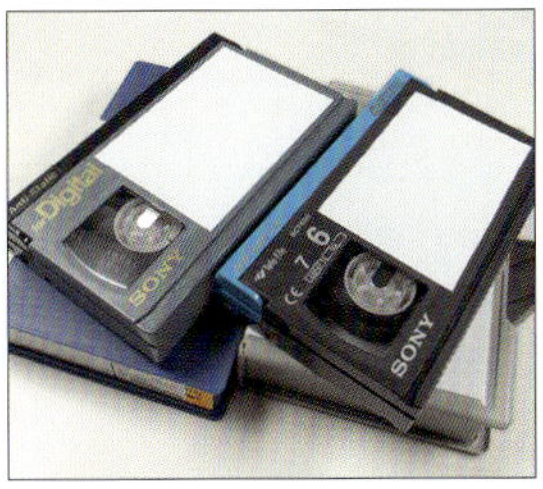

29. Long-term storage and preventive conservation

Cassettes should never be transported out of their protective sleeves or cases. When handling and transporting **open reel** tape in particular, but also videocassettes, it is important to avoid putting any pressure on the reel covers or cassette shell, otherwise the edges of the tape could be damaged.
When transporting equipment, always make sure that no videocassettes have been accidentally left inside players, recorders or rewinders!

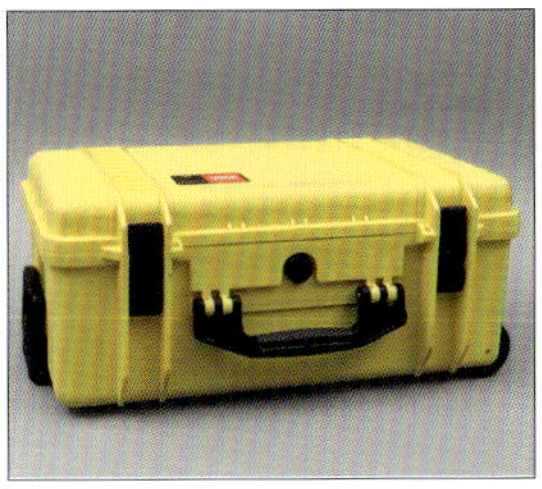

30. Transporting videotapes

DATENBLATT ZUR ERFASSUNG VON VIDEOBÄNDERN

1. Identifikation

AutorIn | **Inventar-Nummer**

Titel | **Inventar-Nummern zugehöriger Teile**

Dauer

Teil X von X

Name der Reihe

Entstehungsjahr

Edition ☐ Unikat ☐ limitiert (/) ☐ unlimitiert ☐ ungeklärt

Kommentar:

Akquisition Datum der Akquisition:

☐ Ankauf von:
☐ Schenkung von:
☐ Kopie von:

Kommentar:

Spezifikation

Inhalt:
☐ Kunstwerk
☐ Dokumentation
☐ Sampler
anderer:

Form:
☐ 1-Kanal
☐ Mehr-Kanal:
☐ Mehr-Kanal synchron:
☐ mit installativen Komponenten
andere:

Präsentation:
☐ zugelassen für ☐ Monitor(e)
☐ vorgeschrieben für ☐ Projektion
andere:

Status in der Sammlung

☐ Master oder «Künstler-Original»[1] ☐ Ausstellungskopie
☐ Archivmaster[2] ☐ Sichtungskopie
☐ Kopiermaster / Dubmaster

andere:

Duplikate/ Kopien

Anzahl	Videoformat	Inv.-Nr.	Jahr	Status

Kassetten-gehäuse und -hülle

Beschriftung:[3]

☐ weiche Hülle[4]
☐ Kartonhülle[5]
☐ harte Hülle
☐ flammhemmende Hartschalenhülle
☐ «Künstler-Box»
Sonstiges, Bemerkungen:

☐ vom Künstler signiert ☐ vom Künstler beschriftet
☐ vom Künstler gestaltet

vorhandene Unterlagen

☐ Zertifikat ☐ MAZ-Karte
☐ Installationsanweisung ☐ Stills
☐ Vertrag ☐ Restaurierungsdokumentation

andere:

2. Technische und inhaltliche Angaben

Videoformat[6]

☐ SP (Standard Play)
☐ LP (Long Play)[7]
☐ SLP (Super Long Play) / EP (Extended Play)[8]
☐ EX (Extended Mode)[9]

Farbe ☐ Farbe ☐ Schwarz-Weiss Kommentar:

Farbfernsehnorm ☐ NTSC 525 525/60 ☐ PAL 625 625/50 ☐ SECAM Kommentar:

Seitenverhältnis ☐ 4:3 ☐ 16:9 ☐ Letterbox[10] ☐ anamorph[11] anderes:

Ton

☐ ohne Ton
☐ Mono
☐ Stereo
☐ unspezifiziert

☐ Kanal 1 / CH 1
☐ Kanal 2 / CH 2
☐ Kanal 3 / CH 3
☐ Kanal 4 / CH 4

☐ longitudinal[12]
☐ (A)FM[13]
☐ PCM[14]
☐ Noise Reduction: Dolby B / Dolby C[15]

Sprache ☐ gesprochen: ☐ Untertitel: ☐ andere Sprachversionen vorhanden, und zwar:

Time Code[16]

☐ nicht vorhanden
☐ vorhanden
☐ nicht bekannt

☐ vorhanden auf der Time Code Spur (VITC oder LTC)[17]
☐ vorhanden auf der Audio-Spur[18] ☐ Kanal 1 / CH 1 ☐ Kanal 2 / CH 2

Inhalt

Zählweise:[19] ☐ Time Code
☐ Zählerstand, eingestellt beim ☐ Bandanfang ☐ Ende Schwarz / Rauschen ☐ Anfang Farbbalken ☐ Ende Farbbalken ☐ 1. Bild
Bildinhalt:

Die folgende Tabelle dient zur Anregung für die Erstellung einer eigenen Erfassungstabelle. Erweitern Sie sie nach Bedarf!

In (Time Code oder Zählerstand)	Out (Time Code oder Zählerstand)	Inhalt

Loop

☐ nicht im Loop
☐ im Loop: Laufzeit 1 Zyklus: Laufzeit Band:[20]

3. Kopiergeschichte

Wenn eine MAZ-Karte vorhanden ist, muss diese Tabelle nicht zusätzlich ausgefüllt werden. Es kann auf die MAZ-Karte verwiesen werden.
Die folgende Tabelle dient zur Anregung für die Erstellung eigener Erfassungstabellen. Erweitern Sie sie nach Bedarf!

Quelle			Kopierweg	Ziel			Erstellung		Bemerkung
Status	Videoformat und Norm	Inv.-Nr / Sammlung	Abspielgerät – Verkabelung – Zwischengeräte – Verkabelung – Aufnahmegerät	Status	Videoformat und Norm	Inv.-Nr.	Wer	Wann	

4. Zustand

Zustand Kassettengehäuse und -hülle

Bemerkungen:

Zustand Bildwiedergabe

Zählweise:[21] ☐ Time Code
☐ Zählerstand, eingestellt beim ☐ Bandanfang
☐ Ende Schwarz / Rauschen
☐ Anfang Farbbalken
☐ Ende Farbbalken
☐ 1. Bild
Bildinhalt:

In (Time Code oder Zählerstand)	Out (Time Code oder Zählerstand)	Bild- und Tonstörungen (inkl. Anmerkungen)	Gesichtet		
			Wann?	Wer?	Gerät?[22]

Bewertung des Zustandes

☐ einwandfrei
☐ keine akute Gefährdung (wenig schadhaft)
☐ Begutachtung durch Videorestaurator nötig
☐ schlechter Zustand (Restaurierung dringend nötig)

☐ Archivmaster muss erstellt werden
☐ Kopiermaster muss erstellt werden
☐ Ausstellungskopie muss erstellt werden
☐ Sichtungskopie muss erstellt werden
Kommentar:

1 Vom Künstler oder Künstlervertreter erworbenes Band, das als Master, bzw. «Original» in die Sammlung eingeht.

2 Beim Archivmaster handelt es sich um ein professionelles Videoformat, das 1. über eine möglichst geringe Kompression, 2. über eine möglichst weite Verbreitung und 3. über eine voraussehbare, lange Nutzungsdauer verfügt.

3 Bitte die Beschriftung immer übertragen, auch wenn sie nicht vom Künstler stammt oder die Herkunft unklar ist. Geben Sie an, wo sie platziert ist!

4 Die weichen Hüllen bestehen meistens aus Weich-PVC, das flüchtige Weichmacher enthält und somit schädlich für das Band sein kann.

5 Die Kartonhüllen sind faserig und säurehaltig. Sie können sich schädigend auf das Band auswirken.

6 Schlagen Sie die vorderen und hinteren Vorsatzseiten dieses Buches auf und nehmen Sie bei der Formatidentifizierung die Piktogramme und Massangaben zur Hilfe. Halten Sie auch die Formatspezifizierung fest.

7 Dieser Aufzeichnungsmodus kommt bei den Videoformaten VHS, S-VHS, Betamax, Video8, Hi8, Digital8 und DV vor. Die Laufzeit eines Bandes kann verdoppelt werden, indem die Bandgeschwindigkeit und folglich auch die Signalqualität reduziert wird.

8 Wie beim Long Play-Modus wird die Laufzeit eines Bandes erhöht, und zwar je nach Videoformat bis zur dreifachen Aufnahmedauer. Vorkommen von SLP und EP v. a. in der NTSC-Norm.

9 Vorkommen nur bei DVCPRO HD: Die Aufzeichnungsdauer wird verdoppelt, indem die Breite der Videospuren reduziert wird.

10 Alle Standard Definition Videoformate (analog und digital) haben ein natives Seitenverhältnis von 4:3. Wird auf diese ein Video im Seitenverhältnis 16:9 aufgezeichnet, so kann dies entweder seitlich gestaucht («anamorph») oder in der Höhe reduziert und mit schwarzen Balken am oberen und unteren Bildrand («Letterbox») geschehen. Ersteres eignet sich für die Wiedergabe auf einem 16:9-Monitor, letzteres für die Wiedergabe auf einem 4:3-Monitor.

11 Siehe Anmerkung 10.

12 Ton auf den Längsspuren. Kommt bei analogen Videoformaten am häufigsten vor. Wenn Beschriftung der Kassette bzw. Geräteanzeige keinen Hinweis auf (A)FM- oder PCM-Ton bieten, ist longitudinaler Ton die Regel.

13 Bei den Formaten S-VHS, Video8 und Hi8 auch HiFi genannt.

14 PCM (= Pulse Code Modulation) ist ein digitales Aufzeichnungsverfahren für den Ton, kann aber auch bei analogen Bändern wie Hi8 vorkommen.

15 Vorkommen bei diversen Videoformaten ab U-matic SP. Ohne Vergleichsmöglichkeit ist ein Dolby-Ton als solcher nicht eindeutig bestimmbar und nur zu erfassen, wenn er z. B. auf der MAZ-Karte oder Kassette vermerkt ist.

16 Bei professionellen Videoformaten wird ein Time Code auf das Band aufgezeichnet. Er erscheint nach dem Einlegen der Kassette automatisch im Display des Gerätes.

17 Der LTC (= Longitudinal Time Code) wird auf einer Längsspur aufgezeichnet und ist bei professionellen Formaten nachträglich editierbar. Er kann u. U. auch auf einer Audiospur aufgezeichnet sein. Der VITC (= Vertical Interval Time Code) ist auf der Schrägspur aufgezeichnet und lässt sich nachträglich nicht mehr editieren. Wenn das Wiedergabegerät den VITC erkennt, wird das in der Regel im Display durch ein Lämpchen angegeben.

18 Sie sollten den Aufschriften auf der MAZ-Karte / -Kassette / -Hülle entnehmen können, ob der Time Code auf eine der Audiospuren geschrieben ist. Wird dieser Audioausgang mit dem Lautsprecher verkabelt, ertönt bei der Wiedergabe ein sehr lauter, hoher, knatternder Ton.

19 Nur mit einer festgelegten Zeitzählung lassen sich die notierten Inhalte und Bildstörungen eines Bandes lokalisieren. Verfügt das Band selbst über keinen aufgezeichneten Time Code (Schalter auf TC), sollte der geräteeigene Zähler aktiviert werden (Schalter auf CTL): Stellen Sie den Zähler auf 00:00:00 zurück (Schalter «Reset»). Es wird empfohlen, den Zählerstand des Gerätes beim Bandanfang zurückzustellen, damit auch Farbbalken, Vorspann des Distributors etc. erfasst werden können. Um eine präzisere Referenz für die Zählung zu erhalten, können Sie auch den ersten markanten Bildwechsel, z. B. das Ende der Farbbalken, wählen. Halten Sie dies im Datenblatt fest.

20 Inklusive Balken, Vorspann, Abspann etc.

21 Siehe Anmerkung 19.

22 Geben Sie den Typen und die Seriennummer, und/oder die interne Referenznummer des Geräts an.

DATA SHEET FOR CATALOGUING VIDEOTAPES

1. Identification

Author

Catalogue number

Title

Catalogue numbers of associated components

Duration

Part X of X

Name of Series

Year of Creation

Edition ☐ Unique copy ☐ Limited (/) ☐ Unlimited ☐ Uncertain

Notes:

Acquisition Date of acquisition:

☐ Purchased from:
☐ Donated by:
☐ Copied from:

Notes:

Specification

Content:
☐ Artwork
☐ Documentation
☐ Sampler
Other:

Configuration:
☐ Single-channel
☐ Multi-channel:
☐ Synchronised multi-channel:
☐ With installation components
Other:

Presentation:
☐ Authorised for
☐ Specified for

☐ Monitor(s)
☐ Projection
Other:

Status in Collection

☐ Master or 'artist's original'[1]
☐ Archival master[2]
☐ Copy master / dub master

☐ Exhibition copy
☐ Viewing copy

Other:

Duplicates/ Copies

Number	Video Format	Cat. No.	Year	Status

Cassette Shell and Case

Labels:[3]

☐ Soft sleeve[4]
☐ Cardboard sleeve[5]
☐ Case: Hard shell
☐ Case: Flame-retardant hard shell
☐ Artist's presentation box
Additional notes:

☐ Signed by artist
☐ Designed by artist
☐ Labelled / inscribed by artist

Attached Documents

☐ Certificate
☐ Installation instructions
☐ Contract

☐ Dub sheet
☐ Photos / video stills
☐ Conservation / treatment documentation

Other:

2. Technical Details and Tape Content

Video Format[6]

☐ SP (Standard Play)
☐ LP (Long Play)[7]
☐ SLP (Super Long Play) / EP (Extended Play)[8]
☐ EX (Extended Mode)[9]

Colour ☐ Colour ☐ Black and white Notes:

Television Standard ☐ NTSC 525 525/60 ☐ PAL 625 625/50 ☐ SECAM Notes:

Aspect Ratio ☐ 4:3 ☐ 16:9 ☐ Letterbox[10] ☐ Anamorphic[11] Other:

Audio

☐ No audio
☐ Mono
☐ Stereo
☐ Unspecified

☐ Channel 1 / CH 1
☐ Channel 2 / CH 2
☐ Channel 3 / CH 3
☐ Channel 4 / CH 4

☐ Longitudinal[12]
☐ (A)FM[13]
☐ PCM[14]
☐ Noise reduction: Dolby B / Dolby C[15]

Language ☐ Spoken: ☐ Subtitles: ☐ Other language versions present (specify):

Time Code[16]

☐ Not present
☐ Present
☐ Unknown

☐ Present on time-code track (VITC or LTC)[17]
☐ Present on audio track[18] ☐ Channel 1 / CH 1 ☐ Channel 2 / CH 2

Content

Time counting by[19]

☐ Time code
☐ Tape counter, zeroed at ☐ Start of tape ☐ End of black / noise ☐ Start of colour bars ☐ End of colour bars

☐ First frame of action
Image content:

The following table is provided as an example: feel free to amend / extend it to suit the cataloguing requirements of your own collection.

In (Time code / tape counter)	Out (Time code / tape counter)	Content

Loop

☐ No loop
☐ Loop: Running time – one cycle: Running time – tape:[20]

3. Copy History

If a dub sheet is available, there is no need to complete the following table – just provide dub-sheet references as appropriate.

The following table is provided as an example: feel free to amend / extend it to suit the cataloguing requirements of your own collection.

Source			Transfer Path	Destination			Created		Notes
Status	Video format and standard	Cat. no. / collection	Playback device – cabling – intermediate devices – cabling – recording device	Status	Video format and standard	Cat. no.	Who	When	

4. Condition

Condition of Cassette Shell and Case

Notes:

Condition of Video Image and Audio

Time counting by:[21] ☐ Time code
☐ Tape counter, zeroed at ☐ Start of tape
☐ End of black / noise
☐ Start of colour bars
☐ End of colour bars

☐ First frame of action

Image content:

In (Time code / tape counter)	Out (Time code / tape counter)	Image and Audio Errors (incl. Notes)	Viewed		
			When?	Who?	Device?[22]

Assessment of Condition

☐ Excellent
☐ No acute risk (minimal wear)
☐ Examination by video conservator required
☐ Poor condition (immediate treatment required)

☐ Archival master must be created
☐ Copy master / dub master must be created
☐ Exhibition copy must be created
☐ Viewing copy must be created

Other:

1 The tape was acquired from the artist or artist's representative and entered the collection as a master or an original.

2 An 'archival master' is produced in a professional video format characterised by (1) the lowest possible compression ratio, (2) the widest possible dissemination and (3) the longest possible useful life.

3 Always include labelling details, even if the label(s) were not produced by the artist or their origins are unclear. Also make a note of where the labels are positioned!

4 Soft sleeves are usually made out of soft PVC, which contains volatile softening agents (plasticisers). Over time, these chemicals may damage the videotape.

5 Cardboard sleeves are fibrous and acidic. Over time, they may cause damage to the videotape.

6 On the flyleaves at the front and back of this book you will find pictograms and dimensions which will help you identify the different video formats. Always note down the format's extended specification, too.

7 This recording mode is associated with the following video formats: VHS, S-VHS, Betamax, Video8, Hi8, Digital8 and DV. A videotape's running time can be doubled by reducing tape speed – and consequently also signal quality – during recording.

8 Similar to Long Play mode, this recording mode can increase a videotape's running time by up to three times, depending on the video format. SLP and EP are primarily associated with the NTSC standard.

9 This only features in the DVCPRO HD video format: recording time is doubled by reducing the width of the video tracks.

10 The native aspect ratio of a standard-definition television or video image is 4:3 (applies to analogue and digital). When a 16:9 image is played back in 4:3 aspect ratio, it may either be compressed horizontally ('anamorphic') or scaled down with two horizontal black bars inserted above and below the image ('letterboxing'). The first approach is best suited for playback on a 16:9 monitor, the second for playback on a 4:3 monitor.

11 See note 10.

12 The audio is recorded on the longitudinal tracks – the most common method for analogue video formats. Unless the cassette label(s) or video player's display indicate that the audio format is (A)FM or PCM, it is probable that the audio track is longitudinal.

13 Also commonly referred to as HiFi when associated with S-VHS, Video8 or Hi8 formats.

14 PCM (= Pulse Code Modulation) is a digital audio recording technique, but may also appear in certain analogue videotape formats such as Hi8.

15 Dolby noise reduction appears in various video formats from U-matic SP onwards. Without some basis for comparison it is very difficult to detect Dolby audio with absolute success, so you should only tick the Dolby box if it is explicitly mentioned on the dub sheet or cassette label.

16 Videotapes recorded in professional video formats include a time code, which appears automatically on the video player's display when the cassette is inserted.

17 LTC (= Longitudinal Time Code) is recorded on one of the videotape's longitudinal tracks. In professional formats, LTC can be edited retrospectively. In certain circumstances it may also be recorded on one of the audio tracks. VITC (= Vertical Interval Time Code) is recorded on the helical track and cannot be edited retrospectively. If VITC is present, a small indicator will normally light up on your video player's display (assuming your player is capable of recognising VITC).

18 You should normally be able to tell whether the time code is recorded on one of the audio tracks from the information included on the dub sheet / cassette label(s) / cassette case. If the relevant audio output is connected to a loudspeaker, you will hear a very loud, high-pitched clattering noise during playback.

19 You need to choose a time-counting method in order to pinpoint specific content or image errors you have identified on the videotape. If no time code has been recorded on the videotape itself (set switch to TC), the video player's own tape counter should be used (set switch to CTL): the counter should be reset to 00:00:00 (using the Reset button). It is advisable to 'zero' the video player's counter right at the start of the tape, so you can include the colour bars, credits etc. in your records. To provide a more precise reference for time-counting purposes, you may also decide to zero the counter at the first significant frame change – at the end of the colour-bar sequence, for example. Note down your decision in the data sheet.

20 Including colour bars, opening/closing credits, etc.

21 See note 19.

22 Specify the make and model of video player, including its serial number and/or internal reference number.

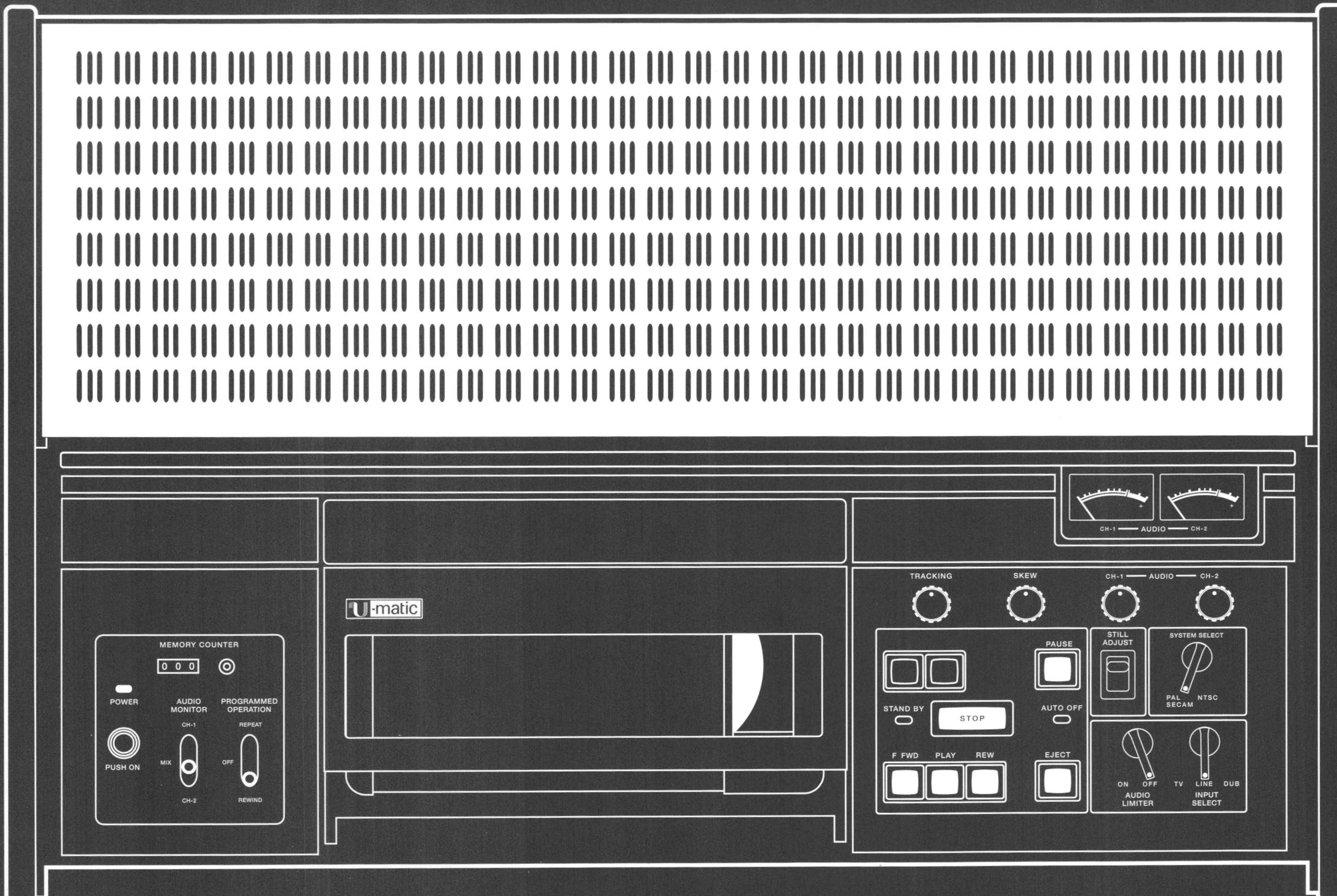
CH-1 — AUDIO — CH-2
MEMORY COUNTER
POWER
AUDIO MONITOR
PROGRAMMED OPERATION
CH-1
REPEAT
MIX
OFF
CH-2
REWIND
PUSH ON
U-matic
TRACKING
SKEW
CH-1 — AUDIO — CH-2
PAUSE
STILL ADJUST
SYSTEM SELECT
PAL
SECAM
NTSC
STAND BY
STOP
AUTO OFF
F FWD
PLAY
REW
EJECT
ON
OFF
AUDIO LIMITER
TV
LINE
DUB
INPUT SELECT

S. 46–115 //// pp. 46–115

KOMPENDIUM DER BILDSTÖRUNGEN BEIM ANALOGEN VIDEO, A–Z // // COMPENDIUM OF IMAGE ERRORS IN ANALOGUE VIDEO, A–Z

Johannes Gfeller, Agathe Jarczyk, Joanna Phillips

Sony U-Matic Videocassette Recorder VO-2600

ÜBERSICHT DER BILDSTÖRUNGEN BEIM ANALOGEN VIDEO, A–Z //
// OVERVIEW OF IMAGE ERRORS IN ANALOGUE VIDEO, A–Z

50 Bandführungsfehler //
// Tape Misalignment

52 Bandkleben und -quietschen //
// Sticky Tape Syndrome

54 Brummstörung //
// Hum Trouble

56 Colour Lock-Fehler //
// Loss of Colour Lock

58 Deformation des Bandes //
// Tape Deformation

60 Dehnung oder Schrumpfung des Bandes in Längsrichtung //
// Lengthwise Tape Expansion or Shrinkage

62 Dropout und Dropoutkompensation //
// Dropouts and Dropout Compensation

64 Farbschlieren nach dem Bildschnitt //
// Colour Smearing after an Editing Cut

66 Gleichlaufschwankungen //
// Time Base Error

68 Horizontaler Zeilenfang //
// Horizontal Hold

70 Hue-Fehler (NTSC) //
// Hue Error (NTSC)

72 Inkompatibilität der Farbfernseh-normen //
// Incompatibility between Television Standards

76 Inkompatibilität innerhalb einer Videoformat-Familie //
// Incompatibility within a Family of Video Formats

84 Jalousie-Effekt (PAL) //
// Venetian-blind Effect (PAL)

86 Knicke und zerknittertes Band //
// Creased or Crumpled Tape

90 Kopfumschaltpunkt verschoben //
// Shifted Head Switching Point

92 Kopfversatz abweichend //
// Dihedral Maladjustment

94 Kratzer und Abnutzung des Bandes //
// Scratches and Tape Wear

96 Long Play //
// Long Play

98 Moiré-Effekt //
// Moiré Effect

100 Skew-Fehler //
// Skew Error

102 Tracking-Fehler //
// Tracking Error

104 Trägerfrequenz unsymmetrisch //
// Carrier Leak

106 Übersprechen //
// Crosstalk

108 Vertikaler Bildfang //
// Vertical Hold

110 Vertikaler Bildsprung //
// Vertical Picture Jumping

112 Vertikale Synchronstörung //
// Vertical Synchronisation Error

114 Wiedergabeköpfe verschmutzt //
// Head Clogging

104 Carrier Leak //
// Trägerfrequenz unsymmetrisch

64 Colour Smearing after an Editing Cut //
// Farbschlieren nach dem Bildschnitt

86 Creased or Crumpled Tape //
// Knicke und zerknittertes Band

106 Crosstalk //
// Übersprechen

92 Dihedral Maladjustment //
// Kopfversatz abweichend

62 Dropouts and Dropout Compensation //
// Dropout und Dropoutkompensation

114 Head Clogging //
// Wiedergabeköpfe verschmutzt

68 Horizontal Hold //
// Horizontaler Zeilenfang

70 Hue Error (NTSC) //
// Hue-Fehler (NTSC)

54 Hum Trouble //
// Brummstörung

72 Incompatibility between Television Standards //
// Inkompatibilität der Farbfernsehnormen

76 Incompatibility within a Family of Video Formats //
// Inkompatibilität innerhalb einer Videoformat-Familie

60 Lengthwise Tape Expansion or Shrinkage //
// Dehnung oder Schrumpfung des Bandes in Längsrichtung

96 Long Play //
// Long Play

56 Loss of Colour Lock //
// Colour Lock-Fehler

98 Moiré Effect //
// Moiré-Effekt

94 Scratches and Tape Wear //
// Kratzer und Abnutzung des Bandes

90 Shifted Head Switching Point //
// Kopfumschaltpunkt verschoben

100 Skew Error //
// Skew-Fehler

52 Sticky Tape Syndrome //
// Bandkleben und -quietschen

58 Tape Deformation //
// Deformation des Bandes

50 Tape Misalignment //
// Bandführungsfehler

66 Time Base Error //
// Gleichlaufschwankungen

102 Tracking Error //
// Tracking-Fehler

84 Venetian-blind Effect (PAL) //
// Jalousie-Effekt (PAL)

108 Vertical Hold //
// Vertikaler Bildfang

110 Vertical Picture Jumping //
// Vertikaler Bildsprung

112 Vertical Synchronisation Error //
// Vertikale Synchronstörung

BANDFÜHRUNGSFEHLER //
// TAPE MISALIGNMENT

Synonyme und verwandte Begriffe:
schiefer Bandlauf, schlechter Bandlauf, schlechter Bandpfad, verschobene Spurlage

Phänomen

Das Bild wird mit Normalgeschwindigkeit wiedergegeben, aber ein bis zwei Segmente sind mehr oder weniger verrauscht. Die Stärke des **Bildrauschens** kann dabei schwanken. Wird der manuelle **Tracking-Regler** betätigt, verschieben sich diese Störzonen vertikal, verschwinden jedoch nie ganz von der Bildfläche.
Der Ton auf der **Längsspur** wird nicht beeinträchtigt. Ist jedoch auf der **Schrägspur** ein **FM-** oder **PCM-Ton** aufgezeichnet, fällt dieser schon bei einem leichtem Bandführungsfehler vollkommen aus.

Mögliche Ursachen

Bei einem Bandführungsfehler wird das Band entweder in einem falschen Winkel oder s- bzw. bogenförmig um die **Kopftrommel** transportiert, so dass die **Wiedergabeköpfe** die Schrägspuren nur teilweise treffen können, weil der **Kopfpfad** von der **Spurlage** abweicht. Verläuft das Band in einem falschen Winkel um die Kopftrommel, so stimmen die **Spurwinkel** der Schrägspuren auf dem Band nicht mehr mit dem **Abtastwinkel** der Wiedergabeköpfe überein (sog. **Trapezoidal Error**). Verläuft das Band s- bzw. bogenförmig, so verlassen die auf einer geraden Ebene rotierenden Wiedergabeköpfe die Schrägspur aufgrund ihrer Krümmung (sog. **Curvature Error**). In beiden Fällen werden die Schrägspuren an ein bis zwei Stellen verfehlt, so dass es zu einer Signalschwächung kommt und die aufgezeichnete Bild- und Toninformation an diesen Stellen nicht wiedergegeben werden kann (vgl. >*Tracking-Fehler*).
Die Ursache für einen Bandführungsfehler kann in der Mechanik des Wiedergabegerätes oder einer >*Deformation des Bandes* liegen. Sind im Gerät die **bandführenden Teile** vor oder hinter der Kopftrommel abgenutzt, dejustiert oder verbogen, liegt das Band nicht mehr korrekt auf der schrägen Führungskante der Kopftrommel auf und verlässt den vorgesehenen **Bandpfad**. Ist das Band deformiert, z. B. an seinen Bandrändern, kann es ebenfalls die Führungskante verlassen.
Umgekehrt kann eine fehleingestellte Bandführung im Gerät auch die Ursache für eine bleibende Beschädigung der Bandränder sein (sog. **Edge Curl**), wenn diese beim Bandtransport gegen die Führungskante der Kopftrommel und bandführenden Teile gedrückt werden.

BEDIENFEHLER
OPERATOR ERROR

GERÄTEFEHLER
DEVICE ERROR

BANDFEHLER
TAPE ERROR

PRODUKTIONSFEHLER
PRODUCTION ERROR

Weiteres Vorgehen

1. Wiedergabe stoppen. Ausnahmsweise nicht zurückspulen, damit nicht mehr Schaden entsteht. Die Kassette auswerfen.
2. **Testkassette** einlegen.
3. Störung nicht behoben: Gerätefehler. Reparatur des Wiedergabegerätes.
4. Störung behoben: Bandfehler. Band an Videorestaurator.

Synonyms and related terms:
track curvature, curvature error, trapezoidal error, maladjusted tape path

Symptoms

The image is played back at normal speed, but one or two horizontal bands of noise are superimposed over the image. The severity of the **picture noise** may vary. If the manual **tracking control** is used, the noise bands shift vertically but never completely disappear.
Audio on the **longitudinal track** is not affected. However, if **FM** or **PCM audio** is recorded on the **helical track**, even a slight tape misalignment may cause it to become totally inaudible.

Possible causes

Tape misalignment occurs when the tape is being transported around the **head drum** at the wrong angle or in a curved path. This means the **head path** deviates from the **track position**, so the **playback heads** only partially scan the helical tracks. If the tape is transported around the head drum at the wrong angle, the **scanning angle** of the playback heads does not match the **track angle** of the helical tracks on the tape (**trapezoidal error**). If the tape is transported around the head drum in a curved path, the playback heads – which rotate in a flat plane – move away from the helical tracks due to the curvature of the latter (**curvature error**). In both cases the playback heads lose contact with one or two sections of the helical tracks on the tape, causing attenuation or complete loss of signal and thereby disrupting playback of the recorded image and sound content (cf. >*Tracking Error*).
Tape misalignment may be caused by mechanical defects in the player, or by >*Tape Deformation*. In the first case, if the **tape guides** upstream or downstream of the head drum are worn, maladjusted or bent, the tape may not be guided accurately onto the head drum's angled ruler edge. This may cause it to move away from its designated **tape path**. In the second case, if the tape is deformed, e. g. along its edges, it may not sit properly on the drum's ruler edge. Conversely, misalignment of the player's tape transport mechanism may actually cause permanent damage to the edges of a tape (**edge curl**), for example by pressing the edges of the tape against the head drum's ruler edge or against the tape guides or rollers.

What to do next

1. Stop playback immediately. In this case, do not rewind the tape, in case further damage is caused. Eject the cassette.
2. Insert a **test cassette**.
3. Image / audio error still present: device error. Playback device must be repaired.
4. Image / audio error no longer present: tape error. Give the tape to a video conservator.

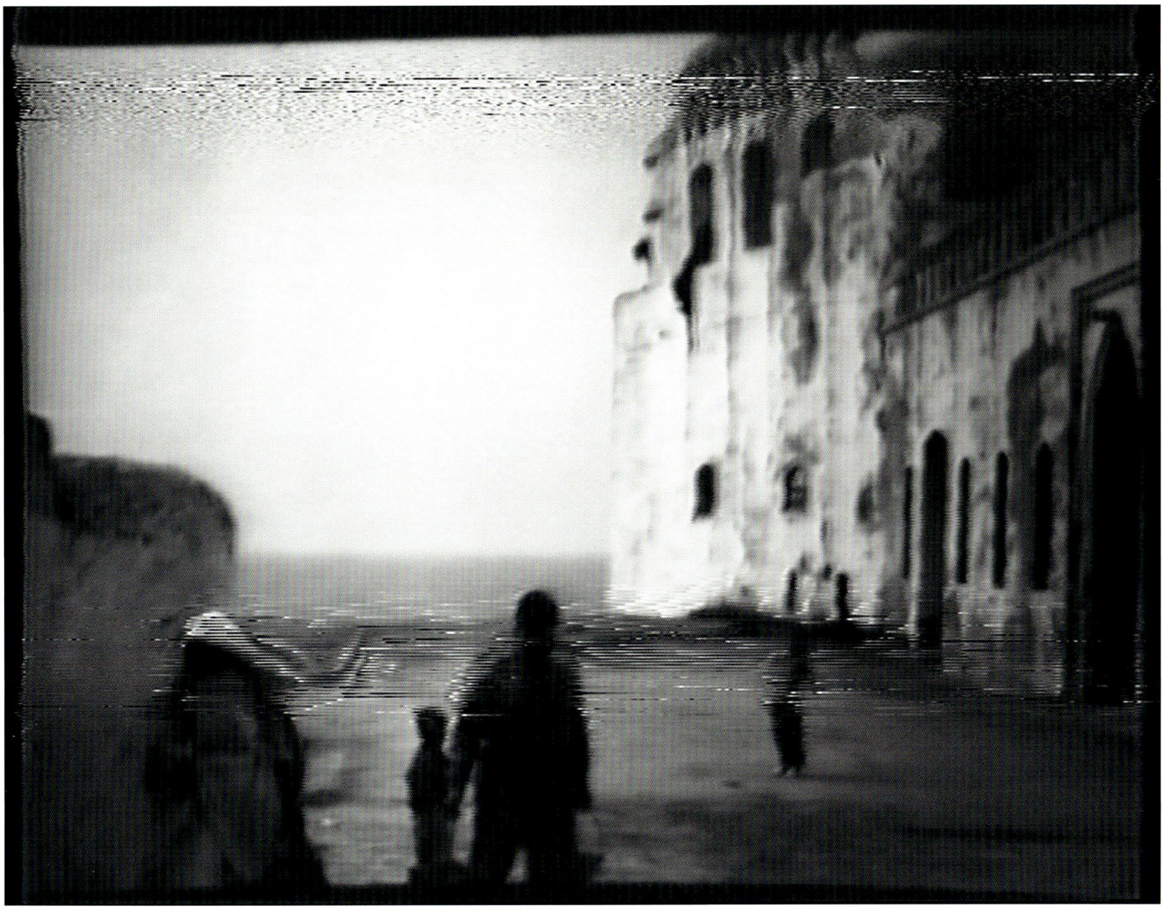

VIDEO 1
Die verrauschten Bildsegmente lassen sich mit dem Tracking-Regler vertikal verschieben, sie verschwinden aber nie ganz.

VIDEO 1
The bands of picture noise can be shifted up or down using the tracking control, but they never completely disappear.

BANDKLEBEN UND -QUIETSCHEN //
// STICKY TAPE SYNDROME

Synonyme und verwandte Begriffe:
Sticky Tape Syndrom, Sticky Shed Syndrom (SSS), Gleitmittelverlust

Phänomen

Mehr oder weniger ausgeprägte, regelmässige Verwellung der gesamten Bildfläche in horizontaler Richtung, die an- und abschwellen kann. Es kann zu einem leichten bis starken **Bildrauschen** kommen, das ganzflächig oder in Segmenten auftritt und ebenfalls kommen und gehen kann. Ein periodisches **Ruck-Gleiten** ist charakteristisch für das Abspielen klebender Bänder. Im Extremfall kommt die Wiedergabe zum Stillstand, was bei Kassettengeräten mit einem automatischen Auswerfen der Kassette verbunden sein kann. Selbst wenn das Band noch läuft, kann es zum Totalausfall des Bildes kommen. Beim Spulen kann das klebende Band im Gerät hörbar schlackern und schlagen. Akustisch äussert sich Bandkleben durch veränderte Motorgeräusche und ein Schleifgeräusch bis hin zu einem signifikanten **Quietschen**. Dieses Quietschen ist zusätzlich im **Audiokanal** des Videos zu hören und überlagert den Originalton. Kommt es nicht zum Quietschen, wird der Ton lediglich durch eine Tonhöhen- und / oder Lautstärkeschwankung beeinträchtigt. Ein Totalausfall des Tones ist möglich.

Mögliche Ursachen

Das Bandkleben entsteht einerseits durch die irreversible Zersetzung des **Bindemittels** in **Magnetschicht** und **Rückseitenbeschichtung**, andererseits durch einen **Gleitmittelverlust** aus dem Bindemittel. Die Zersetzung des Bindemittels durch **Hydrolyse** wird durch zu hohe Feuchte in Verbindung mit zu hohen Lagerungstemperaturen begünstigt. Der Gleitmittelverlust hingegen kann auch die Folge extremer Trockenheit bei sehr hohen oder sehr tiefen Temperaturen sein. Hydrolyse und Gleitmittelverlust haben beide zur Folge, dass das Bindemittel klebt und dadurch der Bandvorschub gebremst, zum Stocken, oder ganz zum Stillstand gebracht wird. Das Bindemittel kann sich auch vom Band ablösen (sog. **Sticky Shed Syndrom**), um sich als gummiartiger bis harter **Bandabrieb** an **bandführenden Teilen** und **Wiedergabeköpfen** zu sammeln. Werden dadurch die *>Wiedergabeköpfe verschmutzt*, resultiert dies in Bildrauschen und weiteren Bild- und Tonstörungen. Durch eine unstete **Kopf-zu-Bandgeschwindigkeit** kann es zu einem *>Tracking-Fehler* kommen, der sich durch vertikal wandernde Störzonen zeigt, sowie zu *>Gleichlaufschwankungen*, die sich in Form einer horizontalen Verwellung des Bildes zeigen. Die Wiedergabe wird in der Regel von einem Quietschen begleitet, das entsteht, wenn das klebende Band an **Kopftrommel** und **Bolzen** entlanggezogen wird. Der **Audiokopf** nimmt die mechanische Schwingung dieses Quietschens ab und **moduliert** damit das **Audiosignal**. Auch ohne Quietschen zeigt das Audiosignal infolge des gebremsten Bandvorschubes eine Tonhöhenschwankung. Sind die Audioköpfe durch Bandabrieb zugesetzt, kann der Ton dumpfer werden oder total ausfallen.

BEDIENFEHLER
OPERATOR ERROR

GERÄTEFEHLER
DEVICE ERROR

BANDFEHLER
TAPE ERROR

PRODUKTIONSFEHLER
PRODUCTION ERROR

Weiteres Vorgehen

Auch bei leichtem Bandkleben: Wiedergabe sofort stoppen! Ausnahmsweise nicht zurückspulen und Kassette auswerfen. Band an Videorestaurator (bedingte Behandlungsmöglichkeiten).

Hinweis: Am Band selbst ist eine Bindemittelzersetzung weder optisch noch haptisch wahrnehmbar! Bänder niemals anfassen!

Synonyms and related terms:
sticky tape, squeal, sticky shed syndrome (SSS), blocking, dry squeal, loss of lubricant (LOL)

Symptoms

More or less pronounced, regular side-to-side rippling of the entire image, with possible variation in intensity. The symptoms may also include mild to severe, persistent or intermittent **picture noise** visible across the entire image or sections of it.
Recurring **stick slip** is another typical 'sticky tape' symptom that often occurs during playback. In extreme cases, playback may come to a complete standstill. If the player is a cassette deck, this can result in automatic ejection of the cassette. Even if the tape is still running, the picture may disappear completely. When fast-wound through the player, a sticky tape often judders, making a slapping or knocking sound. Another audible symptom of sticky tape is a change in the sound of the player's motor, accompanied by a grinding noise that may degenerate into a loud **squeal**. The squeal may also be heard over the **audio channel**, superimposed over the original soundtrack. Even if there is no squeal, audio playback may be affected by fluctuations in pitch and / or volume. Audio may also become totally inaudible.

Possible causes

Sticky tape syndrome may be caused by irreversible deterioration of the **binder** in the tape's **magnetic layer** and **back coat**, or by a **loss of lubricant** from the binder. The binder may deteriorate as a result of **hydrolysis** caused by increased relative humidity combined with high storage temperatures. Loss of lubricant, on the other hand, may also be caused by extremely dry conditions combined with very high – or very low – temperatures. Both hydrolysis and loss of lubricant cause the tape binder to become sticky, which in turn causes the tape transport to slow down, falter or come to a complete standstill. The binder may also separate from the tape (**sticky shed syndrome**) and collect as **debris** – with a consistency ranging from rubbery to gritty – on the **tape guides** and **playback heads**. If the debris causes *>Head Clogging*, this produces symptoms such as picture noise and further image and audio errors. An uneven **head-to-tape speed** can result in a *>Tracking Error*, indicated by vertically shifting sections of picture noise, or a *>Time Base Error*, which takes the form of rippling, side-to-side image distortion. Playback is usually accompanied by an audible squeal, which occurs when sticky tape is being pulled along the **head drum** and guide **pins**. The **audio head** picks up the oscillating mechanical vibration caused by this squeal and **modulates** the **audio signal** accordingly. Even if there is no squeal, the slow-down in the tape feed causes the audio signal to flutter. If the audio heads are clogged by tape debris, the soundtrack may become muffled or totally inaudible.

What to do next

Even if the symptoms are only mild: stop playback immediately! In this case, do not rewind the tape, simply eject the cassette. Give the tape to a video conservator (limited treatment options are available).

Note: there is no way to detect tape binder deterioration either visually or by touch. Never touch the actual tape!

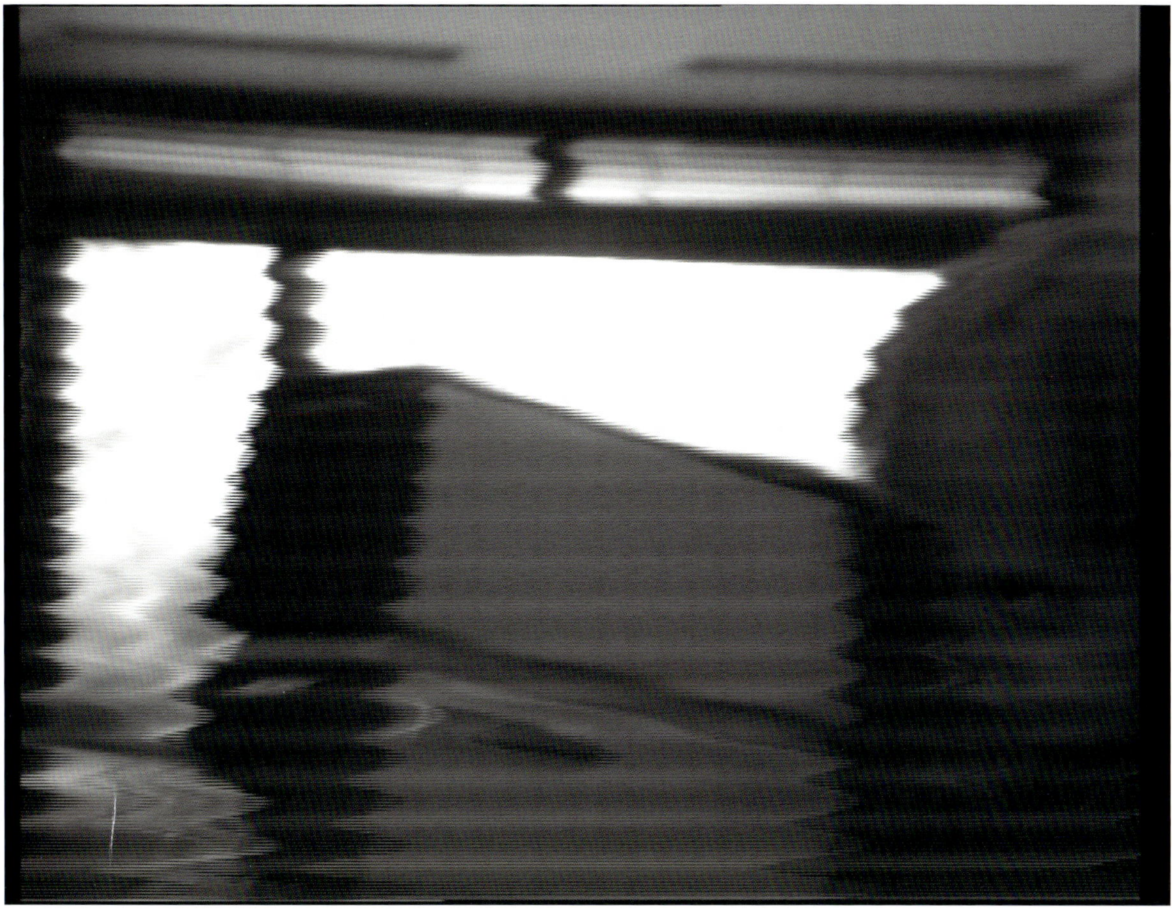

VIDEO 2

Die horizontale Verwellung des Bildes ist typisch für das Bandkleben. Im Verlauf dieser Sequenz wird zusätzlich zunächst ein, dann auch der zweite **Videokopf** mit Bandabrieb verschmutzt, und es kommt schliesslich zum totalen Bildausfall. Das Quietschen des Bandes im Gerät wurde hier mit einem externen Mikrophon aufgenommen, der Audiokanal des Videos ist nicht hörbar.

VIDEO 2

Rippling, side-to-side image distortion is a characteristic symptom of sticky tape syndrome. In the course of this video excerpt, accumulated binder debris clogs first one, then the other **video head** until the picture drops out completely. In this example, the squeal of the sticky tape in the player was recorded by an external microphone; the content of the audio channel is not audible.

BRUMMSTÖRUNG //
// HUM TROUBLE

BEDIENFEHLER
OPERATOR ERROR

GERÄTEFEHLER
DEVICE ERROR

BANDFEHLER
TAPE ERROR

PRODUKTIONSFEHLER
PRODUCTION ERROR

Synonyme und verwandte Begriffe:
Bildbrumm, Brummspannung

Phänomen

Das Bild wird mit Normalgeschwindigkeit wiedergegeben. Mindestens ein horizontaler Balken, in dessen Bereich die Bildhelligkeit erhöht oder vermindert ist, bewegt sich sehr langsam vertikal über das Bild. Die Farbe bleibt dabei unbeeinflusst. Der Balken kann sich sowohl von oben nach unten als auch von unten nach oben bewegen, seine Bewegungsrichtung und Geschwindigkeit bleiben aber in der Regel konstant. Die Bewegung kann so langsam sein, dass sie kaum wahrgenommen wird. Sind mehrere Balken sichtbar, bewegen sich diese stets parallel.

Der Balken kann weiche Kanten aufweisen und räumlich wirken, ähnlich einem Rohr (Video 3), oder er wirkt durch scharf begrenzte Kanten flächig (Video 4).

Der Ton kann einen mehr oder weniger deutlich hörbaren **Brumm** aufweisen.

Mögliche Ursachen

Eine Brummstörung entsteht grundsätzlich durch unsachgemässe Verkabelung der angeschlossenen Geräte. Geschah dies bei der Produktion oder Kopie des Bandes, ist die Brummstörung auf das Band aufgezeichnet und nicht mehr zu beheben. Entsteht die Störung bei der aktuellen Wiedergabe, kann sie behoben werden. Eine Brummstörung tritt auf, wenn **Video-** und/oder **Audiosignal** von einer **Störspannung** überlagert werden, die vom Stromnetz herrührt. Dies kann 1. passieren, wenn zahlreiche miteinander verbundene Geräte so an die Stromversorgung angeschlossen sind, dass verschiedene **Verbraucherkreise** entstehen, die das Netz unterschiedlich stark belasten und 2. wenn eine Geräteinstallation an zwei unterschiedliche **Phasen** der Stromversorgung angeschlossen ist. Dadurch fliessen zwischen den beteiligten Geräten Ausgleichsströme, und zwar nicht nur über die **Schutzleiter**, sondern auch über die **Abschirmungen** der Audio- und Videoverbindungskabel. Von der Kabelabschirmung überträgt sich die Störspannung auf die signalführenden **Innenleiter** der Kabel und überlagert dort das Video- bzw. Audiosignal.

Bei dieser Überlagerung kann es zu **Interferenzen** kommen: in Europa beträgt die Frequenz des Netzstromes genau und konstant 50 Hz. Auch die **Halbbildfrequenz** des **Videosignals** liegt bei 50 Hz (= 50 **Halbbilder** pro Sekunde), in der Praxis weicht sie jedoch stets minimal von diesem Wert ab. Das heisst, die Peaks oder **Scheitel** der Netzfrequenz stören die Halbbilder an immer leicht versetzter Stelle, und auf dem Bildschirm entsteht so ein Störbalken, der langsam vertikal wandert. Dort, wo das Videosignal vom Scheitel der Netzsspannung überlagert wird, verändert sich auch sein Helligkeitswert entsprechend.

Die Überlagerung des Audiosignales mit einer Störspannung wird bei der Wiedergabe mitverstärkt und als Brumm hörbar (vgl. *>Übersprechen*).

Weiteres Vorgehen

1. **Testkassette** einlegen.
2. Störung behoben: Irreversibler Produktionsfehler, auf das Band aufgezeichnet.
3. Störung nicht behoben: Sie stammt von der aktuellen Verkabelung der Geräte bei der Wiedergabe. Entfernen Sie alle nicht benötigten Verbindungskabel. Legen sie kurze Anschlussleitungen, auch bei der Stromversorgung. Alle Netzkabel an dieselbe Steckdose anschliessen (**sternförmiges Anschlussschema**). Entfernen Sie Dimmer (z. B. Licht), sofern vorhanden, aus dem Stromkreis.

Synonyms and related terms:
hum bars, video hum bars, video hum, audio and video hum, hum and noise

Symptoms

The image is played back at normal speed. At least one horizontal bar, either slightly brighter or less bright than the rest of the image, drifts very slowly up or down the screen. Colour is not affected. The bar may move from top to bottom or from bottom to top, but as a rule the direction and speed of travel remain constant. The movement may be so slow that it is scarcely noticeable. If several hum bars appear on-screen, they always move in parallel.

The bar may have soft edges and appear three-dimensional, almost tubular (cf. video 3), or it may have sharply defined edges so that it appears starkly two-dimensional (cf. video 4).

The audio may be overlaid by a more or less clearly audible **hum**.

Possible causes

Hum trouble is usually the result of inappropriate cabling between connected equipment. If this was in place during production or while the tape was being copied, the hum will have been recorded onto the tape and cannot be separated from the image content. If the hum is only produced during playback, it can be corrected.

Hum trouble occurs if a **video** and/or **audio signal** is overlaid by a **noise voltage** generated by an electrical power supply.

This may happen if (1) a large number of interconnected devices are connected to the mains power supply in such a way that multiple **load circuits** are created, placing variable loads on the power network; or (2) an equipment installation is connected to two different **phases** of the mains power supply. This causes compensating currents to flow between the connected equipment – not just through the **protective earthing conductors** (path to ground), but also through the **shielding** of the audio and video connector cables. From the cable shielding, the noise voltage crosses over to the cable's signal-carrying **inner conductor** and is superimposed on the video and/or audio signal. The superimposed voltage can cause **interference**: in Europe, the frequency of the mains power supply is a precise, constant 50 Hz. The **video signal's field frequency** is also 50 Hz (= 50 **fields** per second); in practice, however, the signal always deviates very slightly from this nominal frequency. This means that the **peaks** of the mains power frequency disrupt the video fields at a slightly different point each time, producing a bar of interference on the screen which appears to drift very slowly up or down. At the point where the video signal is overlaid by the peak of the mains voltage, its brightness (luminance) also changes.

When a noise voltage is superimposed on an audio signal, the phenomenon is amplified during playback and becomes audible as a hum (cf. *>Crosstalk*).

What to do next

1. Insert a **test cassette**.
2. Image/audio error no longer present: irreversible production error, recorded on the tape.
3. Image/audio error still present: caused by existing equipment connections during playback. Remove all unnecessary connecting cables. Use short cables to interconnect the equipment, and to connect the equipment to the mains. Connect all power cables to the same power outlet (**star configuration**). Remove any dimmers (e. g. light dimmers) from the circuit, if present.

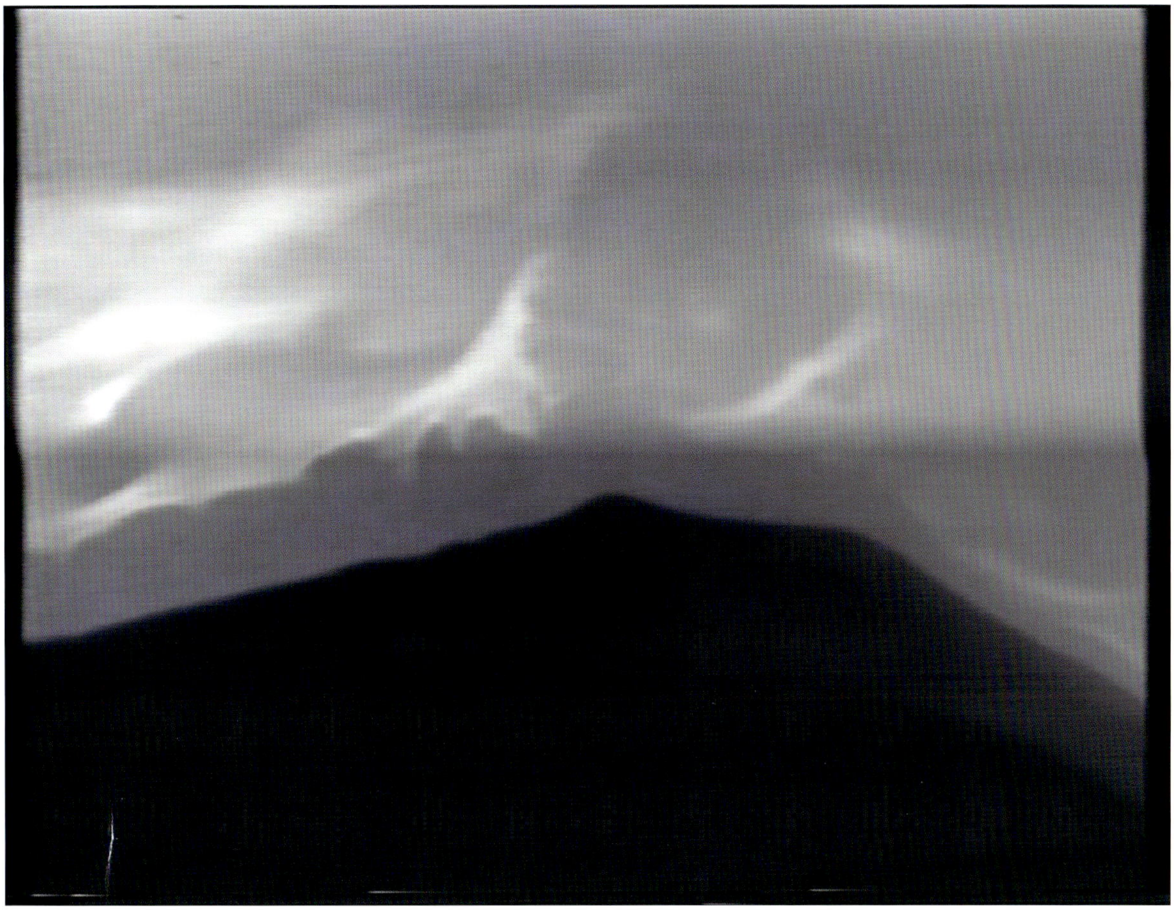

VIDEO 3

Der Störbalken betrifft nicht die Farbigkeit, sondern nur die Helligkeit des Bildes. Er kann weiche Kanten aufweisen und plastisch wirken wie in diesem Beispiel.

VIDEO 3

The hum bar does not affect the colour of the image, only its brightness. It may have soft edges and appear almost three-dimensional, as in this example.

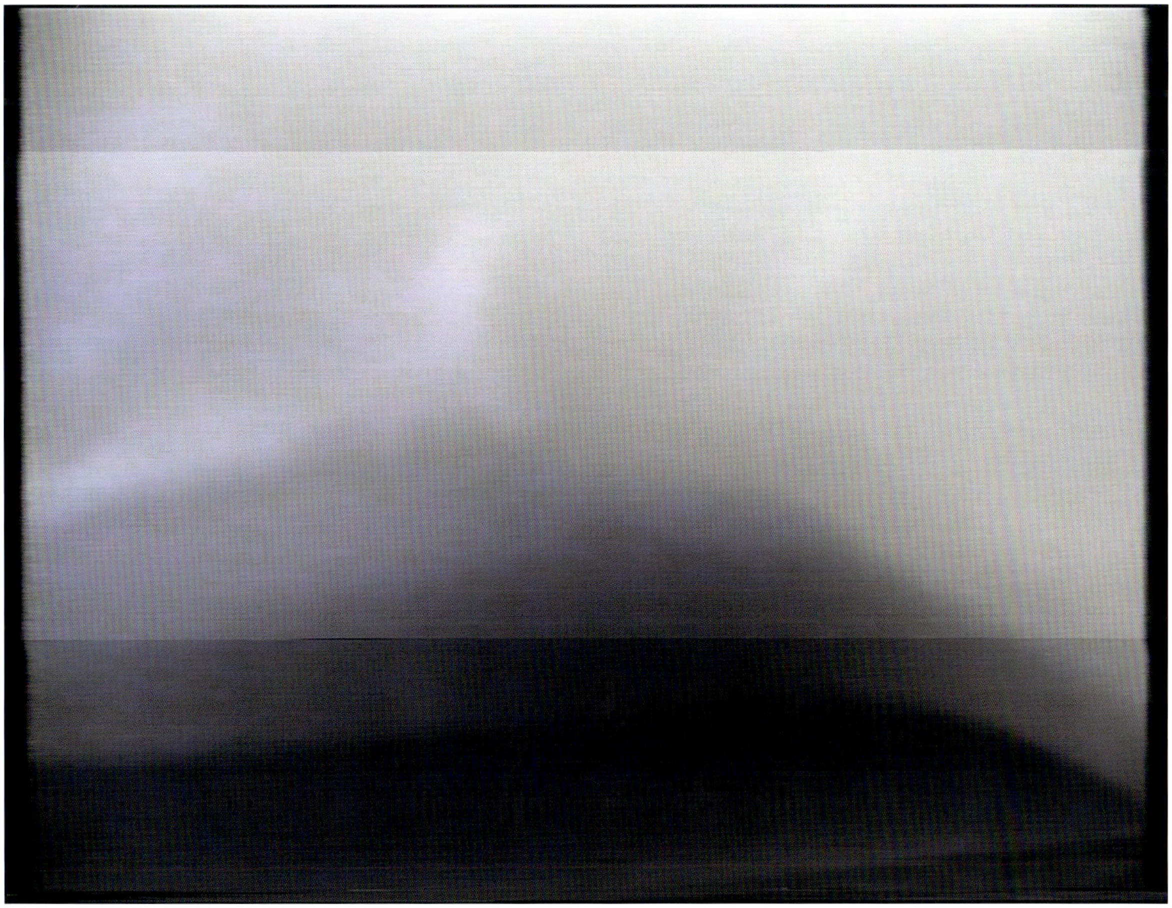

VIDEO 4

Der Balken kann auch scharfe Kanten haben und flächig wirken wie in diesem Beispiel.

VIDEO 4

Alternatively the hum bar may have sharply defined edges and appear two-dimensional, as can be seen in this example.

COLOUR LOCK-FEHLER //
// LOSS OF COLOUR LOCK

Synonyme und verwandte Begriffe:
Verlust der Farbverkopplung, fehlende Farbverriegelung, fehlende Farbhilfsträgerverriegelung

Phänomen

Die Bildhelligkeit erscheint unverändert, die Farben sind jedoch falsch: Vom linken zum rechten Bildschirmrand zieht sich ein Farbverlauf mit einer schmalen, unbunten Zone in seiner vertikalen Mittelachse. Dabei beginnen alle **Zeilen** am linken Bildrand mit einer für jede Farbe spezifischen Verschiebung. Die Farbsättigung sinkt gegen die Bildmitte auf Null und erreicht am rechten Bildrand wieder ihr Maximum im komplementären Farbton. So werden z. B. Hauttöne auf der linken Bildseite ins Grünliche, auf der rechten ins Bläuliche verschoben.
Der Colour Lock-Fehler beschränkt sich auf die **Farbfernsehnorm PAL** und tritt vor allem bei den **Videoformaten U-matic Low Band** und **U-matic High Band** auf. Er ist umso ausgeprägter, je kräftiger die Farben sind. Schwarz-Weiss-Video bleibt unbeeinflusst.
Bei **NTSC**-Bändern, die auf **Multinorm-Abspielgeräten** mit **Colour Lock-Schalter** wiedergegeben werden, fällt bei Fehleinstellung des Schalters die Farbe komplett aus, und ein typisches, diagonales **Fischgratmuster** entsteht.
Der Ton bleibt immer unbeeinflusst.

Mögliche Ursachen

BEDIENFEHLER
OPERATOR ERROR

GERÄTEFEHLER
DEVICE ERROR

BANDFEHLER
TAPE ERROR

PRODUKTIONSFEHLER
PRODUCTION ERROR

Für analoge Videosysteme nach dem **Colour Under-Verfahren** gilt: Für eine stabile Aufzeichnung und Wiedergabe der Farbe wird der **Farbhilfsträger** des **Composite-Signal** nicht direkt mit 4,43 MHz aufgezeichnet, sondern auf ein Frequenzband unterhalb des **Helligkeitssignals** herabgesetzt. Bei der Wiedergabe muss der Hilfsträger präzise auf 4,43 MHz angehoben werden, damit die Farbsynchronisation für weitere angeschlossene Geräte gewährleistet ist. Kein Bandlaufwerk kann diese Genauigkeit leisten – die Zeitfehler sind zu gross. Sie können aber aus den Abständen der **horizontalen Synchronimpulse** im gelesenen Signal ermittelt werden, weil diese denselben Fehler aufweisen. Daraus wird ein Korrektursignal für die Rekonstruktion generiert, damit aus dem gelesenen Colour Under-Signal immer genaue 4,43 MHz resultieren: die «Farbverriegelung». Liegt das vom Band gelesene Colour Under-Signal in seiner Frequenz ausserhalb des **Fangbereichs** des Regelkreises, so ändert der Farbhilfsträger während der Dauer einer Zeile die Lage seiner **Phase**, wodurch sich auch die wiedergegebenen Farben verfälschen.
PAL- und Multinorm-Abspielgeräte für **U-matic** verfügen an ihrer Rückseite über einen Schalter oder einen Drehregler für den Colour Lock. Werden sie aus der Mittelstellung gebracht, wird der **Oszillator** für die Rekonstruktion des Farbhilfsträgers auf eine leicht verschobene Grundfrequenz gebracht, damit der Regelkreis wieder verriegeln kann. Befinden sich die Colour Lock-Schalter oder -Regler in der falschen Position, entsteht in der Farbfernsehnorm PAL ein Farbverlauf, während bei der NTSC-Wiedergabe die Farbe ausfällt und der Farbhilfsträger als feines Fischgratmuster sichtbar wird.
Reine NTSC-Geräte verfügen nicht über diesen Schalter.

Weiteres Vorgehen

1. Betätigung des Colour Lock-Schalters, bis die korrekte Farbwiedergabe «einrastet».
2. Störung nicht behoben: **Testkassette** einlegen.
3. Störung nicht mehr vorhanden: Fehlerhafte Aufzeichnung.
4. Störung noch vorhanden: Gerätefehler. Gerät justieren lassen.

Achtung: Bei älteren Geräten gibt es ggf. keinen Colour Lock-Schalter, sondern einen Drehregler am oder im Gehäuse (Schraubenzieher).

Synonyms and related terms:
colour lock adjustment, colour lock control

Symptoms

The picture brightness (luminance) is unchanged, but the colours are wrong: a colour gradient stretches from the left-hand edge to the right-hand edge of the image, with a narrow achromatic area down its vertical centre axis. More precisely, all **scan lines** start at the left-hand edge of the image with a colour shift specific to each hue. Colour saturation drops to zero towards the centre of the image, then rises to reach maximum saturation in the complementary colour hue at the right-hand edge of the image. Thus for example, skin tones on the left-hand side of the image are shifted into the green spectrum, and into the blue spectrum on the right-hand side of the image.
Loss of colour lock is confined to the **PAL television standard** and appears primarily in the **U-matic Low Band** and **U-matic High Band video formats**. The stronger the colours, the more pronounced the symptoms. Black-and-white video is not affected.
When an **NTSC** tape is played back on a **multi-standard player** with a **colour lock control** set in the wrong position, colour disappears completely and a characteristic diagonal **herringbone pattern** occurs.
Audio is not affected.

Possible causes

Analogue video systems using the **colour-under method** work as follows: for stable colour recording and reproduction, the **composite signal's colour subcarrier** is not recorded directly at the usual 4.43 MHz frequency, but stepped down to a frequency band below that of the **luminance signal**. During playback, the subcarrier must be raised back up to 4.43 MHz precisely, to provide colour synchronisation for other connected equipment. No tape drive can achieve this level of precision – the timing errors are too great. However, they can be calculated from the gaps between the **horizontal sync pulses** in the scanned signal, because these will display the same errors. This means that a compensatory signal can be generated for subcarrier reconstruction, producing a consistently precise 4.43 MHz frequency from the scanned colour-under signal; this is known as 'colour lock'. If the frequency of the colour-under signal scanned from the tape falls outside the control circuit's **catch range**, the colour subcarrier will shift **phase** for the duration of one line, which means that colours will be reproduced incorrectly.
PAL and multi-standard **U-matic** players have a colour lock switch or knob on the back. When this control is moved away from the neutral position, it causes the **oscillator** for reconstructing the colour subcarrier to move to a slightly shifted base frequency so that the control circuit can achieve colour lock again. But if the colour lock control is moved to the wrong position, PAL recordings will display a colour gradient, whereas NTSC recordings will display no colour at all; instead, the colour subcarrier will become visible as a fine herringbone pattern.
Dedicated NTSC machines do not have a colour lock control.

What to do next

1. Rotate or slide the colour lock control until correct colour reproduction 'snaps into place'.
2. Image error still present: insert a **test cassette**.
3. Image error no longer present: recording is defective.
4. Image error still present: device error. Have the player's settings adjusted as appropriate.

Note: older machines may not have a colour lock switch or knob; instead, they may have a rotary control on or inside their casing (requires a screwdriver for adjustment).

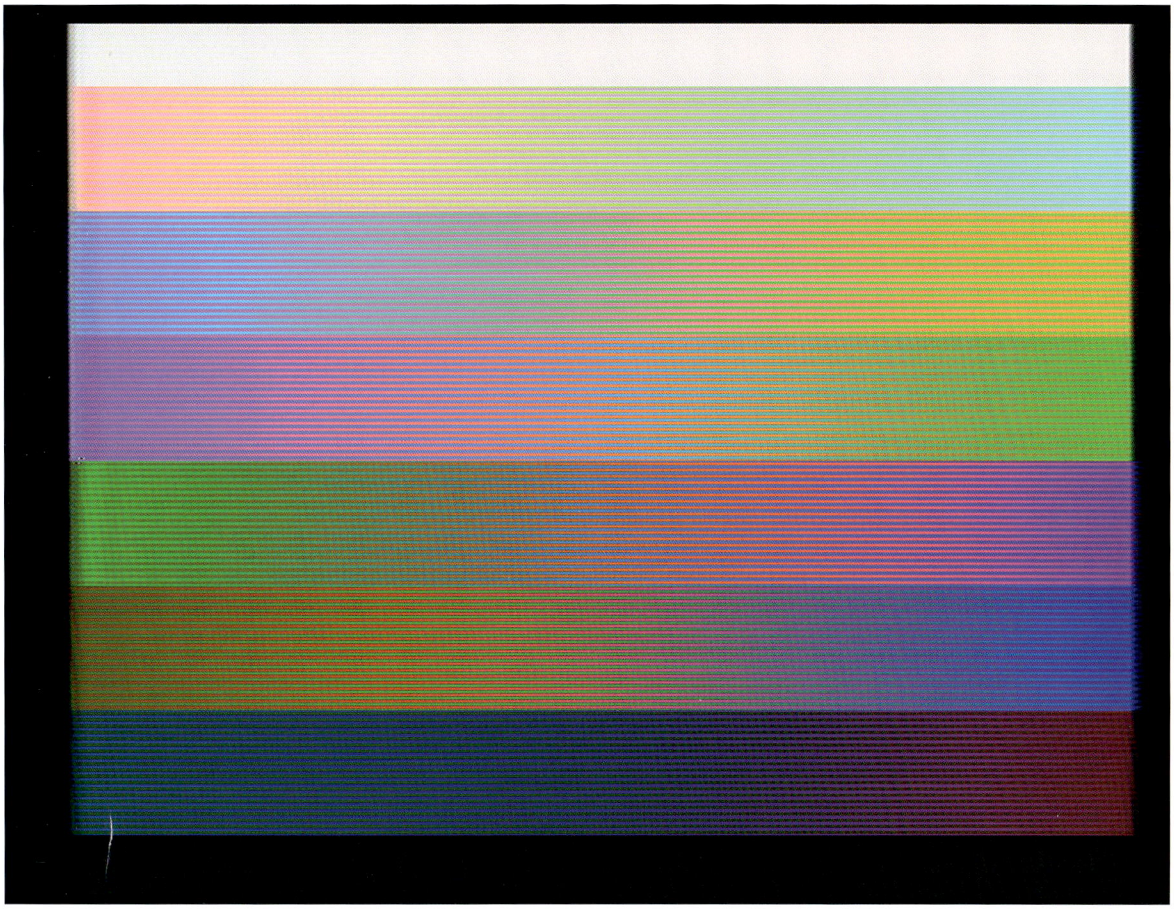

VIDEO 5
Die horizontalen **Farbbalken** zeigen einen Verlauf der Farben von links nach rechts in ihren komplementären Wert, wobei die Mitte aus genügendem Abstand betrachtet unbunt ist.

VIDEO 5
The horizontal **colour bars** display a left-right colour gradient, with the colours transitioning into their complementary values and the centre of each bar appearing colourless (achroma-tic) if viewed from a sufficient distance.

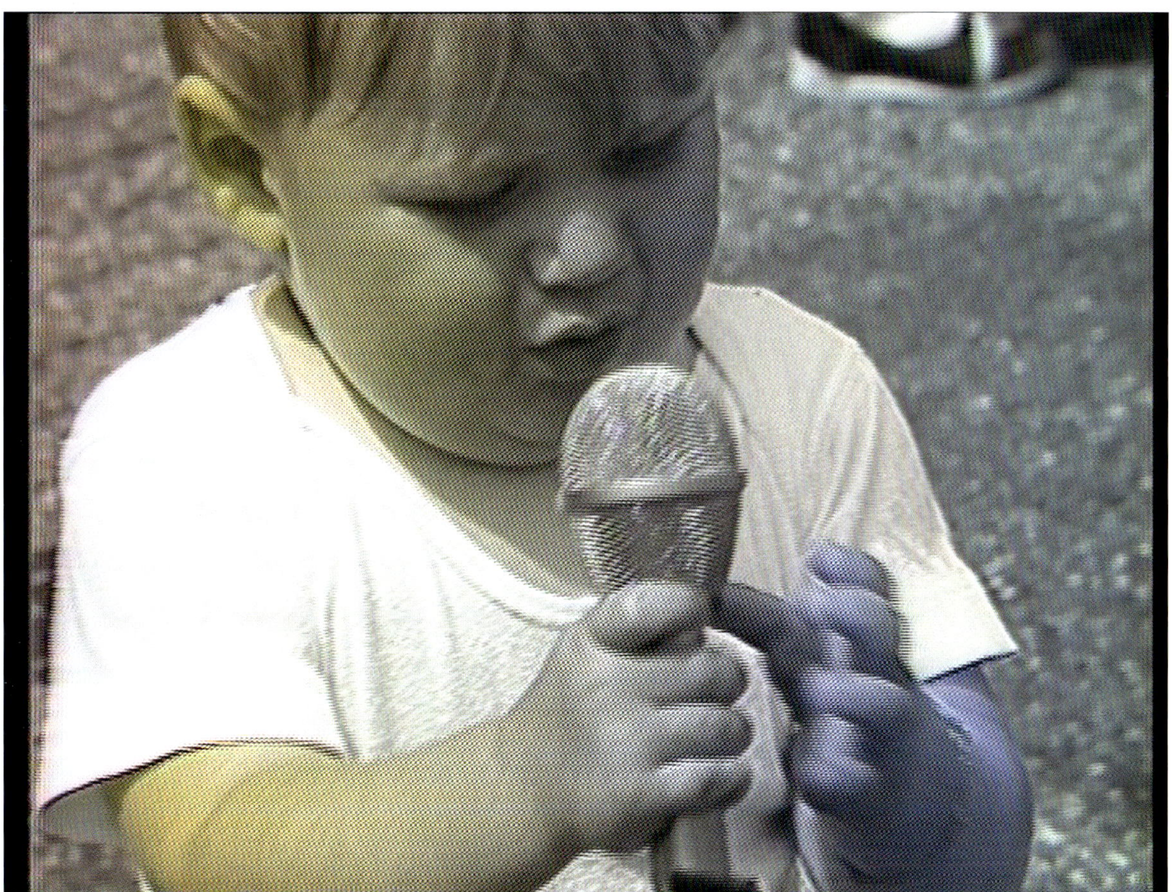

VIDEO 6
Vor allem bei Hauttönen wird der Colour Lock-Fehler deutlich sichtbar.

VIDEO 6
Skin tones in particular show up a loss of colour lock very clearly.

DEFORMATION DES BANDES //
// TAPE DEFORMATION

Synonyme und verwandte Begriffe:
Verwerfen, Verformung, Verziehen, Verwellung, Verwölbung des Bandes

Phänomen

1. Kurvige Deformation des Bandes:
Das Bild wird mit Normalgeschwindigkeit wiedergegeben, aber ein bis zwei Segmente sind mehr oder weniger verrauscht. Die Störzonen können vertikal wandern. Die Stärke des **Bildrauschens** kann schwanken. Wird der manuelle **Tracking-Regler** betätigt, verschieben sich die Störzonen vertikal, verschwinden jedoch nie ganz von der Bildfläche (Video 7).
Der Ton auf der **Längsspur** wird nicht beeinträchtigt. Ist jedoch auf der **Schrägspur** ein **FM-** oder **PCM-Ton** aufgezeichnet, fällt dieser Ton schon bei einer leichten Deformation vollkommen aus.
2. Deformation der Bandränder:
Das Bild ist am oberen oder unteren Bildrand verrauscht. Die Stärke des Bildrauschens kann schwanken. Zusätzlich kommt es entweder zum **vertikalen Bilddurchlauf** oder zu einer Störung des Tones. Dann schwankt er in seiner Lautstärke, kann abwechselnd dumpfer und heller werden oder ganz ausfallen (Video 8).

Mögliche Ursachen

Deformationen des Bandes können einerseits durch klimatische, andererseits durch mechanische Belastungen entstehen, bzw. durch ein Zusammenspiel beider Einflüsse. Die Zusammensetzung der **Trägerfolie** des Bandes hat Einfluss auf das Ausmass aller Deformationen.
1. Kurvige Deformation des Bandes:
Zeigt der **Bandwickel** Stufen und eine ungleichmässige, bzw. zu hohe Bandspannung, so begünstigt dies v.a. bei klimatischen Schwankungen eine ungleichmässige und dauerhafte Deformation des Bandes. In abgewickeltem Zustand zeigen die betroffenen Bandstellen einen s- bzw. bogenförmigen Verzug. Dieser wird auch bei der Wiedergabe nicht korrigiert, weshalb die auf einer geraden Ebene rotierenden **Wiedergabeköpfe** die gekrümmten Schrägspuren ein- bis zweimal verfehlen (sog. **Curvature Error**). Das gleiche Phänomen kann auch durch einen *>Bandführungsfehler* entstehen.
2. Deformation der Bandränder:
Zeigt der Bandwickel Stufen oder einzelne, hervorstehende Bandlagen, kann es bei längerer Lagerung und durch klimatische Einflüsse zu einer Schrumpfung dieser Randpartien kommen. Die exponierten Bandränder sind auch anfällig für mechanische Beschädigungen, z. B. wenn sie gegen die Spulen- oder Kassettenwand gedrückt werden. Eine mechanische Beschädigung der Bandränder kann darüber hinaus im Gerät entstehen, wenn das Band infolge seines kurvigen Verzuges oder eines *>Bandführungsfehlers* gegen die Führungskanten von **Kopftrommel** und **Bolzen** gedrückt wird.
Sind die Bandränder deformiert (sog. **Edge Curl**), ist bei der Wiedergabe der **Kopf-zu-Bandkontakt** in diesen Bereichen unstet oder gestört. Die Signalverluste betreffen Anfang oder Ende der **Videospuren** (und somit den oberen oder unteren Bildrand auf dem Monitor), sowie die am oberen oder unteren Bandrand aufgezeichneten **Audio-** bzw. **Kontrollspuren**. Wenn die Kontrollspur oder der **vertikale Synchronimpuls** am Anfang der Schrägspur nicht gelesen werden kann, kommt es zu einem vertikalen Bilddurchlauf (*>Vertikale Synchronstörung*).

Weiteres Vorgehen

Band an Videorestaurator.

Synonyms and related terms:
tape distortion, non-linear tape deformation, edge curl, edge damage

Symptoms

1. Curved tape deformation (**curvature error**):
The image is played back at normal speed, but one or two horizontal bands of noise are superimposed over the image. The noise bands may drift vertically and the severity of the **picture noise** may vary. If the manual **tracking control** is used, the noise bands shift vertically but never completely disappear (cf. video 7).
Audio on the **longitudinal track** is not affected. However, if **FM** or **PCM audio** is recorded on the **helical track**, even a slight tape deformation may cause it to become totally inaudible.
2. Deformation of the tape edges (**edge curl**):
The picture is noisy along the top or bottom edge. The severity of the picture noise may fluctuate. One of two other symptoms may also occur: either the image appears as a **vertically rolling picture**, or the audio is distorted. In the latter case, the audio may fluctuate in volume, alternate between sounding muffled and sounding sharp, or become totally inaudible (cf. video 8).

Possible causes

Tape deformation can be caused by inappropriate climate conditions, by mechanical stress, or by a combination of both. The composition of the **tape substrate** can influence the magnitude of any deformation.
1. Curvature error:
If the **tape pack** shows stepping and uneven or excessive tape tension, this may cause irregular, permanent deformation of the tape, especially in poor climate conditions. If a deformed tape is unwound, the affected sections of tape will clearly show an S-shaped or curved deformation.
It is not possible to compensate for this curvature during playback, consequently the **playback heads** – which rotate in a flat plane – fail to accurately follow the helical tracks on the deformed tape once or twice per scan (a.k.a. curvature error). The same symptom may also be the result of *>Tape Misalignment*.
2. Edge curl:
If the tape pack is stepped or has popped strands, the exposed edges may shrink if the tape is stored for long periods of time and in poor climate conditions. The exposed edges of the tape are also vulnerable to mechanical damage, e. g. as a result of being pressed against the reel flanges or the cassette shell. Mechanical damage to the tape edges may also be caused inside the player if, as a result of tape curvature or *>Tape Misalignment*, the tape is pressed against the **head drum's** angled ruler edge or against the guide **pins**.
If the tape edges are deformed (a.k.a. edge curl), **head-to-tape contact** along the edges will be irregular or disrupted during playback. The signal losses will affect the beginning or end of the **video tracks** (hence show up at the top or bottom edges of the picture on the monitor), and may also affect the **audio** and / or **control tracks** recorded along the top or bottom edges of the tape.
If the control track or **vertical sync pulse** at the head of each helical track cannot be read properly, the picture will roll vertically up or down the screen (*>Vertical Synchronisation Error*).

What to do next

Give the tape to a video conservator.

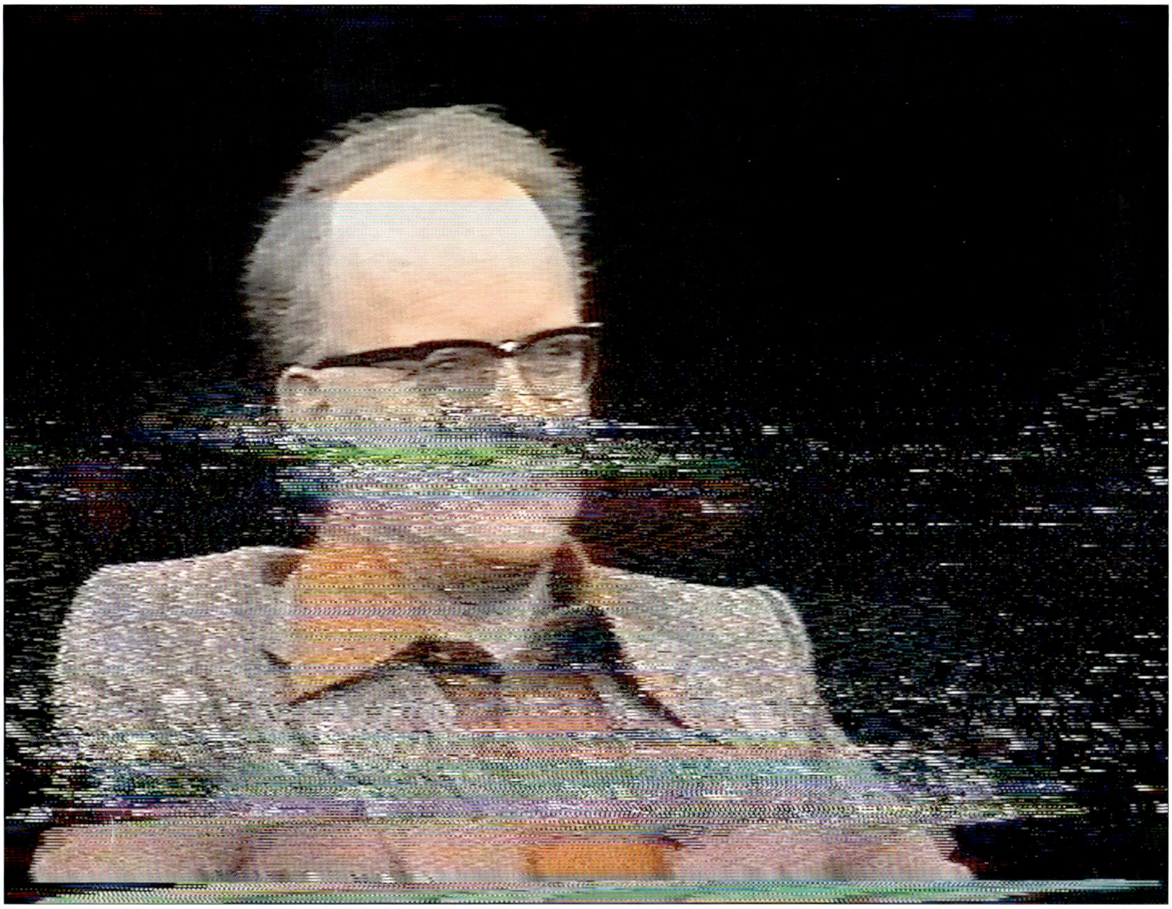

VIDEO 7
Hier lässt sich die Störzone durch Betätigung des manuellen Tracking-Reglers teilen und wieder zusammenführen, aber nie ganz von der Bildfläche eliminieren. Dies ist ein Indiz für einen sog. Curvature Error, d. h. eine kurvige Deformation des Bandes.

VIDEO 7
In this video sequence using the manual tracking control simply splits and recombines the noise bars, but does not eliminate them completely. This is a symptom of what is known as curvature error, i. e. a curved deformation of the tape.

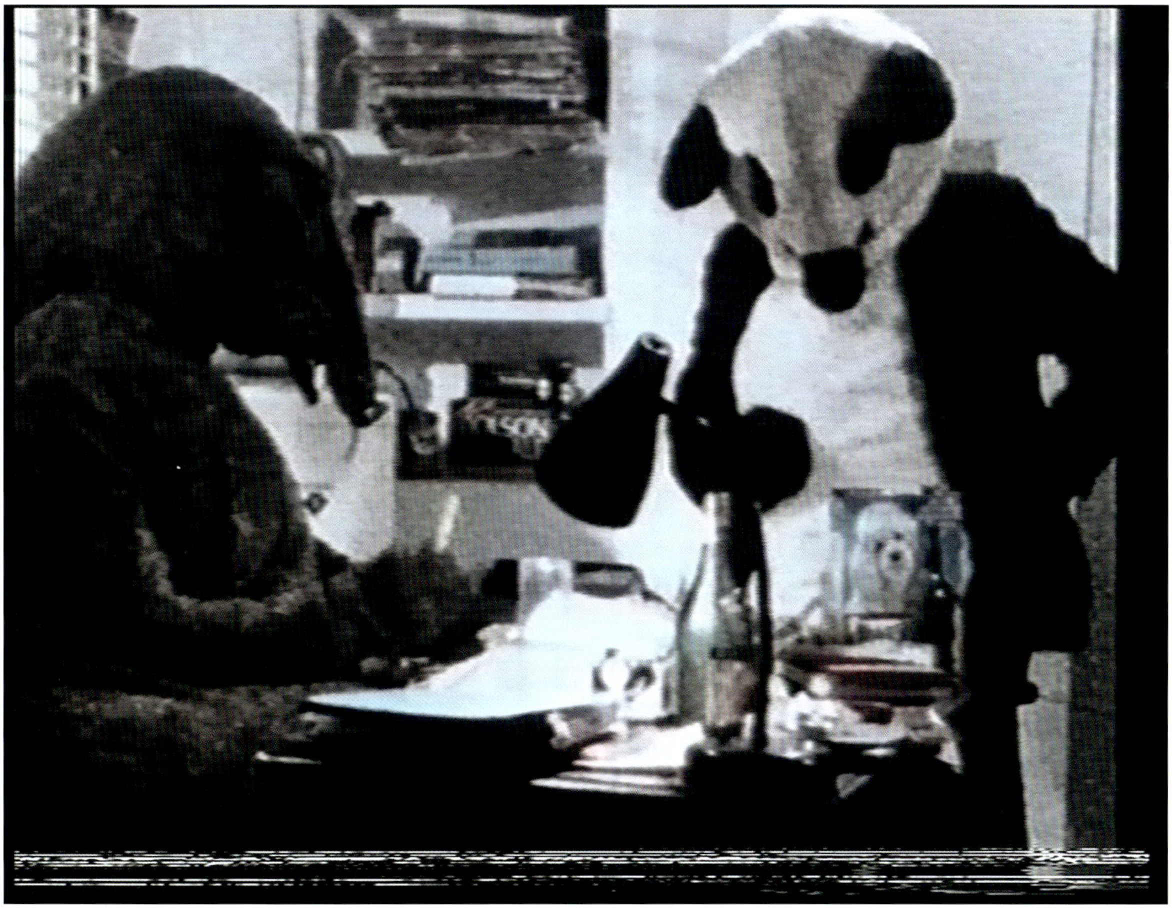

VIDEO 8
Sind bei einer Deformation der Bandränder (sog. Edge Curl) die Audiospuren betroffen, so schwanken Tonhöhe und Lautstärke. In diesem Beispiel ist zusätzlich ein Bildrand durch den mangelhaften Kopf-zu-Band-kontakt verrauscht.

VIDEO 8
If deformed tape edges (a.k.a. edge curl) affect the audio tracks, the pitch and volume of the soundtrack will fluctuate. In this example, the lower edge of the image also shows picture noise as a result of poor head-to-tape contact.

DEHNUNG ODER SCHRUMPFUNG DES BANDES IN LÄNGSRICHTUNG //
// LENGTHWISE TAPE EXPANSION OR SHRINKAGE

BEDIENFEHLER
OPERATOR ERROR

GERÄTEFEHLER
DEVICE ERROR

BANDFEHLER
TAPE ERROR

PRODUKTIONSFEHLER
PRODUCTION ERROR

Synonyme und verwandte Begriffe:
Verdehnung, (Über-) Streckung, Ausleiern des Bandes

Phänomen

Dehnung und Schrumpfung von Bändern in ihrer Längsrichtung äussern sich beide im gleichen Phänomen: Das Bild ist am unteren, in ausgeprägteren Fällen auch an seinem oberen Rand nach links, bzw. nach rechts verzogen (vgl. *>Skew-Fehler*). Viele Videogeräte, **TBCs** und Monitore versuchen automatisch, diesen zeitlich bedingten Bildverzug zu kompensieren. Dadurch kann der Verzug zunächst in eine Richtung und nach einigen **Zeilen** umso stärker in die Gegenrichtung zeigen. Auch können sich beide **Halbbilder** in entgegengesetzte Richtung verziehen, so dass das Phänomen aussehen kann, als sei der *>Kopfversatz abweichend*.
Der Verzug kann bedingt mit dem **Skew-Regler** korrigiert werden.
In Fällen starker Dehnung oder Schrumpfung treten zusätzlich verrauschte Störzonen auf, die durch Betätigung des manuellen **Tracking-Reglers** bedingt behoben werden können. Eventuell kommt es zum **vertikalen Bilddurchlauf**.
Der Ton auf der **Längsspur** bleibt unbeeinflusst. Ist auf der **Schrägspur** ein **FM-** oder **PCM-Ton** aufgezeichnet, kann dieser schon bei einer leichten Dehnung oder Schrumpfung des Bandes gestört werden oder ganz ausfallen.

Mögliche Ursachen

Die **Trägerfolie** von **Magnetbändern** kann ihre Längenausdehnung durch mechanische und klimatische Einflüsse verändern (vgl. *>Deformation des Bandes*). Dadurch verändern sich die Spurlängen und auch die **Spurwinkel** der aufgezeichneten Schrägspuren. Bei einer Verlängerung, bzw. Verkürzung der Spuren verzieht sich das Bild nach links, bzw. nach rechts (Begründung siehe *>Skew-Fehler*). Diese Störung ist mit dem Skew-Regler am Videogerät bedingt korrigierbar, weil man mit ihm die Grundspannung bei einem geschrumpften Band erhöhen und bei einem verdehnten Band senken kann. Allgemein gilt der Skew-Regler als Indiz für eine vorliegende Dehnung oder Schrumpfung des Bandes, wenn er aus seiner Mittelstellung bewegt werden muss, um das Bild ohne Verzug wiederzugeben.
Sind die Spurwinkel bei einem stark gedehnten Band zu flach, bzw. bei einem stark geschrumpften Band zu steil geworden, stimmen sie nicht mehr mit dem **Abtastwinkel** der **Wiedergabeköpfe** überein (sog. **Trapezoidal Error**), so dass die Köpfe Segmente der Schrägspuren verfehlen (vgl. *>Tracking-Fehler*). Wird auch der **vertikale Synchronimpuls** verfehlt, kommt es zum vertikalen Bilddurchlauf. Mit dem manuellen Tracking-Regler kann durch Anpassung der **Spurlage** bedingt eine Verbesserung erzielt werden.
Faktoren für eine Dehnung sind zu hohe Temperaturen, die Zusammensetzung der Trägerfolie und ein zu hoher Zug, der am Band anliegt, z. B. durch einen zu straffen **Bandwickel**, die Wiedergabe auf defekten Geräten oder durch *>Bandkleben und -quietschen*. Ein Schrumpfen des Bandes durch zu hohe Temperaturen ist möglich, weil die Trägerfolie bei der Produktion vorgestreckt wird und sich bei erneuter Erwärmung wieder zusammenziehen kann. Ein schwankendes, ungünstiges Klima begünstigt Schrumpfungsprozesse.

Weiteres Vorgehen

1. Betätigung des Skew-Reglers (wenn vorhanden) und ggf. des manuellen Tracking-Reglers.
2. Störung nicht behoben: Band zum Videorestaurator.

Synonyms and related terms:
tape stretching, tape distortion, trapezoidal error

Symptoms

Linear (lengthwise) tape expansion and shrinkage are both characterised by the same symptoms: the lower edge of the image is skewed to the left or right. In extreme cases, the upper edge of the image may also be skewed (cf. *>Skew Error*).
Many video devices, **TBCs** and monitors automatically attempt to compensate for the image distortion. As a result, while the **scan lines** comprising the upper (or lower) edges of the image may appear skewed in one direction, they may also be followed (or preceded) by a number of scan lines that skew even more dramatically in the opposite direction. When the two video **fields** are skewed in opposite directions, the symptoms may look identical to *>Dihedral Maladjustment* (a head positioning error). In some cases, the distortion can be corrected using the player's **skew control**.
If the tape expansion or shrinkage is severe, the image may also display bands of noise. Sometimes this **picture noise** can be minimised or eliminated using the manual **tracking control**. Very severe cases may also produce a **vertically rolling picture**.
Audio on the **longitudinal track** is not affected. However, if **FM** or **PCM audio** is recorded on the **helical track**, even mild tape expansion or shrinkage may render it distorted or totally inaudible.

Possible causes

The **tape substrate** of a **magnetic tape** may change length as a direct result of mechanical or climate impacts (cf. *>Tape Deformation*). This in turn causes changes in both the track lengths and **track angles** of the helical tracks recorded on the tape.
If tracks are stretched or shortened, the image is skewed to the left or right (for an explanation, cf. *>Skew Error*). In some cases, the distortion can be corrected using the video player's skew control to increase the base tension of a tape that has shrunk or reduce the base tension of a tape that has expanded. In general, the skew control is a useful way of checking whether a tape has expanded or shrunk; if the image can only be displayed without distortion by moving the skew control away from its neutral position, then there is a problem!
The track angles on a severely stretched tape will be too shallow; on a severely shrunk tape they will be too steep: in both cases they will no longer correspond to the **scanning angle** of the **playback heads** (**trapezoidal error**), causing the playback heads to lose contact with segments of the helical tracks (cf. *>Tracking Error*). If the playback heads are unable to read the **vertical sync pulses**, this will result in a vertically rolling picture. By using the manual tracking control to adjust the **track position**, it may be possible to improve playback to some extent.
Factors that can cause tape to expand include excessively high temperatures, the specific composition of the tape substrate, and excessive mechanical tension as a result of e. g. excessive **tape pack** tension, playback on defective equipment or *>Sticky Tape Syndrome*. Factors that can cause tape to shrink include – again – excessively high temperatures, because the tape substrate is pre-stretched during production and if heated up again, may contract. Excessive climate fluctuations may also cause tape to shrink.

What to do next

1. Use the skew control (if present) and, if appropriate, also try using the manual tracking control.
2. Image / audio error still present: give the tape to a video conservator.

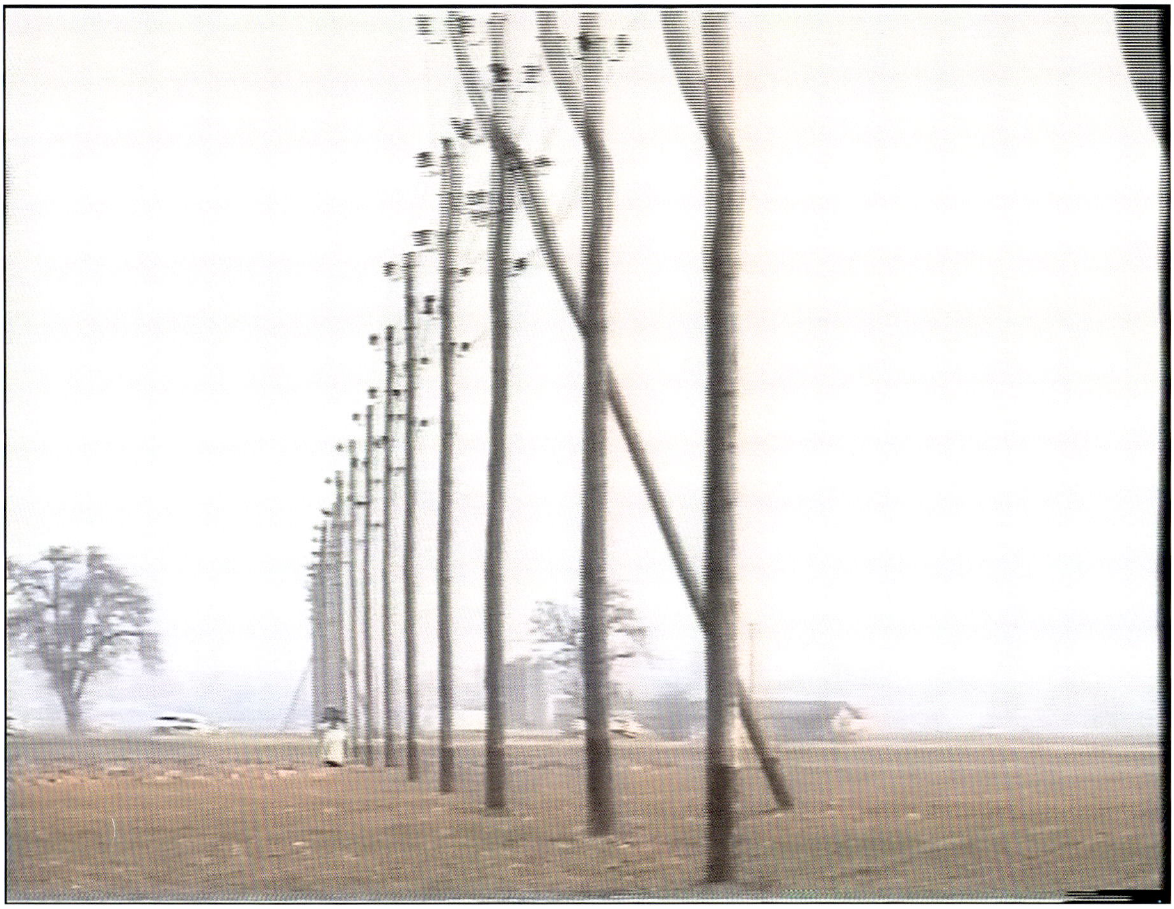

VIDEO 9
Die Bildstörung, die durch gedehnte oder geschrumpfte Bänder verursacht wird, gleicht dem Phänomen des >*Skew-Fehlers*, kann aber nur bedingt mit dem Skew-Regler korrigiert werden. Dieses Band ist gedehnt.

VIDEO 9
Image errors caused by tapes that have expanded or shrunk are similar to >*Skew Error*, but can only be corrected to a limited extent using the skew control. This tape has stretched.

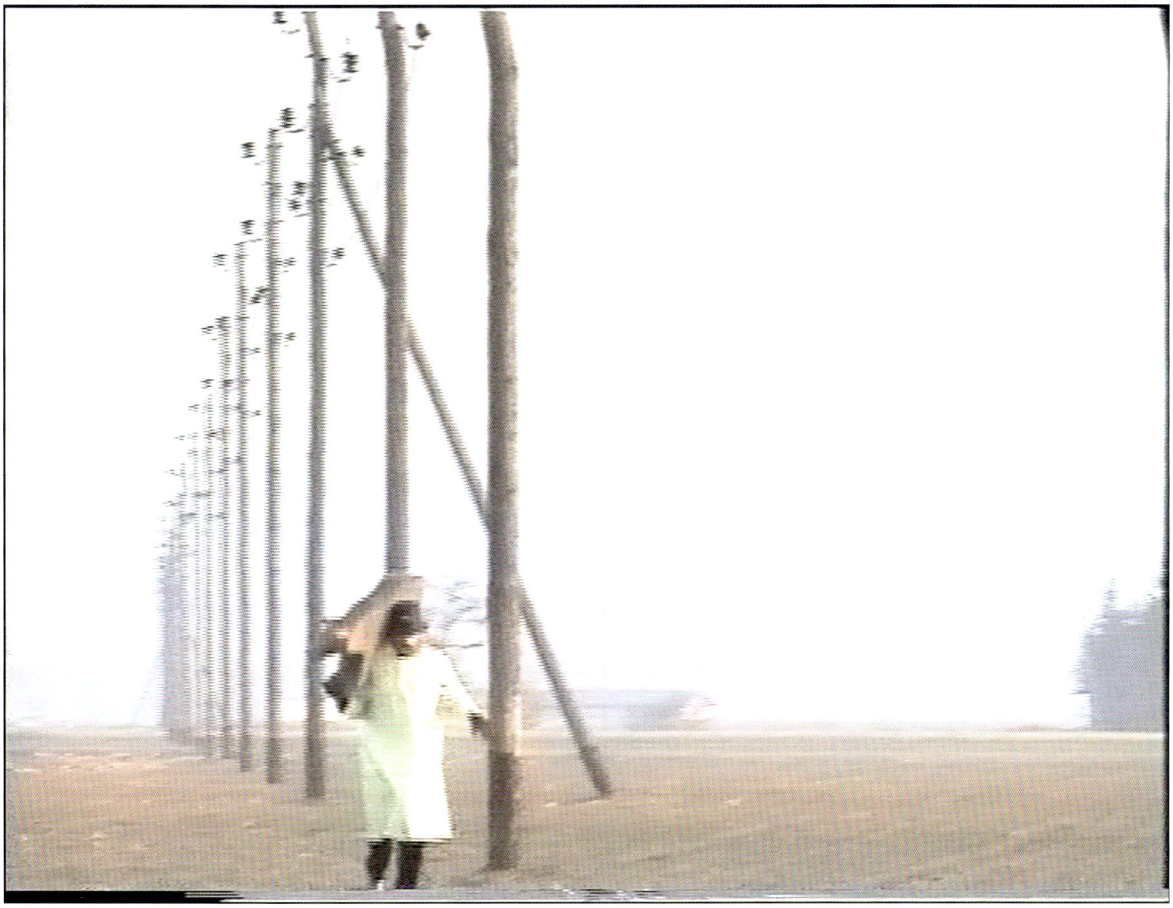

VIDEO 10
Dieses Band ist geschrumpft. Das Ausmass des Bildverzuges ist in diesem Fall etwas geringer als bei dem gedehnten Band und die beiden Halbbilder sind deckungsgleich.

VIDEO 10
This tape has shrunk. In this case, the image distortion is somewhat less pronounced than in the case of the stretched tape, and both fields are congruent.

DROPOUT UND DROPOUTKOMPENSATION //
// DROPOUTS AND DROPOUT COMPENSATION

Synonyme und verwandte Begriffe:
Drop-out, Spratzer, Blitzer, Blitz, Fahne

Phänomen

Weisser, schwarzer oder weiss-schwarzer Punkt, der kurz aufblitzt und einen horizontalen Schweif haben kann. Ein stärkerer **Dropout** kann auch eine oder mehrere komplette **Zeilen** stören, die dann über ihre ganze Länge weiss-schwarz aufblitzen. Im Unterschied zum flächigen **Bildrauschen** bleibt der Dropout stets ein lokales, und streng horizontal ausgerichtetes Phänomen.

Dropouts sind nicht mit dem **Kopfumschaltpunkt** zu verwechseln, der sich in Form zweier weisser, schwarzer oder weiss-schwarzer Punkte am unteren Bildrand manifestiert und dort anhaltend auf der gleichen Zeile hin- und hertanzt (vergl. >*Kopfumschaltpunkt verschoben*).

Ein im Videogerät integrierter **Dropoutkompensator** reduziert den Grossteil der Dropouts, indem er die Signalausfälle durch die Inhalte der unmittelbar vorhergehenden Zeile ersetzt. Diese kopierten Zeileninhalte können aber heller oder dunkler wiedergegeben werden und – wenn mehrere nachfolgende Zeilen betroffen sind – einer leichten horizontalen Verschiebung unterworfen sein: Das Zeilenpaket wirkt dann «schlierig».

Der Ton auf der **Längsspur** weist eine Lautstärkenschwankung auf, ist aber stabiler als ein **FM-** oder **PCM-Ton** auf der **Schrägspur**. Letzterer reagiert schon bei einem leichten Dropout mit Knacken, Knistern oder kurzzeitigem Totalausfall.

Mögliche Ursachen

BEDIENFEHLER
OPERATOR ERROR

GERÄTEFEHLER
DEVICE ERROR

BANDFEHLER
TAPE ERROR

PRODUKTIONSFEHLER
PRODUCTION ERROR

Kurzer Signalausfall, der entweder durch einen punktuellen, mangelhaften **Kopf-zu-Bandkontakt** oder durch eine lokale Verletzung der **Magnetschicht** verursacht wird. Bereits sehr kleine Fremdkörper auf dem Band, z. B. dislozierter **Bandabrieb**, Staubkörner oder sogar Fingerabdrücke, können zu Dropouts führen, wenn die **Videospur** an dieser Stelle bedeckt ist und vom **Wiedergabekopf** nicht mehr lückenlos gelesen werden kann. Häufig tritt dies bei degradierten **Magnetbändern** auf.

Wenn sich die Fremdpartikel vom Band lösen und dadurch die >*Wiedergabeköpfe verschmutzt* sind, führt dies zu Bildrauschen.

Die Wiedergabe wird ebenfalls von Dropouts gestört, wenn die Magnetschicht mechanisch verletzt ist, z. B. durch >*Kratzer und Abnutzung des Bandes*. Seltener weist die Magnetschicht Löcher durch Fertigungsfehler auf, z. B. Bläschen in der Emulsion des **Bindemittels**. Die meisten Videogeräte verfügen über automatische Dropoutkompensatoren. Diese verzweigen das **Videosignal** in einen direkten und einen das Signal um exakt eine Zeile verzögernden Pfad. Wenn das Signal bei einem Dropout ausfällt, kann unverzüglich auf das verzögerte, intakte Ersatzsignal der vorhergehenden Zeile umgeschaltet werden. Der Inhalt der intakten Zeile wird so lange und ggf. über mehrere Zeilen wiederholt, wie der Ausfall andauert. Dropouts und Dropoutkompensation können in einer früheren **Generation** entstanden und damit irreversibel auf das Band aufgezeichnet sein.

Weiteres Vorgehen

1. **Testkassette** einlegen.
2. Störung behoben: Bandfehler. Band zur Reinigung an Videorestaurator.
3. Störung nicht behoben: Gerätefehler, vermutlich sind die >*Wiedergabeköpfe* verschmutzt. **Reinigungskassette** anwenden (gemäss der Anleitung, die dem Produkt beiliegt). Erneute Überprüfung des Reinigungsergebnisses durch Testkassette. Bild- und / oder Tonstörung noch vorhanden: Gerät von Fachperson reinigen lassen.
4. Störung nach Reinigung des Geräts und Bands noch immer vorhanden: Die Abnutzungserscheinungen sind zu stark oder die Dropouts sind irreversibel auf das Band aufgezeichnet.

Synonyms and related terms:
dot, spot, streak

Symptoms

A black, white or black-and-white dot or line that flashes briefly onscreen and may extend to various lengths horizontally, like a comet tail. A severe **dropout** may disrupt one or more **scan lines** so that they flash black and / or white along their entire length. Unlike areas of **picture noise**, a dropout is always a highly localised phenomenon which is always manifested as a horizontal flash.

Dropouts should not be confused with the **head switching point** on a tape, which appears as a pair of black, white or black-and-white dots near the bottom edge of the image that continuously flash on the same scan line while moving slightly from side to side (cf. >*Shifted Head Switching Point*).

A **dropout compensator** built into the video player eliminates the majority of dropouts by replacing the missing signals with content from the immediately preceding line or lines. However, copied content from preceding lines may appear lighter or darker and – if several lines in succession are affected – may also display slight horizontal displacement: this may give the set of corrected lines a slightly smeary appearance.

The volume of audio recorded on the **longitudinal track** may fluctuate as a result of dropout, but it will be more stable than **FM** or **PCM audio** recorded on the **helical tracks**. The latter will react to even a mild dropout by snapping, crackling or becoming briefly inaudible.

Possible causes

Dropouts are produced by a brief loss of signal caused either by a momentary loss of **head-to-tape contact** or localised damage to the **magnetic layer** on the tape. Even very small foreign objects on the tape such as dislodged tape **debris**, dust particles and even fingerprints can cause dropouts if the **video track** is covered at that particular point, hence can no longer be read seamlessly by the **playback head**. This symptom often indicates that the **magnetic tape** has deteriorated.

If the foreign objects are dislodged from the tape and cause >*Head Clogging*, this may produce picture noise.

Dropouts will also occur if the magnetic layer of the videotape is physically damaged, for example by >*Scratches and Tape Wear*. More unusually, the magnetic layer may have holes in it as a result of manufacturing errors caused, for example, by bubbles in the emulsion used for the **binder**.

Most video players are fitted with automatic dropout compensators. Dropout compensators split the **video signal** into a direct path and another path that delays the signal by exactly one line. When the video player detects a loss of signal resulting from a dropout, it can fill the gap with the delayed, intact signal from the preceding scan line. The content of the intact line is repeated for as long as the dropout lasts, over multiple lines if necessary. In some cases, the dropouts (and dropout compensation) may have been produced by an earlier **generation** of recording, hence be permanently recorded on the tape as part of the content of the video.

What to do next

1. Insert a **test cassette**.
2. Image / audio error no longer present: tape error. Give the tape to a video conservator for cleaning.
3. Image / audio error still present: device error, probably due to >*Head Clogging*. Use a **cleaning tape** (following the instructions provided with the product). Use the test cassette to check the results of the cleaning process. Image / audio error still present: ask a technician or specialist to clean the player.
4. Image / audio error still present even after both player and tape have been cleaned: the effects of wear and tear are too severe, or the dropouts have been permanently recorded onto the tape.

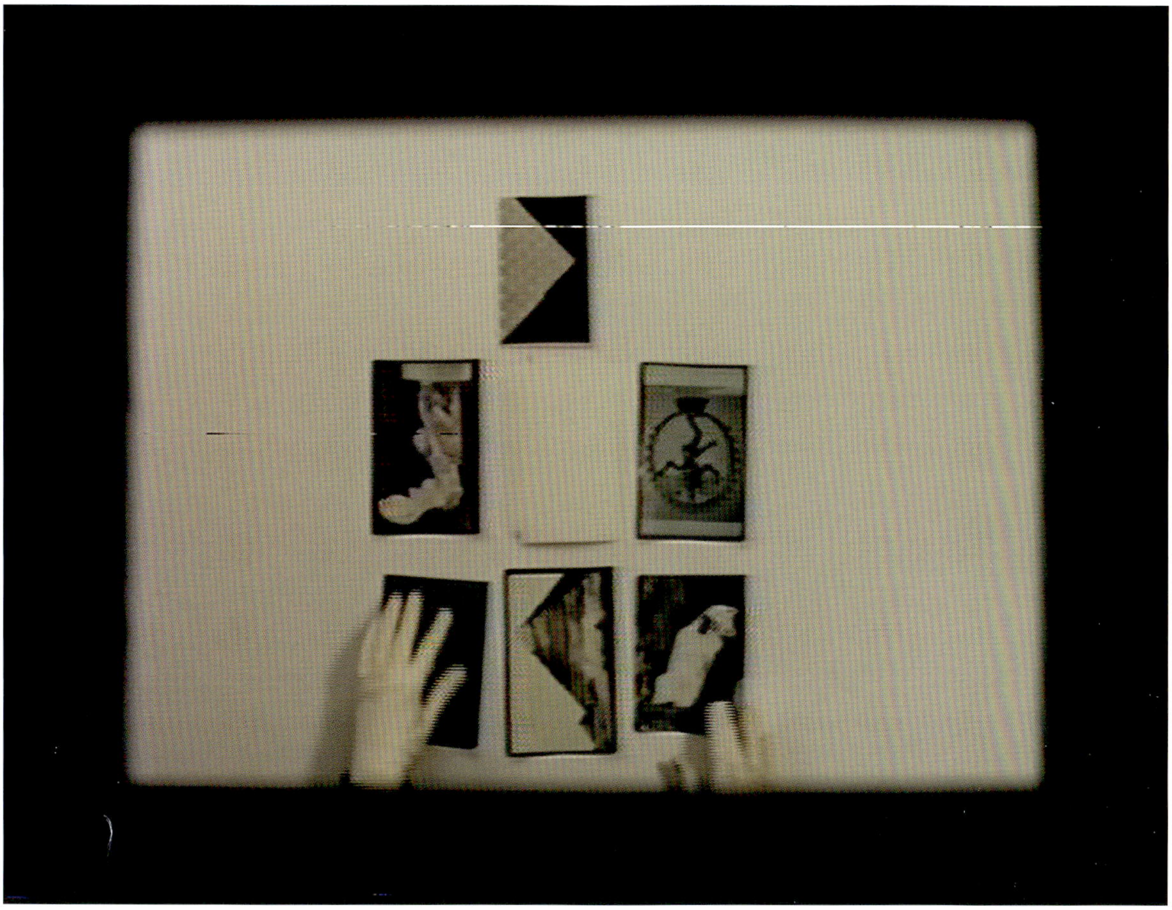

VIDEO 11
Dropouts zeigen sich als weisser, schwarzer oder weiss-schwarzer Punkt, der kurz aufblitzt und einen horizontalen Schweif haben kann.

VIDEO 11
Dropouts appear as black, white or black-and-white dots or lines that flash briefly on-screen and may extend to various lengths horizontally, like a comet tail.

FARBSCHLIEREN NACH DEM BILDSCHNITT //
// COLOUR SMEARING AFTER AN EDITING CUT

BEDIENFEHLER
OPERATOR ERROR

GERÄTEFEHLER
DEVICE ERROR

BANDFEHLER
TAPE ERROR

PRODUKTIONSFEHLER
PRODUCTION ERROR

Synonyme und verwandte Begriffe:
Crash-Record

Phänomen

Unmittelbar an einen **Bildschnitt**, z. B. am Anfang eines Bandes nach den **Farbbalken** oder zwischen einzelnen Sequenzen auf dem Band, können sich auf ganzer Bildhöhe Farbschlieren anschliessen. Die obere Kante der Störung bewegt sich langsam von oben nach unten über den Bildschirm, bis die nachfolgende Sequenz klar und ungestört zu sehen ist. Diese Bewegung verläuft absolut gleichmässig und dauert abhängig von der **Bandgeschwindigkeit** jedes **Videoformats** mehrere Sekunden an (z. B. bei **VHS** ca. 7 Sek.). Der obere Rand der gestörten Zone ist scharf begrenzt und exakt horizontal.
Die Farbschlieren sind besonders deutlich zu erkennen, wenn einer farbkräftigen, kontrastreichen Sequenz (z. B. Farbbalken) nach dem Schnitt eine Sequenz folgt, die eher dunkel ist, bzw. über eine geringe Farbsättigung verfügt.
Bei Schnitten mit Farbschlieren können Reste einer alten **Audiospur** hörbar sein. Beim Ton auf der **Längsspur** kann diese Tonstörung leicht zeitlich versetzt von der Bildstörung auftreten, und länger oder kürzer andauern. Der Ton auf der Längsspur kann zeitversetzt, kurz vor oder nach dem Bildschnitt einsetzen. Befindet sich ein **FM-** oder **PCM-Ton** auf der **Schrägspur**, verläuft eine allfällige Tonstörung synchron zur Bildstörung.

Mögliche Ursachen

Beim linearen Bildschnitt werden Sequenzen aneinandergefügt, indem man eine neue Aufnahme über eine bestehende Aufnahme aufzeichnet. Für die Erzeugung eines ungestörten Bildes muss die alte Information zunächst gelöscht werden. Verwendet man für den Schnitt einfache Rekorder ohne elektronische Schnitteinrichtung, deren feststehender **Löschkopf** sich im Abstand von einigen Zentimetern vor der **Kopftrommel** befindet, passiert das Band zwar den bei der Aufnahme aktivierten Löschkopf, bevor es zur Kopftrommel transportiert und von den **Videoköpfen** neu beschrieben wird, aber das Stück Band, das sich bei Schnittbeginn zwischen Löschkopf und Kopftrommel befindet, kann nicht mehr gelöscht werden. In diesem Bandabschnitt überschreiben die Videoköpfe noch bestehende **Videospuren** und vermögen diese nur grösstenteils, nicht aber vollständig zu ersetzen. Der verbleibende Rest des alten Aufnahmesignals zeigt sich in Form von halbtransparenten Farbschlieren.
Ähnlich wie beim Bild, können auch beim Ton die Reste einer nicht vorgelöschten Aufnahme hörbar sein, v. a. wenn ein schwächeres neues über ein stärkeres altes **Audiosignal** aufgezeichnet wird. Nur beim Ton auf der Längsspur kann diese Störung zeitversetzt zur Bildstörung verlaufen, da je nach Anordnung der separaten, zuständigen Köpfe im Gerät der Abstand zwischen Lösch- und Schreibkopf ein anderer ist als für das Bild.
Professionelle Videorekorder verfügen für einen sauberen Assemble- oder **Insert-Schnitt** über **fliegende Löschköpfe**, bzw. über die Funktion, alle bei der Aufzeichnung aktivierten Lösch-, Audio und Videoköpfe elektronisch steuern und zeitlich aufeinander abstimmen zu können. Verfügen einfachere Geräte nicht über diese Funktionen, kann es beim Bildschnitt zum versetzten Einsatz von Bild und Längsspur-Ton kommen, wenn die zeitliche Abstimmung der Köpfe untereinander nicht optimal ist.
Die Bildstörung wandert von oben nach unten, da der **Kopfspalt** des Löschkopfes senkrecht ausgerichtet ist. Beim Löschvorgang durchkreuzt er die nebeneinander liegenden Schrägspuren (= **Halbbilder**), so dass die Löschung von Halbbild zu Halbbild in verschobener Bildhöhe einsetzt.

Weiteres Vorgehen

Diese Bildstörung kann nicht korrigiert werden, sie ist als Bildinhalt irreversibel auf das Band aufgezeichnet.

Synonyms and related terms:
crash record, crash edit

Symptoms

Immediately after an **editing** cut – e. g. following the **colour bars** at the beginning of a tape, or between separate video sequences recorded one after another on the tape – colour smearing appears over the entire image. The upper edge of the disturbance moves slowly over the screen from top to bottom until the next sequence of images appears, clear and undisturbed. The movement is absolutely regular and lasts for several seconds, depending on the **tape speed** of the given **video format** (so in the case of e. g. **VHS**, about 7 seconds).
The upper edge of the disturbed image area is sharply defined and exactly horizontal. Colour smearing is especially easy to see if a brightly coloured, high-contrast sequence (e. g. colour bars) is cut immediately before a sequence of imagery that is dark or has low colour saturation.
If colour smearing occurs immediately after a cut point, the residue of an older **audio track** may also become audible. If the audio is recorded on the **longitudinal track**, this audio error may be slightly out of sync with the image error, with a slightly longer or shorter duration. Audio on the longitudinal track may also be shifted in time, starting shortly before or after the editing cut. If **FM** or **PCM audio** is recorded on the **helical tracks**, any audio error will be synchronous with the image error.

Possible causes

In linear video editing, video sequences are edited by making a new recording over an existing recording. In order to produce a clear, error-free image, the old information must first be erased. But if simple recorders – i. e. recorders without electronic editing functions – are used for editing, the image and audio errors described above may appear. Simple recorders have a fixed **erase head**, located a few centimetres upstream of the **head drum**. During the editing process, while most of the tape passes the activated erase head before it comes into contact with the head drum (where new information is recorded onto it by the **video heads**), the small section of tape that was positioned between the fixed erase head and the head drum at the start of the editing process does not. Consequently, the old information on this small section of tape is not erased before it reaches the head drum for recording. This means that the video heads overwrite preexisting **video tracks** on this section of tape, and can only partially – but not completely – replace their contents. Any residue from the previously recorded signal will be displayed as semi-transparent colour smearing.
Just like these residual images, the residue of the pre-existing audio track may also cause errors (by becoming audible), especially if a weaker new **audio signal** is recorded over a stronger old signal. In the case of audio recorded on the longitudinal track, this audio error may not be synchronous with the image error. This is because – depending on the layout of the individual heads in the recorder – the distance between the audio erase and write heads may differ from the distance between the video erase and write heads.
Professional analogue video recorders are equipped with **flying erase heads** specifically in order to facilitate clean assemble or **insert edits**, or else with an electronic function for controlling and synchronising all the heads activated during the recording process – erase, audio and video.
In simpler recorders (i. e. recorders without such a function), editing may cause staggered playback of the image and longitudinal soundtrack if the heads are not perfectly synchronised.
The image error moves down the screen because the **head gap** on the erase head is oriented vertically; as the tape comes into contact with the erase head, adjacent helical tracks (= **fields**) are erased at a slightly different height on each track, causing the transition from the affected to the unaffected picture areas to move down the screen field by field.

What to do next

There is no way of correcting or compensating for this type of image error: it is permanently recorded on the tape as image content.

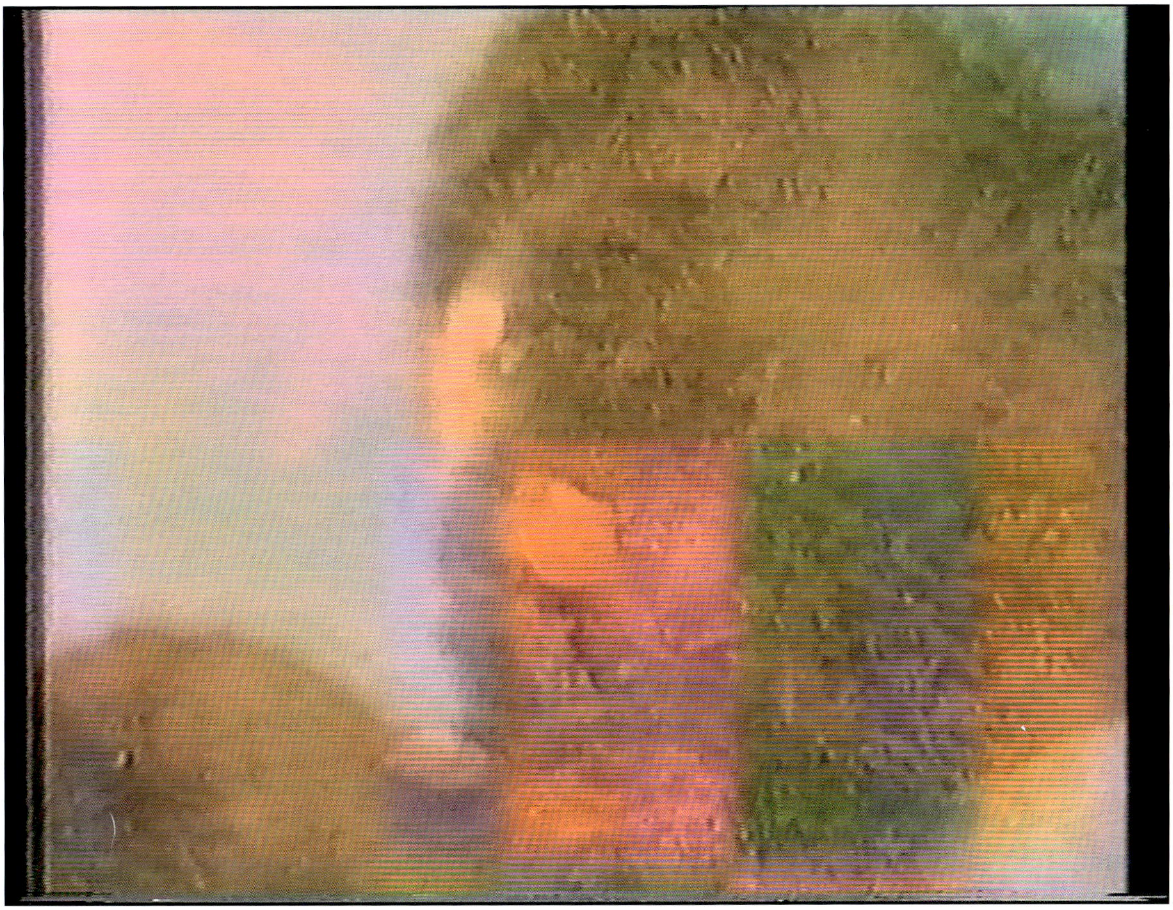

VIDEO 12
Die Farbschlieren sind z. B. beim Übergang von Farbbalken zu einem anderen Bild gut erkennbar.

VIDEO 12
Colour smearing is especially obvious during, for example, the transition from colour bars to a new picture.

GLEICHLAUFSCHWANKUNGEN //
// TIME BASE ERROR

BEDIENFEHLER
OPERATOR ERROR

GERÄTEFEHLER
DEVICE ERROR

BANDFEHLER
TAPE ERROR

PRODUKTIONSFEHLER
PRODUCTION ERROR

Synonyme und verwandte Begriffe:
Zeitfehler, Phasenschwankung

Phänomen

Vertikale Linien und Kanten im Bildinhalt, falls sichtbar auch die seitlichen Bildränder, sind unruhig verwellt, und einzelne **Zeilen** können seitlich ausreissen. Dieses Phänomen ist nicht mit der Verwellung des Bildes zu verwechseln, die durch >*Bandkleben und -quietschen* entsteht. Alternativ oder zusätzlich kann es (ca. im Sekundenrhythmus) zu einer mehr oder weniger periodischen, horizontalen **Bildstandsschwankung**, sowie zu einem >*Tracking-Fehler* kommen. Farbton und -sättigung schwanken selten und / oder nur gering. Bei einer extremen Gleichlaufschwankung kann es zum Verlust der **Horizontalsynchronisation** und / oder zum **vertikalen Bilddurchlauf** kommen. Die Gleichlaufschwankung kann mit einer Tonhöhenschwankung einhergehen.

Mögliche Ursachen

«Gleichlauf» bezeichnet die zur optimalen Wiedergabe von Videobändern notwendige hohe Konstanz der **Bandgeschwindigkeit**, der Rotationsgeschwindigkeit der **Videoköpfe** sowie des Verhältnisses beider Geschwindigkeiten zueinander (relative **Kopf-zu-Bandgeschwindigkeit**). Bei Gleichlaufschwankungen wird das Band im Wechsel zu schnell, bzw. zu langsam von den Videoköpfen gelesen. Ist die Kopf-zu-Bandgeschwindigkeit kurzzeitig zu langsam, verzieht sich das Bild nach rechts, ist sie kurzzeitig zu schnell, verzieht es sich nach links. Die Abfolge dieser wechselnden Verzüge lässt das Bild horizontal verwellt erscheinen, bzw. seitlich schwanken.

Gleichlaufschwankungen entstehen meist infolge eines Defektes im Videogerät, z. B. durch mechanische Abnutzung von Geräteteilen (Ausweitung des Antriebsriemens bei älteren Geräten, Abnutzung des **Bandpfades** und damit verringerte Reibung, Verlust der Adhäsion der **Andruckrolle** oder Abnutzung der Lager von **Kopftrommel** und **Capstan**, die zu einer falschen **Regelzeitkonstante** der **Servoschaltung** führen kann).

Auch eine dejustierte elektronische Drehzahlregelung von Kopftrommel und / oder Capstan oder eine schlecht eingestellte, abgenutzte bzw. ungedämpfte **Bandzugregelung** können Gleichlaufschwankungen verursachen. In der Regel besteht eine Wechselwirkung zwischen zwei oder mehreren der hier angeführten Ursachen.

Wenn Bänder aufgrund von >*Bandkleben und -quietschen* den Bandtransport bremsen, können ebenfalls Gleichlaufschwankungen entstehen.

Kam es während der Aufnahme zu Gleichlaufschwankungen, so sind die Bildstörungen irreversibel auf das Band aufgezeichnet. Entstehen sie aber erst bei der Wiedergabe, so können über einen geeigneten **TBC** mehr oder weniger gut ausgeglichen werden, allerdings nur unmittelbar bei der Wiedergabe mit dem defekten Gerät. Werden die unstabilen Signale nur teilkorrigiert mit neuen **vertikalen Synchronimpulsen** versehen, ist die Verwellung danach mit keinem weiteren TBC zu beheben.

Weiteres Vorgehen

1. **Testkassette** einlegen.
2. Störung behoben: Irreversibler Bandfehler.
3. Störung nicht behoben: Gerät in den Service, ggf. Austausch von Antriebsriemen und Capstan-Andruckrolle. Bei obsoleten **Videoformaten**: Riemen müssen evtl. spezialangefertigt werden, Rollen von unabhängigem Hersteller bezogen werden.

Synonyms and related terms:
timing error, (horizontal) jitter, wow and flutter (audio only)

Symptoms

Vertical lines or edges in the image content, as well as the sides of the image itself (if they are visible), are distorted by an agitated, rippling motion, and individual **scan lines** may be displaced horizontally. These symptoms should not be confused with the picture distortion caused by >*Sticky Tape Syndrome*. Alternative or additional symptoms may include more or less regular, horizontal **picture jumping** (at ca. one-second intervals), or possibly a >*Tracking Error*. Hue and saturation only fluctuate occasionally and / or very mildly. Severe time base errors may cause a loss of **horizontal synchronisation** or produce a **vertically rolling picture**. The pitch of the audio may also fluctuate.

Possible causes

In this context, 'timing' refers to the rigorously consistent **tape speed** and **video head** rotation speed required to play back videotapes with optimum fidelity, as well as the ratio of the two speeds to each other (relative **head-to-tape speed**). Time base errors are caused when the tape is alternately scanned too quickly, then too slowly, by the video heads. If the head-to-tape speed briefly slows down, the image skews to the right. If it briefly speeds up, the image skews to the left. Rapid alternation between these two types of distortion causes the picture to ripple or jump from side to side.

Time base errors are usually the result of a defect in the video player, caused, for example, by mechanical wear and tear of player components (stretched drive belt in older players; reduced friction due to wear and tear in the **tape path**; loss of adhesion in the **pinch roller**; worn **head drum** and **capstan** bearings, which can produce an inaccurate **recovery time constant** in the **servo circuit**).

Time base errors may also be caused by maladjustment of the electronic regulator controlling the speed of the head drum and / or capstan, or by a poorly adjusted, worn or inadequately damped **tape tension regulator**. The problem is usually caused by a combination of one or more of the factors described above.

Time base errors may also occur if the tape itself slows down the tape transport as a result of e. g. >*Sticky Tape Syndrome*.

If time base errors occur during the recording process, the image distortion is permanently recorded onto the tape. If they only occur during playback, a suitable **TBC** may be able to correct them more or less effectively, but only if directly connected to the defective player during playback.

If the unstable signals are only partially corrected and then assigned new **vertical sync pulses**, a TBC can no longer be used to correct any remaining picture distortion.

What to do next

1. Insert a **test cassette**.
2. Image / audio error no longer present: irreversible tape error.
3. Image / audio error still present: player needs servicing, for example by changing the drive belt and capstan pinch roller. In the case of obsolete **video formats**, drive belts may have to be custom-made, and rollers obtained from independent manufacturers.

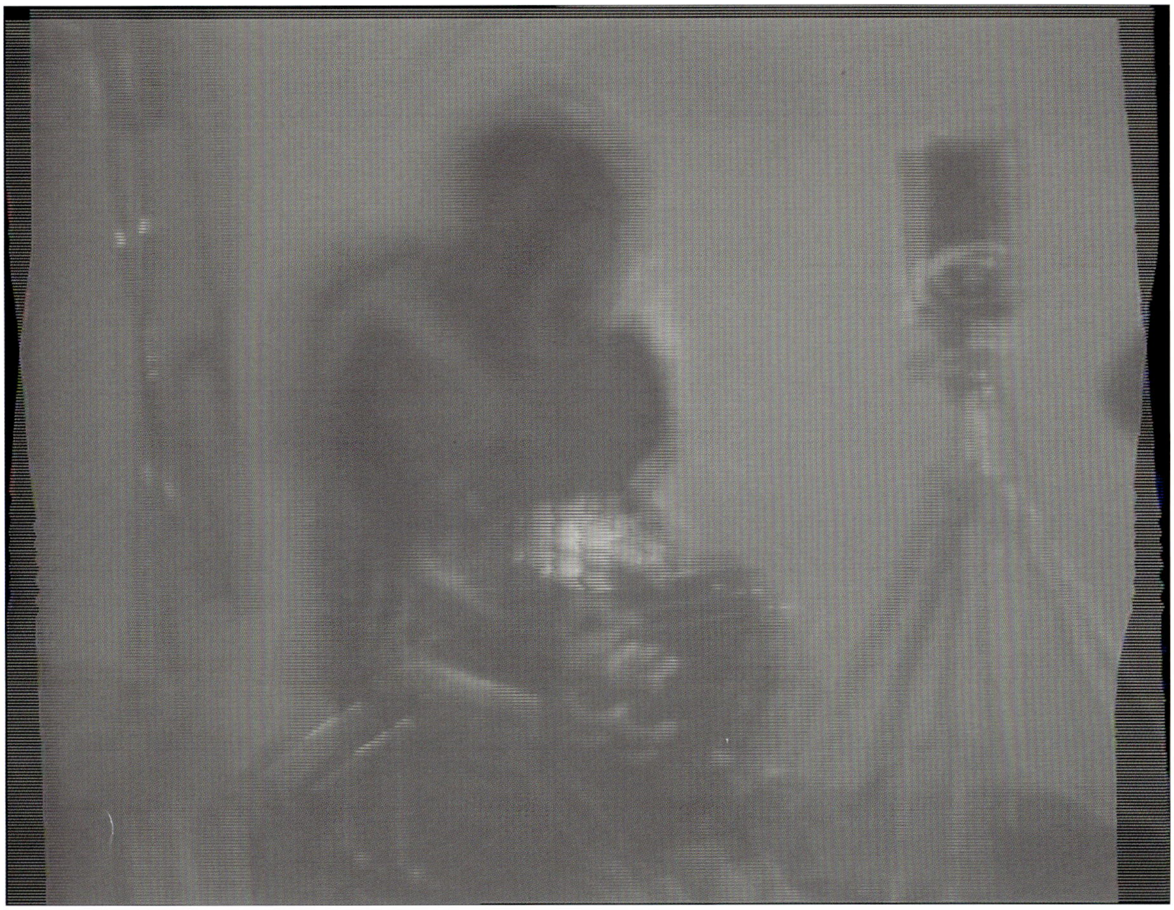

VIDEO 13
Wenn die Gleichlaufschwankung durch einen ungleichmässigen Bandantrieb verursacht wird, kann es zusätzlich zur horizontalen Bildstandsschwankung auch zu verrauschten Störzonen durch >*Tracking-Fehler* kommen. Der geringe Kontrast in diesem Video ist keine Bildstörung, sondern Merkmal der historischen Aufnahmebedingungen.

VIDEO 13
If the time base error is caused by an uneven tape drive, the horizontal picture jumping may be accompanied by the bands of noise that indicate a >*Tracking Error*. The low contrast in this video sequence is not an image error, but characteristic of the historic recording conditions.

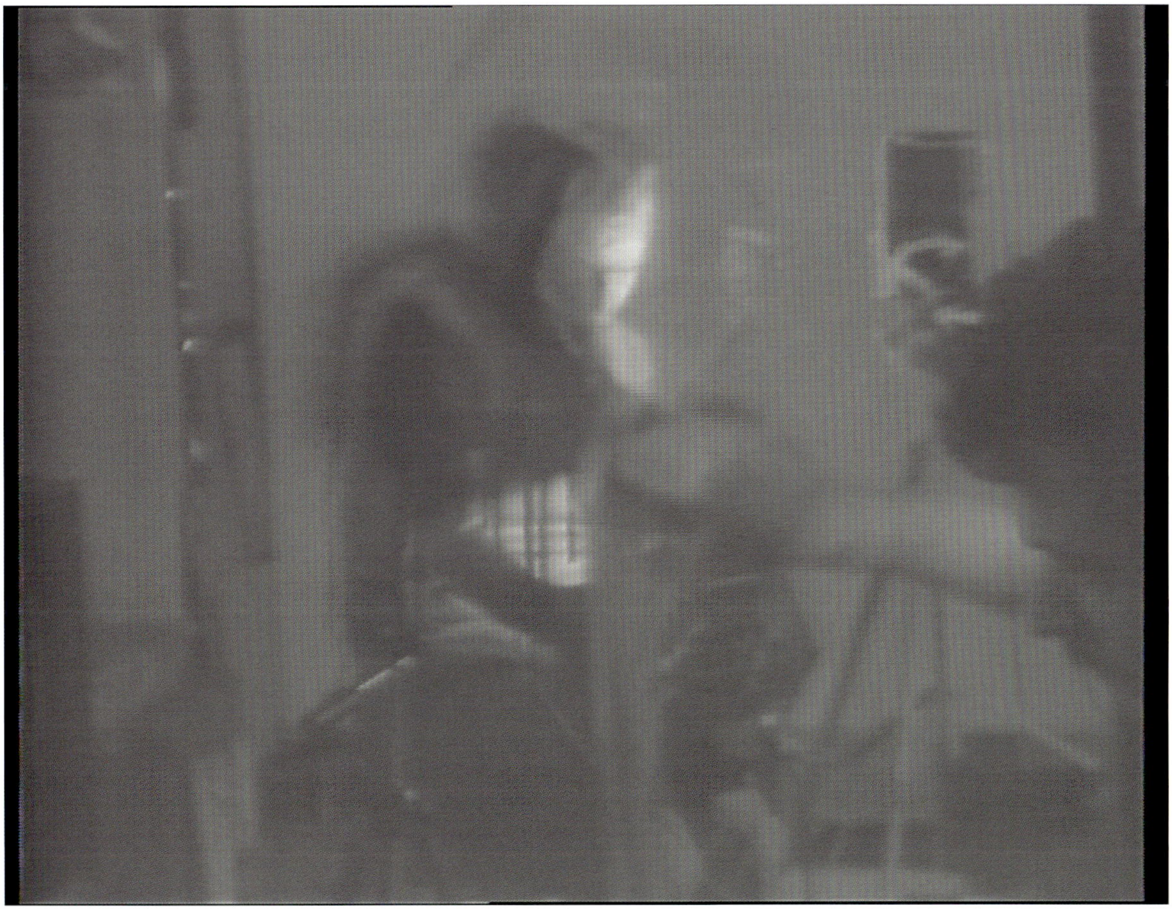

VIDEO 14
Wenn die Gleichlaufschwankung durch einen ungleichmässigen Antrieb der Kopftrommel (z. B. infolge eines ausgeleierten Antriebriemens) verursacht wird, ist die horizontale Bildstandsschwankung periodischer, und es kommt nicht zu verrauschten Störzonen.

VIDEO 14
If the time base error is caused by uneven operation of the head drum (due to e. g. a worn drive belt), the horizontal picture jumping will be more regular, and there will be no noise bands in the picture.

HORIZONTALER ZEILENFANG //
// HORIZONTAL HOLD

Synonyme und verwandte Begriffe:
Zeilenfang, Horizontaler Bildfang; Bezeichnungen des Reglers:
H-Hold, HOR, Hor Hold, Horiz., H. Freq.

Phänomen

Diese Bildstörung tritt nur bei Monitoren und TV-Geräten mit Kathodenstrahlröhren auf. Je nach Art oder Modell des Gerätes kommt es beim falsch eingestellten **Zeilenfang** zu einer horizontalen Verschiebung des Bildes oder zu einer Teilung des Bildes in mehr oder weniger viele Segmente. In beiden Fällen kommt es meist zum Farbausfall.
Die Segmente sind zu flachen Parallelogrammen verzerrt und lassen den Bildinhalt nicht mehr oder nur noch schemenhaft erkennen. Zwischen ihnen sind in regelmässigen Abständen die **horizontalen Austastlücken** in Form dünner, schwarzer Querbalken sichtbar.
Je nach Stellung des **Zeilenfang-Reglers** sind die Neigungswinkel der verzerrten Bildsegmente ansteigend oder abfallend. Die Segmente können stillstehen oder sich unruhig und flimmernd bewegen.
Der Ton ist unbeeinflusst.

Mögliche Ursachen

BEDIENFEHLER
OPERATOR ERROR

GERÄTEFEHLER
DEVICE ERROR

BANDFEHLER
TAPE ERROR

PRODUKTIONSFEHLER
PRODUCTION ERROR

Diese Bildstörung entsteht durch eine falsche Einstellung des Zeilenfang-Reglers, über den vor allem ältere Monitore verfügen (Drehknopf mit der Bezeichnung «H-Hold», «HOR», «Zeilenfang» u.s.w. im Bedienfeld oder auf der Geräterückseite, bzw. Einstellregler im Gehäuseinneren). Mit ihm wird die **Zeilenfrequenz**, die durch den **freilaufenden Horizontaloszillator** im Monitor generiert wird, so voreingestellt, dass die **Zeilenrückläufe** nach jeder **Zeile** vom **horizontalen Synchronimpuls** des eingehenden TV- oder **Videosignals** ausgelöst werden können.
Bei falscher Einstellung ist der **Fangbereich** des Monitors zeitlich verschoben und die horizontalen Synchronimpulse treffen verhältnismässig zu früh oder zu spät ein, so dass keine **Horizontalsynchronisation** erfolgen kann.
Ist die freilaufende Zeilenfrequenz zu hoch eingestellt, leitet der Monitor einen Zeilenbeginn ein, bevor dieser vom Videosignal ausgelöst wird. Der Inhalt der Zeile setzt so zu spät ein, verschiebt sich damit nach rechts und setzt sich in der folgenden **Zeile** fort, wodurch auch deren Inhalt wieder zu spät einsetzen muss. Diese Verschiebung zeigt sich im Verlauf mehrerer Zeilen als – von links nach rechts gesehen – abfallender Neigungswinkel der verzerrten Bildsegmente.
Ist die freilaufende Zeilenfrequenz hingegen zu niedrig eingestellt, verhält es sich umgekehrt. Die Zeileninhalte des Video- oder TV-Signals haben schon begonnen, bevor der schreibende **Elektronenstrahl** des Monitors einsetzt. Die Verschiebung der Zeileninhalte resultiert in einem ansteigenden Neigungswinkel der verzerrten Bildsegmente.
In seltenen Fällen kann eine schlechte Zeilensynchronisation auch durch gealterte Teile im Monitor oder extreme Betriebstemperaturen verursacht werden.

Weiteres Vorgehen

1. Betätigung des Zeilenfang-Reglers. Einstellung der besten Bildstabiltät durch horizontales Einmitten des Bildes.
2. Störung nicht behoben: **Testkassette** einlegen.
3. Störung nicht behoben: Abspielgerät oder Monitor überprüfen und ggf. justieren lassen.

Synonyms and related terms:
control labelled: H-Hold, HOR, Hor Hold, Horiz., H. Freq.

Symptoms

This image error only occurs in cathode-ray tube monitors or TV sets. Depending on the device model being used, an incorrect **horizontal hold** setting may result in horizontal displacement of the image, or may cause the image to break up into a number of segments. In both cases, the colour usually drops out.
The segments are distorted into shallow parallelograms, in which the image content only appears very sketchily or not at all. Regularly spaced **horizontal blanking intervals** appear between the segments, in the form of thin black bands stretching across the screen.
Depending on the setting of the **horizontal hold control**, the distorted image segments may be angled either upwards or downwards. The segments may be stationary, or they may move in an agitated, flickering manner.
Audio is not affected.

Possible causes

This image error is caused by an incorrect horizontal hold control setting on the monitor. Older monitors in particular often have a horizontal hold control (a knob labelled 'H-Hold', 'HOR', 'Horizontal Hold' etc. on the monitor's control panel or rear panel, or sometimes as an adjustable control inside the monitor housing). It is used to adjust the **line frequency** generated in the monitor by the **free-running horizontal deflection oscillator**, so that the **horizontal flyback** can be triggered after each **scan line** by the **horizontal sync pulse** carried in the incoming TV or **video signal**.
If the setting is incorrect, the monitor's **catch range** is shifted in time so that, relatively speaking, the horizontal sync pulses are received too early or too late. This means that proper **horizontal synchronisation** becomes impossible.
If the free-running line frequency setting is too high, the monitor initiates the start of a line before it is triggered by the video signal. This means that the content of the line begins too late, so that it shifts to the right and continues into the next scan line, which in turn means that the next line's content also begins too late, and so on. Over a series of lines, this shift is reflected – viewed from left to right – in the downward slope of the distorted image segments.
If, on the other hand, the free-running line frequency setting is too low, the situation is reversed. The line content of the video or TV signal has already begun before the monitor's **electron beam** starts scanning. The resulting shift in line content means that the distorted image segments slope upwards (again, viewed from left to right).
In rare cases, poor line synchronisation may also be caused by defective monitor components or extreme operating temperatures.

What to do next

1. Use the horizontal hold control. Change the setting to achieve optimal image stability by centring the image horizontally.
2. Image error still present: insert a **test cassette**.
3. Image error still present: check player or monitor and have adjustments made as necessary.

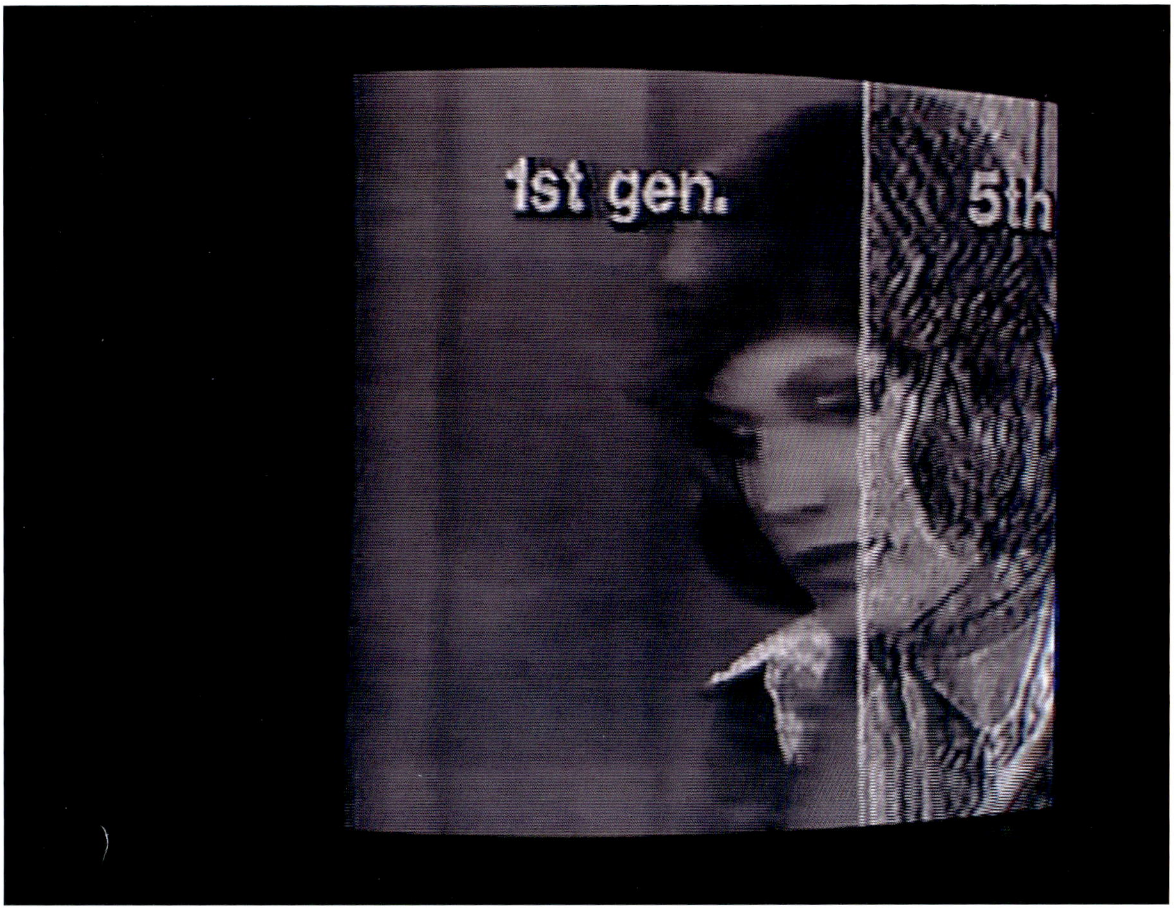

VIDEO 15
Durch Betätigung des Zeilenfang-Reglers am Sichtgerät kann das Bild soweit horizontal verschoben und / oder verzerrt werden, bis es zusammenbricht. Hier ist zusätzlich die Farbe ausgefallen. Der Ton wird nicht beeinträchtigt.

VIDEO 15
By operating the horizontal hold control on the display device, the image can be shifted and / or distorted horizontally until it collapses. In this example, the colours have also dropped out. Audio is not affected.

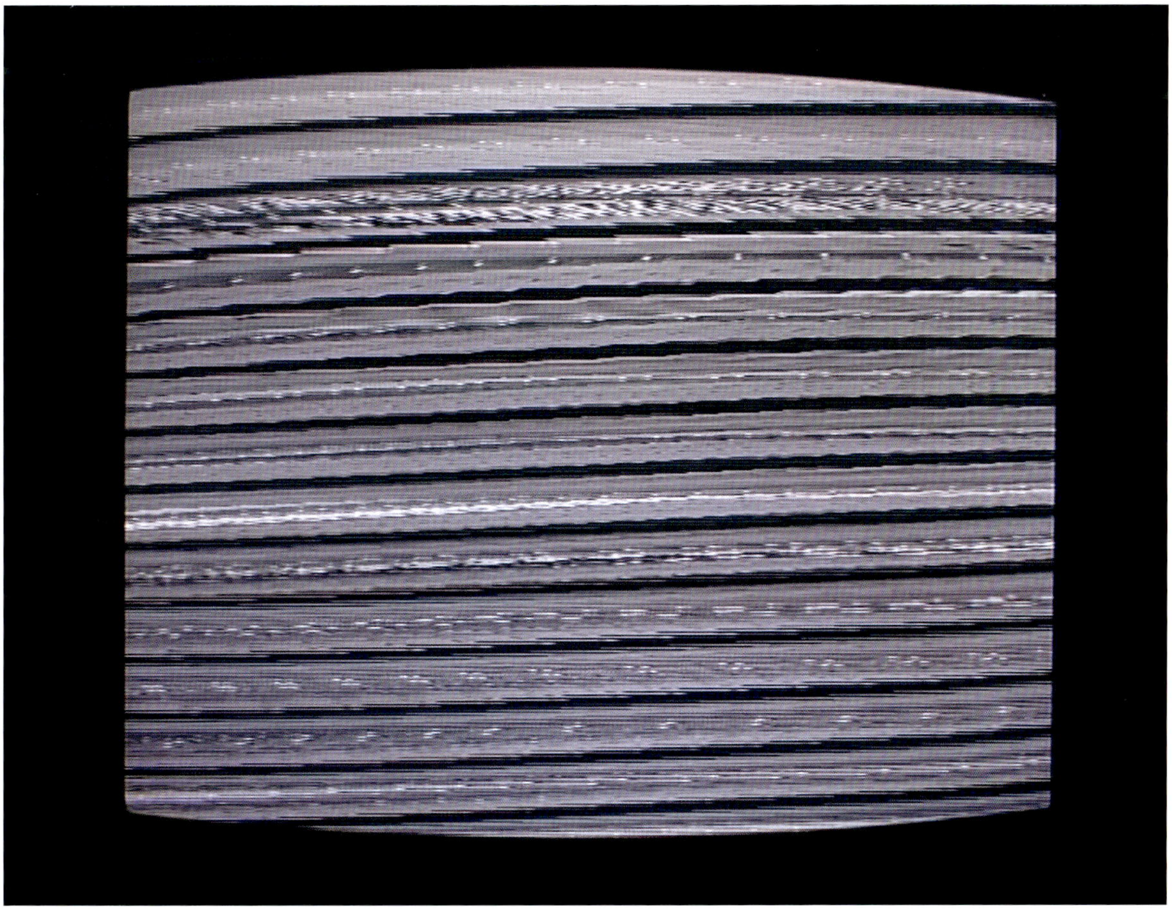

VIDEO 16
Je nach Monitor-Modell kann eine Betätigung des Zeilenfang-Reglers auch zu einer Zerlegung des Bildes in parallele Segmente führen. Bei ansteigendem Neigungswinkel dieser Bildsegmente ist die freilaufende Zeilenfrequenz des Monitors zu niedrig eingestellt (hier), bei abfallendem zu hoch.

VIDEO 16
Depending on the model of the monitor, operating the horizontal hold control can also cause the image to break up into parallel segments. If the image segments slope upwards, the monitor's free-running line frequency setting is too low (as in this case); if they slope downwards, the setting is too high.

HUE-FEHLER (NTSC) //
// HUE ERROR (NTSC)

BEDIENFEHLER
OPERATOR ERROR

GERÄTEFEHLER
DEVICE ERROR

BANDFEHLER
TAPE ERROR

PRODUKTIONSFEHLER
PRODUCTION ERROR

Synonyme und verwandte Begriffe:
Farbton-Fehler

Phänomen

Ist in der **Farbfernsehnorm NTSC** der **Hue-Regler** am Monitor oder TV-Gerät falsch eingestellt, führt dies bei der Wiedergabe von TV- oder **Videosignalen** zu Farbverschiebungen. Dies trifft v.a. für die Gelb- und Rottöne, bzw. Hauttöne zu, die den Farbkreis je nach Drehrichtung des Reglers bis ins Violett oder bis ins Grün durchlaufen (Video 17). Blau- und Grüntöne hingegen verhalten sich relativ stabil. Auch bei Bildern mit geringer Farbsättigung fällt die Farbverschiebung evtl. nicht sofort auf. Schwarz-weisse Bilder sind überhaupt nicht von der Störung betroffen. Der Ton bleibt unbeeinflusst.

Anhand von **Farbbalken** lassen sich die farbspezifischen Verschiebungen genau beobachten (Video 18):

Gelb:	ins Rot, bzw. ins Grün
Cyan:	ins Grün, bzw. ins Blau
Grün:	ins Grün-Cyan, bzw. ins gebrochene Grün
Magenta:	ins Rot, bzw. ins Blau
Rot:	ins Magenta, bzw. ins gebrochene Rot
Blau:	ins gebrochene Blau

Mögliche Ursachen

Nur Monitore der amerikanischen NTSC-Norm und **Multinorm-Monitore**, die TV- und Videosignale der NTSC-Norm wiedergeben können, verfügen über einen Hue-Regler (hue = engl. Farbton).

Beim analogen Farbfernsehen und -video werden das **Helligkeits-** und **Farbsignal** eines Bildes getrennt übertragen, damit die Kompatibilität zu den Schwarz-Weiss-Empfängern und -monitoren gewährleistet ist. Die Farbinformation wird einer **Trägerfrequenz** aufmoduliert (bei NTSC **Farbhilfsträger** bei ca. 3,58 MHz) und dem Schwarz-Weiss-Signal beigemischt. Im Fernsehgerät oder Monitor kann sie aus diesem zusammengesetzten **Composite-Signal** wieder extrahiert und **demoduliert** werden. Als Referenz für die **Demodulation** des Farbsignals dient ein kurzes Schwingungspaket von 8–10 Perioden des unmodulierten Farbhilfsträger-Signales vor dem Beginn jedes **Zeilensignals**, der sog. **Burst**. Jeder Farbton wird durch die **Phase** des demodulierten Farbsignals definiert. Treten nun auf dem Übertragungsweg des TV- oder Videosignals **Phasenverschiebungen** auf – und das ist fast immer der Fall – verschieben sich damit auch die Farbtöne im Bild. Diese Verschiebungen müssen durch den Hue-Regler am Monitor manuell ausgeglichen werden. Da dieser Farbregelung keine Referenz zugrunde liegt, sie also subjektiv und für jede Wiedergabe wieder neu eingestellt werden muss, lautet eine ironische, aber allgemein verbreitete Lesart von NTSC auch «Never Twice the Same Colour».

Die europäische **PAL**-Norm hingegen, die 14 Jahre nach NTSC eingeführt wurde, bietet bereits eine integrierte Korrektur, mit der gegenläufige Farbabweichungen zweier aufeinanderfolgender **Zeilen** ausgeglichen werden können (vgl. >*Jalousie-Effekt [PAL]*). Deshalb benötigen PAL-Monitore keinen Hue-Regler.

Weiteres Vorgehen

1. Betätigung des Hue-Reglers am Monitor: Den richtigen Farbton wählen. Wenn Farbbalken am Anfang des Bandes mitaufgezeichnet sind, dienen diese als Referenz. Gewählten Farbton anhand der Hauttöne überprüfen.
2. Störung nicht behoben: Gerätefehler. Monitor zur Wartung.

Synonyms and related terms:
colour tone error

Symptoms

Monitors and TV sets conforming to the **NTSC television standard** are usually fitted with a **hue control**. If the hue control setting is incorrect, displayed colours will be shifted away from their true values during the playback of off-air television or recorded **video signals**. The hue shift appears to affect yellow and red tones in particular, as well as skin tones, which (depending on which way the control is being rotated) may shift through various shades to purple or green (cf. video 17). Blues and greens, on the other hand, appear to be less affected. The hue shift may not be immediately noticeable in images with low colour saturation. Black-and-white images are totally unaffected by this image error. Audio is not affected.

With the help of **colour bars**, it is easy to observe the colour-specific shifts in detail (cf. video 18):

Yellow:	into red or green
Cyan:	into green or blue
Green:	into green / cyan, or into broken green
Magenta:	into red or blue
Red:	into magenta or broken red
Blue:	into broken blue

Possible causes

Only monitors conforming to the American NTSC standard, as well as **multi-standard monitors** capable of playing back NTSC-standard off-air broadcast television and video signals, are equipped with a hue control. In analogue colour television broadcasts and in composite video, the **luminance** and **chrominance signals** that comprise a colour image are carried separately, in order to maintain compatibility with black-and-white receivers and monitors. The colour information is **modulated** onto a **carrier frequency** (the NTSC **colour subcarrier** frequency is ca. 3.58 MHz) and merged into the black-and-white signal. The TV set or monitor extracts the modulated colour subcarrier from the **composite signal** and **demodulates** it to reproduce the colour information. To provide a reference point for the **demodulation** of the colour signal, 8-10 cycles of the unmodulated subcarrier signal, known as the colour **burst**, are transmitted just before the start of each **line signal**. All hues are defined by the **phase** of the modulated colour subcarrier signal relative to the colour burst. If, while the TV or video signal is being transmitted, any **phase shifts** occur – and they almost always do – the colour hues in the image shift accordingly. The hue control on the monitor is used to manually compensate for these shifts. Because there is no precise reference framework for this colour control – i. e. it is subjective and needs to be reset every time a viewer changes TV channels or a video is replayed – NTSC is widely and ironically interpreted as meaning 'Never Twice the Same Colour'.

By contrast, the European **PAL** standard – which was introduced 14 years after NTSC – includes a built-in compensation which is capable of correcting opposed colour deviations in two successive **scan lines** (cf. >*Venetian-Blind Effect [PAL]*). This is why PAL monitors do not need a hue control.

What to do next

1. Use the monitor's hue control: select the correct hue. If colour bars have been recorded at the start of the tape, use them for reference. Check the selected hue settings by comparing skin tones.
2. Image error still present: device error. Monitor needs servicing.

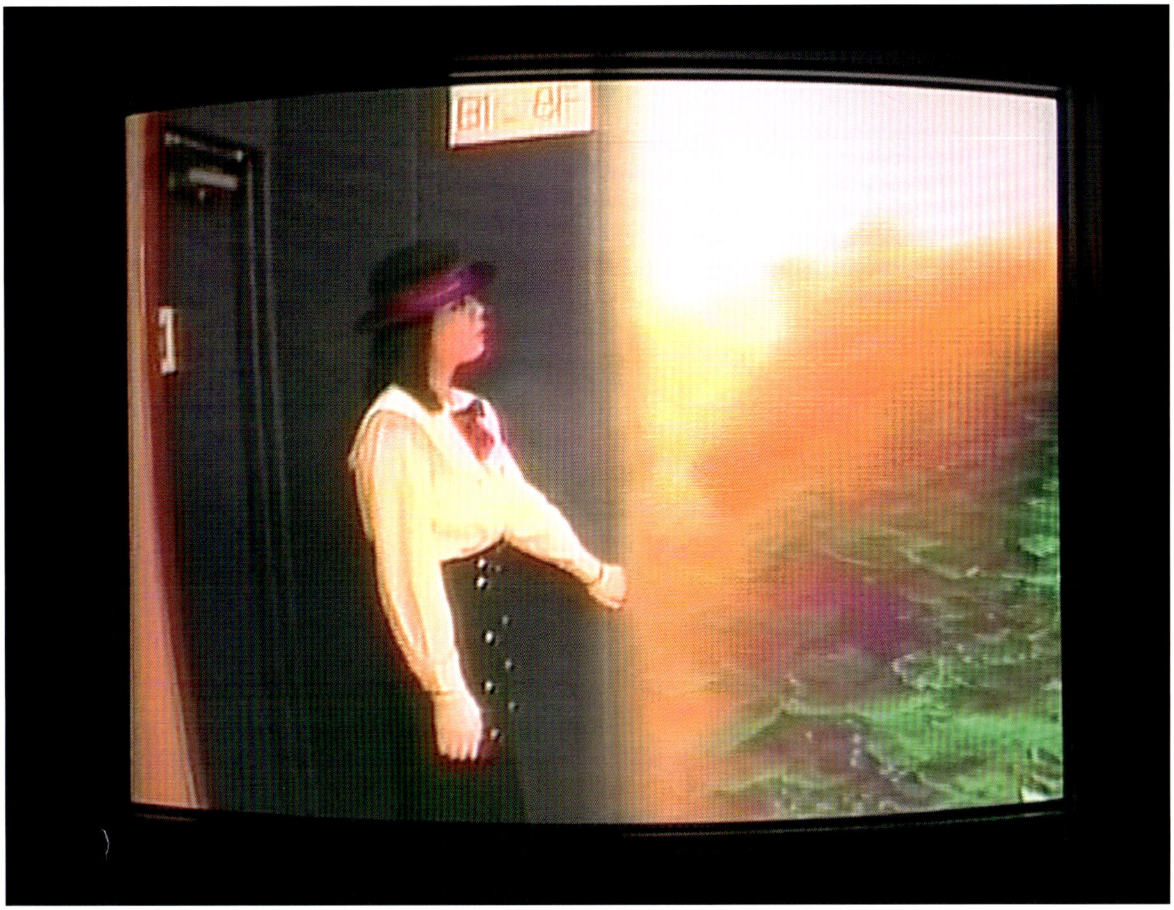

VIDEO 17
Bei diesem Video wird die Farbigkeit an drei Stellen durch Betätigung des Hue-Reglers verändert, indem er jeweils zunächst nach rechts (Farbigkeit ins Grüne), dann nach links (Farbigkeit ins Rötliche) und wieder in seine Mittelstellung gedreht wird.

VIDEO 17
In this video, the hue control is used to change the chrominance three times, first by turning it to the right (shifting chrominance into the green), then to the left (shifting chrominance into the red) and finally back to its neutral position.

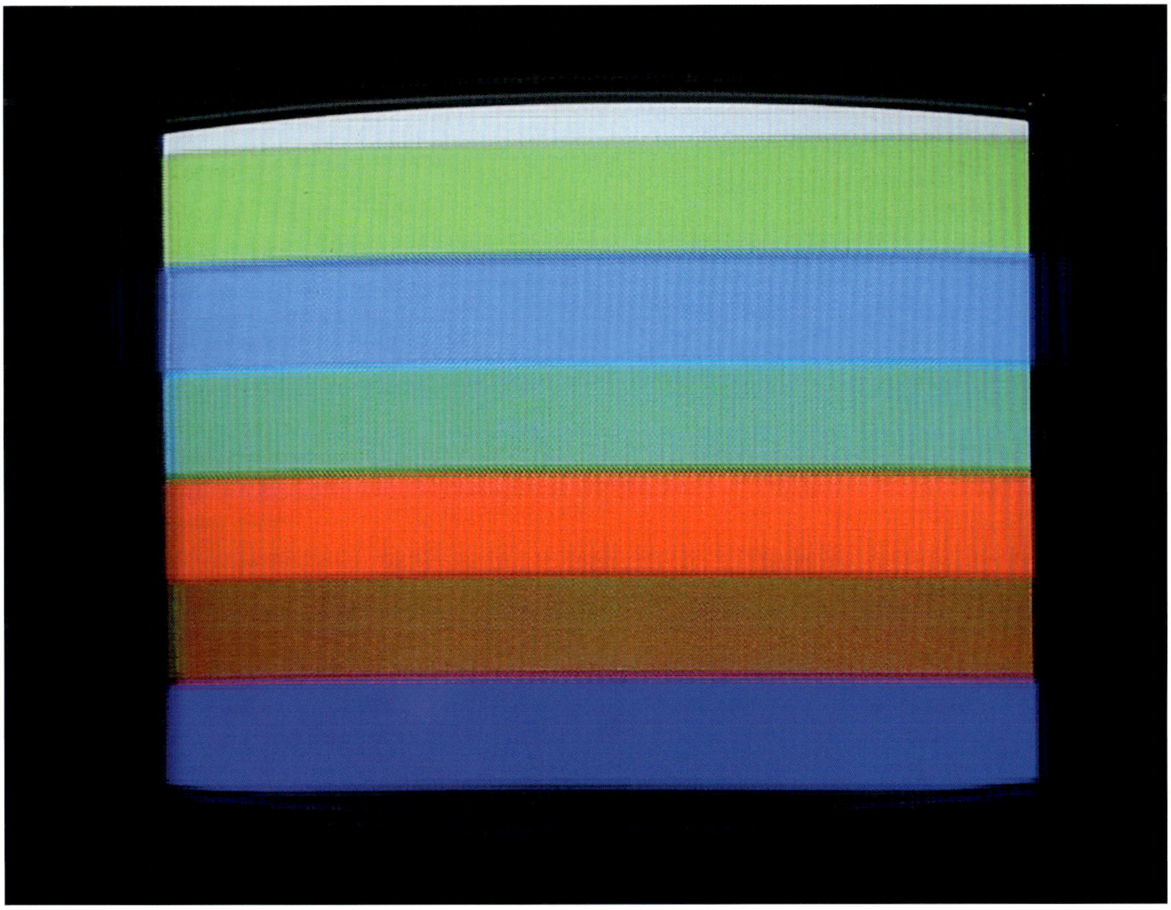

VIDEO 18
Die horizontalen Farbbalken dienen als Referenz für die Veränderung der Farben durch den Hue-Regler. In diesem Video wird der Hue-Regler zunächst nach rechts, dann nach links und wieder zurück in seine Mittelstellung gedreht.

VIDEO 18
The horizontal colour bars act as a reference for colours changed using the hue control. In this video the hue control is turned to the right, then to the left, and then finally to its neutral position.

INKOMPATIBILITÄT DER FARBFERNSEHNORMEN (PAL · SECAM · NTSC) //
// INCOMPATIBILITY BETWEEN TELEVISION STANDARDS (PAL · SECAM · NTSC)

BEDIENFEHLER
OPERATOR ERROR

GERÄTEFEHLER
DEVICE ERROR

BANDFEHLER
TAPE ERROR

PRODUKTIONSFEHLER
PRODUCTION ERROR

Synonyme und verwandte Begriffe:
Norm, Fernsehnorm, TV-Norm, Fernsehsystem, Farbfernsehsystem

Phänomen

1. Band: **PAL** oder **SECAM**, Monitor und Abspielgerät: **NTSC**

Die Farbe fällt aus. Je nach Monitor kann das Bild vertikal gestaucht und in schmale, horizontale Streifen zerlegt werden. Mehrere **Halbbilder** können horizontal verschoben und überlagert sein – das Bild kann aber auch bis zur Unkenntlichkeit gestört sein. Die Wiedergabe ist zu schnell und die Tonlage zu hoch. Der Ton kann schwanken (Video 19).

2. Band: NTSC, Monitor und Abspielgerät: PAL / SECAM

Gleiches Phänomen wie oben bei Video 19, die Wiedergabe ist jedoch zu langsam und damit die Tonlage zu tief. Der Ton kann schwanken (Video 20).

3. Band: SECAM, Monitor und Abspielgerät: PAL, sowie:

4. Band und Abspielgerät: PAL, Monitor: SECAM

Die Farbe fällt aus. Das Bild wird zwar ohne Verzerrung, aber ggf. mit bewegtem Moiré wiedergegeben. Der Ton bleibt unbeeinflusst (Video 21 und 24).

5. Band und Abspielgerät: PAL oder SECAM, Monitor: NTSC

Das Bild wird vertikal gestreckt und dadurch am oberen und unteren Bildrand beschnitten, je nach Monitor kann es auch zum **vertikalen Bilddurchlauf** kommen. Der Ton bleibt unbeeinflusst (Video 22).

6. Band und Abspielgerät: NTSC, Monitor: PAL / SECAM

Je nach Monitor kann das Bild vertikal gestaucht sein, mehrfach vertikal überlagert sein und unruhig zittern oder aber es kommt zum vertikalen Bilddurchlauf. Der Ton bleibt unbeeinflusst (Video 23).

Mögliche Ursachen

Um ein farbiges Videoband ungestört wiedergeben zu können, müssen Videoband, Abspielgerät und Sichtgerät über die gleiche **Farbfernsehnorm** verfügen. Bei **Multinorm-Geräten** muss an allen Geräten die gleiche Norm gewählt werden. Weltweit gibt es drei grosse Gruppen von Farbfernsehnormen. In Westeuropa, Australien und China herrscht PAL vor, in Frankreich und Osteuropa hingegen SECAM, Afrika kennt beides. In Amerika und Japan ist NTSC der Standard. Die Unterschiede zwischen PAL, SECAM und NTSC liegen 1. in ihrem **Farbcodierverfahren** und 2. in ihrem sog. **Timing**, d. h. der Anzahl von **Zeilen** pro **Vollbild** und Halbbildern pro Sekunde. Zu 1.: Weil die Farbcodierverfahren der drei Normen nicht kompatibel sind, fällt beim Abspielen in der jeweils anderen Norm grundsätzlich die Farbe aus.

Zu 2.: Wenn nur der Monitor über die falsche Norm verfügt, verursacht ein inkompatibles Timing in der Regel eine Stauchung, bzw. Streckung des Bildes (PAL / SECAM = 625 Zeilen pro Vollbild, NTSC = 525 Zeilen pro Bild). Passt auch das Abspielgerät nicht zur Norm des Bandes, wird das Video zu schnell oder zu langsam wiedergegeben, da jedem Halbbild eine **Schrägspur** auf dem Band entspricht und NTSC (= 60 Halbbilder / Sek.) mehr Band benötigt als PAL oder SECAM (= 50 Halbbilder / Sek.). Das heisst, das NTSC-Band wird mit einer höheren **Bandgeschwindigkeit** transportiert und bei der Wiedergabe auf PAL / SECAM-Geräten zu langsam wiedergegeben. Umgekehrt werden PAL / SECAM-Bänder auf NTSC-Geräten zu schnell wiedergegeben. Eine falsche **Kopf-zu-Bandgeschwindigkeit** kann auch zu einer Zerlegung des Bildes in horizontale, stark verzogene Streifen führen, so dass kein Bildinhalt mehr erkennbar ist.

Weiteres Vorgehen

Verwendung von Abspiel- und Sichtgeräten der entsprechenden Norm, bzw. Betätigung der Normenschalter an Multinorm-Geräten.

Synonyms and related terms:
TV standard, broadcasting standard, TV broadcasting standard

Symptoms

1. Tape: **PAL** or **SECAM**; monitor and player: **NTSC**

Colours drop out. Depending on the monitor, the image may be vertically compressed and broken up into narrow horizontal stripes. Several **fields** may be horizontally displaced and overlaid – or the image may be distorted beyond recognition. Playback is too fast, and the audio is pitched too high. The audio may also fluctuate (cf. video 19).

2. Tape: NTSC; monitor and player: PAL / SECAM

The symptoms are the same as described above for video 19, but in this case playback is too slow and the audio is pitched too low. The audio may also fluctuate (cf. video 20).

3. Tape: SECAM; monitor and player: PAL, and:

4. Tape and player: PAL; monitor: SECAM

Colours drop out. The image is reproduced without distortion, but may show a moving moiré effect. Audio is not affected (cf. videos 21 and 24).

5. Tape and player: PAL or SECAM; monitor: NTSC

The image is vertically stretched, consequently cropped off at the top and bottom edges. Depending on the monitor, the video may also show a **vertically rolling picture**. Audio is not affected (cf. video 22).

6. Tape and player: NTSC; monitor: PAL / SECAM

Depending on the monitor the image may be vertically compressed, vertically overlaid several times over, and jitter continuously; it may also show a vertically rolling picture. Audio is not affected (cf. video 23).

Possible causes

In order to play back a colour videotape without noise or distortion, the videotape, player and display device (monitor or TV set) should all support the same **television standard**. If **multi-standard devices** are used, all interconnected devices must be set to the same standard. There are three main groups of television standards used worldwide. In Western Europe, Australia and China, the predominant standard is PAL; in France and Eastern Europe the main standard is SECAM. In Africa both standards are used. In America and Japan NTSC is the norm. The differences between PAL, SECAM and NTSC lie in (1) their **colour encoding** and (2) their **timing**, i. e. the number of **scan lines** per **frame** and fields per second. With respect to (1): because the three standards use incompatible colour encoding systems, colours always drop out if a recording is played back in a device set up for a different standard. With respect to (2): if the monitor is the only incompatible device, the incompatible timing usually causes the image to appear compressed or stretched (PAL / SECAM = 625 lines per frame, NTSC = 525 lines per frame). If the player is also incompatible with the tape's standard, it will play back the video too fast or too slowly, because each field corresponds to one **helical track** on the tape and NTSC (= 60 fields / sec.) needs more tape than PAL or SECAM (= 50 fields / sec.). This means that NTSC tape is played at a higher **tape speed**, so when it is played back on PAL or SECAM players, it runs too slowly. Conversely PAL/SECAM tapes are played back too fast on NTSC players. The wrong **head-to-tape speed** may also cause the image to break up into horizontal stripes, so severely distorted that the image content is no longer recognisable.

What to do next

Use players and monitors that support the appropriate television standard, or make sure the appropriate standard is selected on multi-standard devices.

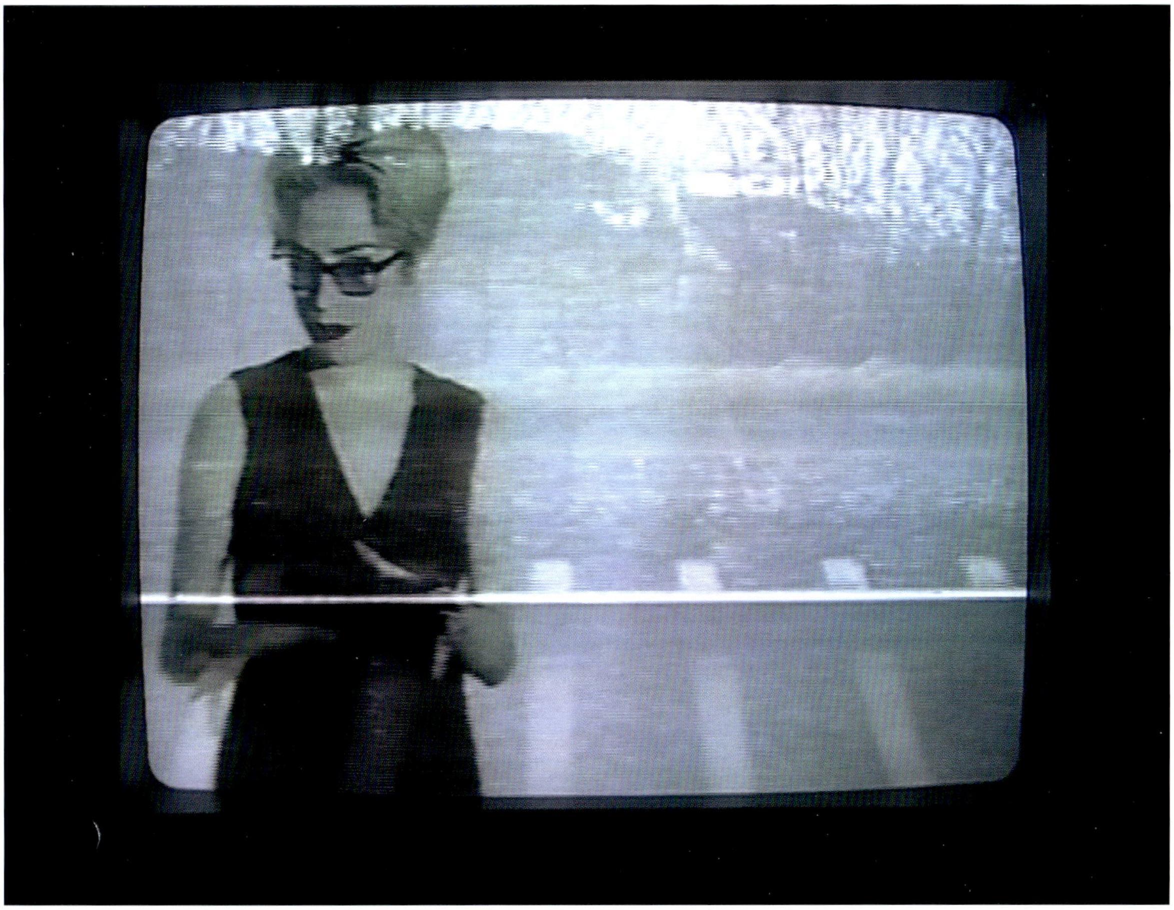

VIDEO 19
Die ersten 17 Sekunden zeigen dieses PAL-Band im korrekten Wiedergabemodus (Videostill), dann folgt die gestörte Wiedergabe mit dem **Multinorm-Abspielgerät** in NTSC-Einstellung. Das Band wird zu schnell wiedergegeben: das Bild ist bis zur Unkenntlichkeit gestört und die Tonlage ist zu hoch.

VIDEO 19
The first 17 seconds of the sequence show this PAL tape in the correct playback mode (video still); we then see the distorted playback that results if the **multi-standard player** is set to support NTSC instead. The tape plays back too fast: the image is disturbed beyond recognition, and the audio is pitched too high.

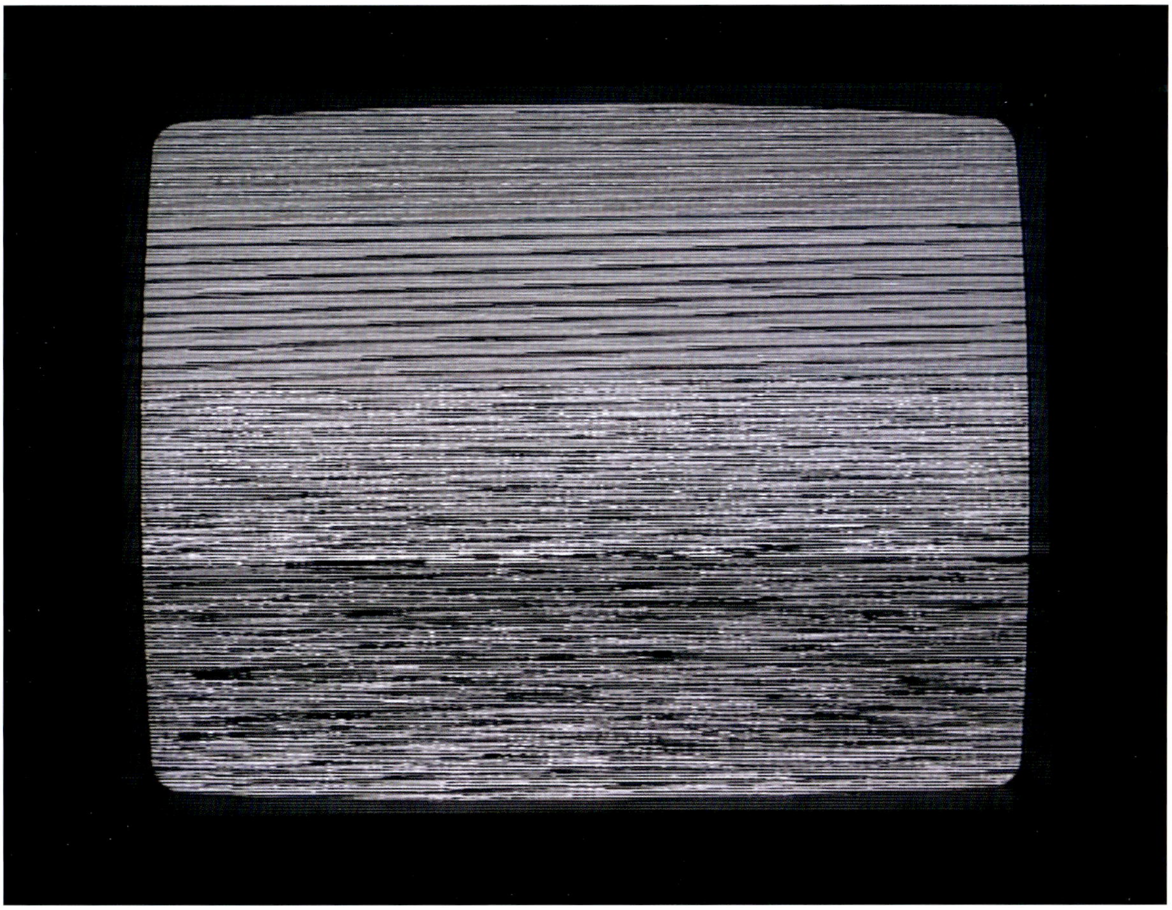

VIDEO 20
Die ersten 17 Sekunden zeigen dieses NTSC-Band im korrekten Wiedergabemodus, dann folgt die gestörte Wiedergabe mit dem Multinorm-Abspielgerät in PAL-Einstellung (Videostill). Das Band wird zu langsam wiedergegeben: das Bild ist bis zur Unkenntlichkeit gestört und die Tonlage ist zu tief.

VIDEO 20
The first 17 seconds of the sequence show this NTSC tape in the correct playback mode; we then see the distorted playback that results if the multi-standard player is set to support PAL instead (video still). The tape plays back too slowly: the image is disturbed beyond recognition, and the audio is pitched too low.

VIDEO 21
Die ersten 17 Sekunden zeigen dieses SECAM-Band im korrekten Wiedergabemodus. Dann folgt die gestörte Wiedergabe mit dem Multinorm-Abspielgerät in PAL-Einstellung (Videostill). Das Band wird schwarz-weiss wiedergegeben, der Ton ist unbeeinträchtigt.

VIDEO 21
The first 17 seconds of the sequence show this SECAM tape in the correct playback mode. Then we see the distorted playback that results if the multi-standard player is set to support PAL instead (video still). The image appears in black and white; audio is not affected.

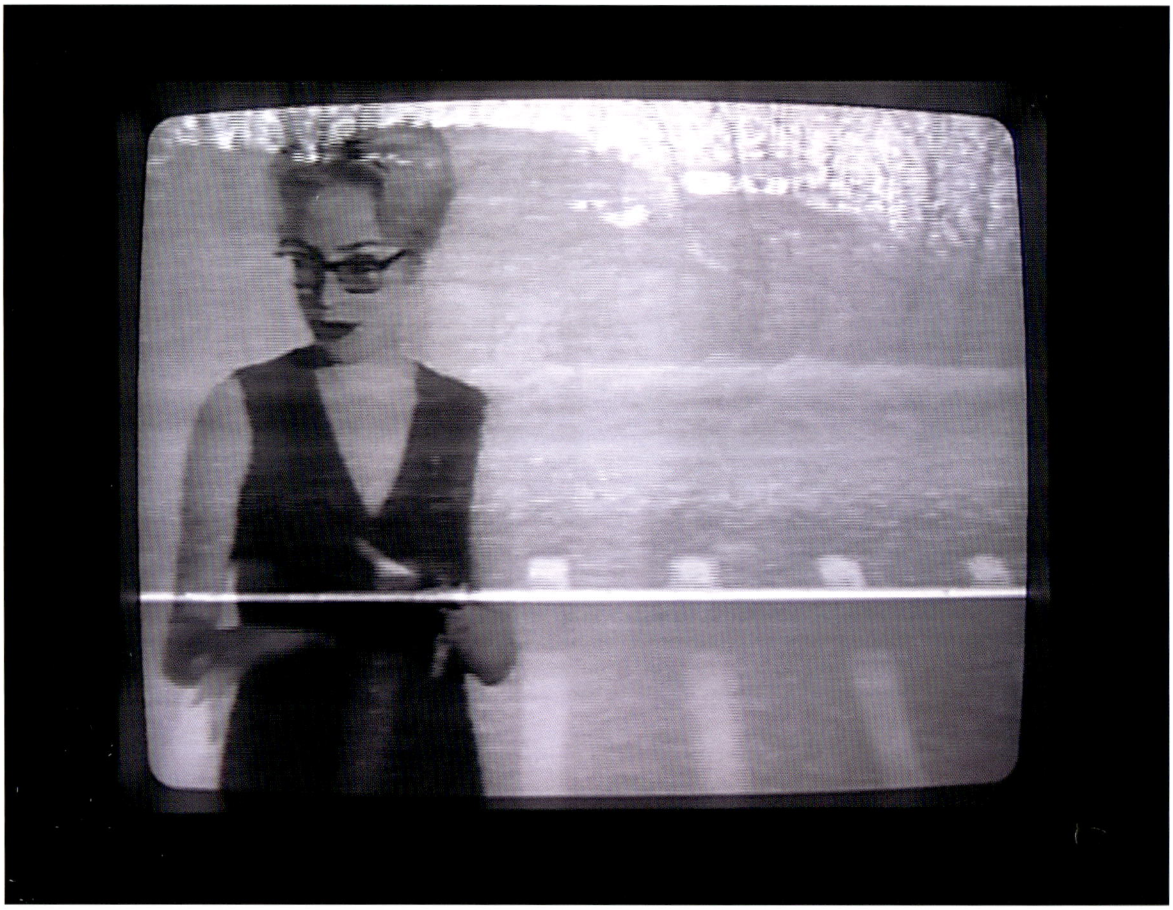

VIDEO 22
Die ersten 8 Sekunden zeigen dieses PAL-Band im korrekten Wiedergabemodus. Dann folgt die gestörte Wiedergabe mit dem Multinorm-Abspielgerät bei korrekter PAL-Einstellung, aber mit einem Monitor in NTSC-Einstellung (Videostill). Die Farbe fällt aus und das Bild ist vertikal gestreckt.

VIDEO 22
The first 8 seconds of the sequence show this PAL tape in the correct playback mode. Then we see the distorted playback that results if the multi-standard player is left at the correct PAL setting, but the monitor is switched over to NTSC (video still). Colours drop out and the image appears vertically stretched.

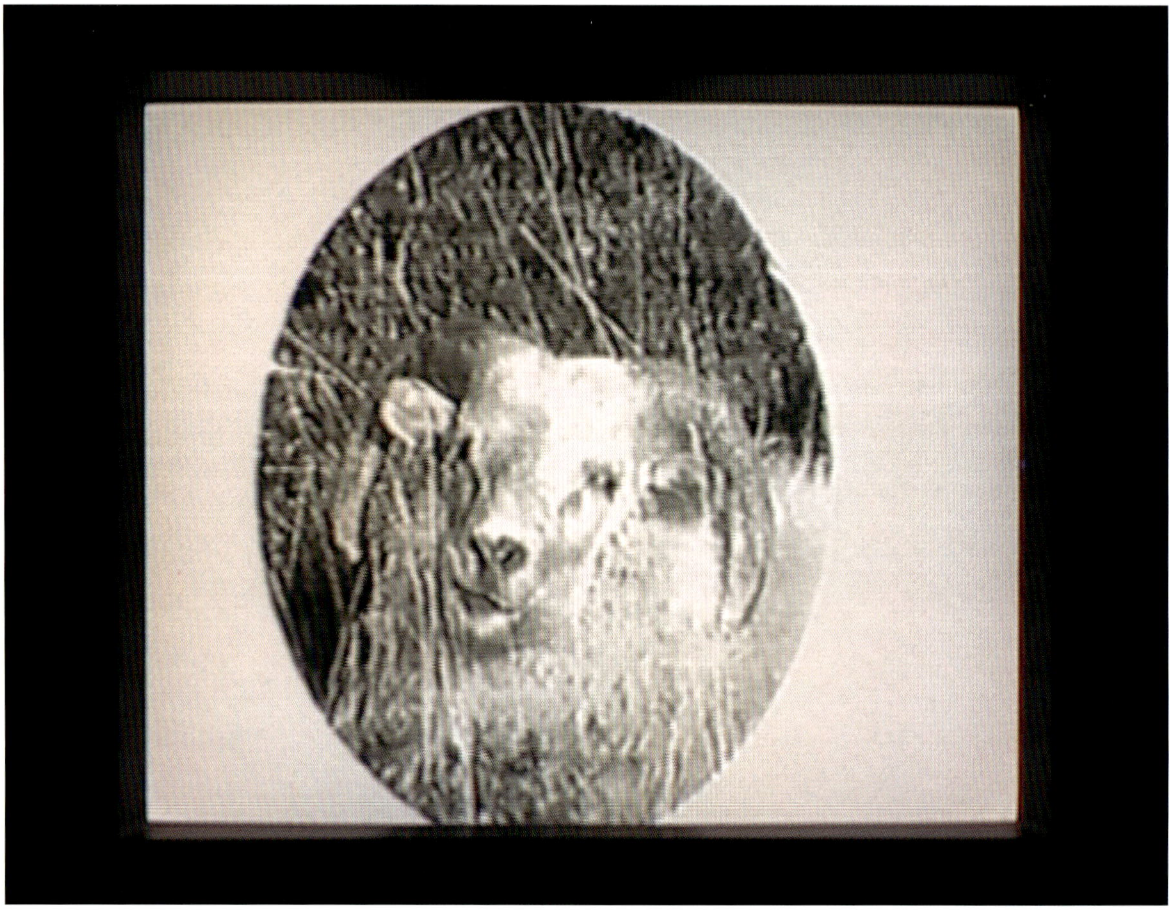

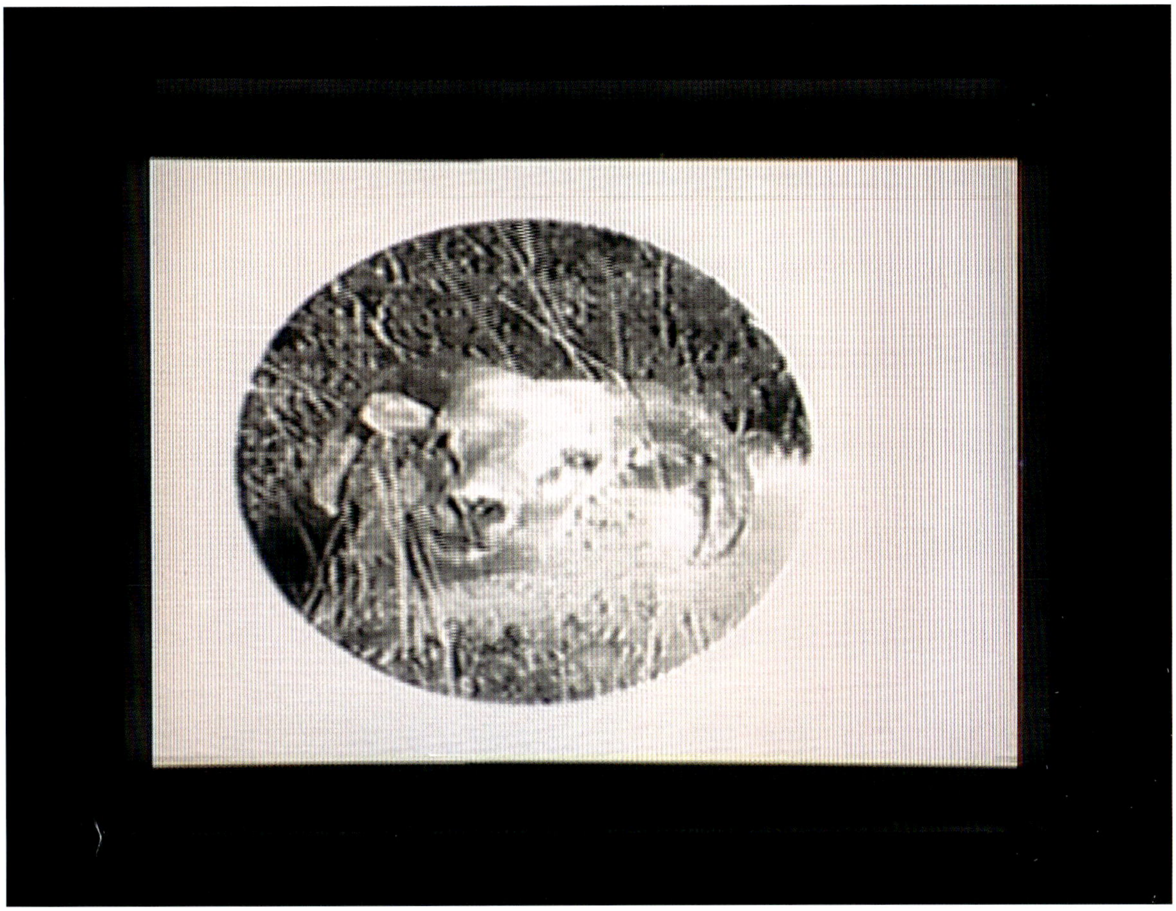

VIDEO 23
Die ersten 8 Sekunden zeigen dieses NTSC-Band im korrekten Wiedergabemodus. Dann folgt die gestörte Wiedergabe auf einem Multinorm-Abspielgerät bei korrekter NTSC-Einstellung, aber mit einem Monitor in PAL-Einstellung (Videostill). Die Farbe fällt aus, das Bild wird vertikal gestaucht.

VIDEO 23
The first 8 seconds of the sequence show this NTSC tape in the correct playback mode. Then we see the distorted playback that results if the multi-standard player is left at the correct NTSC setting, but the monitor is switched over to PAL (video still). Colours drop out and the image appears vertically compressed.

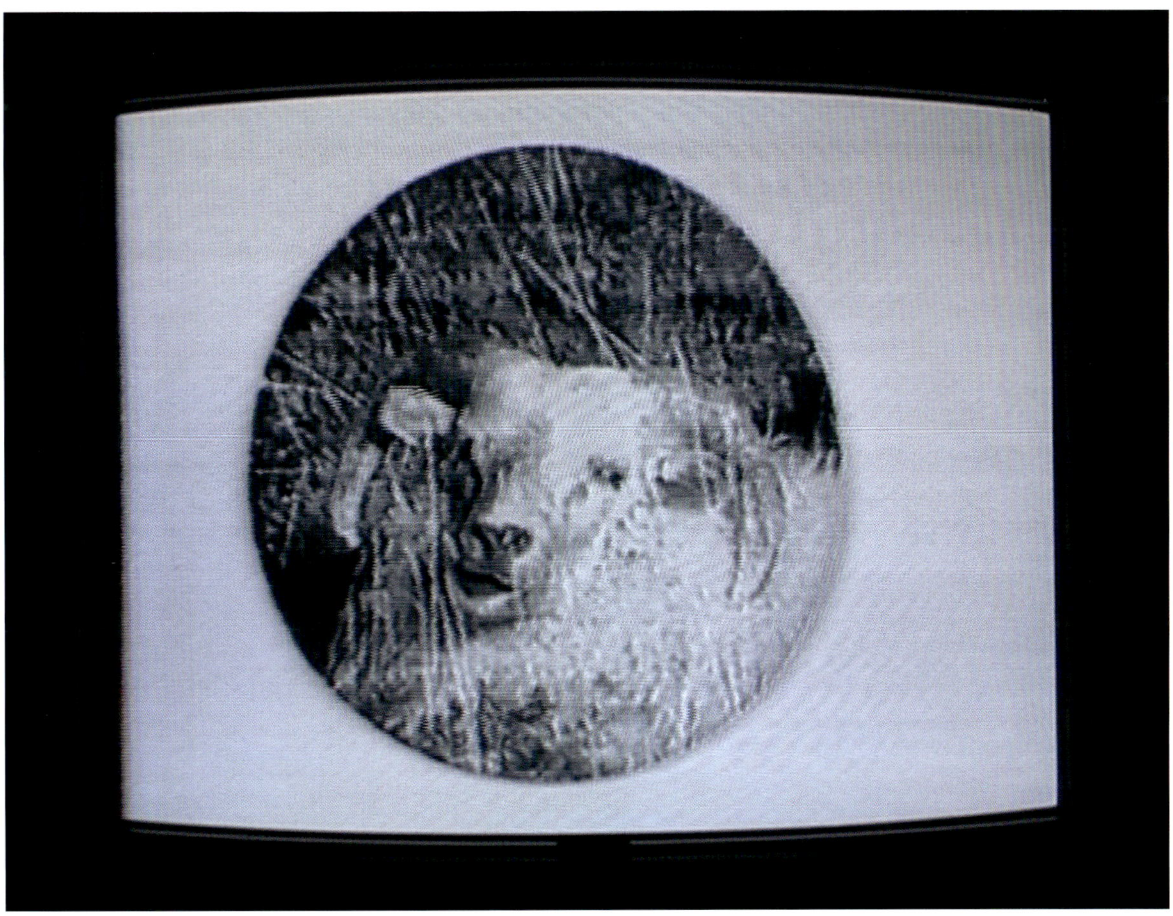

VIDEO 24
Die ersten 8 Sekunden zeigen dieses PAL-Band im korrekten Wiedergabemodus. Dann folgt die gestörte Wiedergabe mit einem Multinorm-Abspielgerät bei korrekter PAL-Einstellung, aber mit einem Monitor in SECAM-Einstellung (Videostill). Die Farbe fällt aus und die Bildstruktur zeigt einen leichten *>Moiré-Effekt.*

VIDEO 24
The first 8 seconds of the sequence show this PAL tape in the correct playback mode. Then we see the distorted playback that results if the multi-standard player is left at the correct PAL setting, but the monitor is switched to SECAM instead (video still). Colours drop out and the image structure displays a faint *>Moiré Effect.*

INKOMPATIBILITÄT INNERHALB EINER VIDEOFORMAT-FAMILIE //
// INCOMPATIBILITY WITHIN A FAMILY OF VIDEOFORMATS

BEDIENFEHLER
OPERATOR ERROR

GERÄTEFEHLER
DEVICE ERROR

BANDFEHLER
TAPE ERROR

PRODUKTIONSFEHLER
PRODUCTION ERROR

Synonyme und verwandte Begriffe:
–

Phänomen

1. **VCR – VCR LP – SVR**
Werden SVR- oder VCR LP-Kassetten auf VCR-Geräten, bzw. SVR-Kassetten auf VCR LP-Geräten wiedergegeben, so ist der Ton zu schnell und zu hoch. Das Bild fällt stets komplett aus. Werden VCR-Kassetten auf VCR LP- oder SVR-Geräten, bzw. VCR LP-Kassetten auf SVR-Geräten wiedergegeben, fällt das Bild ebenfalls aus, der Ton ist aber zu langsam und zu tief (Video 25, 26 und 27).

2. **U-matic LB – U-matic HB – U-matic SP**
LB-Kassetten sind auf HB- und SP-Geräten ohne Störungen abspielbar (Ausnahme: Schnittplatzgeräte). Werden jedoch SP- und HB-Kassetten auf LB-Geräten oder SP-Kassetten auf HB-Geräten wiedergegeben, so fällt die Farbe aus und die Bildstruktur wird unruhig. Das Bild wird von einem flächigen Moiré und abwechselnden Farbstreifen unruhig überlagert. An kräftigen Kontrastkanten entstehen vereinzelte horizontale, schwarze «Fahnen». Der Ton bleibt unbeeinflusst (Video 28 und 29).

3. **VHS – S-VHS**
VHS-Kassetten sind auf S-VHS-Geräten ohne Störungen abspielbar. Bei der Wiedergabe von S-VHS-Kassetten auf VHS-Geräten hingegen ist das bewegte Bild zwar noch sichtbar, aber es wird zu hell wiedergegeben. Die Bildstruktur ist unruhig. An Kontrastkanten entstehen horizontale, schwarze «Fahnen». Der Ton bleibt unbeeinflusst (Video 30 und 31).

4. **Betacam – Betacam SP**
Betacam-Kassetten sind auf Betacam SP-Geräten ohne Störungen abspielbar. Bei der Wiedergabe von Betacam SP-Kassetten auf Betacam-Geräten (nur kleine Kassetten möglich) können an starken Kontrastkanten vereinzelte, kurze schwarze «Fahnen», entstehen. Das Bild ist, abhängig vom Gerätetyp, zu hell und weisse Flächen überstrahlen leicht. Der Ton wird zu laut wiedergegeben (Video 32 und 33).

5. **Video8 – Hi8**
Video8-Kassetten sind auf Hi8-Geräten ohne Störungen abspielbar. Bei der Wiedergabe von Hi8-Kassetten auf Video8-Geräten hingegen bleibt das bewegte Bild zwar sichtbar, es ist jedoch viel zu hell und die Farben zu blass. An Kontrastkanten entstehen horizontale, schwarze «Fahnen». Der Ton bleibt unbeeinflusst (Video 34 und 35).

Mögliche Ursachen

Viele **Videoformate** wurden über Jahre hinweg qualitativ weiterentwickelt oder um zusätzliche Funktionen (z. B. *>Long Play*) erweitert. Feinere Magnetpartikel mit höherer **Koerzitivkraft** sowie die möglich gewordene Verkleinerung der **Videoköpfe** erlaubten die Wahl höherer Frequenzen bei der Signalaufzeichnung, was die Bedingung war für eine Verbesserung der **Auflösung** als auch des **Rauschabstandes**. Das **Helligkeitssignal** wird nach dem Verfahren der **Frequenzmodulation** aufgezeichnet: Auf der untersten, sog. Basisfrequenz liegen die **horizontalen** und **vertikalen Synchronimpulse**. Etwas höher liegt Schwarz, während Weiss durch die höchste Frequenz repräsentiert wird. Die gesamte Frequenzspanne wird als **Frequenzhub** bezeichnet, der bei den Formatverbesserungen ebenfalls vergrössert werden konnte. Die entstandenen Formaterweiterungen sind in der Regel nur abwärts-, aber nicht aufwärtskompatibel, was bei der Wahl des falschen Abspielgerätes zu Bildstörungen führt.
Werden Kassetten dieser technisch verbesserten Videoformate auf den falschen (= älteren) Geräten wiedergegeben, ist die Frequenzlage ihres **Videosignals** für die **Demodulation** im Gerät zu hoch: Das Helligkeitssignale wird als zu hell interpretiert, und an starken Kontrastkanten kommt es zu Übermodulationen mit den beschriebenen «Fahnen» und hellen Bildpartien ohne Zeichnung.

Synonyms and related terms:
–

Symptoms

1. **VCR – VCR LP – SVR**
If SVR or VCR LP cassettes are played back on VCR players, or SVR cassettes are played back on VCR LP players, the audio is too fast and too high-pitched. The image always drops out completely. If VCR cassettes are played back on VCR LP or SVR players, or VCR LP cassettes played back on SVR players, the image also drops out, but this time the audio is too slow and too low-pitched (cf. videos 25, 26 and 27).

2. **U-matic LB – U-matic HB – U-matic SP**
LB cassettes can be played back on HB and SP players without distortion (exception: editing workstations). But if SP or HB cassettes are played back on LB players, or SP cassettes are played back on HB players, the colour drops out and the image structure becomes unstable. A jittering, two-dimensional moiré pattern with alternating bands of colour is superimposed on the image. Along edges with strong colour contrasts, isolated horizontal black 'bearding' may appear. Audio is not affected (cf. videos 28 and 29).

3. **VHS – S-VHS**
VHS cassettes can be played back on S-VHS players without distortion. But if S-VHS cassettes are played back on VHS players, although the image is still visible, the brightness level is too high, the image structure is unstable, and horizontal black 'bearding' appears along contrasting edges. Audio is not affected (cf. videos 30 and 31).

4. **Betacam – Betacam SP**
Betacam cassettes can be played back on Betacam SP players without distortion. When Betacam SP cassettes are played back on Betacam equipment (only possible using the small cassettes), edges with strong colour contrasts may display isolated short black 'bearding'. Depending on the playback device, the image is too bright and white areas tend to bleed. Audio is played back too loud (cf. videos 32 and 33).

5. **Video8 – Hi8**
Video8 cassettes can be played back on Hi8 players without distortion. But if Hi8 cassettes are played back on Video8 players, the image is still visible, but is much too bright and the colours are too pale. Horizontal 'bearding' appears along edges with strong contrasts. Audio is not affected (cf. videos 34 and 35).

Possible causes

The quality of many **video formats** has steadily evolved over many years, and many of them have been enhanced to include additional functionality (e. g. *>Long Play*). The development of finer magnetic particles with greater **coercivity**, combined with the successful miniaturisation of the **video heads**, meant that higher signal frequencies could be selected for recordings; this was a prerequisite for improving **resolution** as well as **signal-to-noise ratio**. The **luminance signal** is recorded using the **frequency modulation** method: the lowest frequency, known as the base frequency, is used for the **horizontal** and **vertical sync pulses**. Black is at a slightly higher frequency, while white is represented by the highest frequency of all. The total frequency range is described as the **frequency swing**; this has also been extended as formats have improved. The resulting format enhancements are usually only backward-compatible, not forward-compatible, so if the wrong playback device is used, image errors may appear.
If cassettes in these technically improved video formats are played back on the wrong (= older) equipment, the frequency level of their **video signal** is too high for successful **demodulation** by the playback device: luminance signals are interpreted as too bright, and along strongly contrasting edges overmodulation will produce the 'bearding' symptoms mentioned above, while bright areas in the image will lose detail.

1. VCR – VCR LP – SVR
Die VCR-Familie stellt eine Ausnahme dar, da die Formaterweiterungen untereinander nicht einmal abwärtskompatibel sind. Sie unterscheiden sich nicht nur elektronisch durch die angehobene Basisfrequenz und den Frequenzhub, sondern zusätzlich auch mechanisch durch verringerte **Bandgeschwindigkeiten** sowie dadurch notwendigerweise verschmälerte **Videospuren** und steilere **Spurwinkel**. Ab VCR LP wurde deshalb auch der **Azimut**-Versatz der Videoköpfe eingeführt, der eine Aufzeichnung der **Schrägspuren** ohne **Rasen** erlaubte. Aus diesen Gründen ist in der VCR-Familie bei unpassendem Gerät nicht ein zu helles, sondern gar kein Bild zu sehen.
2. U-matic LB – U-matic HB – U-matic SP
Mit den beiden U-matic-Weiterentwicklungen HB und SP wurde jeweils die Basisfrequenz des Helligkeitssignals, nicht aber der Frequenzhub heraufgesetzt. Auch die **Bandbreite** des **Farbsignals** und dessen Frequenz wurden erhöht (daher der zusätzliche Farbausfall in der Bildstörung).
3. VHS – S-VHS
Bei S-VHS ist sowohl die Basisfrequenz als auch der Frequenzhub des Helligkeitssignals heraufgesetzt. An der Tonaufzeichnung der **Längsspur** verändert sich nichts. Der **FM-Ton** auf der Schrägspur wird von allen S-VHS Geräten, aber auch von zahlreichen VHS-Modellen unterstützt.
4. Betacam – Betacam SP
Anders als bei den anderen Videoformaten, die nach dem **Colour Under-Verfahren** mit herabgesetztem **Farbhilfsträger** operieren, werden bei Betacam und Betacam SP das Helligkeits- und die **Farbdifferenzsignale** frequenzmoduliert und separat aufgezeichnet. Beim SP-Format wurde sowohl für die Helligkeit als auch für die Farbe die Basisfrequenz erhöht, nicht aber der Frequenzhub.
5. Video8 – Hi8
Bei Hi8 ist sowohl die Basisfrequenz als auch der Frequenzhub des Helligkeitssignals heraufgesetzt. Beide Videoformate bleiben im FM- sowie **PCM-Ton** kompatibel, die beide auf den Schrägspuren aufgezeichnet sind. Die Audiolängsspur wird gar nicht genutzt.
Digitale D8-Geräte können in der Regel auch Hi8- und Video8-Kassetten abspielen.

Weiteres Vorgehen
Überprüfen Sie, ob das Videoformat bzw. die Formaterweiterung der Kassette und des Abspielgerätes übereinstimmen. Wählen Sie das passende Abspielgerät!

1. VCR – VCR LP – SVR
The VCR family is an exception, because the enhanced formats are not even backward-compatible with each other. They are not only different electronically, in that they use progressively higher base frequencies and larger frequency swings, they also differ mechanically in that the later versions run at reduced **tape speeds**, which in turn means they have to use narrower **video tracks** and steeper **track angles**. Consequently, from the VCR LP format onwards, the slant **azimuth** technique was introduced so the **helical tracks** could be recorded without **guard bands**. For all the above reasons, if a VCR cassette is played back in an unsuitable player, the image will not be too bright: it will not be visible at all.
2. U-matic LB – U-matic HB – U-matic SP
With the two U-matic enhancements, HB and SP, the base frequency of the luminance signal was increased each time, although the frequency swing was not modified. The **bandwidth** and frequency of the **chrominance signal** were both increased (hence the colour dropout that characterises image error).
3. VHS – S-VHS
In the case of S-VHS both the base frequency and the frequency swing of the luminance signal were upgraded, although the **audio signal** is still recorded on the **longitudinal track**. **FM audio** on the helical tracks is supported by all S-VHS devices, but also by many VHS models.
4. Betacam – Betacam SP
Unlike other video formats that use the **colour-under method** with a downconverted **colour subcarrier**, in the Betacam and Betacam SP formats both the luminance and **colour difference signals** are frequency-modulated, and recorded separately. In the SP format the base frequency was raised for both luminance and chrominance, although the frequency swing was not increased.
5. Video8 – Hi8
In the case of Hi8 both the base frequency and frequency swing of the luminance signal were upgraded. Both video formats provide mutually compatible support for FM and **PCM audio**, both signals being recorded on the helical tracks. The longitudinal track is not used for audio recording at all.
Digital D8 devices can usually also play Hi8 and Video8 cassettes.

What to do next
Make sure the cassette's video format or format enhancement is compatible with the playback device. Choose a suitable player!

VIDEO 25
Dieses Referenzvideo ist auf eine VCR Long Play-Kassette aufgezeichnet und kann nur auf einem VCR LP-Gerät störungsfrei wiedergegeben werden, wie hier sichtbar.

VIDEO 25
This reference video is recorded on a VCR Long Play cassette and can only be played back without disturbance on a VCR LP player, as can be seen here.

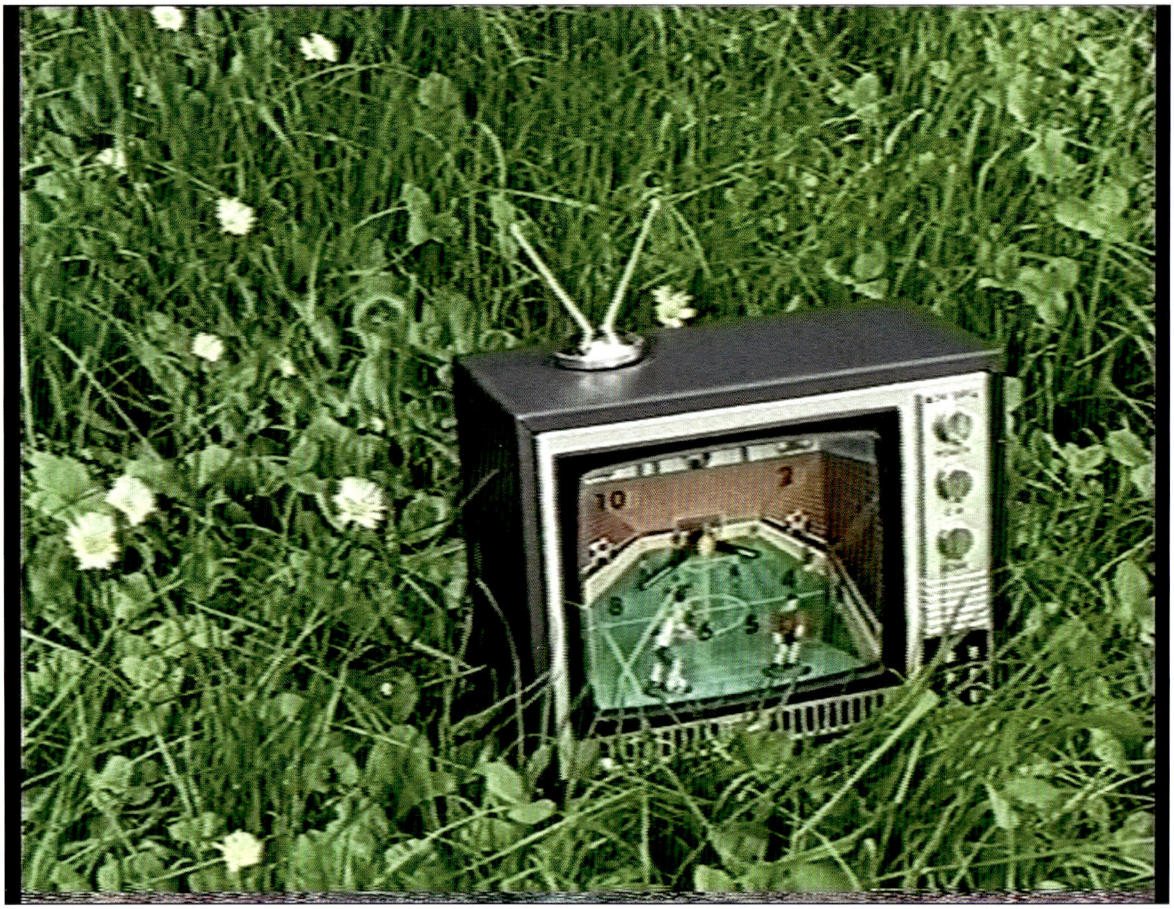

VIDEO 26

Gibt man das gleiche VCR Long Play Video auf einem VCR-Gerät wieder, so kommt es zu einem **Bildrauschen**. Der Ton bleibt hörbar, aber wird zu schnell und zu hoch wiedergegeben.

VIDEO 26

If we attempt to play the same VCR Long Play cassette on a standard VCR machine, the result is **picture noise**. Although the soundtrack is still audible, it is too fast and too high-pitched.

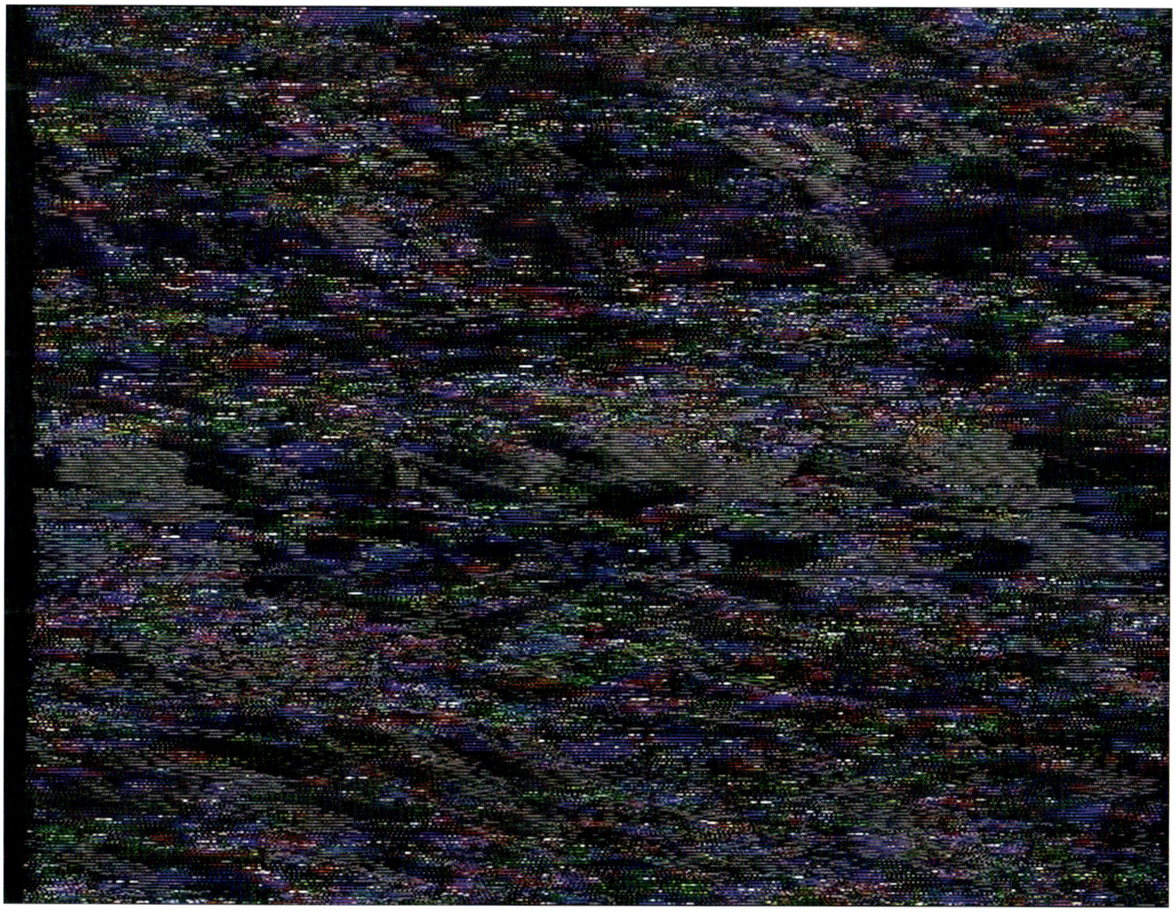

VIDEO 27

Gibt man das gleiche VCR Long Play-Band auf einem Super Video-Gerät wieder, so fällt das Bild ebenfalls komplett aus, aber der Ton wird zu langsam und zu tief wiedergegeben und schwankt dabei in Lautstärke und Tonhöhe.

VIDEO 27

If the same VCR Long Play tape is played on a Super Video player, the image drops out completely. In this case the audio is too slow and too low-pitched; in addition, volume and pitch both fluctuate.

VIDEO 28
Dieses Video ist auf einer U-matic HB-Kassette aufgezeichnet und lässt sich ohne Störungen auf einem U-matic HB- oder SP-Abspielgerät wiedergeben.

VIDEO 28
This video is recorded on a U-matic HB cassette, and can be played back without disturbance on a U-matic HB or SP player.

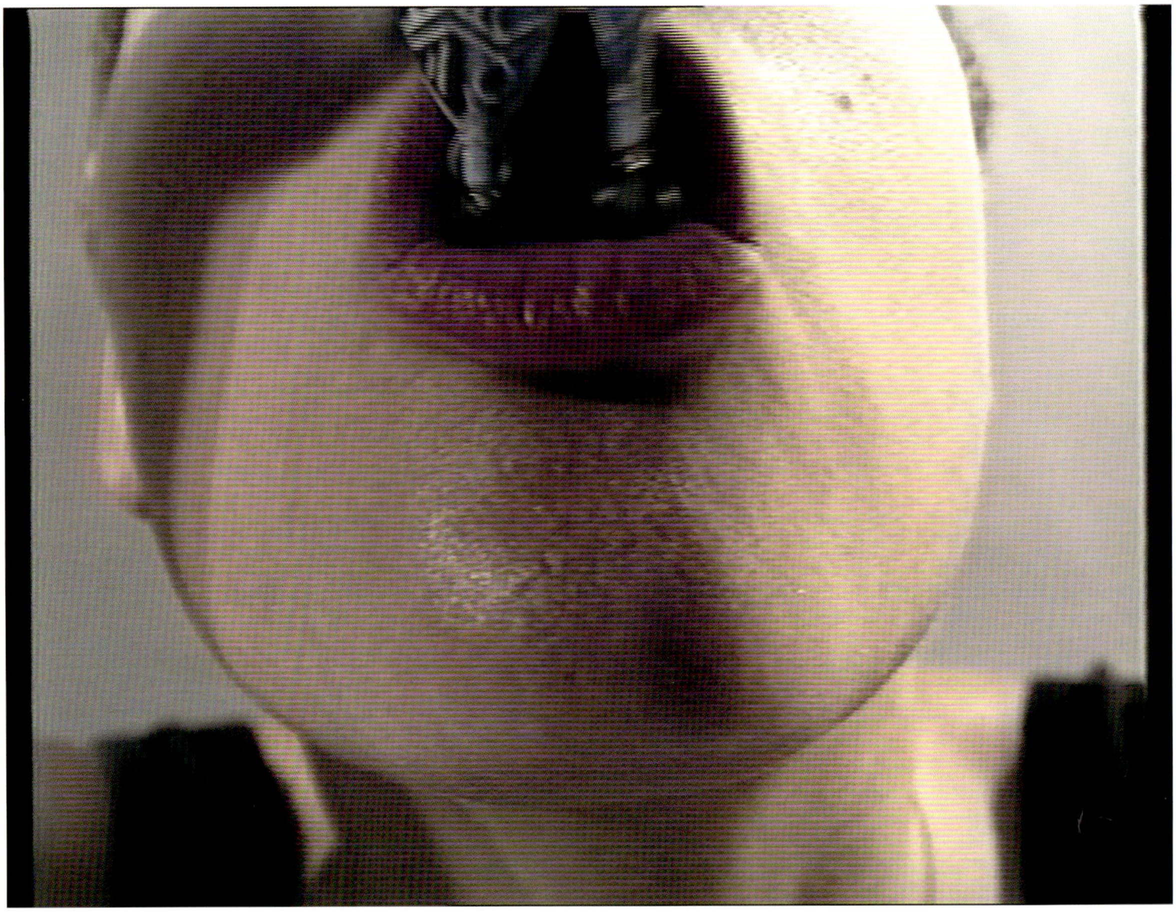

VIDEO 29
Wird das gleiche Video auf einem U-matic LB-Abspielgerät wiedergegeben, fällt die Farbe aus, die Bildstruktur wird unruhig und ein Moiré mit abwechselnden Farbstreifen entsteht.

VIDEO 29
If the same video is played on a U-matic LB machine, the colour drops out, the image structure becomes unstable and a moiré pattern appears, overlaid with alternating bands of colour.

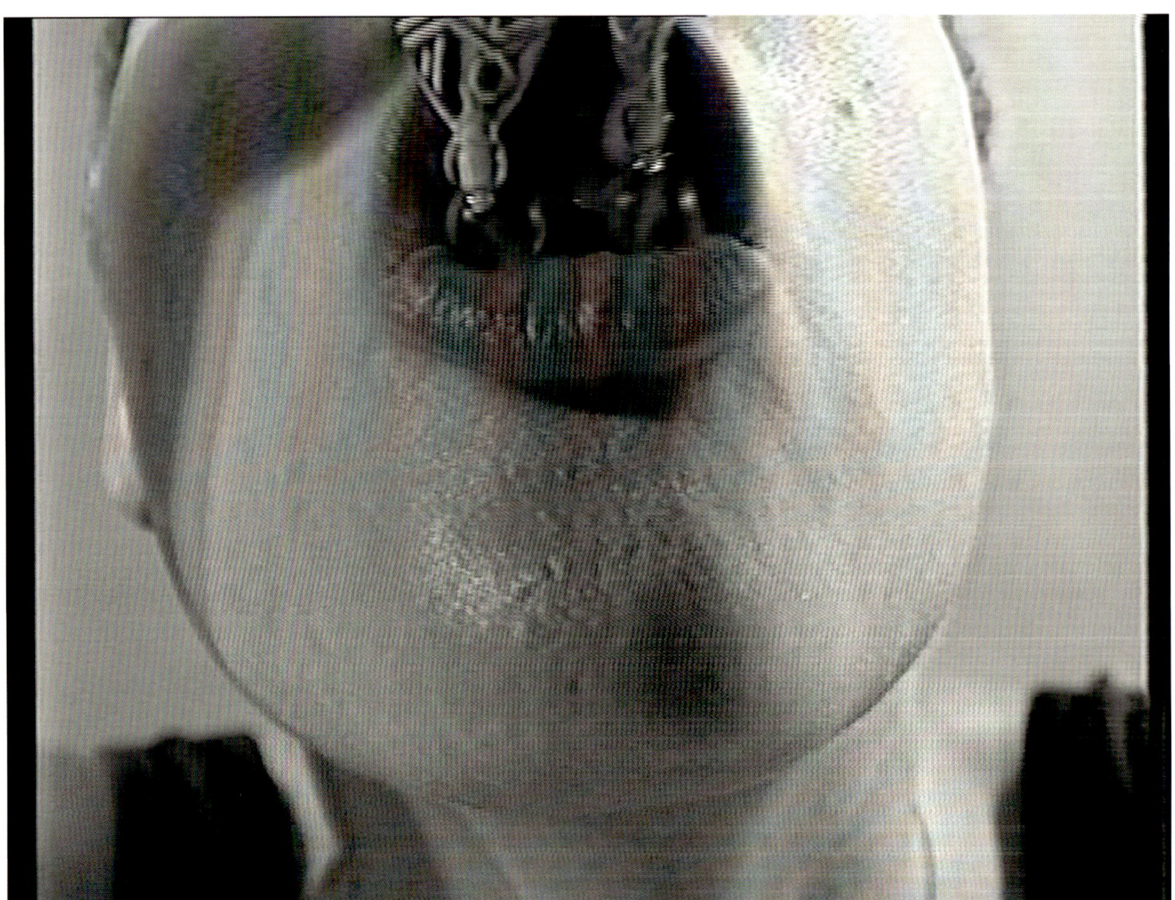

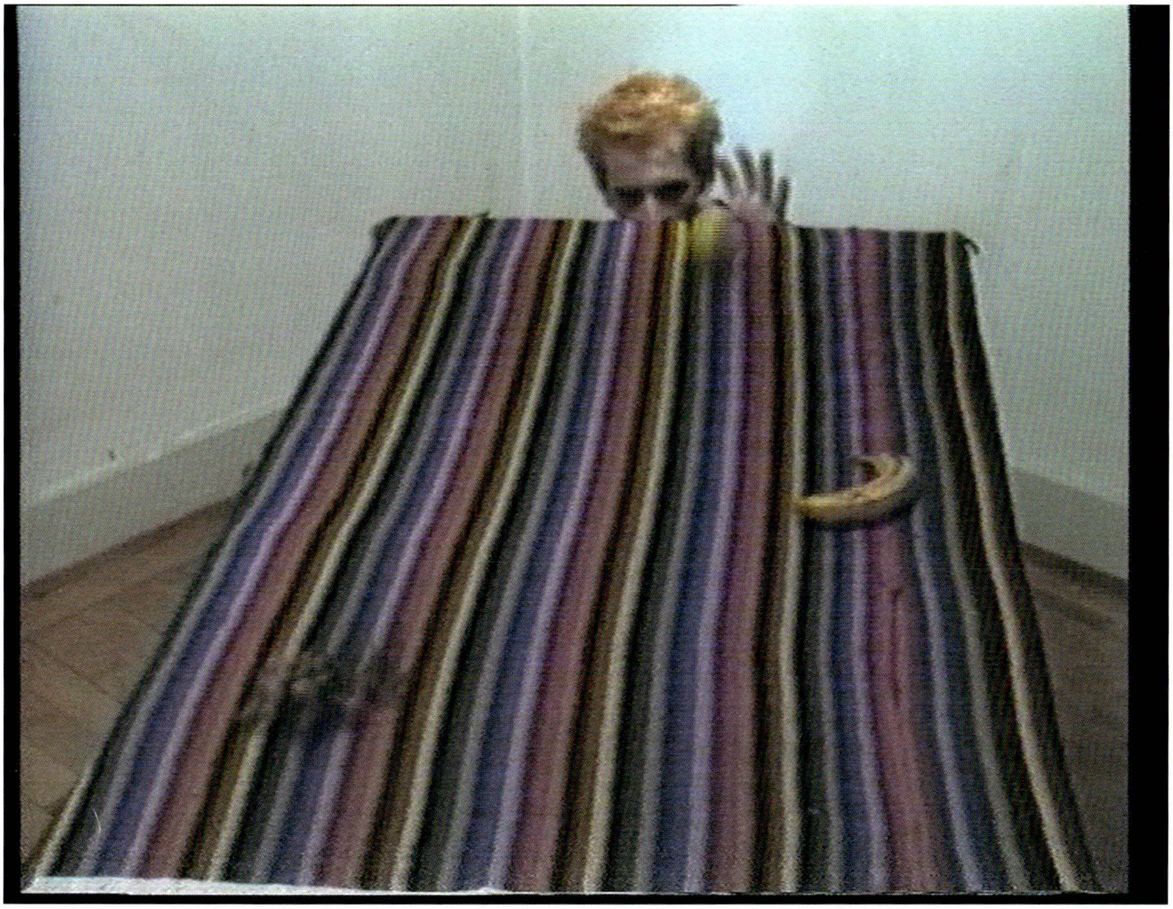

VIDEO 30
Dieses Video ist auf eine S-VHS-Kassette aufgezeichnet und wird hier korrekt auf einem S-VHS-Abspielgerät wiedergegeben. Auch VHS-Kassetten lassen sich in S-VHS-Rekordern störungsfrei abspielen.

VIDEO 30
This video is recorded on an S-VHS cassette; here it is being correctly played back on an S-VHS player. VHS cassettes can also be played on S-VHS equipment without disturbance.

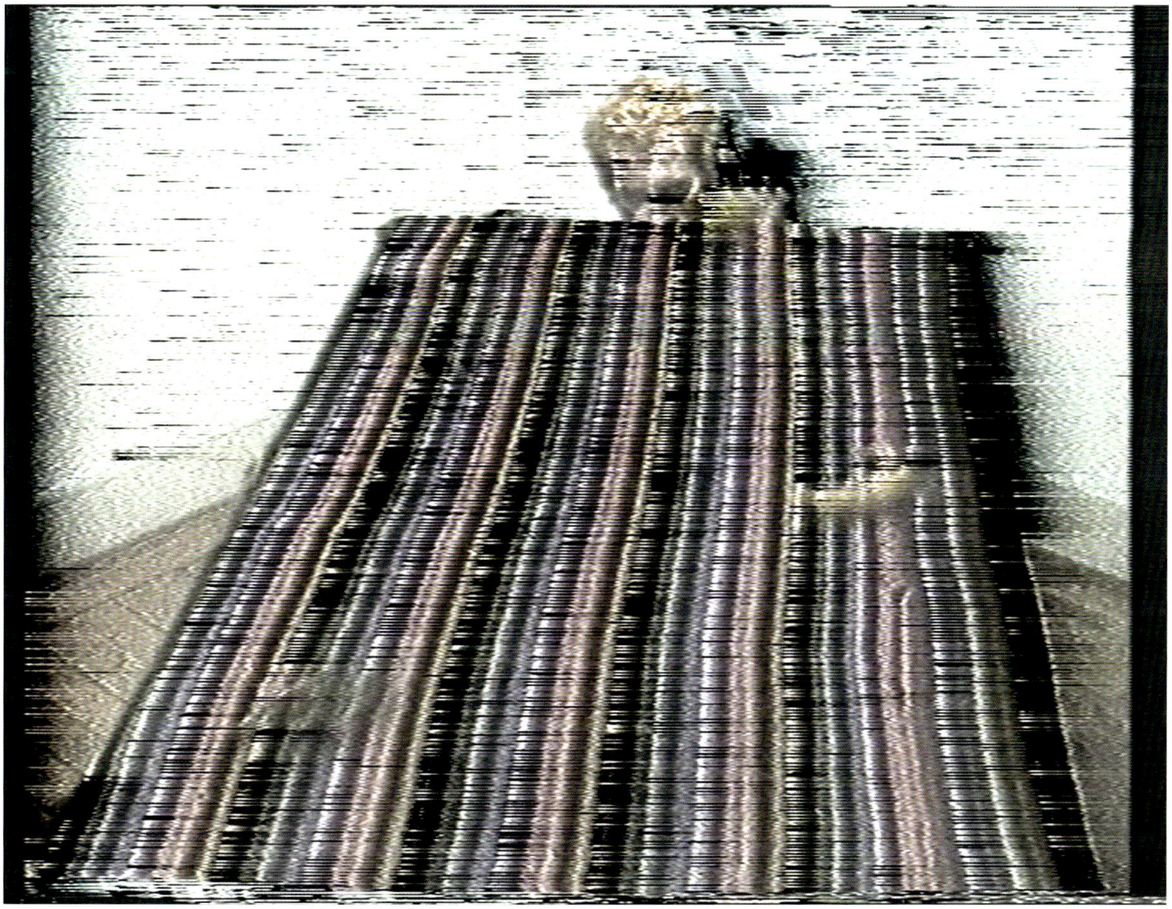

VIDEO 31
Gibt man das gleiche S-VHS-Video auf einem VHS-Gerät wieder, ist das bewegte Bild zwar noch sichtbar, aber es wird zu hell wiedergegeben. Die Bildstruktur ist unruhig. An Kontrastkanten entstehen horizontale schwarze «Fahnen». Der Ton bleibt unbeeinflusst.

VIDEO 31
If we attempt to play the same S-VHS video on a VHS machine, the moving image is still visible, but the brightness level is too high, the image structure is unstable, and horizontal black 'bearding' appears along contrasting edges. Audio is not affected.

VIDEO 32
Dieses Video ist auf einer Betacam SP-Kassette aufgezeichnet und wird hier korrekt auf einem Betacam SP-Abspielgerät wiedergeben.

VIDEO 32
This video was recorded on a Betacam SP cassette; here it is being correctly played back on a Betacam SP player.

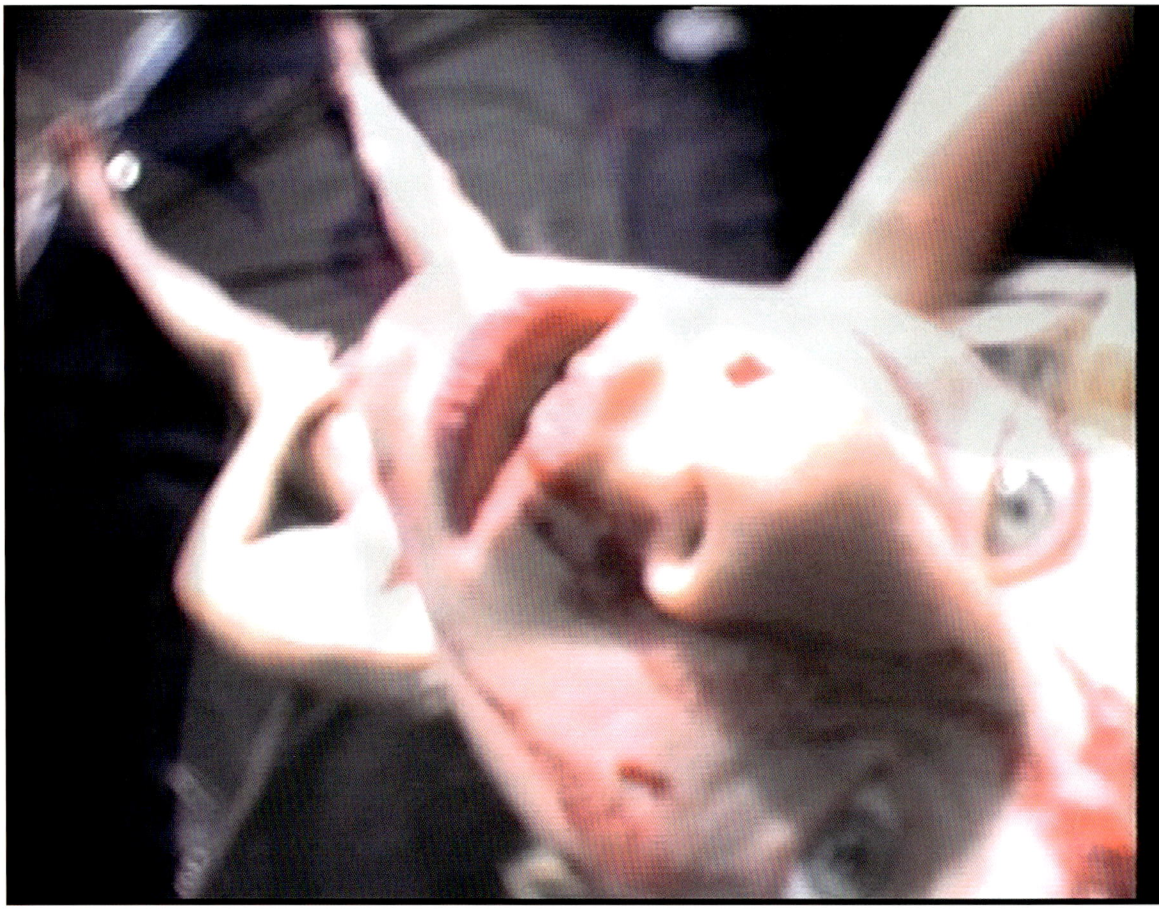

VIDEO 33
Gibt man das gleiche Betacam SP-Video auf einem Betacam-Abspielgerät wieder, so wird das Bild zu hell und der Ton wird zu laut.

VIDEO 33
If the same Betacam SP video is played back on a standard Betacam player, the image is too bright and the audio is too loud.

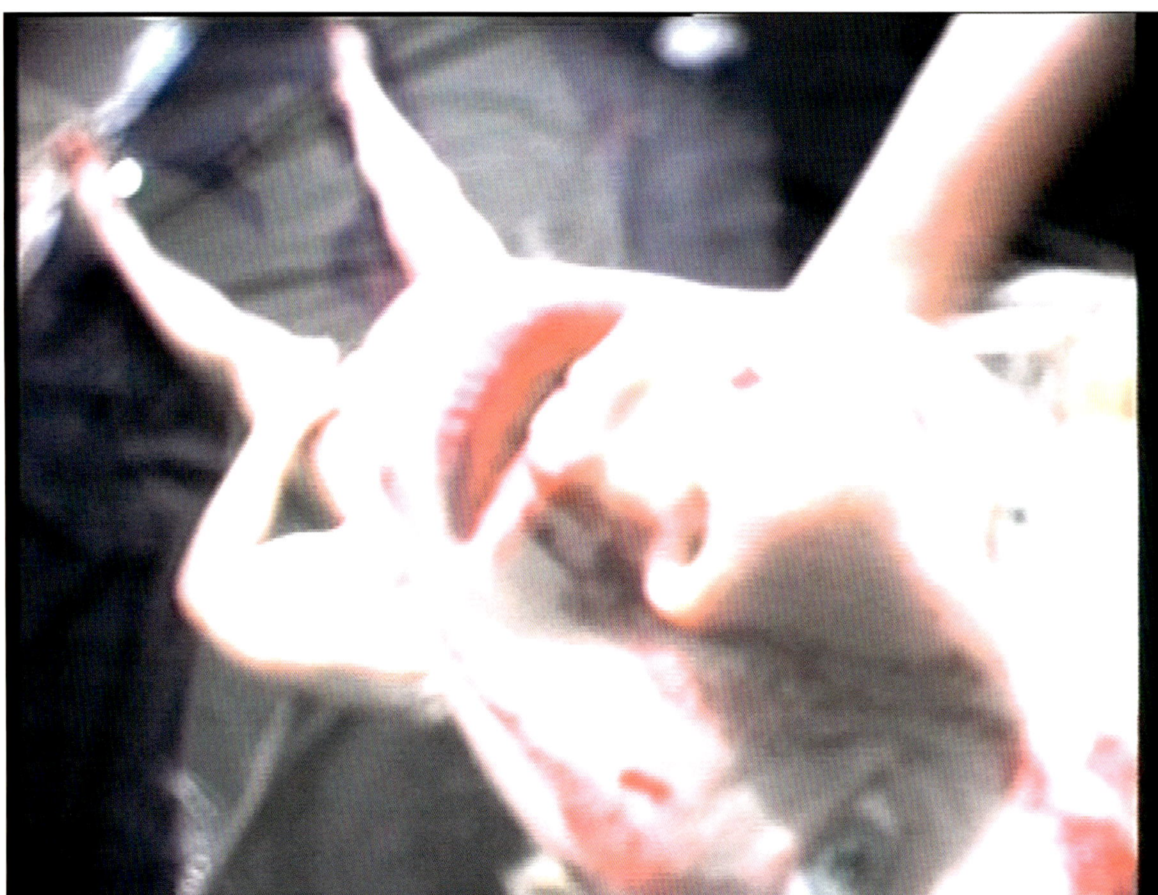

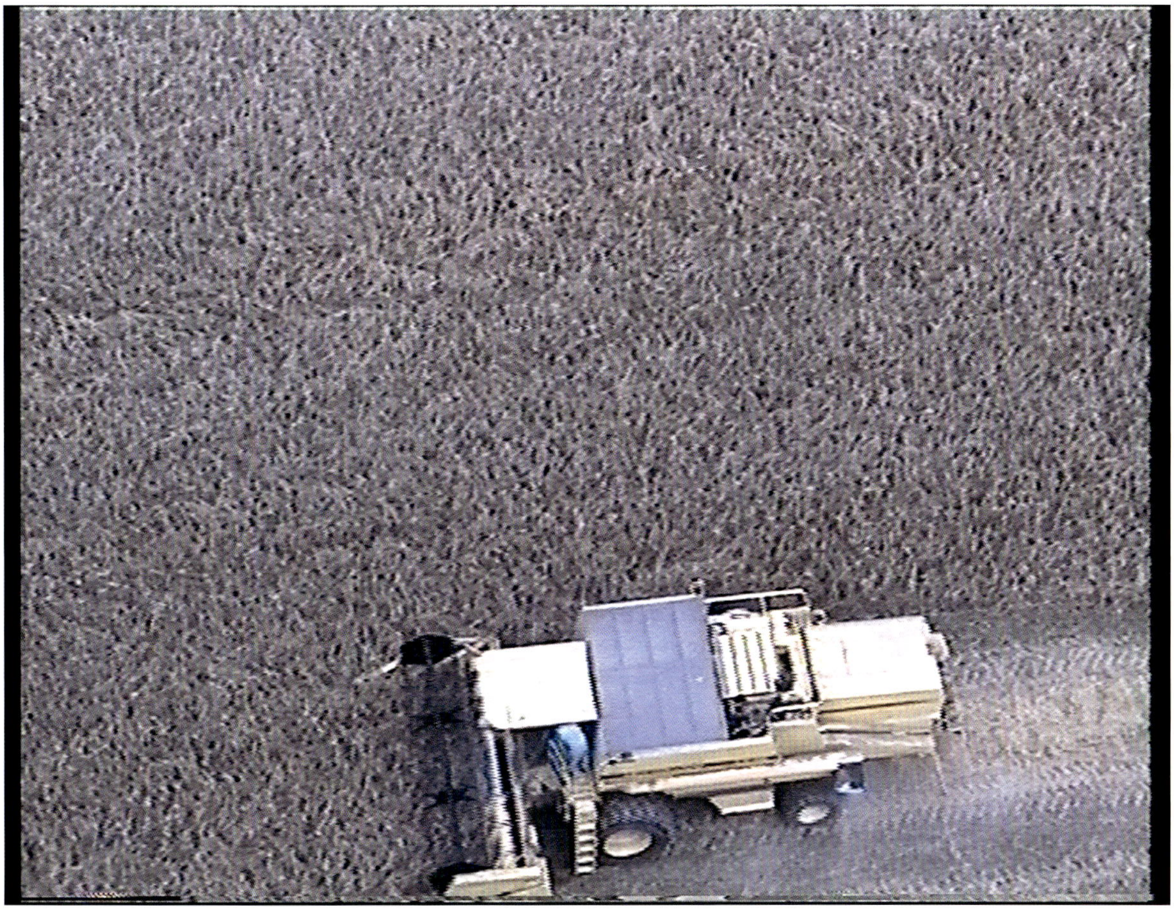

VIDEO 34
Dieses Video ist auf eine Hi8-Kassette aufgezeichnet und wird hier störungsfrei auf einem D8-Abspielgerät wiedergegeben. Auch Video8-Kassetten lassen sich in Hi8- und D8-Geräten störungsfrei abspielen.

VIDEO 34
This video was recorded on a Hi8 cassette; here it is being played back, without disturbance, on a D8 player. Video8 cassettes can also be played back on Hi8 and D8 machines without disturbance.

VIDEO 35
Gibt man hingegen eine Hi8-Kassette auf einem Video8-Gerät wieder, so wird das Bild zu hell und annähernd unfarbig wiedergegeben. An Kontrastkarten entstehen horizontale schwarze «Fahnen».

VIDEO 35
But if we attempt to play a Hi8 cassette on a Video8 player, the image is too bright and may appear almost colourless (achromatic). Horizontal black 'bearding' appears along contrasting edges in image content.

JALOUSIE-EFFEKT (PAL) //
// VENETIAN-BLIND EFFECT (PAL)

Synonyme und verwandte Begriffe:
PAL-Jalousie, PALousie

Phänomen

Diese Bildstörung tritt nur in der **Farbfernsehnorm PAL** auf. Das bewegte Bild bleibt erkennbar, es wirkt jedoch über seine ganze Höhe horizontal fein gestreift. Optisch bilden dabei jeweils zwei **Zeilen** ein Paar (Bezeichnung «Jalousie»). Die Farbwerte der einzelnen Zeilen weichen von den ursprünglichen Farben in entgegengesetzten Richtungen ab. Dies lässt sich genau anhand der Farben des **Farbbalkens** beobachten:

Gelb:	Zeile 1 ins Gelbgrün, Zeile 2 ins Orange
Cyan:	Zeile 1 ins Grün, Zeile 2 ins Hellblau
Grün:	keine Veränderung
Magenta:	Zeile 1 ins Rot, Zeile 2 ins Rotviolett
Rot:	Zeile 1 ins Dunkelrot, Zeile 2 ins Hellrot
Blau:	leichte Veränderung in der Helligkeit

Die Zeilenpaare wirken wie Streifen, die stehen oder langsam vertikal über den Bildschirm wandern. Sie sind umso besser sichtbar, je höher die Farbsättigung ist, die vom TV- oder **Videosignal** oder der Monitoreinstellung vorgegeben wird.

Wird der Betrachtungsabstand erhöht, bis das Auge die einzelnen Zeilen nicht mehr erkennen kann, ist keine Farbverfälschung mehr wahrnehmbar, sondern nur eine verminderte Farbsättigung. Bei schwarz-weissem Bild tritt die Störung nicht auf.

Mögliche Ursachen

BEDIENFEHLER
OPERATOR ERROR

GERÄTEFEHLER
DEVICE ERROR

BANDFEHLER
TAPE ERROR

PRODUKTIONSFEHLER
PRODUCTION ERROR

Diese Bildstörung entsteht im Fernsehgerät oder Monitor, kann aber auch auf das Band aufgezeichnet sein. Beim analogen Farbfernsehen und -video werden das **Helligkeits-** und **Farbsignal** eines Bildes getrennt, aber in einem Kanal übertragen, damit die Kompatibilität zu den Schwarz-Weiss-Empfängern und -monitoren gewährleistet ist. Das Farbsignal wird einer **Trägerfrequenz** aufmoduliert (bei PAL liegt der **Farbhilfsträger** bei ca. 4.43 MHz) und dem Helligkeitssignal beigemischt. Im Fernsehgerät oder Monitor kann sie aus diesem zusammengesetzten **Composite-Signal** wieder extrahiert und **demoduliert** werden. Treten auf dem Signalübertragungsweg **Phasenverschiebungen** auf – und das ist fast immer der Fall – verschieben sich damit auch die Farbtöne im Bild. Anders als in der **NTSC**-Norm (vgl. *>Hue-Fehler* [NTSC]) werden in der PAL-Norm solche Farbverschiebungen schaltungstechnisch kompensiert. Vereinfacht dargestellt wird das Farbsignal jeder zweiten Zeile um 180° phasenverschoben übertragen (PAL = Phase Alternating Line). Im Monitor wird das eingehende Signal vor der **Demodulation** in einen direkten und einen das Signal um exakt eine Zeile verzögernden Pfad verzweigt. Aus den zeitgleich vorliegenden Farbinformationen zweier aufeinanderfolgender Zeilen wird dann der Mittelwert gebildet, um so allfällige Farbverfälschungen auszugleichen.

Der Jalousie-Effekt entsteht, wenn dieser Farbausgleich infolge dejustierter Demodulationsschaltungen nicht mehr korrekt ausgeführt werden kann. Dies kommt v.a. bei älteren Geräten vor. Ist die Bildstörung aufs Band aufgezeichnet, so waren die bei der Produktion oder beim Kopieren beteiligten Geräte (z. B. **TBC**) nicht in allen Parametern korrekt justiert.

Weiteres Vorgehen

1. **Testkassette** einlegen.
2. Störung behoben: Bandfehler. Störung ist irreversibel auf das Band aufgezeichnet. Band an Videorestaurator: Störung kann über erneute Kopie behoben werden.
3. Störung nicht behoben: Monitor zur Wartung.

Synonyms and related terms:
PAL venetian blind

Symptoms

This image error only appears in the **PAL television standard**. Although the moving image is still recognisable, the entire picture area is traversed by fine horizontal stripes. Visually, every two **scan lines** form a pair (hence the description 'venetian blind'). The colour values of the individual lines deviate from the original colours in opposite directions. This can be viewed by referring to the colours in the **colour bars**:

Yellow:	Line 1 into yellow-green, line 2 into orange
Cyan:	Line 1 into green, line 2 into light blue
Green:	No change
Magenta:	Line 1 into red, line 2 into red-purple
Red:	Line 1 into dark red, line 2 into light red
Blue:	Slight change in brightness

The pairs of lines look like stripes that either remain stationary or drift slowly up or down the screen. The higher the colour saturation, the more visible the effect, depending on the particular TV or **video signal**, or the monitor settings.

If the viewing distance is increased until the eye can no longer distinguish individual lines, the false coloration is no longer perceptible; the eye only sees an overall reduction in colour saturation. This image error does not affect black-and-white images.

Possible causes

This image error is produced in the television set or monitor, but may also be recorded on tape. In analogue colour television and video, the **luminance** and **chrominance signals** in a picture are separated but transmitted over a single channel, so that the image can still be processed and displayed by black-and-white receivers and monitors.

The colour information is modulated onto a **carrier frequency** (the PAL **colour subcarrier** frequency is ca. 4.43 MHz) and merged with the luminance information to produce the **composite signal**. The TV set or monitor extracts the colour information from the composite signal and **demodulates** it. If any **phase shifts** occur in the colour subcarrier while the signal is being transmitted – and they almost always do – the chromatic hues (colour tones) in the image shift accordingly. Unlike the **NTSC** standard, however (cf. *>Hue Error [NTSC]*), the PAL standard uses built-in circuitry to compensate for these colour shifts. In simplified terms: the chrominance signal in every other line is transmitted in phase opposition to the preceding line (PAL = Phase Alternating Line), i. e. phase-shifted 180° in the opposite direction. In the monitor, prior to **demodulation**, the incoming signal is split into a direct path and into a second path that delays the signal by exactly one line. An average value is then generated from the colour information for the two consecutive lines – which is now available simultaneously – and is used to compensate for any incorrect colour rendering due to phase shifts.

The venetian-blind effect is produced when this colour balancing process is no longer operating correctly due to maladjusted demodulation circuitry. This occurs mainly in older devices. If the image error is recorded on tape, the parameters of the equipment used in production or for copying (e. g. **TBC**) were not all adjusted to the correct settings.

What to do next

1. Insert a **test cassette**.
2. Image error no longer present: tape error. The error has been recorded on the tape. Give the tape to a video conservator: the error can be removed by making a new copy.
3. Image error still present: monitor needs servicing.

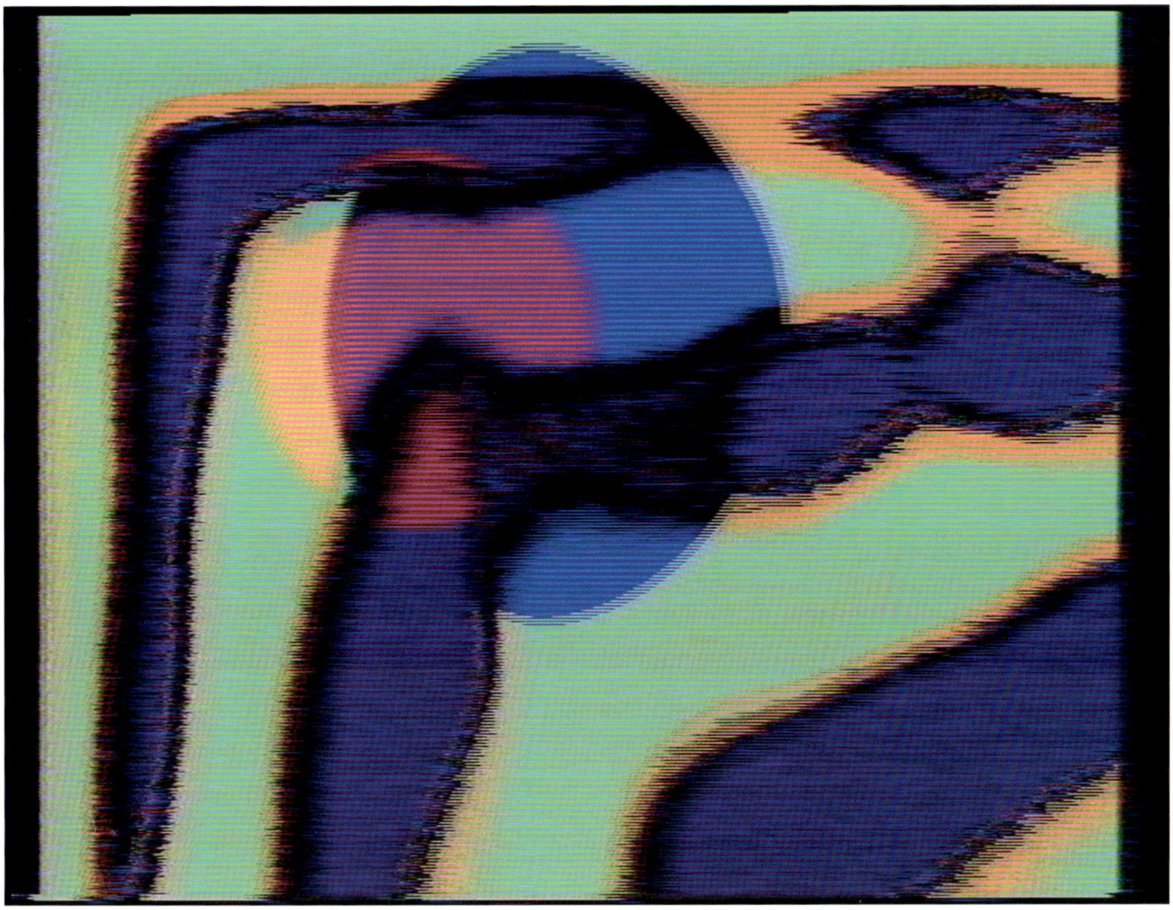

VIDEO 36

In den ersten 15 Sekunden wird dieses PAL-Band korrekt wiedergegeben, anschliessend zeigt sich der Jalousie-Effekt. Dabei bilden zwei Zeilen optisch ein Paar. Ihre Farbwerte weichen von den ursprünglichen Farben in entgegengesetzte Richtungen ab. Die Zeilenpaare wirken wie Streifen, die stehen oder langsam vertikal über den Bildschirm wandern.

VIDEO 36

In the first 15 seconds of this video sequence the PAL tape plays back correctly, but then the venetian-blind effect appears. Visually, every two scan lines appear to form pairs. Their colour values deviate from the original colours in opposite directions. The pairs of lines look like stripes that either remain stationary or drift slowly up or down the screen.

KNICKE UND ZERKNITTERTES BAND //
// CREASED OR CRUMPLED TAPE

BEDIENFEHLER
OPERATOR ERROR

GERÄTEFEHLER
DEVICE ERROR

BANDFEHLER
TAPE ERROR

PRODUKTIONSFEHLER
PRODUCTION ERROR

Synonyme und verwandte Begriffe:
Falten, Knitter

Phänomen

Je nach Ausrichtung, Länge und Tiefe eines Knickes im Videoband variiert die Bildstörung. Es handelt sich stets um einen horizontalen Streifen extremen **Bildrauschens**, der entweder feststeht oder vertikal über den Bildschirm wandert. Je nach Tiefe des Knickes ist der Störstreifen mehr oder weniger breit. Er kann auch als Doppelstreifen auftreten. Eventuell kommt es zum **vertikalen Bilddurchlauf**.

1. Einzelner Querknick: Horizontaler Störstreifen, der zügig von oben nach unten (nur bei wenigen **Videoformaten** umgekehrt) über den Bildschirm wandert (Video 37).
2. Einzelner Diagonalknick: Horizontaler Störstreifen, der im Vergleich zum Querknick entschieden langsamer oder schneller von oben nach unten oder umgekehrt über den Bildschirm wandert (Video 38, 39 und 40).
3. Einzelner Längsknick: Horizontaler Störstreifen, der stehenbleibt. Die zeitliche Dauer der Störung ist von der Länge des Knickes abhängig (Video 41).
4. Zerknittertes Band (=Vielzahl von einzelnen Knicken): Überlagerung der oben beschriebenen Phänomene, wobei wandernde Störstreifen sich entgegenlaufen oder überholen können (Video 42).

Wird der Ton auf der **Längsspur** von einem Knick betroffen, weist er eine Lautstärken- und Qualitätsschwankung auf, bleibt dabei aber stabiler als ein betroffener **FM-** oder **PCM-Ton** auf der **Schrägspur**. Letzterer reagiert schon bei einem leichten Knick mit Knacken, Knistern oder Totalausfall.

Mögliche Ursachen

Die Bildstörung resultiert aus dem Signalausfall, der im Knickbereich durch den schlechten **Kopf-zu-Bandkontakt** entsteht. Zeigt der Grat des Knickes zur **Kopftrommel** hin, so führt der schlechte Kopf-zu-Bandkontakt rechts und links des Knickes auf dem Bildschirm zu einem doppelten Störstreifen (vgl. Video 40). Zeigt der Knick weg von der Trommel, entsteht nur ein Hohlraum, d. h. ein einfacher Störstreifen. Ist auch die **Kontrollspur** von Knicken betroffen, so kann es zu einer >*Vertikalen Synchronstörung* kommen, und damit zum vertikalen Bilddurchlauf.

1. Einzelner Querknick: Er kreuzt eine Vielzahl benachbarter **Videospuren** (= aufeinander folgende **Halbbilder**). Dabei verschiebt sich der Informationsausfall von Halbbild zu Halbbild in der Höhe der **Zeile**, so dass der Störstreifen – je nach Videoformat und Ausrichtung der Schrägspuren – auf dem Bildschirm nach unten oder oben wandert.
2. Einzelner Diagonalknick: Je nach Winkel eines Diagonalknickes kreuzt er mehr Videospuren (Störstreifen wandert langsamer) oder weniger (Störstreifen wandert schneller). Nur wenn der Winkel des Diagonalknickes flacher als der **Spurwinkel** ist, wandert die Störung von unten nach oben über den Bildschirm, sonst zumeist umgekehrt.
3. Einzelner Längsknick: Ein kantenparalleler Längsknick kreuzt die schrägen Videospuren immer in gleicher Zeilenhöhe.
4. Zerknittertes Band: alle Knickrichtungen treten zusammen auf.

Weiteres Vorgehen

1. Band an Videorestaurator (beschränkte Möglichkeiten der Glättung des Bandes).
2. Achtung: vor einer Glättung, z. B. durch wiederholtes Spulen, sollte eine Sicherungskopie erstellt werden, da das Risiko einer Verschlechterung der Wiedergabe besteht, z. B. durch mechanische Belastung des Bandes.

Synonyms and related terms:
wrinkles, creases, fold-over

Symptoms

The image error will vary depending on the orientation, length and depth of the crease in the videotape. The actual symptom is always the same: a horizontal band of extreme **picture noise** or partial loss of image that either remains stationary or drifts vertically up or down the screen. The noise band will be more or less broad, depending on the depth of the crease; it may also appear as pairs of bands. In some cases, a **vertically rolling picture** may occur.

1. Single transversal crease: horizontal noise band that moves rapidly from top to bottom (or, in the case of a small number of **video formats**, from bottom to top) of the screen (cf. video 37).
2. Single diagonal crease: horizontal noise band that moves significantly slower or faster than a transversal crease from top to bottom (or vice versa) of the screen (cf. videos 38, 39 and 40).
3. Single longitudinal crease: horizontal noise band that remains stationary. The duration of the signal loss depends on the length of the crease (cf. video 41).
4. Crumpled tape (= many individual creases): same symptoms as above, but superimposed several times over; multiple noise bands may move in opposite directions or overtake each other (cf. video 42).

If the audio on the **longitudinal track** is affected by a crease, audio volume and quality may fluctuate. However, audio on the longitudinal tracks will remain more stable than **FM** or **PCM audio** recorded on the **helical tracks**. The latter will react to even a mild crease with snapping or crackling noises, or by dropping out completely.

Possible causes

This image error is a result of signal loss caused by poor **head-to-tape contact** in the creased area. If the fold of the crease protrudes inwards, towards the **head drum**, poor head-to-tape contact to right and left of the edge will result in a twin band of on-screen noise (cf. video 40). If the fold of the crease protrudes outwards away from the head drum, there is only a single gap, i. e. a single noise band. If the **control track** is also affected by the crease, the result may be a >*Vertical Synchronisation Error*, causing a vertically rolling picture.

1. Single transversal crease: crosses a number of adjacent **video tracks** (= consecutive **fields**). This means that the information loss affects each track at a slightly different point, i. e. shifts its **scan line** height from one field to the next, so that – depending on the video format and the orientation of the helical tracks – the noise band will drift up or down the screen.
2. Single diagonal crease: depending on the angle of the diagonal crease, it may cross many video tracks (in which case the noise band will move more slowly) or just a few of them (in which case it will move more quickly). Only if the angle of the diagonal crease is shallower than the **track angle** will the noise band drift up the screen from bottom to top; otherwise it will move in the opposite direction.
3. Single longitudinal crease: A longitudinal crease running in parallel with the edge of the tape always crosses the helical video tracks at the same line height.
4. Crumpled tape: consists of creases running in all directions.

What to do next

1. Give the tape to a video conservator (there are limited options for flattening tape creases).
2. Caution: before attempting to flatten a tape crease by e. g. repeated winding / rewinding, a backup copy should be made. There is a risk that the flattening process will damage the quality of the playback by e. g. placing mechanical stress on the tape.

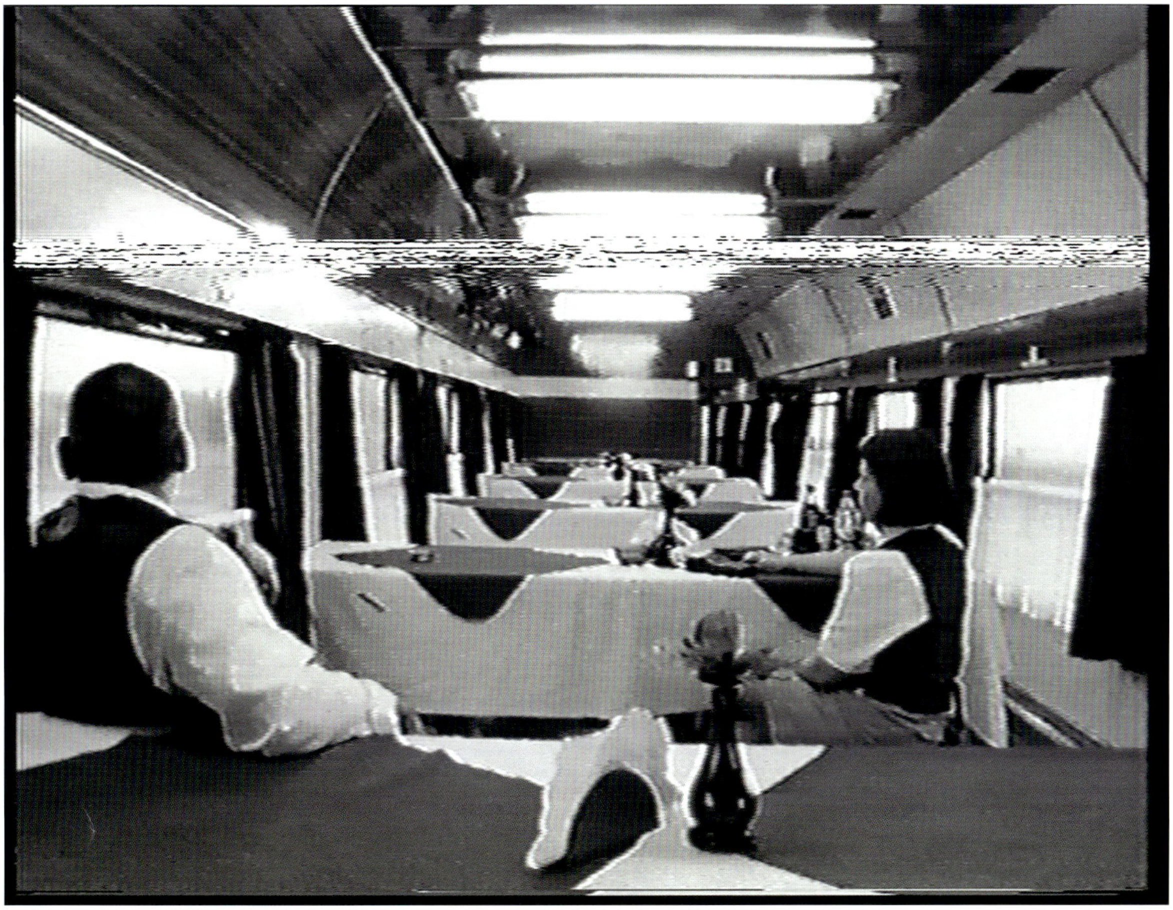

VIDEO 37
Zwei einzelne Knicke quer im Band. Die Störzonen wandern von oben nach unten über den Bildschirm. Die Lautstärke ist vermindert und der Ton rauscht leicht.

VIDEO 37
Two individual creases run transversely across the tape. The noise bands drift from top to bottom of the screen. Volume is reduced and there is some audio hiss.

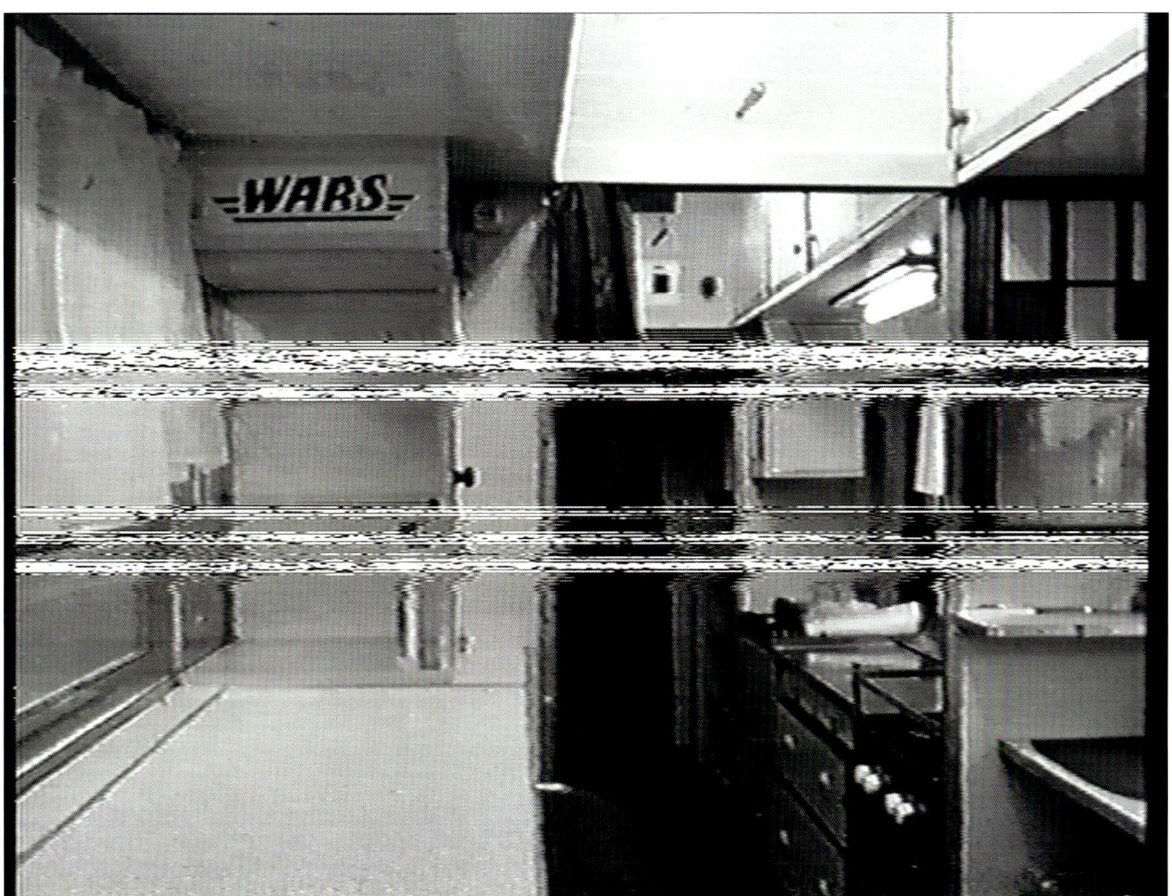

VIDEO 38
Ein einzelner Diagonalknick, der steiler ist als die Spurwinkel, zeigt sich als relativ schnell von oben nach unten wandernder Störstreifen.

VIDEO 38
A single diagonal crease, more steeply angled than the track angle, appears as a noise band that moves relatively quickly down the screen from top to bottom.

VIDEO 39

Ein einzelner Diagonalknick wie in Video 38, dessen Winkel aber etwas flacher ist: Er kreuzt daher mehr Schrägspuren und wandert viel langsamer. Er verläuft von oben nach unten, also ist sein Winkel immer noch steiler als der Spurwinkel.

VIDEO 39

A single diagonal crease as in video 38, but at a slightly shallower angle: this means it crosses more helical tracks, hence the resulting noise band moves much more slowly down the screen. The fact that it is moving from top to bottom indicates that the crease is still angled more steeply than the track angle.

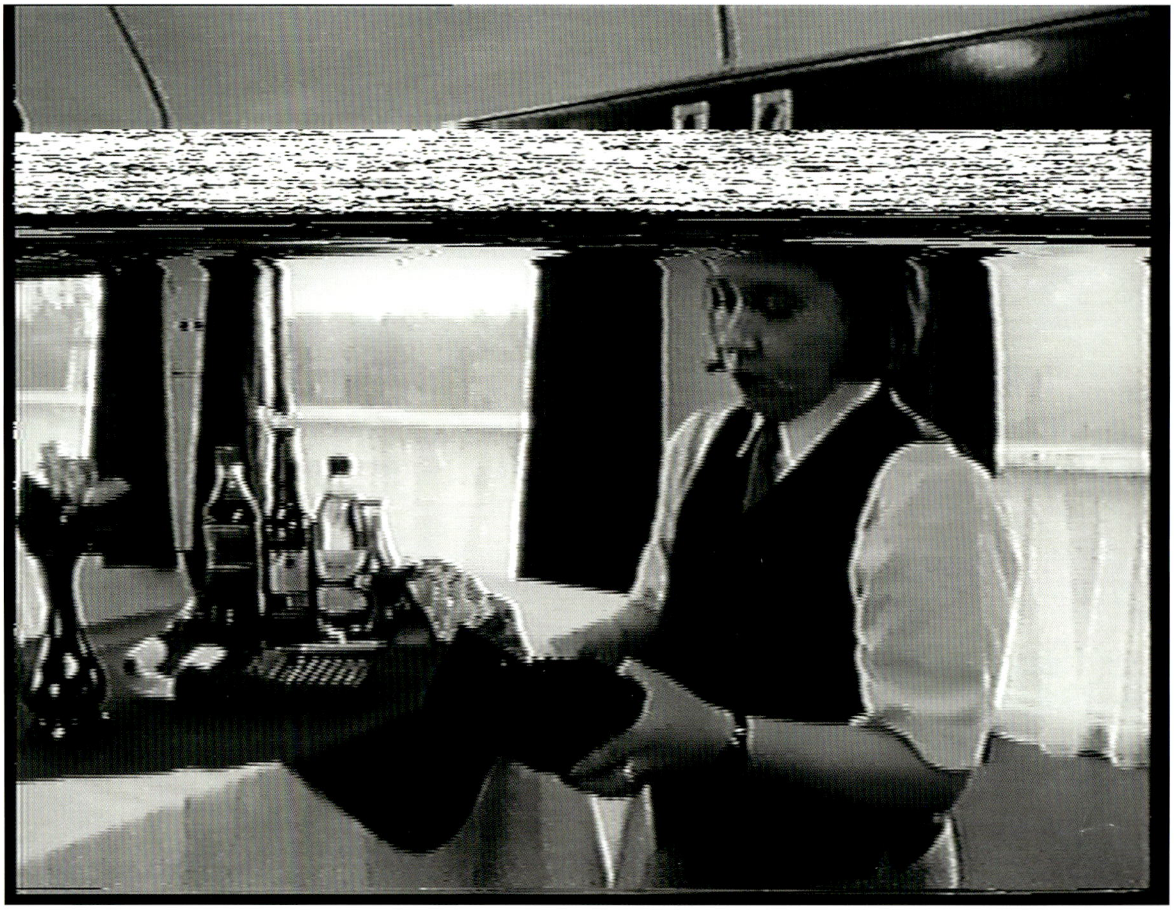

VIDEO 40

Einzelner Knick diagonal im Band, dessen Winkel flacher ist als der Spurwinkel. Daher läuft der Störstreifen von unten nach oben über den Bildschirm. Der Doppelstreifen indiziert, dass der Grat des Knickes zur Kopftrommel zeigt. Zu Beginn des Knickes ist auch die Synchronspur betroffen und es kommt zu einer kurzen **Bildstandsschwankung**.

VIDEO 40

A single crease diagonally across the tape, at a shallower angle than the track angle. This time the noise band moves up the screen from bottom to top. The double stripe indicates that the fold of the crease is protruding inwards, towards the head drum. The beginning of the crease has also affected the sync track, briefly causing **picture jumping.**

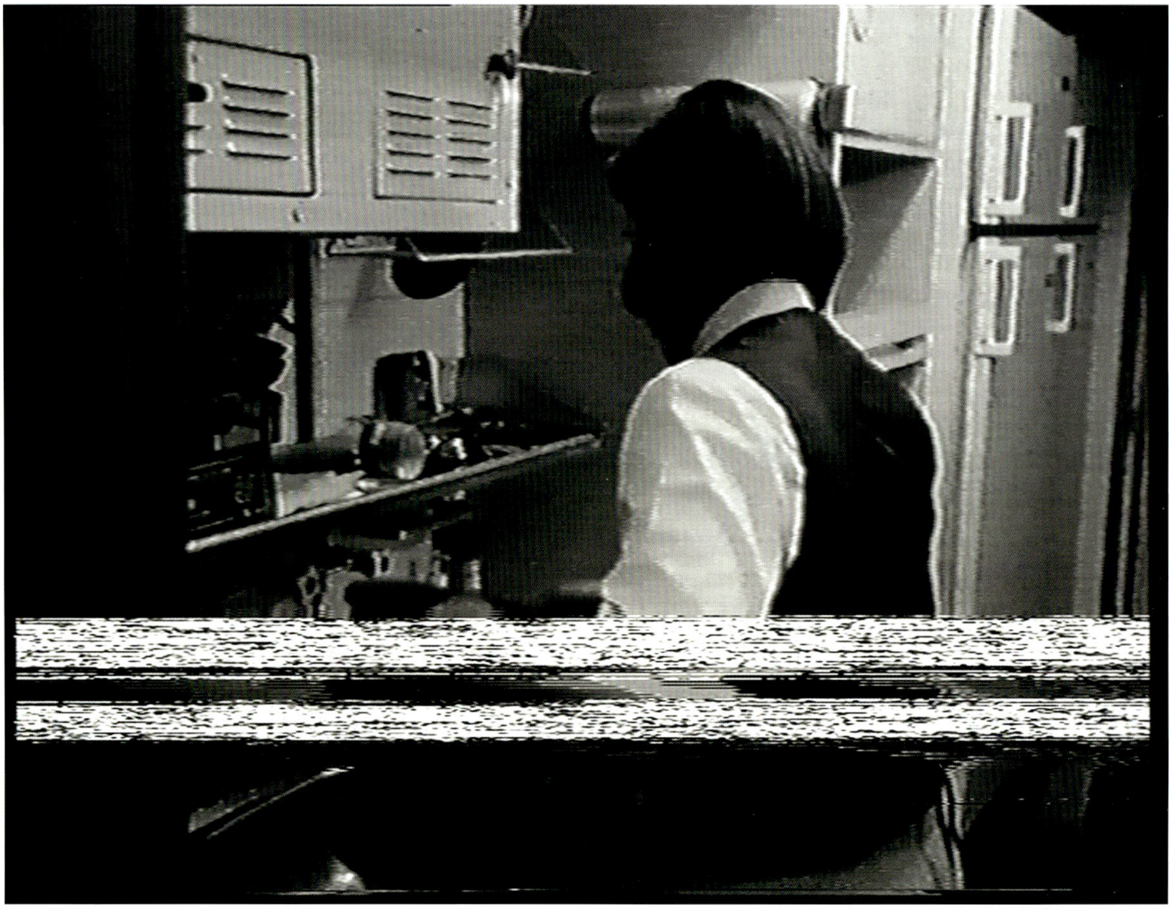

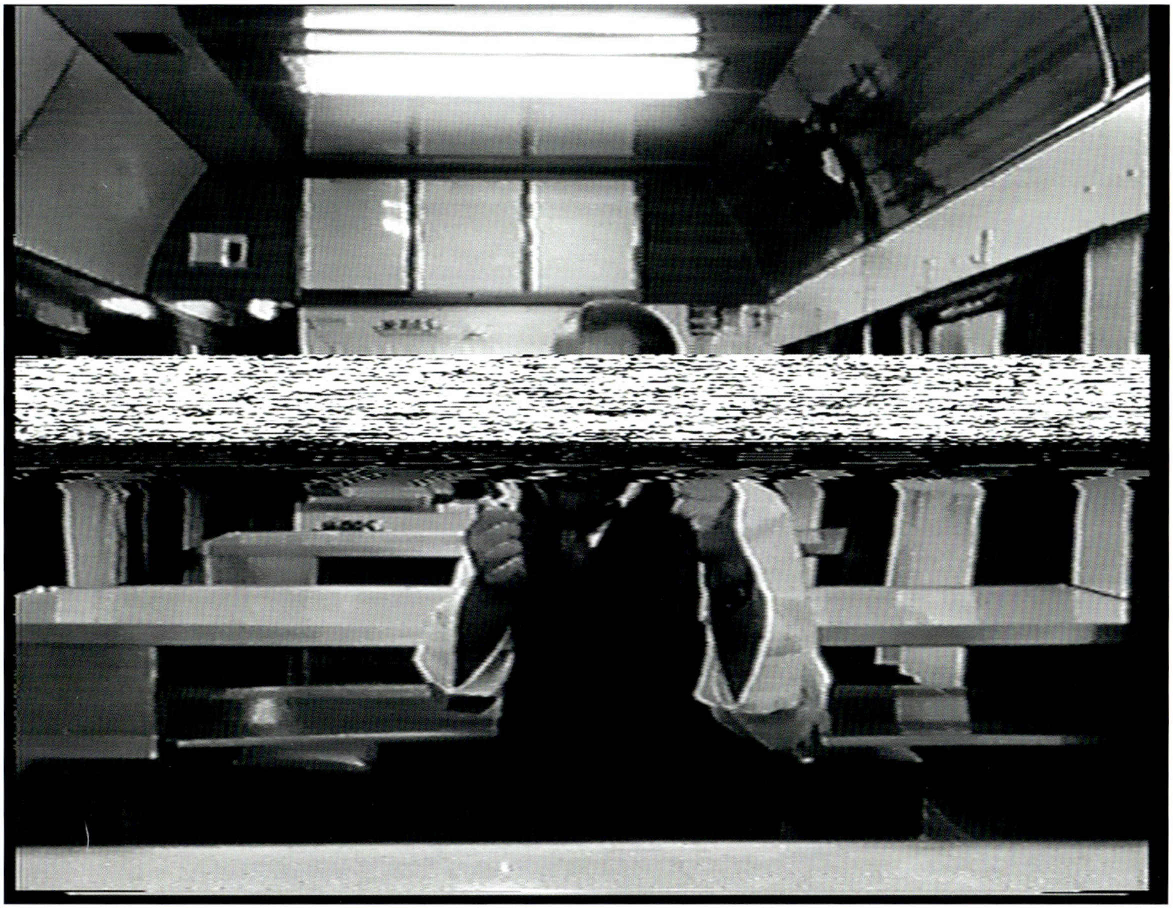

VIDEO 41
Ein einzelner Knick längs im Band zeigt sich als Störstreifen, der über die Dauer des Knickes an einer Stelle steht. Der Ton ist minimal betroffen.

VIDEO 41
A single longitudinal crease running along the tape shows up as a static noise band that is stationary on the screen for the duration of the crease, with minimal impact on audio.

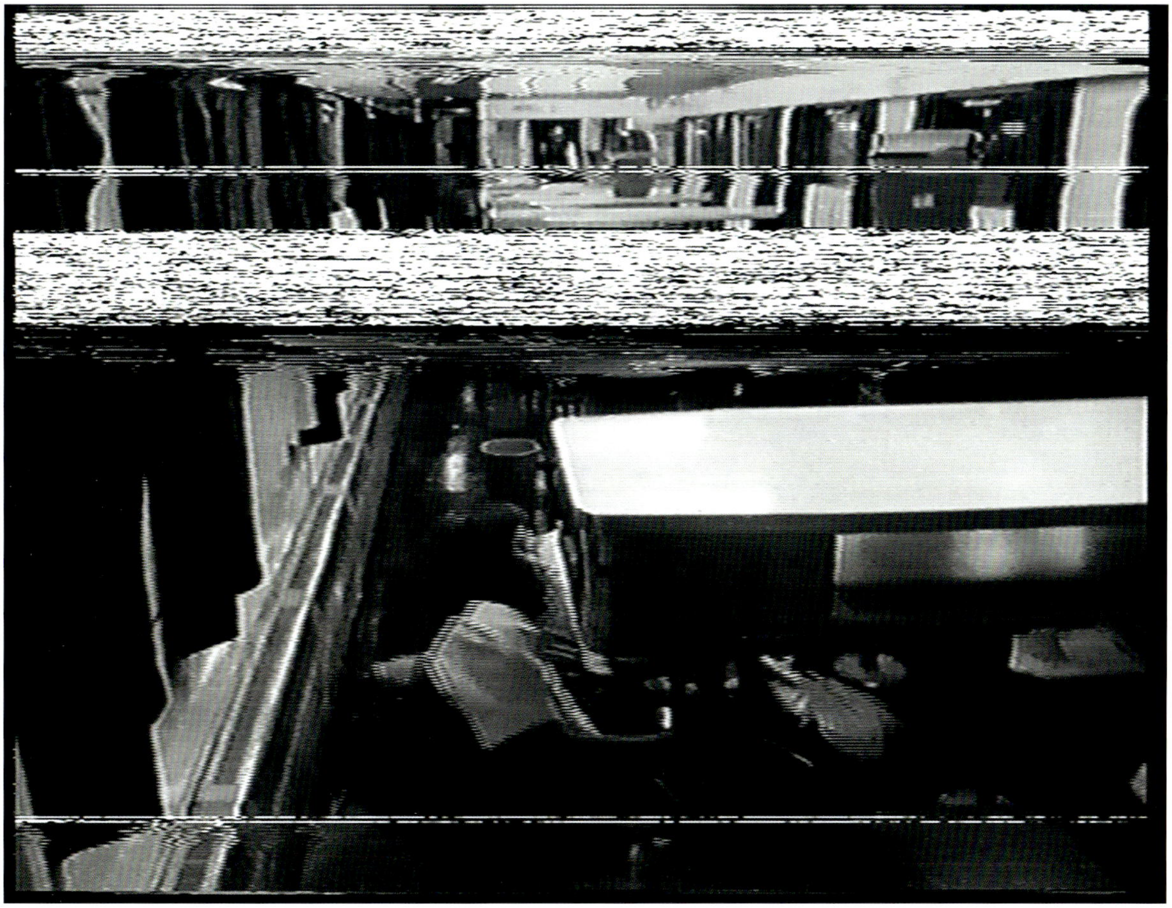

VIDEO 42
Ein zerknittertes Band zeigt eine Vielzahl von Knicken verschiedener Länge, Ausrichtung und Breite: Die Störstreifen stehen oder wandern und überholen einander.

VIDEO 42
A crumpled tape is characterised by a large number of creases of different lengths, orientations and widths. The resulting noise bands may be stationary, in motion and / or overtake each other.

KOPFUMSCHALTPUNKT VERSCHOBEN //
// SHIFTED HEAD SWITCHING POINT

Synonyme und verwandte Begriffe:
Kopfübergang, Kopfwechsel, Kopfumschaltung

Phänomen

Der **Kopfumschaltpunkt** ist charakteristisch für das **Schrägspurverfahren** und zeigt sich auf dem Bildschirm in Form zweier weisser, schwarzer oder weiss-schwarzer Punkte (seltener handelt es sich um einen einzelnen Punkt). Sie blitzen – anders als ein **Dropout** – anhaltend in der gleichen **Zeile** auf und tanzen dabei leicht hin und her. Im Normalfall befinden sich die Punkte am äussersten unteren Bildrand (Video 43), können aber auch je nach Bildschirm oder **Videoformat** ausserhalb des sichtbaren **Bildfeldes** liegen. Die nachfolgenden Zeilen weisen häufig einen mehr oder weniger starken horizontalen Verzug auf (vgl. >*Skew-Fehler*). Erst wenn der Kopfumschaltpunkt mit dem dazugehörigen Zeilenverzug zu hoch in das sichtbare Bildfeld verschoben ist, wird er als Bildstörung wahrgenommen (Video 44).
Wenn Bänder bereits mehrfach kopiert worden sind, können sie eine Vielzahl von (ggf. verschobenen) Kopfumschaltpunkten am unteren Bildrand zeigen (Video 45).

Mögliche Ursachen

Bei der Wiedergabe eines Videobandes lesen die **Videoköpfe**, die auf der rotierenden **Kopftrommel** um 180° versetzt angebracht sind, immer abwechselnd eine **Schrägspur** (= ein **Halbbild**). Damit immer nur das **Videosignal** des gerade aktiven Kopfes weitergeleitet wird, muss für die Wiedergabe jeder Schrägspur zwischen den Köpfen elektronisch umgeschaltet werden. Bei dieser **Kopfumschaltung** entsteht keine Lücke im Signal, weil die Bandumschlingung um die Kopftrommel stets etwas mehr als 180° beträgt. Für einen kurzen Moment haben also beide Köpfe Kontakt mit dem Band, und es kommt zu einer Überlappung der einzelnen **Kopfsignale**. Bei der elektronischen Umschaltung zwischen diesen Signalen kommt es zu einem **Phasensprung**, und zwar sowohl bei der **Trägerfrequenz**, als auch bei der **Zeilenfrequenz**. Auf dem Bildschirm zeigt sich der Phasensprung bei der Trägerfrequenz als weisser, schwarzer oder weiss-schwarzer Punkt. Der Phasensprung bei der Zeilenfrequenz hingegen verursacht den horizontalen Verzug derjenigen Zeilen, die dem Kopfumschaltpunkt unmittelbar folgen (vgl. >*Skew-Fehler*, >*Kopfversatz abweichend*).
Der Impuls zur Kopfumschaltung wird je nach Videoformat ca. 5 Zeilen vor der **vertikalen Austastlücke**, d. h. dem unteren Bildende, von der Kopftrommel generiert. Wird dieser Impuls aufgrund einer Dejustierung des Gerätes zu spät oder zu früh gegeben, verschiebt sich der auf dem Bildschirm sichtbare Kopfumschaltpunkt innerhalb des **Bildrasters** nach oben oder nach unten.
Sind in den untersten Bildzeilen mehr als zwei Kopfumschaltpunkte und damit verbundene Zeilenverzüge sichtbar, so ist dies ein Indiz dafür, dass das Band schon mehrfach kopiert worden ist. Es handelt sich bei diesen Punkten um die mitkopierten, verschobenen Kopfumschaltpunkte früherer **Generationen**, die irreversibel zum Bildinhalt geworden sind. Die Anzahl der feststellbaren Kopfumschaltpunkte bietet ein Indiz für die minimale Anzahl der Kopiergenerationen.

Weiteres Vorgehen

1. **Testkassette** einlegen.
2. Störung behoben: Bandfehler. Die Störung ist irreversibel auf das Band aufgezeichnet.
3. Störung nicht behoben: Gerätefehler. Gerät justieren lassen.

BEDIENFEHLER
OPERATOR ERROR

GERÄTEFEHLER
DEVICE ERROR

BANDFEHLER
TAPE ERROR

PRODUKTIONSFEHLER
PRODUCTION ERROR

Synonyms and related terms:
switch point, head switch, switching point, head switching dots, switching pulse

Symptoms

The **head switching point** is a feature of the **helical scan method** and appears on screen in the form of two black, white or black-and-white dots or spots (or sometimes in the form of a single dot). Unlike a **dropout**, they continuously flash on the same **scan line** while moving slightly from side to side. Normally the dots appear at the extreme bottom edge of the image (cf. video 43), but they may also appear outside the visible **active picture area**, depending on the screen or **video format**. Subsequent lines often display a more or less pronounced horizontal displacement (cf. >*Skew Error*). The head switching point – with its accompanying skewed lines – is only perceived as an image error if it shifts too high up into the visible active picture area (cf. video 44).
If the tape being viewed is a late-generation copy (e. g. a copy of a copy of a copy of an original tape), it may display a number of head switching points along the bottom edge of the image; some of the head switching points may have shifted into the active picture area (cf. video 45).

Possible causes

When playing back a videotape, the **video heads** – which are positioned 180° apart on the rotating **head drum** – each alternately scan one **helical track** (= **field**). To ensure that only the **video signal** from the currently active head is transmitted, the player must switch electronically between one head and the other in order to play back each helical track in turn.
The reason this **head switch** does not cause a gap in the signal is because the arc of contact between tape and head drum (known as the 'angle of tape wrap') is always slightly greater than 180°. So for a brief moment both heads come into contact with the tape and the two separate **head signals** overlap. The electronic switchover from one signal to the other results in a **phase jump**, which affects both the **carrier frequency** and the **line frequency**. On screen, the phase jump in the carrier frequency appears as a black, white or black-and-white dot. The phase jump in the line frequency, on the other hand, causes horizontal skewing of any lines that follow immediately after the head switching point (cf. >*Skew Error*, >*Dihedral Maladjustment*).
Depending on the video format, the switching pulse is generated by the head drum about five lines before the **vertical blanking interval**, i. e. the bottom edge of the image. If, due to a maladjustment in the player, the pulse is triggered too early or too late, the on-screen head switching point may shift up or down the **picture raster**, becoming more or less visible in the active picture field.
If more than two head switching points and their accompanying skewed lines are visible at the bottom of the image, this indicates that the tape has already been copied several times. The dots represent shifted head switching points copied over from earlier **generations** of the video, which now form a permanent part of the image content. The number of visible head switching points indicates the minimum number of copy generations.

What to do next

1. Insert a **test cassette**.
2. Image error no longer present: tape error. The error has been permanently recorded on the tape.
3. Image error still present: device error. Have the player's settings adjusted as appropriate.

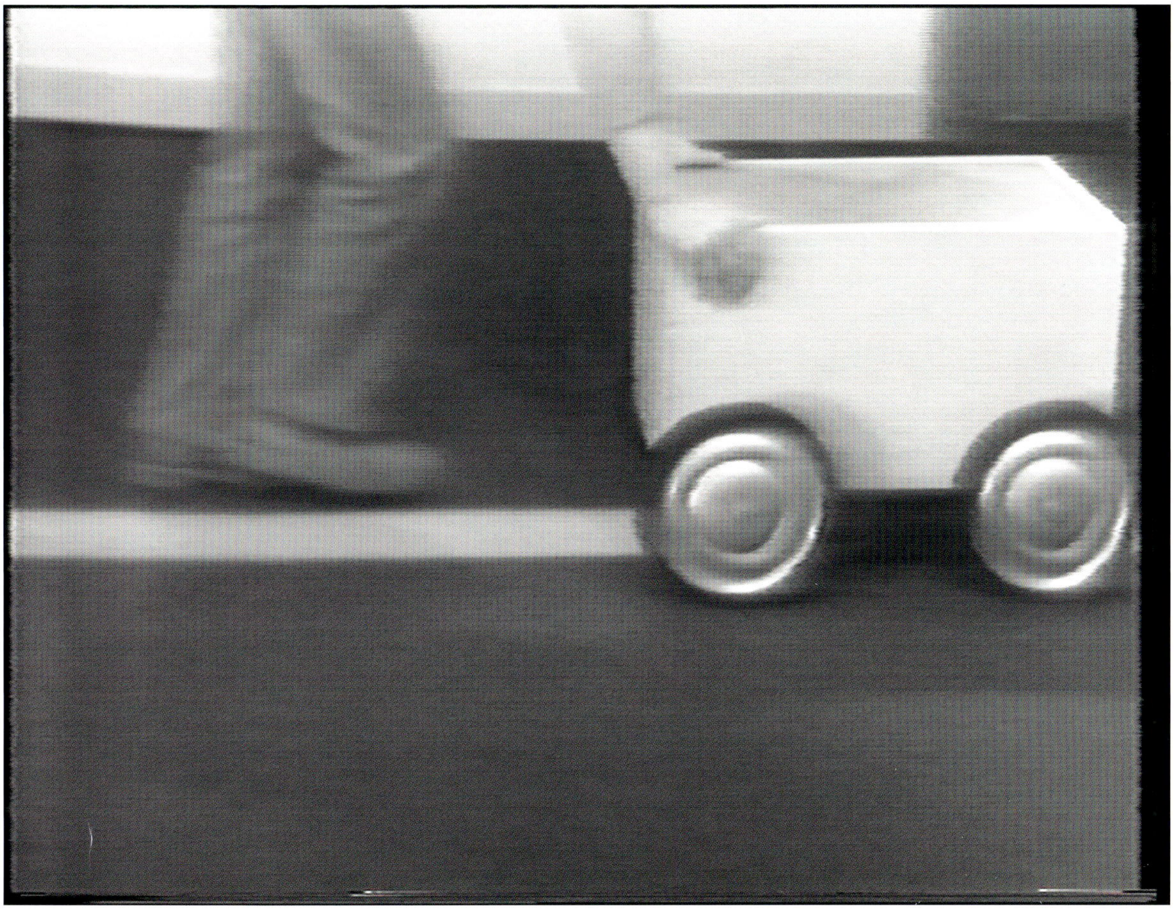

VIDEO 43
Wenn der Kopfumschaltpunkt wie in diesem Video nicht verschoben ist, wird er meist nur im **Underscan**-Modus des Monitors sichtbar. Die beiden weissen Punkte tanzen oberhalb des unteren Bildrandes stetig hin und her.

VIDEO 43
If the head switching point has not shifted from its usual position as in this video, it may only become visible when the monitor is switched to **underscan** mode. The two white dots at the bottom edge of the image continuously flash on the same scan line while making small side-to-side movements.

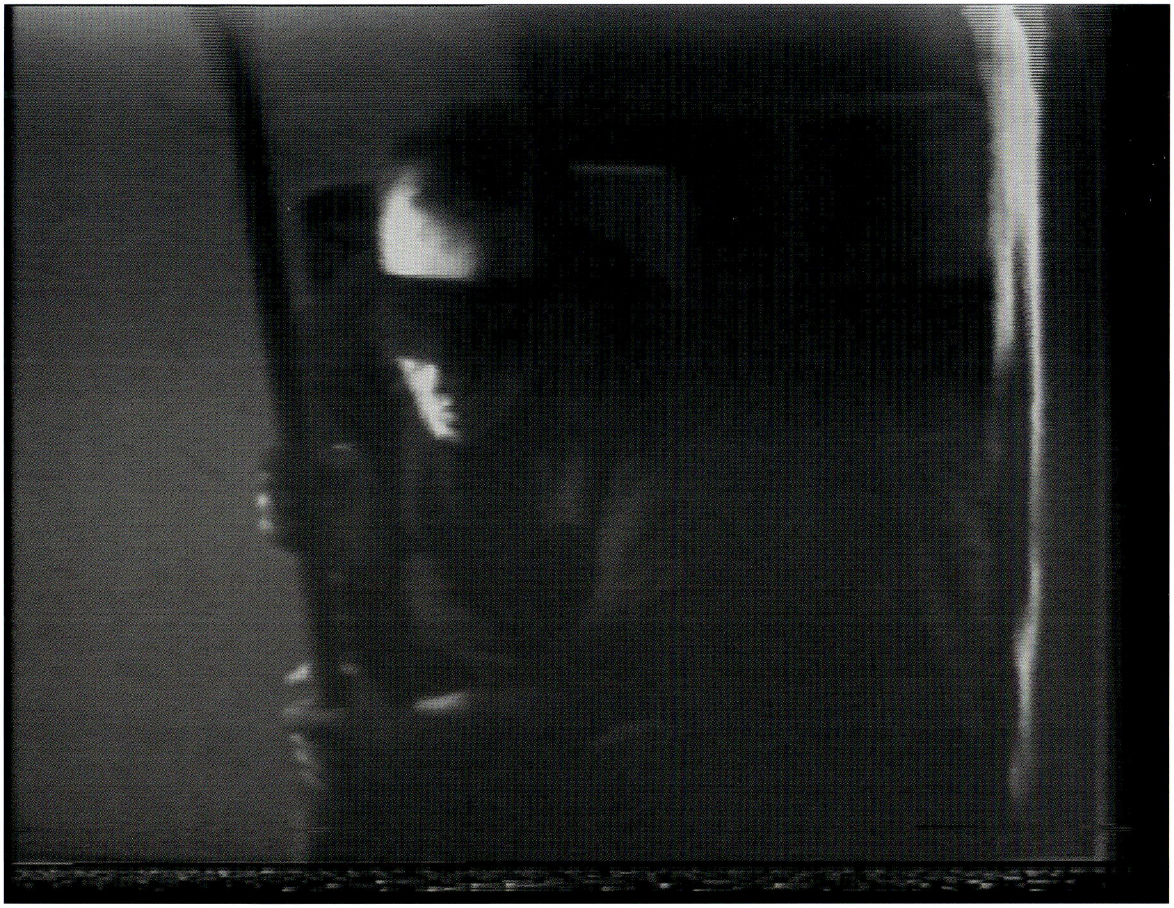

VIDEO 44
Bei diesem Video ist der Kopfumschaltpunkt zu hoch in das sichtbare Bildfeld verschoben. Die zahlreichen Zeilenverzüge am unteren Bildrand deuten auf mehrere Kopiergenerationen hin.

VIDEO 44
In this video, the head switching point has shifted up into the active picture area. The numerous skewed lines along the bottom edge of the image indicate that the tape is a multi-generation copy.

KOPFVERSATZ ABWEICHEND //
// DIHEDRAL MALADJUSTMENT

Synonyme und verwandte Begriffe:
–

Phänomen

Ähnlich wie beim *>Skew-Fehler* zeigt das Bild einen horizontalen Verzug. Dieser schliesst stets an den **Kopfumschaltpunkt** an, der sich im Normalfall wenige **Zeilen** über dem unteren Bildrand befindet. Bei einem stark abweichenden Kopfversatz wird der Verzug am oberen Bildrand fortgesetzt. Im Gegensatz zum *>Skew-Fehler* sind im Bereich der Störung die beiden **Halbbilder** nie deckungsgleich, sondern verziehen sich in entgegengesetzter Richtung. So wirken die seitlichen Bildränder und vertikale Linien im Bildinhalt, v. a. im Bereich starker Kontraste, V-förmig aufgefächert. An diesen Stellen zittert das Bild. Tritt das Phänomen kombiniert mit einem *>Skew-Fehler* auf, neigt sich der ganze V-förmige Fächer nach links oder rechts. Falls der *>Kopfumschaltpunkt verschoben* ist, verschiebt sich mit ihm auch der Verzug, möglicherweise in das sichtbare **Bildfeld**. Der Ton wird nicht beeinträchtigt.

Mögliche Ursachen

BEDIENFEHLER
OPERATOR ERROR

GERÄTEFEHLER
DEVICE ERROR

BANDFEHLER
TAPE ERROR

PRODUKTIONSFEHLER
PRODUCTION ERROR

Die **Videoköpfe** in der rotierenden **Kopftrommel** sind paarweise gegenüberliegend angeordnet, d.h. im Normalfall liegt ein 180°-Kopfversatz vor. Im Wechsel lesen die Köpfe die aufeinander folgenden **Schrägspuren** auf dem Videoband. Die Bandumschlingung um die Kopftrommel beträgt etwas mehr als 180°, damit für einen kurzen Moment beide Köpfe Kontakt mit dem Band haben. Mittels der elektronischen **Kopfumschaltung** wird dann das jeweils aktuelle **Kopfsignal** weitergeleitet. Weicht der **Kopfversatz** von den definierten 180° ab, d. h. ist ein Kopf seitlich minimal verschoben, steigt er zu früh bzw. zu spät in die neue **Videospur** (= das neue Halbbild) ein. Die beiden Kopfsignale sind dadurch nicht mehr synchron, so dass es bei der Kopfumschaltung zu einem **Phasensprung** in der **Zeilenfrequenz** kommt. Der Monitor gleicht diesen Phasensprung aus, indem er seine Zeilenfrequenz verringert oder erhöht, bis die **Horizontalsynchronisation** wieder vollständig hergestellt ist und die Zeilen auf dem Bildschirm am korrekten Ort geschrieben werden. Je nach Ausmass des Zeilenverzuges verläuft diese Anpassung jedoch über die Dauer mehrerer Zeilen. Der Verzug wird nur allmählich ausgeglichen, bzw. setzt sich am oberen Bildrand fort, wenn die Korrektur nicht vor dem Beginn des folgenden Halbbildes abgeschlossen ist. Ein abweichender Kopfversatz betrifft immer die Stellung beider Köpfe zueinander und somit beide Halbbilder: Ist der Winkel von Kopf 1 zu Kopf 2 grösser als 180°, muss der Winkel von Kopf 2 zu Kopf 1 kleiner als 180° sein. Wenn also zuerst Kopf 2 die Zeilen zu spät liest (= Rechtsverschiebung der Zeilen auf dem Bildschirm), liest Kopf 1 die Zeilen des folgenden Halbbildes zu früh (= Linksverschiebung der Zeilen auf dem Bildschirm). Dieser Wechsel zwischen Rechts- und Linksverzügen zu Beginn der Halbbilder kehrt immer wieder und erzeugt das Flimmern im Bereich der Auffächerung.

Weiteres Vorgehen

1. **Testkassette** einlegen.
2. Störung behoben: Gerätefehler bei der Aufzeichnung, irreversibel aufs Band aufgezeichnet. Geben Sie das Band an einen Videorestaurator (evtl. korrigiert abspielbar mit manipuliertem Gerät).
3. Störung nicht behoben: Gerätefehler bei der Wiedergabe. Lassen Sie das Gerät justieren; Ausgleich der Störung evtl. auch durch **TBC** möglich.

Synonyms and related terms:
improper video head dihedral, head dihedral maladjustment, head positioning error

Symptoms

As with a *>Skew Error*, the image is skewed horizontally. The distortion always follows immediately after the **head switching point**, which is normally located a few **scan lines** above the bottom edge of the image. In cases of severe dihedral maladjustment, the distortion will continue at the top of the image.
Unlike a *>Skew Error*, the two **fields** are never congruent in the disturbed area, but are skewed in opposite directions. Thus the sides of the image and any vertical lines in the image content – especially in areas of strong contrast – fan out in a V-shape, and the image jitters in these areas. If the symptoms appear in combination with a *>Skew Error*, the entire V-shaped fan will lean to the left or right. In the event of a *>Shifted Head Switching Point*, the distortion will shift with it, possibly into the **active picture area**. Audio is not affected.

Possible causes

The **video heads** in the spinning **head drum** are arranged in opposing pairs, positioned 180° apart. The heads alternately scan the consecutive **helical tracks** on the videotape. The angle of tape wrap around the head drum is slightly greater than 180°, causing both heads to come into contact with the tape simultaneously for a brief moment. An electronic **head switch** mechanism ensures that the proper **head signal** is relayed in each case. If the **head alignment** deviates from the specified 180° on the head drum, i. e. if one head is even slightly displaced to one side, it will engage with the next **video track** (= the next field) either too soon or too late. Consequently the two head signals will no longer be synchronised, causing a **phase jump** to occur in the **line frequency** at the head switching point. The monitor compensates for this phase jump by reducing or increasing the line frequency until **horizontal synchronisation** is re-established and lines are once again being scanned on the screen in their correct positions. Depending on the extent of the line distortion, this compensation effect may last for several lines. The skewing is only corrected gradually, hence will continue at the top of the image if the error has not been fully compensated before the start of the next field. Dihedral maladjustment always refers to the position of the two heads relative to each other, hence also to the two fields in each frame: if the angle between head 1 and head 2 is greater than 180°, the corresponding angle between head 2 and head 1 must be less than 180°. Consequently, if head 2 starts to read lines too late (= lines are displaced to the right of the screen), then head 1 will read the lines in the next field too early (= lines are displaced to the left of the screen). This alternating left-right skewing at the start of the fields recurs repeatedly, causing the fan-shaped image distortion and accompanying flickering effect described above.

What to do next

1. Insert a **test cassette**.
2. Image error no longer present: device error occured during recording and is now irreversibly recorded onto tape. Give the tape to a video conservator (playback on manipulated equipment may correct the image error).
3. Image error still present: device error during playback. Have the player adjusted; it may also be possible to compensate for the error using a **TBC**.

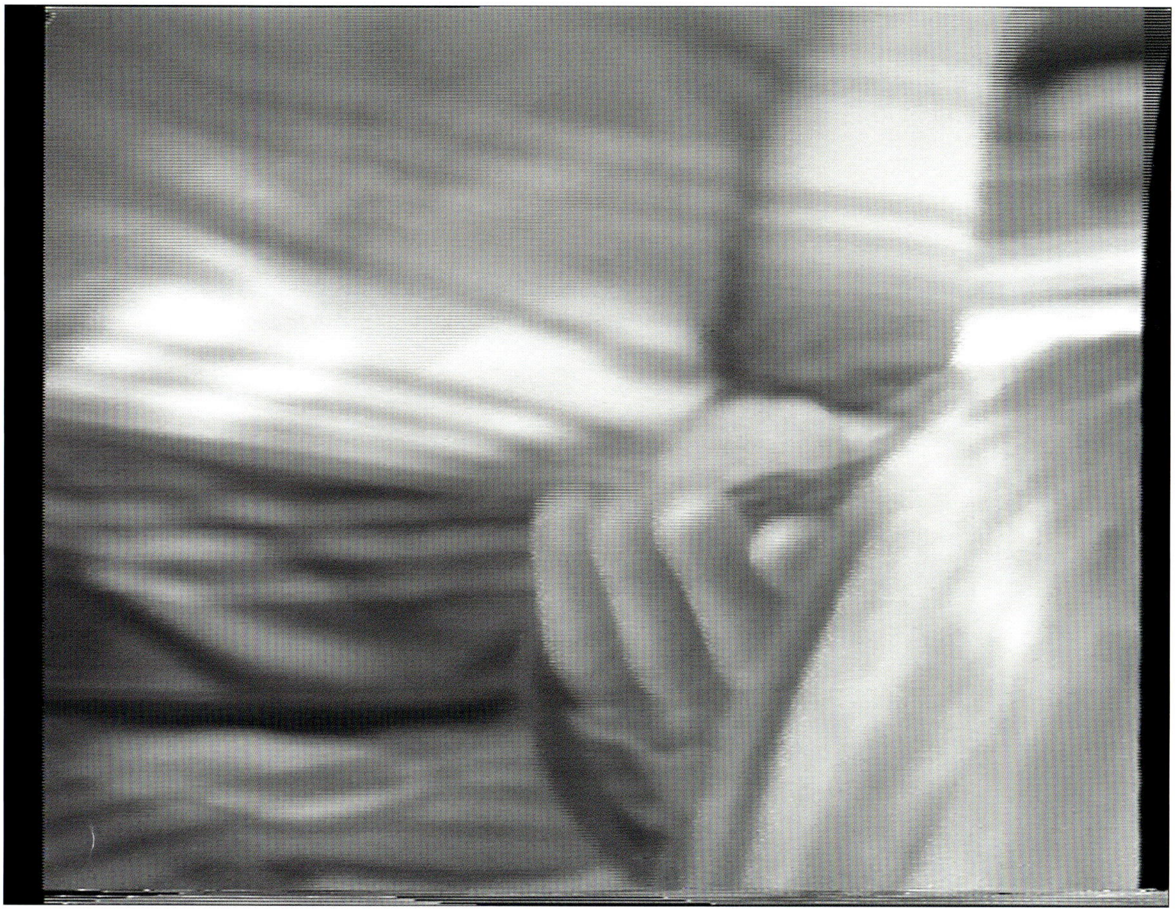

VIDEO 45
Beim abweichenden Kopfversatz verziehen sich die beiden Halbbilder in entgegengesetzte Richtungen. So wirken die seitlichen Bildränder und vertikale Linien im Bildinhalt, v. a. im Bereich starker Kontraste, V-förmig aufgefächert.

VIDEO 45
Dihedral maladjustment causes the two fields in a video frame to skew in opposite directions. This in turn causes the sides of the image and any vertical lines in the image content – especially in areas of strong contrast – to fan out in a V-shape.

KRATZER UND ABNUTZUNG DES BANDES //
// SCRATCHES AND TAPE WEAR

BEDIENFEHLER
OPERATOR ERROR

GERÄTEFEHLER
DEVICE ERROR

BANDFEHLER
TAPE ERROR

PRODUKTIONSFEHLER
PRODUCTION ERROR

Synonyme und verwandte Begriffe:
Schrammen

Phänomen

1. Einzelne Kratzer: Ähnliches Phänomen wie durch >*Knicke und zerknittertes Band*. Das Bild wird ebenfalls durch horizontale Streifen von **Bildrauschen** gestört, die aber vergleichsweise schmaler und schärfer umrissen sind. Sie können weiss, schwarz oder weiss-schwarz, bzw. durch einen **Dropoutkompensator** kompensiert sein. In der Regel wandern die Störstreifen kaum oder nur sehr langsam. Selten kommt es zu einem **vertikalen Bilddurchlauf**. Eine Betätigung des manuellen **Tracking-Reglers** beeinflusst die Lage der Störstreifen nicht (Video 46).
2. Abnutzung des Bandes (= viele feine Kratzer): Allgemeine Unruhe in der Bildstruktur. Diverse feine, horizontale Störstreifen stehen oder wandern langsam vertikal über das Bild. Kleinste Kratzer können sich als >*Dropout und Dropoutkompensation* zeigen. Phänomen 1 und 2 treten oft gemeinsam auf. Ist der Ton auf der **Längsspur** betroffen, weist er eine Lautstärkenschwankung auf, bleibt dabei aber stabiler als ein **FM-** oder **PCM-Ton** auf der **Schrägspur**. Letzterer reagiert schon bei einem leichten Kratzer mit Knacken, Knistern oder Totalausfall (Video 47).

Mögliche Ursachen

Befinden sich Kratzer in der **Magnetschicht** eines Bandes, fehlen an dieser Stelle die Magnetpartikel mit der aufgezeichneten Information. Selbst wenn die Kratzer nicht bis zur **Trägerfolie** reichen, wird an diesen Stellen das Signal geschwächt oder fällt ganz aus.
1. Einzelne Kratzer: Sie entstehen in der Regel beim Bandtransport in Gerät oder Kassette und verlaufen daher meist in Längsrichtung des Bandes. Sie werden durch Schmutz, Staub oder **Bandabrieb** im **Bandpfad** verursacht, oder durch **bandführende Teile**, die abgenutzt, dejustiert oder beschädigt sind. Da Kratzer in Längsrichtung des Bandes die schräg aufgezeichneten **Videospuren** an immer der gleichen Höhe kreuzen, sind auch auf dem Bildschirm immer die gleichen **Zeilen** von der Störung betroffen. In den selteneren Fällen externer Beschädigungen können Kratzer auch quer oder diagonal zum Band verlaufen. Die resultierenden Störstreifen wandern dann von oben nach unten oder umgekehrt über den Bildschirm (vgl. Ursachen für das Wandern des Störstreifens durch >*Knicke und zerknittertes Band*). Nur wenn die Kratzer genau die **Kontrollspur** beschädigen oder die Bereiche zu Beginn jeder Schrägspur, auf denen der **vertikale Synchronimpuls** aufgezeichnet ist, kommt es zum vertikalen **Bilddurchlauf** (>*Vertikale Synchronstörung*).
2. Abnutzung des Bandes: Zu unterscheiden sind einzelne, definierte Kratzer von einer allgemeinen, mechanischen Abnutzung, die sich in einer Vielzahl feiner Kratzer äussert. Sie ist die Folge häufigen Abspielens und typisch für **Ausstellungs-** oder **Sichtungskopien**.

Weiteres Vorgehen

Kratzer sind irreversible Schäden am **Magnetband** und können nicht behandelt werden. Bei einer Digitalisierung können Kratzer bedingt digital retuschiert werden.

Synonyms and related terms:
abrasion, gouging

Symptoms

1. Single scratches: the symptoms resemble those caused by >*Creased or Crumpled Tape*. The image suffers from similar horizontal stripes or bands of **picture noise**, but they are relatively narrow and more sharply defined. They may be black, white, or black-and-white, and in some cases corrected by a **dropout compensator**. As a rule, the noise bands hardly move, or only move very slowly. Very occasionally a **vertically rolling picture** may occur. Using the manual **tracking control** has no effect on the position of the noise bands (cf. video 46).
2. Tape wear (= multiple fine scratches): manifested by a generally agitated image structure. Fine horizontal stripes of noise appear on screen, either stationary or drifting slowly up or down. Very minor scratches may appear as >*Dropouts and Dropout Compensation*.
Symptoms 1 and 2 frequently appear in combination. If the audio on the **longitudinal track** is affected, the volume will fluctuate, but it will be more stable than **FM** or **PCM audio** recorded on the **helical tracks**. The latter will react to even a mild scratch with snapping or crackling noises, or by dropping out completely (cf. video 47).

Possible causes

If there are scratches in the tape's **magnetic layer**, the magnetic particles containing recorded information will be missing from the scratched areas. Even if the scratches do not reach the **tape substrate**, the signal in scratched areas will be weaker and may drop out altogether.
1. Single scratches: these nearly always occur while the tape is being drawn through the player or cassette, hence usually run lengthwise along the tape. They are caused by dirt, dust or **debris** along the **tape path**, or by **tape guides** that are worn, maladjusted or damaged in some other way. Because scratches running lengthwise along the tape always cross the helical **video tracks** at the same height, the stripes or bands of noise remain stationary on the screen, i. e. always affect the same **scan lines**.
Sometimes the damage to the tape is not caused by player-related issues but by, for example, careless handling, in which case scratches may also run transversely or diagonally across the tape. In this case, the resulting noise bands will drift down the screen from top to bottom, or vice versa (cf. drifting noise bands caused by >*Creased or Crumpled Tape*). Only if the scratches actually damage the **control track** or the areas at the start of each helical track where the **vertical sync pulse** is recorded will a **vertically rolling picture** occur (>*Vertical Synchronisation Error*).
2. Tape wear: single, well-defined scratches should be distinguished from general mechanical wear and tear, which takes the form of many tiny scratches. Tape wear is the result of frequent playback, and is characteristic of **exhibition** and **viewing copies**.

What to do next

Scratches represent permanent damage to the **magnetic tape** and cannot be treated. If the recording is digitised, the scratched areas can be digitally retouched, more or less successfully.

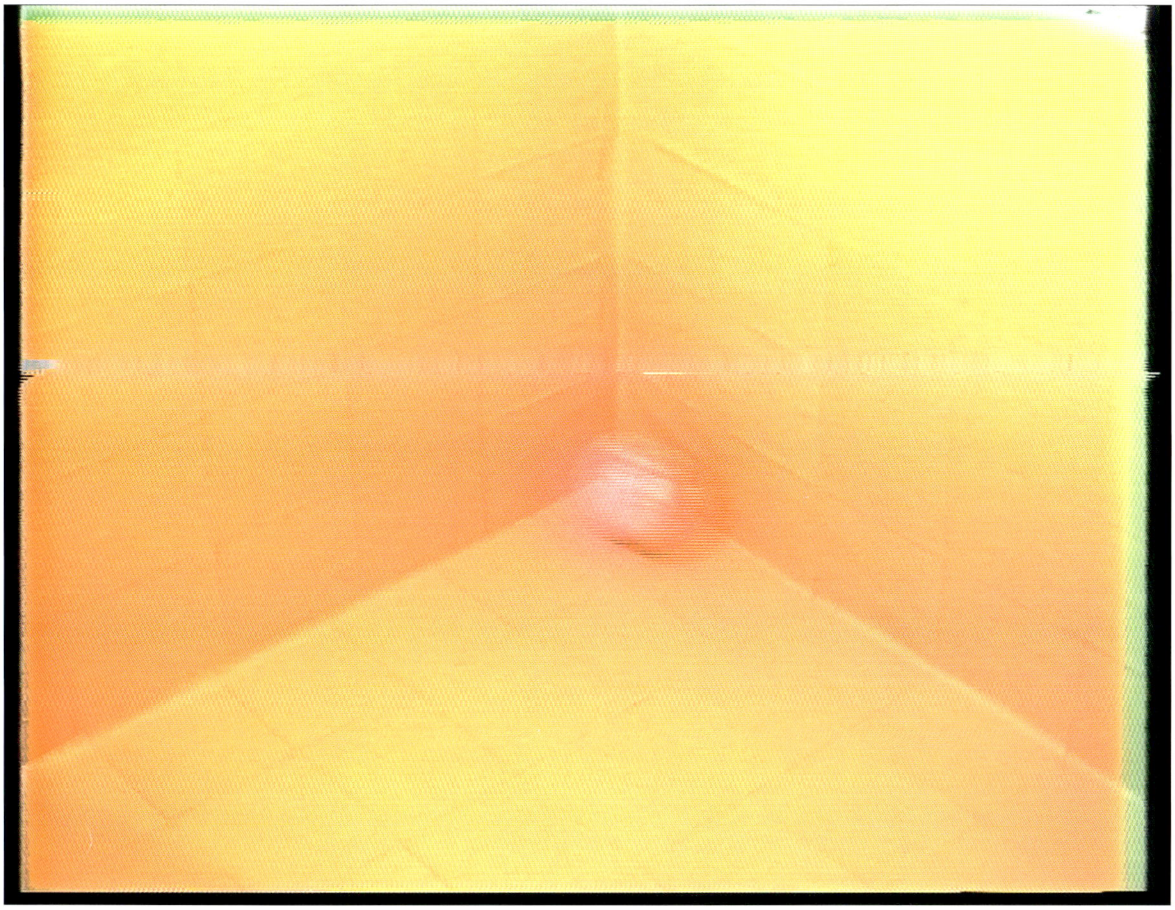

VIDEO 46

Der einzelne Kratzer verläuft in Längsrichtung des Bandes, folglich steht der Störstreifen anhaltend auf gleicher Bildhöhe. Kratzer zeigen sich in der Regel feiner und schärfer umrissen als *>Knicke und zerknittertes Band.*

VIDEO 46

A single scratch is running lengthwise along the tape, thus the noise stripes or bands always appear at the same height in the image. Scratches are generally finer and more sharply defined than *>Creased or Crumpled Tape.*

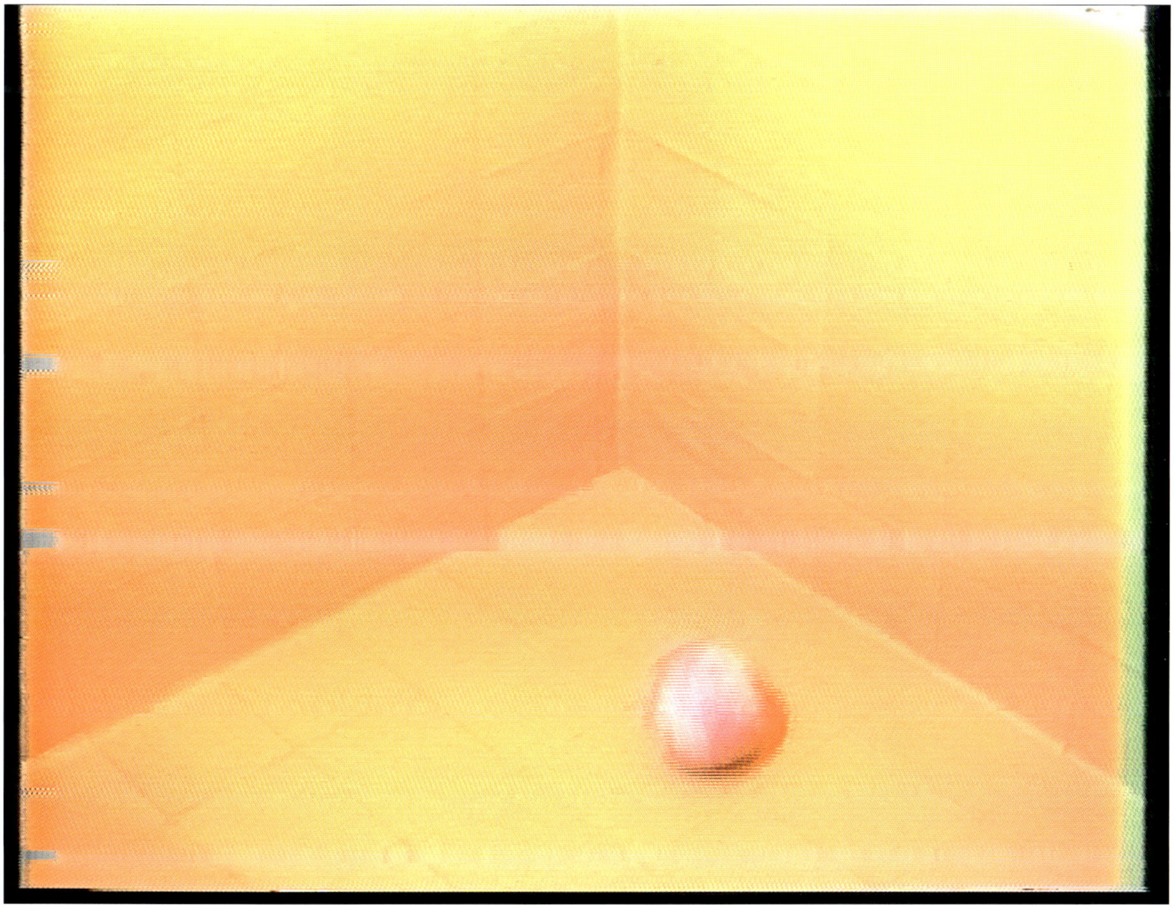

VIDEO 47

Nutzt sich ein Band ab, wird zunächst die Bildstruktur unruhig, dann folgen viele kleinere, stehende oder vertikal wandernde verrauschte Streifen, die das Bild stören.

VIDEO 47

If a tape becomes worn, the image structure will start to become agitated. Eventually many small stationary or vertically drifting stripes or bars of noise will appear, disrupting the image.

LONG PLAY //
// LONG PLAY

BEDIENFEHLER
OPERATOR ERROR

GERÄTEFEHLER
DEVICE ERROR

BANDFEHLER
TAPE ERROR

PRODUKTIONSFEHLER
PRODUCTION ERROR

Synonyme und verwandte Begriffe:
LP

Phänomen

Bänder der analogen **Videoformate VCR**, **Video 2000**, **Betamax**, **VHS**, **S-VHS**, **Video8** und **Hi8** sowie diverser digitaler Videoformate können im **Long Play**-Modus (LP) aufgezeichnet sein und müssen auf LP-fähigen Geräten wiedergegeben werden. Laufen sie stattdessen im **Standard Play**-Modus (SP), so ist das Bild zwar erkennbar, wird jedoch formatabhängig 1,5x bis 2x zu schnell wiedergegeben und zeigt wie beim Suchlauf unregelmässige, horizontale Störstreifen.
Der Ton auf der **Längsspur** wird zu hoch und so schnell wiedergegeben, dass das gesprochene Wort nicht mehr verständlich ist. Ist jedoch auf der **Schrägspur** ein **FM-** oder **PCM-Ton** aufgezeichnet, fällt er komplett aus. Charakteristisch für LP-Aufnahmen, auch bei korrekter Wiedergabe, ist eine leicht verminderte Bildqualität.

Mögliche Ursachen

Die LP-Funktion wurde im Consumerbereich 1977 als erstes beim Format Betamax eingeführt, um längere Aufnahmezeiten bei gleicher Bandlänge zu erzielen. Dafür musste die **Bandgeschwindigkeit** reduziert werden, wodurch die **Videospuren** einerseits enger beieinander und andererseits mit einem etwas steileren **Spurwinkel** aufgezeichnet werden. Die Verringerung der nutzbaren Breite der Videospuren wirkt sich negativ auf die Signal- und damit die Bildqualität aus.
Die veränderten Spurwinkel und die veränderte Bandgeschwindigkeit führen zu den beschriebenen Bild- und Tonstörungen, wenn LP-Aufzeichnungen auf inkompatiblen Geräten wiedergegeben werden. Dies kann vorkommen, wenn ältere Abspielgeräte noch nicht über den LP-Modus verfügen, versehentlich nicht in einen vorhandenen LP-Modus umgeschaltet wurden bzw. diesen Modus nicht automatisch erkennen.
Weiterhin gibt es professionelle Geräte (Hi8 und S-VHS), die aus qualitativen Gründen gar nicht mit dem LP-Modus ausgestattet sind.
Das Videoformat VCR und seine beiden Weiterentwicklungen **VCR LP** und **SVR** stellen einen Sonderfall dar. Alle drei Formate verwenden zwar dieselbe Kassette, unterscheiden sich aber hinsichtlich ihrer Bandgeschwindigkeiten. Im Gegensatz zu den anderen Videoformaten mit LP-Funktion verfügen die Abspielgeräte der VCR-Familie über keinen umschaltbaren Modus, sondern lassen nur die Wiedergabe von Aufzeichnungen ihres eigenen Formates zu (vgl. *>Inkompatibilität innerhalb einer Videoformat-Familie*).
Qualitativ gute Geräte haben für den LP-Modus ein eigenes Kopfpaar mit schmaleren **Videoköpfen**, damit v.a. bei der Wiedergabe weniger Übersprechen mit der benachbarten Videospur auftreten kann.

Weiteres Vorgehen

Betätigung des Long Play-Schalters am Wiedergabegerät, bzw. Wahl eines passenden Gerätes.

Synonyms and related terms:
LP

Symptoms

Tapes in the analogue **video formats VCR**, **Video 2000**, **Betamax**, **VHS**, **S-VHS**, **Video8** and **Hi8**, as well as various digital video formats, can be recorded in **Long Play** (LP) mode, in which case they must be played back on players that support LP. If they are played back in **Standard Play** (SP) mode, the image is still recognisable, but – depending on the format – may be played back between 1.5x and 2x too fast, displaying irregular, horizontal bands of noise similar to those that appear when fast-forwarding.
Audio on the **longitudinal track** will sound too high-pitched, and will be played back so fast that speech becomes incomprehensible. If **FM** or **PCM audio** is recorded on the **helical tracks**, it will drop out completely. LP recordings, even when played back correctly, are characterised by a slight drop in image quality.

Possible causes

LP mode was first launched on the consumer market in 1977 as an enhancement of the Betamax format, with the aim of extending recording times using the same length of tape. In order to do this, the **tape speed** had to be reduced, which was achieved by laying down the **video tracks** much closer together and at a slightly steeper **track angle** during recording. Reducing the usable width of the video tracks had a mildly negative impact on signal quality, hence on image quality.
The changes in track angle and tape speed are what cause the video and audio noise described above, whenever LP recordings are played back on incompatible equipment. This can happen if older players are not equipped for LP mode, or have LP mode but are not switched over to that mode, or do not automatically recognise LP mode.
It is also worth noting that for quality-related reasons, certain professional machines (notably Hi8 and S-VHS) are not equipped with LP mode in any case.
The VCR video format and its two enhancements **VCR LP** and **SVR** represent a special case. All three formats use the same type of cassette, but all run at different tape speeds. In contrast to the other video formats with an LP function, players that support the various members of the VCR family do not have switchable modes, but are only capable of playing back recordings in their own format (cf. *>Incompatibility within a Family of Video Formats*).
High-quality players have an extra pair of heads especially for LP mode, with narrower **video heads** so that less crosstalk occurs between adjacent video tracks during playback.

What to do next

Choose a suitable player with support for LP mode. If necessary use the Long Play switch to select LP mode.

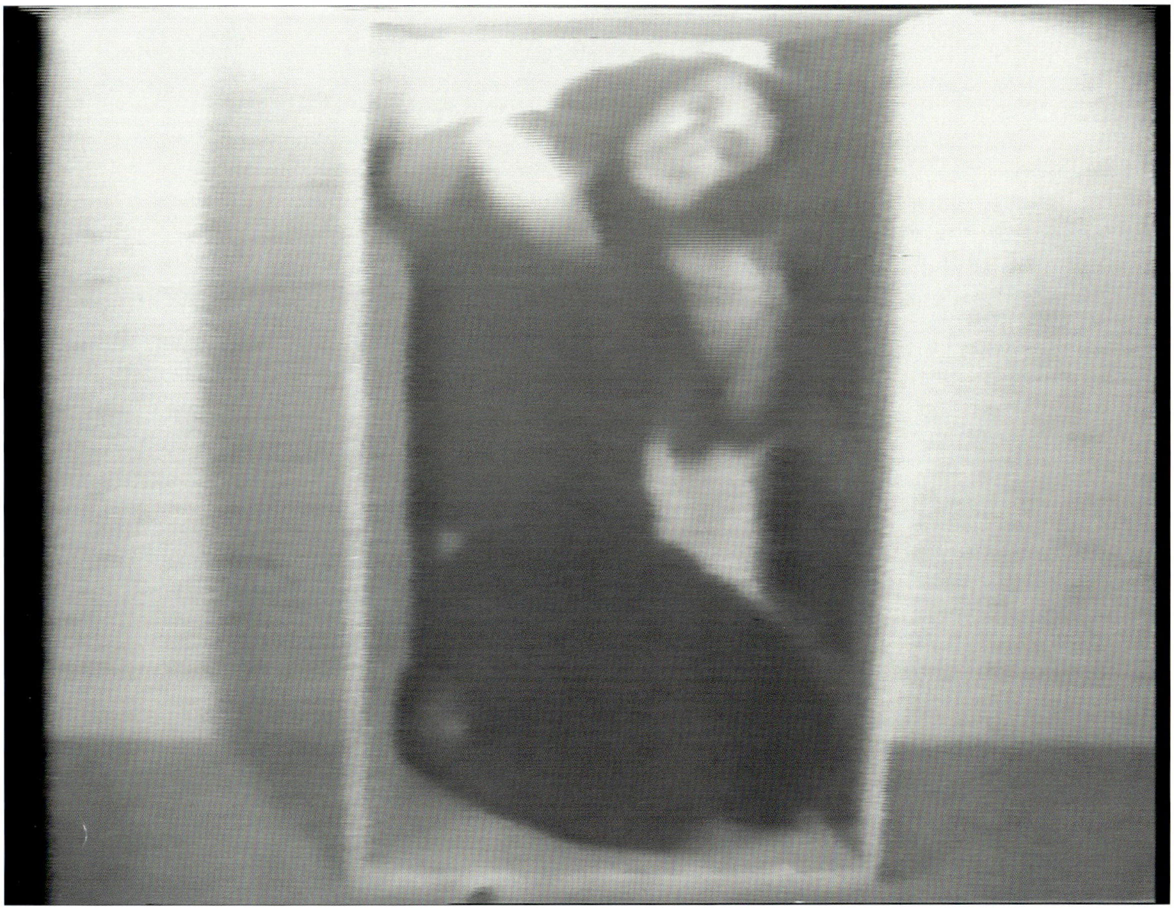

VIDEO 48
Bei diesem ungestörten Referenzvideo handelt es sich um eine VHS LP-Aufzeichnung, die auf einem Abspielgerät im LP-Modus wiedergegeben wird.

VIDEO 48
This undisturbed reference video shows a VHS LP recording being played back on a device set to LP mode.

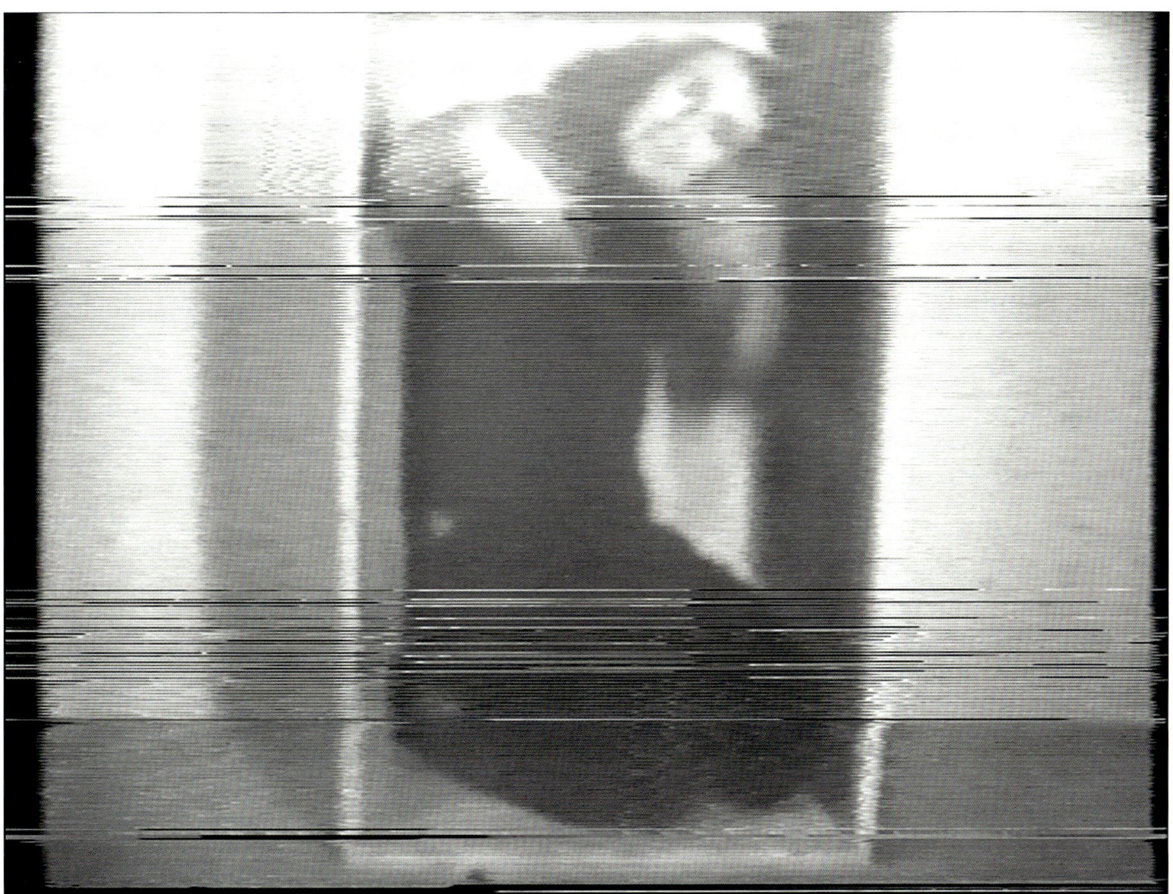

VIDEO 49
Das gleiche Band im Standard Play-Modus abgespielt wird zweimal zu schnell wiedergegeben. Das Bild zeigt wie beim Suchlauf Störstreifen und der Ton wird zu schnell und zu hoch wiedergegeben.

VIDEO 49
When played back in Standard Play (SP) mode, the same tape runs too fast, at twice the speed. As when fast-forwarding, the image displays bands of noise and the audio is too fast and too high-pitched.

MOIRÉ-EFFEKT //
// MOIRÉ-EFFECT

Synonyme und verwandte Begriffe:
Fischgratmuster

Phänomen

Das Phänomen ist charakteristisch und systembedingt für das Farbfernsehen und -video. Unter dem Begriff «Moiré» fasst man feine, periodische Strukturen zusammen, die sich als regelmässige Muster zeigen oder aber unregelmässig und unruhig bewegt sein können. Sie überlagern entweder unabhängig vom Bildinhalt die gesamte Bildfläche oder abhängig vom Bildinhalt nur Teile davon. In letzterem Fall unterscheidet man in zwei Varianten:
1. Feinstrukturierte Flächen des Bildinhaltes werden durch schillernde Farbeffekte überlagert (Video 50), im Fernsehen oftmals zu sehen bei fein gemusterter Kleidung. 2. Stark gesättigte Farbflächen und senkrechte Farbkanten mit kräftigen Tonunterschieden werden durch feine Streifenmuster in der Helligkeit überlagert (Video 51).
Ganzflächige Moiré-Effekte mit klaren Diagonal-Strukturen gibt es z. B. bei **PAL** / **SECAM**-Inkompatibilität (vgl. *>Inkompatibilität der Farbfernsehnormen [PAL – SECAM – NTSC]*), und sie können auch auftreten, wenn ein farbiges Video- oder TV-Bild auf einem Schwarz-Weiss-Monitor oder -fernseher wiedergegeben wird. Sie ähneln dem **Fischgratmuster**, das entsteht, wenn die *>Trägerfrequenz unsymmetrisch* ist.
Der Ton bleibt unbeeinflusst.

Mögliche Ursachen

BEDIENFEHLER
OPERATOR ERROR

GERÄTEFEHLER
DEVICE ERROR

BANDFEHLER
TAPE ERROR

PRODUKTIONSFEHLER
PRODUCTION ERROR

Moiré-Effekte beruhen auf **Interferenzen** und entstehen im Fernsehempfänger oder Monitor (oder auch im analogen **Bildmischer**), wenn dieser bei der **Demodulation** des eingehenden TV- oder **Videosignals** Teile des **Helligkeitssignals** als Farbe (sog. **Cross Colour-Effekt**) oder umgekehrt Teile des **Farbsignals** als Helligkeit (sog. **Cross Luminance-Effekt**) interpretiert.
Voraussetzung für eine solche Fehlinterpretation ist die Signal-Übertragung mittels **Composite-Verbindung**, bei der die Farbinformation, die einer **Trägerfrequenz** aufmoduliert ist, dem Schwarz-Weiss-Signal beigemischt ist. Da die **Basisbandbreite** des TV- oder Videosignals 5 MHz umfasst und die Frequenz des **Farbhilfsträgers** mit einschliesst (PAL-Norm: 4,43 MHz, **NTSC**-Norm: 3,58 MHz), gibt es einen Überlagerungsbereich, in dem feine Hell-Dunkel-Wechsel und Farbinformationen dieselbe Frequenz haben und somit bei der Demodulation nicht auseinander gehalten werden können.
Bei einer Signalübertragung als **RGB-**, **Komponenten-** oder **S-Video-Signal** können diese Moirés nicht auftreten, da hier Helligkeit und Farbe getrennt geführt werden. Diese Trennung muss jedoch von der Aufnahme bis zur Wiedergabe beibehalten werden.
Moiré-Effekte können auch auf das Band aufgezeichnet sein. Dies kann nicht nur bei der Produktion, sondern auch bei späteren Kopierprozessen passieren, wenn die Signalführung über eine Composite-Verbindung erfolgt.

Weiteres Vorgehen

1. **Testkassette** einlegen.
2. Störung behoben: Bandfehler. Die Störung ist auf das Band aufgezeichnet. In diesem Fall ist eine Reduktion über einen erneuten Kopiervorgang möglich, wenn digitale **3D-Kammfilter** (eingebaut u.a. in modernen Videorekordern und **TBCs**) eingesetzt werden und das aufbereitete Signal anschliessend nicht mehr über Composite-Verbindungen geführt wird.
3. Störung nicht behoben: Wählen Sie geeignete Geräte mit RGB-, Komponenten- oder S-Video-Verbindung. Der Moiré-Effekt kann nicht über eine Gerätejustierung ausgeglichen werden.

Synonyms and related terms:
herringbone pattern, cross colour, cross luminance, dot crawl

Symptoms

This phenomenon is typical of colour television and video – an inherent feature of the system. The term 'moiré' is used as a collective description for detailed, periodic structures that appear as regular patterns or move about in an irregular, agitated way. They may either appear superimposed on the entire picture area, irrespective of the image content, or only superimposed on parts of the image, depending on the content. In the second case, it is possible to distinguish between two different types:
(1) Finely structured areas of image content are overlaid by shimmering chromatic effects (cf. video 50), often easiest to see on delicately patterned clothing. (2) Highly saturated colour areas and coloured vertical edges with strongly contrasting hues are overlaid by finely-striped patterns in the luminance (cf. video 51).
Moiré effects that cover the entire screen with clearly defined diagonal cross-hatching may appear in cases of e. g. **PAL** / **SECAM** incompatibility (cf. *>Incompatibility between Television Standards [PAL – SECAM – NTSC]*), and may also appear if a colour video or TV image is played back on a black-and-white monitor or television set. They resemble the **herringbone pattern** produced by *>Carrier Leak*.
Audio is not affected.

Possible causes

Moiré effects are caused by **interference** and appear on a television receiver or monitor (or an analogue **vision mixer**) if, while **demodulating** the incoming TV or **video signal**, the device interprets parts of the **luminance signal** as chrominance (a.k.a. **cross-colour effect**), or conversely interprets parts of the **chrominance signal** as luminance (a.k.a. **cross-luminance effect**).
Such misinterpretation only happens if the signal is being transmitted over a **composite connection** in which the chromatic information is modulated onto a **carrier frequency** and merged with the black-and-white signal. Because the **baseband bandwidth** of the TV or video signal covers 5 MHz and includes the **colour subcarrier** frequency (PAL standard: 4.43 MHz; **NTSC** standard: 3.58 MHz), there is a range of overlap in which finely alternating light-dark areas and colour information have the same frequency, hence cannot be kept separate during the demodulation process.
If the signal is transmitted as an **RGB**, **component** or **S-Video signal**, these moiré effects cannot occur, because luminance and chrominance are transmitted separately in these signals. This separation must be maintained from recording through to playback, however.
Moiré effects may also be recorded onto tape. This can happen not only during production, but also during later copying processes, if signals are relayed over a composite connection.

What to do next

1. Insert a **test cassette**.
2. Image error no longer present: tape error. The image error is recorded on the tape. In this case, the effect can be reduced by making a new copy using digital **3-D comb filters** (built into modern video recorders and **TBCs**) and making sure the processed signal is not subsequently transmitted over composite connections.
3. Image error still present: choose a suitable player with RGB, component or S-Video connectors. A moiré effect cannot be corrected by adjusting settings on the playback equipment.

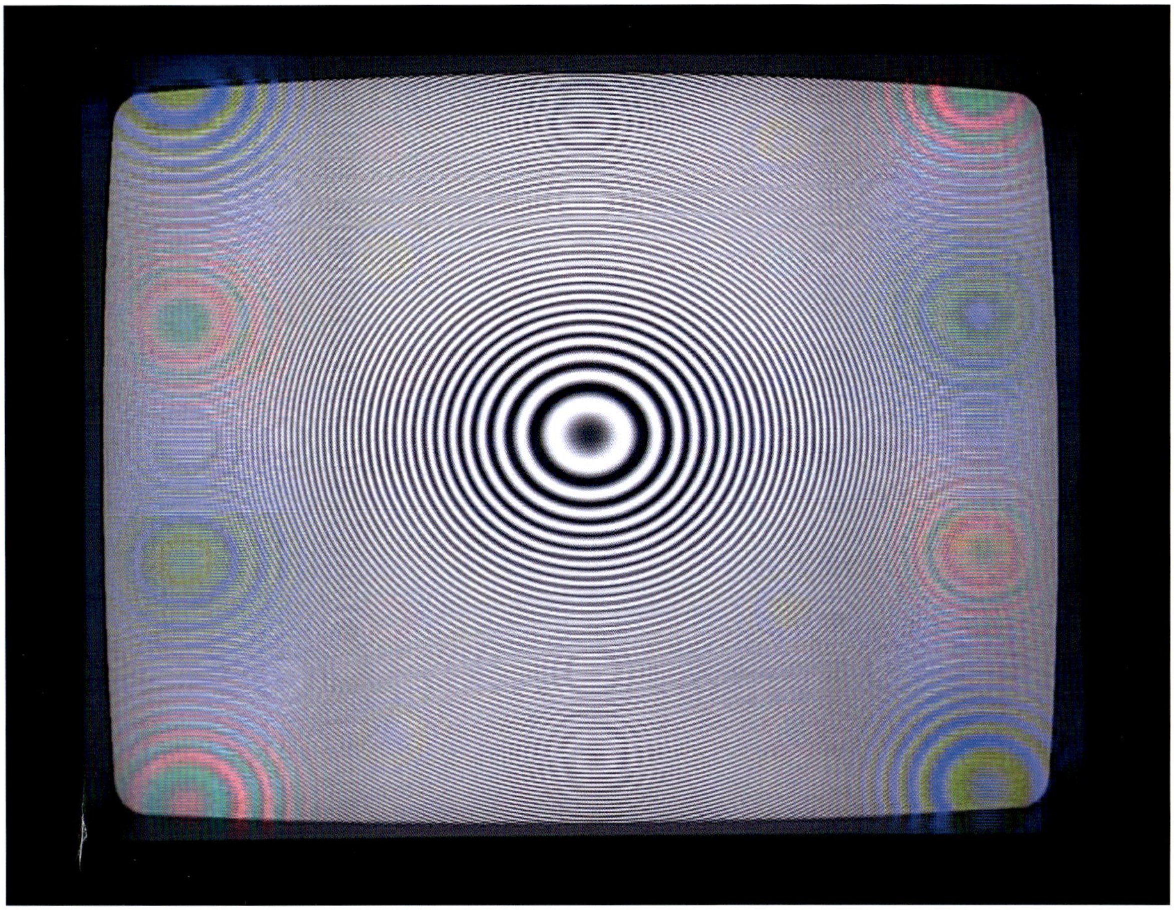

VIDEO 50
Dieses aufgezeichnete Testbild besteht nur aus schwarz-weissen konzentrischen Ringen. Die farbig schillernden, kreisförmigen Moirés entstehen im Monitor und werden als Cross Colour-Effekt bezeichnet.

VIDEO 50
This recorded test image consists solely of black-and-white concentric rings. The circular moiré effects with their colourful shimmering are produced in the monitor itself, and are known as cross-colour effects.

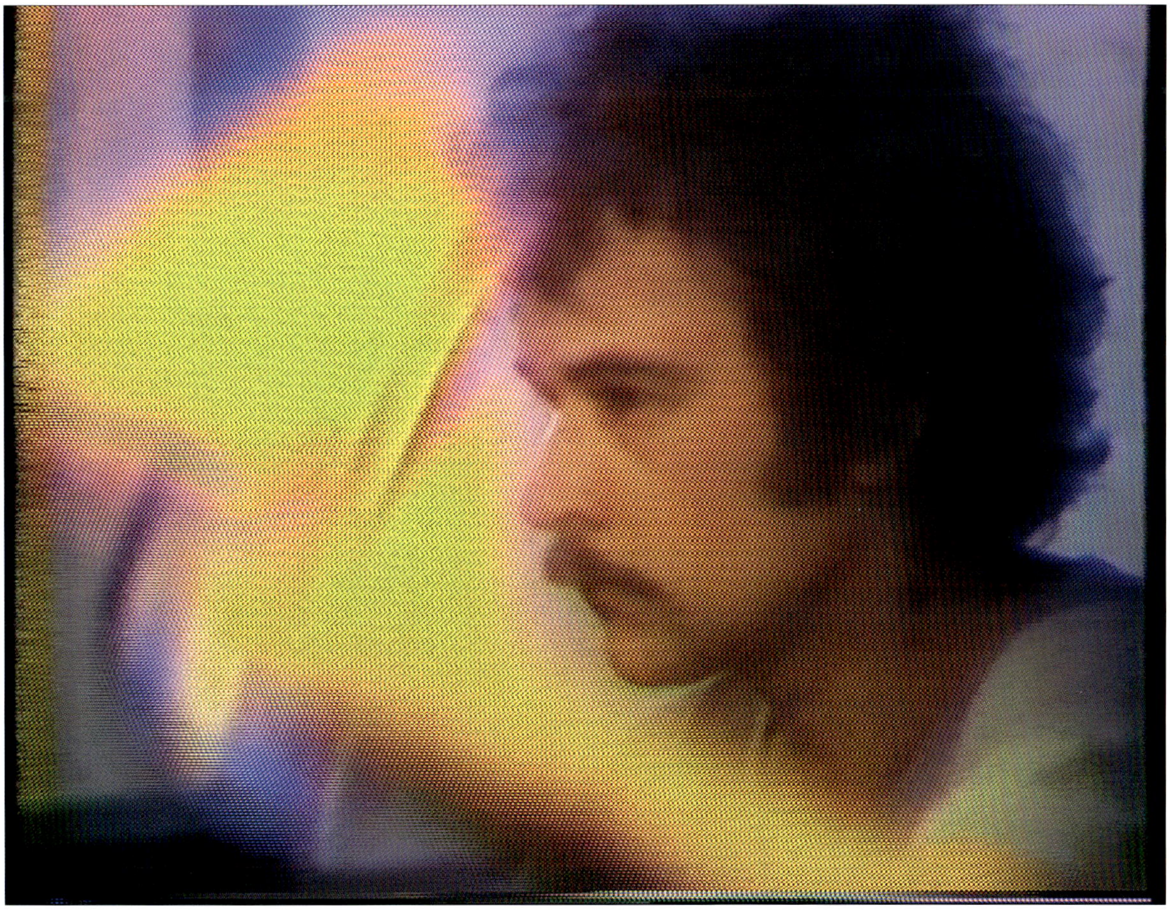

VIDEO 51
Feine Streifenmuster in der Helligkeit treten besonders in stark gesättigten Farbflächen und häufig auch an senkrechten Farbkanten mit kräftigen Tonunterschieden auf. Diese Erscheinung nennt man Cross Luminance-Effekt.

VIDEO 51
Fine patterns of stripes in the luminance appear in highly saturated colour areas in particular, and often also along coloured vertical edges with strongly contrasting hues. This phenomenon is known as a cross-luminance effect.

SKEW-FEHLER //
// SKEW ERROR

Synonyme und verwandte Begriffe:
Skew, Skewing, fehleingestellte **Bandzugregelung**

Phänomen

«Skew» bedeutet im Englischen «schief» und beschreibt den horizontalen Verzug des Bildes an seinem unteren, in ausgeprägteren Fällen zusätzlich auch an seinem oberen Bildrand. Der Verzug kann sich nach links oder rechts neigen, bzw. zunächst in eine Richtung und nach einigen **Zeilen** umso stärker in die Gegenrichtung zeigen. Meistens sind im Bereich des Verzuges beide **Halbbilder** deckungsgleich (im Gegensatz zu >*Kopfversatz abweichend*). Auch wenn keine Störung vorliegt, sieht man beim unbeschnittenen Bild (**Underscan**-Modus), dass am unteren Bildrand in der Regel ein leichter, unruhiger Zeilenverzug an den **Kopfumschaltpunkt** anschliesst. Erst bei starker Ausprägung setzt sich der Verzug am oberen Bildrand fort und wird als störender Skew-Fehler wahrgenommen. Er kann durch Betätigung des manuellen **Skew-Reglers** am Gerät gemildert oder ganz beseitigt werden, die Unruhe in den Zeilen unmittelbar unter dem Kopfumschaltpunkt bleibt jedoch.
Der Ton bleibt unbeeinträchtigt.

Mögliche Ursachen

BEDIENFEHLER
OPERATOR ERROR

GERÄTEFEHLER
DEVICE ERROR

BANDFEHLER
TAPE ERROR

PRODUKTIONSFEHLER
PRODUCTION ERROR

Videobänder sind leicht elastisch und werden bei der Aufnahme oder Wiedergabe im Gerät gespannt. Der erforderliche **Bandzug** ist genau definiert. Ist er zu hoch, bzw. zu gering, werden die **Schrägspuren** im Verhältnis zum Durchmesser der **Kopftrommel** zu lang, bzw. zu kurz. Diese Längenabweichung ist gemessen an einer >*Dehnung oder Schrumpfung des Bandes in Längsrichtung* nicht stark genug, um einen sog. **Trapezoidal Error** und damit einen >*Tracking-Fehler* zu verursachen. Dennoch verziehen sich die Zeileninhalte über die Länge einer Schrägspur. Ist der Bandzug zu hoch, also die **Videospur** zu lang, erfolgt die **Kopfumschaltung** bereits, bevor der betreffende letzte Zeileninhalt weit genug gelesen ist. Dabei kommt es zu einem **Phasensprung** in der **Zeilenfrequenz**, und die ersten Zeilen des nachfolgenden Halbbildes erscheinen zu früh: das Bild verzieht sich nach links. Umgekehrt verursacht ein zu schwacher Bandzug einen Bildverzug nach rechts. Monitore, aber auch **TBCs** und andere Geräte zur Bildverarbeitung versuchen automatisch, diesen Bildverzug zu kompensieren. Sie benötigen dazu je nach Ausmass des Verzuges die Dauer mehrerer Zeilen. Ist der Ausgleich nicht vor dem Beginn des folgenden Halbbildes abgeschlossen, setzt sich der Verzug am oberen Bildrand fort. Fällt die Kompensation zu stark aus, richtet sich der Verzug nach einigen Zeilen in seine Gegenrichtung aus.
Die häufigste Ursache für einen falschen Bandzug ist eine fehlerhafte Einstellung im Gerät. Weiterhin können eine erhöhte Reibung des Bandes im **Bandpfad** (vgl. >*Bandkleben und -quietschen*) oder eine >*Dehnung oder Schrumpfung des Bandes in Längsrichtung* eine Nachregelung des Bandzuges mit dem Skew-Regler oder eine restauratorische Behandlung des Bandes erforderlich machen.

Weiteres Vorgehen

1. Betätigung des Skew-Reglers (wenn vorhanden), ggf. kombiniert mit **Tracking-Regler** (evtl. bessere Deckung von **Abtastwinkel** verändertem **Spurwinkel**).
2. Störung nicht behoben: **Testkassette** einlegen.
3. Störung nicht behoben: Gerätefehler. Bandzug justieren lassen.
4. Störung behoben: irreversibler Bandfehler.

Synonyms and related terms:
skew, skewing, skew maladjustment, flagging, flag waving, faulty **tape tension regulator**

Symptoms

'Skewed' means 'crooked'; thus skew error describes a horizontal distortion of the image along its bottom edge, and in severe cases also along its top edge. The distortion may incline to the left or right, or skew first in one direction and then, after a few **scan lines**, skew even more dramatically in the opposite direction. In the distorted area, both **fields** are usually congruent (in contrast to >*Dihedral Maladjustment*). Even if there is no actual image error, it is possible to see, at the bottom of the uncropped image (i. e. in **underscan** mode), a slight, jittery line displacement immediately below the **head switching point**. If the symptom is very pronounced, the skewing will also appear along the top edge of the image, where it becomes visible as a disruptive skew error. It can be moderated or even eliminated using the manual **skew control** on the playback device, but the jittering in the lines immediately below the head switching point continues regardless.
Audio is not affected.

Possible causes

Videotapes are slightly elastic and are placed under tension during recording and playback. The necessary **tape tension** is precisely defined. If it is too high or too low, the **helical tracks** become too long or too short relative to the diameter of the **head drum**. Compared to >*Lengthwise Tape Expansion or Shrinkage*, this length difference is not significant enough to produce what is known as **trapezoidal error**, which would result in a >*Tracking Error*. Nevertheless, line contents are distorted for the length of a helical track. If the tape tension is too high, so that the **video track** is too long, the **head switch** takes place before the last part of the line content has been read to the end. This may cause a **phase jump** in the **line frequency**, and the first lines of the next field will appear too early, causing the image to skew to the left. Conversely if the tape tension is too low, the image will skew to the right. Monitors – but also **TBCs** and other devices – automatically attempt to compensate for this image distortion. Depending on the extent of the distortion, the compensation process may last for several lines. If the process is not complete before the next field begins, the distortion will continue and appear at the top of the image. And conversely, if the process results in overcompensation, after a few lines the distortion will reverse itself and appear skewed in the opposite direction.
The most common cause of incorrect tape tension is an incorrect setting in the playback equipment. Other causes include excessive friction between tape and guides in the **tape path** (cf. >*Sticky Tape Syndrome*) or >*Lengthwise Tape Expansion or Shrinkage*: both these symptoms require manual adjustment of the tape tension using the skew control, or conservation treatment of the tape.

What to do next

1. Use the skew control (if available), together with the **tracking control** if required (e. g. to correct the **scanning angle** or compensate for changes in the **track angle**).
2. Image error still present: insert a **test cassette**.
3. Image error still present: device error. Have the tape tension adjusted.
4. Image error no longer present: irreversible tape error.

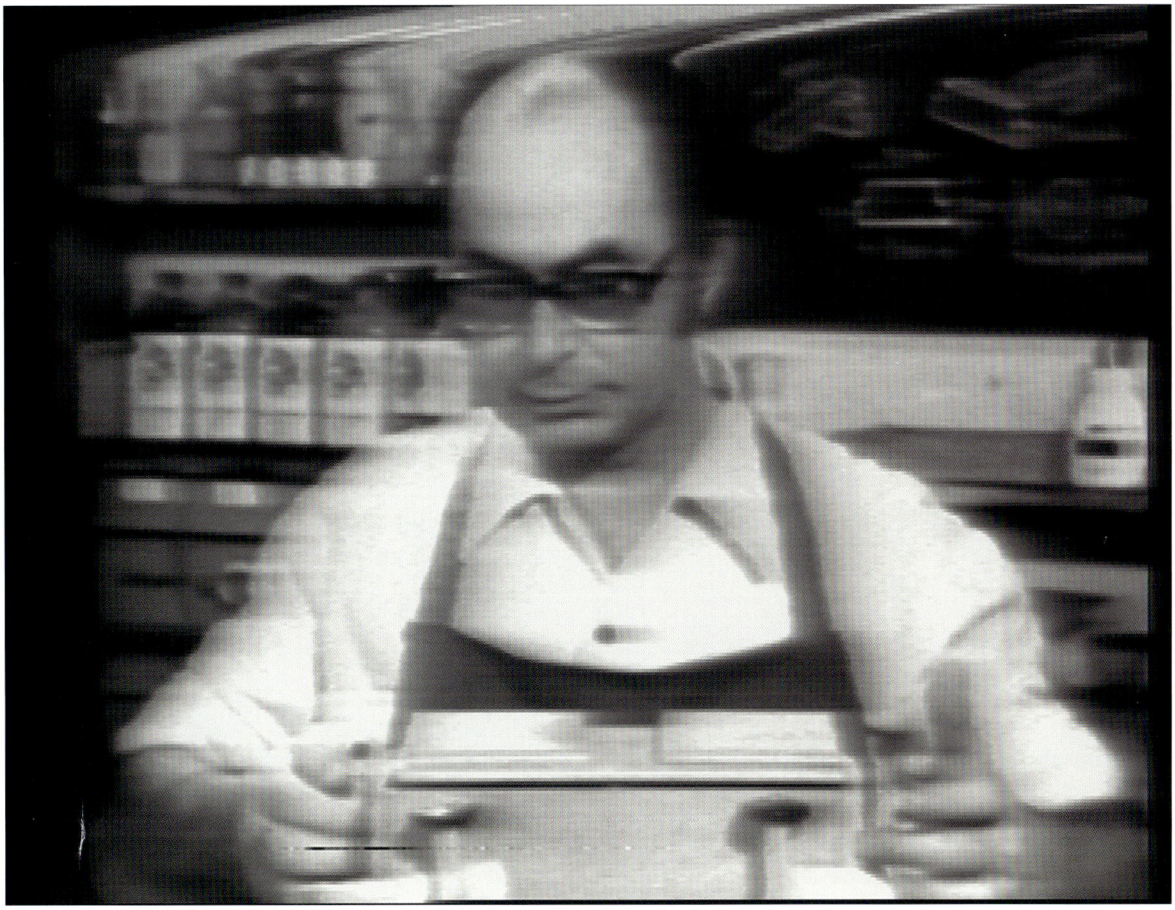

VIDEO 52
Beim stark ausgeprägten Skew-Fehler verzieht sich das Bild auch am oberen Rand horizontal. Durch Betätigung des manuellen Skew-Reglers kann dieser Effekt häufig behoben werden.

VIDEO 52
If the skew error is severe, the horizontal distortion extends to the upper edge of the image. This image error can often be successfully corrected by using the manual skew control.

TRACKING-FEHLER //
// TRACKING ERROR

Synonyme und verwandte Begriffe:
schlechte Spurlagenregelung, schlechtes Tracking, schlechte Spurhaltung, schlechte Spureinstellung, Fehlabtastung

Phänomen

Das Bild wird mit Normalgeschwindigkeit wiedergegeben, aber Segmente des Bildes oder das ganze Bild sind mehr oder weniger verrauscht.
Zudem kann ein horizontales Ausreissen der **Zeilen** auftreten. Bei einem extremen Tracking-Fehler kann es zusätzlich zum **Bildrauschen** auch zum **vertikalen Bilddurchlauf**, zum Farbausfall oder Totalausfall des Bildes kommen. Je nach Ursache des Tracking-Fehlers können die Störzonen durch Betätigung des manuellen **Tracking-Reglers** vertikal verschoben oder ganz eliminiert werden.
Der Ton auf der **Längsspur** wird nicht beeinträchtigt. Ist jedoch auf der **Schrägspur** ein **FM-** oder **PCM-Ton** aufgezeichnet, fällt dieser schon bei einem leichtem Tracking-Fehler vollkommen aus.

BEDIENFEHLER
OPERATOR ERROR

GERÄTEFEHLER
DEVICE ERROR

BANDFEHLER
TAPE ERROR

PRODUKTIONSFEHLER
PRODUCTION ERROR

Mögliche Ursachen

Als «tracks» werden im Englischen die **Video-**, **Kontroll-** und **Audiospuren** auf einem **Magnetband** bezeichnet. Als Tracking-Fehler werden alle Fälle bezeichnet, in denen die **Wiedergabeköpfe** nicht genau die Mitte der Schrägspuren treffen, so dass die Information nicht optimal gelesen wird. Dabei tastet der Wiedergabekopf entweder Teile des **Rasens** zwischen den Spuren oder aber Teile der Nachbarspur ab. Je stärker der Kopf die **Videospur** verfehlt, desto geringer wird das **Nutzsignal** im Verhältnis zum **Störsignal**, der **Rauschabstand** verkleinert sich also und das Bildrauschen nimmt zu. Es kommt zusätzlich zum vertikalen Bilddurchlauf, wenn der im Signal eingebettete **vertikale Synchronimpuls** nicht gelesen werden kann (>*Vertikale Synchronstörung*).
In der Regel können Tracking-Fehler durch Betätigung des Tracking-Reglers am Wiedergabegerät manuell ausgeglichen werden. Wenn auf diese Weise das Bildrauschen und ggf. die Tonstörung vollständig eliminiert werden kann, handelt es sich um eine spurparallele Fehlabtastung durch eine falsche mechanische oder elektronische Grundeinstellung des Wiedergabegerätes. Wenn sich die verrauschten Bildsegmente mit dem Tracking-Regler nur vertikal verschieben lassen, aber nie ganz verschwinden, so stimmt die **Spurlage** nicht mit dem **Kopfpfad** überein. Die Ursache hierfür kann ein >*Bandführungsfehler* im Gerät sein oder eine >*Deformation des Bandes*, bzw. eine >*Dehnung oder Schrumpfung des Bandes in Längsrichtung*.

Weiteres Vorgehen

1. Betätigung des Tracking-Reglers (wenn vorhanden) zur Optimierung von Bild und ggf. Ton.
2. Störung nicht behoben: **Testkassette** einlegen.
3. Störung behoben: Bandfehler (Band an Videorestaurator)
4. Störung nicht behoben: Gerätefehler (Gerät justieren lassen). Es ist auch möglich, dass die >*Wiedergabeköpfe verschmutzt* oder abgenutzt sind.

Synonyms and related terms:
mistracking, loss of tracking, track misalignment, tracking maladjustment

Symptoms

The image is played back at normal speed, but horizontal sections of the image or even the entire image are more or less noisy. In addition, some **scan lines** may be horizontally displaced. In extreme tracking errors, the **picture noise** may be accompanied by a **vertically rolling picture**, a loss of colour, or a total loss of picture. Depending on the cause of the tracking error, it may be possible to shift the sections of picture noise vertically or even completely eliminate them using the manual **tracking control**.
Audio on the **longitudinal track** is not affected. However, if **FM** or **PCM audio** is recorded on the **helical track**, even a slight tracking error may cause it to become totally inaudible.

Possible causes

Tracks on a **magnetic tape** include the **video**, **control** and **audio tracks**. A tracking error describes all occasions on which the **playback heads** fail to accurately follow the exact centre of the helical tracks, thereby failing to read all the information contained on those tracks. When a tracking error occurs, the playback head is either scanning parts of the empty **guard band** between the tracks, or parts of the adjacent track. The further the head deviates from the **video track**, the weaker the **effective signal** becomes relative to the **noise signal**, resulting in a lower **signal-to-noise ratio** and hence increased picture noise. Furthermore, if the **vertical sync pulse** embedded in the signal is no longer being scanned properly (>*Vertical Synchronisation Error*), the picture will start to roll vertically.
As a rule, a tracking error can be manually corrected using the tracking control on the playback equipment. If this approach succeeds in completely eliminating picture noise and possibly also audio distortion, then the problem amounts to a tracking misalignment that is causing the heads to run parallel to the tracks, usually as a result of a basic mechanical or electronic maladjustment in the playback device.
If, on the other hand, the noisy image sections cannot be completely eliminated using the tracking control, but only shifted vertically, then the **track position** no longer matches the **head path**. The reason for this may be >*Tape Misalignment* in the player, or >*Tape Deformation*, or >*Lengthwise Tape Expansion or Shrinkage*.

What to do next

1. Use the tracking control (if present) to optimise the image and – if necessary – the audio.
2. Image / audio error still present: insert a **test cassette**.
3. Image / audio error no longer present: tape error (give the tape to a video conservator).
4. Image / audio error still present: device error (adjust device as appropriate). The equipment may also suffer from >*Head Clogging*, or the playback heads may be worn.

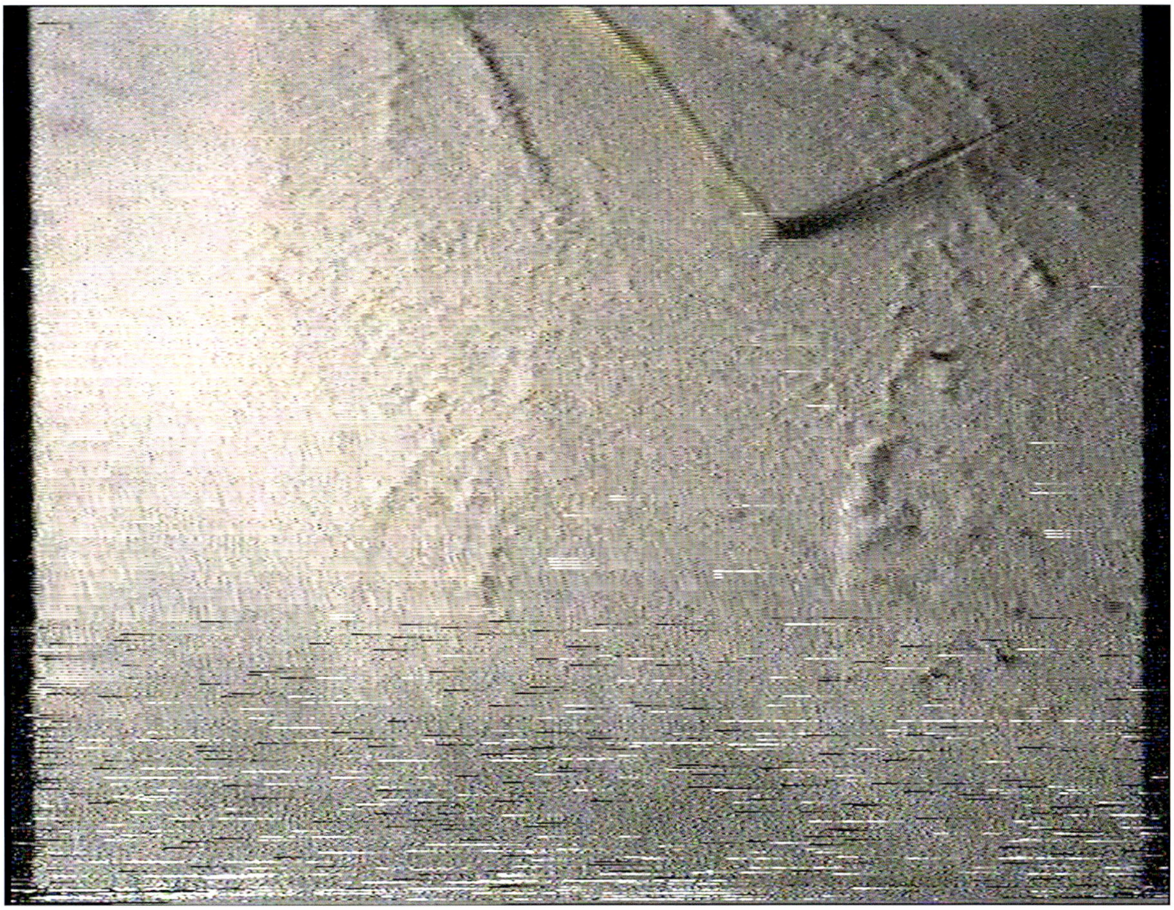

VIDEO 53
Ein erstes sichtbares Anzeichen für einen Tracking-Fehler kann bereits eine leichte Unruhe in der Bildstruktur sein, bei einem ausgeprägten Tracking-Fehler verrauscht das Bild. Zusätzlich können die Zeilen horizontal ausreissen.

VIDEO 53
An early, visible indication of a tracking error may be mild instability across the image as whole; a severe tracking error will cause the image to become noisy. In addition, some of the scan lines may be displaced horizontally.

TRÄGERFREQUENZ UNSYMMETRISCH //
// CARRIER LEAK

BEDIENFEHLER
OPERATOR ERROR

GERÄTEFEHLER
DEVICE ERROR

BANDFEHLER
TAPE ERROR

PRODUKTIONSFEHLER
PRODUCTION ERROR

Synonyme und verwandte Begriffe:
Asymmetrische Carrier Balance, Fischgratmuster, Trägerrest

Phänomen

Die unsymmetrische Trägerfrequenz ist ein Phänomen des Schwarz-Weiss-Videos und tritt vor allem bei älteren **Videoformaten** auf (½" **Offene Spule**, seltener **U-matic**). Das Bild wird mit Normalgeschwindigkeit wiedergegeben und zeigt keine vertikalen oder horizontalen Instabilitäten. Dabei ist die Bildstruktur aber nicht glatt, sondern weist über die gesamte Bildfläche ein mehr oder weniger ausgeprägtes **Fischgratmuster** auf. Es sieht dem *>Moiré-Effekt* ähnlich, der entsteht, wenn ein **Farbsignal** auf einem Schwarz-Weiss-Monitor wiedergegeben wird, ist jedoch grundsätzlich unruhiger und nicht streng diagonal ausgerichtet.
Der Ton ist nicht beeinträchtigt.

Mögliche Ursachen

Die vorliegende Bildstörung entsteht aufgrund einer Dejustierung des Abspielgerätes, die zur Folge hat, dass die von den **Videoköpfen** gelesenen **Videosignale** asymmetrisch verstärkt werden.
Grundsätzlich erfolgt beim Video die Aufzeichnung des **Helligkeitssignals**, also des Schwarz-Weiss-Anteils des Bildes, durch **Frequenzmodulation**. Bei der Wiedergabe muss dieses Signal **demoduliert** werden, d. h. aus Frequenzänderungen müssen wieder Änderungen der Signalstärke gewonnen werden, welche die Helligkeiten im Bild repräsentieren. Das frequenzmodulierte Signal, das von den beiden Videoköpfen abwechselnd gelesen wird, ist sehr schwach und bedarf einer hohen Verstärkung. In einer ersten Verstärkerstufe werden Differenzen der beiden **Kopfsignale** ausgeglichen. Bei mangelhaftem Ausgleich kommt es zu einem leichten Flackern oder Flimmern des Bildes. In einer nächsten Stufe werden die beiden Signale zusammengeführt. Bei der **Demodulation** muss eine exakte Symmetrie der Signalform hergestellt sein, damit keine Reste der **Trägerfrequenz** in das demodulierte Signal gelangen und dort Fischgratmuster verursachen.
Aus zwei Gründen ist diese störende **Interferenz** v.a. bei älteren Videoformaten anzutreffen. 1. Diese einfacheren Geräte wurden oft von den Benutzern selbst, bzw. von Laien-Technikern gewartet und dabei nicht korrekt justiert. 2. Bei den ältesten Formaten erfolgt die **Modulation** noch in Frequenzbereichen, die innerhalb der **Basisbandbreite** eines Videosignals liegen. Enthält das Videosignal nach der Demodulation noch Reste der Trägerfrequenz, werden diese als feinste Strukturen, die den Bildinhalt überlagern, sichtbar. Bei den jüngeren und höherwertigen Formaten erfolgt die Modulation oberhalb dieser Basisbandbreite, so dass sich allfällige Trägerreste nicht sichtbar auf das Bild auswirken.

Weiteres Vorgehen

1. **Testkassette** einlegen.
2. Störung behoben: irreversibler Bandfehler. Die Störung ist mitaufgezeichnet und zum Bildinhalt geworden.
3. Störung nicht behoben: Das Abspielgerät ist dejustiert und muss neu eingestellt werden.

Synonyms and related terms:
faulty carrier balance, asymmetric carrier balance, herringbone lines, herringbone pattern, herringbone raster, residual subcarrier

Symptoms

Carrier leak is a phenomenon associated with black-and-white videos, and occurs mainly in older **video formats** (½" **open reel**, sometimes also **U-matic**). The image is played back at normal speed, with no vertical or horizontal instability. But the image structure is not smooth; instead, the entire picture area displays a more or less pronounced **herringbone pattern**, similar to the *>Moiré Effect* produced when a **chrominance signal** is played back on a black-and-white monitor, but more agitated and not so rigidly diagonal in orientation.
Audio is not affected.

Possible causes

This image error is caused by a maladjusted playback device, in which the **video heads** asymmetrically amplify the **video signals** they are scanning.
In video, the **luminance signal** – i. e. the picture's black-and-white component – is generally recorded using **frequency modulation**. When played back, the video signal must first be **demodulated** (whereby changes in frequency are translated back into changes in video signal amplitude) in order to extract the brightness information which comprises the image.
The frequency-modulated signal, which is scanned by each of the two video heads in turn, is very weak and needs significant amplification. First-stage amplification compensates for any differences between the two **head signals**. If this compensation is faulty, the image may flicker slightly. At the second stage, the signals scanned by each video head are combined. During **demodulation**, a precisely symmetrical waveform must be produced so that no residue from the **carrier frequency** leaks into the demodulated signal, thereby creating herringbone patterns.
There are two reasons why this disturbing **interference** is found in older video formats in particular. (1) The relatively simple video devices were often maintained by the users themselves, i. e. by non-technicians, consequently they were not always properly adjusted. (2) In the very oldest formats, **modulation** often took place in frequency ranges that lie within the **baseband bandwidth** of the video signal. If after demodulation the video signal still contains residue from the carrier frequency, the latter is visible as very fine structures superimposed on the image content.
In more modern, higher-quality video formats, modulation takes place above this baseband bandwidth, so that any carrier residue does not have a visible effect on the image.

What to do next

1. Insert a **test cassette**.
2. Image error no longer present: irreversible tape error. The interference is recorded on the tape and has become a permanent part of the image content.
3. Image error still present: player is maladjusted and requires resetting.

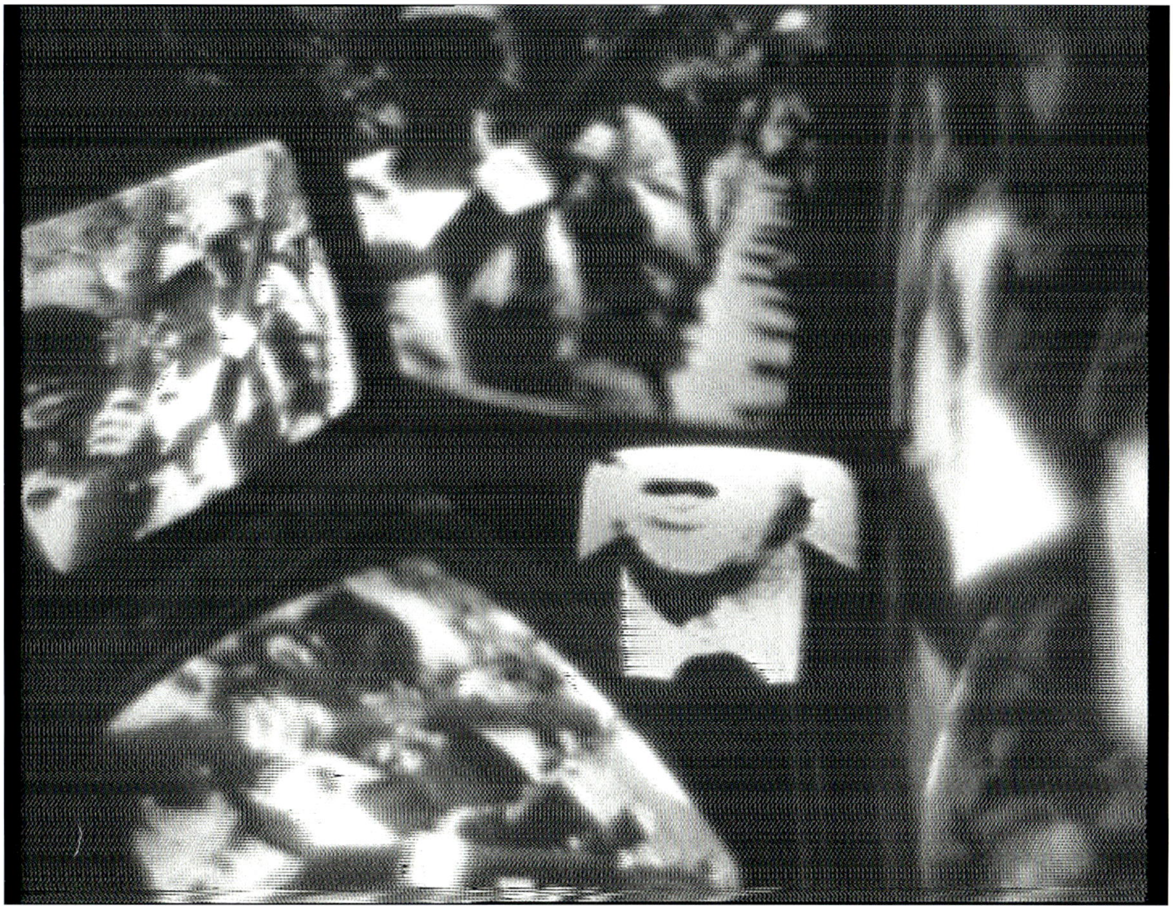

VIDEO 54
Über die gesamte Bildfläche tritt ein unruhiges und bewegtes Fischgratmuster auf. Der Ton ist nicht beeinträchtigt.

VIDEO 54
A jittery, agitated herringbone pattern is displayed across the image as a whole. Audio is not affected.

ÜBERSPRECHEN //
// CROSSTALK

Synonyme und verwandte Begriffe:

–

Phänomen

Das Übersprechen von Ton- und Bildinhalten bezeichnet zwei unterschiedliche Störphänomene: 1. Der Ton wird im Bild sichtbar. 2. Bildelemente machen sich im Ton bemerkbar. Beim ersten Phänomen wird das Bild zwar in Normalgeschwindigkeit wiedergegeben, jedoch verursachen laute Töne und Geräusche auf der **Audiospur** eine Unruhe im Bild: Diese äussert sich als Helligkeitsschwankung, bei höheren Tonfrequenzen zusätzlich als horizontale Verwellung des Bildes. Die Bildstörung folgt dem Rhythmus der Töne, ihr Ausmass ist von der Lautstärke abhängig.

Beim zweiten Phänomen verursachen Kontrastkanten, besonders aber elektronisch generierte weisse Schriften oder Logos im Bild einen verzerrten **Brumm** im Ton (vgl. *>Brummstörung*).

Beim selteneren Übersprechen zweier **Audiokanäle** wird der Ton eines Kanals ganz schwach auch auf dem anderen Kanal hörbar, sofern dieser keinen oder einen nur sehr leise aufgezeichneten Ton aufweist.

Mögliche Ursachen

BEDIENFEHLER
OPERATOR ERROR

GERÄTEFEHLER
DEVICE ERROR

BANDFEHLER
TAPE ERROR

PRODUKTIONSFEHLER
PRODUCTION ERROR

Die vom Audiokanal ausgehende Bildstörung ist vor allem bei älteren **Videoformaten** anzutreffen und stammt von der Produktion z. B. mit einfachem Equipment. Es handelt sich um eine **Störspannung**, welche in einen Signalweg gelangt und von da an nicht mehr vom **Nutzsignal** zu trennen ist.

Ein Übersprechen des Tons auf das Bild kann bei der Aufnahme sowohl von den Kabelverbindungen als auch der Signalführung im Videorekorder herrühren. Waren – in der Zeit vor dem Camcorder – die Verbindungskabel zwischen Videokamera und Rekorder, bei denen Ton- und Bildsignale eng nebeneinander geführt wurden, stark verlängert oder mit einer schlechten **Abschirmung** ausgestattet, so konnten die beschriebenen **Interferenzen** durch **induktive** und / oder **kapazitive** Einwirkungen entstehen. Das gleiche Phänomen tritt ein, wenn bei einfach gebauten Geräten die Audio- und Videoschaltungen nicht sorgfältig getrennt sind.

Die horizontale Ausrichtung der Bildverwellung entsteht, weil die Audiofrequenzen (ca. 50 Hz –15 kHz) grundsätzlich tiefer liegen als die **Zeilenfrequenz** (15,625 kHz). Eine Schwingung im Ton dauert daher immer mindestens eine **Zeile** bis hin zu einem Vielfachen davon; somit ist auch stets die gesamte Bildbreite, nicht aber zwingend die gesamte Bildhöhe von der Störung betroffen.

Eine Beeinträchtigung des Bildes durch den Ton konnte auch beim analogen TV-Empfang beobachtet werden, wenn der Empfänger nicht optimal eingestellt war.

Ein Übersprechen des Bildes auf den Ton kann erfolgen, wenn kontrastreiche Kanten im Bild elektronisch erzeugt worden sind (z. B. weisse Schrift auf dunklem Grund) und so das **Videosignal** mit ausgeprägten **Rechteckanteilen** versehen. Diese enthalten höchste Frequenzen, welche grundsätzlich leichter übersprechen.

Ein Übersprechen von einem Audiokanal auf den anderen ist möglich, weil sowohl die Audiospuren auf einem Band, als auch die Spulen im Innern der **Audioköpfe** eng beieinander liegen. Dadurch kann ein lautes **Audiosignal** mittels induktiver Übertragung auch auf die Nachbarspur aufgezeichnet werden.

Weiteres Vorgehen

1. **Testkassette** einlegen.
2. Bild- und / oder Tonstörung behoben: Bandfehler. Die Störungen sind irreversibel aufs Band aufgezeichnet.
3. Bild- oder Tonstörung nicht behoben: Gerätefehler am Videogerät oder Monitor / Fernseher, durch Techniker überprüfen lassen.

Synonyms and related terms:

–

Symptoms

Crosstalk between audio and image content may produce two different kinds of disturbances: (1) the sound becomes 'visible' in the image; (2) elements of the image become 'audible' in the sound. In the first case, the image is played back at normal speed, but loud sounds and noises on the **audio track** cause the image to become unstable. This is manifested as fluctuating luminance, or at higher sound frequencies as a horizontal rippling of the image. This image error follows the rhythm of the soundtrack, and its severity depends on the volume of the audio.

In the second case, areas of extreme contrast within the image content may superimpose a distorted **hum** on the soundtrack (cf. *>Hum Trouble*), e. g. when electronically generated white lettering or logos appear in the image.

A less common phenomenon is crosstalk between two **audio channels**. In such cases the soundtrack on one channel becomes very faintly audible over the other channel, especially if there is no sound or only very faint sound recorded on the latter.

Possible causes

Image disturbance caused by the audio channel is usually only encountered in older **video formats** and is a result of production processes using basic equipment. The problem is caused by **noise voltage** that leaks into a signal pathway and subsequently becomes inseparable from the **effective signal**.

During recording, audio-to-video crosstalk may be generated by cable connections, or by the way signals are transmitted inside a video recorder. In the years before the advent of the camcorder, the cables that connected a video camera to the recorder were relaying audio and video signals closely side by side. If these cables were over-extended or equipped with poor **shielding**, **inductive** and / or **capacitive** effects could cause the described **interferences**. The same phenomenon occurs if the audio and video circuits in basic video equipment have not been carefully separated.

The rippling effect in the image is horizontal because the audio frequencies (ca. 50 Hz –15 kHz) are generally lower than the **line frequency** (15.625 kHz). Consequently any audio oscillation always lasts for at least one **scan line** and may last for multiple lines, thus the interference always affects the image across its entire width, but may not necessarily affect the entire image from top to bottom. Crosstalk from audio to image may also be observed during analogue TV reception if the tuner has not been set up correctly.

Video-to-audio crosstalk may occur if high-contrast edges in an image are generated electronically (e. g. white lettering against a dark background), creating pronounced **square-wave components** in the **video signal**. These contain high frequencies which are much more prone to crosstalk.

Crosstalk between one audio channel and another is possible because the audio tracks on a tape – as well as the coils inside the **audio heads** – are all positioned very close to one another. This means that a loud **audio signal** may be inadvertently recorded onto the adjacent audio track by inductive coupling.

What to do next

1. Insert a **test cassette**.
2. Image / audio error no longer present: tape error. The error is permanently recorded onto the tape.
3. Image / audio error still present: device error in the video player or monitor / TV set; they should be inspected by a technician.

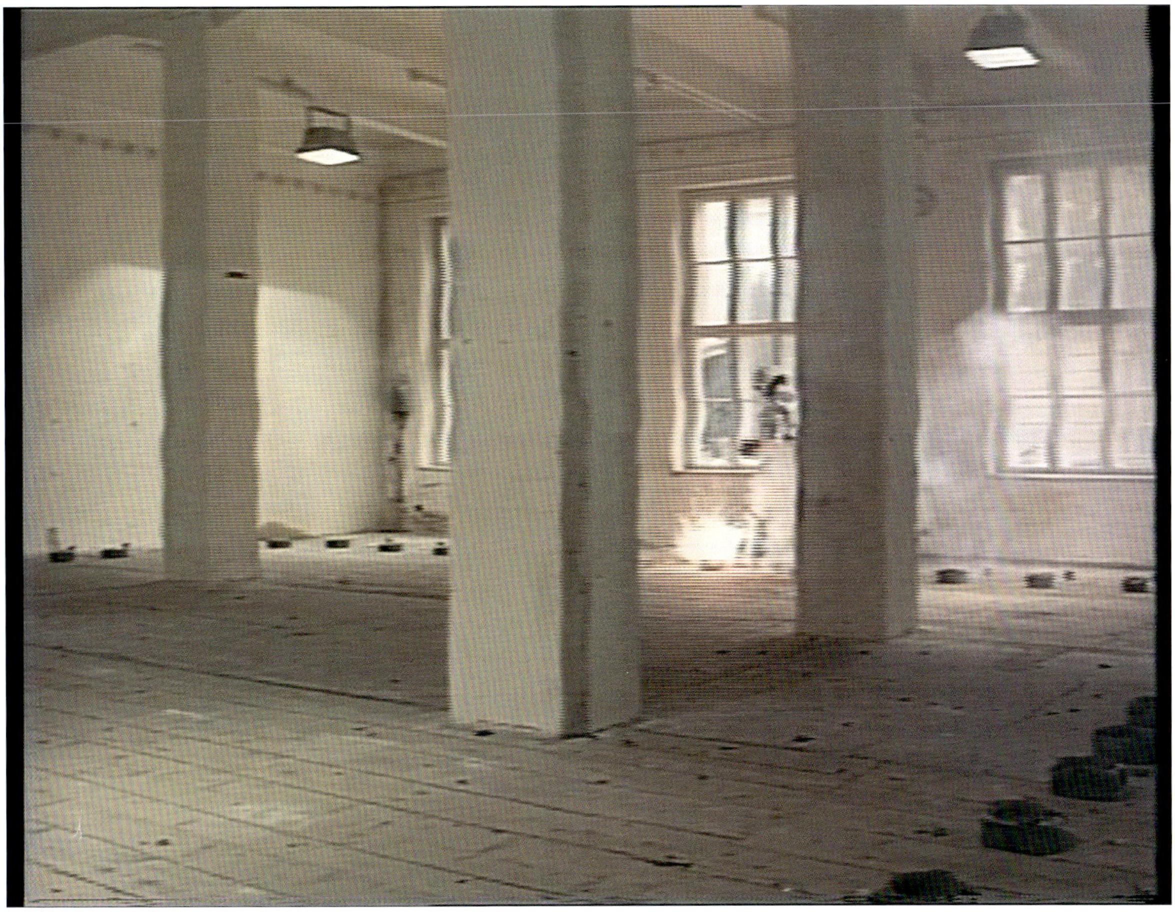

VIDEO 55
Die kurzfristigen, horizontalen Verwellungen des Bildes, die durch die lauten Explosionen dieser Performance entstehen, werden vor allem an den vertikalen Kontrastkanten im Bild wie z. B. den Säulen und Fenstern deutlich.

VIDEO 55
The brief, horizontal rippling of the image caused by the loud explosions in this performance is especially evident along the contrasting vertical edges in the image content, such as the pillars and window frames.

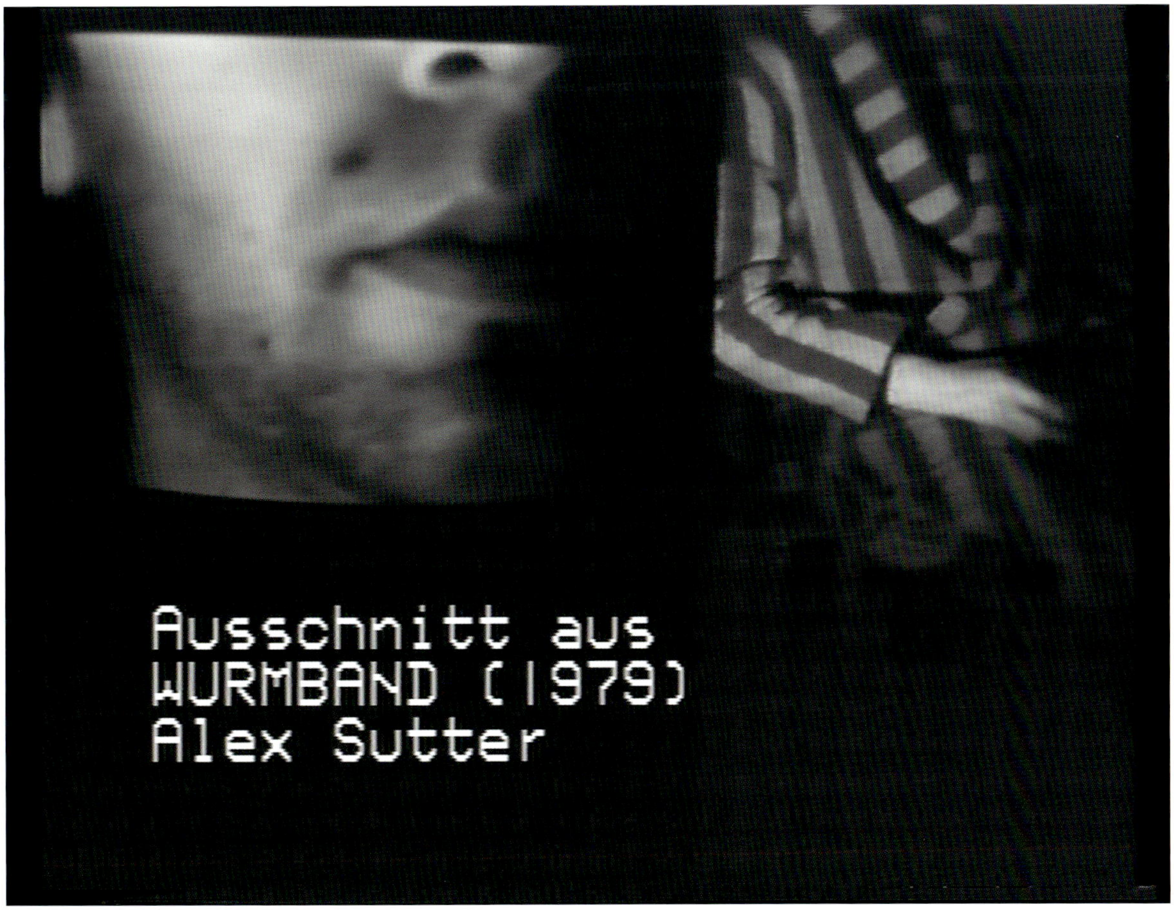

VIDEO 56
Kontrastreiche, elektronisch generierte Schrift enthält Rechteckanteile mit hohen Frequenzen, welche auf die Audiospur übersprechen können. In diesem Video wird nach 5 Sekunden, bzw. nach 22 Sekunden während der Einblendung der Schrift ein Brummen hörbar.

VIDEO 56
High-contrast, electronically generated lettering contains square-wave components at high frequencies, which may produce crosstalk on the audio track. In this video a hum becomes audible as the caption fades in after 5 seconds, and again after 22 seconds.

VERTIKALER BILDFANG //
// VERTICAL HOLD

Synonyme und verwandte Begriffe:
rollendes Bild, vertikaler Bilddurchlauf, Durchfallen des Bildes; Bezeichnungen des Reglers: Bildfang, V-Hold, V Hold, Vertical Hold, VER, Vert.

Phänomen

Diese Bildstörung tritt nur bei Monitoren und TV-Geräten mit Kathodenstrahlröhren auf. Ist der vertikale **Bildfang** am Gerät falsch eingestellt, führt dies je nach Drehrichtung des **Bildfang-Reglers** entweder zum **vertikalen Bilddurchlauf** oder zu einer Inkongruenz der **Halbbilder**, die sich dann höhenversetzt überlagern.
Beim ersten Phänomen fällt das Video-, bzw. TV-Bild zunächst mit gleichmässiger Geschwindigkeit und schliesslich mit einem Ruck zum unteren Bildschirmrand, während das nächste Bild vom oberen Bildschirmrand her nachfolgt. Die so durchlaufenden Bilder sind durch einen dunklen Querbalken, die **vertikale Austastlücke**, geteilt. Der vertikale Bilddurchlauf unterscheidet sich durch seine Regelmässigkeit und seine stets von oben nach unten verlaufende Bewegungsrichtung deutlich von der *>Vertikalen Synchronstörung.*
Beim zweiten Phänomen sind mehrere Halbbilder und ihre Austastlücken in unterschiedlichen Höhen gleichzeitig sichtbar, wobei die Halbbilder nicht durchfallen. Das Bild flimmert stark.
Bei beiden Phänomenen ist der Ton nicht beeinträchtigt.

Mögliche Ursachen

BEDIENFEHLER
OPERATOR ERROR

GERÄTEFEHLER
DEVICE ERROR

BANDFEHLER
TAPE ERROR

PRODUKTIONSFEHLER
PRODUCTION ERROR

Diese Bildstörung entsteht durch eine falsche Einstellung des Bildfang-Reglers am Monitor (Drehknopf mit der Bezeichnung «V-Hold», «Vertical Hold», «VER», «Bildfang» u.s.w. im Bedienfeld oder auf der Geräterückseite, bzw. Einstellregler im Gehäuseinneren). Mit ihm wird die freilaufende Bildwechselfrequenz des Monitors so voreingestellt, dass dessen **Halbbildwechsel** vom **vertikalen Synchronimpuls** des eingehenden TV- oder **Videosignals** ausgelöst werden können.
Bei falscher Einstellung ist der **Fangbereich** des Monitors zeitlich verschoben und die vertikalen Synchronimpulse treffen verhältnismässig zu früh oder zu spät ein, sodass keine Synchronisation erfolgen kann.
Ist die freilaufende Bildwechselfrequenz zu hoch eingestellt, leitet der Monitor einen **Bildrücklauf** ein, bevor dieser vom Videosignal ausgelöst wird, d. h. noch bevor das Halbbild vollständig geschrieben ist. Beim nächsten Halbbild ist ein Teil des **Bildrasters** bereits geschrieben, bevor der eigentliche Bildinhalt den Monitor erreicht. Diese Verschiebung kumuliert sich in der Abfolge der Halbbilder, solange die Synchronisation fehlschlägt. Das Bild läuft von Halbbild zu Halbbild sukzessive nach unten, bis ein sog. Bilddurchlauf abgeschlossen ist und wieder von vorne beginnt.
Wenn die Bildwechselfrequenz zu tief voreingestellt ist, öffnet sich der Fangbereich erst nach dem vertikalen Synchronimpuls, sodass der Monitor signalunabhängig und zu spät den Bildwechsel einleitet. Die einzelnen Halbbilder verteilen sich dadurch auf unterschiedliche Bildhöhen, wodurch ein deutliches Flimmern entsteht. Es kommt nicht zum vertikalen Bilddurchlauf, weil im regelmässigen Abstand von wenigen Halbbildern der Synchronimpuls wieder in den Fangbereich fällt und für ein Halbbild den korrekten Bildrücklauf auslöst.

Weiteres Vorgehen

1. Betätigung des Bildfang-Reglers am Monitor: Bereich für grösste Bildstabilität wählen.
2. Störung nicht behoben: der Monitor ist defekt oder es handelt sich um eine *>Vertikale Synchronstörung* durch ein defektes Band oder Videogerät.

Synonyms and related terms:
roll, vertical roll, picture roll, vertical scrolling, rolling picture, scrolling picture. Control labelled: V-Hold, V Hold, Vertical Hold, VER, Vert.

Symptoms

This image error only occurs in cathode-ray tube monitors or TV sets.
If the device's **vertical hold** settings are maladjusted, the result may be – depending on the **vertical hold control** setting (i. e. which way the knob has been rotated) – either a **vertically rolling picture**, or a mismatch between the **fields** so that they overlap each other vertically.
In the first case, the video or TV picture starts by rolling down towards the bottom of the screen at an even speed, then jerks down as the next picture starts to roll down from the top of the screen. The rolling pictures are separated by a dark crossbar representing the **vertical blanking interval**. The vertically rolling pictures differ from the symptoms associated with *>Vertical Synchronisation Error* in that they move at a regular speed, and always from top to bottom of the screen.
In the second case, several fields and their blanking intervals are visible simultaneously, at different (often overlapping) heights: the fields do not roll down the screen, but the image flickers severely.
In both cases audio is not affected.

Possible causes

Monitors are equipped with a vertical hold control (usually a knob labelled 'V-Hold', 'Vertical Hold', 'VER', 'Vert. Hold' etc. on the monitor's control panel or rear panel, or sometimes an adjustable control inside the casing). If the control is maladjusted, it causes this image error. The control is used to set the monitor's free-running frame rate so that **field changes** are properly triggered by the **vertical sync pulse** carried by the incoming TV or **video signal**.
If the setting is incorrect, the monitor's **catch range** is shifted in time so that, relatively speaking, the vertical sync pulses are received too early or too late. In either case, vertical synchronisation becomes impossible.
If the free-running frame rate is set too high, the monitor initiates a **vertical flyback** (vertical retrace) before it is triggered by the video signal, i. e. before the field has been fully scanned. This means that part of the **picture raster** for the suceeding field has already been written before the actual image content has reached the monitor. This displacement accumulates over a succession of video fields for as long as the synchronisation is not working. The picture rolls down the screen from one field to the next until the entire picture has scrolled down and the process starts again from the beginning.
Conversely, if the frame rate setting is too low, the catch range only opens after the vertical sync pulse has already been emitted, so that the monitor initiates the field change without reference to the signal, i. e. too late. The individual fields are distributed across the screen at different heights, causing the image to flicker. This setting does not produce a vertically rolling picture because at regular intervals – usually a few fields apart – the sync pulse falls within the catch range and triggers the correct vertical flyback for a given field.

What to do next

1. Use the vertical hold control on the monitor: select the range for optimum image stability.
2. Image error still present: the monitor is faulty, or a defective tape or video player is causing a *>Vertical Synchronisation Error.*

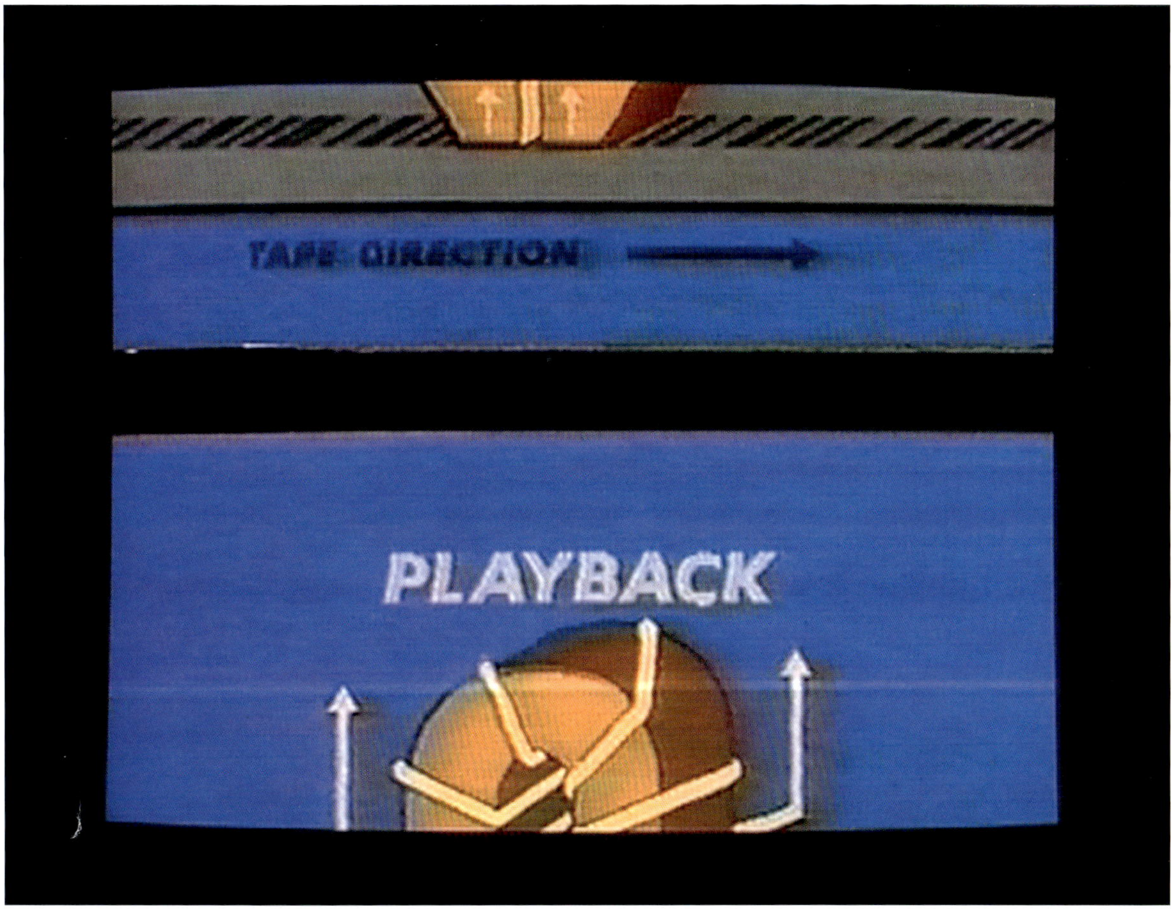

VIDEO 57
Hier führt die Stellung des Bildfang-Reglers (Drehrichtung nach rechts = freilaufende Bildwechselfrequenz zu hoch) zum vertikalen Bilddurchlauf.

VIDEO 57
Here the position of the vertical hold control (turned to the right, thus setting the free-running frame rate too high) is causing the picture to roll vertically.

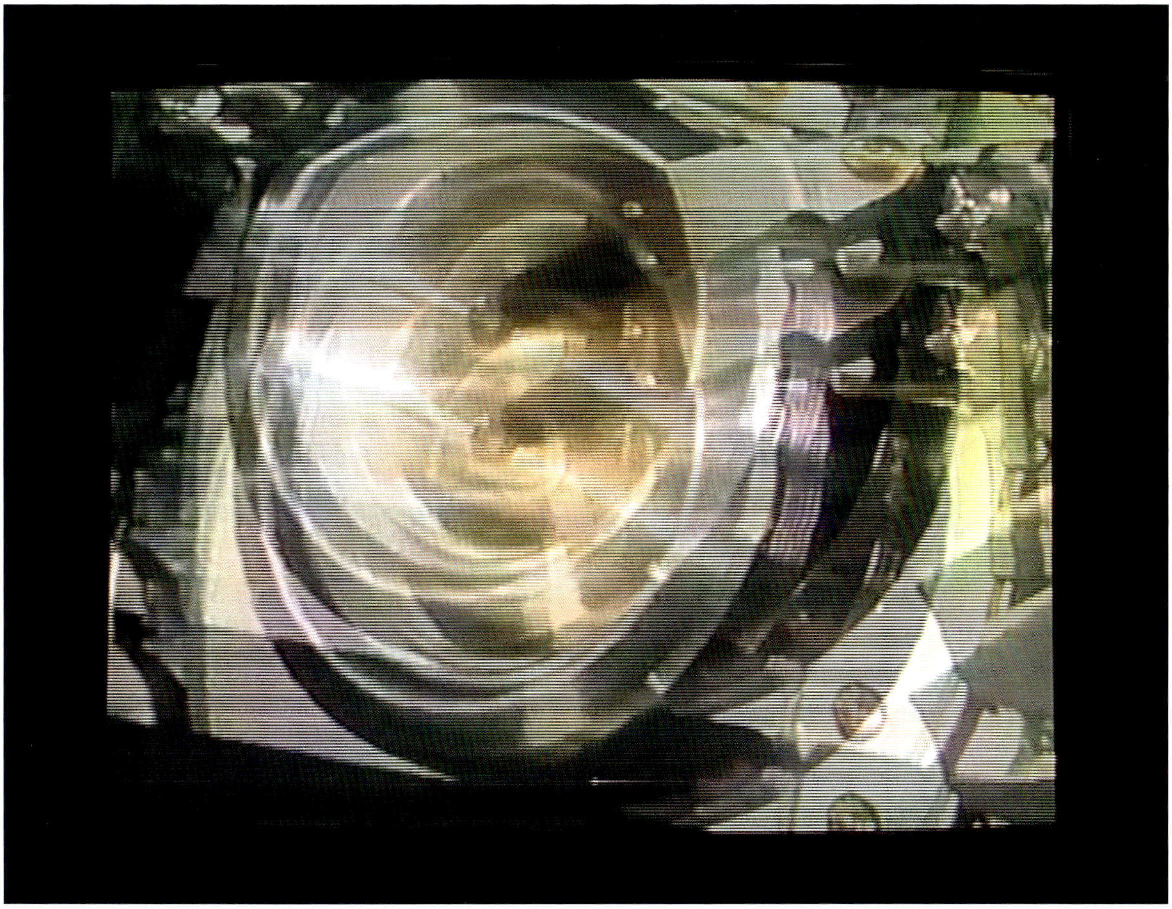

VIDEO 58
Hier verursacht die entgegengesetzte Drehrichtung des Bildfang-Reglers (= freilaufende Bildwechselfrequenz zu niedrig) eine Inkongruenz der Halbbilder. Der Ton bleibt stets unbeeinflusst.

VIDEO 58
Here the vertical hold control has been turned in the opposite direction, thereby setting the free-running frame rate too low and causing the fields to lose congruence. Audio is unaffected by the different settings.

VERTIKALER BILDSPRUNG //
// VERTICAL PICTURE JUMPING

BEDIENFEHLER
OPERATOR ERROR

GERÄTEFEHLER
DEVICE ERROR

BANDFEHLER
TAPE ERROR

PRODUKTIONSFEHLER
PRODUCTION ERROR

Synonyme und verwandte Begriffe:
vertikale Bildstandsschwankung, fehlerhafte Halbbildkennung, fehlerhafte Halbbilddominanz

Phänomen

Das Bild springt in unregelmässigen Intervallen von Bruchteilen einer Sekunde bis zu mehreren Sekunden um eine oder selten einige **Zeilen** nach oben bzw. unten. Die Bildstruktur und Farbwerte, sowie der Ton sind nicht betroffen. Das Phänomen betrifft vorwiegend **U-matic** oder sehr alte Schwarz-Weiss-Bänder des Formates ½″ **Offene Spule**, und tritt nur dann in Erscheinung, wenn diese auf neuere analoge oder digitale **Videoformate** migriert werden.
Die minimale Bewegung des Bildes kann leicht mit dem Symptom einer fehlerhaften Halbbildkennung (heutzutage v.a. aus dem digitalen Video bekannt) verwechselt werden, bei dem es sich jedoch um keine vertikale Bildstandsschwankung, sondern ein horizontales Ruckeln des Bildinhaltes handelt.

Mögliche Ursachen

Ein normgerechtes **Videosignal** weist grundsätzlich eine starre Verkoppelung der **Zeilenfrequenz** mit der **Bildwechselfrequenz** auf. Bei der **Farbfernsehnorm PAL** zählt ein **Vollbild** genau 625 **Zeilen**, und ein **Halbbild** dementsprechend 312,5 Zeilen. Jedes zweite Halbbild beginnt also mitten in der Zeile, während das darauffolgende wieder vom linken Bildrand her geschrieben wird. Sogenannte Industriekameras für Schulung und Überwachung haben bis in die 1980er Jahre keine starre Verkoppelung von Bild- und Zeilenwechsel gehabt. Die Zeilenfrequenz von 15,625 kHz wurde mit einem einfachen, nicht quarzstabilen **Oszillator** erzeugt, während die Bildfrequenz in der Regel von der Netzfrequenz von 50 Hz abgeleitet wurde. Die Zeilenfrequenz ist meistens etwas vom Sollwert abgewichen, wodurch sich der zeitliche Abstand des nächsten **horizontalen Synchronimpulses** zum **vertikalen Synchronimpuls** ständig verändert hat. Dadurch hat der **Elektronenstrahl** des Monitors auf einer beliebigen Position in der obersten Zeile zu schreiben begonnen. Analoge Monitore passen sich dieser Verschiebung an und zeigen ein ruhig stehendes Bild. Diese Abweichung der Zeilenfrequenz hat zur Folge, dass ein Bild nicht genau 625 Zeilen umfasst, sondern einige mehr oder weniger.
Sobald seit dem Beginn der 1980er Jahre für die Übertragung auf neuere, zunächst analoge Formate ein digitaler Zwischenspeicher zur Signalstabilisierung (**TBC**) verwendet wurde, mussten für ein normgerechtes Signal die am oberen Bildrand stetig sich verschiebenden Zeilenstarts entweder auf die linke obere Bildecke (ungerade Halbbilder) oder die Mitte des oberen Bildrandes (gerade Halbbilder) gelegt werden. Dies geschah durch die kurzzeitige Zwischenspeicherung im TBC bis Bild- und Zeilenstart jeweils übereinstimmen.
Durch die Verzögerung rutscht der Bildinhalt nach jedem Halbbild etwas nach oben, bis der Abstand einer ganzen Zeile erreicht ist und der Zyklus neu beginnt: mit einem genau eine Zeile hohen Bildsprung nach unten. Der Sprung kann in seltenen Fällen mehr als eine Zeile umfassen, wenn der TBC, mit welchem das analoge Signal verarbeitet wird, die Bildzeilen zählt.

Weiteres Vorgehen

1. Wiederholung der Kopie / Digitalisierung mit veränderten Einstellungen und / oder anderen Geräten.
2. Störung noch vorhanden: Evtl. bedingte Korrektur durch digitale Nachbearbeitung möglich.

Synonyms and related terms:
vertical jitter, inverted field dominance

Symptoms

At irregular intervals (ranging from fractions of a second to several seconds), the picture jumps up or down the screen by one or sometimes several **scan lines**. The image structure and chromatic values are not affected, nor is the audio. The phenomenon is mostly confined to **U-matic** or very old black-and-white tapes on ½″ **open reels** and only appears if these tapes are migrated to newer analogue or digital **video formats**.
It is easy to confuse the way the picture jumps very slightly up or down with the symptoms of inverted field dominance (nowadays most commonly seen in digital video), although in fact the latter causes the picture content to jump ('jitter') horizontally rather than vertically.

Possible causes

In any standards-compliant **video signal**, the **line frequency** is rigidly coupled to the **frame rate**. In the **PAL television standard** a **frame** scans at precisely 625 lines, consequently a **field** scans at 312.5 lines. Thus the even fields (from the second field onwards) begin in the middle of a line, while the odd fields (first, third, etc.) all begin at the left-hand edge of the image. Until the 1980s, industrial cameras (CCTV) used for training and surveillance did not enforce the rigid coupling of frame and line changes. At 15.625 kHz, the line frequency was generated using a simple, non-crystal-stabilised **oscillator**, while the frame rate was normally derived from the 50 Hz mains power frequency. Line frequency usually deviated slightly from the target value, which meant that the time interval between the next **horizontal sync pulse** and the **vertical sync pulse** was always changing. This in turn meant that the monitor's **electron beam** started to scan the image at a more or less random point in the topmost line. Analogue monitors adapt to this shift and display a stable, stationary image. This deviation in line frequency means, however, that the image does not comprise exactly 625 lines, but usually a few more or less.
In the early 1980s, as soon as digital storage buffers for stabilising signals (**TBCs**) came into use for transferring recordings to newer – initially analogue – formats, the situation changed. To produce a standards-compliant signal, the formerly shifting line starts were now required to begin – as specified – either in the upper left-hand corner of the image (odd fields) or in the centre of the top edge of the image (even fields). This was achieved by briefly caching the signal in the TBC until picture start and line start both coincided.
As a result of this delay, the content of the image slips very slightly upwards after each field until the gap is a whole line deep and the cycle begins again, with a downward picture jump of exactly one line. In unusual cases the picture may jump by more than one line if the TBC that is being used to process the analogue signal is counting the scan lines.

What to do next

1. Repeat the copy or digitisation process with adjusted settings and / or different equipment.
2. Image error still present: it may be possible to (partially) correct the error using digital post-processing techniques.

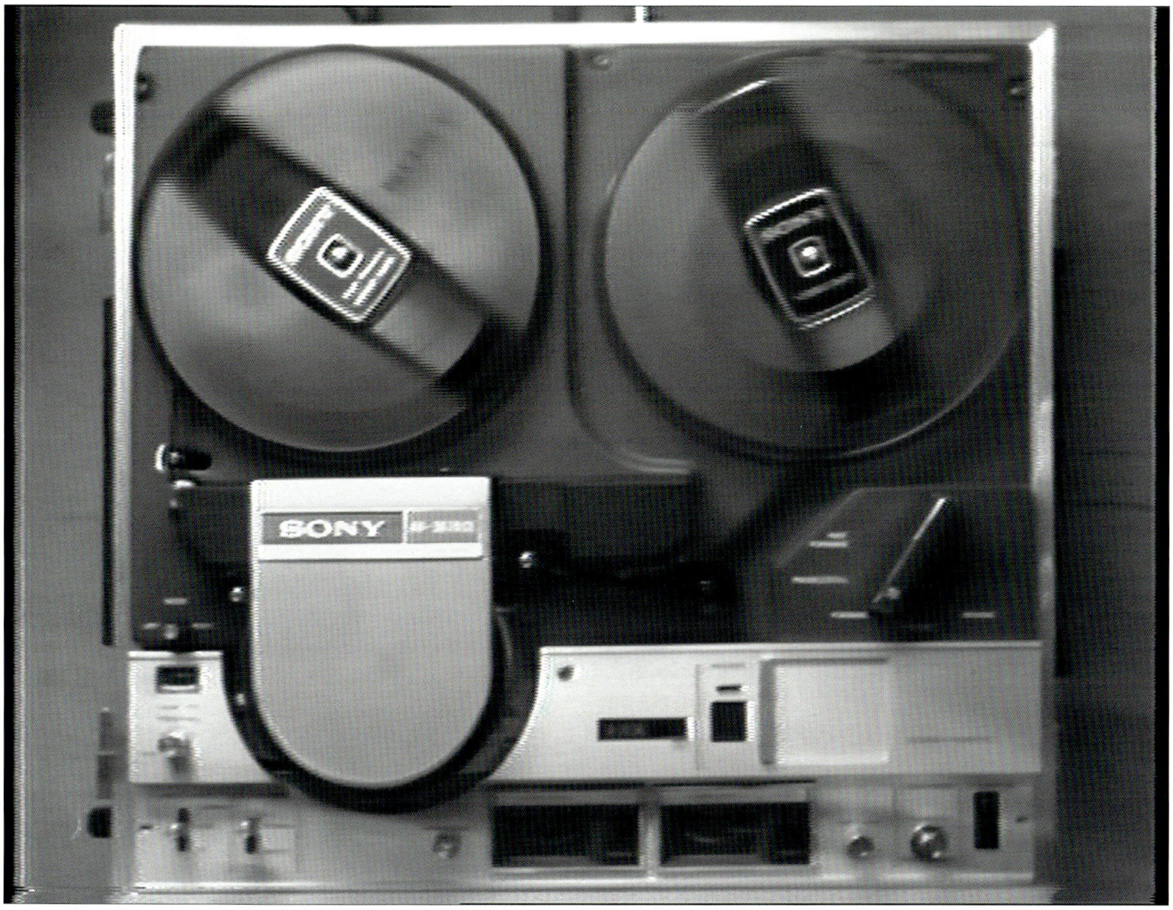

VIDEO 59

Beim vertikalen Bildsprung hüpft das Bild kontinuierlich, aber unregelmäßig um wenige Zeilen auf und ab.

VIDEO 59

In cases of vertical picture jumping, the picture jumps continuously but irregularly up and down, a few lines at a time.

VERTIKALE SYNCHRONSTÖRUNG //
// VERTICAL SYNCHRONISATION ERROR

Synonyme und verwandte Begriffe:
Bildstandsschwankung, Durchfallen des Bildes, Durchlaufen des Bildes, vertikaler Bilddurchlauf, Wandern des Bildes

Phänomen

Bei einer leichten Synchronstörung bleibt das Bild in seiner vertikalen Lage stabil, pendelt jedoch leicht horizontal, bis es sich wieder stabilisiert. Zugleich bewegt sich der **Kopfumschaltpunkt** zusammen mit dem typischen, unmittelbar anschliessenden Zeilenverzug auf und ab (vgl. >*Skew-Fehler* und >*Kopfumschaltpunkt verschoben*). Setzt sich seine Bewegung weiter nach unten fort, verschwindet er ganz und erscheint am oberen Bildrand wieder.

Bei einer schweren Synchronstörung bewegt sich das ganze Bild vertikal und bricht in der Regel kurzzeitig zusammen. Kommt es zum **vertikalen Bilddurchlauf**, kann dieser einmalig oder wiederholt auftreten, verläuft aber anders als beim falsch eingestellten >*Vertikalen Bildfang* stets unregelmässig. Dabei wird die **vertikale Austastlücke** als dunkler Querbalken sichtbar, der zwischen den durchlaufenden Bildern von oben nach unten oder umgekehrt über den Bildschirm zieht. Eine Synchronstörung ist oft von einer kurzzeitig verrauschten Bildstruktur begleitet (vgl. >*Tracking-Fehler*).

In der Regel gehen vertikale Synchronstörungen mit Tonhöhenschwankung einher. Das Motorgeräusch des Abspielgerätes verändert sich während der Störung.

Mögliche Ursachen

BEDIENFEHLER
OPERATOR ERROR

GERÄTEFEHLER
DEVICE ERROR

BANDFEHLER
TAPE ERROR

PRODUKTIONSFEHLER
PRODUCTION ERROR

Die Geschwindigkeit und die korrekte vertikale Lage des Videobildes werden durch zwei verschiedene Impulse gesteuert, die auf das **Magnetband** mitaufgezeichnet sind. Die **Kontrollimpulse** befinden sich auf der **Kontrollspur** längs am Bandrand und steuern die **Servoschaltung** des Abspielgerätes zur Synchronisierung von Bandvorschub und Rotation der **Videoköpfe**. Die **vertikalen Synchronimpulse**, die sich am Anfang jeder **Schrägspur** im **Videosignal** eingebettet befinden, markieren den Beginn eines neuen **Halbbildes**.

Gibt es in der Abfolge der Impulse einen **Phasensprung**, z. B. durch unsauberen **Bildschnitt**, unregelmässige **externe Synchronisation**, oder Störungen im Stromnetz, so beschleunigt oder bremst die Servoelektronik ausgleichend den Bandvorschub, bzw. die Kopfrotation. Es entstehen >*Gleichlaufschwankungen*, die sich im leichteren Fall in einer horizontalen, im schwereren Fall auch in einer vertikalen **Bildstandsschwankung** äussern können.

Sind die Impulse stark gestört bzw. fehlen sie ganz, z. B. durch >*Kratzer und Abnutzung des Bandes*, >*Knicke und zerknittertes Band* oder >*Deformation des Bandes*, so wird auf dem Monitor der **Halbbildwechsel** nicht mehr zum korrekten Zeitpunkt, sondern zu früh oder zu spät ausgelöst. Hält diese vertikale Synchronstörung über viele Halbbilder an, kann es zum vertikalen Bilddurchlauf kommen (vgl. Erklärung für dessen Entstehung beim >*Vertikalen Bildfang*).

Weiteres Vorgehen

1. Betätigung des **Bildfang-Reglers** am Monitor (vgl. >*Vertikaler Bildfang*).
2. Störung nicht behoben: Prüfung des Video- oder externen Synchroneinganges am Gerät (Störung durch Fehl-Signal?).
3. Störung nicht behoben: **Testkassette** einlegen.
4. Störung nicht behoben: Gerät defekt.
5. Störung nicht behoben: Bandfehler oder die Störung ist mitaufgezeichnet (Prüfung durch Videorestaurator).

Synonyms and related terms:
sync error, picture jumping, picture breakup, vertically rolling picture, roll, picture drift, picture slip, vertical scrolling

Symptoms

If the synchronisation error is mild, the picture stays vertically stable but wobbles slightly from side to side until it stabilises. At the same time the **head switching point** moves up and down, accompanied by characteristic line distortion which typically appears immediately below it (cf. >*Skew Error* and >*Shifted Head Switching Point*). If the head switching point continues to move down the screen, it will vanish completely and then reappear at the top of the image.

If the synchronisation error is severe, the entire picture also moves up and down, and usually loses cohesion for brief periods. The next stage is a **vertically rolling picture**, which may happen just once or repeatedly. However, unlike the almost identical symptom which indicates a maladjusted >*Vertical Hold*, the rolling movement is always irregular. The **vertical blanking interval** is visible as a dark crossbar that drifts between the rolling pictures from top to bottom of the screen, or vice versa. A synchronisation error is often accompanied by brief periods of noisy image structure (cf. >*Tracking Error*).

As a rule, vertical synchronisation problems cause the audio pitch to fluctuate. The noise of the motor in the playback device also changes while the error is occurring.

Possible causes

The speed and correct vertical position of the video picture are controlled by two different pulses. These pulses are recorded on the **magnetic tape** at the same time as the picture information. The **control pulses** are recorded on the longitudinal **control track** that runs along the edge of the tape; they control the player's **servo circuit**, which is responsible for synchronising the tape feed and rotation of the **video heads**. The **vertical sync pulses** that are embedded in the **video signal** at the start of each **helical track** mark the start of a new **field**.

If the sequence of pulses is interrupted by a **phase jump** as a result of e. g. a poorly executed **editing cut**, irregular **external synchronisation** or fluctuations in the mains power supply, the servo electronics in the video player compensate for this by accelerating or slowing down the tape feed and / or head rotation. The result is a >*Time Base Error*, which at its mildest will cause the picture to wobble from side to side, but in more severe cases will also cause **vertical picture jumping**.

If the pulses are severely disrupted or missing completely, e. g. because of >*Scratches and Tape Wear*, >*Creased or Crumpled Tape* or >*Tape Deformation*, the **field change** on the monitor is no longer triggered at the correct time; instead it is initiated too early or too late. If this vertical synchronisation error lasts for several fields, it may produce a vertically rolling picture (cf. explanation for this symptom under >*Vertical Hold*).

What to do next

1. Use the **vertical hold control** (cf. >*Vertical Hold*) on the monitor.
2. Image / audio error still present: check the video or external sync input on the player (error caused by faulty signal?).
3. Image / audio error still present: insert a **test cassette**.
4. Image / audio error still present: faulty player.
5. Image / audio error no longer present: tape error, or the noise is recorded on the tape (have it checked by a video conservator).

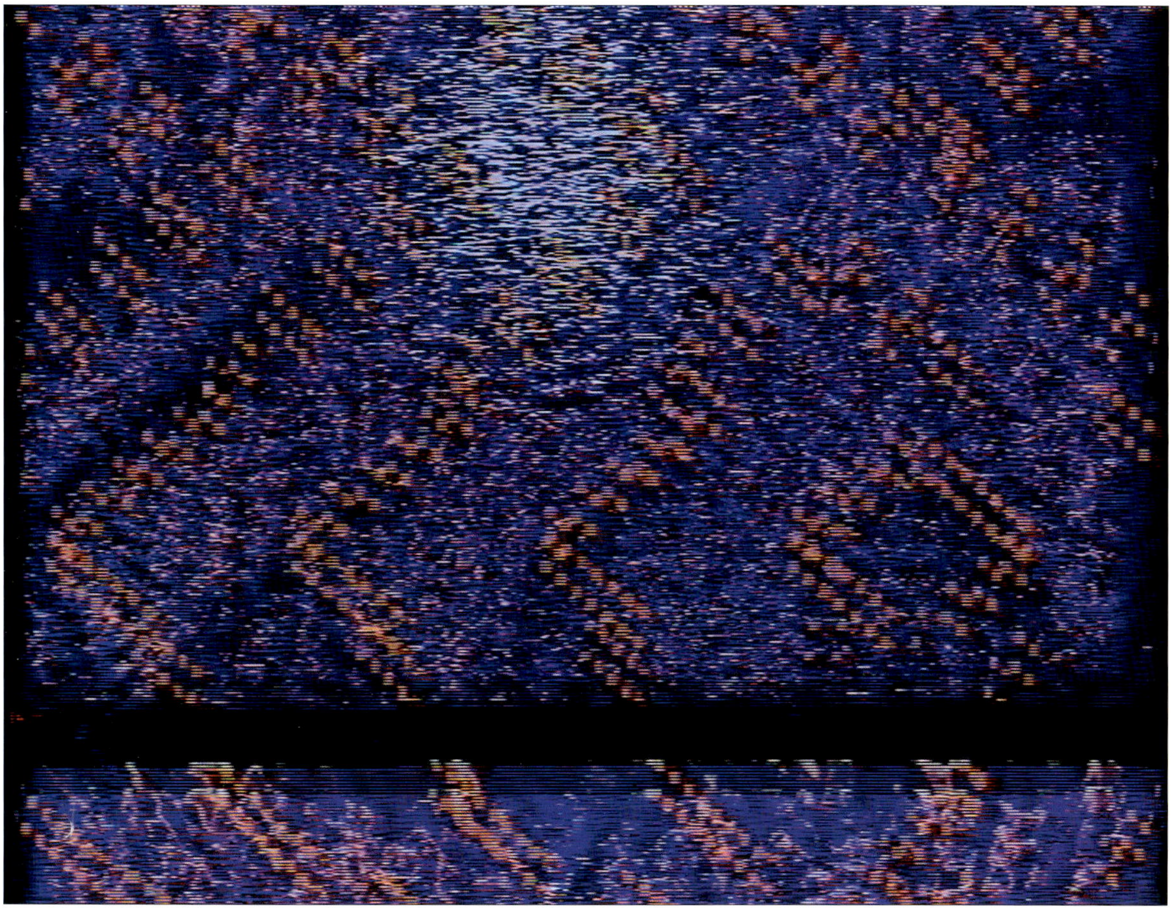

VIDEO 60

Das gesamte Bild schwankt unregelmässig in der Horizontalen. Gut hörbar sind die Tonhöhenunterschiede durch die Beschleunigung bzw. Abbremsung des Bandvorschubs bzw. der Kopfrotation. Wenn die **Wiedergabeköpfe** dabei die Spuren verfehlen, so kommt es zu verrauschten Bildstrukturen und zu einem Durchfallen das Bildes.

VIDEO 60

The entire picture wobbles irregularly from side to side. Fluctuations in the audio pitch due to acceleration or slowdown of the tape feed or head rotation are clearly audible. If the **playback heads** fail to accurately follow the tracks, noisy image structures will appear and the picture will start to roll vertically.

WIEDERGABEKÖPFE VERSCHMUTZT //
// HEAD CLOGGING

Synonyme und verwandte Begriffe:
Verstopfung der (Video-)Köpfe

Phänomen

Das Bild ist über seine ganze Höhe verrauscht. Das **Bildrauschen** kann schwächer oder stärker sein und zudem schwanken. Es betrifft entweder beide **Halbbilder** oder nur ein Halbbild (= jede zweite **Zeile**). Im ersten Fall kann das bewegte Bild bis zu einem totalen Bildrauschen ausfallen, im zweiten Fall bleibt das Bild zwar erkennbar, ist aber von einem gleichmässigen Rauschen überlagert und kann dabei flimmern. Zusätzlich zum Bildrauschen kann es zu einem **vertikalen Bilddurchlauf** kommen.
Der Ton kann gestört sein, allmählich dumpfer und leiser werden und / oder ganz ausfallen.

Mögliche Ursachen

BEDIENFEHLER
OPERATOR ERROR

GERÄTEFEHLER
DEVICE ERROR

BANDFEHLER
TAPE ERROR

PRODUKTIONSFEHLER
PRODUCTION ERROR

Wenn Schmutz in das Gerät gelangt oder **Bandabrieb** (>*Bandkleben und -quietschen*) sich an den **Wiedergabeköpfen** sammelt, führt dies zu einem schlechten **Kopf-zu-Bandkontakt** und / oder einer Überbrückung des **Kopfspaltes** mit magnetischem Bandabrieb. Die Köpfe können die aufgezeichnete Bild- und Toninformation nicht mehr optimal lesen, und das Signal wird vermindert. Sind die **Videoköpfe** verschmutzt, kommt es zum Bildrauschen. Ist nur ein Videokopf verschmutzt, wird jede zweite **Videospur** (= jedes zweite Halbbild auf dem Monitor) ungestört wiedergegeben. Dies geschieht, weil die Videoköpfe in der rotierenden **Kopftrommel** immer abwechselnd eine **Schrägspur** (= ein Halbbild) nach der anderen lesen. Wenn beide Videoköpfe und / oder der **Kontrollkopf** verstopft sind, d. h. wenn die für das **Tracking** notwendigen **Kontrollimpulse** nicht mehr gelesen werden können, kann es neben dem Bildrauschen zusätzlich zu einer >*Vertikalen Synchronstörung* kommen. Ist der Ton als **PCM-Ton** in die Videospuren eingebettet, d. h. wird er ebenfalls durch die Videoköpfe gelesen, wirkt sich eine Verschmutzung der Videoköpfe auf Bild- und Tonsignal zugleich aus. Beim **FM-Ton** oder beim Ton auf der **Längsspur** sind die entsprechenden **Audioköpfe** separat angelegt, sodass bei einer Kopfverschmutzung Bild- und Tonstörung unabhängig voneinander auftreten können. Während der FM-Ton schon bei einer leichten Verschmutzung der **FM-Köpfe** vollkommen ausfällt, wird der Ton auf der Längsspur mit zunehmender Verschmutzung zuerst dumpfer, dann leiser und fällt schliesslich ganz aus.
Setzt man die Wiedergabe fort, ist es möglich, dass Störungen in Bild und Ton nach einigen Minuten verschwinden. Dies geschieht, weil Schmutz oder Bandabrieb mit dem durchlaufenden Band von den Köpfen abgetragen werden. Dabei verteilen sich die Partikel allerdings über das Band weiter und lagern sich an anderen Teilen des **Bandpfades** ab.
Die gleichen Schadensphänomene wie bei einer Verschmutzung der Wiedergabeköpfe können auftreten, wenn eine extreme Abnutzung der Köpfe vorliegt.

Weiteres Vorgehen

1. Wiedergabe stoppen! Band von Videorestaurator reinigen lassen.
2. Reinigen Sie anschliessend ihr Gerät: **Reinigungskassette** anwenden (gemäss der Anleitung, die dem Produkt beiliegt).
3. Überprüfung des Reinigungsergebnisses durch **Testkassette**.
4. Störung nicht behoben: Gerät von Fachperson reinigen lassen. Evtl. wird eine Abnutzung der Köpfe festgestellt, so dass diese ausgetauscht werden müssen.

Synonyms and related terms:
head clog, one-head error

Symptoms

The image is noisy from top to bottom edge. This **picture noise** may be mild or severe, and may also fluctuate. It may affect both **fields** or just one field (= every other **scan line**). In the first case, the moving image may drop out completely, leaving just noise on the screen; in the second case, the image is still recognisable, but is overlaid by a regular pattern of picture noise and may also flicker. In addition to the picture noise, a **vertically rolling picture** may occur.
Audio may also be affected, gradually becoming quieter and more muffled and / or totally inaudible

Possible causes

If dirt gets into the player, or tape **debris** (cf. >*Sticky Tape Syndrome*) collects on the **playback heads**, the result will be poor **head-to-tape contact** and / or bridging of the **head gap** by magnetised debris. The heads will no longer be able to read the recorded video and audio information efficiently, and the signal will be attenuated. If the **video heads** are clogged, they will generate picture noise. If only one video head is clogged, every second **video track** (= every other field on the monitor) will be played back without disturbance. This happens because the video heads mounted on the rotating **head drum** each read one **helical track** (= one field) alternately. If both video heads and / or the **control head** are clogged, i.e. if the **control pulses** required for efficient **tracking** can no longer be read, the picture noise may be accompanied by a >*Vertical Synchronisation Error*. If the soundtrack is embedded in the video tracks as **PCM audio**, which means that it is also read by the video heads, any clogging of the video heads will simultaneously affect both video and audio signals. If the soundtrack is **FM audio**, or recorded on the **longitudinal track**, the relevant **audio heads** are separate; thus if the audio heads are clogged, any image and audio errors may appear quite independently. Whereas an FM soundtrack will drop out completely if the **FM heads** are even slightly clogged, a longitudinal soundtrack tends to gradually become more muffled as dirt builds up, then quieter, and finally totally inaudible.
If playback is continued, it sometimes happens that after a few minutes, the image and / or audio errors will vanish completely, because the dirt or debris causing them is dislodged or wiped from the heads by the running tape. However, this may mean that the dirt particles are spread even more widely across the tape, and they may also adhere to other components along the **tape path**.
Symptoms similar to those that characterise head clogging may also appear if the heads become very worn.

What to do next

1. Stop playback immediately! Ask a video conservator to clean the tape.
2. Then clean the playback device: use a **cleaning tape** (be sure to follow the instructions accompanying the product).
3. Use a **test cassette** to check the results of the cleaning.
4. Image / audio error still present: ask a technician or specialist to clean the playback device. If the heads turn out to be very worn, they may need to be replaced.

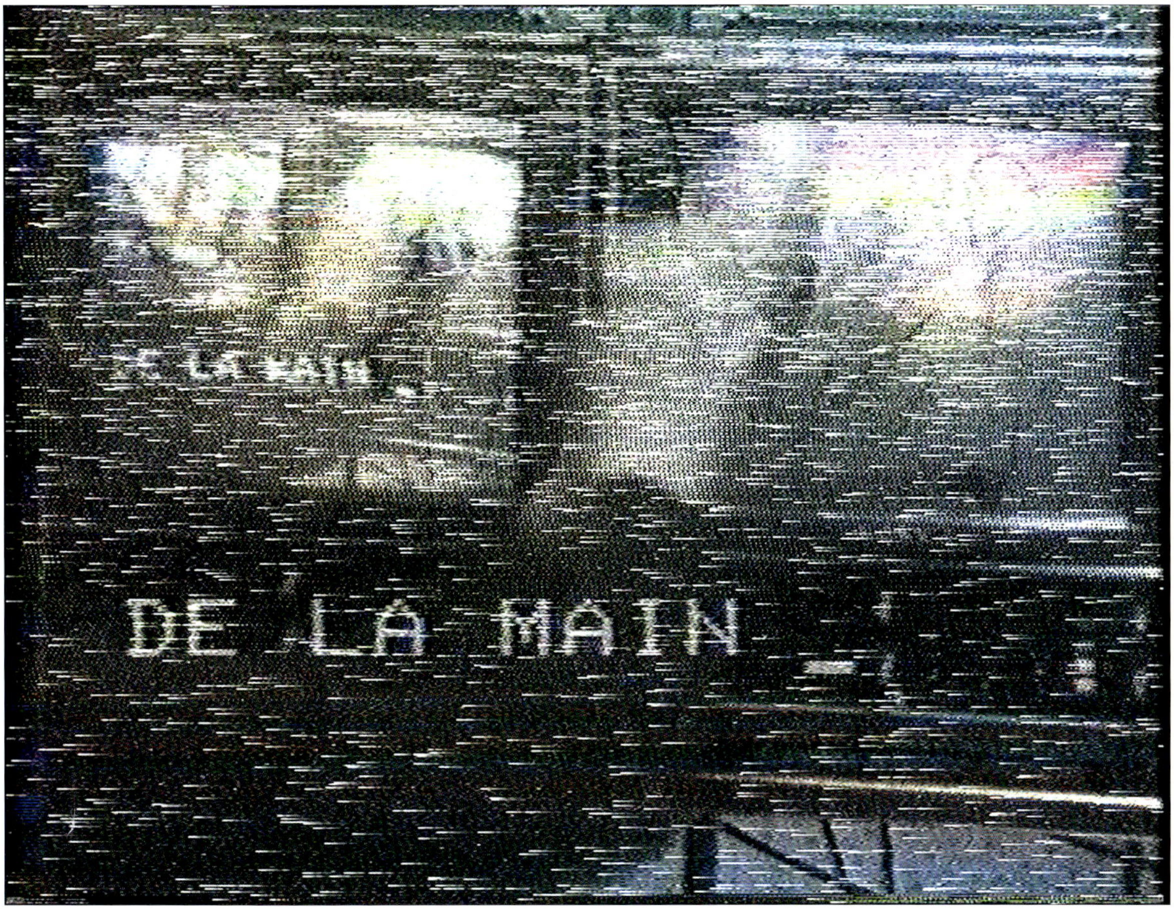

VIDEO 61
Zunächst setzt sich ein Kopf zu, das bewegte Bild ist noch schemenhaft zu erkennen, aber jede zweite Zeile ist verrauscht. Nach 37 Sekunden setzt sich auch der zweite Kopf zu, und das Bild fällt komplett aus.

VIDEO 61
First one head is affected: the moving image is still sketchily recognisable, but every other line is noisy. Then, after 37 seconds, the second head also becomes clogged, causing a complete loss of picture.

Johannes Gfeller

Historische Prämissen

Rund zehn Jahre nach der Erfindung der Videoaufzeichnung im Jahr 1956, kurz nach der Einführung von transportablen und unmittelbar mit der Verfügbarkeit von portablen Videogeräten, entsteht ein neues Genre: die Videokunst. Weil Videotechnik aufs engste auf der Fernsehtechnik aufbaut, ist hier der Ort, um Entwicklung und Technik des Fernsehens zu umreissen. Bestimmt wird sich der eine oder die andere Leser/in schon gefragt haben, wie es denn Fernsehen, das zu diesem Zeitpunkt seine Versuchsphasen seit den späten 1920er bis in die frühen 1950er Jahre hinter sich hat und zum regulären Betrieb übergegangen ist, ohne Video – seinem Speichermedium nämlich – überhaupt geben konnte. Fernsehen sendet doch, was mit der Videokamera aufgenommen wurde.

Die Übertragung geht der Speicherung vor

Sehen wir uns in der Geschichte der technischen Medien etwas um, so ist das zeitliche Primat der Übertragung vor der Speicherung geradezu die Regel: Die Camera Obscura, aber auch ihre Umkehrung, die Laterna Magica, gibt es lange vor dem lichtempfindlichen Material. Animierte Bilder – auch in Projektion – gibt es vor dem Zelluloidstreifen und vor der Möglichkeit, sie «nach der Natur» aufgenommen zu haben. Die Schallübertragung geht der Schallspeicherung vor, dies gar in einer technikgeschichtlichen Umkehrung: die Übertragung erfolgt bereits elektrisch, während die erst danach erfundene Speicherung noch fünf Jahrzehnte rein mechanisch funktioniert.

Parallelität von Fotografie und Telegrafie

Gründe genug, um an der üblichen Darstellung einer Genealogie von Fotografie zu Film, Fernsehen und Video Zweifel anzumelden, weil sie nämlich die eminente wissenschaftshistorische, soziokulturelle und schliesslich auch ökonomische Rolle der Telegrafie völlig ausser Acht lässt. Fotografie und Telegrafie sind aufs Jahrzehnt genau Kinder derselben Epoche, nämlich der 30er Jahre des 19. Jahrhunderts. Beide lösen sie weitgehend unabhängig voneinander je eine Entwicklung aus – die visuelle und die informatische – die heute im digitalen Zeitalter aufgegangen sind. Die Telegrafie ist übrigens ein grundsätzlich digitales Übertragungssystem, und die Benutzung ihrer Kanäle für die Übertragung analoger Signale (z.B. Telefon) erscheint bereits heute als historisches Zwischenspiel.Verifizieren wir die Sicht dieser Parallelität im Hinblick auf die Vorgeschichte des Fernsehens (und damit in gewissem Sinne auf die Vor-Vorgeschichte von Video), so präsentieren sich die Fakten wie folgt: Das jeder Bildübertragung zugrundeliegende Prinzip der streifen- und punktweisen Abtastung der Bildfläche sowie der notwendigen Synchronisation von Sender und Empfänger wird 1843 – und unabhängig von der vier Jahre zuvor der Weltöffentlichkeit übergebenen Erfindung der Fotografie – in einem Patent für einen elektrischen Bildtelegrafen beschrieben, dem Urahnen des Fax.

Parallelität von Film und Fernsehen

Die Übertragung von bewegten Bildern wird im selben Jahrzehnt konzipiert wie der Film, in den 80er Jahren des 19. Jahrhunderts. Auch hier kann von einer unabhängigen Entwicklung ausgegangen werden – als Paul Nipkow 1884 sein «elektrisches Teleskop» zum Patent anmeldet, haben sowohl Marey wie auch Muybridge nur begrenzte Folgen von fotografischen Serienaufnahmen herstellen können, nicht aber kontinuierliche Abläufe über mehrere Minuten, was erst knapp zehn Jahre später gelingt. Oder anders gesagt: Die Erfinder des Films interessierte ausschliesslich die fotografische Speicherung zwecks späterer und beliebig oft zu repetierender Wiedergabe, die Vertreter des elektrischen Teleskops dagegen die unmittelbare telegrafische Übertragung ohne Speicherung. Dass sie erst rund vier Jahrzehnte später auch technisch gelingt, stellt ideengeschichtlich keinen Widerspruch dar – Fernsehen ist ein Kind der Telegrafie und nicht des Films.

Eine erste punktuelle Berührung von Bildübertragung und Speicherung

Als in den späten 20er Jahren des 20. Jahrhunderts funktionierende Versuchsanordnungen bis zum testweisen Sendebetrieb von bewegten Bildern gebracht werden, berühren sich Übertragung und Speicherung dieser Bilder erstmals und kurzzeitig an einer Grenze, die auch den Übergang von der mechanischen zur elektromagnetischen Speicherung markiert: Die ersten Fernsehversuche werden von einem ihrer Protagonisten, John Logie Baird, noch auf Schallplatten festgehalten, während Versuche der Tonaufzeichnung mittels Magnetbändern auf Papierbasis sich eben erst im allerfrühesten Laborstadium befinden. Sie sollten die seit 1898 verwendeten Materialien Stahldraht bzw. -band ersetzen. Noch vor der Mitte der 1930er Jahre wird die Auflösung sowohl des mechanischen wie auch des dieses nun ablösenden elektronischen Fernsehens in einem Masse gesteigert, dass an eine Aufzeichnung der dadurch viel höheren Signalfrequenzen mit Audiogeräten nicht mehr zu denken war (Abb. 1).

Technische Prämissen

Mit dem Hinweis, dass das Bildsignal auf Schallplatte «mitgeschnitten» werden konnte, und der Ergänzung, dass die ersten noch sehr niedrig aufgelösten Fernsehbilder mittels Radiosendern übertragen wurden, sind nun doch einige technisch-physikalische Grundlagen darzulegen.

Übertragung und Speicherung als mehrfache Wandlung physikalischer Grössen

Bei der Ton-, und in potenziertem Masse bei der Bildübertragung, haben wir es immer mit der Umwandlung einer physikalischen Grösse in eine andere in einem definierten Zeitkontinuum zu tun. Bei ihrer Speicherung wird zusätzlich das Zeitkontinuum in einer Länge abgebildet: als Schallplattenrille, als magnetische Spur auf dem Tonband oder wie weiter unten erläutert als **Schrägspur** des Videobandes. Damit die Länge wieder in die ursprüngliche Zeitdauer zurückgewandelt werden kann, muss die Geschwindigkeit der Aufnahme bekannt sein. Sie ist bei der Wiedergabe so exakt und so gleichmässig wie möglich einzuhalten, damit aus der zurückgelegten Wegstrecke nicht ein narratives Erlebnis wird, sondern physikalische Zeit: Aus dem Audiobereich kennen wir alle die Qual einer ungleichmässigen Wiedergabe, auf die unser Ohr sehr empfindlich reagiert. Die Mehrzahl der auch in diesem Kompendium erläuterten Fehler entstehen genau hier: sie sind Folgen und Erscheinungen von wieder in ihre Ursprungsgrössen zurückgewandelten Zeitfehlern!

Punkt und Linie zur Fläche

In einem sehr einfachen monauralen Übertragungsmodell dürfen wir den Schall als eindimensionale Grösse in Funktion der Zeit fassen, und seine Übertragung als elektrisches Signal behält diese eine Dimension in der Zeit bei. Ein Bild hingegen hat zwei Dimensionen: Genau eine zuviel, um es durch einen einzelnen Draht bzw. Kanal zu übertragen: Es bedarf also eines Kunstgriffes! Sämtliche realisierten Übermittlungsverfahren für statische oder bewegte Bilder haben die Bildfläche in einzelne **Zeilen** zerschnitten, die nacheinander übertragen wurden. Was genau wird dabei eigentlich übertragen? Durch die punktförmige Abtastung der Motivhelligkeit entlang einer Zeile entsteht ein zeitlicher Verlauf dieser Helligkeit, der in einen zeitlichen Verlauf einer dazu analogen Signalspannung gewandelt wird. Der zeitliche Verlauf aller Zeilen des Bildes nacheinander entspricht dem «Überstreichen» der gesamten Bildfläche. Ist das Bild grau, gibt es nur einen sich nicht stark ändernden Spannungswert zu übertragen; ist das Bild fein strukturiert, ergibt dies als Signal eine diesen Veränderungen folgende Wechselspannung. Deren Amplitude ist umso höher, je stärker die Helligkeitsunterschiede an der betreffenden Bildstelle sind. Deren Frequenz dagegen ist umso höher, je feiner die Bildstrukturen an der derselben Bildstelle sind. Die obere Grenzfrequenz des Übertragungskanals bestimmt daher die mögliche **Auflösung**, angegeben in Linien(paaren) pro Zeile. Die Anzahl der Zeilen ist proportional dazu systembedingt festgelegt.

Mechanisches Fernsehen?

Vor aller Elektronik (und die gibt es 1884 noch lange nicht)[1] wird die Zerlegung des Bildes mechanisch mit der nach ihrem Erfinder Paul Nipkow benannten Scheibe bewerkstelligt. Sie weist auf einer spiralförmigen Linie in regelmässigen Winkelabständen angeordnete feine Löcher auf, die das zu übertragende Bild lückenlos so überstreichen, dass immer genau ein Loch über der Bildfläche ist und die Spur des gleich folgenden Lochs nahtlos an die Spur des vorangehenden anliegt. Das dieses jeweils einzelne Loch passierende Licht fällt auf eine Fotozelle, deren elektrisches Signal durch den einzigen Draht der Übertragungsstrecke oder über einen Sender geschickt werden kann. Es können keine Details übertragen werden, die feiner als die Zeilenbreite bzw. der Lochdurchmesser sind.
Empfängerseitig dreht exakt synchron eine identische Lochscheibe vor einer Flächenglimmlampe (später Neon), die vom übertragenen Signal gespeist wird, das ja die ursprünglichen lokalen Helligkeitswerte des Bildes repräsentiert (Abb. 2).

Elektronisches Fernsehen!

Das elektronische Fernsehen der 1930er Jahre ersetzt die Löcher in der Scheibe durch einen trägheitslos elektromagnetisch abgelenkten **Elektronenstrahl** in einer unter Hochvakuum gesetzten Kathodenstrahlröhre, und zwar sowohl in der Kamera wie auch im Bildschirm. An die Stelle der Drehbewegung der Scheibe sind Schaltkreise für die Vertikal- und Horizontalablenkung des Elektronenstrahls getreten. Sie erzeugen den **Bildraster**, der die Abtastung der Bildfläche nach genau festgelegtem **Timing** und ebenso genau festgelegter Geometrie vollführt. In der Kamera tastet der Strahl die Target genannte lichtempfindliche Schicht zeilenweise ab und wandelt die als Ladungsverteilung gespeicherte Lichtenergie – das vom Objektiv auf die Schicht projizierte Bild – in eine dazu analoge Spannung. Das Überstreichen von Hell-Dunkel-Wechseln erzeugt dementsprechende Wechselspannungen. Eine Klammerbemerkung: Die elektrischen Einstellungen des Strahls, Beam und Focus genannt, sowie die am Target angelegte Spannung haben einen entscheidenden Einfluss auf die Charakteristik des Bildes – sie bestimmen sozusagen seine Materialität, die es auf dem Weg in die digitale Zukunft unbedingt zu erinnern und zu konservieren gilt. Die Kenntnis dieser Zusammenhänge macht für die Restaurierung früher Schwarz-Weiss-Videobänder durchaus Sinn, für die Rekonstruktion und Wiederaufführung von Closed-Circuit Installationen mittels solcher Röhrenkameras gehört sie eigentlich unverzichtbar zum Handwerk.

In der Wiedergaberöhre des Monitors oder Fernsehers wird der unsichtbare Elektronenstrahl durch die Phosphorschicht des Bildschirms in sichtbares Licht gewandelt. Ein wenig leuchtet sie zwar nach, aber es ist hauptsächlich die Trägheit des Auges, welche diesen hin- und her jagenden Punkt zur Fläche schliesst. Damit das noch besser gelingt, werden pro Sekunde nicht 25 **Vollbilder**, sondern 50 **Halbbilder** übertragen. Ein Halbbild enthält nur jede zweite Bildzeile, die Lücken füllt das zweite Halbbild, das unmittelbar darauf folgt. Die Zeilen der beiden Halbbilder werden also ineinander verkämmt. Damit wird das Grossflächenflimmern verringert und unsere Standzeit vor dem Fernseher erhöht (Abb. 3).

Bildauflösung und Bandbreite

In den **PAL**/CCIR-Ländern sind, historisch-technisch bedingt an die Netzfrequenz gekoppelt, 50 Halbbilder pro Sekunde zu übertragen. Jedes davon umfasst, über die gesamte Bildhöhe verteilt, 312,5 Zeilen. Für ein Vollbild ergibt dies 625 Zeilen, von denen allerdings nur 576 Bildinhalt tragen (Abb. 4). Die einzelne Zeile dauert zwar 64 µs, sichtbar ist sie jedoch nur während

52 µs. Wird die maximale Anzahl der durch den Zeilenraster tatsächlich übertragbaren horizontalen Linien bei einem **Seitenverhältnis** der Höhe zur Breite von 3:4 umgerechnet auf die Anzahl der auf einer Zeile maximal zu übertragenden Punktepaare,[2] gibt das ungefähr 260. Der kürzeste Schwarz-Weiss-Wechsel dauert also 0.2 µs (52 µs/260). Dies entspricht einer Frequenz von 5 MHz, der **Bandbreite** des analogen TV-Signals (Abb. 5). Weshalb sind nicht alle Zeilen sichtbar, und weshalb ist die einzelne Zeile nicht während ihrer ganzen Dauer zu sehen? Die «verborgene» Zeit wird für den **Bildrücklauf** und die damit verbundene Rückkehr des Elektronenstrahls an die obere Bildkante, bzw. für den **Zeilenrücklauf**, also die Rückkehr des Strahls vom rechten Bildrand zum linken benötigt – nicht zuletzt auch ein historisches Erbe aus dem Stande der Technik der Mitte des letzten Jahrhunderts.

Bildinhalt und Synchronimpulse

Sämtliche in der Übertragungskette folgenden Geräte müssen sich strengstens an dieses Timing halten, das durch die **horizontalen** und **vertikalen Synchronimpulse** geregelt wird, welche in den Lücken zwischen den Bildern bzw. Zeilen übertragen werden. Damit sie als solche erkannt werden können, ist ihre Signalspannung unterhalb derjenigen für die Bildinhalte gelegt. Wenn ein **Videosignal** einen Spannungsunterschied von genau einem Volt umfasst, so sinken die Synchronimpulse auf 0 Volt, während der Schwarzpegel bei 0,3 Volt und der Weisspegel bei genau 1 Volt liegen. Der Bildinhalt kann nie Spannungswerte annehmen, die exklusiv den Synchronimpulsen vorbehalten sind. Daraus folgt aber auch, dass der Übertragungskanal entweder die Synchroninformation oder den Bildinhalt transportieren kann, jedoch nicht beides gleichzeitig. Für die Zeiten zwischen den Synchronimpulsen muss also die Apparatur für sich allein gleichförmig und stabil laufen. Auf einem 50 cm breiten Bildschirm braucht der Elektronenstrahl eine Mikrosekunde für einen Zentimeter Weg. Kommt er, gemessen an den vorhergehenden Zeilen, nur geringfügig zu spät oder zu früh, so hat dies ein unangenehmes Zittern oder Verwellen in seitlicher Richtung zur Folge. Zeitliche Fehler im **Helligkeits-** oder **Synchronsignal** haben bei Fernsehen und Video seitliche Verschiebungen, also horizontale Fehler zur Folge (Abb. 6a, 6b).

Helligkeitsfernsehen wird Farbfernsehen

Der Elektronenstrahl kennt keine Farben, weder für die Aufnahme noch für die Wiedergabe. Um sie dennoch übertragen zu können, bedient man sich eines aus der frühen Farbfotografie bekannten Prinzips: Anstelle einer Aufnahmeröhre nimmt man deren drei und setzt vor jede einen Farbauszugsfilter für die Grundfarben Rot, Grün und Blau. Ein hinter dem Aufnahmeobjektiv angebrachtes Strahlenteilerprisma verteilt das Bild gleichmässig auf die drei Röhren. Während im Studio fortan für jede dieser Grundfarben ein Kabel gezogen wurde, stand für das Senden nur ein Kabel bzw. ein Kanal zur Verfügung. Die Farbinformation war deshalb dem Helligkeitssignal als Komponenten beizumischen,[3] und zwar so, dass der Schwarz-Weiss-Empfang weiterhin ungestört möglich war. Ebenso sollte ein moderner Farbfernseher ein Schwarz-Weiss-Bild ohne Farbschleier wiedergeben, was durch die Trennung von Helligkeits- und **Farbsignal** technisch leicht zu bewerkstelligen war. Eine sehr hohe, bis auf die letzte Kommastelle[4] stabile **Trägerfrequenz** von 4,43 MHz (PAL) bildet die Referenz für das Farbsignal, das dem Helligkeitssignal beigemischt wird. Bei einigen Schwarz-Weiss-Monitoren kann sich die Trägerfrequenz deutlich als *>Moiré-Effekt* äussern. Die Farbsättigung ist in die Amplitude und der Farbton in die **Phase** dieses Signals gelegt, während die Trägerwelle selber nicht übertragen wird. Eine Periode dieser Frequenz dauert weniger als eine viertelmillionstel Sekunde, und während dieser Zeit wird der ganze Farbkreis einmal durchlaufen. Ein zeitlicher Fehler im Farbsignal von einigen Nanosekunden hat bereits eine sichtbare Verfälschung der Farben zur Folge! Da in fast allen Geräten von der Kamera über den **Bildmischer**, den Videorekorder und schliesslich den Wiedergabemonitor das Farbsignal an einer oder mehreren Stellen von seinem **Farbhilfsträger** getrennt bzw. wieder mit ihm zusammengeführt wird, ist leicht vorstellbar, dass sich infolge unterschiedlicher Laufzeiten solche Zeitfehler auf Schritt und Tritt einstellen und sie entsprechend korrigiert werden müssen. Die europäische **Farbfernsehnorm** PAL hat hier einen entscheidenden Vorteil gegenüber dem amerikanischen **NTSC**, weil es Farbverschiebungen infolge Zeitfehler von Zeile zu Zeile komplementär umsetzt. Noch als Signale können so die Fehler bei der Decodierung bereits korrigiert werden, indem immer eine aktuelle mit der über eine Verzögerungsleitung um haargenau eine Zeile verspätete und komplementär verfälschte Farbkomponente gemischt wird. Bleiben dennoch Verschiebungen übrig, so werden diese von unserem Auge bei genügend grossem Abstand vom Bildschirm in der ursprünglich richtigen Farbe gesehen. Bei zu geringem Abstand nehmen wir den sogenannten *>Jalousie-Effekt (PAL)* wahr. NTSC Fernseher und Monitore benötigen demgegenüber einen an der Frontseite des Gerätes gut zugänglichen Einstellknopf für den Farbton, den **Hue-Regler**.

Im Empfangsgerät muss der senderseitig unterdrückte Farbhilfsträger rekonstruiert werden, damit für die **Demodulation**[5] des Farbsignals und die Rückgewinnung der anteiligen Spannungen für Rot, Grün und Blau eine Referenz besteht. Zur Synchronisierung des Farbhilfsträgeroszillators wird ein kurzes Schwingungspaket nach jedem Zeilensynchronimpuls, aber vor dem Beginn des Bildinhalts übertragen, der sogenannte **Burst**. Mit dessen Hilfe in die richtige Phasenlage gebracht, hält der Farbhilfsträger einer Stimmgabel gleich die Farben für die Dauer einer Zeile am rechten Ort auf dem Farbkreis. Gelingt die Synchronisation nicht, so machen sich die Farben auf dem Weg vom linken zum rechten Bildrand ziemlich selbständig *(vgl. >Colour Lock-Fehler)*. Die Farbbildröhre hat im Gegensatz zur Schwarz-Weiss-Röhre drei Strahl-systeme eingebaut, von denen jedes nur die kleinen Phosphorflächen auf dem Bildschirm treffen kann, die ihm zugeordnet sind und die den unsichtbaren Elektronenstrahl in rotes, grünes bzw. blaues Licht wandeln. Daraus kann jede Farbe gemischt werden entsprechend den anteiligen Strahlintensitäten der drei Systeme (Abb. 7).

Grundlagen der magnetischen Signalspeicherung …

Das Prinzip der elektromagnetischen Schallaufzeichnung geht auf Valdemar Poulsen zurück, der 1898 für sein Telegraphon ein Patent erhielt. Wohl nur der Umstand, dass es zu dieser Zeit noch keine elektronischen Verstärkerschaltungen gab, hat die Entwicklung der elektromagnetischen Informationsspeicherung so zögerlich vonstatten gehen lassen.
Ein magnetisierbares Medium wird an einem Elektromagneten vorbeigezogen, der mit der via Mikrofon zur Wechselspannung gewandelten Schallenergie gespeist wird. Das Medium kann Stahldraht, Stahlband oder Blechscheibe sein. Die jeweils herrschende und analog zur Schallwelle wechselnde Nord-Süd-Polung bzw. Süd-Nord-Polung des Magnetfeldes am Pol des Elektromagneten wird bei der Fortbewegung des Trägers vom Elektromagneten weg sozusagen mitgenommen. Im Grunde genommen handelt es sich auch hier um eine Wandlung von Zeit in Länge sowie Feldstärke in Länge: die Feldlinien der gespeicherten Magnetfelder haben eine räumliche Ausdehnung, und sie werden entlang einer Wegstrecke abgelegt. Ob es sich beim Träger um ein homogenes magnetisierbares Material oder um kleinste isolierte Partikel handelt, spielt für die grundsätzliche Funktionsweise keine Rolle, obschon die Vorstellung kleinster in ein Trägermedium eingebetteter Magnetpartikel, die je für sich eine Polung weitertragen, bedeutend leichter fällt. Erst dreissig Jahre nach Poulsens Erfindung werden magnetisierbares Material und Träger getrennt; letzterer zuerst als Papierband, dann als Kunststofffolie realisiert. An der grundlegenden Funktionsweise der elektromagnetischen Speicherung hat sich bis auf den heutigen Tag und bis zur Festplatte nichts geändert – an der technischen Ausführung hingegen fast alles.

… und einige notwendige Fortschritte

In den 30er Jahren sind in Deutschland die Grundlagen der modernen Magnetbandaufzeichnung entwickelt worden: 1932 der Luftspalt-**Magnetkopf** (Eduard Schüller), 1935 das eigentliche Band mit Acetylcellulose-Träger (BASF) und 1940 die HF-Vormagnetisierung (Walter Weber). 1945 gelangten zwei Geräte und 50 Bänder in die USA und führten 1948 zum Bau des ersten amerikanischen Tonbandgerätes. Hersteller war die Firma Ampex, die dafür vom Sänger, Schauspieler und Entertainer Bing Crosby mit entsprechendem Kapital versehen wurde. Dieser war daran interessiert, seine Radiosendungen vorproduzieren zu können und nicht mehr live zum Gelingen bringen zu müssen (Abb. 8).

Vom Tonband zum Videorekorder

In den Bing Crosby Enterprises und bei Ampex[6] wurde ab 1951 die Bildaufzeichnung auf **Magnetband** entwickelt. Zwei treibende Motive sind zu nennen: die Möglichkeit der Vorproduktion von Fernsehsendungen, wie auch die in einem Land mit drei Zeitzonen sich ökonomisch aufdrängende Möglichkeit, eine Sendung um je eine Stunde versetzt noch zweimal wiederholen zu können.
Obgleich technisch verwandt, ist von der Schall- zur Bildaufzeichnung ein Quantensprung zu machen. Dazu eine Rechnung: die Bandbreite des Fernsehens beträgt damals schon 5 MHz (NTSC 4 MHz), wie weiter oben vorgerechnet wurde. Das erste Ampex Tonbandgerät wies eine Bandbreite von 15 kHz auf, das sind 0,015 MHz. Soll die Bandbreite, und damit vor allem die obere Frequenzgrenze erhöht werden, so kann dies auf einem bestimmten Stand der Verfahrenstechnik für die Herstellung von Kopf und Band eigentlich nur über die Erhöhung der **Bandgeschwindigkeit** erreicht werden. Damalige Tonbandgeräte transportierten das Band aber schon/noch mit 76 cm/sec. Eine rein rechnerisch ermittelte Bandgeschwindigkeit für Fernsehbandbreiten hätte also weit über hundert Meter pro Sekunde betragen müssen – technisch nicht machbar. Die kinetischen Probleme, die kurze Spieldauer und die dennoch unbefriedigende Qualität bei Versuchen mit Bandgeschwindigkeiten von einigen Metern pro Sekunde liessen die Versuche mit der Längsspuraufzeichnung bei Crosby, RCA (Radio Corporation of America), der BBC (British Broadcasting Corporation) und Weiteren bald enden.

Die Realisierung

Vom segmentierten Bild zur segmentierten Aufnahme

Die Lösung des Problems war eigentlich im Fernsehsignal selber angelegt: Wohl handelte es sich hierbei um eine Grössenänderung in einem sehr genau einzuhaltenden und stets zu synchronisierenden Zeitkontinuum, aber dieses Kontinuum war ja seinerseits bereits segmentiert in Zeilen- und Bilddauern. Was lag also näher, als diese Zeitsegmente im Signal auf dem Band wieder in räumliche Segmente abzulegen? Es zählte ja eigentlich nur die relative Geschwindigkeit vom Schreib/Lesekopf zum Band. Es konnten also in hoher Geschwindigkeit eng nebeneinander liegende Spuren aufgenommen werden, während das Band vergleichsweise langsam weitertransportiert wurde – genau um so viel, dass zwischen den Spuren noch etwas Zwischenraum verblieb. Vier Köpfe wurden im Winkel von je 90° auf ein Rad montiert, das sich quer zum Band mit 15 000 Rpm drehte[7] und dessen Durchmesser etwas mehr als 52 mm betrug. Das Band mit einer Breite von 2" (50,8 mm) wurde mit Unterdruck in eine genau zylindrisch geformte Hohlkehle angesaugt, in die das Kopfrad hochpräzise eingepasst war. So wies immer ein Kopf den Kontakt zum Band auf, was die Kontinuität des Signals garantierte. Das aufwendig zu wartende und teure **Querspurverfahren** war von

1956 bis in die frühen 80er Jahre in Gebrauch – in Produktionsstudios und Fernsehanstalten. Für den industriellen und auch bald schon anvisierten privaten Gebrauch hat sich in den frühen 60er Jahren das sogenannte **Schrägspurverfahren** durchgesetzt, welches bis heute das führende Prinzip für die Videoaufzeichnung geblieben ist.[8] Hier wird das Band nicht hohl gekrümmt, sondern schief um einen Zylinder geführt. Auf dieser sogenannten **Kopftrommel** sind die **Videoköpfe** platziert. Unter den wohl weit über 50 Schrägspur-Formaten[9] weisen die Mehrzahl eine 180°-Umschlingung des Bandes um die Trommel auf und ursprünglich zwei gegenüberliegende Köpfe für das Videosignal.[10] Das **Audiosignal** wird wie bei einem Tonbandgerät auf eine **Längsspur** am einen Rand des Bandes aufgezeichnet (Abb. 9).

Hohe Kopf-zu-Bandgeschwindigkeit, langsamer Bandtransport

Als Kernstück des Videorekorders kann ganz eindeutig die Kopftrommel bezeichnet werden: um sie herum dreht sich wortwörtlich (fast) alles. Das Band wird vergleichsweise langsam um sie herum geführt (einige bis wenige cm/sec), während die Köpfe mit einer Umdrehungszahl von 1500 Rpm im bzw. mit dem Zylinder drehen.[11] Abhängig vom Trommeldurchmesser ergibt das relative **Kopf-zu-Bandgeschwindigkeiten** zwischen 25,59 m/s beim 1" C-Format (1976) bis hinunter zu 3,1 m/s bei **Video8** von 1984.

Trommeldurchmesser, Spurneigung, Bandgeschwindigkeit

Gemeinsame Charakteristik aller Trommelsysteme ist das rechnerische Zusammenspiel von Trommeldurchmesser, **Spurwinkel**, Spurbreite und absoluter Bandgeschwindigkeit. Es bestehen folgende Abhängigkeiten: eine einzelne Schrägspur, welche genau ein Halbbild enthält, muss so lange sein, dass bei einem gegebenen **Kopfspalt** und ebenso gegebenen Grössen der Magnetpartikel die gewünschte obere Grenzfrequenz des Aufnahmesignals noch erreicht wird. Je enger dieser Spalt und je kleiner die zu magnetisierenden Partikel sind, desto geringer darf auch die relative Kopf-zu-Bandgeschwindigkeit ausfallen und damit die Spur kürzer werden. Weil ein engerer Spalt aber für hohe Frequenzen eine ungünstigere Charakteristik aufweist, sind hier Grenzen gesetzt, zudem müssen die Magnetpartikel eine wesentlich höhere **Koerzitivkraft** aufweisen, um noch ein genügend starkes Wiedergabesignal induzieren zu können.

Deshalb kann die einzelne Spur auch nicht beliebig schmaler gemacht werden, selbst wenn dies aus mechanischen Gründen möglich sein sollte. Die Grenzen sind nicht zuletzt durch die Störfestigkeit und den **Rauschabstand** gesetzt. Mit all diesen Faktoren lässt sich die optimale Neigung der Spur berechnen. Eine Verkürzung der Spur hat eine Verkleinerung des Trommeldurchmessers wie auch der Breite des Magnetbandes zur (gewünschten) Folge. Neigung und Breite der Spur sowie der Trommeldurchmesser ergeben die Bandgeschwindigkeit. Wir haben die Möglichkeit, im Labor die Schrägspuren optisch sichtbar zu machen und daraus den Trommeldurchmesser und die Bandgeschwindigkeit auch für ein unbekanntes Format zu ermitteln. Leider ist die Analysemethode für Originale zu riskant (Abb. 10).[12]

Luftpolster und Reibung

Während die frühen Schrägspurformate mit **Offener Spule** noch mit feststehenden unteren und oberen Trommelhälften operierten, zwischen denen sich in einem schmalen Schlitz die Videoköpfe drehten, so haben seither alle Schrägspurverfahren eine feststehende untere Trommelhälfte, während die Köpfe an der oberen, sich drehenden anderen Trommelhälfte befestigt sind. Durch die Drehung in Transportrichtung wird dank entsprechender Rillen in der Trommel ein Luftpolster erzeugt, welches die Reibung zwischen Band und Trommel herabsetzt. Dies ist eine fundamentale Voraussetzung für die Reduktion der Banddicke, welche – zusammen mit der erwähnten langsameren Geschwindigkeit – für die Kassettenformate nötig war, damit bei geringeren Abmessungen längere Aufnahmezeiten möglich wurden.

Reibung und Bandspannung

Die Reibung schwankt mit Toleranzen der Bandherstellung und mit dem Gerätezustand, aber auch mit der Temperatur und der relativen Feuchte bei der Aufnahme bzw. Wiedergabe sowie der Anzahl der Bandbewegungen im Gerät. Inzwischen natürlich auch mit der Alterung des Bandes, was aber beim Entwurf dieser Systeme vermutlich nicht abzusehen war. Es braucht also eine Kompensation für unterschiedliche Reibungen, zumal das Band um die Trommel herum eine genau definierte mechanische Spannung haben soll. Ist diese nämlich zu locker, ist der **Kopf-zu-Bandkontakt** nicht optimal, was sich in einer verminderten Signalstärke äussert und dadurch erhöhtem Rauschen. Ist die Spannung hingegen zu hoch, kann sich das Luftpolster schlecht aufbauen, und es entstehen Querkräfte, weil die untere Trommelhälfte dann stärker bremst, was die obere mit mehr Antriebskraft kompensieren muss. Zudem drückt sich der Kopf stärker in die Bandoberfläche ein, was sowohl Abnutzung von Kopf und Band wie auch den **Bandabrieb** steigert, bei tendenziell wieder abnehmender Signalstärke. Aus diesen Gründen sollte die Spannung eingangs der Trommel auch nicht zu stark abweichen von derjenigen ausgangs. Mit anderen Worten: der Reibungsverlust an der Trommel soll so gering wie möglich sein.

Jedes Schrägspursystem hat deshalb eine mehr oder weniger aufwendige **Bandzugregelung**, wie sie auch vom Tonbandgerät her bekannt ist. Eine falsche Bandspannung ist am unteren Bildrand beim Kopfwechsel als deutlicher seitlicher Verzug sichtbar. Die **U-matic**-Geräte haben einen sogenannten **Skew-Regler**, der von aussen eine mechanische Feinregelung der Bandspannung innerhalb enger Grenzen ermöglicht. Dies gilt auch für die Mehrzahl der Formate mit Offener Spule. Gealterte Videobänder können ausserhalb des Regelbereichs liegen, womit ein *>Skew-Fehler* vorliegt. Innerhalb gewisser Grenzen bleibt er tolerierbar, weil er sich nicht auf das sichtbare Bild auswirkt.

Verschmutzung, (Selbst-)Reinigung, Abnutzung

Das Luftpolster ist auch nötig, weil das Band zwar möglichst glatt und gleitfähig sein soll, damit die Zugkräfte um die Trommel verringert werden können. Andererseits muss das Band eine gewisse abrasive Wirkung haben, damit sich feinste Partikel auf den Köpfen nicht festsetzen können bzw. vom Band selber wieder weggeschliffen werden.[13] Während die Benutzer der Geräte mit offener Spule mit der regelmässigen Reinigung des Bandpfades und der Köpfe vertraut sein mussten, war die Zugänglichkeit bei Kassettengeräten nicht mehr gegeben. Zwar gab und gibt es **Reinigungskassetten**, die ein deutlich raueres Band enthalten als das übliche Videoband. Genau aus dem Grund sollten sie aber nicht zu häufig verwendet werden, damit die Köpfe nicht über Gebühr abgenutzt werden (Abb. 11a–d).

Neben den magnetischen Parametern der eigentlichen Informationsträger eines Bandes spielen also die physikalischen Eigenschaften seiner Oberfläche eine entscheidende Rolle für die Gleichmässigkeit mit der das Band um die Trommel gezogen werden kann, was wiederum direkte Auswirkungen auf die horizontale Stabilität des Bildes hat.

Sowohl **Bindemittel** als auch Gleitmittel, aber auch die Abrasiva, Antistatika und weitere Zusatzstoffe, verändern sich mit der Zeit und damit auch die Laufeigenschaften. Lagern sie sich an der Trommel und an den **bandführenden Teilen** wie **Bolzen** ab, so erhöhen sie deren Haftreibung beträchtlich und das Band beginnt zu **quietschen**, bis es schliesslich ganz festkleben kann (Abb. 12).

Geräteseitig sind Abnutzungen zu erwähnen, welche den Bandpfad verändern, aber ebenso die Haft- und Gleitreibung an Trommel und an den bandführenden Teilen (Abb. 13).

Der Bandpfad vor und nach der Trommel

Vor der Trommel wird das Band nach der Abwickelspule als erstes am Fühlhebel für die Bandzugregelung vorbeigeführt, danach am **Löschkopf** vorbei an mehreren Führungsbolzen, die den schiefen Weg über die Trommel vorgeben. Nach der Trommel folgen als erstes wieder Umlenk- und Führungsbolzen, danach kombinierter Ton- und **Kontrollkopf**, und schliesslich die Antriebsachse (**Capstan**) und die Aufwickelspule. Bei Kassettensystemen führt das Band zwischen Capstan und Aufwickelspule noch an mehreren Umlenkbolzen bzw. Rollen vorbei. Sind die sich unmittelbar am Ein- oder Ausgang der Trommel befindlichen Bolzen verbogen oder abgenützt, oder in der Höhe dejustiert, kann dies zur Folge haben, dass das Band im falschen Winkel um die Trommel geführt wird und es zu einem *>Bandführungsfehler* kommt. Oft zeigt das Oszilloskop am Eingang oder Ausgang der Trommel eine mehr oder weniger deutliche Einschnürung des FM-Signals (= verstärktes **Kopfsignal** vor der Demodulation),[14] welche sich im Bild als leicht erhöhtes Rauschen am oberen bzw. unteren Bildrand manifestieren kann. Genauso wirkt sich auch der **Edge Curl** aus, obschon der Grund ein anderer ist: durch die Verwellung gibt es einen schlechten oder keinen Kopf-zu-Bandkontakt, obschon die Spur eigentlich gehalten würde (Abb. 14, 15).

Möglichst konstante Bandgeschwindigkeit

Bei Schallplatte und Tonbandgerät sind konstante Geschwindigkeiten das A und O für eine Wiedergabe ohne Schwankungen der Tonhöhe. Dies gilt uneingeschränkt auch beim Videorekorder. Mangelnde Konstanz der Bandgeschwindigkeit und der Umdrehung der Kopftrommel führen zu *>Gleichlaufschwankungen*. Es handelt sich um Zeitfehler im Bild, die sich abhängig von der Frequenz der Schwankung als seitliche Unruhe des Bildstandes insgesamt bis hin zur mehr oder weniger engen Verwellung vertikaler Kanten bemerkbar machen. Neuere Videogeräte haben alle eine elektronische **Servoschaltung** für die Regelung der Bandgeschwindigkeit, die so funktioniert, dass sie die von der **Kontrollspur** gelesenen **Kontrollimpulse** mit einer quarzgenauen Vorgabe vergleicht. Kommen die Impulse im Vergleich zur Referenz zu langsam, wird der Motor beschleunigt, kommen sie zu schnell, wird abgebremst. Diese Regelung muss gedämpft sein, damit sich nicht Pendelbewegungen einstellen. Anderseits sollen sie so schnell wie möglich erfolgen, damit der Bildstand sich bei einer Abweichung rasch beruhigt und nach dem Start des Bandes möglichst rasch ein stabiles Bild dasteht. Eine Abnutzung des Bandpfades, der Antriebsriemen und -rollen, aber auch verschlechterte Gleiteigenschaften des Bandes bringen diesen mechanisch-elektronischen Regelkreis aus seinem optimalen Arbeitsbereich heraus, wodurch vermehrte Unstabilitäten im Bild entstehen – wir erinnern uns: die in Länge abgelegte Zeit kann nicht mehr exakt wieder in dieselbe gleichmässige reale Zeit gewandelt werden.

Möglichst konstante, aber schnell geregelte Trommeldrehung

Der zweite, noch wichtigere Regelkreis bleibt nun zu erläutern: Die Geschwindigkeit und der Drehwinkel der Kopftrommel. Bei der Aufnahme muss die Umdrehungsgeschwindigkeit an das aufzunehmende Videosignal angepasst werden. In der Regel sollen dies zwar exakte 50 Halbbilder pro Sekunde sein, dennoch muss das System geringen Abweichungen folgen können. Es ist aber nicht bloss die Geschwindigkeit dem Signal anzupassen, es muss auch dafür gesorgt werden, dass bei Beginn eines Halbbildes sich der Videokopf genau an der Stelle der Trommel befindet, an der das Band seine Umschlingung beginnt, also möglichen Kopf-zu-Bandkontakt hat. Der Durchgang des Kopfes kurz vor dieser Stelle wird magnetisch erfasst und in einen elektrischen Impuls gewandelt, der schliesslich gleichzeitig wie der Synchronimpuls im Videosignal auftreten muss. Eine allfällige Abweichung wird in eine Steuerspannung gewandelt, welche die Kopftrommel entsprechend beschleunigt oder abbremst. Auch dieser Regelkreis muss rasch, aber gedämpft funktionieren, um seitliche Stabilität zu erreichen. Die elektronische Dämpfung ist dabei genau auf die mechanische Trägheit abgestimmt. Verändern sich die mechanischen Parameter infolge Abnutzung und

Degradation, arbeitet der ganze Regelkreis nicht mehr effizient. Damit bei der Wiedergabe die Spuren überhaupt wieder gefunden werden, wird der eben erwähnte, von der Kopftrommel generierte Impuls beim Beginn einer Schrägspur auf die Kontrollspur des Videobandes aufgezeichnet, die längs und auf der gegenüberliegenden Seite der Tonspur geschrieben und gelesen wird – also unabhängig von der Kopftrommel. Im Schnittbetrieb, wenn also von einer Bandmaschine auf die andere kopiert wird, und wenn zudem Bildmischer und **TBCs** beteiligt sind, versucht man alle Geräte zentral mit einem Studiotakt zu versorgen. Sowohl bei einem Schnittbetrieb ohne Studiotakt wie auch bei einem mit, aber mit überlagerten Störungen oder zu kurzen Hochlaufzeiten der Bandgeräte, kann es zu Synchronstörungen insbesondere unmittelbar nach dem **Bildschnitt** kommen: Die Zeit, die die Servoschaltung sowohl des Capstan wie auch der Trommel braucht, um einen «holprigen» Takt auszubügeln.

Verschiedene Gründe für den Trackingfehler

Stimmt der Drehwinkel der Trommel mit ihren Köpfen nicht überein mit dem von der Kontrollspur vorgegebenen Beginn der Schrägspur, so haben wir es mit einem *>Tracking-Fehler* zu tun: Der Videokopf verfehlt die aufgezeichnete Spur ganz oder teilweise. Gerade letzteres ist gefährlich, wenn es nicht erkannt wird. Das Bild scheint bei oberflächlichem Hinsehen in Ordnung zu sein, weist aber einen geringeren Rauschabstand auf, was sich sowohl auf die Bildstruktur wie auch beispielsweise auf die Anfälligkeit auf **Dropouts** auswirkt. Für Kopierarbeiten insbesondere ab sehr alten Bändern kann deshalb der sorgfältigen Einstellung des Trackings mit dem eventuell vorhandenen Zeigerinstrument oder einem externen Oszilloskop nicht genug Aufmerksamkeit gewidmet werden, weil der Bereich der optimalen Einstellung sehr eng werden kann![15]

Es ist zu unterscheiden zwischen einem *>Tracking-Fehler*, der gerne eintritt bei Bändern, die mit einem anderen Rekorder aufgenommen wurden, und einer *>Gleichlaufschwankung*, die aufgrund einer falschen Zeitkonstante der Servoschaltung auftritt und die Störzonen periodisch zeigt. Die Gründe hierfür können mannigfaltig sein: bei älteren Geräten ohne Direktantrieb der Trommel ist es zumeist ein ausgeleierter, versprödeter oder verschmutzter Antriebsriemen. Ein Band mit verschlechterten mechanischen Eigenschaften kann ebenso dazu führen, wie eine falsche Einstellung der Servoschaltung selber. Hier können beispielsweise ausgetrocknete Elektrolytkondensatoren mit dadurch verminderter Kapazität die Zeitkonstante des Regelkreises verändern. Mechanische Abnutzung im Allgemeinen wie auch eingetrocknetes Öl in Sinterlagern sind weitere Gründe, die im Übrigen selten allein auftreten.

Zusammenhang von Tracking-Fehler und Zustand der Videoköpfe

Charakteristisch für einen *>Tracking-Fehler* im engeren Sinn ist seine gleichzeitige Auswirkung auf die gesamte Bildhöhe. Tritt er deutlich sichtbar nur in der halben oder noch schmaleren Bildhöhe auf, dann ist ihm auch ein *>Bandführungsfehler* überlagert. Beim Verstellen der Trackingregelung auf beide Seiten von der Mittelstellung lässt sich in dem Falle beobachten, wie die Störzonen auf dem Bildschirm sich verändern bzw. vertikal wandern. Dies ist eine zwar grob empirische, aber nichtsdestoweniger mit gewissem Aussagewert verbundene Methode, um den Zustand der Videoköpfe zu ermitteln: kann der Regler, am besten bei einer frischen **Testkassette** zu ermitteln, relativ weit aus der Mittelstellung bewegt werden, ohne dass sich die Bildstruktur markant verschlechtert, ist dies ein Zeichen für einen noch guten Zustand der Köpfe. Eine schmale Störzone bei Zeitlupenwiedergabe ist ein ähnliches Indiz. Dies kann allerdings nur einen Anhaltspunkt liefern, für den es etwas Erfahrung braucht. Ist das Bild leicht verrauscht, und verändert sich an dieser Tatsache nichts, wenn der **Tracking-Regler** verstellt wird, sind entweder die Köpfe abgenutzt und müssen ersetzt werden, oder sie sind verschmutzt, und müssen gereinigt werden. Abgenutzte und/oder verschmutzte Köpfe neigen auch zu häufigeren Dropouts.

Weshalb nimmt das Rauschen zu und bleibt die Helligkeit konstant?

Degradation bei fotografischen Schichten hat beinahe immer Auswirkungen auf den Kontrast, die Farbe oder die Helligkeit eines Bildes. Wieso ist dies beim Video anders, wenn ein altes Band ein schwächeres Signal abgibt oder wenn die Köpfe etwas verschmutzt sind? Die Helligkeitsinformation im Videosignal steht in direktem, beinahe linearem Verhältnis zur Motivhelligkeit. Diese Information kann so jedoch nicht auf das Band aufgezeichnet werden, weil der Kopfspalt nur für einen bestimmten Frequenzbereich optimiert ist – unterhalb und oberhalb nimmt die Signalstärke drastisch ab. Ein graues Bild hat beispielsweise einen grossen Gleichspannungsanteil im Signal, weil sich die Helligkeit ja nicht ändert. Aufgenommen werden können aber nur Wechselspannungen. Das Helligkeitssignal wird deshalb frequenzmoduliert aufs Band gebracht, d.h. einem momentanen Spannungswert am Eingang dieses Modulators entspricht eine bestimmte Frequenz am Ausgang, während die Amplitude dieses Ausgangssignals, das auf das Band aufgezeichnet wird, konstant bleibt. 0 Volt im Videosignal – die Synchronimpulse – ergibt beispielsweise 4 MHz Kopfsignal, 0,3 Volt, also Schwarz, bereits 4,5 MHz, während Weiss mit 1 Volt 5.7 MHz ergibt (variiert von einem zum anderen **Videoformat**, mit Tendenz zu höheren Frequenzen bei neueren Formaten). Die Differenz zwischen der Frequenz bei 0 Volt und derjenigen bei 1 Volt nennt man den **Frequenzhub**. Die Helligkeit des Motivs ist also in eine Frequenz umgesetzt worden. Bei schwachem Signal ist das immer noch dieselbe Frequenz, die für einen bestimmten Helligkeitswert steht. Sie kann etwas weniger sicher demoduliert werden, was zu erhöhtem Rauschanteil führt, aber die Bildhelligkeit wird nicht tangiert. Dies erleichtert auch die Signalübertragung von den Köpfen auf der drehenden Trommel zum feststehenden Vorverstärker im

Gerät mittels Schleifringen oder rotierendem Transformator: Eine amplitudenmodulierte Übertragung wäre wohl viel störungsanfälliger und würde sich im Bild deutlich als Flackern bemerkbar machen.[16] Im analogen Video, und davon handelt dieser Text ausschliesslich, führt jeder Kopierprozess zu einer Abnahme der Qualität, wir sprechen vom Generationenverlust. Am geringsten fällt dieser Verlust aus, wenn jeweils auf ein höherwertiges Format kopiert wird, dessen Begrenzungen im Frequenzgang deutlich über der zu kopierenden Information liegen, und dessen Eigenrauschen deutlich unter demjenigen liegt, das im Ausgangsmaterial schon enthalten ist. Dennoch gibt es keinen «transparenten» analogen Kanal, der nicht mit einem Verlust und einer Unlinearität behaftet wäre, und die Wahl eines jeweils höherwertigen Formats stösst an technische Grenzen, wenn die Ausgangsqualität schon hoch war, und in jedem Fall wird sie an finanzielle Grenzen stossen.

Können demgegenüber die Farben verblassen?

Es ist bekannt, dass sich die Farben verändern können. Das Farbsignal wird in einem Frequenzband unterhalb des FM-Signals für die Helligkeit aufgenommen, daher die Bezeichnung **Colour-Under-Verfahren** für den herabgesetzten Farbträger bei der grossen Mehrzahl der analogen Schrägspurverfahren.[17] Würde er nämlich bei 4,43 MHz belassen, ergäben sich unauflösbare Konflikte mit dem Helligkeitssignal, das denselben Bereich überstreicht. Der noch wichtigere Grund für die Entwicklung dieses Verfahrens war allerdings die zu geringe Konstanz der Kopf-zu-Bandgeschwindigkeit, welche zu stark veränderten oder gänzlich verlorenen Farben geführt hätte. Im Bereich der Farbe wirkt sich ein Zeitfehler im Signal nicht mehr als seitlicher Fehler aus, sondern als Farbverschiebung. Ist sie zu stark, hat dies nicht korrigierbare, unruhige Farbschleier zur Folge. Der bei der Herabsetzung gänzlich verlorene Farbhilfsträger von 4,43 MHz muss nach dem Lesen und Verstärken des in der Frequenz um den Faktor 7 (U-matic) tieferen Farbsignals rekonstruiert werden. Selbstverständlich unterliegt auch dieses Signal den Unregelmässigkeiten der Kopf-zu-Bandgeschwindigkeit, aber diese können beim Heraufsetzen besser korrigiert werden. Die im Helligkeitssignal eingebetteten horizontalen Synchronimpulse weisen nämlich denselben Zeitfehler auf, der dadurch für die Kompensation der Fehler im Farbsignal die Korrekturwerte liefern kann.

Der Farbton bleibt beim herabgesetzten Träger in die Phase des Signals gelegt, während die Sättigung in der Amplitude aufgehoben ist. Das Signal wird beim Abspielen mit einer Pegelautomatik eingemittet, aber es kann bei extremen Farbtönen, z.B. Signalrot, zu Unlinearitäten in der Sättigungskurve kommen. Zudem ist mit einer Zunahme des Farbrauschens zu rechnen.

Die qualitativen Mängel sowohl des Direct-Colour- wie auch des Colour-Under-Verfahrens hat die Komponentenaufzeichnung überzeugend, allerdings mit entsprechend hohem Aufwand, gelöst: Die Farbinformation, die als **Komponenten-Signal** zuzuführen ist, wird in einem komprimierten Zeitabschnitts-Multiplexverfahren auf eine eigene Schrägspur unmittelbar neben derjenigen für die Helligkeit aufgezeichnet – es werden also zwei zusätzliche Köpfe auf der Trommel benötigt. Die beiden **Farbdifferenzsignale** teilen sich damit die Bandbreite dieser Spur.[18] Die Komponentenaufzeichnung war 1982 der Quantensprung innerhalb der analogen Schrägspuraufzeichnung, welche auch die gesamte Studio- und Produktionsumgebung verändert hat. Der nächste epochale Wechsel erfolgte mit dem Beginn der Digitalaufzeichnung wenige Jahre danach und ihrer breiten Durchsetzung ab der Mitte der 1990er Jahre. Das Prinzip der Schrägspuraufzeichnung wird beibehalten, aber die Fehler und Störungen äussern sich nun gänzlich anders: Bis zu einem gewissen Grade bleiben sie unterschwellig, weil sie dank Redundanz in der Codierung weitgehend korrigiert werden können. Über dieser Grenze, auch als «digital cliff» bezeichnet, manifestieren sie sich dann häufig dramatischer als zahlreiche der hier beschriebenen analogen Störungen – bis hin zum Totalverlust des Signals.

1 Bauelemente der Elektrik wie Kondensator, Widerstand und Induktivität sind zu dieser Zeit bereits bekannt und in Gebrauch, jedoch gibt es noch keine aktiven Bausteine wie z. B. die im ersten Jahrzehnt des 20. Jahrhunderts entwickelte Verstärkerröhre, mit deren Hilfe eine schwache Signalspannung einen deutlich stärkeren Stromfluss zu steuern vermag – Voraussetzung für die Nachrichtentechnik und die in den 1920er Jahren allmählich aufkommende Unterhaltungselektronik.

2 Die Punktepaare auf einer Zeile ergeben in der Bildfläche vertikale Linienpaare, die bei der Angabe der horizontalen Auflösung in Linien immer gemeint sind. Ein Linienpaar entspricht im Signal einer Schwingung mit positivem (weiss) und negativem (schwarz) Maximum. Die Linien- bzw. Punktepaare sind nicht mit den Pixeln der digitalen Medien zu verwechseln. Sie stehen in einem ähnlichen Verhältnis zueinander wie die Zeilen des Bildrasters zu den tatsächlich maximal darstell- baren horizontalen Linien eines Bildinhaltes im analogen Fernsehen bzw. Video. In der Praxis liegt der Faktor bei knapp 0,7.

3 Dies ergibt das sogenannte **Composite-Signal**, also ein aus den Helligkeits- und Farbkomponenten zusammengesetztes Signal, welches über eine Leitung geführt und mit entsprechender **Modulation** auch gesendet werden kann. Die Komponenten-Verbindung benötigt dagegen drei Leitungen, weil es sich um ein Derivat der RGB-Verbindung handelt: Summe von RGB (Helligkeit) sowie Rot minus Helligkeit und Blau minus Helligkeit. Die folgenden Ausführungen gelten für die Composite-Verbindung, und der Einfachheit halber steht Sender und Empfänger auch für die Quelle und das Ziel dieser Verbindung, ob moduliert und gesendet oder direkt mit Kabel im Closed Circuit des Studios verbunden.

4 Genau: 4,43361875 MHz.

5 (Farb-)Demodulation und Decodierung werden annähernd synonym verwendet. Auch bei der Decodierung handelt es sich ursprünglich um einen rein analogen Vorgang im entsprechenden Schaltkreis.

6 Akronym für Alexander M. Poniatoff Excellence.

7 Gilt für PAL. In NTSC-Maschinen waren es 14400 Rpm.

8 Und zwar auch für die digitale Videoaufzeichnung. Abgelöst wird die Aufzeichnung auf Band nun durch diejenige auf Harddisk, laseroptische Medien wie DVD oder Blu-ray sowie nichtflüchtige Halbleiterspeicher wie zum Beispiel die auch aus der Digitalfotografie bekannte Compact Flash Card und zahlreiche weitere Kartenformate.

9 Andere «Schätzungen» geben über 100 an, von denen allerdings zahlreiche wohl nur als Prototypen existiert haben dürften.

10 Prominente Ausnahme bildet **VHS-C** mit seiner für Camcorder im Durchmesser verringerter **Kopftrommel**. Damit gleich lange Spuren geschrieben werden können beträgt die Umschlingung der Trommel 270°, und es sind mindestens 2 Kopfpaare notwendig. Mehrere Videosysteme zeichnen den Ton analog frequenz- oder digital pulscodemoduliert (**FM-** bzw. **PCM-Ton**) auf und benötigen dafür ein weiteres Kopfpaar. Bei Hi8 und **Betacam** wird für den PCM-Ton die Spur leicht verlängert, womit die Umschlingung ebenfalls etwas mehr beträgt als 180°. Weitere Ausnahmen: die Mehrzahl der 1" Formate mit 360°-Umschlingung und einem Kopf.

11 Gilt für PAL und Zweikopfsysteme mit 180° Umschlingung. Bei NTSC sind es 1800 Rpm.

12 Es handelt sich um eine Schwarz-Weiss-Aufzeichnung, die Farbigkeit der Felder ist reiner Zufall und ist eine Interferenzerscheinung der Magnetpartikel des Ferrofluids, die sich an den Feldlinien des aufgezeichneten FM-Signals orientieren. Bei einer moderneren Aufzeichnung mit höheren Frequenzen können deshalb die Interferenzen aus dem sichtbaren Spektrum hinaus gelangen. Präparierung des Bandes: Patrícia Falcão.

13 Die sogenannten Dropouts sind kurzzeitige Signalausfälle infolge Verschmutzung oder Abrieb der magnetischen Schicht an der betreffenden Stelle. Ein Rechenbeispiel: Ein kurzer Blitz, der auf einem 70 cm Bildschirm 3 mm lang ist, dauert ¼ µs. Auf einer durchschnittlichen Schrägspur von 10 cm Länge (**VHS**) entspricht dies einer Ausdehnung von knapp mehr als einem Tausendstel mm! Länger dauernde Ausfälle breiten sich immer entlang der Zeile in horizontaler Richtung aus – im Gegensatz zum Film, wo wir es eher mit vertikalen Kratzern oder flächigen Verschmutzungen zu tun haben.

14 Dieses Signal kann bei Studiomaschinen mit RF Off-Tape Buchse ohne Eingriff ins Gerät auf einen Waveform-Monitor oder ein Oszilloskop geleitet werden und dient der exakten, manuellen Trackingregelung.

15 Vgl. Anm. 14.

16 Wir kennen die beiden Prinzipien vom Radio, wo ein deutlicher Qualitätsunterschied zwischen UKW (FM) und Mittelwelle (AM) liegt.

17 Nur wenige hochstehende Broadcast-Formate haben das unveränderte Composite-Signal insgesamt frequenzmoduliert aufgezeichnet (direct colour), während die grosse Mehrzahl der Industrie- oder Consumerformate (auch U-matic) den Farbträger herabgesetzt und unterhalb des Frequenzbandes für die Luminanz aufgezeichnet haben.

18 Damit die zwei Farbdifferenzsignale ohne Modulationsverfahren sicher auseinandergehalten werden können, müssen sie nacheinander auf diese eine Spur geschrieben werden. Ihre Dauer wird dazu in einem Speicherbaustein je auf die Hälfte komprimiert, was bei der Wiedergabe bedeutet, dass sie wieder auf die originale Länge gedehnt werden müssen. Bei diesem Vorgang wird auch der Informationsgehalt der beiden Farbdifferenzsignale je halbiert. Dieser Sachverhalt spiegelt sich in der Proportion 4:2:2 wieder, welche der Signalspezifikation «Komponenten» häufig folgt, und welche besagt, dass das Helligkeitssignal mit der vierfachen Taktrate des Farbhilfsträgers übertragen bzw. digitalisiert wird, die Farbdifferenzsignale jedoch mit nur je der doppelten.

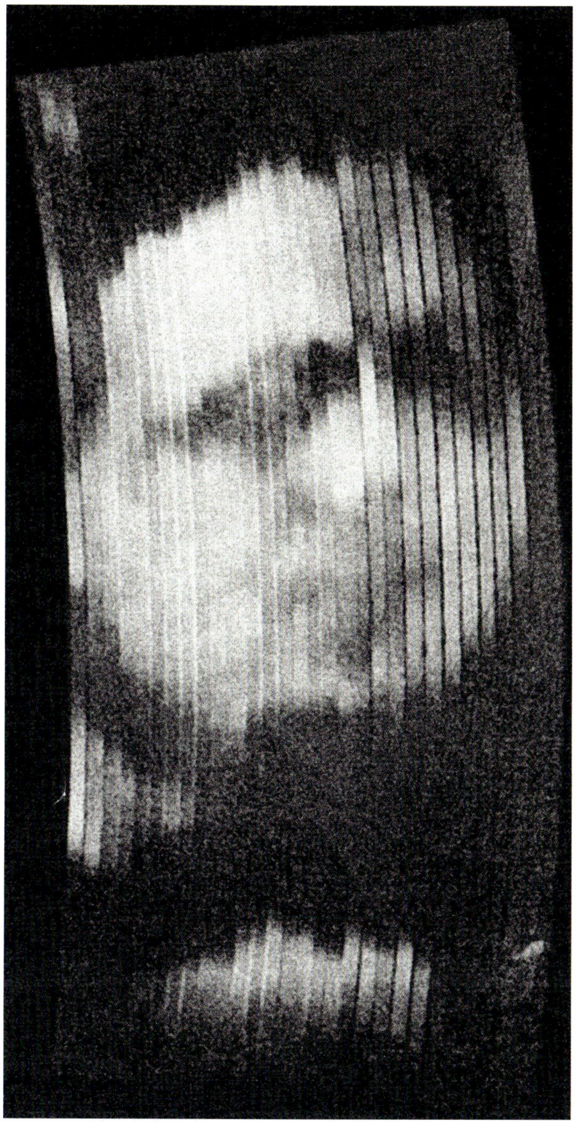

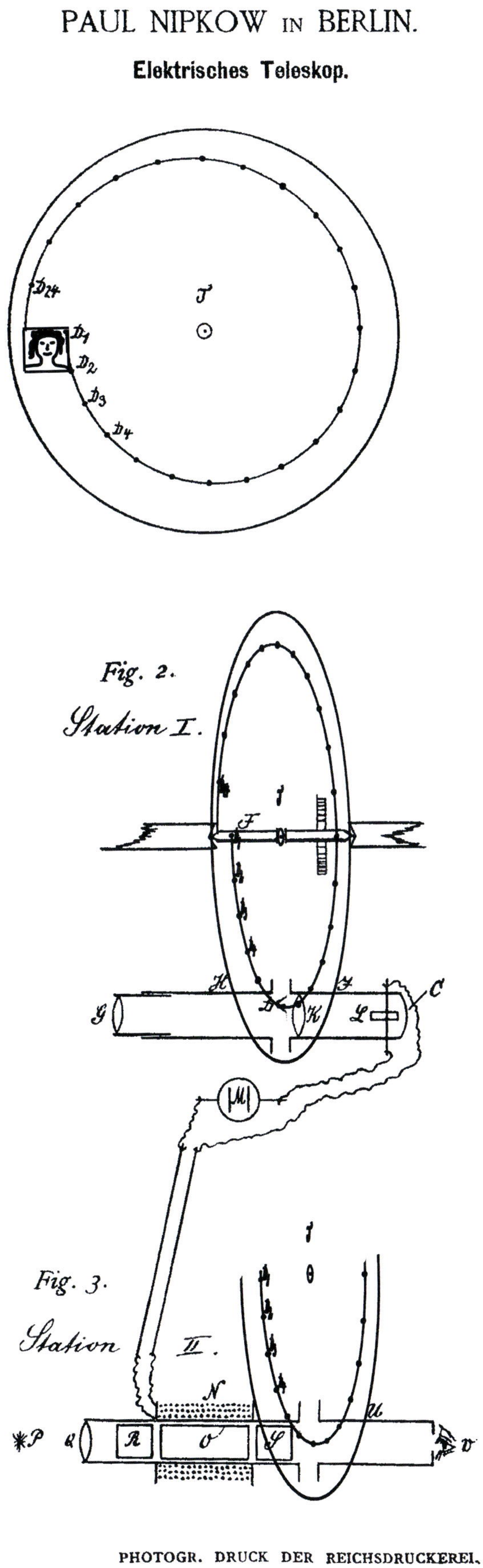

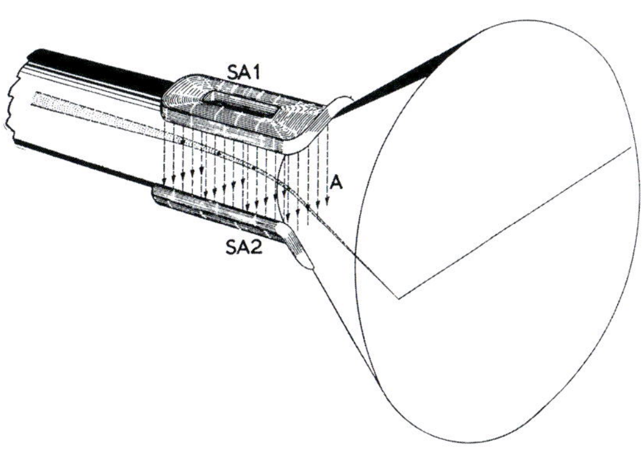

ABB. 1, LINKS OBEN
Die älteste bekannte Fotografie eines Bewegtbildes von Baird's «Televisor», um 1926 (abgebildet ist Baird's Geschäftspartner Oliver Hutchinson), Abb. in: Donald F. McLean, *Restoring Baird's Images*, London 2000, S. 41

FIG. 1, TOP LEFT
The first known photograph of a moving image produced by Baird's 'televisor', c. 1926 (the subject is Baird's business partner Oliver Hutchinson), fig. in: Donald F. McLean, *Restoring Baird's Images*, London 2000, p. 41

ABB. 2, RECHTS
Nipkow-Scheibe, http://histv2.free.fr/nipkow/patent5.pdf

FIG. 2, RIGHT
Nipkow disk, http://histv2.free.fr/nipkow/patent5.pdf

ABB. 3, LINKS UNTEN
Die Bildröhre im Schnitt (nur Horizontalablenkung), Archiv des Autors

FIG. 3, BOTTOM LEFT
Cross-sectional view of a picture tube (horizontal deflection only), author's archive

ABB. 5
Vertikale Linien in abnehmender Breite repräsentiert im Zeilensignal, Foto: Johannes Gfeller

FIG. 5
Vertical lines of decreasing width represented in the line signal, photo: Johannes Gfeller

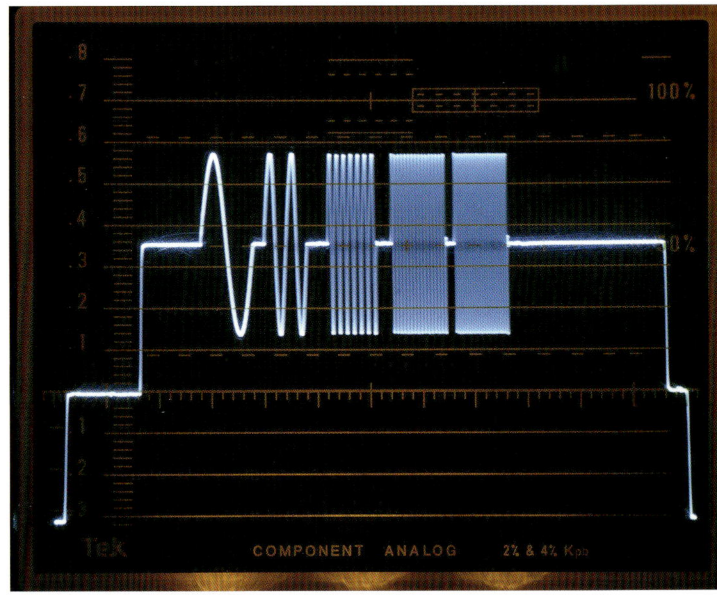

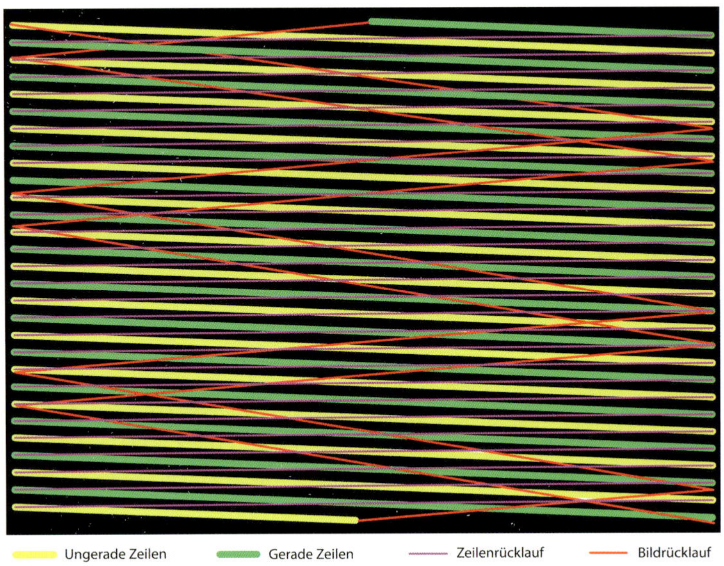

ABB. 4
Der Bildraster (vereinfacht dargestellt), Illustration: Johannes Gfeller

FIG. 4
Simplified depiction of the picture raster, illustration: Johannes Gfeller

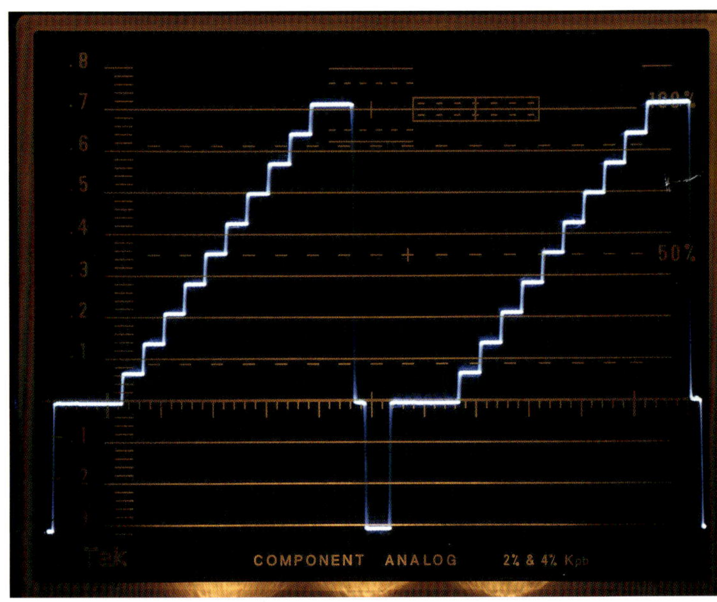

ABB. 6A
Oszillogramm einer einzelnen Zeile (Grautreppe), Foto: Johannes Gfeller

FIG. 6A
Oscillogram of a single scan line (grey-scale), photo: Johannes Gfeller

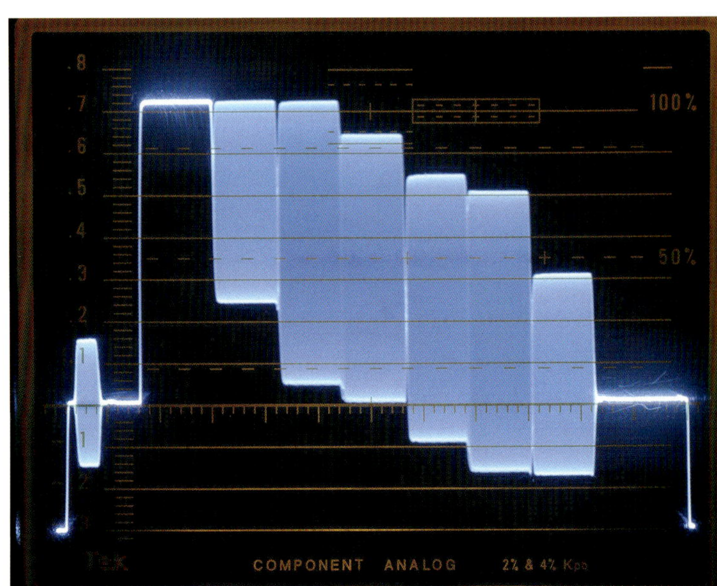

ABB. 6B
Oszillogramm einer einzelnen Zeile (Farbbalken), Foto: Johannes Gfeller

FIG. 6B
Oscillogram of a single scan line (colour bars), photo: Johannes Gfeller

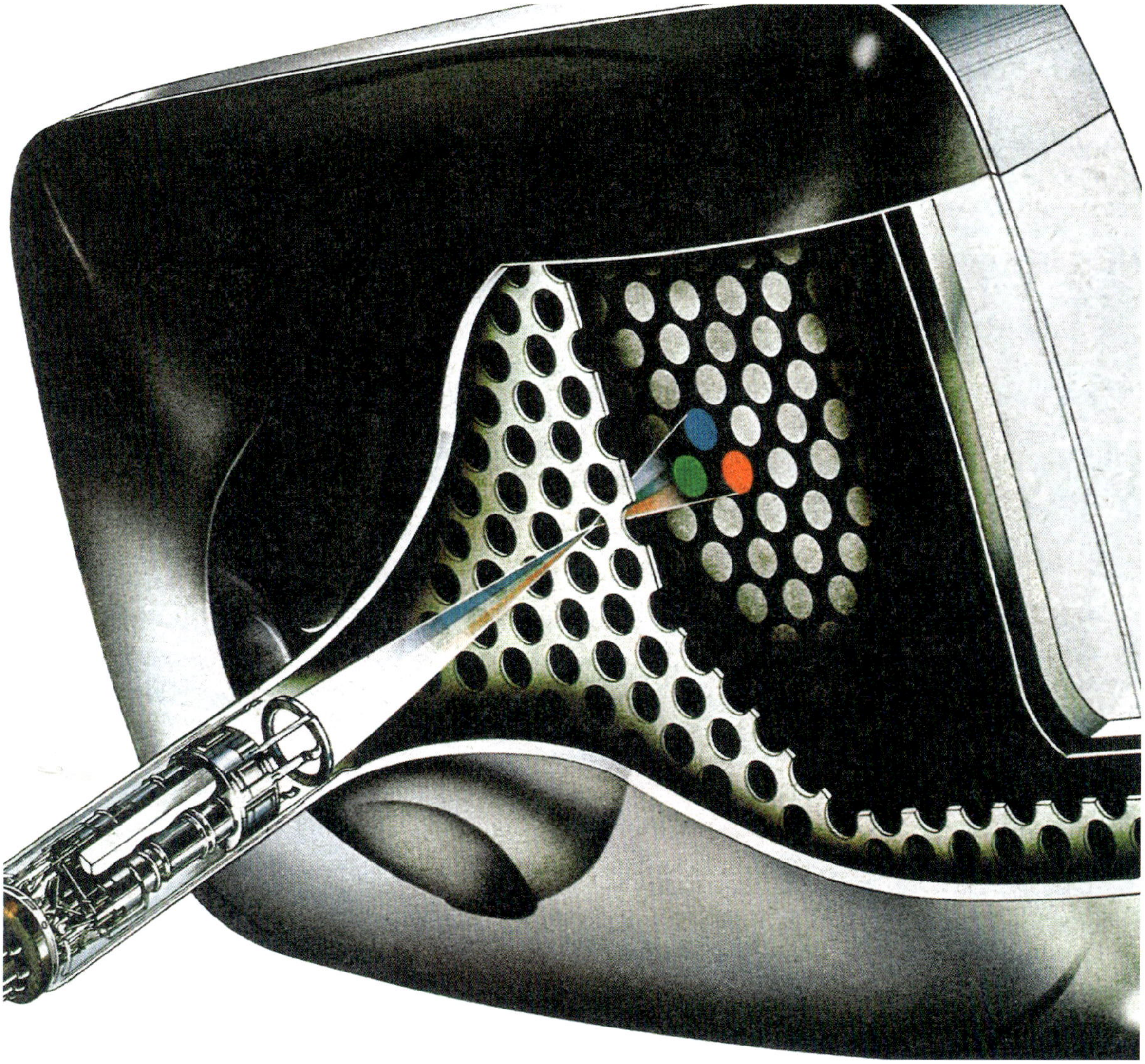

ABB. 7
Farbbildröhre im Schnitt,
Abb. in: Walter Bruch / Heide Riedel, *PAL – Das Farbfernsehen*, Berlin: Deutsches Rundfunk-Museum, 1987, S. 40

FIG. 7
Cross-sectional view of a colour picture tube, fig. in: Walter Bruch / Heide Riedel, *PAL – Das Farbfernsehen*, Berlin: Deutsches Rundfunk-Museum, 1987, p. 40

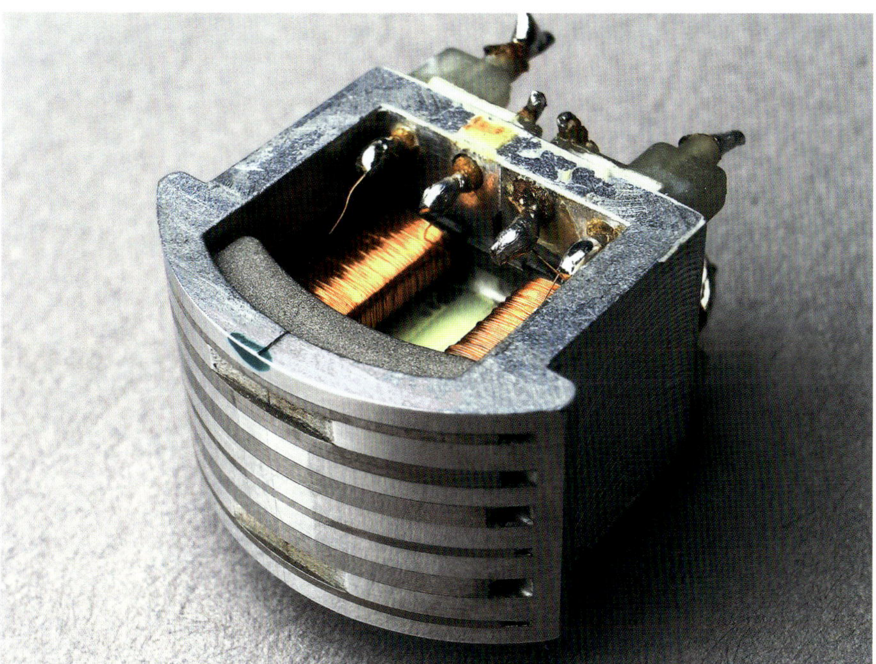

ABB. 8
Magnettonkopf geöffnet,
Foto: Johannes Gfeller

FIG. 8
Inside a magnetic audio head,
photo: Johannes Gfeller

ABB. 9
Der Bandpfad in Schrägsicht, von oben, von vorne (Sony CV-5600), Abb. in: *Service Manual Sony CV 5600*, o. J. [1967], S. 2-1, vom Autor bearbeitet

FIG. 9
The tape path viewed at an angle / from above / from below (Sony CV-5600), fig. in: *Service Manual Sony CV 5600*, n. d. [1967], p. 2-1, revised by the author

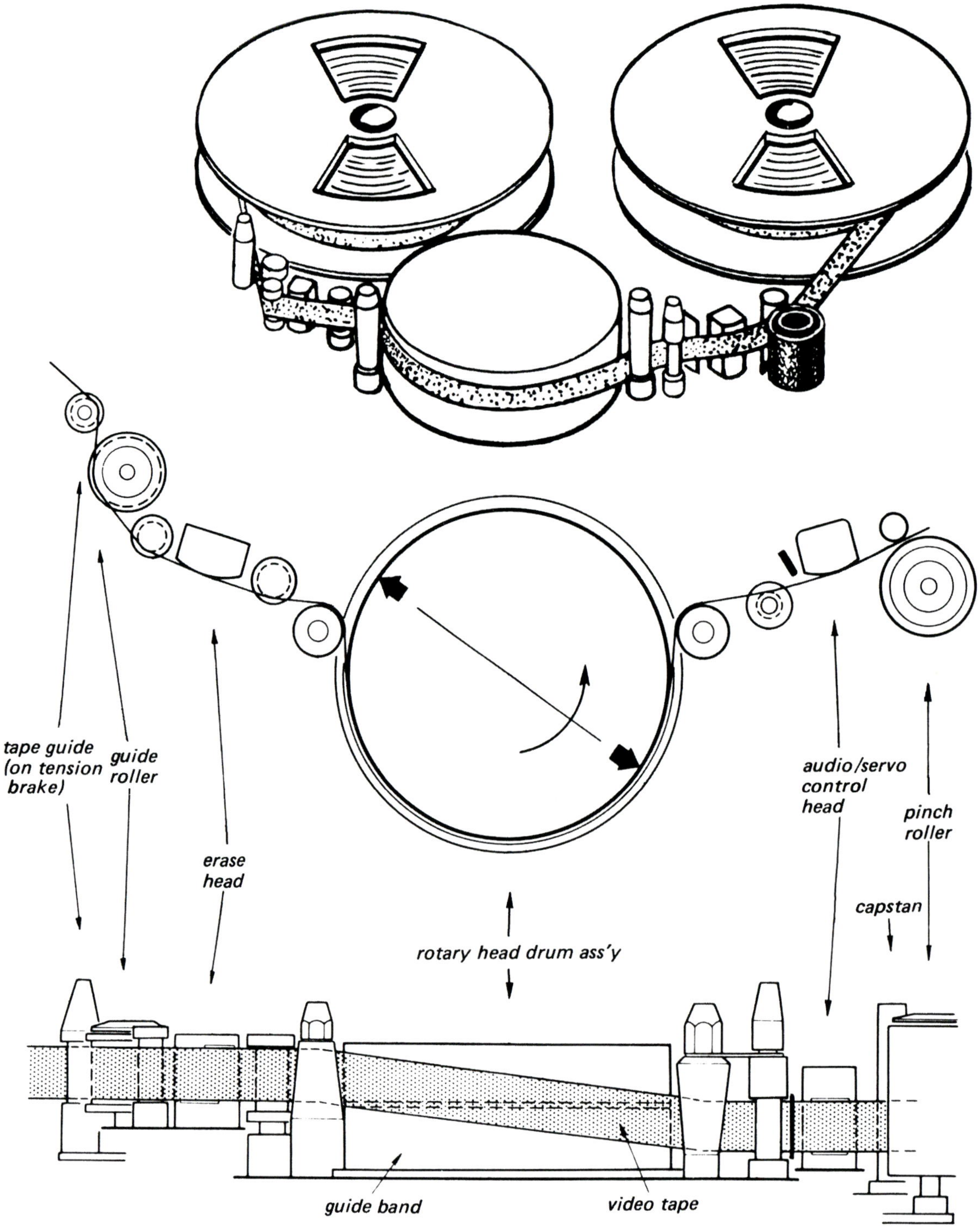

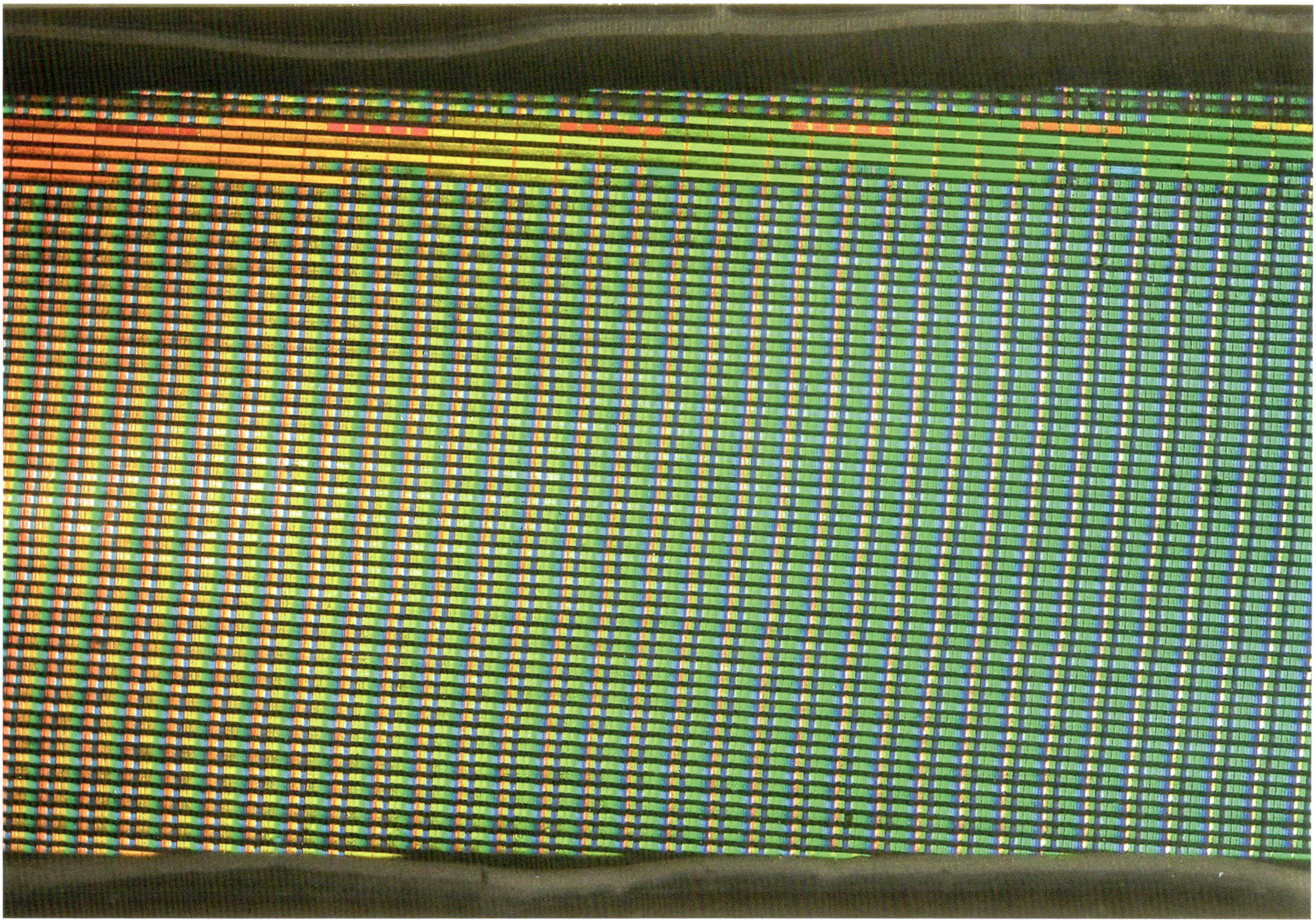

ABB. 10
Sichtbarmachung der einzelnen Spuren mittels Ferrofluid: Die Synchronpulse und die Felder der aufgenommenen Grautreppe können identifiziert werden, Foto: Johannes Gfeller

FIG. 10
Using ferrofluid to make individual tracks visible (sync pulses and individual grey-scale fields can be identified), photo: Johannes Gfeller

ABB. 11a
Sauberer Videokopf,
Foto: Johannes Gfeller

FIG. 11a
Clean video head,
photo: Johannes Gfeller

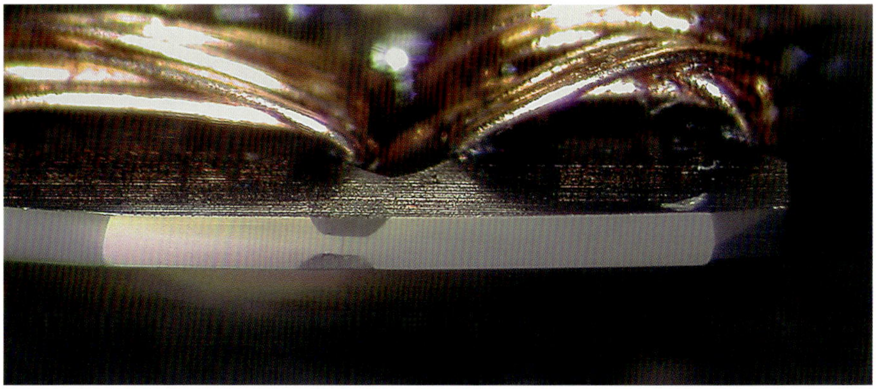

ABB. 11b
Verschmutzter Videokopf,
Foto: Johannes Gfeller

FIG. 11b
Dirty video head,
photo: Johannes Gfeller

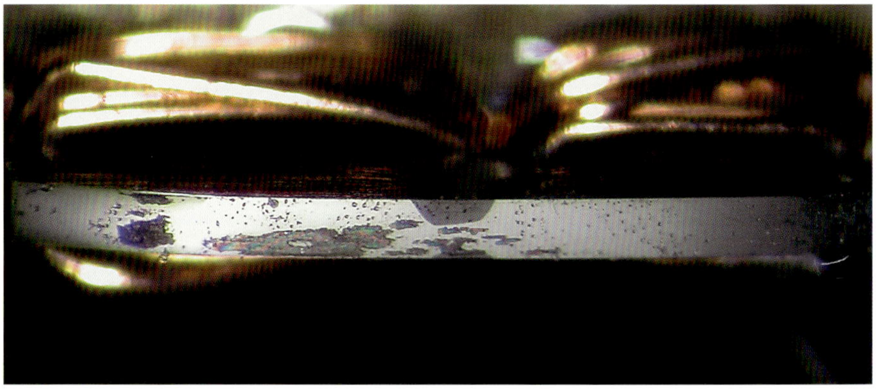

ABB. 11c
Völlig zugesetzter Videokopf,
Foto: Johannes Gfeller

FIG. 11c
Clogged video head,
photo: Johannes Gfeller

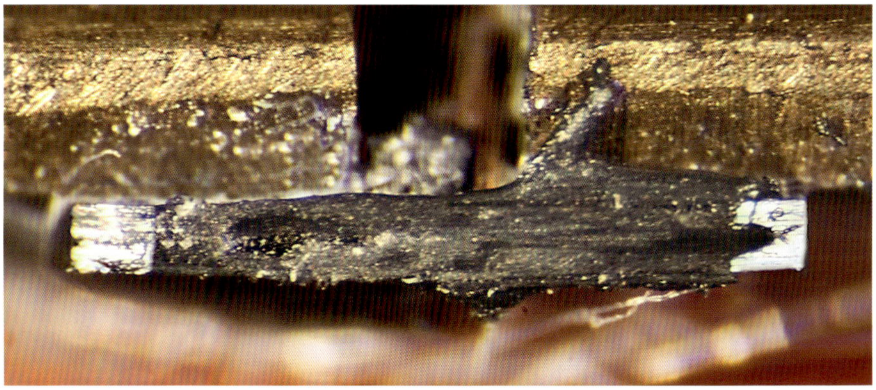

ABB. 11d
Ausgebrochener Videokopf,
Foto: Johannes Gfeller

FIG. 11d
Damaged head gap,
photo: Johannes Gfeller

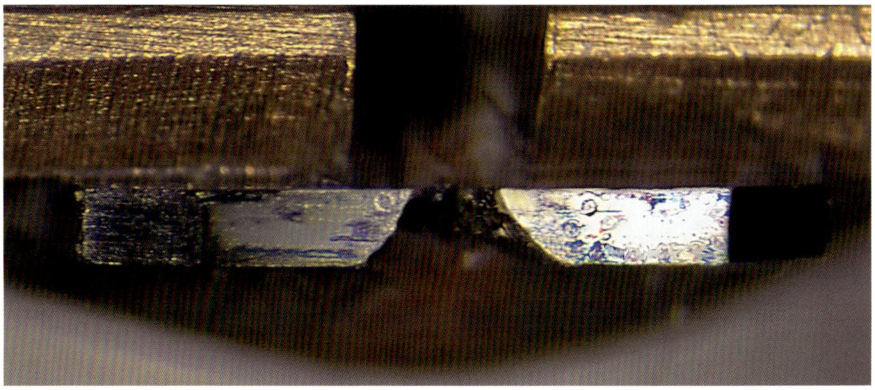

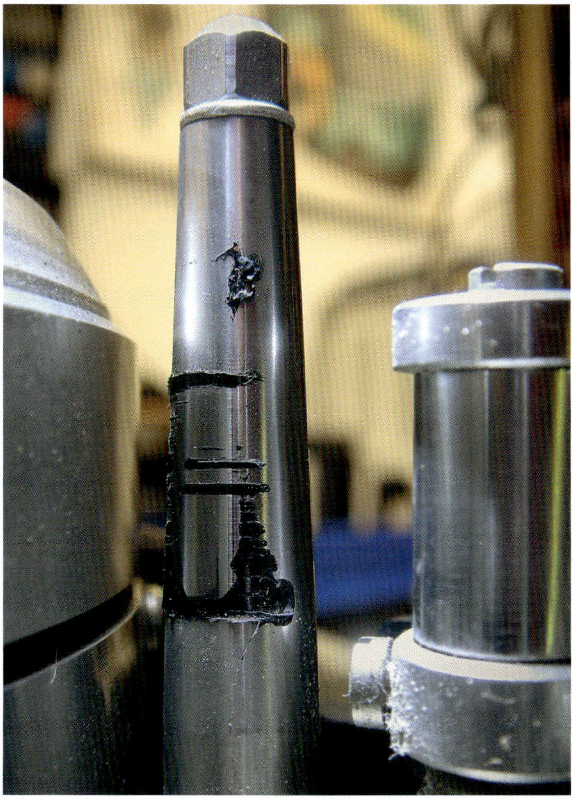

ABB. 12
Verschmutzter Umlenkbolzen beim Trommeleinlauf (Sony AV-3670), Foto: Johannes Gfeller

FIG. 12
Dirty guide pin on the feed side of the drum (Sony AV-3670), photo: Johannes Gfeller

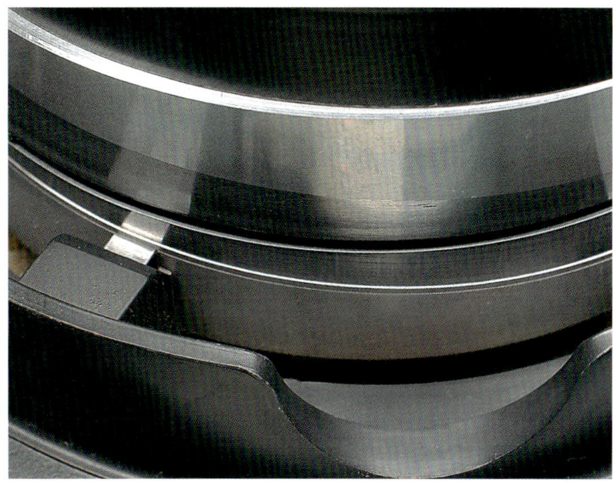

ABB. 13
Bandpfad um die Trommel mit deutlich sichtbaren Gebrauchsspuren, die hier aber noch im «grünen» Bereich liegen, Foto: Johannes Gfeller

FIG. 13
Tape path round the drum showing clear signs of wear (here still well within acceptable tolerances), photo: Johannes Gfeller

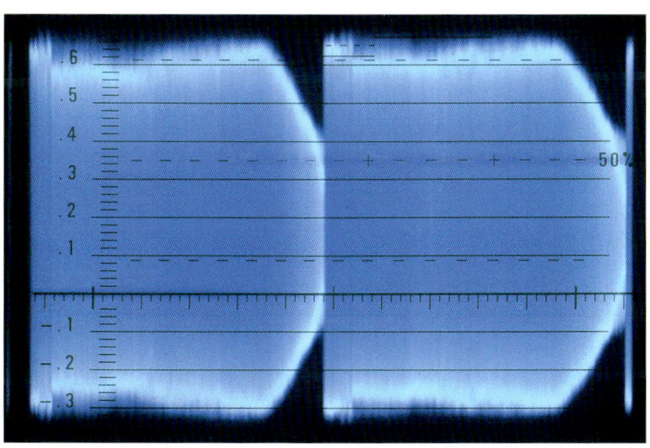

ABB. 14
Einschnürung des FM-Signals am Ende des Bandpfades um die Trommel, Foto: Johannes Gfeller

FIG. 14
Contraction of the FM signal at the end of the tape path around the drum, photo: Johannes Gfeller

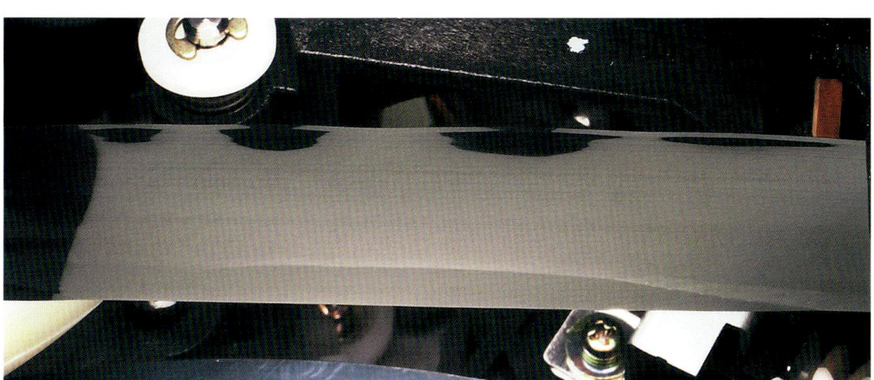

ABB. 15
Edge Curl (Aufnahme einer authentischen Situation in einem U-matic Player, für die Sichtbarmachung entsprechend ins Licht gesetzt), Foto: Johannes Gfeller

FIG. 15
Edge curl (photograph of a genuine situation in a U-matic player, spot-lit for greater clarity), photo: Johannes Gfeller

BASIC PRINCIPLES OF VIDEO TECHNOLOGY

Johannes Gfeller

Historical background

Some ten years after video recording was invented in 1956, shortly after the introduction of transportable video systems and immediately after the first truly portable video device became available, a new genre was born: video art. Because video technology is so closely bound up with television technology, we will start by taking a brief look at the development and technical underpinnings of television.

Some of our readers will already have asked themselves how television – which by this time had already passed through an experimental phase stretching from the late 1920s to the early 1950s and become a regular feature of everyday life – was able to exist without a storage medium such as video. After all, television simply transmits content that was originally recorded using a video camera.

Transmission precedes storage

If we take a good look at the history of technical media, we find that transmission almost always precedes storage. The camera obscura – but also its opposite number, the laterna magica – existed long before light-sensitive media. Animated (moving) pictures – also popular with projectionists – existed before celluloid strips, and indeed before there was any means of recording them 'from nature'.
Sound transmission precedes sound storage, and in fact presents an interesting paradox in the history of technology: sound was already being transmitted electrically before suitable storage was invented, and the latter remained mechanical in operation for another five decades.

Parallels between photography and telegraphy

These are already good reasons for questioning the traditional portrayal of a natural evolution from photography to film, then to television and finally to video, quite simply because this viewpoint takes no account of the significant role played by telegraphy in scientific, socio-cultural and economic development. Photography and telegraphy are both children of the same era, born in the same decade: the 1830s. Each of them, more or less independently, triggered a separate chain of developments – the visual and the informational – which have converged and culminated in today's digital age. Furthermore telegraphy is in essence a digital transmission system, and the use of telegraphic communication to transmit analogue signals (such as telephony) already appears as something of a historical interlude.
If we verify this parallel development by taking a closer look at the early history of television (which effectively represents the ancient history of video), we uncover the following facts: the principle that underlies every picture transmission – namely the scanning of an image area as a series of lines and dots and the accompanying (indispensable) synchronisation of transmitter and receiver – was described in a patent for an electrical telegraph capable of transmitting images, an ancestor of the fax, in 1843. This was quite independent of the invention of photography, which had been announced to the world (as a 'gift from France') some four years previously.

Parallels between film and television

The transmission of moving pictures was first considered seriously in the same decade as film: the 1880s. Once again, we find two separate development streams – in 1884, as Paul Nipkow applied for a patent for his 'electric telescope', both Marey and Muybridge had succeeded in reproducing motion using limited series of photographs, but had not yet managed to produce moving sequences lasting several minutes: this achievement took another 10 years. In other words, the inventors of film were interested purely in photographic storage so that later they could play back the captured images as often as they wished. Proponents of the electric telescope, on the other hand, were interested in direct, unmediated telegraphic transmission. That they only achieved technical success some four decades later does not contradict this interpretation of the history of ideas – television is the offspring of telegraphy, not of film.

The transmission and storage of pictures converge for the first time

In the late 1920s, efforts to run working tests finally culminated in the experimental transmission of moving pictures – a moment at which the transmission and storage of motion pictures briefly but simultaneously touched on a frontier that marked the transition from mechanical to electromagnetic storage. These first experimental television transmissions were still being stored by one of their leading proponents – John Logie Baird – on phonograph records, while at the same time the first experiments to record sound on paper-based magnetic tape were entering the very earliest laboratory stage. It was hoped that magnetic tape would replace the steel wire and steel tape that had been used since 1898. Even before the mid-1930s, the resolution of both mechanical television and its successor, electronic television, had increased to the extent that recording the consequently much higher signal frequencies on audio apparatus was no longer remotely feasible (fig. 1).

Technical background

While it had proved possible to 'cut' video signals onto phonograph records, and indeed to broadcast the first, very low-resolution television pictures over standard radio transmitters, nevertheless it is important to be clear about some of the physical principles that constrain television engineering.

Transmission and storage both involve multiple conversions of physical state

When sound is transmitted – and, to an even greater extent, when images are transmitted – we are dealing with the transformation of a signal from one physical state to another over a given period of time. Furthermore, when the signal is stored, the period of time is expressed as a unit of length: as the groove on a record, as the magnetic track on a tape, or – as explained later – as the **helical track** on a videotape. To turn the unit of length back into the original period of time, we need to know the speed at which the recording was made. When playing back the recording, we maintain this speed as precisely and evenly as possible so that the unit of length does not become a narrative experience in its own right, but instead turns back into physical time. We are all familiar with the unpleasant experience of listening to audio played back at uneven speeds, and the negative impact on our sensitive ears. This phenomenon accounts for the majority of the image errors described in this reference guide: they are the symptoms and consequences of timing errors transformed back into their original physical states!

From one-dimensional dot and line to two-dimensional surface

If we take a grossly simplified monaural transmission model, sound could be defined as a one-dimensional extension in time; transmitted as an electrical signal, it would retain this one-dimensionality as a function of time.

A picture, on the other hand, has two dimensions: precisely one too many for it to be transmitted over a single wire or channel. Which is why an ingenious workaround is required...

All successful methods for transmitting static or animated pictures have divided the image area into individual lines which are transmitted sequentially, one after another. So what exactly is being transmitted? The dot-shaped sampling of the subject's brightness along one line produces a chronological sequence for this brightness, which is then transformed into the chronological sequence of an analogous signal voltage. The chronological sequences of all the lines that successively compose the picture correspond to a scan of the entire image area (picture).

If the picture is grey, only a single very slightly varying voltage value needs to be transmitted; if the picture structure is more sophisticated, the resulting signal will comprise an alternating voltage that tracks all the different changes. The greater the range of brightness (**luminance**) across a specific area of the picture, the higher the signal amplitude will be. The more complex the picture structures are across the same area, the higher the signal frequency will be.

Thus the upper threshold frequency of the transmission channel is what determines the possible resolution of the transmitted picture, as specified in (vertical) line pairs per (horizontal) **scan line**. **Resolution** is proportional to the number of lines, as determined by the system's specifications.

Mechanical television?

Prior to the advent of electronics (still a very distant prospect back in 1884)[1] the picture was broken down mechanically using a disk named after its inventor, Paul Nipkow. The disk is perforated by fine holes arranged at evenly spaced angular distances in a spiral, in such a way that they pass smoothly and seamlessly over the picture to be transmitted: there is always exactly one hole immediately above the surface of the picture and each successive hole follows along the same track as its predecessor. The projected light passes through each hole in turn and hits a photocell, which emits an electrical signal that can be relayed either down a single-wire transmission link or wirelessly, via a transmitter. This system cannot transmit any details finer than the width of a line, which is equal to the diameter of a hole.

At the receiving end an identical disk is spinning – precisely synchronised with the first disk – in front of a surface glow lamp (later replaced by neon) powered by the transmitted signal which, as we remember, represents the local luminance values in the original picture (fig. 2).

Electronic television!

When electronic television emerged in the 1930s, the mechanical perforated disk was replaced by an electromagnetically deflected **electron beam** in a high-vacuum cathode ray tube: a technique used henceforth in both cameras and picture tubes. The rotating disk was replaced by electronic circuitry that controls the vertical and horizontal deflection of the electron beam and generates the **picture raster** produced by scanning the picture according to precisely defined **timing** and equally precisely defined geometry. In a camera, the electron beam scans the light-sensitive layer – known as the target – line by line, converting the light energy stored as a distributed charge (i.e. the picture projected from the lens onto the photosensitive layer) into an equivalent voltage. The scanning of light-dark transitions produces corresponding changes in voltage. An aside: the electrical settings of the electron beam, that is, the beam intensity and focus, combined with the voltage applied to the target, have a decisive influence on the picture's characteristics – they determine its 'look and feel', as it were, something which it is vitally important to remember and preserve as we move swiftly into a digital future. It makes good sense to be aware of these relationships when restoring early black-and-white videotapes, or when reconstructing and replaying images from closed-circuit installations that rely on such CRT cameras – this artistic awareness is an essential part of the craft.

In the display tube of the monitor or television set, the invisible electron beam is turned into visible light by the phosphor coating on the screen. There is some limited afterglow, but it is primarily the persistence of vision of the human eye that converts this single dot, as it dashes to and fro, into a two-dimensional surface. To enhance this effect still further, the system does not simply transmit 25 pictures (full frames) per second, but instead breaks them down into 50 half-frames or **fields**.[2] Each field only contains every other scan line; the gaps in the first field are filled up by the information contained in the second field, which is transmitted immediately after it. This means that the lines of both fields are interlaced – odd-numbered lines followed by even-numbered lines. This reduces the large-area flicker associated with slower frame rates, and increases the amount of time we are able to watch television (fig. 3).

Picture resolution and bandwidth

In countries that use the **PAL**/CCIR standard, 50 fields per second have to be transmitted for historical reasons relating to the mains power frequency. Each field consists of 312.5 scan lines distributed over the vertical height of the picture. Thus a full frame consists of 625 scan lines, of which only 576 actually carry picture content (fig. 4). While each line lasts for 64 µs, it is only actually visible for 52 µs. If the maximum number of horizontal lines that can be transmitted via the line scanning pattern is translated at an **aspect ratio** of 4:3 into the maximum number of dot pairs that can be transmitted on a single line[3], the result is approximately 260. Thus the shortest black-to-white changeover lasts just 0.2 µs (52 µs / 260). This corresponds to a frequency of 5 MHz, the **bandwidth** of the analogue TV signal (fig. 5).
Why can we not see all the lines; and why can we not see a single line for its full duration? The 'hidden time' is needed for the **vertical flyback** (retrace), i.e. the return of the electron beam to the top of the picture, and also for the **horizontal flyback** (retrace), i.e. the return of the beam from the right-hand edge of the picture back to the left-hand edge – this too represents a legacy of what was state-of-the-art engineering in the middle of the last century.

Picture content and sync pulses

All downstream devices in the transmission chain must adhere strictly to this timing, controlled by the **horizontal** and **vertical sync pulses** that are transmitted in the gaps between the pictures or scan lines. So each system can easily identify the sync pulses, they have a lower signal voltage than the voltage of the picture content. If a **video signal** had a difference in potential of exactly one volt, then the sync pulses would be zero volts, the black level would be 0.3 volts and the white level would be exactly one volt. Picture content should never be assigned to voltage levels that are exclusively reserved for sync pulses! However, this also means that the transmission channel can carry either the sync information or the picture content, but not both at the same time. Thus during the periods between the sync pulses, the equipment must be capable of operating on its own in an absolutely stable, predictable way. On a 50 cm screen, the electron beam needs one microsecond to travel one centimetre. If it arrives – in relation to the preceding lines – even fractionally too early or too late, the result is an unpleasant jitter or lateral distortion of the picture. Time base errors in the **luminance** or **synchronisation signals** cause lateral displacement of television and video pictures – in short, produce horizontal errors (figs. 6a, 6b).

From grey-scale to colour TV

An electron beam is not colour-sensitive, either during recording or during playback. So in order to transmit colour, a principle first discovered in the early days of colour photography was used. Instead of one pickup tube there were three, and in front of each tube was positioned a colour separation filter for one of the primary colours: red, green and blue. At the rear of the camera lens was a beam splitter that divided the picture into three equal parts, one for each tube. In a studio, a separate cable could be dedicated to each of these primary colours, but for broadcasting purposes only a single wire or channel was available. For this reason, the colour (chrominance) information had to be merged with the brightness (luminance) signal as a signal component[4]; moreover in such a way that black-and-white reception would also still be possible. A modern CRT colour television should be able to reproduce a black-and-white picture without a colour halo, thanks to the separation of the luminance signal from the **chrominance signal** – technically a relatively straightforward solution. A very high **carrier frequency** of 4.43 MHz (PAL), stable to the last decimal point[5], provides the reference for the chrominance signal that is combined with the luminance signal. In certain black-and-white monitors, the carrier frequency is clearly visible as a >*Moiré Effect*. Colour saturation is expressed by the signal's amplitude, and hue by the signal's **phase**, while the carrier itself is not transmitted. One cycle at this frequency has a period of less than one quarter-millionth of a second, during which time the signal can represent the entire colour spectrum. Thus a timing error of just a few nanoseconds in the chrominance signal will visibly falsify the picture's colours. Because the chrominance (colour) signal is separated from and then recombined with the **colour subcarrier** at various points in the transmission chain – this occurs in almost every video recording or playback device, from camera to **vision mixer** (or video production switcher) to video recorder to playback monitor – it is easy to see how different transit times could cause such timing errors to be introduced at each stage in the process: they would then have to be corrected. This is where the European broadcast standard PAL has a distinct advantage over the American **NTSC** standard, because it compensates for colour shifts caused by timing errors by offsetting them from one line to the next. This means that the errors can be corrected while they are still signals, during the decoding process, because the system always mixes the most recent colour component with a second component that has been delayed by exactly one line and shifted in the opposite direction. Any residual colour shifts in the picture are normally perceived by the human eye in the original (correct) colour, provided the viewer is positioned at a sufficient distance from the screen. Viewers who are too close to the screen see what is known as a >*Venetian-blind Effect* (PAL). NTSC televisions and monitors, by contrast, need an easily accessible control knob on the front of the set so that hue settings can be adjusted: the **hue control**.[6]

The colour subcarrier that was suppressed at the transmission end must be reconstructed by the receiving device in order to provide a reference for the **demodulation**[7] of the colour signal, i.e. the recovery of the proportionate voltages for red, green and blue. In order to synchronise the colour subcarrier's oscillator, a brief signal is transmitted after each line sync pulse but before the start of the picture content: this is known as the colour **burst**, or simply burst. The signal is used to position the colour subcarrier at the correct phase angle, so that – rather like a tuning fork – it can maintain the colours at the proper place in the colour spectrum for the duration of one scan line. If synchronisation is unsuccessful, the colour hues shift from the left-hand side to the right-hand side of the picture more or less autonomously (cf. >*Loss of Colour Lock*).

In contrast to a black-and-white tube, a colour picture tube has three beam systems built into it, each one only capable of hitting the small phosphor-coated areas on the screen that have been allocated to it, which transform the invisible electron beam into red, green or blue light. These primary colours can be mixed to produce any colour, according to the relative intensity of the beams from each of the three systems (fig. 7).

How magnetic signals are stored …

The principle of electromagnetic sound recording dates back to Valdemar Poulsen, who was awarded a patent for his telegraphone in 1898. Alas, electronic amplifier circuits had not yet been invented, which probably explains why the subsequent development of electromagnetic information storage was so slow to get off the ground.

A magnetisable medium is drawn past an electromagnet, which is fed with sound energy that has been converted to alternating voltage by a microphone. The recording medium may be steel wire, steel band or even a metal disc. As the carrier medium moves past the electromagnet, it carries away with it the north-south or south-north polarity of the magnetic field at the electromagnet's pole, which is constantly changing in response to the electrical signal from the sound wave. Once again, time is basically being transformed into a unit of length, as is the electromagnet's field strength: the lines of force of the stored magnetic fields are physically extended as they are laid down along a length of recording medium. It makes no difference whether the recording medium consists of homogeneous magnetisable material or tiny isolated particles – the operating principle remains the same, although it is perhaps easier to imagine millions of minute magnetic particles embedded in a carrier medium, each carrying its own individual polarity. Only some thirty years after Poulsen's invention was the information-carrying magnetisable material separated from the passive substrate. Initially paper tape was used as a substrate; later on it was replaced by plastic tape. The basic principle of electromagnetic storage remains essentially unchanged to the present day and the advent of the hard disk drive. The technical execution, however, has changed out of all recognition.

… and the challenges that were overcome

The principles of modern magnetic tape recording were developed in Germany during the 1930s: in 1932 Eduard Schüller invented the air-gap **magnetic head**; in 1935 BASF perfected the actual tape using a cellulose acetate substrate, and in 1940 Walter Weber invented HF (also known as a.c.) biasing. In 1945 two tape recorders and 50 tapes were taken to the USA, which resulted in the construction of the first American audiotape recorders in 1948. These were built by Ampex and funded by singer, actor and entertainer Bing Crosby, who was interested in pre-recording his radio broadcasts so that he would no longer have to produce them live (fig. 8).

From audiotape to video recorder

From 1951, Bing Crosby Enterprises and Ampex[8] worked on recording video signals onto **magnetic tape**. There were two major incentives: first, the possibility of pre-recording television broadcasts, and second, the financially motivated desire – in a country that straddles three time zones – to be able to broadcast two repeats of a program an hour apart.

Although they are technically related, a quantum leap separates audio recording from video recording. It helps to illustrate this gulf mathematically: even at that time, television was operating at a bandwidth of 5 MHz (NTSC 4 MHz), as mentioned earlier. The first Ampex tape recorder supported a bandwidth of just 15 kHz – that is, 0.015 MHz. At a given level of process engineering for manufacturing magnetic heads and tapes, the only way to increase the bandwidth – and crucially, the upper frequency limit in particular – is to increase the **tape speed**. However, tape recorders at the time were already transporting tape at 76 cm/sec. A simple mathematical calculation shows that the tape speed required for television-standard bandwidths would be well over one hundred metres per second – a technical impossibility. Various experiments were made with tapes running at speeds of several metres per second, but the physical problems, abbreviated recording time and unsatisfactory quality of the recordings meant that development work on longitudinal track recording by Crosby, RCA (Radio Corporation of America), the BBC (British Broadcasting Corporation) and other innovators soon came to an end.

Success at last!

From segmented picture to segmented recording

In fact, the solution to the problem lay in the television signal itself: it is true that this involved a change of state into a time continuum that needed constant synchronisation and extraordinarily stringent precision, but on the other hand, this continuum had already been subdivided into line and frame durations. What could be more obvious, then, than to transcribe these time segments in the signal onto tape again in the form of linear segments with a physical extension in space? After all, the only thing that mattered was the relative speed of the recording/playback head in relation to the tape. This meant that tracks could be recorded at high speed while the tape was transported round the system at relatively low speed – better still, the tracks could be positioned adjacent to each other, with just a narrow gap of unrecorded tape between each one. Four heads were mounted on a wheel, positioned at 90° to each other. The wheel, which had a diameter of slightly more than 52 mm, was positioned at right-angles to the tape and rotated at a speed of 15,000 rpm.[9] A partial vacuum sucked the 2" wide tape into a groove that was exactly cylindrical in shape so that the head wheel fitted into it precisely. Thus one head was always in contact with the tape, guaranteeing the continuity of the signal. This **transverse scan method**,[10] although difficult to construct and expensive to maintain, remained in use from 1956 until the early 1980s – but only by production studios and television broadcasters.

In the early 1960s the **helical scan method** was introduced for industrial use; later it also appeared in consumer devices. It is still the leading method of tape-based video recording today.[11] Here the tape is no longer curved into a hollow cylinder, but guided at a slanting angle around a cylinder known as the **head drum**. The **video heads** are mounted on this drum. There are well over 50 different helical formats,[12] but the majority of them are characterised by a 180° angle of tape wrap around the drum and a pair of video heads positioned opposite each other for recording and playing back the video signal.[13] As in an audio tape recorder, the **audio signal** is recorded on a **longitudinal track** that runs along one edge of the tape (fig. 9).

Fast head-to-tape speed, slow tape transport

The head drum can be definitively described as the heart of a video recorder: almost everything turns around it – more or less literally. The tape is guided relatively slowly round the drum (at just a few cm/sec), while the heads spin at a rotational speed of 1,500 rpm[14] either inside a (stationary) upper drum or mounted on a (rotating) upper drum. Depending on the drum's diameter, the relative **head-to-tape speed** in a video recorder ranges from 25.59 m/s for 1" C-format tape (1976) down to 3.1 m/s for **Video8** tape (1984).

Drum diameter, track angle, tape speed

A feature shared by all drum-based systems is the mathematical relationship between the drum's diameter, the **track angle**, the track width and the absolute tape speed. This interdependency may be described as follows: a single helical (diagonal) track, which contains exactly one field (= half-frame), must be long enough for a system with a given **head gap** and magnetic particles of a given size to attain the maximum threshold frequency required for the recorded signal. The narrower the gap and the smaller the particles to be magnetised, the lower the relative head-to-tape speed can be, which in turn means each track can be shorter. But because a narrower gap exhibits undesirable characteristics at high frequencies, certain constraints apply; in addition, the magnetic particles must have substantially higher **coercivity** (coercive force) in order to be able to induce a sufficiently strong playback signal.

This is also why individual tracks cannot be made arbitrarily narrow, even when this is mechanically feasible. Noise immunity and **signal-to-noise ratio** both impose limits on recording parameters. All these factors together can be used to calculate the optimum angle of inclination of the tracks. A (desirable) consequence of shortening the helical tracks is a reduction of both the diameter of the drum and the width of the magnetic tape. The angle and width of the track, plus the drum's diameter, together determine the tape speed. In the laboratory, it is possible to make helical tracks visible, hence to calculate the drum diameter and tape speed of a format even if the format is unknown. Unfortunately this method of analysis is too risky to use with original recordings (fig. 10).[15]

Friction and air cushions

Early helical track formats on **open reel** systems used fixed lower and upper drums; the video heads rotated in the narrow slit that separated the two halves of the drum. Since then, all helical scanning devices use a fixed (stationary) lower drum, with the heads mounted on a rotating upper drum assembly. As the upper drum rotates in the same direction as the tape transport, suitable grooves in the drum's surface produce a cushion of air that reduces friction between drum and tape. This is also a fundamental prerequisite for reducing the thickness of the tape, which – combined with the previously mentioned decrease in tape speed – was an essential step in reducing the size of cassette formats while simultaneously increasing their recording times.

Friction and tape tension

Friction varies, depending on tape manufacturing tolerances and the condition of the recording or playback equipment – but also as a function of temperature and relative humidity during recording or playback, as well as the number of tape movements in the machine. Another factor is, of course, the aging of the tapes, although when these systems were first designed this was probably not easy to assess. Hence some kind of compensatory mechanism for handling varying degrees of friction is required, especially since the tape is supposed to have a precisely defined mechanical tension as it winds round the drum. If the tape is too slack, the **head-to-tape contact** will be less than optimal, resulting in reduced signal strength and increased noise. Conversely if the tension is too great, the air cushion may not form properly. This will generate (undesirable) lateral forces because the lower drum section will exert an increased braking effect, for which the spinning upper drum must then compensate by exerting more force. This will also cause the heads to press harder against the surface of the tape, exacerbating the wear on both heads and tape and producing more **debris**, while simultaneously attenuating the signal strength. For these reasons the tape tension at the upstream side of the drum should not deviate significantly from the tension at the downstream side. In other words: friction loss at the drum should be minimised.

This is why every helical scan system has a more or less sophisticated **tape tension regulator**, similar to that found in audio tape recorders. Incorrect tape tension appears as a clearly visible lateral distortion along the bottom edge of the picture whenever the heads switch. **U-matic** machines have what is known as a **skew control**, which allows the user to make fine mechanical adjustments to the tape tension (within narrow limits). This also applies to the majority of open-reel formats. Degraded videotapes may fall outside the control range, in which case they will suffer from >*Skew Error*. Skew error is tolerable within certain boundaries because it does not have a direct impact on the visible picture.

Clogging, (self) cleaning, wear and tear

The above-mentioned air cushion is also necessary because while the tape is supposed to be as smooth and frictionless as possible (to minimise tensile forces round the drum), it is also expected to be very slightly abrasive, so that very fine particles of dust or dirt either do not settle on the heads or are wiped off by the tape[16]. Whereas users of open-reel systems soon got into the habit of regularly cleaning the tape path and video heads, cassette tape machines are much less accessible. Of course there were – and still are – head **cleaning tapes** containing tape that is much more abrasive than standard videotape. But precisely because of their abrasive effect they should not be used too often, so that the heads are not abraded unnecessarily (figs. 11 a–d).

Thus in addition to the magnetic parameters of the actual information carriers in a tape, the physical characteristics of its surface play a key role in determining how smoothly and evenly the tape can be drawn round the drum, and this in turn has a direct effect on the picture's horizontal stability.

The various tape constituents – which include **binders** and lubricants, but also abrasives, antistatic agents and other additives – all change over time, in the process changing the tape's operating characteristics. If these agents build up round the drum and **tape guides** (angle **pins**, posts, etc.), they increase the static friction significantly so that the tape begins to squeak or **squeal**; eventually it may even seize up completely (fig. 12).

Wear and tear in the recording/playback equipment may also affect the tape path, as well as the static and sliding friction round the drum and tape guides (fig. 13).

The tape path upstream and downstream of the drum

Upstream of the drum, the tape is drawn from the supply reel past the tension sensor (which regulates tape tension), then past the **erase head**, then past a number of angled guide pins that pitch the tape at the right angle to pass round the head drum. Downstream of the drum the tape is drawn past several guide pins and rollers, then past a combined audio and **control head** and finally past the **capstan** drive onto the take-up reel. In cassette systems, the tape travels past a number of additional guide pins and rollers between the capstan and the take-up reel. If the guide pins positioned immediately before and after the head drum are bent or worn, or their height is misaligned, the tape may be wrapped round the drum at the wrong angle, which produces the symptoms associated with >*Tape Misalignment*. An oscilloscope will often show a more or less distinct contraction of the FM signal (= amplified head signal prior to demodulation) as the tape enters or leaves the drum,[17] which may show up in the picture as a slight increase in noise along the top or bottom edges. **Edge curl** manifests precisely the same symptom, although the reason is different: a tape that is curled along the edges may have poor or non-existent head-to-tape contact, even though the head is tracking correctly (figs. 14, 15).

Tape speed – steady as she goes

For gramophone records and audiotape, a constant playback speed is a critical prerequisite for the reproduction of sound without variations in pitch. The same is true – to an even greater extent – of video recorders. Any unevenness in the tape speed or head drum rotation will result in a >*Time Base Error*. Depending on the frequency of the fluctuation, time base errors may manifest themselves as lateral distortion over the picture as a whole, or as a more or less wavy distortion of any vertical edges in the picture. Newer video players all have an electronic **servo circuit** that controls the tape speed: this works by comparing **control pulses** from the tape's **control track** with a quartz-stabilised reference signal. If the pulses are too slow compared to the reference signal, the servo causes the capstan drive motor to accelerate; if they are too fast, it slows the motor down. The controller is damped so that it does not cause a see-saw effect, but is designed to react as fast as possible so the picture is quickly stabilised after a deviation, and also so that a stable picture appears as soon as possible after the 'Play' button is pressed. Wear along the tape path, or deterioration of the drive belt or rollers, or degradation of the frictional properties of the tape, all cause this electromechanical control loop to work outside its optimum operating parameters, which in turn produces more instability in the picture. The underlying problem (as we learned earlier) is that time, stored on tape as physical length, can no longer be accurately converted back to its original, uniform, real-time self.

Steady-speed drum rotation, fast-reacting compensation

We should now turn our attention to the second, even more important control circuit: the one that controls the speed and angle of rotation of the head drum. During recording, the rotational speed of the drum must be adjusted to match the video signal that is being recorded. As a rule, this should be exactly 50 fields (half-frames) per second, but the system should be able to react to minor variations. Speed is not the only thing that must be adjusted to match the signal – it is also important to ensure that at the start of each field, the video head is positioned at precisely that point on the drum where the tape starts to wrap round the drum, i.e. where the head-to-tape interface begins. The motion of the head immediately before it arrives at this point is captured magnetically and transformed into an electrical pulse that should coincide exactly with the sync pulse in the video signal. Any deviation is converted into a control voltage that speeds up or slows down the head drum as appropriate. Again, this control loop is supposed to react very quickly, albeit with appropriate damping, in order to avoid lateral instability. The electronic damping system is precisely attuned to the mechanical inertia of the head assembly and tape drive. If the mechanical parameters alter as a result of wear and tear or degradation, the entire control circuit will stop working efficiently. So that the tracks on a tape can be found again during playback, the above-mentioned pulse generated by the head drum at the start of each helical track is recorded onto the videotape's control track – which runs lengthwise along the tape on the opposite side from the soundtrack – where it is recorded and played back completely independently of the head drum. During editing, when a tape is being copied from one tape machine to another and vision mixers (video production switchers/special effect generators) and time base correctors (**TBCs**) are also connected into the circuit, the interconnected equipment is generally supplied with a centralised studio clock pulse. When **editing** is attempted without a central clock pulse, or if a clock pulse is present but overridden by interference, or if the tape machine's ramp-up time is too abrupt, synchronisation errors may appear – immediately after an editing cut in particular. This represents the time required by the servo circuit, the capstan and the drum to rectify an uneven clock pulse.

Causes of tracking errors

If the angle of rotation of the drum and its heads does not coincide with the start of the helical track as indicated by the sync pulse on the control track, the result is a >*Tracking Error*: the video head either completely fails to find the recorded track, or only comes into partial contact with it. Partial contact is actually more dangerous if it is not identified immediately. On a superficial viewing the picture appears to be acceptable, but in practice the signal-to-noise ratio is reduced, with a corresponding impact on the picture structure and its susceptibility to, for example, **dropouts**. This is why, when copying content from very old tapes in particular, it is vitally important to be as painstakingly precise as possible when adjusting tracking settings using whatever pointer-type instrument or external oscilloscope is available – the acceptable range for the optimum setting may be very narrow indeed![18]

We should avoid confusing a >*Tracking Error*, which often occurs when tapes have been recorded on another machine, with a >*Time Base Error*, which appears because of an incorrect time constant in the servo loop and periodically displays noisy areas. There are many possible reasons for this: in older tape machines without direct drive to the drum, it is often due to a worn-out, brittle or dirty drive belt. The symptom may also be produced by a tape with impaired mechanical properties, or by an incorrect setting in the servo circuit itself. For example, the reduced capacity of dried-out electrolytic capacitors may modify the control circuit's time constant. Other causes include general mechanical wear and tear, or oil that has dried into sintered bearings. One thing is almost always true: very few of these phenomena occur in isolation!

The connection between tracking errors and the condition of the video heads

A >*Tracking Error* in the narrower sense is characterised by its simultaneous impact on the entire picture, from top to bottom. If it is only clearly visible over half the height of the picture or less, a >*Tape Misalignment* is superimposed over it. In this case, if the tracking control is moved to either side of its neutral position, it is easy to see how the on-screen zones of interference change or drift vertically up or down. This also represents a crudely empirical but more or less valid method for determining the condition of the video heads, ideally using a fresh **test cassette**: if the control can be moved a relatively long way from neutral without causing marked deterioration in the picture structure, this generally indicates that the heads are still in good condition. A narrow zone of noise during slow-motion playback acts as a similar indicator. However, both symptoms only provide clues; experience is required to interpret them correctly. If the picture is slightly grainy, and this doesn't change even when the **tracking control** is adjusted, either the heads are worn and should be replaced, or they are dirty and should be cleaned. Worn and/or dirty heads are also prone to more frequent dropouts.

Why does noise increase but luminance remain constant?

When photographic film degrades, this almost always has an impact on the picture's contrast, colour and brightness. Why is this different in videos, when older tapes emit weaker signals or heads are slightly dirty? The luminance information in the video signal bears a direct, almost linear relationship to the brightness of the subject. However, this information cannot be recorded on tape just as it is, because the head gap is only optimised for a specific frequency range – above and below this range the signal strength decreases drastically. A grey picture, for example, has a large direct voltage component in the signal, because the brightness (luminance) does not change. But only alternating voltages can be recorded.
This is why the luminance signal is recorded to tape in frequency-modulated form, i.e. a transient voltage

level at the modulator's input corresponds to a specific frequency at the modulator's output, whereas the amplitude of the output signal – the signal that is recorded on tape – remains constant. 0 volts in the video signal – representing the sync pulses – produce a 4 MHz head signal, for example, whereas 0.3 volts (black level) produce a 4.5 MHz signal, while white peak, at 1 volt, produces a 5.7 MHz signal (this varies from one **video format** to another, with later formats tending to higher frequencies). The difference between the frequency produced at 0 volts and the frequency produced at 1 volt is known as the frequency deviation, or **frequency swing**. Thus the brightness of the subject is converted into a frequency. Even if the signal is weak, the frequency that represents a given level of brightness always remains the same. While the quality of the demodulation may vary, resulting in increased noise, the picture brightness itself is not affected. This also makes it easier to transfer the signal from the heads on the rotating head drum to the stationary head amplifier in the video player via slip rings or a rotary transformer: an amplitude-modulated relay would be much more susceptible to interference, which would be clearly visible as a flickering effect in the picture[19]. In analogue video – which is the exclusive topic of this book – each copy operation causes the picture quality to degrade, a process referred to as generational loss. This loss is kept to a minimum if each copy is always made onto a higher-quality format, with frequency response limits significantly superior to those of the information to be copied and background noise levels significantly lower than those already found in the source material. Even so, there is no such thing as a 'transparent' analogue channel – i.e. one that is not affected by loss or non-linearity – and attempts to record onto a higher-quality format every time a copy is made will, sooner or later, run into technical constraints (especially if the original quality was already high), not to mention the inevitable financial constraints.

But could the colours fade?

We all know that colours can change. The chrominance signal is recorded in a frequency band below that of the frequency-modulated luminance signal, hence the description **colour-under method** for the stepped-down colour carrier used in the majority of analogue helical scanning systems.[20] Left at 4.43 MHz, it would have conflicted irreconcilably with the luminance signal, which overlaps with the same frequency band. But an even more important reason for developing this method was the relatively inconsistent head-to-tape speed in most systems, which would have resulted in substantial changes to or even complete loss of the picture's colours. A timing error in the signal across the colour band does not appear as a lateral distortion, but as a colour shift – if it is too pronounced, it will produce a persistent but very nervous halo effect.

The 4.43 MHz colour subcarrier, which is completely lost when the signal is stepped down, must be recovered once the chrominance signal – which is lower down the frequency range by a factor of 7 (**U-matic**) – has been scanned and amplified. Of course this signal is also subject to any irregularities in the head-to-tape speed, but these variations are easier to correct once the signal is remodulated to a higher frequency. This is because the horizontal sync pulses embedded in the luminance signal are characterised by the same time base error, which can therefore provide the corrective values to compensate for the errors in the chrominance signal.

When the carrier is modulated down, the hue is preserved in the signal's phase while the saturation is encoded in the amplitude. During playback, the signal is centred by an automatic level compensator, but extreme hues such as fire-engine red may produce non-linearities in the saturation curve. Similarly, an increase in colour noise is to be expected.

The qualitative inadequacies of both the direct-colour and colour-under methods were convincingly resolved by component recording, albeit at a correspondingly high cost: the chromatic information – which must self-evidently be supplied as a **component signal** – is recorded using a compressed time-division multiplexing process on a separate helical track immediately adjacent to the luminance track: this means that two additional heads are required on the video drum. The two **colour difference signals** share the bandwidth of this track.[21] Introduced in 1982, component recording represented a quantum leap in analogue helical scanning that also transformed the entire studio and production landscape. The next major shift took place with the advent of digital recording a few years later, followed by its widespread adoption from the mid-1990s onwards. The principle of helical scanning was preserved, but digital errors and distortion are manifested in completely different ways: to some extent they remain subliminal, because redundancy built into the encoding methods largely compensates for them. If they should exceed this threshold, however – sometimes referred to as the 'digital cliff' – they tend to express themselves more dramatically than many of the analogue distortions described in these pages, up to and including a total loss of signal.

1 At this period, key features of electricity such as capacitance, resistance and inductance were already understood and exploited, but active components such as the amplifier tube – developed in the first decade of the 20th century as a way of enabling a weak signal voltage to control a significantly stronger flow of current – had not yet been developed. Such components were a prerequisite for telecommunications and consumer electronics as they gradually started to spread through society during the 1920s.

2 NTSC: 30 frames, 60 fields.

3 The pairs of dots on a line produce vertical line pairs in the picture field; when we talk about horizontal resolution in terms of lines, this is what we are referring to. In the signal, one pair of lines corresponds to a waveform with a positive (white) peak and a negative (black) peak. The pairs of lines or dots should not be confused with the pixels in digital media: they bear the same relationship to each other as the lines in the picture raster bear to the maximum number of horizontal lines of picture content that can actually be displayed in analogue television or video. In practice the multiplying factor is just under 0.7.

4 This produces what is known as a **composite signal**, i.e. a signal comprised of the luminance component combined with the chrominance components that can be relayed over a single wire and can also be broadcast if suitably **modulated**. In contrast, a component connection requires three wires, because it is essentially derived from an RGB connection, consisting of the sum of the RGB signals (luminance) plus red less luminance and blue less luminance. The following explanations apply to composite connections, and for the sake of simplicity will treat transmitter and receiver (i.e. a modulated and transmitted signal) as identical to connection source and target (i. e. a signal relayed over a cable that is directly connected to a studio's closed circuit).

5 In actual fact, state stable to the last decimal point would be 4.43361875 MHz.

6 Some further explanation may be helpful for those interested in the technical detail: in the PAL system, the colour subcarrier phase switches 180° between successive lines. This has one major advantage: a transmission path phase distortion in one line will cause a phase error in the opposite direction in the next line. If these are displayed on a TV set without compensation, the human eye tends to 'average out' the errors and perceive the correct colour. Prosumer and professional decoders are fitted with electronic systems that eliminate these errors.

7 The terms (colour) demodulation and decoding are used more or less synonymously. Originally, decoding was also a purely analogue process in the relevant switching circuit.

8 AMPEx: acronym for Alexander M. Poniatoff Excellence.

9 True of PAL. In NTSC machines it rotated at 14,400 rpm.

10 Known as 2-inch quadruplex videotape (also called 2" quad, or just quad).

11 Not just for analogue, but also for digital recording. However, recording on tape is rapidly giving way to recording on hard disk, on optical storage media such as DVD and Blu-ray, and on non-volatile solid-state storage media like the Compact Flash Card format familiar to digital camera users. New card formats have come up in the last years.

12 Some estimates suggest there are over 100 formats, although many of them probably only ever existed as prototypes.

13 With a reduced-diameter **head drum** designed for camcorders, **VHS-C** is a prominent exception. To make sure each recorded track is the same length, the angle of wrap around the drum is 270° and at least two pairs of heads are required. Several video systems record audio as analogue frequency-modulated or digital pulse-code-modulated signals (**FM** and **PCM audio** respectively), hence require an extra pair of heads. In the case of Hi8 and **Betacam**, each track is slightly extended for the PCM audio component, which means that the angle of wrap is slightly greater than 180°. Further exceptions: most of 1"-formats with 360° wrap and one head.

14 This is true of PAL and dual-head systems with a 180° angle of wrap. NTSC head drums spin at 1,800 rpm.

15 Widely known as Edi-view in the UK and USA. The recording is black-and-white; the colour of the fields is accidental – a symptom of interference by the magnetic particles in the ferrofluid, which orientate themselves to the lines of force in the recorded FM signal. In a more modern recording at higher frequencies, this interference may extend out of the visible spectrum. Tape preparation: Patrícia Falcão.

16 Dropouts are brief signal outages caused by dirt or abrasion at the relevant point on the magnetic layer. An arithmetical example: a short streak, say 3 mm long on a 70 cm screen, lasts ¼ µs. On an average helical track 10 cm in length (VHS), this corresponds to a smear or abraded area just over one thousandth of a millimetre in length! Prolonged outages always extend horizontally along the line – in contrast to film, which is more commonly afflicted by vertical scratches or areas of surface dirt.

17 In studio machines with an RF off-tape jack, this signal can be relayed to a wave-form monitor or oscilloscope without opening up the player, and can be used for precise manual control of the tracking.

18 Cf. note 16.

19 We are familiar with both principles from the world of radio, where there is a clear difference in quality between ultra-short-wave (FM) and medium-wave (AM).

20 It is worth mentioning that while typical broadcast videotape recorders (VTRs) record the entire composite signal (i.e. luminance plus chrominance signal) onto a single carrier (direct colour), most industrial and consumer formats are colour-under systems (e.g. U-matic).

21 So that the two colour difference signals can be kept safely apart without resorting to modulation, they must be written sequentially to this single track. To do this, their duration is compressed by 50% and stored in a memory chip, which means that during playback they must be expanded back to their original lengths. During this process the information content in each of the two colour difference signals is also reduced by 50%. This state of affairs is reflected in the 4:2:2 ratio frequently used to describe the component signal specification; this essentially means that the luminance signal is being transmitted or digitised at four times the clock speed of the colour subcarrier, whereas each of the colour difference signals is only transmitted/digitised at twice the clock speed.

DIE KÜNSTLERISCHE VERWENDUNG VON ANALOGEN BILDSTÖRUNGEN

Irene Schubiger

Gestalterisches Mittel, inhaltlich aufgeladenes Symptom und Inspiration für neue Bildwelten

Wer sich für Videokunst interessiert und in Ausstellungsräumen oder auf Festivals die Hingabe und Geduld aufbringt, sich vor laufenden Monitoren hinzustellen und Installationen zu erkunden, ist auch mit unversehens durchfallenden Aufnahmensequenzen oder streifigen Störzonen der unterschiedlichsten Art vertraut. Diese unter dem Begriff der Bildstörungen erfassten Phänomene können von mannigfaltiger Erscheinung sein und vielfältige Ursachen haben. Sie werden in der vorliegenden Publikation unterschieden in **Gerätefehler**, **Bandfehler**, **Bedienfehler** und **Produktionsfehler**. Dieser Text beschäftigt sich jedoch nicht mit den technisch definierten, unerwünscht auftretenden Störungen, sondern mit den künstlerisch intendierten, durch technische Manipulation absichtlich herbeigeführten oder per Zufall «gefundenen» Bildstörungen. Mit historisch begründetem Schwerpunkt in den siebziger Jahren wird anhand ausgewählter Beispiele die Bandbreite der künstlerischen Verwendung analoger Bildstörungen erkennbar. Es handelt sich dabei um Videobänder, die ganz oder teilweise aufgrund absichtlicher Fehlmanipulationen an Einzelteilen des Videoequipments – also der Kamera, der beteiligten Recorder, weiterer Peripheriegeräte sowie der Signalverbindungen dazwischen, im Closed Circuit auch des Monitors – entstanden. Der Schwerpunkt der Untersuchung liegt bei Werken, in denen keine Bildgeneratoren und -mischer sowie eigenhändig gebaute Synthesizer eingesetzt wurden. Deren Effekte sind den analogen Bildstörungen oft ähnlich.[1] Die sogenannte Lowbudget-Ästhetik,[2] die nicht nur in der frühen Zeit der Videokunst wesentlich war, wird nicht berücksichtigt.

Bildstörungen werden in der Regel vom Publikum als Störung der Präsentationskonstellation wahrgenommen. Eine gewisse Verunsicherung kommt auf, ebenso wie die Frage, ob diese Fehler und Störungen in ihrer wenig fassbaren, eigentümlichen (Audio-)Visualität vielleicht zum Werk gehören? Das Publikum erwartet von der Präsentation elektronischer Werke, dass die Technik möglichst unsichtbar bleiben soll; dass ihre Apparate und Gerätschaften wie Monitoren und Projektoren, Steuerungen, Lautsprecher, Kabel und Ähnliches sich der Rezeption nicht aufdrängen, nicht vordrängen, ja diese nicht stören dürften. Wenn Ausstellungen das Thema (Bild-)Störungen behandeln, verhält es sich etwas anders: Unter dem Titel «Zonen der Ver-Störung» wurde 1997 in Graz[3] eine Ausstellung gezeigt, an der elektronische Kunst prominent vertreten war. Es ging jedoch in der Hauptsache um psychische und politische Störungen. In Baden-Baden zeigte die Ausstellung «Bildstörung» 2003 neben anderem auch elektronische Werke mit künstlerisch verwendeten Bildstörungen. Die Bemerkung der Ausstellungsmacher, dass «dabei nicht nur provokante, sondern auch ‹schöne› Bilder herauskommen, mag vielleicht überraschen»,[4] verweist jedoch auf die marginale, keineswegs selbstverständliche Stellung der angesprochenen Ästhetik. In der als störend empfundenen Präsenz technischer Hilfsmittel wird die ambivalente Beziehung der freien Kunst zur Technik offenbar, die in der Theorie und Rezeptionsgeschichte der westlichen Kunsttradition wurzelt. Die moderne Kunsttheorie auch der sechziger Jahre hatte diese Voraussetzungen in den wesentlichen Zügen übernommen.[5] Der Umstand, dass die Videotechnologie für das Fernsehen sowie für kommerzielle und militärische Anwendungen entwickelt wurde, verschärfte die Problematik für die aufkommende Videokunst und stellte eine grundlegende Herausforderung für Theorie und Rezeption dar: Die Reaktionen auf die Videokunst – die insbesondere in den frühen Jahren die verwendete Videotechnologie nicht verbarg, sondern experimentell untersuchte und komplex mitreflektierte – reichte von Ignorieren bis zu polemischem Kommentieren. Dafür steht paradigmatisch Rosalind Krauss' Text von 1976 «Video: The aesthetics of narcissism», der mangels einer breit abgestützten Videotheorie bis weit in die neunziger Jahre hinein stetig rezipiert wurde. Krauss beschrieb das Medium genuin und die untersuchten Werke pauschal als narzisstisch.[6] In der Zwischenzeit sind mehr als dreissig Jahre Videokunst sowie eine kaum mehr von anderen Medien zu unterscheidende Ausstellungs- und Publikationspraxis im Bereich elektronische Kunst dazugekommen. Die selbstverständliche Verankerung von Technik und Technologie in den interessierten Disziplinen, angemessen entwickelte (methodische) Grundlagen im Bereich des Werkbegriffs und der Dimensionen von Ton und Zeit oder die umfassende historische Integration der Videokunst sind dennoch nicht in vollem Masse verwirklicht.

Flackernde oder durchfallende Sequenzen, **Bildrauschen** oder kurvig verzogene Bildelemente auf Bildschirmen und Projektionsfeldern stören also die Präsentations- und besonders die Rezeptionssituation. Denn sie treffen mit einem Geschehen zusammen, das durch seine inhaltliche, zeitliche und technisch-apparative Dynamik sowie etwaige installative Gegebenheiten die Wahrnehmungsfähigkeit ohnehin herausfordert: Oft ist der Raum mit den projizierten Aufnahmen abgedunkelt, von Tönen erfüllt oder mit zusätzlichen Installationsobjekten ausgestattet. Diese und der Lichtstrahl des Projektors leiten die Bewegungen des Publikums und schränken sie zugleich ein. Monitoren als Bestandteile einer Präsentationssituation senden Töne und kathodisches Licht aus, geben also nicht das von der Szene ausstrahlende Licht wieder. Und zugleich geschieht auf den Monitor- und Projektionsflächen so Vieles: Inhaltlich anspruchsvolle, die Wirklichkeit konkret wiedergebende, narrative oder vollkommen unfigürlich gestaltete Sequenzen – oft vielfältig mit Effekten nachbearbeitet – bilden gemeinsam mit etwaigen räumlichen, materiell-objekthaften und tönenden Komponenten ein komplexes sinnlich-immersives Environment.

Die durch solche Faktoren forcierte Wahrnehmungsfähigkeit des Publikums wird durch Bildstörungen mit ihrer spezifischen Zeitdynamik und ihrer technisch und materiell bedingten Visualität zusätzlich auf die Probe gestellt: Ob es sich dabei um Störungen handelt, die aufgrund technischer Fehlmanipulation während der Aufnahmen, im Zuge der Präsentation oder aufgrund materialbedingter Alterungserscheinungen auftreten oder ob es Störungen und Fehler sind, die von den Kunstschaffenden absichtlich hervorgebracht und gezielt ins Werk integriert wurden, ist für die irritierten Betrachterinnen und Betrachter zunächst unerheblich. Aufgrund seiner Trägheit kann das menschliche Auge das Geschehen auf den Bildschirmen und Projektionsflächen nicht umfassend wahrnehmen. Es gelingt ihm nur ansatzweise, die in ihrer Vielfalt kaum zu überblickenden, unablässig bewegten Einzelelemente zu registrieren und in ihrer Bedeutung für das gesamte Werk gleichmässig zu gewichten. Unbestritten ist, dass das (Störungs-)Geschehen auf den Bildschirmen dennoch eine Faszinationskraft entwickelt, der sich kaum jemand zu entziehen vermag.

Die siebziger Jahre und ihre Vorgeschichte

Frühe Fernsehkritik: Störung von elektronischem Organismus und Sendeprogramm

Die künstlerische Auseinandersetzung mit der Bildschirmästhetik und den politischen Implikationen des Einwegmediums Fernsehen setzte in den späten fünfziger Jahren ein.[7] Die Anfänge der Videokunst sind rund zehn Jahre später zu datieren. Obwohl Fernseh- und Videotechnik weitgehend auf den gleichen technischen Voraussetzungen fussen, konnte sich die Videokunst erst entwickeln, nachdem die ersten portablen Videogeräte auf dem Markt waren – in Amerika gegen Ende der sechziger Jahre, in Europa in den frühen siebziger Jahren.

Die künstlerische Verwendung von Bildstörungen in Videobändern hat in der kritischen Auseinandersetzung verschiedener Künstler mit dem Fernsehen wichtige Vorläufer und Anreger. John Cage, George Brecht, Guy Debord und Lucio Fontana beschäftigten sich im Laufe der fünfziger Jahre theoretisch oder in Entwürfen mit dem Fernsehen. Andere wie César, Tom Wesselmann, Günther Uecker oder Karl Gerstner bearbeiteten in den frühen sechziger Jahren Fernseher mittels unterschiedlichster künstlerischer Verfahren und wandelten damit diese zu Kunstobjekten.[8] Zwei prominente Vertreter dieser frühen Beschäftigung mit dem Fernseher als Objekt widmeten sich der Ästhetik des Fernsehbildes und den manipulativen Potentialen der gesendeten Programme. Sie generierten Bildstörungen durch Eingriffe in den elektronischen Organismus der Fernseher, inszenierten Defekte und Funktionsstörungen oder zelebrierten in performativen Aktionen die Zerstörung der Apparate. In Projekten des deutschen Künstlers Wolf Vostell (1932–1998) wird ab 1958 seine langjährige Beschäftigung mit der Störung des Fernsehbildes fassbar.[9] Bildstörungen werden in den Jahren danach in Happenings, TV-Objekten, Filmen und gegen Ende der sechziger Jahre in Videobändern wesentliches Element. Vostells Oberbegriff der «Dé/collage» für einen Teil dieser Werke geht auf die fünfziger Jahre und seine Plakatabrisse zurück und bezeichnet den aggressiven Akt des Abreissens, Verwischens und Störens vorgefundener Bildstrukturen, ob dies nun Plakatwände, Zeitschriften oder Fernsehbilder sind.[10] Gleichzeitig mit Vostell setzte sich der aus Südkorea stammende Künstler Nam June Paik (1932–2006) ab Ende der fünfziger Jahre intensiv mit Fernsehen als Massenmedium und mit Störungen des Fernsehbildes auseinander.[11] Er komponierte in dieser Zeit elektronische Musik und begann ab 1962 mit Fernsehgeräten zu experimentieren. Paik stellte 1963 noch vor Vostell in der legendären Wuppertaler Ausstellung «Exposition of music – Electronic television» erstmals präparierte Fernsehgeräte aus: Jedes hatte er mit gezielten Eingriffen manipuliert, so dass die jeweils gesendeten Fernsehbilder mehr oder weniger verzerrt oder gestört waren. Ein Gerät zeigte nur noch eine Linie – «Zen for TV» – zwei andere einen durch **Audiosignal** zum Tanzen gebrachten Punkt. Auch dabei war der «Vertical roll», der dem Fernsehpublikum als durchlaufendes Bild bekannte falsch eingestellte **Bildfang**.[12] Ein wichtiger Bildstörungseffekt bei Vostell und Paik war in der ersten Hälfte der sechziger Jahre ausserdem die Ablenkung der horizontal aufgebauten Zeilenstruktur des Fernsehbildes durch ein von aussen kommendes Magnetfeld. Von Vostell in «TV für Millionen» (1959/1967) eingesetzt,[13] störte Paik in der Ausstellung «Electronic art» von 1965 unter dem Titel «Demagnetizer (or life ring)» das laufende Bild eines Fernsehers live mit einem kreisförmigen, direkt auf die gläserne Röhrenfront gelegten Elektromagneten. Diesen Effekt verwendete Paik danach im selben Jahr auch für «Magnet TV», das gleichfalls ein Fernsehobjekt und noch kein Videoband ist.[14] Die mittels Entmagnetisierdrossel kurvilinear verzerrten Fernsehaufnahmen von Richard Nixon in Paiks Videoband «Global groove» von 1973 (Abb. 1) machen klar, dass dieser unterdessen virtuos eingesetzte Bildstörungseffekt weiterhin auch eine medienkritisch-politische Komponente hat.[15] Paiks Arbeit steht damit paradigmatisch für die international wichtige Thematik der Medienkritik in der frühen Videokunst der siebziger Jahre. Diese Thematik ist auch in der frühen österreichischen Videokunst bei VALIE EXPORT, Richard Kriesche oder Peter Weibel von grösster Bedeutung. Auch Weibel (geb. 1944) setzt in einem seiner frühesten Videobänder die Bildstörung ein, um die passive Empfängerfunktion des Fernsehzuschauers zu zeigen. Er greift in seinem bereits 1969 entstandenen, kurzen Videoband «The endless sandwich»[16] (Abb. 2, 3) jedoch nicht in die elektronische Schaltung ein. In ironisch-kritischer Absicht führt er einen im Fauteuil Sitzenden vor, der durch Bildstörungen aus seiner passiven Haltung aufgeschreckt und zum Handeln gezwungen wird. Der grosse Bildschirm, vor dem der Mann sitzt, zeigt hintereinander gestaffelt in fünf erkennbaren Ebenen je eine weitere Aufnahme des Sitzenden vor demselben

Bildschirm in der gleichen Cadrage. Die Bildstörungen – anfangs kaum erkennbar – beginnen in der «hintersten» Ebene auf dem perspektivisch gesehen kleinsten Fernseher: Der Mann, der bis dahin den Kopf auf die Hand gestützt dagesessen hatte, steht – sich leicht genervt aufs Knie schlagend – auf und versucht den Sender richtig einzustellen. Diese minimale Handlung setzt sich in die vorderen Aufnahme- beziehungsweise Bildebenen fort, und auch die Störung verläuft immer nach demselben Muster: Zuerst verzieht sich das Bild stark diagonal nach links, danach bricht die **Horizontalsynchronisation** ganz zusammen, und das Bild löst sich in immer enger aufeinander folgende horizontale, sich über die gesamte Bildbreite hinziehende Streifen mit zum Teil unregelmässigen Abständen auf. Weibels knapper Kommentar zum Einwegmedium Fernsehen: Durch die Bildstörung mit ihrer rohen, den genussvollen Fernsehkonsum verhindernden Dynamik ist das Publikum zum Handeln gezwungen – und sei es nur, um ungehindert weiter fernzusehen.[17]

Die Störung als Mittel zur künstlerischen Aneignung und experimentellen Gestaltung

Fernseh- und Videoästhetik als Herausforderung traditioneller Techniken und Gattungen

Der Schweizer Künstler Jean Otth (geb. 1940), der 1972/1973 die zehnteilige Werkgruppe «TV-perturbations» schuf, setzte zwar auch bei der Fernsehkritik an, verband diese aber bewusst mit traditionellen künstlerischen Themen. Im gleichnamigen Text von 1972 beschrieb der kunsthistorisch gebildete, bis dahin als Maler und Zeichner tätige Künstler seine Faszination für die Textur der Fernsehbilder.[18] Schon der Titel «TV-perturbations» zeigt an, dass es um Fernseh-Störungen geht, sei es um Störungen, die das Fernsehen verursacht oder um Störungen, welche auf Fernsehen und seiner Technik gründen und generiert werden, also um eigens erzeugte Bildstörungen. Die vorgegebene Fernsehästhetik sollte mittels unbotmässigen technischen Eingriffen in die Videoapparate aufgebrochen, das banale Unterhaltungsmedium kritisch reflektiert werden und dadurch Fernsehen und (Video-) Kunst eine Erweiterung erfahren. Otth arbeitete dafür eng mit dem Ingenieur Serge Marendaz zusammen, der die technischen Manipulationen zur Generierung der Bildstörungen erprobte und in Absprache mit ihm ausführte. In nur sechzehn Monaten produzierten sie gemeinsam drei Installationen und sieben Videobänder.[19] Die kunsthistorischen Themen, die Otth in Verbindung mit der Fernsehästhetik neu zu reflektieren suchte, waren das Porträt und das Selbstporträt in «Le grand autoportrait» und «Autoportrait I»,[20] das weibliche Aktmodell in «La pose», das Helldunkel und bestimmte impressionistische Verfahren in «Rembrandt et les impressionnistes», die Architekturdokumentation in «La bourse de Bordeaux».

Im Videoband «Hommage à Mondrian» von 1972[21] bringt Otth Fernseh- oder vielmehr Videoästhetik und künstlerische Tradition mit dem Mittel der Bildstörung auf besonders direkte Weise zusammen (Abb. 4–7): Otth stellte in seinem Atelier die Reproduktion eines Gemäldes von Piet Mondrian[22] auf eine Staffelei und richtete die Videokamera so aus, dass das Bild monitorkantenparallel ohne optische Verzüge auf dem Bildschirm erschien. Mondrians Gemälde mit der starken Dynamik der Austauschbeziehungen von weissem Grund, schwarzen Balken und farbigen Feldern in akkurat rechtwinkliger Anordnung wählte Otth vermutlich, weil in der strengen Komposition nicht Volumen und plastische Tiefe, sondern vertikale und horizontale Ordnungsmodi das Thema sind. Ausserdem besteht eine gewisse formale Nähe zwischen dem Zeilenaufbau einer Kathodenstrahlröhre und Mondrians Komposition. Otth und Marendaz bauten im Vorfeld der Produktion[23] nach und nach ein Repertoire an Bildstörungen auf. Die einzelnen Teile konnten jedoch nicht produziert und dann zusammengefügt, sondern die gesamten Manipulationen mussten in einem Durchgang gemacht werden. Jede Störfrequenz und ihre Wirkung wurden notiert und am Schluss versucht, alle Störfrequenzen auf eine Zeitachse zu bringen und «live» einzustellen. Da das gesamte Signal inklusive der **horizontalen** und **vertikalen Synchronimpulse** gestört ist, kann es auch kein Monitor gleich abspielen wie ein anderer. Obwohl die Mondrianreproduktion annähernd die Fernseher-/Monitorproportionen von 4:3 hat,[24] verzichtete der Künstler erstaunlicherweise darauf, die gesamte Reproduktion auf dem Bildschirm wiederzugeben. Er wählte einen Ausschnitt, wobei er es vermied, eine der vertikalen schwarzen Linien zur Mittelachse zu machen. Durch die Wiedergabe in Schwarz-Weiss wird die flächige Wirkung zusätzlich verstärkt.[25]

Otth spricht von seinem Werk als einer formalen Transformation und zugleich einer Re-produktion des Gemäldes von Mondrian, weshalb das Band als Hommage zu verstehen sei.[26] Seiner Ambivalenz gegenüber der experimentellen Erkundung des Mediums mit dem Mittel der Bildstörung, ja gar einer gewissen Furcht vor einer Verselbständigung und Eigendynamik der generierten formalen Mittel ist er sich bewusst: «The disturbance process gave me great, formal satisfaction, the disrupted televised space possessed an incredible formal richness in addition to an expressive capacity for geometric abstraction. On the other hand, it gave rise to a sterile aesthetic, dominated by a decorative function that lacked any real motive. My other works and preoccupations forced me to consider this research as a means and not as an end in itself.»[27]

Otth nutzte die Bildstörungen im vorliegenden Videoband, um die programmatisch zu nennende, einflussreiche Malerei Mondrians mit den medial vorgegebenen Eigenschaften des Fernseh- und Videobildes zu konfrontieren: Die unbewegte, klassisch anmutende Flächenkomposition der Malerei wurde aus dem Gleichgewicht gehoben und überformt durch die krude, unstete Ästhetik der unablässig bewegten elektronischen Bildstörungen. Innerhalb der vielfältigen, von oben nach unten über den Bildschirm ziehenden, mehrfach die gesamte Aufnahme ins Vibrieren bringenden oder alle Linien sinus- bis sägezahnförmig verformenden

Störphänomene setzte das Duo Otth/Marendaz eines davon leitmotivisch ein: Als Folge dieser Störfrequenz werden die vertikalen schwarzen Linien von Mondrians Bild langsam verzogen, als ob sie durch Wasser gesehen oder am Schmelzen wären. Die gesamte Komposition wird zu einer kurvig in die Tiefe niedergelegten, ständig bewegten Landschaft aus Liniengebilden und verzogenen dunklen Flächen. Diese mit vielen anderen abwechselnde, jedoch während der gesamten Bandlänge fast durchwegs präsente, prominent vertretene Bildstörung ist zugleich die einzige, die etwas Figuratives evoziert. Die Transformation des Gemäldes durch Otth hat deshalb seinerseits etwas Programmatisches: Ein Werk Mondrians figurativ so zu verformen hiess auch, seine minimale, strenge Ästhetik und ihre Implikationen abzulehnen oder für überholt zu erklären. Denn Mondrian steht ja nicht nur massgeblich für die Genese der ungegenständlichen Malerei in den ersten Jahrzehnten des 20. Jahrhunderts und prägte die nachfolgende formale Entwicklung hin zur abstrakten Malerei mit. Sein Werk war in den fünfziger und sechziger Jahren auch von grösster Bedeutung für die Herausbildung der Farbflächenmalerei und der Minimal Art, die in den frühen siebziger Jahren so etwas wie das ästhetische Primat gegenüber der aufkommenden Performance Art, Body Art, Arte Povera oder eben der Videokunst beanspruchten.

Apparat – Raum – Körper, Subjekt / Objekt

Wie Paik, Vostell, die erwähnten österreichischen Künstler und Otth gehört auch die Amerikanerin Joan Jonas (geb. 1936) zur ersten Generation der Videokunstschaffenden. Ihrer tänzerischen Ausbildung und massgeblichen Aktivität innerhalb der Performance-Bewegung der sechziger Jahre gemäss,[28] brachte sie – zusammen mit anderen Künstlern wie Vito Acconci, Douglas Davis oder Charlemagne Palestine – früh den zentralen Faktor des Körpers und der verunsichernden neuen Subjekt-/Objektkonstellation in die medienkritische Reflexion ein. Im Videoband «Left side, right side» (1972) sind es die komplexen räumlichen Beziehungen zwischen Monitorbild, Spiegelbild und Körper und deren Folgen für das zwischen den Apparaten agierende Künstlersubjekt. Im Band «Vertical roll» (1972),[29] das denselben Namen trägt wie der Geräte- respektive Bedienfehler, veranschaulicht Jonas die Störung in Verbindung mit Inszenierung und Performance als apparativ gegebene Erweiterung des Bild- und Körperraumes (Abb. 8, 9). Anhand des gleichförmig nach unten durchfallenden Bildes mit der **vertikalen Austastlücke** als schwarzem Balken,[30] der gemeinsam mit einem lauten Schlaggeräusch das gesamte Band gliedert und dominiert, baut Jonas eine spannungsvolle Komposition auf: Ihre Performance zeigt einen rhythmisch aufschlagenden Löffel, zwei nur scheinbar aufeinander klatschende Hände und die in wechselnden Konstellationen posierende oder in die Luft springende Künstlerin. Immer entgleiten Löffel, Hände oder Körper jedoch dem Blick, welcher Raum, Bewegung und Körper einander zuzuordnen versucht: Die Bewegung der (horizontal) nach unten laufenden und sogleich nach oben zurückspringenden Aufnahme und jene von Gegenstand oder Körperteil laufen so schnell ab, dass das träge Auge sie weder trennen noch ihre gegenläufige Richtung sowie die unterschiedliche räumliche Orientierung nachvollziehen kann: Was auf der Monitorfläche zusammenkommt, aber in Wirklichkeit nicht zusammengehört, sind für Sekundenbruchteile sichtbare und daher reale Körper und Räume. Der Schluss des Bandes mit der unversehens vor den wegrollenden Aufnahmen erscheinenden und zur Kamera blickenden Künstlerin führt vor Augen, dass die vermutete (räumliche) Situation um mindestens eine Ebene komplexer ist: Monitorebene und Szenenebene – also medial vermitteltes Geschehen und Wirklichkeit des Performanceraumes – sind getrennt. Dadurch kommt zudem ein weiterer, davon losgelöster Raum zu Bewusstsein – der Raum des Publikums.

Technisch-ästhetisches Ausloten der Apparate

Der amerikanische Videokünstler Bill Viola (geb. 1951) gehört einer jüngeren Generation an, die der Videotechnik bereits während der künstlerischen Ausbildung begegnete. Anders als die bisher Genannten, integrierte er das neue Medium nicht in ein bestehendes Schaffen mit anderen Medien. In teilweise noch während des Studiums entstandenen Bändern eignete er sich das neue Medium an, indem er einzelne technische Komponenten des Videodispositivs von Kamera, Monitor und Videorecorder isoliert untersuchte. Er wollte wohl – und das gilt gleichermassen für ähnlich vorgehende Künstler in dieser frühen Phase der Videokunst – die künstlerischen Potentiale für seine künftige Arbeit mit ihnen freistellen. Daraus entwickelte sich zu Anfang seiner langen, einflussreichen Tätigkeit als Videokünstler eine systematische Untersuchung der technisch-ästhetisch gegebenen Mittel von Video.[31] Ein spezifisches Merkmal dabei ist die Verwendung der Technik gegen ihre Logik beziehungsweise den eigentlich vorgesehenen Einsatz. In «Composition ‹D›» (1973) zeigt Viola zunächst die natürliche Bewegung eines jungen Mannes (seiner selbst) auf die Kamera zu und an ihr vorbei. Daran schliesst die gleiche Aufnahme zweimal stufenweise verlangsamt an, und am Ende des Bandes wird sie in ihre Einzelbilder zerlegt vorgeführt.[32] Die Bildqualität wird ab der zweiten Sequenz, wegen des dazwischen liegenden Kopiervorgangs und aufgrund der durch Slow-motion entstehenden Störzonen, verschlechtert, die Aufnahmen flackern.[33] Eine der elementaren videotechnischen Voraussetzungen für Aufnahme und Wiedergabe von prozesshaften Vorgängen, welche an die Physiologie der visuellen Wahrnehmung gekoppelt ist, wird paradigmatisch vorgeführt – die Aufnahme von 25 Bildern pro Sekunde[34] – und zugleich deren zeitliche Matrix offengelegt. In «Vidicon burns» (1973)[35] untersucht Viola einen anderen, für die Videotechnologie wie für die visuelle Wahrnehmung elementaren Faktor: Die Aufnahme und Wiedergabe von Farben mit Vidicon-Kamera und Monitor. Er zeigt anhand der Aufnahmen eines jungen Mannes (diesmal nicht Viola), dass das System der optischen Linsen und Bildaufnahmeröhren der Kamera das einfallende Licht in die drei additiven Grundfarben Rot, Grün und Blau (RGB) aufteilt, um sie in elektrische Signale wandeln zu können. Üblicherweise sorgt die kameraführende Person vor jeder Aufnahme für die exakte Deckung der drei Farben, während sie hier mit Absicht maximal verschoben sind: Die Gestalt des jungen Mannes ist in je einen roten, grünen und blauen Umriss aufgefächert, und die Konturen überlagern sich zu bunten Zonen. Augenzwinkernd deutet Viola zudem im Werktitel «Vidicon burns» eine weitere Eigenheit der Bildaufnahmeröhren an: Abhängig davon, wie lange die Kamera bei Lichteinwirkung an der selben Stelle verweilt, können Szenen als schattenhafte, an Nachbilder auf der Netzhaut erinnernde Bilder in die Röhren eingebrannt werden (Nachzieheffekt). Dies geschieht besonders beim Typ der verwendeten Vidicon-Kamera. Viola zeigt in diesem Band jedoch die Zusammensetzung der Farbebenen und nicht den Einbrenneffekt. Es handelt sich beim Titel also in erster Linie um ein Wortspiel, geschuldet der Zusammenarbeit mit einem Mann namens Bob Burns für dieses Band.[36]

Auch andere Künstler wie der Brite David Hall (geb. 1937) und die Amerikanerin Mary Lucier (geb. 1944)[37] haben in den siebziger Jahren künstlerisch mit dem Nachzieheffekt gearbeitet: Hall fügte in «Vidicon inscriptions» (1974)[38] drei einzelne Sequenzen zu einer Komposition, die das ästhetische Potential der Einwirkung von starkem Licht auf die Bildaufnahmeröhre in mehreren Stufen vorführt. Im ersten und dritten Teil des Bandes richtete Hall die Videokamera auf einen Spiegel, über den er sein Tun aufzeichnete. Er verschob sich in kurzen Intervallen vom rechten zum linken Monitorrand hin. Die jeweils vorangehende Sequenz des sitzenden und durch den Sucher der Kamera blickenden Künstlers bleibt nach seiner seitlichen Positionsverschiebung als schattenhaftes Gebilde stehen. Diese entstandenen Gebilde werden aneinander gereiht und ineinander geschoben, schwächen sich zusehends in ihrer Lichtintensität ab und verschwinden allmählich ganz. Auch im mittleren Teil des Bandes, wo Hall mittels einer Taschenlampe Liniengebilde auf das Monitorfeld «zeichnet», vergehen die Konturen der Lichtspuren nach und nach, bis sie kaum mehr sichtbar sind (Abb. 10, 11). Die «Nachbilder» – oder eben «Vidicon inscriptions», wie Hall sie nennt – führen dazu, dass die dunkle Monitorfläche nun nicht mehr flächig, sondern als tiefer und mit gestalthaften Gebilden angefüllter Raum wahrgenommen wird: Die Eigenschaft der Bildaufnahmeröhre, «sich zu erinnern», erhöht unversehens die Wahrnehmungssensibilität des Publikums.

Eine sich audiovisuell wesentlich aggressiver äussernde Kategorie der Bildstörungen entdeckte Viola durch einen zufälligen Irrtum: Ein Videorecorder wurde im Studio falsch verkabelt, sein Ausgang an den eigenen Eingang angeschlossen. Viola setzte die vorgefundenen Störungsphänomene gezielt ein und entwickelte im Band «Information» (1973) eine beinahe rhythmisch zu nennende, knapp halbstündige Komposition aus unablässig transformierten Bildstörungen (Abb. 12–15). Nachträglich schrieb Viola dazu: «‹Information› is the manifestation of an aberrant electronic nonsignal passing through the video switcher in a normal color TV studio, and being retrieved at various points along its path. The resulting electronic perturbations affected everything else in the studio. After this error was discovered and traced back, it became possible to sit at the switcher as if it were a musical instrument and learn to ‹play› this nonsignal.»[39]
Diese Zeilen belegen Violas Versuch, aus den vorgefundenen «electronic perturbations» ein experimentelles Verfahren zu entwickeln. Wenn er die Steuereinheit (**Bildmischer**) wie ein Musikinstrument und die Effekte des fehlenden Signals als dessen Töne behandelt, denkt er in Kategorien des Auditiven. Wie er später schreibt, ist innerhalb der von ihm so benannten «Field perception»[40] der Ton für die Entwicklung seiner Werke von vorrangiger Bedeutung. Es überrascht daher nicht, dass die einleitende Sequenz von «Information» die Aufnahme eines vor Publikum agierenden Mannes ist, die überlagert wird durch die Grossaufnahme eines Oszilloskopbildschirms. Sprechstimme und Publikumsgelächter werden synchron durch den ausschlagenden **Elektronenstrahl** registriert und die Aufmerksamkeit damit programmatisch auf die Tonspur gelenkt. «Information» zeigt, mehr noch als die bisher erwähnten Bänder Violas, einen Künstler, der die experimentelle Untersuchung der mediumsspezifischen Ästhetik durch experimentelles Austesten von Manipulationseffekten erweitert, die von den Technikern als Fehler, von Viola aber als selbstverständlicher, ja lustvoll zelebrierter Teil der zu erkundenden Videoästhetik verstanden wurden.
Spitzen gegen das Fernsehen baute auch der 1973 zweiundzwanzigjährige Viola ein, wenngleich er mit dem Medium gross geworden war: An die eingangs erwähnte Sequenz schliesst übergangslos die für die gesamte Länge des Bandes bestimmende Grunddisposition an. Zwei Aufnahmeebenen – eine aus der Aufnahme eines Fernsehers mit kleiner Glasfront und senkrechter Bedienleiste bestehend, «davor» bildfeldfüllend eine zweite – sind übereinander gelagert und stören sich schon allein dadurch. Beide Ebenen zeigen unablässig transformierte, formal mannigfaltige Bildstörungen in teils grellen, frischen Farben, die in ebenso atemberaubender wie anstrengender Varietät durchgespielt werden und an ein adäquates Repertoire elektronischer Töne gekoppelt sind. Letzteres reicht von einem durchdringenden Signalton über grobes Rauschen, vielfältiges Knattern und Knarren bis zu pfeifenden und zischenden Lauten. Einziger Kontrapunkt zu den betont roh belassenen, über weite Teile scharf und aggressiv sich zeigenden Störungs- und Toneffekten ist ein in den USA viel verwendetes, schwarz-weisses Fernsehtestbild, das den knapp halbstündigen «Auftritt» der Störungen fünf Mal unterbricht: Ein ironisch gesetzter Kontrast, als Hinweis, dass das Fernsehen mit der technischen Optimierung seiner Bilder beschäftigt ist und Sendepause hat, während gleich nebenan mit der gleichen Technik eine neuartige Ästhetik am Entstehen begriffen ist.

Die achtziger Jahre: gekonnter Umgang mit dem Medium

Wenn sich für die siebziger Jahre im Bereich der künstlerischen Verwendung von Bildstörungen eine ansehnliche Anzahl Kunstschaffende und Werke finden lassen, dann sieht dies für die achtziger Jahre grundlegend anders aus: Nur noch vereinzelt setzten Künstlerinnen und Künstler Bildstörungen als gestalterisches Mittel ein. Die experimentelle Erkundung und Aneignung der mediumsspezifischen Ästhetik war von einem selbstbewussten und gekonnten Umgang mit der Videotechnologie abgelöst worden. Gegen Ende der siebziger Jahre begannen sich zudem Künstlerkollektive zu formieren in Ländern, in denen bereits in der ersten Hälfte der siebziger Jahre viele mit Video arbeitende Kunstschaffende gelebt hatten.[41] Sie erwarben gemeinsam halbprofessionelle oder professionelle Videoequipments, was die technische Vervollkommnung ihrer Produktionen massgeblich förderte. Der Ehrgeiz bestand nun darin, künstlerische Inhalte mit Video möglichst überzeugend zu gestalten und die technischen Mittel vorauszusetzen – nicht länger darin, diese experimentell zu reflektieren. Die Aufmerksamkeit der Videoschaffenden wendete sich zunehmend einer grossen Vielfalt anderer Themen zu.

Abhängig vom künstlerischen oder politischen Hintergrund der Künstlerinnen und Künstler entstanden fernsehkritische Werke auch in den achtziger Jahren. Doch das Fernsehen hatte sich in der Zwischenzeit fortentwickelt, war ein selbstverständlich rezipiertes, auch künstlerisch genutztes Medium geworden. Videoschaffende fingen an, es als reiche Bilderressource zu betrachten und setzten zunehmend öfter Sendesequenzen als «Found footage» in ihre Videobänder ein. Dies geschah vermehrt im Zuge erzählerischer und weniger in fernsehkritischer Absicht. Auch die kommerzielle Nähe war für Viele kein Tabu mehr, was sich beispielsweise ab Mitte der achtziger Jahre im Bereich der boomenden Videoclips zeigte.

Die Bildstörung als Verbindung zwischen technischem und psychischem Apparat

Schon auf eine zwanzigjährige Geschichte blickte die Videokunst zurück, als die Schweizer Künstlerin Pipilotti Rist (geb. 1962) 1988 in Basel den ersten, ausschliesslich auf das Medium Video ausgerichteten Studiengang des Landes mit dem Diplom verliess.[42] Mit weithin bekannten Protagonisten wie den Amerikanern Bill Viola und Gary Hill (beide geb. 1951), der Deutschen Ulrike Rosenbach (geb. 1943) oder den Amerikanerinnen Dara Birnbaum und Mary Lucier (beide geb. 1946) war zudem eine zweite, jüngere Generation da, die Video als hauptsächliches oder ausschliessliches Medium einsetzte. Und im Ausstellungsbereich etablierte sich das Medium ab Mitte der achtziger Jahre zunehmend selbstverständlicher in grösseren wie kleineren Institutionen. Gerade die Tatsache des bereits historischen Horizonts der Videokunst sowie die einsetzende Integration des Mediums in den Kunst- und Ausstellungsbetrieb und in die Ausbildungsstätten waren wohl die Voraussetzung, um die künstlerische Arbeit mit den Bildstörungen wieder aufzunehmen. Die von Rist absolvierte Basler Videoausbildung zeichnete von Anfang an aus, neben anderem auch eine historische, das Medium reflektierende und medienkritische Dimension zu vermitteln.[43] Es galt, die im Laufe der achtziger Jahre herausgebildete, allzu glatte und technisch perfekte Videoästhetik zu unterlaufen. Nicht zufällig sind von Rist noch während der Basler Ausbildungszeit zwei Videobänder entstanden, in denen sie Bildstörungen prominent einsetzte. Die in diesen frühen Bändern geformte Ästhetik und die dominierende selbstdarstellerische Präsenz von Rist als Protagonistin sollten auch in den neunziger Jahren und danach ihr Werk ausmachen. – Es wurde von Anfang an international prominent und breit wahrgenommen und beeinflusste danach mehrere Generationen von jungen Videoschaffenden.

«I'm Not The Girl Who Misses Much» von 1986[44] hat eine leicht veränderte Zeile aus John Lennons Beatles-Song «Happiness is a warm gun»[45] als Titel und lässt damit nicht auf eine selbstreferentielle Ebene schliessen. «(Entlastungen) Pipilottis Fehler» von 1988[46] jedoch kann auch als Hinweis auf Rists Verwendung von Bildstörungen verstanden werden: Der Begriff «Fehler» verweist ebenso auf den Inhalt der im Band von der Künstlerin gesprochenen, versartigen Zeilen und den gesungenen Liedtext wie auf die Bildstörungen, die oft auch als «Bildfehler» bezeichnet werden. Rist setzt in diesen beiden frühen Videobändern die Bildstörungen parallel zu inneren Vorgängen, ja legt es nahe, sie als deren Symptome wahrzunehmen. Sie beschreibt diesen Zusammenhang wie folgt: «Bei meinen Experimenten mit dem Medium Video musste ich einsehen, wie sehr diese zufälligen, vermeintlich gestörten Bilder frappant denjenigen meines Unterbewusstseins ähneln. ...Ich finde mein Unterbewusstes im Unterbewussten der Maschine materialisiert.»[47] Damit werden die Bildstörungen gestalterisches Mittel und inhaltlich zentrales Element zugleich. Das audiovisuelle und das sinnhafte Geschehen verschmelzen – auch auf der Ebene der Bildstörungen, ungeachtet ihrer Herkunft aus technischen Gegebenheiten – zu einer Einheit. Rist griff das in der fernsehkritischen Kunst der sechziger Jahre und der frühen Videokunst verankerte Thema auf, machte es aber von einer technisch-apparativen, vorab gestalterisch-formal eingesetzten Erscheinung zu einem inhaltlich aufgeladenen Element, das die Verbindung zwischen technischem und psychischem Apparat herstellt.

«I'm Not The Girl Who Misses Much» (Abb. 16, 19) ist eine raffinierte Komposition aus Aufnahmen der Künstlerin, die auf verschiedenartigste Weise durch Bildstörungen verändert sind, und aus meist gleichfalls manipulierten Tonsequenzen. Nach dem Vorspann beginnen die bei Videorecordern im Search-Modus[48] charakteristischen horizontalen Störstreifen in vertikaler Richtung von oben nach unten über die Aufnahmen von Rists Gesicht und Körper zu laufen. Sobald sie

Körperteile erfassen, verziehen sich feinste Partien der Körperkonturen unmerklich, verschieben diese horizontal, als ob sie an ihr zu zerren versuchten. Eine in der Mitte des Bandes liegende Sequenz bildet einen eigentümlichen Aufzeichnungsvorgang ab, nämlich das vertikale Scanning: Von jedem **Halbbild** der verschwommenen Aufnahme der Tanzenden wird eine senkrechte Zeile genommen und seitlich von links her aneinander gereiht. Der Scan ist ein Schnitt durch die Zeit und hinterlässt von den Bewegungen Rists eine Zickzacklinie, einen Störstreifen, der von oben nach unten läuft. Danach setzt John Lennons Stimme mit dem Songtext «She's not a girl who misses much...» ein, und Rist tanzt dazu, von horizontalen Störlinien überzogen. Einzelne herausgehobene Punkte und Streifen der **Dropouts** ähneln glamourösen Glanzlichtern. Ganz am Ende dieser Sequenz blitzen für kleinste Sekundenbruchteile Bildstörungen auf: kaum zu erkennende, grossflächige Moirés, wechselnd orange und königsblaue Streifen über dem ganzen Bildschirm.

Hier wie an anderen Stellen können die Störungen ein Hinweis auf unkontrollierbar und rasch auf der psychischen Ebene ablaufende Vorgänge wie auch – im Horizont des ganzen Bandes betrachtet – auf eine weitere registrierende Medienebene sein. Letztere zeigt sich wenig danach mit schwarz-weissen Aufnahmen, die an die Aufzeichnungen einer Überwachungskamera erinnern. Am Bandende lässt Rist die ein letztes Mal vorgetragene Liedzeile mit einem zwischen Jauchzer und Schluchzer unentschiedenen Kehllaut enden. Nach einem Schnitt laufen noch kurz weisse Linien über den dunklen Bildschirm, dazu ein Geräusch wie von schweren, zuschlagenden Türen, das sich echoartig wiederholt, sich zu einem Knallen wandelt und von einem hohen feinen Ton überlagert wird. Die Vorgänge im menschlichen Innern wie die Aufzeichnungen der Bildschirmüberwachung laufen unausgesetzt weiter: Die Störungen sind dabei die Symptome, welche das zugehörige System an die Eigendynamik des dahinter stehenden (psychischen oder technischen) Organismus erinnern.

Pipilotti Rists zwei Jahre später entstandenes Videoband «(Entlastungen) Pipilottis Fehler» von 1988 (Abb. 20) zeigt eine deutlich andere Art, Bildstörungen zu generieren und einzusetzen. Durch die Präsentation in Form von Stills und den auf die Tonspur ausgerichteten **Bildschnitt** sind die Störungen besser wahrnehmbar, wirken aber zugleich sonderbar gezähmt, da ihnen die angestammte zeitliche Dynamik genommen ist: Für Sekundenbruchteile aufblitzende, die Wahrnehmung gezielt überfordernde und in ihrer ästhetischen Entfaltung verzerrend oder aggressiv wirkende Bildstörungen kommen nicht mehr vor. Während «I'm Not The Girl Who Misses Much» nur über wenige, sehr kurze Sequenzen ohne Bildstörungen verfügt, sind im späteren Band die Sequenzen mit Bildstörungen in absehbarem Wechsel mit längeren Sequenzen ohne Bildstörungen gegengeschnitten. Ausserdem hat Rist eine enge Beziehung zwischen den Rhythmen der Tonspur und den Bildstörungen gesucht: Die Sequenz, in der Rist ihren versartigen Monolog mit «Ich sehe» (= video!) beginnt, besteht aus aneinander gereihten Standbildern mit ausgewählten, jedoch arretierten Störungsbildern, zwischen denen immer wieder gleichfalls unbewegte Nahaufnahmen ihres Gesichts erscheinen. Die Tonspur ist aus musikalisch einfachen, wiederholten Tonfolgen oder aus Liedsequenzen gefügt und nicht wie in «I'm Not The Girl Who Misses Much» ihrerseits durch starke Beschleunigung oder Verlangsamung verändert. Dadurch hat Rist eine weitere Klärung und Vereinfachung realisiert, verzichtet jedoch zugleich auf ein effektreiches gestalterisches Mittel. Rists Monologtext aus dem Off dominiert stellenweise Aufnahmen und Tonspur. Sie reflektiert darin in versartiger Form, die offenen Selbstbezug und ironische Distanz gleichermassen verraten, ihre Position im gesellschaftlichen Gefüge, dessen Erwartungshaltungen und die eigenen (scheinbaren) Defizite. Dabei sind die Bildstörungen zwar immer noch ein markant das Videoband prägendes Element und stehen für die Beziehung zu psychischen Vorgängen. Auch die kritische Haltung gegenüber dem elektronischen Medium – nicht mehr die Videoüberwachung, sondern nun Fernsehästhetik und -konsum – ist enthalten. Rist konfrontiert jedoch das Publikum weniger direkt mit der Störungsästhetik. Sie hat deren zeitliche Dynamik diszipliniert und gestalterisch-visuell stärker in deren Modus und Manifestationsformen eingegriffen: Ein Vorgang, der Formung und Zähmung zugleich mit sich bringt und das Band in dieser Ambivalenz auch auf der selbstdarstellerischen Ebene prägt.

Die neunziger Jahre und danach: analoge Störungsästhetik als historisches Phänomen

In den frühen neunziger Jahren wurde die digitale Technologie im Bereich der auch für Kunstschaffende erschwinglichen Hardware, der Programme für Bildgenerierung, Bildbearbeitung, Animation und Editing stark vorangetrieben. Diese Programme brachten eine neuartige, eigenständige Formensprache, Effektepalette und zeitliche Dynamik mit sich. Damit nahm die künstlerische Verwendung von analogen Bildstörungen eine neue Wendung. Zwischen den ersten experimentellen Untersuchungen des ästhetischen Potenzials der Bildstörungen und dem im Laufe der neunziger Jahre zunehmend spielerisch anmutenden Software-Einsatz liegen mindestens zwanzig Jahre: Die analoge Störungsästhetik wurde zum historischen Phänomen. Die hier vorgestellten Beispiele aus den neunziger Jahren und danach sind digitale Produktionen. Sie sind jedoch von der Erscheinung und Dynamik der analogen Bildstörungen inspiriert und verwenden diese als Ausgangsmaterial. Die analoge Störungsästhetik wurde in ihren Manifestationen als bekannt vorausgesetzt und zum allgemeinen Paradigma für die mediale Präsenz. Ausserdem mischt sich – zu einem Zeitpunkt, in dem die digitale Technologie gerade erst daran war, die analoge abzulösen – teilweise bereits eine nostalgische Note in diese Produktionen. Eine Haltung, die eine bestimmte Distanz zum Geschehen und auch eine Prise Gegenwartsverdrossenheit voraussetzt.

Spielerische Technik, neue Welten und ein nostalgischer Blick zurück

In zwei längeren Videobändern des britischen Film- und Videokünstlers David Larcher (geb. 1942) wird die analoge Störungsästhetik in diesem Sinne mit visuell ähnlichen, digital generierten und animierten Elementen verbunden.

«VideØvoid – The trailer» von 1993[49] ist eine komplexe Komposition aus gesprochenem Text, eingebundenen Textfragmenten, generierten Bildsequenzen und einzelnen Aussenaufnahmen rund um das Thema der Leere und des Vakuums (Abb. 21, 22). Sie ist mit einer Tonspur aus mehrheitlich elektronisch erzeugter, die visuelle Ebene auditiv verstärkender Noise-Music unterlegt. Nach einer ersten Sequenz, die einen Mann mit Kopfhörer und Antenne in der Hand unbewegt vor einem nächtlichen Himmel zeigt, führt Larcher in seine am Computer generierte und animierte 2D/3D-Bildraumästhetik ein. Sie suggeriert den Blick in eine schwerelose Planetenwelt, anhand deren Larcher den Begriff der Leere über Textzitate verschiedener Vertreter der Astronomie, Physik und schliesslich des Zen-Buddhismus untersucht. Dabei setzt er die Bildstörungen gestalterisch so ein, dass sich deren Erscheinung, die evozierten Formen physikalischer Mess- und Visualisierungstechnik und das Tun der beteiligten Forscherprotagonisten übergangslos und in spielerisch anmutender Weise fliessend miteinander verbinden. Die Intention ist, zu zeigen, dass die im Band zitierten physikalisch-mathematischen Theorien zu Leere und Vakuum als kontinuierliches evolutionäres Forschungsgeschehen ins elektronische Zeitalter eingehen. Visuell realisiert er dies über die Einbindung der unbewegten Figuren, ihrer Apparate und Gerätschaften in animierten, fliessend und spielerisch das Kontinuum der Zeit wiedergebenden Räumlichkeits-, Dreh- und Kippeffekten. Bei den verwendeten Bildstörungen handelt es sich im Einzelnen betrachtet um Störungen, die Fehler in der Manipulation, mangelnde Synchronisation von Geräten oder ein fehlendes Bildsignal zur Ursache haben.[50] Die mehrfach innerhalb des Bandes zitierte Wendung des Physikers Paul Dirac «Empty space is not really empty»[51] auf diese Fehler oder Störungen beziehend, zeigt Larcher, dass diese keineswegs Nichts (also «VideØvoid») zeigen, sondern reiche visuelle Manifestationen besitzen. Hier sind die Störungsphänomene der Videotechnologie als augenfälliger Beweis der Richtigkeit dieser auf den ersten Blick paradoxen physikalischen These und zentralen Kategorie der Zenphilosophie genommen.

In «VideØvoid – Text», dem drei Jahre später fertig gestellten Videoband,[52] das sich in Titel, Inhalt und Form auf «VideØvoid – The trailer» bezieht, hat Larcher die analogen Bildstörungen zum gestalterischen Leitmotiv weiterentwickelt (Abb. 23, 24). In der komplex gefügten Komposition sind wiederum gesprochener Text, einzelne Buchstaben sowie Wort- und Satzfragmente enthalten und das Ganze ist mit einer reich bearbeiteten Tonspur unterlegt. Über längere Sequenzen am Bandanfang und -ende führt Larcher die ästhetischen Feinheiten der Bildstörungen vor mit Zonen, welche Dropouts und **Interferenzen** wie Moirés auf dunklem Bildschirm zeigen, mit horizontal durch Störungszonen geteilten Aufnahmen, die einen Raum in die Tiefe des Monitors zu öffnen scheinen. In den Sequenzen dazwischen nimmt er diese räumlich staffelnden, illusionistischen Effekte auf und integriert sie in seine computergenerierten, aus vielfältigsten Farb-, Form- und Animationseffekten gebauten, schaukastenartigen Phantasieräume und der Wirklichkeit enthobene Landschaften. Diese suchen in ihrer überbordenden Formenvielfalt kaum überschaubaren Dynamik und in Zwiesprache mit typografischen Elementen unterschiedlichster Art eine elektronische Kalligraphie zu entwerfen, führen die auf fehlende Information hinweisenden visuellen Zeichen und die Metapher der Leere (oder des Loches) jedoch als wesentliche Voraussetzung dafür ständig mit sich.

Am Rande dieser neuen Ära der künstlerischen Beschäftigung mit Störungsphänomenen steht der Video-clip des finnischen Künstlers Mika Taanila (geb. 1965) von 2002, der einen ironisch-liebevollen Blick auf die analoge Videotechnologie wirft (Abb. 25, 26). Er lässt ahnen, dass die perfektionierte digitale Videoästhetik der letzten fünfzehn Jahre auch nostalgische Gefühle heraufbeschworen hat: Der spannungsgeladenen, einem Thriller angemessenen Musik Kiilas[53] werden einzelne Sequenzen eines lehrhaft die technische Funktionsweise des **Videoformats VHS** vorstellenden Bandes unterlegt, das wohl aus der ersten Hälfte der achtziger Jahre stammt. Dazu ist die Kamera lange auf das offen liegende Innere eines VHS-Abspielgeräts mit dem an der glänzenden **Kopftrommel** entlang geführten **Magnetband** gerichtet. Anhand in der Mitte geteilter, mit «good» und «poor» beschrifteter Aufnahmen werden unter anderem der zu geringe **Rauschabstand**, ein schwaches **Farbsignal** sowie der Verlust von einer Kopier-**Generation** zur nächsten thematisiert.[54] Dabei vermitteln der simple, fast moralisch anmutende Modus, die unbeholfene Wahl und die vorgeführte «schlechte» Bildqualität der Aufnahmen eine schmunzelnd vorgetragene Sehnsucht nach der im verwendeten Lehrband zelebrierten Einfachheit und Popularität, seiner nicht perfekten Bildästhetik und der (beinahe) entschwundenen Materialität des analogen Video.

Folgenden Personen danke ich für Hinweise auf verschiedene im Text erwähnte Videobänder: Claudia Gehrig von der Mediathek/Videosammlung des Zentrums für Kunst und Medientechnologie ZKM Karlsruhe, Johannes Gfeller von der Hochschule der Künste Bern und Agathe Jarczyk vom Atelier für Videokonservierung in Bern.
Ausserdem bedanke ich mich bei der Mediathek des ZKM Karlsruhe, der Mediathek des Centre pour l'image contemporaine Saint-Gervais, Genf und René Pulfer, Videosammlung René Pulfer/Institut Kunst der Hochschule für Gestaltung und Kunst Basel für die Gelegenheit zur Sichtung eines Teils der vorgestellten Videobänder.

1 Mit solchen Geräten arbeiteten in den frühen siebziger Jahren bereits Nam June Paik, Ed Emshwiller sowie Steina und Woody Vasulka. In der zweiten Hälfte der siebziger Jahre kam auch Gary Hill dazu. Vergleiche beispielsweise die Videobänder «Global Groove» (1973) von Nam June Paik, «Crossings and Meetings» (1974) von Ed Emshwiller, «Orbital obsessions» (1976) von Steina Vasulka oder «Electronic linguistics» (1978) von Gary Hill.

2 Die «Lowbudget-Ästhetik» ist von einiger Bedeutung, weil sie die Produktionsbedingungen der VideokünstlerInnen offenlegt: Kaum jemand hatte in den siebziger Jahren Zugang zu professionellem Equipment und entsprechenden Nachbearbeitungsstudios. Ausnahmen sind amerikanische Kunstschaffende wie Peter Campus, Hermine Freed, Gary Hill oder Bill Viola sowie der Südkoreaner Nam June Paik. Durch längeren Arbeitseinsatz der Künstlerin oder des Künstlers selbst (und dadurch geringeren Gerätekosten) sollten Eigenschaften wie ungenügende Bildschärfe, mangelnde Farb- und Tonqualität, minimale Nachbearbeitung oder schlechte Schnittgenauigkeit möglichst vermieden oder so minimal wie möglich gehalten werden.

3 Ausstellungskatalog «Zonen der Ver-Störung», hrsg. von Silvia Eiblmayr, Steirischer Herbst, 2 Bände, Graz 1997.

4 Ausstellung in den Räumen Gesellschaft der Freunde junger Kunst, Altes Dampfbad, Baden-Baden, vgl. http://www.gfjk.de/2003/medienkunst.htm (konsultiert am 24. April 2009) zum zehnjährigen Jubiläum des Internationalen Medienkunstpreises, der seit 1992 vom Zentrum für Kunst und Medientechnologie ZKM Karlsruhe und dem Südwestrundfunk in Karlsruhe verliehen wurde.

5 Marita Sturken erläutert diese Problematik kenntnisreich für die amerikanische Situation: «Paradox in the evolution of an art form. Great expectations and the making of a history», in: Doug Hall/Sally Jo Fifer (Hrsg.), *Illuminating video. An essential guide to video art*. New York 1990, S. 101–121.

6 Rosalind Krauss, «Video: The aesthetics of narcissism» (1976), in: Gregory Battcock, *New artist's video. A critical anthology*. New York 1978, S. 43–64.

7 Für die künstlerische Verwendung von Bildstörungen in der Videokunst der siebziger Jahre und deren Vorläufer und Anreger seit den späten fünfziger Jahren vgl. den kurzen, aber prägnanten Überblick von Catherine Elwes, in: dies., *Video art. A guided tour*, London/New York 2005, Kapitel 2: «The modernist inheritance. Tampering with the technology and other interferences», S. 21–37. Ein fundierter historischer Überblick, der die künstlerische Verwendung analoger Bildstörungen bis in die jüngste Zeit verfolgen würde und ein Forschungsüberblick zur Thematik liegen bisher meines Wissens nicht vor.

8 Vgl. dazu Dieter Daniels, «Fernsehen – Kunst oder Antikunst? Konflikte und Kooperationen zwischen Avantgarde und Massenmedium in den 1960er/1970er Jahren» http://www.medienkunstnetz.de/themen/medienkunst_im_ueberblick/massenmedien/3/ (konsultiert am 24. April 2009).

9 Eine wichtige Zeichnung Vostells ist in diesem Zusammenhang die «Projektskizze» (1958), die für mehrere, später realisierte Werke mit Bildstörungen die Grundidee lieferte. Vgl. den Ausstellungskatalog *Vostell* von 1992 (Rheinisches Landesmuseum Bonn [u.a.], Heidelberg 1992, S. 208; fortan zitiert als Vostell 1992). Die «TV-dé/collage für Millionen» (1959–1963) geht beispielsweise darauf zurück. Im Unterschied zu dieser umfassenden Retrospektive (noch zu Lebzeiten Vostells) – wo das Werk mit der Datierung1959/1967 als Fernsehobjekt unter dem Titel «TV für Millionen» abgebildet ist – fassen Dieter Daniels und Rudolf Frieling im Medienkunstnetz dieses und verschiedene andere Werke Vostells unter dem Begriff «Partitur». Sie beziehen sich damit auf oft mehrere, nicht systematisch dokumentierte faktische Umsetzungen in Happenings oder anderen Medien. Vgl. Rudolf Frieling, «Real/Medial. Hybride Prozesse zwischen Kunst und Leben», http://www.medienkunstnetz.de/themen/medienkunst_im_ueberblick/performance/1/ (konsultiert am 24. April 2009) und Dieter Daniels, «Fernsehen – Kunst oder Antikunst? Konflikte und Kooperationen zwischen Avantgarde und Massenmedium in den 1960er/1970er Jahren», vgl. http://www.medienkunstnetz.de/themen/medienkunst_im_ueberblick/massenmedien/1/ (konsultiert am 24. April 2009).

10 Zu Begriff und Bedeutung der «Dé/collage» vgl. Klaus Honnef, «Montage als ästhetisches Prinzip. Zum Werkbegriff von Wolf Vostell», in: Ausstellungskatalog Vostell 1992 (wie Anm. 9), S. 145–146.

11 Vostell und Paik kannten sich und werden sich über ihre Beschäftigung mit denselben Phänomenen Rechenschaft abgelegt haben. Vgl. http://www.medienkunstnetz.de/themen/medienkunst_im_ueberblick/massenmedien/11/ (konsultiert am 24. April 2009).

12 John Allan Farmer, «Pop people», in: *The new frontier. Art and television 1960–65*. Ausstellungskatalog, Austin Museum of Art, Austin/Texas: cop. 2000, S. 47 (fortan zitiert als *The new frontier 2000*).

13 Vgl. Anm. 9.

14 *The new frontier 2000* (wie Anm. 12), S. 48.

15 Nam June Paik, «Global Groove», 1973, 28 min 30 sec, Farbe, Ton.

16 Peter Weibel, «The endless sandwich», 1969, 1 min 39 sec, s/w, ohne Ton. Das Band ist Teil von «TV + VT Werke», 1969–1972 von Peter Weibel.

17 Das Fernsehpublikum von 1969 wusste, dass der Sender ab und zu fein eingestellt werden musste, besonders wenn der Empfang schlecht war. Der Einstellknopf für die Horizontalsynchronisation war zu dieser Zeit jedoch bereits ausnahmslos an der Rückseite der Geräte, wenn er überhaupt von aussen zugänglich war. Die im Videoband gezeigte Feineinstellung des Senders an der Vorderseite wirkt sich auf das empfangene Bild eigentlich etwas anders aus als die hier präsentierte Störung.

18 Jean Otth, «The fascination associated with watching the electronic texture of a televised image prompted me to analyse this interesting visual phenomenon within a context dominated by artistic concerns», in: «TV-perturbations» (1972), siehe folgenden Ausstellungskatalog mit Texten des Künstlers in französisch und englisch: *Jean Otth. Vidéo 1970–1980*. Centre d'Art Contemporain Genève, 1980, S. 6. (franz.), S. 8 (engl.); fortan zitiert als Jean Otth 1980.

19 Die Installationen tragen folgende Titel (in der Reihenfolge ihrer Entstehung): «Abécédaire télévisuel» (1972), «Abécédaire télévisuel II» (1973) und «Le grand autoportrait» (1973). Die Titel der Videobänder lauten (in der Reihenfolge ihrer Entstehung): «Strip Tease TV» (1972), «Tell 73» (1972), «Autoportrait I» (1972), «Hommage à Mondrian» (1972), «La bourse de Bordeaux» (1973), «Rembrandt et les impressionnistes» (1973), «La pose» (1973). Für weitere Angaben vgl. Jean Otth 1980 (wie Anm. 18), S. 19–22.

20 Bei «Le grand autoportrait» handelt es sich nicht um ein Selbstporträt des Künstlers, sondern um eine Installation, bei der jede beliebige Person aus dem Publikum sich vor die Kamera stellen konnte und sich danach auf einem Monitor sah; also eher um temporäre Porträts, die mit Hilfe des Künstlers entstanden.

21 Jean Otth, «Hommage à Mondrian», 1972, 14 min, s/w, o. Ton.

22 Es handelt sich um Piet Mondrians «Tableau I, with black, red, yellow, blue and light blue» aus dem Jahr 1921; Öl auf Leinwand, 96,5 x 60,5 cm; Museum Ludwig, Köln. Vgl. Joop M. Joosten, *Catalogue raisonné of the work of 1911–1944*. Bände II–III, München/New York: Prestel, 1998, S. 47 (Farbabb.), S. 294–295. Otth hat das hochrechteckige Gemälde im Uhrzeigersinn um neunzig Grad gedreht. Da die Wiedergabe auf dem Bildschirm schwarz-weiss ist, werden das grosse Farbfeld rechts auf dem Bildschirm (eigentlich Rot) und das kleine links (eigentlich in mittlerem Blau) dunkel bzw. annähernd schwarz wiedergegeben.

23 Das konkrete Vorgehen in der Zusammenarbeit mit Ingenieur Serge Marendaz beschreibt Jean Otth nachträglich folgendermassen: «Dans cette vidéo c'est lui qui me proposait un certain nombre de perturbations en intervenant sur l'image électronique. Quand l'une me convenait on l'enregistrait et ainsi de suite.» Jean Otth in einer E-Mail an die Autorin vom 12. November 2006.

24 Für die genauen Masse vgl. Anm. 22.

25 Alle Videobänder der Serie «TV-perturbations» sind in Schwarz-Weiss aufgenommen; vgl. Jean Otth 1980 (wie Anm. 18), S. 19–20.

26 «My intention in this work is to transform formally a painting by Mondrian. By a series of electronic disturbances, I metamorphosize an image in order to reveal its structure. The intention is double; on one hand it is iconoclastie or semioclastie (destruction of the sense) and on the other hand the re-product of the work. It is a tribute on an esthetic base, because an eventual sensibility to this electronic manner is only possible thanks to painters such as Mondrian.» Vgl. Ausstellungskatalog Jean Otth zu «Video Tape No. 8. Titre: ‹Hommage à Mondrian›»; in: Jean Otth 1980, S. 20 (franz.), S. 22 (engl.).

27 Vgl. Ausstellungskatalog Jean Otth zu «TV-perturbations», 1972; in: Jean Otth 1980 (wie Anm. 18), S. 6. (franz.), S. 8 (engl.).

28 Joan Jonas studierte nacheinander zuerst Kunstgeschichte, Bildhauerei und Malerei, bevor sie in der zweiten Hälfte der sechziger Jahre eine zweijährige Tanzausbildung bei Trisha Brown absolvierte und in der Performance-Bewegung aktiv wurde (vgl. http://people.wcsu.edu/mccarneyh/fva/J/JJonas_bio.html, konsultiert am 24. April 2009).

29 Joan Jonas, «Vertical roll», 1972, 19 min 38 sec, s/w, Ton.

30 Vgl. im lexikalischen Teil mit *>Vertikaler Bildfang*.

31 Im umfassenden Katalog der grossen retrospektiven Ausstellung zu Bill Violas Werk von 1999 ist daher den ersten zehn Videobändern von Bill Viola (entstanden 1972/1973) die Kapitelüberschrift «Video als Technik: Möglichkeiten und Grenzen eines Mediums» vorangestellt. Rolf Lauter (Hrsg.), *Bill Viola. Europäische Einsichten/European insights*. München/London/New York: Prestel 1999, S. 35–55 (fortan zitiert als Bill Viola 1999).

32 Bill Viola, «Composition ‹D›», 1973, 9 min 42 sec, s/w, Ton; vgl. Bill Viola 1999 (wie Anm. 31), S. 43 und S. 360.

33 Vgl. auch Nicoletta Torcelli, *Video, Kunst, Zeit: von Acconci bis Viola* (Diss. Universität Freiburg i. Br.), Weimar: Verlag und Datenbank für Geisteswissenschaften, 1996, S. 200.

34 Die amerikanische, von Bill Viola verwendete **Farbfernsehnorm NTSC** hat 30 Bilder pro Sekunde.

35 Bill Viola, «Vidicon burns», 1973, 30 min, Farbe, Ton (in Zusammenarbeit mit Bob Burns). Vgl. Bill Viola 1999 (wie Anm. 31), S. 49–50 und S. 360.

36 Ebd.

37 Mary Lucier richtete in «Dawn burn» (1975) und «Bird's eye» (1978) einen Laserstrahl direkt auf die Kamera oder setzte die Kameralinse der direkten Sonneneinstrahlung aus und brannte so das Licht in Realzeit in die Bildaufnahmeröhren ein. Vgl. die Angaben zum künstlerischen Werdegang von Lucier bei Electronic Arts Intermix, New York: http://www.eai.org/eai/artistBio.htm?id=417 (konsultiert am 24. April 2009).

38 David Hall, «Vidicon inscriptions», 1974, 9 min 14 sec, s/w, Ton.

39 Bill Viola, zitiert nach Lori Zippay (Hrsg.), *Artist's video. An international guide*, Electronic Arts Intermix New York, New York/London/Paris: Cross River Press, 1991, S. 196.

40 Eine Textstelle aus dem Jahr 1985 aus Bill Violas Schriften: «One of the many things I learnt [...] was the understanding of sound as a material thing, an entity. My ideas about the visual have been affected by this, in terms of what I call 'field perception', as opposed to our more common mode of object perception. In many of my videotapes, I have used the camera according to perceptual or cognitive models based on sound rather than light. [...] (Field perception) is based on a passive, receptive position, as in the way we perceive sound, rather than an aggressive, fragmented one, as in the way our eye works through the narrowing function of focused attention.» Aus «Statements 1985», in: ders., *Reasons for knocking at an empty house. Writings 1973–1994*, London 1995, S. 151–152.

41 Für die siebziger Jahre sind dies vor allem Belgien, Deutschland, England, Frankreich, Holland, Japan, Kanada, Österreich, die Schweiz und die USA.

42 Pipilotti Rist studierte von 1985 bis 1988 an der Schule für Gestaltung Basel.

43 Diese spezifische Ausrichtung der Ausbildung war durch den Videokünstler und -kurator René Pulfer gegeben, der seit der Einrichtung des Basler Studiengangs – an der er 1985 massgeblich beteiligt war – dessen Leitung innehatte.

44 Pipilotti Rist, «I'm Not The Girl Who Misses Much», 1986, 5 min, Farbe, Ton.

45 Vgl. den Abspann des Bandes: «copyright by Pipi Lotti Rist. I'm not the girl who misses much nach ‹Happiness is a warm gun› von JOHN LENNON».

46 Pipilotti Rist, «(Entlastungen) Pipilottis Fehler», 1988, 11 min 38 sec, Farbe, Ton. Im Vorspann des Bandes ist der Titel ausserdem durch den Begriff «Skizzen» ergänzt. Das Band war Rists Diplomarbeit an der Schule für Gestaltung Basel und wurde über Monitor gezeigt (mündliche Information von René Pulfer, Hochschule für Gestaltung und Kunst HGK Basel, der die Diplomarbeit betreut hat; 3. Oktober 2006). Später entwickelte Rist das Band zu einer Rauminstallation weiter, für welche die Aufnahmen grossformatig an die Wand projiziert wurden.

47 Pipilotti Rist, «Titel», in: Themenheft «Film und die Künste. Nachbarschaften, Grenzgänger, Überschreitungen»; *Cinema*, 35. Jg., 1989, S. 125.

48 Search-Modus bedeutet schneller bzw. langsamer als Normalgeschwindigkeit.

49 David Larcher, «VideØvoid – The trailer», 1993, 32 min 16 sec, Farbe, Ton.

50 Es handelt sich, in der Reihenfolge ihres Erscheinens genannt, um Effekte, die durch Dropouts, Fehlverkabelung (Rückkoppelung vom Ausgang des Mischers zu einem seiner Eingänge: im Bild pflanzen sich Kanten wie Wellen fort), ein fehlerhaftes **Synchronsignal** oder durch eine nicht mit dem Mischer synchronisierte Quelle entstehen.

51 Paul Dirac, englischer Physiker (1902–1984), war einer der Mitbegründer der Quantenphysik.

52 David Larcher, «VideØvoid – Text», 1994–1996, 35 min 24 sec, Farbe, Ton.

53 Das dem Videoband zugrunde gelegte Stück heisst «Verbranntes Land», was zugleich – wie bei einem Musikvideo üblich – der Titel des Werkes von Mika Taanila ist: Kiila, «Verbranntes Land», 2002, 6 min 35 sec, Farbe, Ton. Vgl. auch www.av-arkki.fi/web/index.php?id=25&wtitle=1475 (konsultiert am 24. April 2009).

54 Im weiteren handelt sich dabei um messtechnische und visuell beurteilbare Qualitätsparameter sowie um einen *>Tracking-Fehler* und das Bildrauschen, wenn die *>Wiedergabeköpfe verschmutzt* sind.

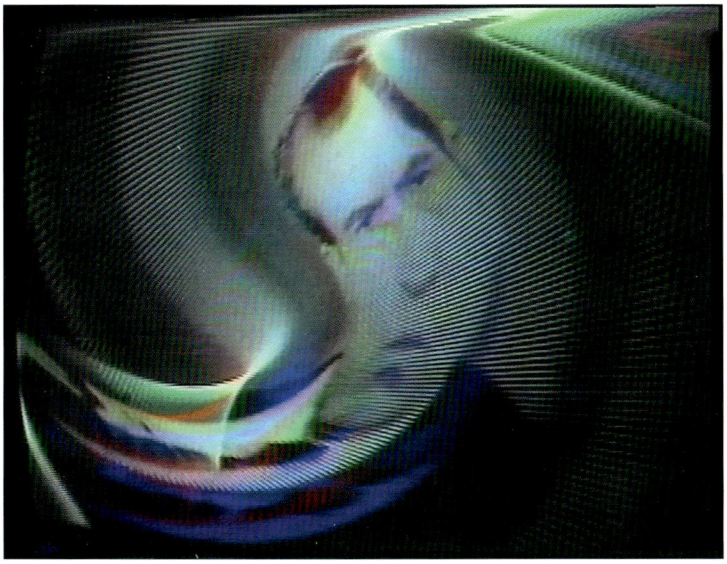

ABB. 1
Nam June Paik in Zusammenarbeit mit John J. Godfrey, «Global Groove», 1973, Ein-Kanal Video, 28 min 30 sec, Farbe, Ton, Courtesy of Electronic Arts Intermix (EAI), New York

FIG. 1
Nam June Paik in collaboration with John J. Godfrey, 'Global Groove', 1973, single channel videotape, 28 min 30 sec, colour, sound, Courtesy of Electronic Arts Intermix (EAI), New York

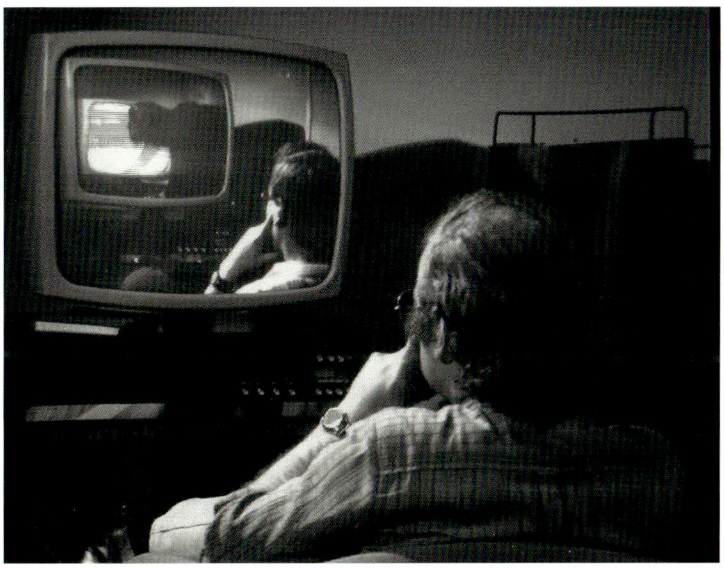

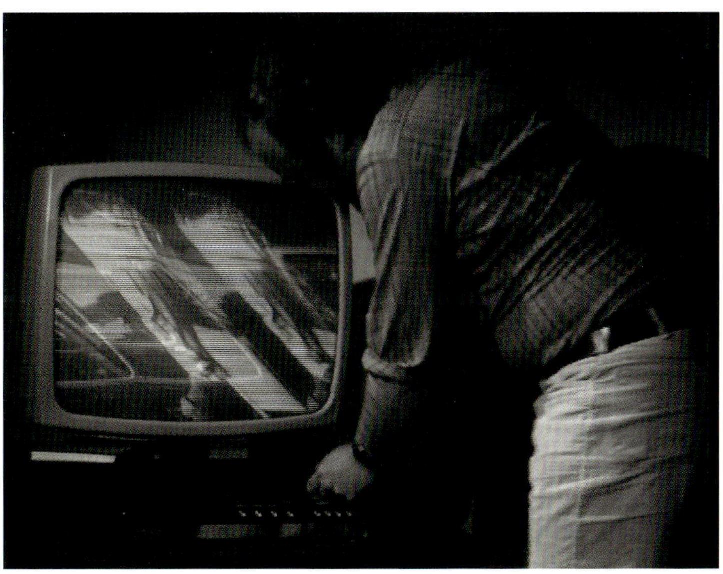

ABB. 2–3
Peter Weibel, «The endless sandwich», 1969, 1 min 39 sec, s/w, Ton, Courtesy of the artist

FIGS. 2–3
Peter Weibel, 'The endless sandwich', 1969, 1 min 39 sec, b/w, sound, Courtesy of the artist

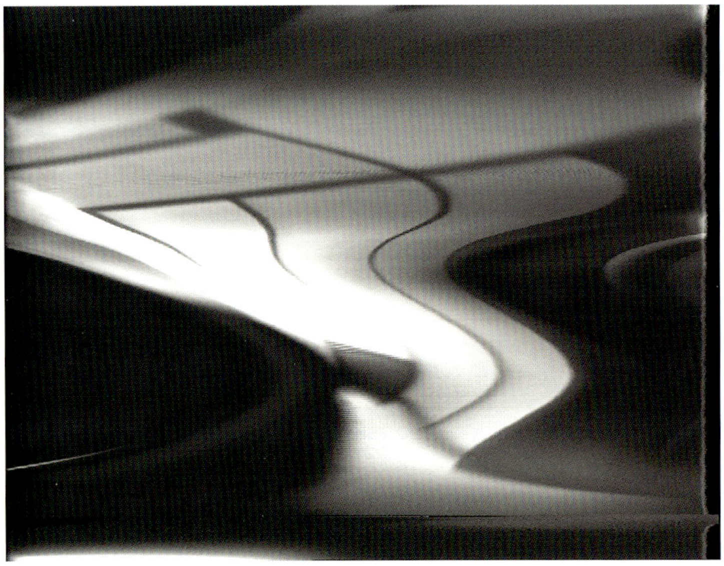
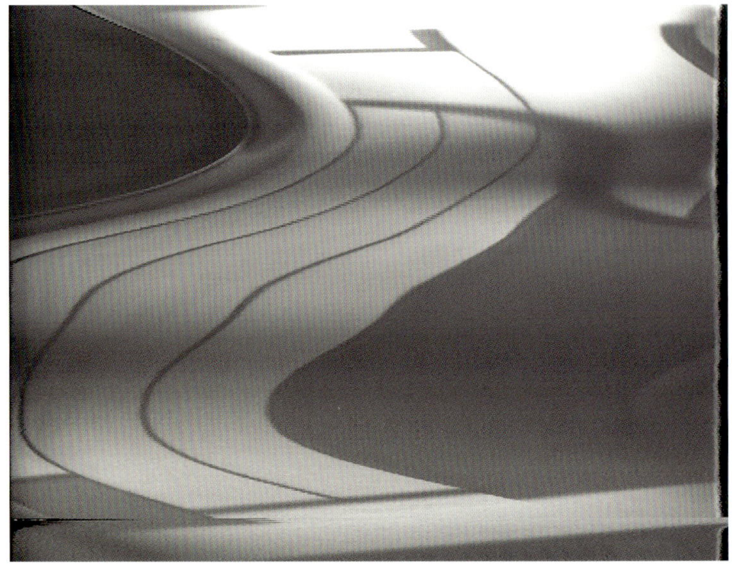

ABB. 4–7
Jean Otth, «Hommage à Mondrian», 1972, 14 min, s/w, ohne Ton, Courtesy of the artist

FIGS. 4–7
Jean Otth, 'Hommage à Mondrian', 1972, 14 min, b/w, no sound, Courtesy of the artist

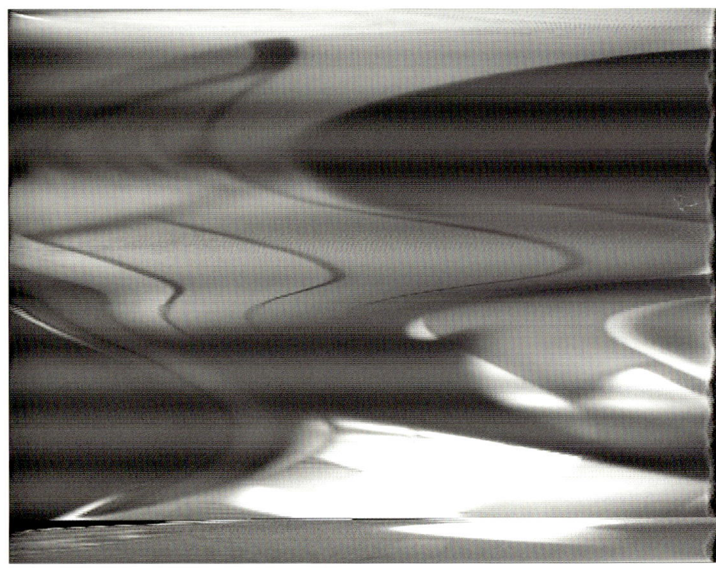
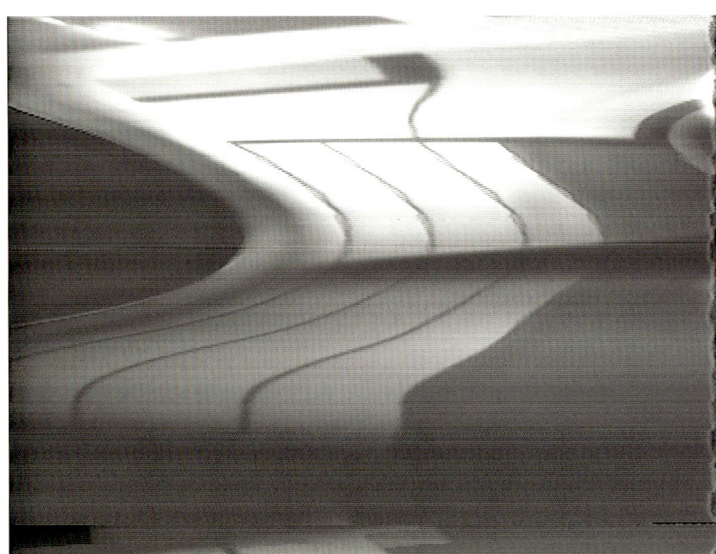

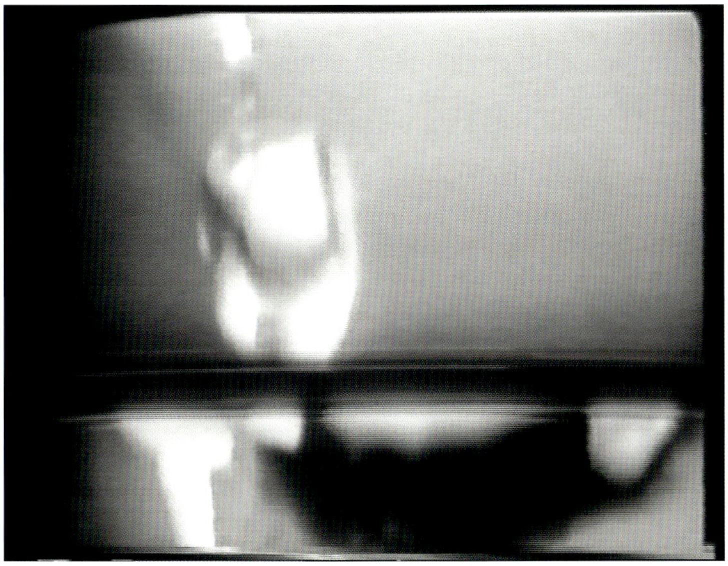

ABB. 8–9
Joan Jonas, «Vertical roll», 1972, 19 min 38 sec, s/w, Ton, Courtesy of Electronic Arts Intermix (EAI), New York

FIGS. 8–9
Joan Jonas, 'Vertical roll', 1972, 19 min 38 sec, b/w, sound, Courtesy of Electronic Arts Intermix (EAI), New York

ABB. 10–11
David Hall, «Vidicon inscriptions», 1974, 9 min 14 sec, s/w, Ton, Courtesy of the artist

FIGS. 10–11
David Hall, 'Vidicon inscriptions', 1974, 9 min 14 sec, b/w, sound, Courtesy of the artist

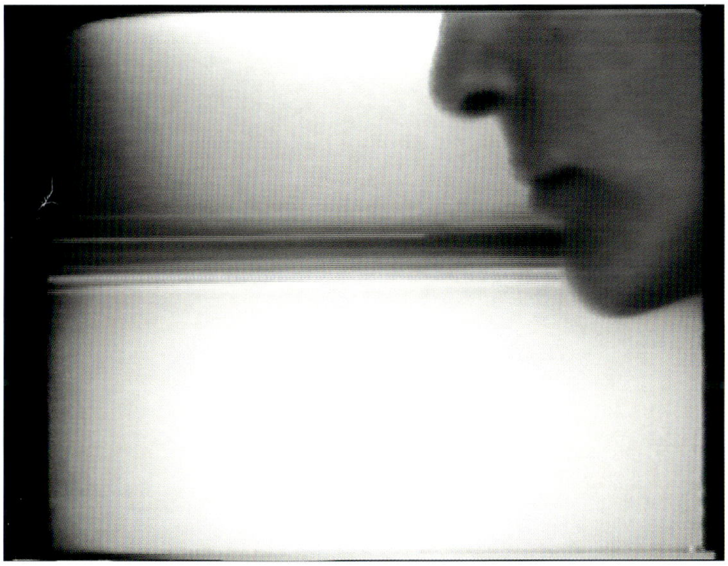

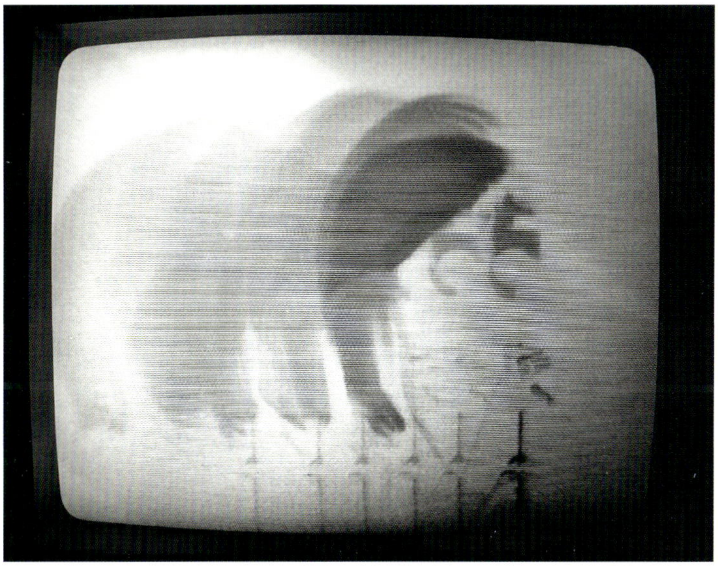

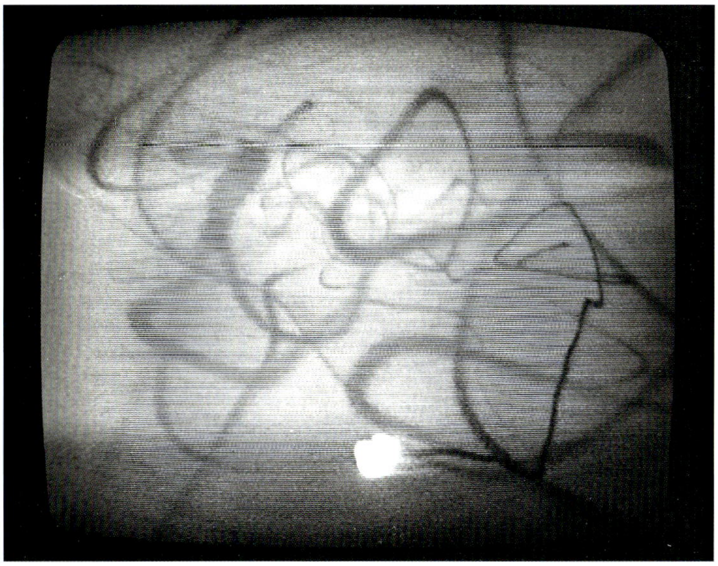

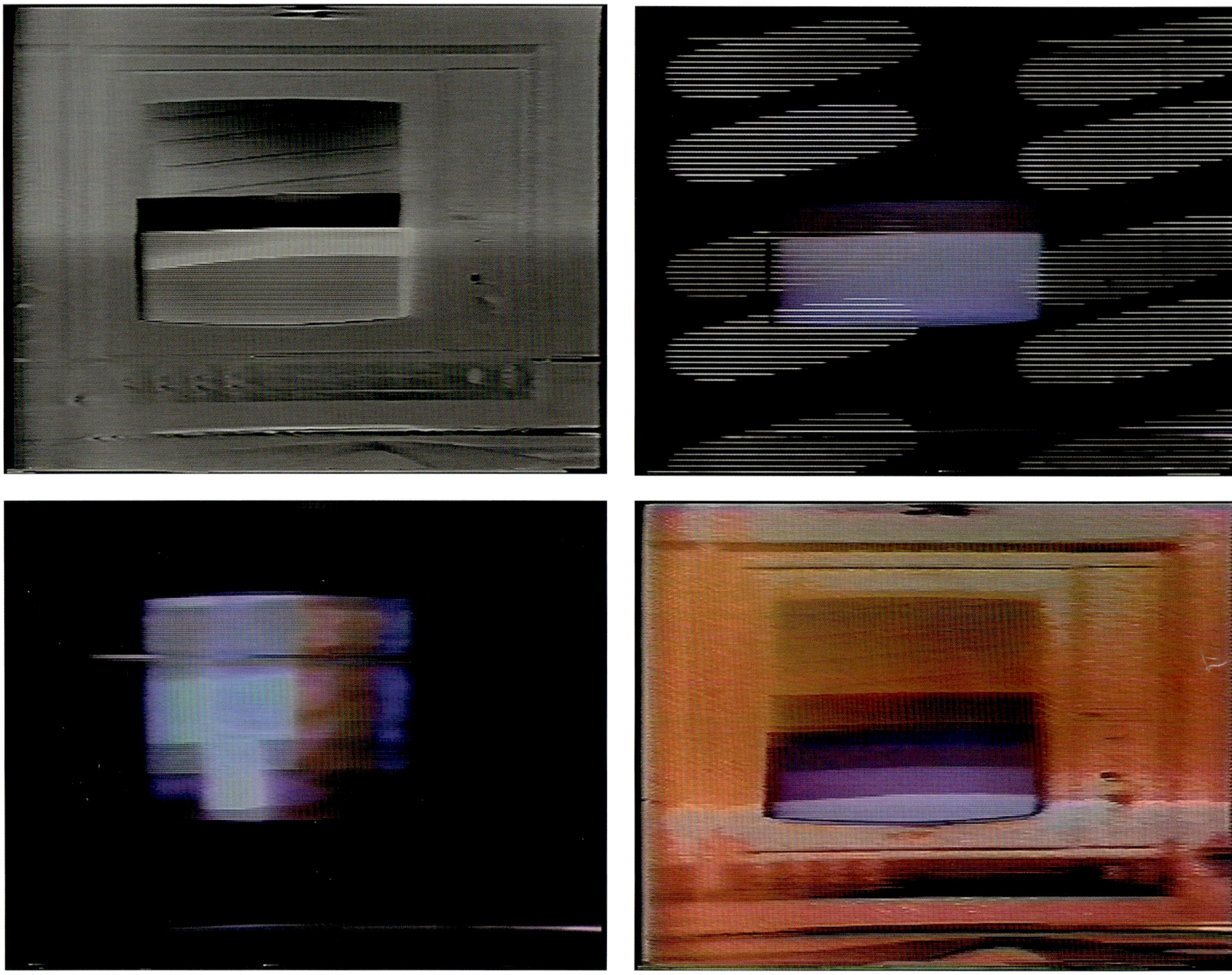

ABB. 12–15
Bill Viola, «Information», 1973,
29 min 35 sec, Farbe, Ton (mono),
Courtesy of the artist

FIGS. 12–15
Bill Viola, 'Information', 1973,
29 min 35 sec, colour, sound
(mono), Courtesy of the artist

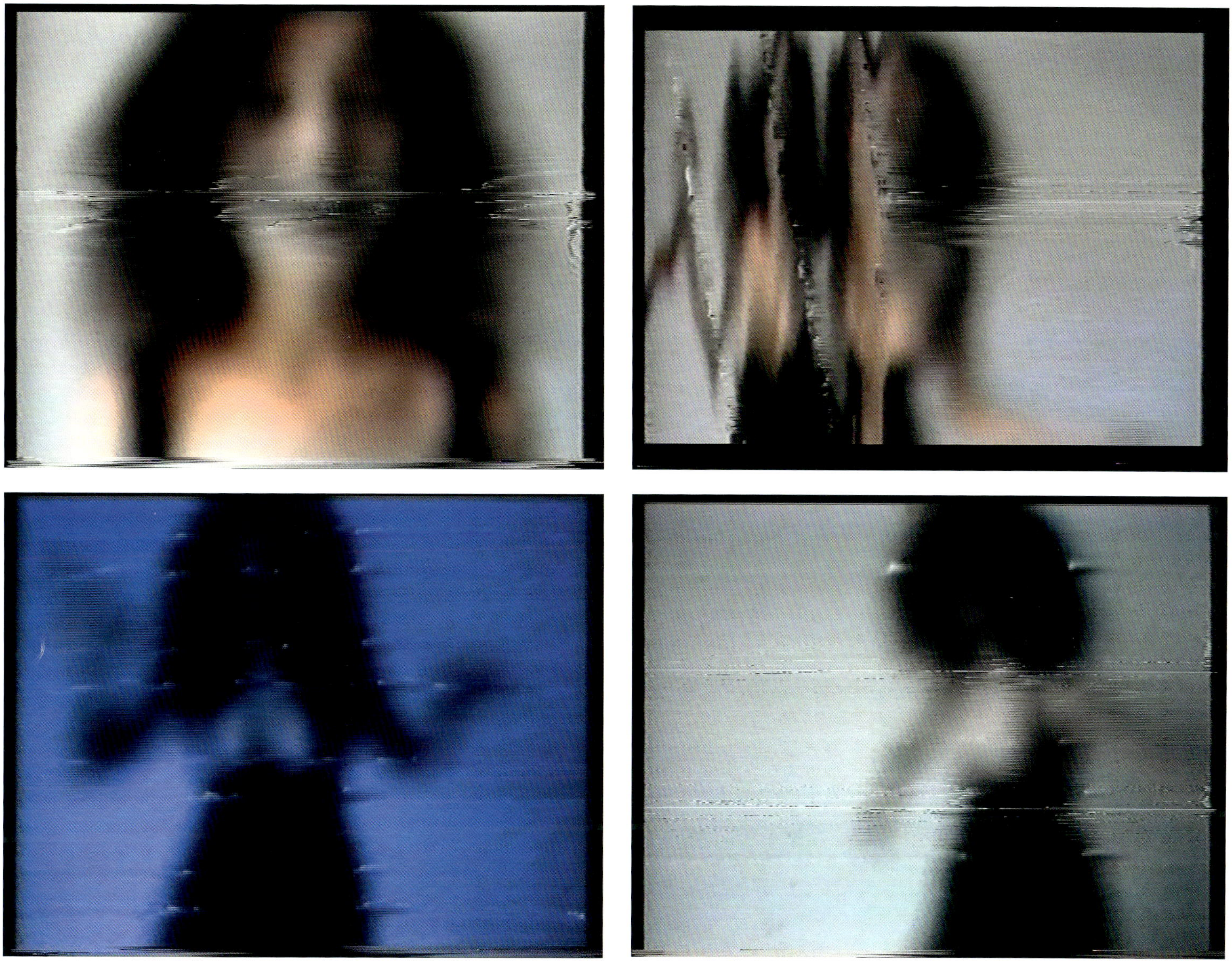

ABB. 16–19
Pipilotti Rist, «I'm Not The Girl Who Misses Much», 1986, 5 min, Farbe, Ton, Courtesy of the artist und Hauser & Wirth

FIGS. 16–19
Pipilotti Rist, 'I'm Not The Girl Who Misses Much', 1986, 5 min, colour, sound, Courtesy of the artist and Hauser & Wirth

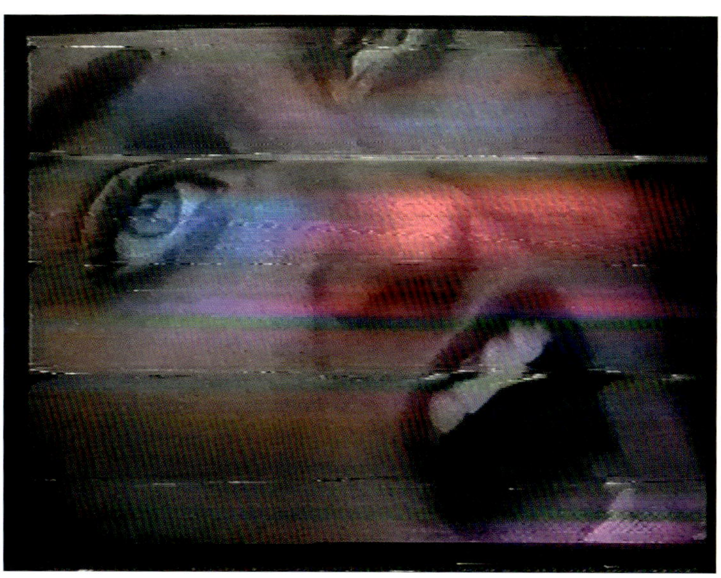

ABB. 20
Pipilotti Rist, «(Entlastungen) Pipilottis Fehler», 1988, 12 min, Farbe, Ton, Courtesy of the artist und Hauser & Wirth

FIGS. 20
Pipilotti Rist, '(Entlastungen) Pipilottis Fehler' [(Absolutions) Pipilotti's Mistakes], 1988, 12 min, colour, sound, Courtesy of the artist and Hauser & Wirth

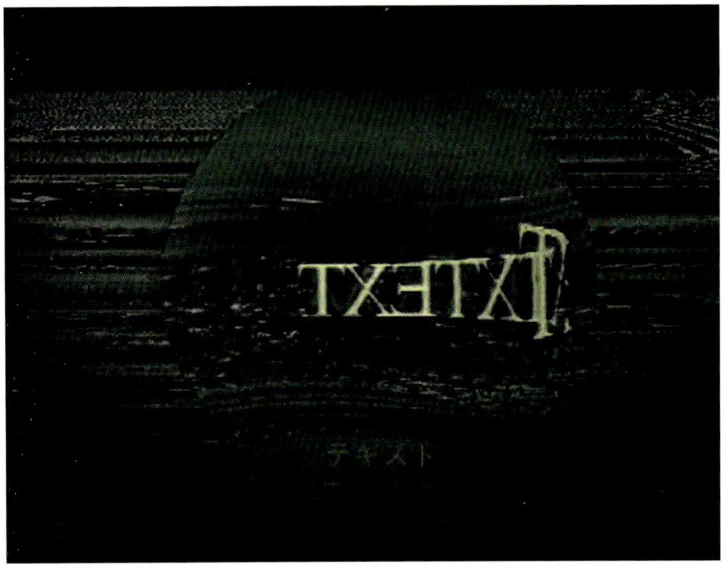

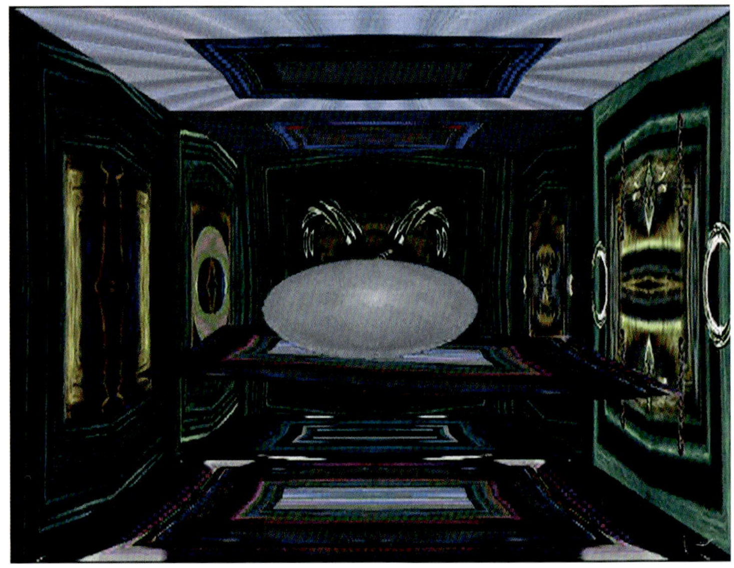

ABB. 21–22
David Larcher, «VideØvoid: The Trailer», 1993, 32 min 16 sec, Farbe, Ton, Courtesy of the artist

FIGS. 21–22
David Larcher, 'VideØvoid: The Trailer', 1993, 32 min 16 sec, colour, sound, Courtesy of the artist

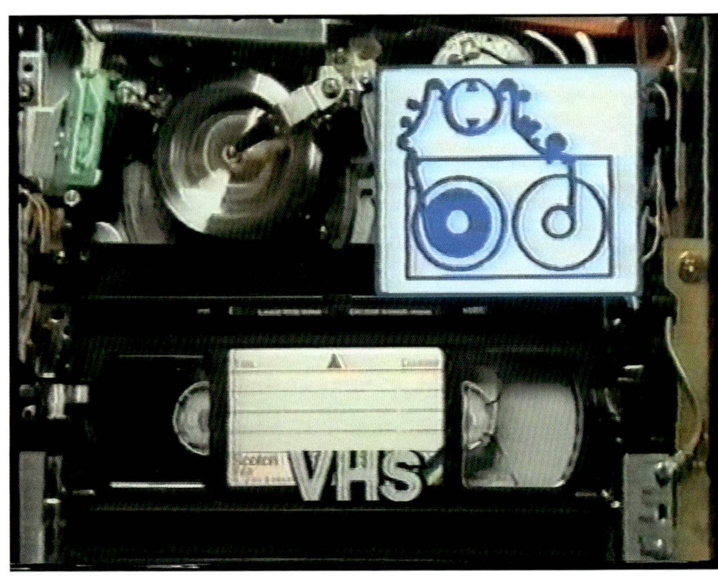

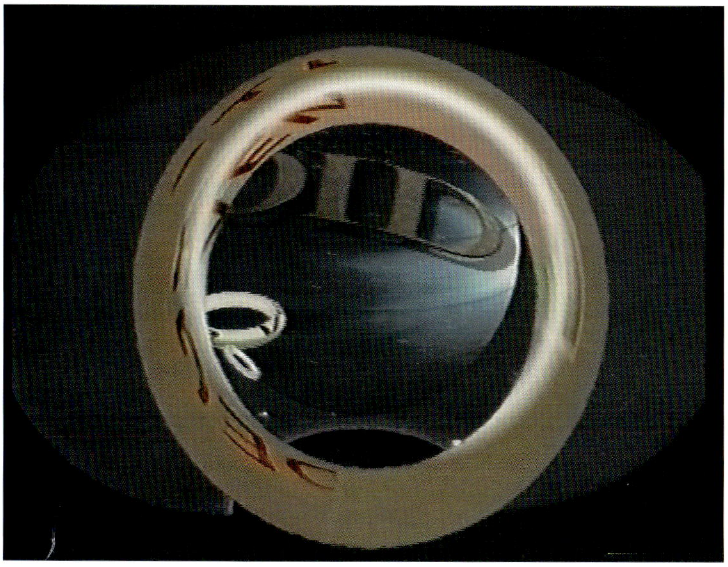

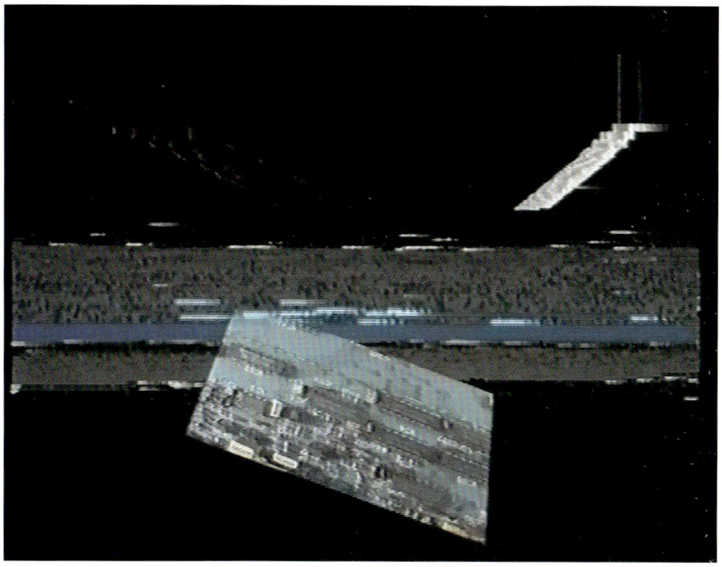

ABB. 23–24
David Larcher, «VideØvoid: Text», 1994–1996, 35 min 24 sec, Farbe, Ton, Courtesy of the artist

FIGS. 23–24
David Larcher, 'VideØvoid: Text', 1994–1996, 35 min 24 sec, colour, sound, Courtesy of the artist

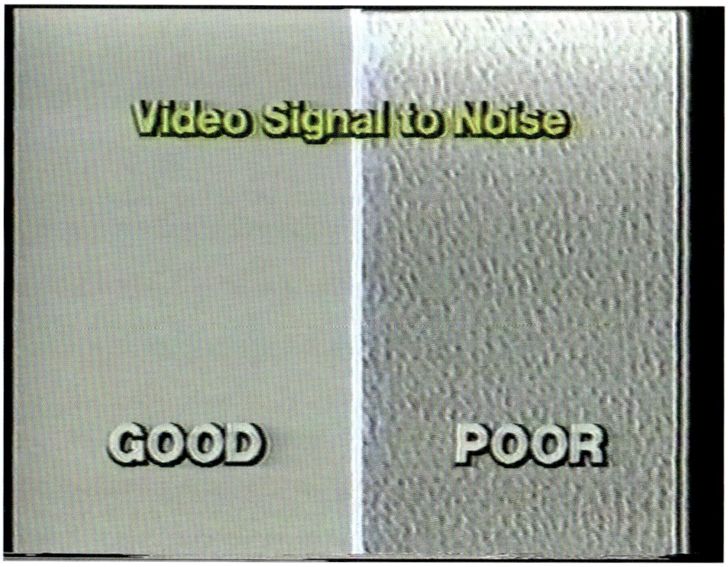

ABB. 25–26
Mika Taanila, Kiila, «Verbranntes Land», 2002, 6 min 30 sec, Farbe, Ton, Courtesy of the artist

FIGS. 25–26
Mika Taanila, Kiila, 'Verbranntes Land', 2002, 6 min 30 sec, colour, sound, Courtesy of the artist

THE ARTISTIC USE OF ANALOGUE IMAGE ERRORS

Irene Schubiger

A creative resource; a symptom full of highly-charged content; an inspiration for new worlds of imagery

Visitors to exhibitions or festivals who take an interest in video art – who have the dedication and patience to park themselves in front of banks of flickering monitors, or explore video installations – will be familiar with those unexpected moments when recordings suddenly unravel into a series of images rolling down the screen, or vanish beneath bands of interference of the most extraordinarily varied kinds. These phenomena, generally referred to as 'image errors', take many different forms and have many different causes. In this publication they have been classified as **device errors**, **tape errors**, **operator errors** and **production errors**. But in this paper, we are not concerned with the technical definitions of undesirable errors; instead, we focus on the intentional use of image errors by artists in their work – errors that are either deliberately engineered by sophisticated manipulation, or 'discovered' by accident and retained on purpose.

For historical reasons, the sheer diversity of analogue image errors used in artistic works reached its zenith in the 1970s – a fact we shall explore with the help of selected examples. The artistic works in question are all on videotape, created in whole or in part by faults deliberately induced at various stages in the video recording process – perhaps in the camera, or in video recorders or other devices or connections within the circuit, or perhaps in the closed environment of the monitor itself. Our exploration will focus in particular on works which were not produced using image generators, video mixers or custom-built synthesizers, although the effects of the latter are often very similar to analogue image errors.[1] Nor will we review what is often referred to as the 'low-budget aesthetic',[2] which played a significant role in the early days of video art and indeed at later periods.

As a rule, the public perceives image errors as disruptions of the continuum that encapsulates the visual presentation. This provokes a degree of uncertainty, causing viewers to wonder whether the faults and errors – difficult to grasp as they are, with their peculiar impact on eye and ear – do or do not form part of the work? When viewing electronic works, audiences expect the technology to be more or less invisible, unobtrusive – all the complex apparatus of monitors, projectors, controllers, amplifiers, speakers, cables and so on plays a purely supportive role, neither impinging on nor distracting from the presentation, and most certainly not disrupting it. When exhibitions tackle the subject of (image) errors directly, expectations are somewhat different: in 1997 an exhibition entitled 'Zonen der Ver-Störung' *[Zones of Disturbance]* was organised in Graz.[3] But while it included a high proportion of electronic art, it focused primarily on mental and political disturbance. In 2003, the 'Bildstörung' *[Image Error]* exhibition in Baden-Baden displayed, among other things, electronic works featuring image errors used for artistic effect. However, a revealing remark by the exhibition organisers, that 'in the process, images which are not merely provocative but even "beautiful" emerge, an outcome that may surprise many viewers',[4] indicates the marginal – indeed, precarious – status of the aesthetic being addressed. The key role played by machinery, conventionally perceived as disruptive, highlights the ambivalent relationship between fine art and technology – an ambivalence that has its roots in the theory and history of artistic reception that characterise the Western artistic tradition. Even the modern art theory of the 1960s inherited a significant proportion of these preconceptions.[5] The fact that video technology was initially developed for television and other commercial or military applications further hampered the evolution of nascent video art, posing a fundamental challenge to its theoretical uptake and public acceptance. In the early years in particular, rather than conceal the technology they were using, video artists explored it experimentally, often assigning it a complex, co-starring role. Reactions ranged from total disinterest to vehement polemical criticism. Typical of the latter reaction is the 1976 essay by Rosalind Krauss: 'Video: The Aesthetics of Narcissism', an essay that – due to the lack of a broad-based theory of video art – served as a major reference work until well into the 1990s. Krauss describes the works she reviews and indeed, the actual medium itself, as – one and all – narcissistic.[6] Since then, more than thirty years of video art have accumulated, together with a breadth of exhibited and published electronic artwork that is gaining parity with other creative media. Despite this, there has been a consistent failure to appreciate the extent to which engineering and technology are an inseparable part of the disciplines involved, or to develop suitable methodological principles for articulating the underlying concepts and the corresponding dimensions of sound and time – let alone undertake the historical integration of video art with other creative work.

It is clear that sequences of flickering or rolling imagery, **picture noise** and wavy, distorted visual elements on monitors and projection screens all disrupt the presentation experience for viewers and have an even more potent impact on their receptiveness. This is because these errors (or disruptions) occur in the context of an event which – as a consequence of its content, timing, technical/technological dynamics and associated installation-related elements – already presents a major challenge to the viewer's powers of perception. Often the room or space in which the projected recordings are shown is darkened, filled with noise or sounds, or equipped with additional installation apparatus. These factors, combined with the beam of light from the projector, guide and at the same time constrain the audience's movements. As components in a presentation, monitors emit sounds and cathode-ray light – thus do not simply reflect ambient light, but add to it. At the same time, an enormous amount is happening on the monitors or projection screens – highly-charged sequences that may or may not correspond to reality, that may present a narrative or represent something entirely abstract and non-symbolic. Many of these sequences are post-processed to include additional effects, which combine with the spatial, tangibly physical and acoustic elements in the installation to form a complex, sensually immersive environment.

And then the audience's cognitive and perceptual faculties, already overloaded by all these factors, are placed under further strain by image errors, with their own timing and their own technically and physically generated visual impact. For the irritated, over-stimulated viewers, the question of whether the errors are the result of technical faults during the recording process or presentation, or simply reflect symptoms of ageing or wear and tear in the materials used, or consist of errors and disruptions that were deliberately generated by the artist and intentionally incorporated into the work, is initially irrelevant. Persistence of vision means the human eye cannot perceive every detail of the events on the monitor or projection screens. It is only partially capable of registering the ceaselessly moving succession of vastly varied individual elements and consistently assessing their relative significance within the work as a whole. There is no doubt, however, that the error-driven events on the screens exert a powerful fascination that almost all viewers find genuinely magnetic.

The 1970s and what came before

Early television criticism: disrupting the electronic organism and conventional broadcasts

Artists first started to explore the small-screen aesthetic and the political implications of television as a one-way medium in the late 1950s.[7] Video art as such first came into being some ten years later. Although television and video technology are largely based on the same technical premises, it was only possible for video art to evolve once the first portable video appliances came onto the market – so in the late 1960s in the USA, and not until the early 1970s in Europe.

As an expression of the critical exploration of television by a wide variety of artists, the artistic use of image errors on videotape has some important forerunners and inspirations. During the 1950s, artists such as John Cage, George Brecht, Guy Debord and Lucio Fontana all took a strong interest in television, either in writing or in sketches. In the early 1960s other artists like César, Tom Wesselmann, Günther Uecker and Karl Gerstner used a wide variety of artistic processes to transform television sets into art objects.[8] Two prominent exponents of this early preoccupation with television sets as objects became interested in the aesthetics of the televised image and the manipulative potential of broadcast programmes. They generated image errors by interfering with the electronic innards of television sets, orchestrated defects and technical disruptions, and celebrated the physical destruction of the apparatus in spectacular public acts.

In projects by German artist Wolf Vostell (1932–1998), his long-term fascination with the deliberate disruption of television pictures becomes apparent from 1958 onwards.[9] Image errors start to play a significant role in Happenings, TV objects, films and – in the late 1960s – on videotape. Vostell's over-arching concept of 'Dé-coll/age',[10] into which some of these works were subsumed, dates back to his work with torn posters in the 1950s, and describes the aggressive act of ripping, smearing or destroying existing visual structures, whether they consist of billboards, periodicals or television pictures. In the late 1950s the artist Nam June Paik (1932–2006), a contemporary of Vostell's born in South Korea, also started to explore television as a mass medium and experimented with the deliberate disruption of televised images.[11] During this period he composed electronic music and, from 1962, began to experiment intensively with television sets. In 1963 – prior to Vostell – Paik showed previously prepared television sets at the legendary Wuppertal exhibition 'Exposition of Music – Electronic Television'. Each set had been manipulated in a specific way, so that the on-screen television pictures were more or less distorted or disrupted. One set displayed just a single line – 'Zen for TV' – while two others displayed a dot that danced about in response to an **audio signal**. 'Vertical Roll' also featured, caused by a deliberately incorrect **vertical hold** setting.[12] During the first half of the 1960s, one of the important image-error effects produced by both Vostell and Paik was generated by using an external magnetic field to deflect the horizontal lines that compose a television picture. The effect was used by Vostell in 'TV für Millionen' *[TV for Millions]* (1959/1967),[13] and Paik's work 'Demagnetizer (or Life Ring)', shown at the 'Electronic Art' exhibition of 1965, also involved disrupting the picture on a live television set by placing a circular electromagnet directly onto the glass front of the tube. In the same year, Paik went on to use this effect in 'Magnet TV': once again the object of the work is a television set, not (yet) a videotape.[14] In 1973, the curvilinear distortions of television recordings of Richard Nixon, produced by means of a demagnetiser and featured in Paik's 'Global Groove' (fig. 1), make it clear that the effect of this image error – by now used with consummate skill – still has a media-critical, political component.[15] Paik's work effectively stands as a paradigm for the internationally significant theme of media criticism that characterised the early video art of the 1970s. The same theme also plays a key role in early Austrian video art created by VALIE EXPORT, Richard Kriesche and Peter Weibel. In his earliest videotapes, Weibel (born 1944) was already using image errors to highlight the passively receptive function of television viewers. However, in his short videotape 'The Endless Sandwich'[16] (figs. 2, 3) – a very early work produced in 1969 – he does not actually interfere with the electronic circuitry. In line with his ironically critical approach, he introduces us to a man sitting in an armchair, who is shocked out of his passive stance and forced to act by image errors. The large screen in front of which the man is sitting shows a series of five pictures-in-pictures – each level nested, as it were, within the previous level. Each picture displays an identical view of the same man sitting in front of the same television screen in the same surroundings. The first image error appears on the picture that is furthest away from us, so in terms of perspective, on the smallest of the nested television screens; hence it is hardly visible. The man on that level, who has been sitting (as have all the men) with his head supported on one hand, stands up – slapping his knee in mild irritation – and attempts to correct the error by adjusting the set. This limited series of actions is then repeated on the next level – i. e. one level closer to us, the actual audience. Each time, they follow the same pattern: first, the picture distorts diagonally to the left, then the **horizontal synchronisation** fails completely, causing the picture to break up into a series of horizontal stripes stretching across the whole width of the screen. The succession of stripes moves more and more quickly, at sometimes irregular intervals.[17] Weibel's commentary on television as a one-way medium is terse: the image error with its raw dynamic hinders our viewing enjoyment as purely passive televisual consumers, obliging us to take action – if only so we can watch television again unhindered.

Disruption as a means of artistic ownership and experimental creativity

Television and video aesthetics as a challenge to traditional techniques and genres

Swiss artist Jean Otth (born in 1940), who created the ten-part group of works 'TV-perturbations', also started by criticising television, but deliberately combined his criticism with traditional artistic subjects. In an eponymous essay published in 1972, the artist – who trained as an art historian and had hitherto worked as a painter and illustrator – described his fascination with the texture of television pictures.[18] The title alone – 'TV-perturbations' – indicates that the work is about televisual disruptions, whether caused by errors in the television set itself or by errors based on and generated by television and its underlying technology, i.e. image errors created deliberately. The purpose is to break up the prevailing televisual aesthetic by means of distinctly unconventional manipulation of the video equipment, reflecting on the banality of the entertainment medium in a critical way and thereby enhancing both television and (video) art. To achieve this, Otth worked closely together with engineer Serge Marendaz, who experimented with the technical manipulations required to generate the various image errors and then carried them out as agreed with the artist. Over a period of just sixteen months they jointly produced three installations and seven videotapes.[19] Otth sought to use the aesthetic of television to cast new light on a number of traditional artistic themes, including the portrait and self-portrait in 'Le grand autoportrait' and 'Autoportrait I',[20] the nude female model in 'La pose', *chiaroscuro* and certain Impressionist techniques in 'Rembrandt et les impressionnistes', and architectural blueprints in 'La Bourse de Bordeaux'.

In his 1972 videotape entitled 'Hommage à Mondrian'[21] Otth uses image errors to combine the aesthetic of television – or rather, video – with artistic tradition in a startlingly direct manner (figs. 4–7). In his studio, Otth placed the reproduction of a painting by Piet Mondrian[22] on an easel and positioned the video camera in such a way that the image is precisely framed by the four edges of the monitor, with no optical distortions. Mondrian's painting, which is characterised by strong contrasts and interrelationships between a white background, black oblongs and coloured areas arranged at precise right angles to each other, was probably chosen by Otth because the stringent composition focuses on vertical and horizontal arrangements rather than volume and three-dimensional depth. In addition, there is a certain formal similarity between the linear structures produced by a cathode-ray tube and Mondrian's composition. As they prepared for the production,[23] Otth and Marendaz gradually built up a repertoire of image errors. But it proved impossible to apply each effect individually and then combine the output retrospectively: the entire sequence of manipulations had to be performed in a single pass, in a given order. Each interference frequency was noted down, together with its effects, and finally they made the attempt to arrange all the interference frequencies along a timeline and configure them 'live'. Because the entire signal is disrupted – including both **horizontal** and **vertical sync pulses** – no monitor plays it back in exactly the same way as another monitor. Although the Mondrian reproduction has almost exactly the same 4:3 proportions as a monitor or television screen,[24] Otth – astonishingly – made no attempt to replicate the entire painting on-screen. Instead he chose just one section of the work, avoiding the temptation to turn one of the vertical black lines into a central axis. He further emphasized the two-dimensional effect by displaying the reproduction in black and white.[25]

Otth describes his work as both a formal transformation and at the same time a re-production of the Mondrian painting, which is why the tape should be understood as a homage to the earlier artist.[26] He is fully aware of his own ambivalence towards the experimental exploration of the medium using image errors; aware also of a certain anxiety that the formal methodology thus generated might develop a life and dynamic independence of its own: 'The disturbance process gave me great, formal satisfaction; the disrupted televised space possessed an incredible formal richness in addition to an expressive capacity for geometric abstraction. On the other hand, it gave rise to a sterile aesthetic, dominated by a decorative function that lacked any real motive. My other works and preoccupations forced me to consider this research as a means and not as an end in itself.'[27]

In this videotape, Otth used image errors to confront Mondrian's influential programmatic painting with the medium-specific properties that characterise television and video pictures. Thus the motionless, classically styled, two-dimensional composition of the painting is deliberately unbalanced and transformed by the crude, unsettled aesthetic embodied in the ceaseless motion of the electronic disruptions. Otth and Marendaz used a wide variety of disruptive phenomena, moving from top to bottom of the screen, causing the entire recording to vibrate in different ways, distorting all the lines to form sinusoidal or saw-tooth shapes – but one in particular recurs like a *leitmotif*. This particular interference frequency gradually causes the vertical black lines in Mondrian's picture to waver as if they are being viewed through water, or are in the process of melting. The entire composition is transformed into a curving, constantly moving landscape apparently situated in the depths of the monitor, composed of linear shapes and distorted dark patches. The effect – which, even though it alternates with many other effects, is almost always present and pre-eminent for the entire duration of the tape – is also the only effect that evokes something figurative. Thus Otth's transformation of the painting also represents a particular artistic agenda: to figuratively subvert one of Mondrian's works in this way means rejecting his rigorous, minimalist aesthetic and its implications, or at the very least declaring them outdated. After all, Mondrian does not merely represent the genesis of non-representational painting in the first decades of the 20th century; he also influenced the subsequent formal movement towards abstract painting. In the 1950s and 1960s, his work exerted a significant influence on the evolution of colour field painting and minimal art, which in the early 1970s claimed something like aesthetic primacy over the then-emerging genres of performance art, body art, *arte povera*, and indeed video art.

Equipment – Space – Body, Subject / Object

Like Paik, Vostell, the above-mentioned Austrian artists and Otth, American artist Joan Jonas (born 1936) belonged to the first generation of video artists. Following on from her dance training and pioneering activity in the performance art movement of the 1960s,[28] she – along with other artists such as Vito Acconci, Douglas Davis and Charlemagne Palestine – was an early exponent of the central significance of the body and the destabilising new subject/object relationship in the media-critical reflections of that period. In her videotape 'Left Side Right Side' (1972), she explores the complex spatial relationships between images on a monitor, images in a mirror and the human body, as well as their consequences for the artist as subject interacting with the various pieces of equipment. In her tape 'Vertical Roll' (1972),[29] which is given the same name as the eponymous fault caused by device or operator error, Jonas portrays the image error as a technology-driven extension of visual and physical space by combining it with her staging and performance (figs. 8, 9). Using a regular succession of video pictures rolling steadily from top to bottom of the screen, separated from each other by the black bar that represents the **vertical blanking interval**,[30] which – accompanied by a loud percussive sound – structures and dominates the entire tape, Jonas constructs a genuinely exciting composition. The performance consists of a rhythmically tapping spoon, two hands that only *seem* to be clapping together, and the artist herself, posing in different positions or leaping into the air. But spoons, hands and body are constantly sliding out of our view, foiling our attempts – as viewers – to establish relationships between space, motion and body. The movements of the images as they roll down the screen only to instantly re-appear at the top, as well as the movements of the objects and the artist's body, all happen so quickly that the human eye is unable to separate them or follow their opposing directions and varied spatial orientation: the ensemble that appears on the monitor screen – but in reality is not an ensemble at all – is composed of bodies and spaces that are only visible, and thus made real, for fractions of a second. The conclusion of the tape, with the unexpected appearance of the artist herself in front of the vertically rolling images, gazing straight into the camera, makes it clear to the viewer that the supposed (spatial) situation has at least one additional layer of complexity. The monitor layer and the performance layer – that is to say, the activity as conveyed by the medium and the reality of the performance space – are actually separate. In addition, the viewer becomes aware that yet another, completely autonomous space is involved – the audience space.

Technical-aesthetic explorations of equipment

American video artist Bill Viola (born 1951) belongs to a younger generation of artists who encountered video technology while still at art school. Unlike the artists mentioned earlier, he did not integrate the new medium into his existing work with other media. In videotapes produced in part while he was still at school, he took ownership of the new medium by exploring components of the video setup (camera, monitor, video recorder) in isolation. He probably wanted – and this applies to other artists who took a similar approach during this early phase in the development of video art – to discover the artistic potential of each of these elements for his future work. These early experiments right at the start of his long, influential career as a video artist developed into a systematic exploration of the technical and aesthetic tools and opportunities available in video.[31] A specific feature of his work is the use of technology in a way that contravenes logic and/or its intended use. In 'Composition "D"' (1973), Viola starts by showing a young man (himself) moving towards and then past the camera. The same sequence is then shown again, twice, but progressively slower each time. At the end of the tape it is shown once more, this time broken down into individual frames.[32] As from the second sequence, the picture quality starts to deteriorate due to the intervening duplication process and the zones of interference caused by the slow-motion playback, and the recordings flicker.[33] In this piece, one of the elementary technical prerequisites for successfully recording and playing back any kind of continuous process on video (due to the physiology of human visual perception), is both presented as a paradigm – videos must be filmed at 25 frames per second[34] – and at the same time broken down so that its time-based structure is exposed. In 'Vidicon *Burns*' (1973)[35] Viola explores another factor that is as fundamental to video technology as it is to human sight: the filming and reproduction of colours using a Vidicon camera and monitor. Using films of a young man (this time not Viola himself), he demonstrates how the system of optical lenses and image pickup tubes in a camera separates incoming light into the three additive primary colours red, green and blue (RGB) in order to convert them into electrical signals. Normally the camera operator ensures that the three colours overlap precisely, but in Viola's work they are deliberately offset by the widest possible margin. Thus the figure of the young man is split up into a red, a green and a blue silhouette, and the contours of the silhouettes overlay each other to form colourful zones. By entitling his work 'Vidicon *Burns*', Viola is also tacitly acknowledging another peculiarity of image pickup tubes: depending on how long a camera stays focused on a single scene, and on the intensity of the ambient light, the scene may be burned into the tube as a shadowy image (after-image) reminiscent of sun-dazzle on the human retina. This is especially true of the type of Vidicon camera he was using. But in this tape, Viola is showing the way the colour layers fit together, not the burn-in effect. So the title of the work is primarily a play on words: while making this tape, the artist collaborated with a man named Bob Burns.[36]

During the 1970s, other experimenters like British artist David Hall (born 1937) and American artist Mary Lucier (born 1944)[37] created works of art using the after-image effect. In 'Vidicon Inscriptions' (1974),[38] Hall combined three separate sequences to form a single composition, which presents the aesthetic potential of the effects of strong light on an image pickup tube in several stages. In the first and third parts of the tape, Hall aims the video camera at a mirror, which he uses to record his own activity. At brief intervals, he moves from the right-hand side of the monitor to the left-hand side. Each time he changes position from one side to the other, the immediately preceding sequence – consisting of the seated artist peering through the viewfinder of the camera – remains on the screen as a shadowy after-image. The resulting shapes build up, overlap and merge, visibly losing luminosity in the process until they gradually fade out altogether. In the middle portion of the tape, Hall uses a torch to 'draw' linear shapes on the monitor screen; as in the first and third sections, the overlapping contours of the light trails gradually fade away until they are almost invisible (figs. 10, 11). The 'after-images' – or rather, 'Vidicon Inscriptions', as Hall calls them – give depth to the dark monitor screen, transforming it from a two-dimensional surface into what the viewer perceives as a space filled with suggestive shapes: the cathode-ray tube's ability to 'remember' unexpectedly enhances the audience's sensitivity to perceptions.

Viola also discovered a class of image error that has a substantially more aggressive audiovisual manifestation. The discovery was the result of a simple mistake: a studio video recorder was wired up incorrectly, with its output connected to its own input. Viola deliberately used the resulting disruptive phenomena in his work, and in his tape entitled 'Information' (1973), produced a composition from a series of constantly mutating image errors (figs. 12–15). The piece lasted just under 30 minutes and could almost be described as rhythmic. Subsequently Viola described the work thus: '"Information" is the manifestation of an aberrant electronic nonsignal passing through the video switcher in a normal color TV studio, and being retrieved at various points along its path. The resulting electronic perturbations affected everything else in the studio. After this error was discovered and traced back, it became possible to sit at the switcher as if it were a musical instrument and learn to "play" this nonsignal.'[39]

These lines document Viola's attempt to develop an experimental procedure based on the 'electronic perturbations' he had discovered. By referring to the **vision mixer** (video switcher) as if it was a musical instrument, and the effects of the 'nonsignal' as the instrument's sounds, he is thinking in auditory terms. Later, he wrote that sound acquired a vital significance for the development of his creative works by acting as a model for what he describes as 'field perception'.[40] So it is scarcely surprising that the introductory sequence in 'Information' shows a recording of a man performing in front of an audience, overlaid by a magnified recording of an oscilloscope screen. The oscilloscope's scanning **electron beam** responds instantly to the man's voice and the audience's laughter, so that the viewer's attention is systematically focused on the soundtrack. More than any of Viola's previously mentioned tapes, 'Information' shows an artist who is broadening his investigation of the aesthetic specific to this medium by carrying out in-depth, experimental tests of the effects of manipulation – effects which, although viewed as faults by engineers, are regarded by Viola himself as an inherent part of the video aesthetic he is exploring and boisterously celebrated as such. Viola – who was just 22 in 1973 – also included sly digs at television in his work, even though he had grown up with the medium: the introductory sequence mentioned above transitions seamlessly to the basic arrangement that characterises the remaining length of the tape. Two layers of imagery – one consisting of a recording of a television set with a small glass screen and a vertical control panel, overlaid by a second that occupies the entire **picture area** – are superimposed on each other. This fact alone represents a 'perturbation'. Both layers display constantly changing, variously-shaped image errors – many in fresh, garish colours – in breathtakingly swift and stressfully varied succession, coupled with a suitably vast repertoire of electronic sounds. Ranging from a penetrating signal tone to crude roaring noises, the sounds also include a wide variety of clattering and crashing effects, as well as whistling and hissing noises. The single counterpoint to this medley of disruptive visual and aural effects – which are emphatically unrefined and often piercing and aggressive – is a black-and-white television test screen that is widely used in the USA. The test screen interrupts the 'performance' of the image errors a total of five times in just under 30 minutes. It represents a contrast with ironic overtones, suggesting that while television, preoccupied by technical optimisation, prefers to interrupt an error-prone broadcast, the very same technology is being used – just next door, as it were – to create an entirely new kind of aesthetic.

The 1980s: skilful manipulation of the medium

If the 1970s were characterised by a respectable number of artists and artistic works exploring the use of image errors for creative purposes, the 1980s represented a complete *volte-face*: only a few individuals still used image errors as creative tools in their own right. Experimental exploration and appropriation of the aesthetic associated with the medium were superseded by the confident and highly skilful use of video technology in the widest sense. Furthermore, as the 1970s drew to a close, artists' collectives started to form in countries where many of the artists who were working extensively with video in the early part of the 1970s had been living.[41] Together, they were able to purchase semi-professional or professional video equipment that significantly enhanced the technical proficiency of their productions. During this period, the primary aim was to use video to create artistic content that was as convincing as possible – taking the technical tools for granted rather than, as previously, using them as objects for experimentation in their own right. Increasingly, artists focused their attention on a wide variety of other subjects.

Even so, depending on the artistic or political proclivities of the artists concerned, plenty of works that were critical of television appeared during the 1980s. But in the meantime, television had also evolved – indeed, had become an accepted, readily acknowledged medium that was also used for artistic purposes. Video artists started to regard it as a rich source of imagery, and increasingly used broadcast sequences as 'found footage' in their videotapes. More and more, the underlying intention was narrative, rather than critical of television as such. Indeed, for many video artists, commercial considerations were no longer considered taboo; as demonstrated – for example – by the booming market in video clips that flourished from the mid-1980s.

Image errors as the bridge between technology and the mind

Video art already had a solid 20-year history by the time Swiss artist Pipilotti Rist (born 1962) graduated from the Basel School of Design in 1988, with a diploma in the country's first course of study to focus exclusively on video as a medium.[42] Alongside well-known proponents of the medium such as American artists Bill Viola and Gary Hill (both born in 1951) or Dara Birnbaum and Mary Lucier (both born in 1946) and German artist Ulrike Rosenbach (born 1943), a second, younger generation was now entering the scene – and this generation used video as their principal or only creative medium. Furthermore, from the mid-1980s onwards, the medium was becoming increasingly well-established in art exhibitions at institutions large and small. Precisely the fact that video art already had an interesting history, combined with the emerging presence of the medium on the art scene, at exhibitions and on the curricula of educational establishments, almost certainly encouraged renewed artistic experimentation with image errors. The Basel course completed by Rist concentrated from the outset on examining – among other things – the medium's historical dimension, both analytically and critically.[43] The intention was to subvert the excessively smooth, technically perfect video aesthetic that had evolved in the course of the 1980s. Hence it is not surprising that while Rist was still studying at Basel, she produced two videotapes in which image errors feature prominently. The aesthetic expressed in these early tapes, and the dominant, self-portraying presence of Rist as the main protagonist, continued to characterise her work throughout the 1990s and beyond. From the start, her work was internationally acclaimed and widely recognised, and subsequently influenced several generations of young video artists. 'I'm Not The Girl Who Misses Much', produced in 1986,[44] took its title from a (slightly modified) line in the Beatles song 'Happiness Is A Warm Gun', composed by John Lennon,[45] hence cannot be conclusively described as self-referential. By contrast '(Entlastungen) Pipilottis Fehler' *[(Absolutions) Pipilotti's mistakes]*, created in 1988,[46] can also be understood as a reference to Rist's use of image errors: the term 'mistakes' (which also translates as 'faults' or 'errors') refers both to the content of the lines declaimed by the artist and the songs she sings, and also to the image errors on the videotape. In both of these early videotapes, Rist suggests parallels between the image errors and her own inner processes – indeed, actively suggests that the former should be perceived as symptomatic of the latter. She describes this relationship as follows: 'In my experiments with the medium of video, I was forced to acknowledge how strikingly these random, apparently disrupted images resembled those in my subconscious... I discover my subconscious made actual in the subconscious of the machine.'[7] Effectively, the image errors simultaneously become both the means of creative expression and a central element in the content. The audiovisual presentation and inherent meaning of the action merge and become one – even at the level of the image errors themselves, irrespective of their origins in technical issues. Rist picked up this concept – which has its roots in the TV-critical art of the 1960s and early video art – and in the process transformed it from a technological, machine-focused phenomenon used primarily as a formal creative device into an element charged with meaning that creates a link between the technical apparatus and the human sensorium.

'I'm Not The Girl Who Misses Much' (figs. 16–19) is a refined composition consisting of video recordings of the artist modulated in a wide variety of ways by image errors and sequences of sounds, many of which have also been manipulated. After the opening credits, the horizontal stripes of interference that characterise video recorders in 'Search' mode[48] begin to roll from top to bottom of the screen, overlaying images of Rist's own face and body. As they touch parts of the body, they almost imperceptibly distort tiny portions of the contours, shifting them sideways as if pulling or tugging at them. One sequence that occurs in the middle of the tape illustrates a highly idiosyncratic editing process, involving the use of vertical scanning. In the sequence – which shows the artist dancing, although the images are deliberately blurred – one narrow vertical stripe is taken from each **field** (half-frame) in turn, and the alternating lines are then arranged side by side, starting from the left-hand edge of the screen. The scan represents a slice of time, and leaves behind a distorted image of Rist's movements in the form of a zigzag line – a strip of interference – running from top to bottom of the screen. Following this sequence, John Lennon's voice begins to sing 'She's not a girl who misses much…' and Rist starts dancing to it, this time overlaid by horizontal lines of interference. Individual dots and streaks from **dropouts** glitter at random points on the screen, resembling glamorous stage lights. Right at the end of this sequence, the whole picture is disrupted by interference for fractions of a second: almost too fast to see, large-scale moiré patterns flash up, then vanish, their alternating orange and royal blue stripes momentarily covering the entire screen.

Here, as in other parts of the tape, the image errors could represent uncontrollable, lightning-swift processes operating at subconscious or semi-conscious levels, as well as hinting – in the context of the tape as a whole – at another level: that of the recording medium itself. This latter impression is heightened by the ensuing black-and-white recordings, reminiscent of the output from a CCTV camera. At the end of the tape the line from the song is sung one last time, but breaks off in a throaty noise halfway between a laugh and a sob. Then, after a cut, white lines run across the dark screen for a brief period, accompanied by a noise like heavy doors slamming – the sound echoes repeatedly, then changes into a banging noise overlaid by a thin, high-pitched sound. The processes of the human psyche continue uninterrupted, as do the recordings of the screen monitoring process: the image errors are symptoms, reminding the relevant system of the inherent dynamism of the underlying (mental or mechanical) organism.

Produced two years later, in 1988, Pipilotti Rist's videotape '(Entlastungen) Pipilottis Fehler' *[(Absolutions) Pipilotti's mistakes]* (fig. 20) illustrates a distinctly different way of generating and exploiting image errors. Here, they are presented in the form of stills and the picture **editing** is tightly coordinated with the soundtrack – as a result, the image errors are easier to see, but at the same time appear strangely subdued, as if they have been robbed of their inherent temporal dynamism. Here there are no effects involving flashes of interference lasting just fractions of a second, or other aesthetically aggressive contrivances intended to overload the viewer's senses. Whereas only a few, very brief sequences in 'I'm Not The Girl Who Misses Much' are unaccompanied by image errors, the later work intersperses sequences characterised by image errors with longer sequences containing no image errors at all, at regular intervals. Furthermore Rist has sought to build close relationships between the rhythms on the soundtrack and the image errors on-screen: the sequence in which Rist begins her semi-chanted monologue with 'I see' *(= video!)* consists of a series of static images with selected but frozen snapshots of image errors, between which continuously reappear – also frozen – close-up snapshots of the artist's face. The soundtrack is musically simple, made up of repeated sequences of notes or songs – it is not drastically speeded up or slowed down for effect, in contrast to 'I'm Not The Girl Who Misses Much'. In taking this approach, Rist achieves a further degree of refinement and simplification, but at the same time eschews an effect-intensive creative approach. In places, Rist's monologue – delivered from off-screen – dominates both video recordings and soundtrack. In her monologue, she uses a poetic style that simultaneously conveys overt self-reference and ironical distance in order to reflect on her position in the social fabric, the latter's attitudes and expectations, and her own (apparent) deficits. In this work, the image errors are an element that still exerts a marked influence on the videotape, representing a connection with psychological processes. They also imply a critical stance towards electronic media – not video surveillance this time, but rather the aesthetic of television and associated consumerism – and yet Rist does not use her previous direct approach when confronting her audience with the aesthetic of disruption. She has disciplined its temporal dynamism and intervened more drastically – both creatively and visually – into its modes and forms of manifestation: a process that combines shaping and taming, hence suffuses the tape with this ambivalence, even at the level of self-portrayal.

The 1990s and afterwards: the aesthetic of analogue image errors as historical phenomenon

In the early 1990s, digital technology made huge advances in terms of the hardware and software (for e.g. image generation, processing, animation and editing) that artists could afford. These programs brought with them a new language of their own, involving shapes, effects palettes and timelines. In the process, the artistic use of analogue image errors took a new turn. Between the first experimental exploration of the aesthetic potential of image errors and the increasingly playful use of software that characterised the 1990s lies a gap of at least twenty years: the aesthetic of analogue image disruption became a historical phenomenon. The examples illustrated here, dating from the 1990s or later, are all digital productions. Even so, they are inspired by the appearance and dynamics of analogue image errors, and use the latter as their source material. By this time, the aesthetic of analogue image errors in all its various manifestations was taken for granted, and had become a general paradigm for the all-pervasive presence of the media. Furthermore – at a time in which digital technology was only just starting to displace its analogue forebears – there is already a perceptible hint of nostalgia in these productions: an attitude predicated on a certain distance from events, coupled with a dash of disenchantment with the present.

Playing with technology: looking forward to new worlds, looking back with nostalgia

In two long videotapes created by British film and video artist David Larcher (born 1942), the aesthetic of analogue image errors was combined – in the sense described above – with elements that, while visually similar, had been digitally generated and animated.
'VideØvoid – The Trailer', made in 1993,[49] is a complex composition consisting of the spoken word, fragments of text, sequences of generated imagery and individual exterior shots, all loosely exploring the theme of emptiness and vacuum (figs. 21, 22). It is backed by a soundtrack composed of many different kinds of electronically generated noise music, acting as aural reinforcement for the visual experience. Following an introductory sequence in which a man wearing headphones and holding an antenna is shown standing motionless before a night sky, Larcher introduces his audience to his computer-generated, computer-animated 2D/3D spatial aesthetic. It suggests a vision of zero-gravity planets, which Larcher uses to explore the concept of emptiness by way of textual citations from various practitioners of astronomy, physics and finally, Zen Buddhism. In the process he uses image errors creatively in such a way that their appearance, the evoked shapes of physical measurement and visualisation technologies, and the interventions of the researcher-protagonists, are all linked seamlessly together in a playful but flowing whole. His intention is to demonstrate that the physical and mathematical theories about space and vacuum quoted in the course of the work are entering the electronic age as a continually evolving research activity. Visually, he achieves this by incorporating motionless figures, equipment and instruments into animated three-dimensional, rotating and tilting effects that playfully reproduce the time continuum. Examined in more detail, the image errors he uses are caused by disruptions due to errors of manipulation, incorrect synchronisation between devices or video 'nonsignals'.[50] By applying to these errors or disruptions the famous statement by physicist Paul Dirac, 'Empty space is not really empty'[51] – which is repeated several times in the course of the video – Larcher demonstrates that they are by no means merely representative of nothing (i.e. the 'VideØvoid'), but on the contrary embody rich visual manifestations. Here the disruptive phenomena associated with video technology are interpreted as clear proof of the innate rightness of the physicist's – at first glance paradoxical – thesis, which is also a central tenet of Zen philosophy.
In 'VideØvoid – Text', the videotape he completed some three years later,[52] which in title, content and form refers back to 'VideØvoid – The Trailer', Larcher further developed analogue image errors as a creative *leitmotif* (figs. 23, 24). The composition's complex structure once again includes the spoken word, individual alphabetic characters, and fragments of words and phrases – the whole underscored by a sophisticated soundtrack. In long sequences at the beginning and end of the tape, Larcher introduces the audience to the aesthetic subtleties of image errors by incorporating zones that display dropouts and characteristic symptoms of **interference** such as moiré patterns on a dark screen, and by using recordings that have been divided up horizontally by bands of interference such that they seem to open up spaces in the depths of the monitor. In the intervening sequences he further develops these graduated, illusionistic spatial effects by incorporating them into fantastical spaces and surreal landscapes generated on computer and constructed from a multiplicity of effects involving colours, shapes and animation. These showcase-like scenarios, so overflowing with swift-changing, multitudinous shapes that the viewer can scarcely grasp them, represent an attempt – through this dynamic multiplicity and their ongoing dialogue with typographical elements of every conceivable kind – to design an electronic calligraphy. And yet they also carry with them, as an integral and essential prerequisite, the visual symbols that hint at missing information and the metaphor of emptiness or underlying absence.

On the fringes of this new era of artistic preoccupation with disruptive phenomena we find the music clip created by Finnish artist Mika Taanila (born 1965) in 2002, which casts an ironic but loving glance at analogue video technology (figs. 25, 26) and hints that the perfected digital video aesthetic that has come into being over the past fifteen years has also conjured up feelings of nostalgia. To music by Kiila, exciting and highly charged enough for a thriller,[53] he sets individual sequences from a teaching tape that explains the technical workings of the **VHS video format**. In the course of the videotape – which probably dates from the early 1980s – the camera lingers over the exposed innards of a VHS player, where the **magnetic tape** can be seen wrapped round the gleaming **head drum**. Using split-screen video recordings labelled 'good' and 'poor', the tape explores a range of subjects, including excessively low **signal-to-noise ratio**, the consequences of a weak **chrominance signal** and the deterioration in quality from one copy **generation** to the next.[54] At the same time the simplistic, almost moralistic mode of presentation, the deliberately awkward choice of subject matter and the 'poor' picture quality of the recordings presented to the viewer all evoke a wistfully smiling nostalgia for the simplicity and popularity of analogue video as celebrated in the chosen teaching tape, along with its imperfect visual aesthetic and (nearly) extinct tangibility.

I would like to thank the following individuals for their kind advice on various videotapes mentioned in this paper: Claudia Gehrig at the Media Library (Video Collection) of the Center for Art and Media (ZKM) in Karlsruhe, Johannes Gfeller at the Bern University of the Arts, and Agathe Jarczyk at the Video Conservation Studio in Bern.
I would also like to thank the Media Library at ZKM in Karlsruhe, the Media Library at the Centre pour l'Image Contemporaine in Saint-Gervais, Geneva, and René Pulfer at the René Pulfer Video Collection of the Art Institute of the Academy of Art and Design in Basel for giving me the opportunity to view a number of the videotapes described in this paper.

1 In the early 1970s, artists such as Nam June Paik, Ed Emshwiller, and Steina and Woody Vasulka were already working with this kind of equipment. In the late 1970s they were joined by Gary Hill. Compare for example the videotapes 'Global Groove' (1973) by Nam June Paik, 'Crossings and Meetings' (1974) by Ed Emshwiller, 'Orbital Obsessions' (1976) by Steina Vasulka and 'Electronic Linguistics' (1978) by Gary Hill.

2 The 'low-budget aesthetic' is of some significance, because it reveals the production constraints under which video artists were labouring: very few artists in the early 1970s had access to professional equipment or proper post-editing studios. Exceptions include American artists such as Peter Campus, Hermine Freed, Gary Hill and Bill Viola, as well as South Korean artist Nam June Paik. Issues such as poorly focused shots, low-quality colour or sound, minimal post-processing or imprecise editing could only be avoided or minimised by long hours of work on the part of the artist (thereby keeping equipment costs to a minimum).

3 Zonen der Ver-Störung *[Zones of Disturbance]* exhibition catalogue, Silvia Eiblmayr (ed.), Steirischer Herbst, 2 volumes, Graz 1997.

4 Exhibition on the premises of the Gesellschaft der Freunde junger Kunst *[Society of Friends of Young Art]*, Altes Dampfbad, Baden-Baden, cf. http://www.gfjk.de/2003/medienkunst.htm (accessed 24 April 2009) on the occasion of the tenth anniversary of the International Media Art Award, which was established in 1992 by the Center for Art and Media (ZKM) Karlsruhe and Südwestrundfunk in Karlsruhe.

5 Marita Sturken explains these issues in considerable depth as they apply to the American situation: 'Paradox in the Evolution of an Art Form. Great Expectations and the Making of a History', in: Doug Hall/Sally Jo Fifer (eds.), *Illuminating Video: An Essential Guide to Video Art*. New York 1990, pp. 101–121.

6 Rosalind Krauss, 'Video: The Aesthetics of Narcissism' (1976), in: Gregory Battcock, *New Artists Video: A Critical Anthology*, New York 1978, pp. 43–64.

7 For more on the artistic use of image errors in the video art of the 1970, as well as its precursors and sources of inspiration since the late 1950s, cf. the short but succinct overview by Catherine Elwes, in: ibid., *Video Art: A Guided Tour*, London/New York 2005, chapter 2: 'The Modernist Inheritance: Tampering with the Technology, and Other Interferences', pp. 21–37. As far as I am aware, nobody has yet written either an in-depth historical analysis tracing the artistic use of analogue image errors up to the present day, or a researcher's overview of the subject matter.

8 Cf. on this issue Dieter Daniels, 'Fernsehen – Kunst oder Antikunst? Konflikte und Kooperationen zwischen Avantgarde und Massenmedium in den 1960er/1970er Jahren' *[Television – Art or Anti-art? Conflicts and Cooperation between the Avant Garde and the Mass Media in the 1960s and 1970s]*, http://www.medienkunstnetz.de/themen/medienkunst_im_ueberblick/massenmedien/3/ (accessed 24 April 2009).

9 In this context, one of Vostell's most important drawings is his 'Projektskizze' *[Project Sketch]* (1958), which suggested the underlying concept for several later works involving image errors. Cf. the Vostell exhibition catalogue published in 1992 (Rheinisches Landesmuseum Bonn [et al.], Heidelberg 1992, p. 208; henceforth cited as *Vostell 1992*). For example, his work 'TV-dé/collage für Millionen' *[TV Dé-coll/age for Millions]* (1959–1963) stems from this idea. In contrast to this comprehensive retrospective (arranged while Vostell was still alive) – in which the work, dated 1959/1967 and entitled 'TV für Millionen' *[TV for Millions]* portrays television as an object – Dieter Daniels and Rudolf Frieling at Media Art Net subsume this work and various other works by Vostell under the title of 'Partitur'. This is in reference to multiple, frequently undocumented real-life implementations in Happenings and other media. Cf. Rudolf Frieling, 'Real/Medial. Hybride Prozesse zwischen Kunst und Leben' *[Reality/Mediality. Hybrid Processes between Art and Life]*, http://www.medienkunstnetz.de/themen/medienkunst_im_ueberblick/performance/1/ (accessed 24 April 2009) and Dieter Daniels, 'Fernsehen – Kunst oder Antikunst? Konflikte und Kooperationen zwischen Avantgarde und Massenmedium in den 1960er/1970er Jahren' *[Television – Art or Anti-art? Conflicts and Cooperation between the Avant Garde and the Mass Media in the 1960s and 1970s]*, cf. http://www.medienkunstnetz.de/themen/medienkunst_ im_ueberblick/massenmedien/1/ (accessed 24 April 2009).

10 On the concept and meaning of 'Dé-coll/age' cf. Klaus Honnef, 'Montage als ästhetisches Prinzip. Zum Werkbegriff von Wolf Vostell' *[Montage as an Aesthetic Principle. On Wolf Vostell's Concept of Artwork]*, in: *Vostell 1992* exhibition catalogue (see also endnote 9), pp. 145–146.

11 Vostell and Paik knew each other and would have discussed their mutual preoccupation with the same phenomena. Cf. http://www.medienkunstnetz.de/themen/medienkunst_im_ueberblick/massenmedien/11/ (accessed 24 April 2009).

12 John Allan Farmer, 'Pop people', in: *The New Frontier: Art and Television*, 1960–65. Exhibition catalogue, Austin Museum of Art, Austin/Texas: cop. 2000, p. 47 (henceforth cited as *The New Frontier 2000*).

13 Cf. endnote 9.

14 *The New Frontier 2000* (see endnote 12), p. 48.

15 Nam June Paik, 'Global Groove', 1973, 28 min 30 sec., colour, sound.

16 Peter Weibel, 'The Endless Sandwich', 1969, 1 min. 39 sec., B/W, no sound. The tape is part of 'TV + VT Werke' *[TV+VT Works]*, 1969–1972, by Peter Weibel.

17 Television audiences in 1969 knew that the television set must sometimes be slightly adjusted, especially when reception was poor. But by this time, as a universal convention, the knob for adjusting horizontal synchronisation was always positioned at the rear of the set – assuming it was externally accessible at all. The fine adjustment of the set using a control on the front panel, as shown in the videotape, would actually have a slightly different effect on the broadcast image than the interference presented here would suggest.

18 Jean Otth, 'The fascination associated with watching the electronic texture of a televised image prompted me to analyse this interesting visual phenomenon within a context dominated by artistic concerns', in: 'TV-perturbations' (1972); see also the following exhibition catalogue, with essays by the author in French and English: *Jean Otth. Vidéo 1970–1980*. Centre d'Art Contemporain Genève, Geneva 1980, p. 6 (French), p. 8 (English); henceforth cited as *Jean Otth 1980*.

19 The installations are entitled as follows (in order of creation): 'Abécédaire télévisuel' *[Televisual Primer]* (1972), 'Abécédaire télévisuel II' *[Televisual Primer II]* (1973) and 'Le grand autoportrait' *[The Great Self-portrait]* (1973). The videotapes are entitled (again, in order of creation): 'Strip-tease TV' (1972), 'Tell 73' (1972), 'Autoportrait I' *[Self-portrait I]* (1972), 'Hommage à Mondrian' *[Homage to Mondrian]* (1972), 'La Bourse de Bordeaux' *[The Bordeaux Stock Exchange]* (1973), 'Rembrandt et les impressionnistes' *[Rembrandt and the Impressionists]* (1973), 'La pose' *[The Pose]* (1973). For more details cf. *Jean Otth 1980* (see endnote 18), pp. 19–22.

20 'Le grand autoportrait' *[The Great Self-portrait]* is not just a self-portrait of the artist but an installation in which members of the viewing public can pose in front of the camera and then watch themselves on a monitor: so effectively a series of temporary 'self'-portraits created with the artist's help.

21 Jean Otth, 'Hommage à Mondrian' *[Homage to Mondrian]*, 1972, 14 min, b/w, no sound.

22 The work in question is Piet Mondrian's 'Tableau I, with Black, Red, Yellow, Blue and Light Blue' dating from 1921; oil on canvas, 96.5 x 60.5 cm; Museum Ludwig, Cologne. Cf. Joop M. Joosten, *Catalogue raisonné of the work of 1911–1944*. Volumes II–III, Munich/New York: Prestel, 1998, p. 47 (colour plate), pp. 294–295. Otth rotated the portrait-shaped painting clockwise through ninety degrees. Because it appears in black and white on-screen, the large block of colour on the right (which is actually red) and the small block of colour on the left (actually a royal blue) appear very dark, in fact nearly black.

23 Retrospectively, Otth described the actual process of collaboration with engineer Serge Marendaz as follows: 'Dans cette vidéo c'est lui qui me proposait un certain nombre de perturbations en intervenant sur l'image électronique. Quand l'une me convenait on l'enregistrait et ainsi de suite.' *[In this video, it was he who proposed a certain number of perturbations to me, by manipulating the electronic image. When one of them appealed to me we recorded it, and so on]*. Jean Otth in an e-mail to the author dated 12 November 2006.

24 For the exact dimensions cf. endnote 22.

25 All the videotapes in the 'TV-perturbations' series were recorded in black and white; cf. *Jean Otth 1980* (see endnote 18), pp. 19–20.

26 'My intention in this work is to formally transform a painting by Mondrian. By a series of electronic disturbances, I metamorphosize an image in order to reveal its structure. The intention is two-fold: on one hand it is iconoclasm or semioclasm and on the other hand the re-production of the work. It is an aesthetic homage, because an eventual sensitivity to these electronic ways is only possible thanks to painters such as Mondrian.' Cf. Jean Otth exhibition catalogue: on 'Video Tape No. 8. Titre : "Hommage à Mondrian"' *[Homage to Mondrian]*; in: *Jean Otth 1980*, p. 20 (French), p. 22 (English).

27 Cf. Jean Otth exhibition catalogue: on 'TV-perturbations', 1972; in: *Jean Otth 1980* (see endnote 18), p. 6 (French), p. 8 (English).

28 Joan Jonas started by studying history of art, then sculpture, then painting before subsequently taking a two-year dance course with Trisha Brown during the late 1960s, after which she became active in the Performance movement (cf. http://people.wcsu.edu/mccarneyh/fva/J/JJonas_bio.html; accessed 24 April 2009).

29 Joan Jonas, 'Vertical Roll', 1972, 19 min 38 sec, b/w, sound.

30 Cf. glossary >*Vertical Hold*.

31 In the comprehensive catalogue covering the major retrospective exhibition of Bill Viola's work in 1999, this is why the first ten videotapes made by Bill Viola (in 1972/1973) all appear under the chapter heading 'Video als Technik: Möglichkeiten und Grenzen eines Mediums' *[Video as Technical Medium: Opportunities and Limitations]*. Rolf Lauter (ed.), *Bill Viola: Europäische Einsichten/European Insights*. Munich/London/New York: Prestel 1999, pp. 35–55 (henceforth cited as *Bill Viola 1999*).

32 Bill Viola, 'Composition 'D'', 1973, 9 min 42 sec, b/w, sound; cf. *Bill Viola 1999* (see endnote 31), p. 43 and p. 360.

33 Cf. also Nicoletta Torcelli, *Video, Kunst, Zeit: von Acconci bis Viola [Video, Art, Time: from Acconci to Viola]* (Ph.D. University of Freiburg), Weimar: Verlag und Datenbank für Geisteswissenschaften, 1996, p. 200.

34 The American **NTSC television standard** used by Bill Viola has a frame rate of 30 frames per second.

35 Bill Viola, 'Vidicon *Burns*', 1973, 30 min., colour, sound (in collaboration with Bob Burns). Cf. *Bill Viola 1999* (see endnote 31), pp. 49–50 and p. 360.

36 Ibid.

37 In 'Dawn Burn' (1975) and 'Bird's Eye' (1978), Mary Lucier aimed a laser beam directly at the camera and exposed camera lenses to direct sunlight, so that the light burned the pickup tubes in real time. Cf. details of the artist's creative development on the Electronic Arts Intermix website, New York: http://www.eai.org/eai/artistBio.htm?id=417 (accessed 24 April 2009).

38 David Hall, 'Vidicon Inscriptions', 1974, 9 min 14 sec, b/w, sound.

39 Bill Viola, cited by Lori Zippay (ed.), *Artist's Video: An International Guide*, Electronic Arts Intermix New York, New York/London/Paris: Cross River Press, 1991, p. 196.

40 A passage from Bill Viola's writings dating from 1985: 'One of the many things I learnt [...] was the understanding of sound as a material thing, an entity. My ideas about the visual have been affected by this, in terms of what I call "field perception", as opposed to our more common mode of object perception. In many of my videotapes, I have used the camera according to perceptual or cognitive models based on sound rather than light. [...] (Field perception) is based on a passive, receptive position, as in the way we perceive sound, rather than an aggressive, fragmented one, as in the way our eye works through the narrowing function of focused attention.' From 'Statements 1985', in: ibid., *Reasons for Knocking at an Empty House. Writings 1973–1994*, London 1995, pp. 151–152.

41 In the 1970s, these included primarily Austria, Belgium, Canada, France, Germany, Holland, Japan, Switzerland, the UK and the USA.

42 Pipilotti Rist studied at the Basel School of Design between 1985 and 1988.

43 This specific direction in her studies was suggested by video artist and curator René Pulfer, who supervised the course (which he was also instrumental in setting up in 1985).

44 Pipilotti Rist, 'I'm Not The Girl Who Misses Much', 1986, 5 min, colour, sound.

45 Cf. the credits on the tape: 'copyright by Pipi Lotti Rist. I'm not the girl who misses much based on "Happiness is a warm gun" by JOHN LENNON'.

46 Pipilotti Rist, '(Entlastungen) Pipilottis Fehler' *[(Absolutions) Pipilotti's mistakes]*, 1988, 11 min. 38 sec., colour, sound. In the tape's opening credits, the word 'Skizzen' *[Sketches]* is appended to the title.
The tape represented Rist's graduate thesis at the Basel School of Design, and was displayed on monitors (from a conversation with René Pulfer, Academy of Art and Design Basel (HGK Basel), who supervised the thesis; 3 October 2006). Later Rist developed the tape further, turning it into a room-sized installation in which the recordings were projected onto the wall in large format.

47 Pipilotti Rist, 'Titel' *[Title]*, in: special issue on 'Film und die Künste. Nachbarschaften, Grenzgänger, Überschreitungen' *[Film and the Arts. Neighbourhoods, Boundary Crossers, Transgressions]; Cinema*, Vol. 35, 1989, p. 125.

48 Search mode means faster or slower than normal playback speed.

49 David Larcher, 'VideØvoid – The Trailer', 1993, 32 min 16 sec, colour, sound.

50 The work includes – in order of appearance – effects generated by dropouts, incorrect cabling (connection of vision mixer's output to one of its own inputs: in the image, edges multiply to form wavelike patterns), a faulty **synchronisation signal**, and sources that are not synchronised with the mixer.

51 British physicist Paul Dirac (1902–1984) was one of the principal contributors to quantum mechanics.

52 David Larcher, 'VideØvoid – Text', 1994–1996, 35 min 24 sec, colour, sound.

53 The piece of music used for the videotape soundtrack is called 'Verbranntes Land' *[Burned Country]*, which is also – as is often the case in music videos – the title of the work by Mika Taanila: Kiila, 'Verbranntes Land', 2002, 6 min 35 sec, colour, sound. Cf. also www.av-arkki.fi/web/index php?id=25&wtitle=1475 (accessed 24 April 2009).

54 The image errors also involve various technical and visual quality parameters, as well as a >*Tracking Error* and picture noise caused by >*Head Clogging*.

GLOSSAR ZUR VIDEOTERMINOLOGIE

Agathe Jarczyk, Joanna Phillips

	Definition	Synonyme	Vorkommen im Buch
3D-Kammfilter 3D comb filter	Filter, der nicht ausschliesslich auf eine bestimmte Frequenz abgestimmt ist und diese verstärkt oder schwächt, sondern auf Frequenzen oder Peaks in regelmässigen Abständen wirkt. Damit lassen sich in der Akustik störende Laufzeitunterschiede eliminieren und in der Videotechnik *>Moiré-Effekte* unterdrücken, wie sie von einem Übersprechen des **Farbsignals** in das **Helligkeitssignal** bzw. aus der Fehlinterpretation der Farbinformation als feines Helligkeitsmuster stammen können. 3D-Kammfilter berücksichtigen hierbei auch die Informationen aus einem oder mehreren vorangehenden bzw. nachfolgenden Bildern.		*>Moiré-Effekt*
A Abtastwinkel scanning angle	Der Winkel, in dem die auf der **Kopftrommel** rotierenden **Videoköpfe** die **Schrägspuren** auf dem **Magnetband** abtasten. Für eine störungsfreie Wiedergabe muss der Abtastwinkel mit den **Spurwinkeln** übereinstimmen.		*>Bandführungsfehler* *>Dehnung oder Schrumpfung des Bandes in Längsrichtung* *>Skew-Fehler*
Abschirmung shielding	Die signalführenden **Innenleiter** von Kabeln oder Geräte insgesamt werden von geeigneten Schirmmaterialien umgeben, um elektromagnetische Störfelder abzuhalten oder die im Kabel und Geräteinneren selber entstehenden Felder nicht in die Umgebung gelangen zu lassen. Elektrische Felder werden durch Drahtgeflechte (Kabelabschirmung) oder Bleche gegen die Erdung oder den Schaltungsnullpunkt abgeleitet, magnetische Felder durch Mu-Metall, eine Nickel-Eisen-Verbindung (z.B. Gehäuse von Transformern oder **Magnetköpfen**). Statische Aufladungen können durch Beschichtungen mit geringerer Leitfähigkeit (Graphit) oder leitende Kunststoffe abgeleitet werden.		*>Brummstörung* *>Übersprechen*
Andruckrolle pinch roller	Sowohl die Bänder **Offener Spulen**, als auch die von Videokassetten werden im Videogerät über diverse **bandführende Teile** von der Abwickelspule an der **Kopftrommel** vorbei zur Aufwickelspule transportiert. Der Bandantrieb erfolgt über den **Capstan**, gegen den das Band durch die Andruckrolle gedrückt wird.		*>Gleichlaufschwankungen*
Archivkopie archival copy	siehe **Generation**.		«Ein Ratgeber zur Sichtung und Erfassung von Videokassetten»
Archivmaster archival master	siehe **Generation**.		«Ein Ratgeber zur Sichtung und Erfassung von Videokassetten»
Audiokanal audio channel	Signalführung des **Audiosignals**, definiert über die Belegung der **Audiospuren** auf dem Videoband.	Tonkanal	*>Bandkleben und -quietschen* *>Übersprechen*
Audiokopf audio head	**Magnetkopf** im Videogerät, der die **Audiosignale** auf ein **Magnetband** schreibt und diese bei der Wiedergabe wieder abtastet. Die Tonaufzeichnung auf der **Längsspur** erfolgt durch einen feststehenden Audiokopf, der sich in Bandlaufrichtung hinter der **Kopftrommel** befindet und häufig mit dem **Kontrollkopf** kombiniert ist. Die Aufzeichnung des **FM-**, bzw. **PCM-Tons** auf der **Schrägspur** erfolgt je nach **Videoformat** entweder durch die **Videoköpfe** oder separate **FM-Köpfe**, bzw. **PCM-Köpfe** auf der Kopftrommel.	Tonkopf	*>Bandkleben und -quietschen* *>Übersprechen* *>Wiedergabeköpfe verschmutzt*

	Definition	Synonyme	Vorkommen im Buch
Audiosignal audio signal	Das Audiosignal ist definiert durch seine Amplitude, den Frequenzbereich, Klirrfaktor und den **Rauschabstand**. Die beiden letzten Grössen sind gleichzeitig auch Qualitätskriterien des **Audiokanals**. Je nach **Videoformat** kann das Audiosignal nach verschiedenen Aufzeichnungsverfahren auf das Videoband geschrieben werden (vgl. **Audiospur**, **Audiokopf**).	Tonsignal	*>Bandkleben und -quietschen* *>Brummstörung* *>Übersprechen* «Videotechnische Grundlagen»
Audiospur audio track	Je nach **Videoformat** gibt es drei verschiedene Verfahren, **Audiosignale** auf das **Magnetband** aufzuzeichnen. Bei allen analogen Videoformaten kann die Audiospur als **Längsspur** parallel zur Bandkante geschrieben werden (bei Stereo-Aufzeichnung mind. zwei Längsspuren). Mit der Einführung des qualitätvolleren **FM-Tons** (ab **VHS**) konnten Audiosignale zusätzlich oder alternativ zum Längsspur-Ton auch auf die **Schrägspuren** geschrieben werden, und zwar genau unterhalb der **Videospuren** auf einem tieferen Niveau in der **Magnetschicht**. Die Audiospuren für den digitalen **PCM-Ton** befinden sich in Verlängerung der Videospuren auf einem Abschnitt der Schrägspuren. Um den für die PCM-Aufzeichnung nötigen Platz auf dem Magnetband zu gewinnen, kommt es bei einigen Formaten vor, dass auf eine der Längsspuren verzichtet wird.	Tonspur	*>Deformation des Bandes* *>Tracking-Fehler* *>Übersprechen* «Ein Ratgeber zur Sichtung und Erfassung von Videokassetten»
Auflösung resolution	Gibt im Video üblicherweise die Anzahl der darstellbaren vertikalen Linienpaare an. Auflösung und **Bandbreite** des **Videosignals** stehen in einem rechnerischen Verhältnis zueinander: Je grösser die Bandbreite, desto höher ist die Auflösung.	Horizontalauflösung	*>Inkompatibilität innerhalb einer Videoformat-Familie* «Videotechnische Grundlagen»
Ausstellungskopie exhibition copy	siehe **Generation**.		*>Kratzer und Abnutzung des Bandes* «Ein Ratgeber zur Sichtung und Erfassung von Videokassetten»
Azimut azimuth	Um die Spieldauer eines **Magnetbandes** zu verlängern, wurde ab den **Videoformaten Betamax** und **VCR LP** das Azimut-Aufzeichnungsverfahren eingeführt. Dabei werden die **Kopfspalte** der **Videoköpfe** winklig gegeneinander versetzt. Dies ermöglicht, den **Rasen** zwischen den **Schrägspuren**, der bis zur Hälfte eines Videobandes ungenutzt lässt, wegzulassen und die Schrägspuren platzsparend aneinander angrenzend aufzuzeichnen, ohne ein Übersprechen zu riskieren.	Kopfspaltneigungswinkel	*>Inkompatibilität innerhalb einer Videoformat-Familie*
B Bandabrieb debris	Partikel der **Magnetschicht** eines Videobandes, die sich 1. durch chemische Degradation (**Hydrolyse**) und 2. durch mechanische Beanspruchung von der Bandoberfläche lösen. Wenn sich Bandabrieb im **Bandpfad** und an den **Wiedergabeköpfen** sammelt, kann es zu Bild- und Tonstörungen kommen.		*>Bandkleben und -quietschen* *>Dropout und Dropoutkompensation* *>Kratzer und Abnutzung des Bandes* *>Wiedergabeköpfe verschmutzt* «Ein Ratgeber zur Sichtung und Erfassung von Videokassetten» «Videotechnische Grundlagen»
Bandbreite bandwidth	Der Frequenzumfang von der untersten bis zur höchsten Frequenz (hier:) des **Videosignals**. Die Bandbreite ist eine Spezifikation des **Videoformats**. Je grösser die Bandbreite eines Signals mit **Frequenzmodulation**,		*>Inkompatibilität innerhalb einer Videoformat-Familie* «Videotechnische Grundlagen»

	Definition	Synonyme	Vorkommen im Buch
	desto höher ist die **Auflösung** eines TV- oder Videobildes (vgl. **Basisbandbreite**).		
bandführende Teile tape guides	Die zylindrischen oder konischen **Bolzen** und Dornen, die Umlenkrollen, der **Capstan** und die **Andruckrolle** im Videogerät, entlang denen das **Magnetband** von der Abwickelspule an der **Kopftrommel** vorbei zur Aufwickelspule transportiert wird.		*>Bandführungsfehler* *>Bandkleben und -quietschen* *>Kratzer und Abnutzung des Bandes* «Ein Ratgeber zur Sichtung und Erfassung von Videokassetten» «Videotechnische Grundlagen»
Bandgeschwindigkeit tape speed	Die Geschwindigkeit, mit der das Videoband im Gerät von der Abwickelspule an der **Kopftrommel** vorbei zur Aufwickelspule transportiert wird. Jedes **Videoformat** hat eine spezifische Bandgeschwindigkeit, die sich aus der Anzahl der **Halbbilder** pro Sekunde sowie der Breite und Neigung der **Schrägspuren** errechnet. (vgl. **Kopf-zu-Bandgeschwindigkeit**).		*>Farbschlieren nach dem Bildschnitt* *>Gleichlaufschwankungen* *>Inkompatibilität der Farbfernsehnormen (PAL – SECAM – NTSC)* *>Inkompatibilität innerhalb einer Videoformat-Familie* *>Long Play* «Videotechnische Grundlagen»
Bandpfad tape path	Der Pfad im Videogerät, den das Videoband bei seinem Transport von der Abwickelspule über **bandführende Teile** an der **Kopftrommel** vorbei zur Aufwickelspule nimmt.		*>Bandführungsfehler* *>Gleichlaufschwankungen* *>Kratzer und Abnutzung des Bandes* *>Skew-Fehler* *>Wiedergabeköpfe verschmutzt* «Ein Ratgeber zur Sichtung und Erfassung von Videokassetten» «Videotechnische Grundlagen»
Bandwickel tape pack	Das aufgewickelte Band, das sich auf der Ab- oder Aufwickelspule befindet. Ein korrekter Bandwickel sollte keine Stufen oder gar Fensterbildung aufweisen, die z. B. eine Folge von schlechter Bandspannung, falschem Handling oder von einem abrupten Wechsel zwischen Spulen und Stoppen sein können.		*>Deformation des Bandes* *>Dehnung oder Schrumpfung des Bandes in Längsrichtung* «Ein Ratgeber zur Sichtung und Erfassung von Videokassetten»
Bandzug tape tension	Für eine störungsfreie Aufzeichnung und Wiedergabe muss das Band im Videoplayer/-rekorder über eine definierte Spannung verfügen. Der korrekte Bandzug ist die Voraussetzung für den richtigen **Kopf-zu-Bandkontakt**, die Gleichmässigkeit des Bandtransportes, eine saubere Bandführung sowie einen gleichmässigen **Bandwickel**.		*>Dehnung oder Schrumpfung des Bandes in Längsrichtung* *>Skew-Fehler* «Ein Ratgeber zur Sichtung und Erfassung von Videokassetten»
Bandzugregelung tape tension regulator	Der **Bandzug** wird durch eine Gleitbremse mechanisch selbsttätig geregelt und kann darüber hinaus manuell mittels eines Schiebereglers oder Drehknopfes (sog. **Skew-Regler**) in gewissen Grenzen erhöht oder gesenkt werden. Dazu wird die Vorspannung am Bremsmechanismus über eine feine Spiralfeder verändert.		*>Gleichlaufschwankungen* *>Skew-Fehler* «Videotechnische Grundlagen»
Basisbandbreite baseband bandwidth	Bezeichnet im analogen Video üblicherweise den Frequenzumfang des **Composite-Signals** in einem analogen Übertragungskanal (z. B. eines TV-Senders), oder die zur Verfügung stehende **Bandbreite** für ein zu übertragendes Signal ohne dessen allfällige Seitenbänder, die bei der für die Übertragung notwendigen		*>Moiré-Effekt* *>Trägerfrequenz unsymmetrisch*

	Definition	Synonyme	Vorkommen im Buch
	Modulation entstehen. In digitalen Kanälen wird der Ausdruck oft für die bezahlte, zu übertragende Datenrate verwendet, während der Kanal technisch gesehen höhere Raten erlaubt. Die Basisfrequenz entspricht 0 Volt im **Videosignal**, also dem Synchronimpuls, während die höchste Frequenz (Basis plus Hub) dem hellstmöglichen Weiss im Bild entspricht.		
Betacam Betacam	Analoges **Videoformat**, eingeführt 1982 für den Broadcastbereich. Unter anfänglicher Verwendung der **Betamax**-Kassette vollzog Betacam (neben MII von Panasonic) mit der Verwendung des **Komponenten-Signals** einen deutlichen Qualitätssprung im Vergleich zu den bisherigen analogen Videoformaten. Nur eine Kassettengrösse. **Magnetband**: Breite ½", **Magnetschicht**: Eisenoxid. Aufzeichnung des Komponenten-Signals auf zwei nebeneinanderliegenden **Schrägspuren**, wovon die eine für das **Helligkeitssignal** und die andere für die zwei **Farbdifferenzsignale** mit je halbierter **Bandbreite** verwendet wurde. Bandbreite des Helligkeitssignals: ca. 4 MHz = ca. 360 Linien **Auflösung**. Tonaufzeichnung: Zwei Audio-**Längsspuren**. Aufzeichnung des **Time Codes** sowohl auf der **longitudinalen** Spur als LTC wie auch auf der Schrägspur als VITC möglich. Abwärtskompatible Weiterentwicklung: **Betacam SP**, Einführung 1986. Zwei Kassettengrössen: kleine Kassette mit max. Spieldauer 36 min (Bezeichnung 30 min), grosse Kassette mit max. Spieldauer 110 min (Bezeichnung 90 min). Als Bandmaterial sogenanntes MP-Tape (Metal Particle Tape). Bandbreite des Helligkeitssignals: 5,5 MHz = ca. 450 Linien Auflösung. Für den Ton stehen zwei Längsspuren zur Verfügung, eine Aufzeichnung von **FM-** und **PCM-Ton** ist möglich, letzterer kann auf Kosten einer Audio-Längsspur geschrieben werden.		*>Inkompatibilität innerhalb einer Videoformat-Familie* «Ein Ratgeber zur Sichtung und Erfassung von Videokassetten» «Videotechnische Grundlagen»
Betacam SP Betacam SP	Abk. für Betacam Superior Performance. Analoges **Videoformat**, siehe **Betacam**.		*>Inkompatibilität innerhalb einer Videoformat-Familie* «Ein Ratgeber zur Sichtung und Erfassung von Videokassetten»
Betamax Betamax	Analoges **Videoformat**, eingeführt 1975 für den Consumer-Markt. Nur eine Kassettengrösse. **Magnetband**: Breite ½", **Magnetschicht**: Eisenoxid, max. Spieldauer 215 min. (**PAL**, **Standard Play**, bei späteren Geräten auch Einführung des **Long Play**-Modus). Farbaufzeichnung im **Colour Under-Verfahren** ohne **Rasen** und mit versetztem **Azimut**. **Bandbreite**: ca. 3,4 MHz = ca. 250 Linien **Auflösung**. Tonaufzeichnung: Zwei Audio-**Längsspuren**, **FM-Ton** möglich ab Beta HiFi, **PCM-Ton** nur über Zusatzgeräte. Zwei abwärtskompatible Weiterentwicklungen: Super-Beta (Einführung ca. 1985, Auflösung ca. 280 Linien) unter Verwendung der Betamax-Kassetten und ED-Beta (Extended Definition, Einführung 1988, nur **NTSC**, Auflösung ca. 500 Linien) mit Einführung eines Vorläufers metallbedampfter **Magnetbänder** (ME-Tapes), welche später bei **Hi8** und den digitalen Formaten Verbreitung gefunden haben.		*>Long Play* «Ein Ratgeber zur Sichtung und Erfassung von Videokassetten»

	Definition	Synonyme	Vorkommen im Buch
Bildfang vertical hold	Schaltung im TV-Gerät oder Monitor, welche den vom **vertikalen Synchronimpuls** des TV- oder **Videosignals** ausgelösten **Bildrücklauf** mit dem **freilaufenden Vertikaloszillator** der Bildröhre synchronisiert. Der Bildfang regelt die **Halbbildfrequenz**, die ein vertikales Durchfallen bzw. Wandern des Bildes an Monitoren verhindert. Der **Fangbereich** ist die Toleranz (vgl. **Zeilenfang**).	vertikaler Bildfang V-Hold Vertical Hold	>*Vertikaler Bildfang* «Die künstlerische Verwendung von analogen Bildstörungen»
Bildfang-Regler vertical hold control	Regler am Fernsehgerät oder Monitor, mit dem der **Bildfang** manuell eingestellt werden kann. Der Regler kann mit «V-Hold», «Vertical Hold» etc. bezeichnet sein.	vertikaler Bildfang-Regler V-Hold-Regler Vertical Hold-Regler	>*Vertikaler Bildfang* >*Vertikale Synchronstörung*
Bildfeld active picture area	Der Teil des **Bildrasters**, der den Bildinhalt trägt. Bei TV-Geräten und Monitoren in Röhrentechnologie beschneidet in der Regel das Gehäuse das Bildfeld an allen vier Rändern leicht. Um diese verdeckten Bereiche dennoch sichtbar zu machen, bieten professionelle Monitore die Möglichkeit der **Underscan**-Funktion. Projektoren zeigen in der Regel das gesamte Bildfeld.		>*Kopfumschaltpunkt verschoben* >*Kopfversatz abweichend*
Bildmischer vision mixer	Gerät zur Mischung, Überblendung oder Bildteilung von zwei oder mehr **Videosignalen** bei der Live-Aufnahme oder in der Postproduktion.	Videomischer	>*Moiré-Effekt* «Die künstlerische Verwendung von analogen Bildstörungen» «Videotechnische Grundlagen»
Bildraster picture raster	Beim analogen Video ist der Bildraster definiert durch die Anzahl **Zeilen** und das **Seitenverhältnis**, in Abhängigkeit von der **Farbfernsehnorm**. Der Bildraster umfasst sowohl die unsichtbaren Zeilen des **Bildrücklaufs**, die unsichtbaren Abschnitte des **Zeilenrücklaufs** als auch den effektiv für den Bildinhalt verwendeten Bereich des **Bildfeldes**.		>*Kopfumschaltpunkt verschoben* >*Vertikaler Bildfang* «Ein Ratgeber zur Sichtung und Erfassung von Videokassetten» «Videotechnische Grundlagen»
Bildrauschen picture noise	Rauschen enthält alle Frequenzen eines gegebenen Spektrums in ungeordneter, zufälliger Verteilung. Jeder analoge Kanal fügt dem **Nutzsignal** Rauschen hinzu. Beim **Videosignal** äussert sich das je nach Anteil in einer mehr oder weniger unruhigen Bildstruktur und kann beim Totalverlust des Nutzsignals zu chaotisch bewegten, weissen, schwarzen und weiss-schwarzen Punkten auf dem Bildschirm führen.	Rauschen Schnee	>*Bandführungsfehler* >*Bandkleben und -quietschen* >*Deformation des Bandes* >*Dropout und Dropout-kompensation* >*Inkompatibilität innerhalb einer Videoformat-Familie* >*Knicke und zerknittertes Band* >*Tracking-Fehler* >*Wiedergabeköpfe verschmutzt* «Ein Ratgeber zur Sichtung und Erfassung von Videokassetten» «Die künstlerische Verwendung von analogen Bildstörungen»
Bildrücklauf vertical flyback	Dunkel getastete Rückführung des schreibenden **Elektronenstrahls** zum oberen Bildschirmrand, nachdem ein **Halbbild** geschrieben ist (vgl. **vertikale Austastlücke**).	Vertikalrücklauf	>*Vertikaler Bildfang* «Videotechnische Grundlagen»
Bildschnitt editing	Anders als beim Film und der Frühzeit des Videos erfolgt der lineare Bildschnitt beim Video seit der Einführung der **Schrägspuraufzeichnung** nicht mehr durch den physischen Schnitt des Bandes, sondern elektronisch durch das Kopieren von bildgenau ausgewählten Szenen auf ein neues Band, den sogenannten	Schnitt Videoschnitt	>*Farbschlieren nach dem Bildschnitt* >*Vertikale Synchronstörung* «Die künstlerische Verwendung von analogen Bildstörungen» «Videotechnische Grundlagen»

	Definition	Synonyme	Vorkommen im Buch
	Editmaster. Für Bildeffekte oder Überblendungen kommen zusätzliche Geräte wie **Bildmischer**, für die Synchronisierung und Stabilisierung der Bildquellen Taktgeneratoren und **TBCs** zum Einsatz (vgl. **vertikaler Synchronimpuls**). Man unterscheidet beim linearen, Band-zu-Band-Schnitt zwei Arten des Bildschnittes: den Assemble-Schnitt (das Ansetzen einer neuen Szene an eine vorhandene, wobei mit den Bild- und Tonspuren auch eine neue **Kontrollspur** aufgezeichnet wird) und den **Insert-Schnitt** (das nahtlose Einfügen einer kürzeren Szene in eine bestehende längere, wobei das «darunterliegende» Bild gelöscht wird). Der Insert-Schnitt erlaubt auch die freie Kombination von Video und Tonspur(en). Für einen störungsfreien Schnitt sind zudem **fliegende Löschköpfe** notwendig.		
Bildstandsschwankung picture jumping	Als Bildstand bezeichnet man die Lage des sichtbaren **Bildfeldes** auf dem Bildschirm. Das ganze Bild kann sowohl in horizontaler, als auch in vertikaler Richtung schwanken, wenn es z. B. zu einer *>Vertikalen Synchronstörung* oder zu *>Gleichlaufschwankungen* kommt.		*>Knicke und zerknittertes Band* *>Gleichlaufschwankungen* *>Vertikaler Bildsprung* *>Vertikale Synchronstörung*
Bindemittel binder	Sowohl die **Magnetschicht** als auch die **Rückseitenbeschichtung** eines Videobandes setzt sich aus einem Gemisch von Bindemitteln und diversen Füllstoffen zusammen. Bei dem Bindemittel beider Beschichtungen handelt es sich in der Regel um ein Polyester-Polyurethan-Copolymer mit diversen Zusätzen wie z. B. Gleitmittel und Weichmacher. Das Polyester-Polyurethan-Copolymer ist anfällig auf **Hydrolyse**, bei der die Molekülketten aufgebrochen werden. Ist dieser Alterungsprozess bereits fortgeschritten, äussert er sich als **Sticky Shed Syndrom**, was beim Abspielen zum *>Bandkleben und -quietschen* führt.		*>Bandkleben und -quietschen* *>Dropout und Dropout-kompensation* «Videotechnische Grundlagen»
Bolzen pins	Metallstift zur Umlenkung und Führung des Videobandes im Gerät. Siehe **bandführende Teile**.	Führungsbolzen	*>Bandkleben und -quietschen* *>Deformation des Bandes* «Videotechnische Grundlagen»
Brumm hum	Phänomen, das meist entsteht, wenn **Störspannung** aus der Netzstromversorgung (50 bzw. 60 Hz) ungewollt in den Signalweg gelangt. Bei der Tonwiedergabe ist es als tiefer, brummender Ton hörbar, bei der Bildwiedergabe als horizontaler, mehr oder weniger weicher Balken sichtbar, der sich zudem langsam in vertikaler Richtung über die Bildfläche bewegt. Um bei einer Aufzeichnung eine *>Brummstörung* zu vermeiden, sollten alle Geräte über ein **sternförmiges Anschlussschema** einem **Verbraucherkreis** verbunden, d. h. an derselben **Phase** der Stromquelle angeschlossen sein. Die **Abschirmung** aller signalführenden Kabel sollte an eine Erde angeschlossen sein.		*>Brummstörung* *>Übersprechen*
Burst burst	Bestandteil des **Videosignals**, der in Form eines Schwingungspaketes am Beginn jedes **Zeilensignals** gleich nach dem Synchronimpuls die Bezugsfrequenz für die phasenrichtige, d. h. farbgetreue **Demodulation** des **Farbsignals** darstellt.	Farbsynchronsignal	*>Hue-Fehler (NTSC)* «Videotechnische Grundlagen»

C

Begriff	Definition	Synonyme	Vorkommen im Buch
Capstan capstan	Antriebsachse im Video- oder Tonbandgerät für den Bandtransport. Mit der **Andruckrolle** wird das Band gegen den Capstan gedrückt.	Bandantriebswelle	*>Gleichlaufschwankungen* «Videotechnische Grundlagen»
Colour Lock-Schalter colour lock control	Abspielgeräte des **Videoformates U-matic** in der **Farbfernsehnorm PAL**, sowie **Multinorm-Abspielgeräte**, die dieses Format wiedergeben können, verfügen an ihrer Rückseite über einen Schalter mit der Bezeichnung «Colour Lock», der sich im Normalfall in seiner Mittelstellung befindet. Mit ihm kann manuell der *>Colour Lock-Fehler* ausgeglichen werden. Bei einigen sehr alten Geräten auch als Drehknopf realisiert.		*>Colour Lock-Fehler* «Ein Ratgeber zur Sichtung und Erfassung von Videokassetten»
Colour Under-Verfahren colour-under method	Farb-Aufzeichnungsverfahren, verwendet für fast alle analogen **Videoformate** ausser für Formate mit Aufzeichnung von **Komponenten-Signalen** und einiger professioneller 1"- und 2"-Formate. Im Gegensatz zum Direct Colour-Verfahren, das höchste Anforderungen an die Mechanik stellt und eine hohe **Trägerfrequenz** des FM-Signals für die Aufzeichnung erfordert, erlaubt das Colour Under-Verfahren stabile Farbaufzeichnung auch für weniger aufwendig ausgelegte Systeme im Industrie- und Consumerbereich. Das Prinzip besteht darin, dass der **Farbhilfsträger** auf ein wesentlich tieferes Frequenzband herabgesetzt und so aufgezeichnet wird (z. B. bei **PAL** von 4,43 MHz und **NTSC** von 3,58 MHz auf einen Frequenzbereich zwischen 630 und 780 kHz herunter). Bei der Wiedergabe wird die Frequenz des Farbhilfsträgers wieder angehoben und auf exakte 4,43 bzw. 3,58 MHz gebracht.		*>Colour Lock-Fehler* *>Inkompatibilität innerhalb einer Videoformat-Familie* «Videotechnische Grundlagen»
Composite-Signal composite signal	TV- oder **Videosignal**, bei dem im Gegensatz zum **RGB-**, **Komponenten-** und **S-Video-Signal** die **Helligkeits-** und die **Farbsignale** gemeinsam geführt werden. Die Farbinformation wird einer **Trägerfrequenz** aufmoduliert (bei **PAL** ca. 4,43 MHz) und im gleichen Frequenzspektrum wie das Schwarzweiss-Signal übertragen. Im Fernsehgerät oder Monitor kann sie aus diesem zusammengesetzten Composite-Signal wieder extrahiert und **demoduliert** werden. Als Referenz für die Rekonstruktion des Farbsignals dient ein kurzes Schwingungspaket am Beginn jedes **Zeilensignals** gleich nach dem Synchronimpuls, der sog. **Burst**. Die gesamte analoge Fernsehübertragung basierte auf dem Composite-Signal, dem für die Übertragung noch der Ton beigemischt wurde. Die meisten Industrie- und Consumer-**Videoformate** zeichnen das Composite-Signal im **Colour Under-Verfahren** auf. Letzteres trifft auch für das S-Video-Signal zu, dessen Helligkeits- und Farbsignal jedoch getrennt geführt werden.	FBAS-Signal Farb-Bild-Austast-Synchron-Signal	*>Colour Lock-Fehler* *>Hue-Fehler (NTSC)* *>Jalousie-Effekt (PAL)* «Videotechnische Grundlagen»
Composite-Verbindung composite connection	Signalführung des **Composite-Signals** durch ein Koaxialkabel.	FBAS-Verbindung	*>Moiré-Effekt*
Cross Colour-Effekt cross-colour effect	Stehender Begriff für die regenbogenartig schillernden Farbeffekte, die ein TV- oder Videobild an feinen Strukturen in der Helligkeit – etwa grob gewebten oder feinkarierten Textilien – überlagern können, wenn beim **Composite-Signal** Teile des **Helligkeitssignals** als **Farbsignal** fehlinterpretiert werden.		*>Moiré-Effekt*

	Definition	Synonyme	Vorkommen im Buch
Cross Luminance-Effekt cross-luminance effect	Begriff für die feinen Streifenmuster in der Helligkeit, die ein TV- oder Videobild an stark gesättigten Farbflächen oder senkrechten Farbkanten mit kräftigen Tonunterschieden überlagern können, wenn beim **Composite-Signal** Teile des **Farbsignals** als **Helligkeitssignal** fehlinterpretiert werden.		*>Moiré-Effekt*
Curvature Error curvature error	Die **Schrägspuren** auf dem Videoband sind aufgrund einer *>Deformation des Bandes* kurvig verzogen, bzw. das Band wird aufgrund eines *>Bandführungsfehlers* leicht s- oder bogenförmig an der **Kopftrommel** entlang geführt. Dadurch verfehlen die rotierenden **Wiedergabeköpfe** an ein bis zwei Stellen die Spurmitte, so dass die aufgezeichnete Bildinformation an diesen Stellen mehr oder weniger stark verrauscht ist. Ein allfälliger **FM-Ton** kann ausfallen.	kurvige Deformation des Bandes	*>Bandführungsfehler* *>Deformation des Bandes*
D Demodulation demodulation	Rückgewinnung eines **Nutzsignales** im TV-Empfänger oder Videogerät, das für die analoge Fernsehübertragung, bzw. die Videoaufzeichnung einer **Trägerfrequenz** aufmoduliert wurde (vgl. **Modulation**).		*>Hue-Fehler (NTSC)* *>Inkompatibilität innerhalb einer Videoformat-Familie* *>Jalousie-Effekt (PAL)* *>Moiré-Effekt* *>Trägerfrequenz unsymmetrisch* «Videotechnische Grundlagen»
demoduliert demodulated	siehe **Demodulation**.		*>Hue-Fehler (NTSC)* *>Jalousie-Effekt (PAL)* *>Moiré-Effekt* *>Trägerfrequenz unsymmetrisch*
Dropout dropout	Weisser, schwarzer oder weiss-schwarzer Punkt, der kurz aufblitzt und einen horizontalen Schweif haben kann. Ein stärkerer Dropout kann auch eine oder mehrere komplette **Zeilen** stören, die dann über ihre ganze Länge weiss-schwarz aufblitzen. *>Dropout und Dropoutkompensation* kommen vor, wenn das aufgezeichnete **Video-** oder **Audiosignal** kurzzeitig ausfällt, z. B. aufgrund von Schmutzpartikeln auf dem Band, oder Verletzungen der **Magnetschicht**.		*>Dropout und Dropoutkompensation* *>Kopfumschaltpunkt verschoben* «Die künstlerische Verwendung von analogen Bildstörungen» «Ein Ratgeber zur Sichtung und Erfassung von Videokassetten» «Videotechnische Grundlagen»
Dropoutkompensator dropout compensator	Im Videogerät enthaltene Schaltung, mit der ein Grossteil der **Dropouts** reduziert werden kann, indem die gestörten Stellen einer **Zeile** durch die ungestörten Inhalte der vorangegangenen Zeilen ersetzt werden. Dies geschieht, indem der Dropoutkompensator das **Videosignal** in einen direkten und einen das Signal um exakt eine Zeile verzögernden Pfad verzweigt. Sobald das Signal durch einen Dropout ausfällt, wird dies detektiert und es kann unverzüglich auf das verzögerte, intakte Ersatzsignal der vorhergehenden Zeile umgeschaltet werden. Der Inhalt der intakten Zeile wird so lange und ggf. über mehrere Zeilen wiederholt, wie der Ausfall andauert. Die mehrfache Wiederholung wird deutlich sichtbar.	DOC	*>Dropout und Dropoutkompensation* *>Kratzer und Abnutzung des Bandes*
E Edge Curl edge curl	Wellige Deformation der Bandränder, wie sie infolge eines schlechten, stufigen **Bandwickels** oder mechanischer Belastungen in Gerät/Kassette sowie durch klimatische Einflüsse entstehen kann.	Deformation der Bandränder	*>Bandführungsfehler* *>Deformation des Bandes* «Videotechnische Grundlagen»

	Definition	Synonyme	Vorkommen im Buch
Elektronenstrahl electron beam	Die einzelnen **Zeilen** und die daraus entstehenden **Halbbilder**, aus denen sich das TV- oder Videobild auf dem Bildschirm einer Kathodenstrahlröhre zusammensetzt, werden durch einen Elektronenstrahl auf die Phosphorschicht geschrieben, der durch die Ablenkspulen am Röhrenhals vertikal, bzw. horizontal elektromagnetisch abgelenkt wird. Das **Helligkeitssignal** moduliert die Stärke des Elektronenstrahls, während des **Zeilen-** bzw. **Bildrücklaufs** muss er unterdrückt werden. In der Röhrenkamera tastet der Elektronenstrahl die lichtempfindliche Fläche der Aufnahmeröhre ab.		*>Horizontaler Zeilenfang* *>Vertikaler Bildsprung* «Die künstlerische Verwendung von analogen Bildstörungen» «Videotechnische Grundlagen»
externe Synchronisation external synchronisation	Eine professionelle Aufnahmesituation erfordert eine externe Synchronisation der beteiligten Geräte, damit die Abspiel- und Aufnahmegeräte exakt gleichzeitig auf den Anfang der neuen **Zeile** bzw. des neuen **Halbbildes** schalten. Wenn die **Kontrollimpulse** vom Abspielgerät selbst stammen, spricht man hingegen von einer internen Synchronisation.		*>Vertikale Synchronstörung*
F Fangbereich catch range	Fangbereich eines **Oszillators**: Frequenzbereich um die Mittenfrequenz eines Oszillators, innerhalb dessen er auf ein von aussen angelegtes **Synchronsignal** abgestimmt werden kann. Oszillator, Mittenfrequenz, Fangbereich und Synchronsignal bilden einen einfachen Regelkreis.		*>Colour Lock-Fehler* *>Horizontaler Zeilenfang* *>Vertikaler Bildfang*
Farbbalken colour bars	Elektronisch erzeugtes Testbild mit Farbstreifen, das als Referenz die Farben Weiss, Gelb, Cyan, Grün, Magenta, Rot, Blau, Schwarz enthält. Die schwarzweisse Wiedergabe eines genormten Farbbalkens ergibt eine Grautreppe.		*>Colour Lock-Fehler* *>Farbschlieren nach dem Bildschnitt* *>Hue-Fehler (NTSC)* *>Jalousie-Effekt (PAL)* «Ein Ratgeber zur Sichtung und Erfassung von Videokassetten» «Videotechnische Grundlagen»
Farbcodierverfahren colour encoding	Für die Übertragung eines **Composite-Signals** werden die Farbwertsignale Rot, Grün und Blau zuerst in ein **Komponenten-Signal** gewandelt, bestehend aus **Helligkeitssignal** und zwei **Farbdifferenzsignalen**. Die beiden Farbdifferenzsignale werden in der **Bandbreite** stark reduziert, auf einen **Farbhilfsträger moduliert** und dann mit dem Helligkeitssignal im gleichen Frequenzbereich übertragen. Das jeder **Farbfernsehnorm** eigene Codierverfahren unterscheidet sich in der Art der **Modulation** der Farbdifferenzsignale und deren Mischung zum gemeinsamen **Farbsignal**.		*>Inkompatibilität der Farbfernsehnormen (PAL – SECAM – NTSC)*
Farbdifferenzsignal colour difference signal	Für die Übertragung und Speicherung eines farbigen **Videosignals** müssen die Farbwertsignale Rot, Grün und Blau gewandelt werden. Bei der Umwandlung des **RGB-Signals** in ein **Komponenten-Signal** werden aus den drei ursprünglich gleichberechtigen Grundfarben unterschiedlich grosse Anteile gewonnen: die Basis für das **Helligkeitssignal** (abgekürzt mit Y) bildet angepasst an die Empfindlichkeit des menschlichen Auges die Grundfarbe Grün: Y = 59% Grün-, 30% Rot- und 11% Blau-Anteil. Der Farbanteil wird als die beiden Farbdifferenzsignale U und V übertragen:		*>Inkompatibilität innerhalb einer Videoformat-Familie* «Videotechnische Grundlagen»

	Definition	Synonyme	Vorkommen im Buch
	U = (B-Y) × 0,49 und V = (R-Y) × 0,88. Die beiden Farbdifferenzsignale werden in der **Bandbreite** reduziert, auf einen **Farbhilfsträger** moduliert und dann mit dem frequenzmodulierten Helligkeitssignal im gleichen Frequenzbereich übertragen. Augangslage für die Umwandlung des RGB-Signals in ein Helligkeits- und zwei Farbdifferenzsignale war einerseits die begrenzte Übertragungsbandbreite und andererseits der Anspruch, das farbige TV-Signal so zu senden, dass auch Schwarzweiss-Empfänger ein Bild ohne Störungen und mit den korrekten Kontrasten abbilden konnten.		
Farbfernsehnorm television standard	Vor der Einführung von HDTV gab es weltweit drei grosse Gruppen von Farbfernsehnormen. In Amerika und Japan war **NTSC** (seit 1953) der Standard. In Westeuropa, Südamerika, Australien und China herrschte **PAL** (eingeführt 1967) vor, in Frankreich und Osteuropa hingegen **SECAM** (auch seit 1967), in Afrika sind PAL und SECAM anzutreffen. Die Unterschiede zwischen PAL, SECAM und NTSC liegen 1. in ihrem **Farbcodierverfahren** und 2. in ihrem sog. **Timing**, d.h. der Anzahl von **Zeilen** pro Bild und **Halbbildern** pro Sekunde. Vorläufer der NTSC-Norm war die schwarzweisse Fernsehnorm EIA (Electronic Industries Association), Vorläufer der PAL/SECAM Normen war CCIR (Comité Consultatif International des Radiocommunications).	Farbfernsehsystem Norm TV-Norm	*>Colour Lock-Fehler* *>Hue-Fehler (NTSC)* *>Inkompatibilität der Farbfernsehnormen (PAL – SECAM – NTSC)* *>Jalousie-Effekt (PAL)* *>Vertikaler Bildsprung* «Die künstlerische Verwendung von analogen Bildstörungen» «Ein Ratgeber zur Sichtung und Erfassung von Videokassetten» «Videotechnische Grundlagen»
Farbhilfsträger colour subcarrier	Die Bezugsfrequenz sowohl bei der **Modulation** wie bei der **Demodulation** der **Farbdifferenzsignale** im Composite-Video. Der Phasenunterschied des resultierenden **Farbsignals** zum Farbhilfsträger bestimmt den Farbton, während die Farbsättigung in der Amplitude enthalten ist. Es wird nur das Farbsignal allein übertragen, während der Farbhilfsträger unterdrückt wird. Als Referenz für die Demodulation dient der in jeder **Zeile** kurz nach dem Synchronimpuls mit übertragene **Burst**, der in Frequenz und **Phase** mit dem Farbhilfsträger übereinstimmt. Die **Trägerfrequenzen** unterscheiden sich nach **Farbfernsehnorm**.		*>Colour Lock-Fehler* *>Hue-Fehler (NTSC)* *>Inkompatibilität innerhalb einer Videoformat-Familie* *>Jalousie-Effekt (PAL)* *>Moiré-Effekt* «Videotechnische Grundlagen»
Farbsignal chrominance signal	Es kann wie beim **Composite-Signal** dem **Helligkeitssignal** aufmoduliert sein oder getrennt vom Helligkeitssignal geführt werden wie beim **S-Video-Signal**. Das Farbsignal setzt sich aus den beiden **Farbdifferenzsignalen** zusammen und steht für das F im FBAS-Signal (Abk. für Farb-Bild-Austast-Synchron-Signal).	Chroma-Signal Chrominanz	*>Hue-Fehler (NTSC)* *>Jalousie-Effekt (PAL)* *>Inkompatibilitäten innerhalb einer Videoformat-Familie* *>Moiré-Effekt* *>Trägerfrequenz unsymmetrisch* «Die künstlerische Verwendung von analogen Bildstörungen» «Videotechnische Grundlagen»
Fischgratmuster herringbone pattern	Ein Fischgratmuster ist ein flächiges Phänomen der Bildstruktur und entsteht durch die **Interferenz** zweier oder mehrerer Signale oder aus Resten der **Trägerfrequenz**, wie sie bei einer unpräzisen **Demodulation** entstehen können. Das Fischgratmuster kann mit dem Zeilensignal synchronisiert sein, dann entsteht eine sehr regelmässige, diagonale Struktur. Es kann aber auch unsynchronisiert bleiben und sich von **Zeile** zu Zeile leicht verschieben. Je nach Feinheit der Struk-	Moiré	*>Colour Lock-Fehler* *>Moiré-Effekt* *>Trägerfrequenz unsymmetrisch*

	Definition	Synonyme	Vorkommen im Buch
	turen und Betrachterabstand können «übergeordnete Strukturen» entstehen, wie z. B. verschränkte Kreissegmente, die an eine Rundbogen-Pflasterung erinnern.		
fliegende Löschköpfe flying erase heads	Videorekorder, die für den Assemble- oder **Insert-Schnitt** ausgestattet sind, verfügen über fliegende Löschköpfe, die sich, im Gegensatz zu den feststehenden **Löschköpfen**, wie die **Videoköpfe** auf der rotierenden **Kopftrommel** befinden. Herkömmliche, der Kopftrommel vorgelagerte Löschköpfe löschen das Band in seiner ganzen Breite, während die fliegenden Löschköpfe die **Videospuren** exakt an der Schnittstelle zwischen zwei **Halbbildern** löschen, kurz bevor die Videoköpfe die neuen Spuren aufzeichnen. Resultat ist ein absolut störungsfreier Bildschnitt.		*>Farbschlieren nach dem Bildschnitt*
FM-Kopf FM head	Je nach **Videoformat** kann die Aufzeichnung und Wiedergabe eines **FM-Tons** entweder durch die **Videoköpfe** erfolgen oder durch separate FM-Köpfe, die vor den Videoköpfen auf der rotierenden **Kopftrommel** platziert sind.		*>Wiedergabeköpfe verschmutzt*
FM-Ton FM audio	Abk. für Frequency Modulation-Ton (siehe **Frequenzmodulation**), auch bez. als AFM-Ton (AFM = Audio Frequency Modulation). Vorkommen bei diversen analogen **Videoformaten** ab **VHS**. Bei den Consumer-Formaten VHS, **S-VHS**, **Video8**, **Hi8** und **Betamax** wird der FM-Ton auch als HiFi-Ton bezeichnet. Die Aufzeichnung und Wiedergabe eines FM-Tons kann entweder durch die **Videoköpfe** selbst erfolgen oder durch separate **FM-Köpfe**, die vor den Videoköpfen auf der rotierenden **Kopftrommel** platziert sind. Wie der **PCM-Ton** wird der FM-Ton ebenfalls auf die **Schrägspuren** aufgezeichnet, allerdings nicht nur in einem Abschnitt der **Videospur**, sondern über ihre ganze Länge, doch auf einem tieferen Niveau in der **Magnetschicht**. Die Signalqualität ist durch Frequenzmodulation gesteigert, die Lage auf der Schrägspur führt jedoch, wie beim PCM-Ton, zu einer erhöhten Anfälligkeit für Störungen.	AFM-Ton (A)FM-Ton	*>Bandführungsfehler* *>Deformation des Bandes* *>Dehnung oder Schrumpfung des Bandes in Längsrichtung* *>Dropout und Dropout-kompensation* *>Farbschlieren nach dem Bildschnitt* *>Inkompatibilität innerhalb einer Videoformat-Familie* *>Knicke und zerknittertes Band* *>Kratzer und Abnutzung des Bandes* *>Long Play* *>Tracking-Fehler* *>Wiedergabeköpfe verschmutzt* «Ein Ratgeber zur Sichtung und Erfassung von Videokassetten» «Videotechnische Grundlagen»
freilaufender Horizontaloszillator free-running horizontal deflection oscillator	Zwei **Oszillatoren** steuern den Bildaufbau in der Kathodenstrahlröhre: Der freilaufende Horizontaloszillator steuert den horizontalen, der **freilaufende Vertikaloszillator** den vertikalen Aufbau des **Bildrasters**. Der Horizontaloszillator ist Teil des Generators zur Erzeugung der Anodenspannung und anderer notwendiger Spannungen, und muss grundsätzlich – unabhängig davon, ob ein Bild wiedergegeben wird oder nicht – frei schwingen, sich aber bei Anliegen eines TV- oder **Videosignals** sofort auf dieses synchronisieren können. Dazu muss der Oszillator einen genügend grossen **Fangbereich** aufweisen.	Zeilenoszillator	*>Horizontaler Zeilenfang*
freilaufender Vertikaloszillator free-running vertical deflection oscillator	Zwei **Oszillatoren** steuern den Bildaufbau in der Bildröhre: Der **freilaufende Horizontaloszillator** steuert den horizontalen, der freilaufende Vertikaloszillator den vertikalen Aufbau des Bildes. Der Oszillator muss frei schwingen, sich aber bei Anliegen eines TV- oder		*>Vertikaler Bildfang*

	Definition	Synonyme	Vorkommen im Buch
	Videosignals sofort auf dieses synchronisieren können. Dazu muss er einen genügend grossen **Fangbereich** aufweisen.		
Frequenzhub frequency swing	Die Differenz zwischen der tiefsten und der höchsten Frequenz im frequenzmodulierten Signal. Das **Helligkeitssignal** wird bei der Videoaufzeichnung frequenzmoduliert, wobei die niedrigste Signalspannung (die Synchronimpulse) auch in die niedrigste Frequenz umgesetzt wird, und das Weiss des Bildes in die höchste.		*>Inkompatibilität innerhalb einer Videoformat-Familie* «Videotechnische Grundlagen»
Frequenzmodulation frequency modulation	Die Frequenzmodulation (FM) ist ein Übertragungsverfahren, bei dem eine **Trägerfrequenz** durch das zu übertragende Signal verändert wird. Die Frequenzmodulation ermöglicht gegenüber der Amplitudenmodulation einen höheren Dynamikumfang des Informationssignals und sie ist weniger anfällig gegenüber **Störsignalen**. Beim **Videosignal**: Die Peak-to-Peak-Spannung (oder auch Spitzenspannung, Abk. VSS) beträgt 1 Volt. Die tiefste Spannung liegt bei 0 Volt und entspricht dem Pegel der Synchronimpulse. Der Schwarzpegel ist auf 0,3 Volt und der Weisspegel auf 1 Volt festgelegt. Die Frequenz des modulierten Signals steigt proportional zu dessen Spannung, d. h. die tiefste Spannung generiert die niedrigste Frequenz (je nach **Videoformat** um die 3 MHz), die höchste Spannung die höchste Frequenz (je nach Format bis über 7 MHz). Die formatbedingte Differenz zwischen tiefster und höchster Frequenz nennt man **Frequenzhub**.		*>Inkompatibilität innerhalb einer Videoformat-Familie* *>Trägerfrequenz unsymmetrisch*
G Generation generation	Als Generation wird im Videokontext jede neue Kopie bezeichnet, die von einer vorhandenen Kopie angefertigt wird. Im analogen Video kommt es bei jeder Generation zu einer graduellen Verschlechterung des **Videosignals**: Das **Bildrauschen** jeder neuen Kopie addiert sich zum schon enthaltenen der vorangehenden. Den unterschiedlichen Generationen und Vervielfältigungen eines Bandes kommt ein unterschiedlicher Status zu: a) Kameramaster = Aufnahmematerial. b) Editmaster = fertig geschnittenes Video, beste Signalqualität. c) **Master** = 1. Generation nach dem **Bildschnitt**, bzw. bei einem ungeschnittenen Video die Kopie des Kameramasters. Der Master bleibt in der Regel beim Künstler, verkauft wird ein Submaster, von dem die **Ausstellungs-** und **Sichtungskopien** angefertigt werden, und der daher innerhalb einer Sammlung ebenfalls oft als Master oder Kopiermaster bezeichnet wird. d) Submaster = 2. Generation: Kopie vom Master. e) Sichtungs- und Ausstellungskopien = 3. Generation, Kopien vom Submaster oder Kopiermaster angefertigt zum Verschleiss durch Sichtungen oder Ausstellungen. f) **Archivmaster** auch genannt **Archivkopie** = zu Archivzwecken angefertigte Kopie einer Kopie mit der besten verfügbaren Signalqualität, heute in der Regel bei Digitalisierung des analogen Ausgangsmaterials. Das gewählte Zielformat des Archivmasters sollte 1. über eine möglichst geringe Kompression, 2. über eine möglichst weite Verbreitung und 3. über eine voraussehbare, lange Nutzungsdauer verfügen.	Kopiergeneration	*>Dropout und Dropout-kompensation* *>Kopfumschaltpunkt verschoben* «Die künstlerische Verwendung von analogen Bildstörungen» «Videotechnische Grundlagen»

	Definition	Synonyme	Vorkommen im Buch
Gleitmittelverlust loss of lubricant	In und auf der **Magnetschicht** eines **Magnetbandes** befinden sich u.a. Gleitmittel, um die Reibung im Videogerät herabzusetzen und so einen gleichmässigen Bandtransport zu gewährleisten. Als Gleitmittel werden verschiedene Stoffe eingesetzt, sie reichen von langkettigen Fettsäureestern zu Siliconölen etc. Diese Stoffe sind in der Regel schwer flüchtig und können über sehr lange Zeit langsam evaporieren. Auch beim Abspielen kann es aufgrund von Reibung zu einem minimalen Verlust an Gleitmittel kommen. Bei gealterten Videobändern kann es dann im Gerät zu einer Ablagerung von ausgetretenen Gleitmitteln (und anderem **Bandabrieb**) kommen. Die genauen Ursachen von Gleitmittelverlust sind noch unzureichend erforscht, es wird aber empfohlen, Bänder nicht unter 8°C zu lagern, da das Gleitmittel dann als weissliche, mikroskopisch kleine Kristalle auf die Bandoberfläche auswandern kann.		*>Bandkleben und -quietschen*
H Halbbild field	Das Einzelbild oder **Vollbild** beim Fernsehen oder Video besteht aus zwei aufeinanderfolgenden Halbbildern mit der jeweils genau halben Anzahl an **Zeilen** des Vollbildes. Das erste Halbbild enthält die geraden, das zweite die ungeraden Zeilen, die durch den **Halbbildwechsel** ineinander verkämmt werden (sog. **Zeilensprungverfahren**). Je nach **Farbfernsehnorm** setzen sich TV- und Videobilder aus 25 Vollbildern à 625 Zeilen bzw. 50 Halbbildern à 312,5 Zeilen (bei **PAL** und **SECAM**), oder 30 Vollbildern à 525 Zeilen bzw. 60 Halbbildern à 262,5 Zeilen (bei **NTSC**) pro Sekunde zusammen.		*>Brummstörung* *>Dehnung oder Schrumpfung des Bandes in Längsrichtung* *>Farbschlieren nach dem Bildschnitt* *>Inkompatibilität der Farbfernsehnormen (PAL – SECAM – NTSC)* *>Knicke und zerknittertes Band* *>Kopfumschaltpunkt verschoben* *>Kopfversatz abweichend* *>Skew-Fehler* *>Vertikaler Bildfang* *>Vertikaler Bildsprung* *>Vertikale Synchronstörung* *>Wiedergabeköpfe verschmutzt* «Die künstlerische Verwendung von analogen Bildstörungen» «Videotechnische Grundlagen»
Halbbildfrequenz field frequency	Die Anzahl an **Halbbildern**, die pro Sekunde übertragen werden. In den **Farbfernsehnormen PAL** und **SECAM** beträgt die Halbbildfrequenz 50 Hz (= 50 Halbbilder/Sekunde), bei **NTSC** entsprechend 60 Hz.		*>Brummstörung*
Halbbildwechsel field change	Der Wechsel von einem **Halbbild** zum nächsten, der durch den **vertikalen Synchronimpuls** ausgelöst wird. Je nach **Farbfernsehnorm** beträgt die Anzahl der Halbbilder pro Sekunde 50 (**SECAM**, **PAL**) oder 60 (**NTSC**).		*>Vertikaler Bildfang* *>Vertikale Synchronstörung*
Helligkeitssignal luminance signal	Das Helligkeitssignal enthält alle Bildinformationen ohne den Farbanteil. Es wird nach dem Verfahren der **Frequenzmodulation** aufgezeichnet: Auf der untersten, sog. Basisfrequenz liegen die **horizontalen** und **vertikalen Synchronimpulse**. Etwas höher liegt Schwarz, während Weiss durch die höchste Frequenz repräsentiert wird. Die gesamte Frequenzspanne wird als **Frequenzhub** bezeichnet, der mit den Weiterentwicklungen innerhalb der **Videoformat**-Familien sukzessive vergrössert werden konnte.	Luminanz Luminanz-Signal Y-Signal	*>Colour Lock-Fehler* *>Hue-Fehler (NTSC)* *>Inkompatibilität innerhalb einer Videoformat-Familie* *>Jalousie-Effekt (PAL)* *>Moiré-Effekt* *>Trägerfrequenz unsymmetrisch* «Videotechnische Grundlagen»

	Definition	Synonyme	Vorkommen im Buch
Hi8 Hi8	Analoges **Videoformat**, eingeführt 1989 als Weiterentwicklung von **Video8**. Wie bei Video8 nur eine Kassettengrösse. **Magnetband**: Breite 8 mm, **Magnetschicht**: erstmalige Einführung der ME-Beschichtung. Aufzeichnung im **Long Play**-Modus möglich, die max. Spieldauer beträgt 90 min. (**Standard Play**-Modus), bzw. 180 min (LP-Modus). Aufzeichnung nach dem **Colour Under-Verfahren**, getrennte Führung des **Helligkeits-** und **Farbsignals** (Y/C-Verbindung). Die **Bandbreite** beträgt etwa 5 MHz = ca. 400 Linien **Auflösung**. Audio: **FM-** und **PCM-Ton** möglich.		*>Inkompatibilität innerhalb einer Videoformat-Familie* *>Long Play* «Ein Ratgeber zur Sichtung und Erfassung von Videokassetten»
horizontale Austastlücke horizontal blanking interval	Teil des **Videosignals**, der keine Bildinformation, sondern nur den **horizontalen Synchronimpuls** sowie bei **Farbsignalen** den **Burst** enthält. Die Austastlücke setzt die Stärke des **Elektronenstrahls** in der Bildröhre auf Null, so dass er während des **Zeilenrücklaufs** nicht sichtbar ist (vgl. **vertikale Austastlücke**).		*>Horizontaler Zeilenfang*
horizontaler Synchronimpuls horizontal sync pulse	Der horizontale Synchronimpuls ist Teil des **Videosignals** bzw. des **Synchronsignals** und leitet nach jeder geschriebenen **Zeile** den **Zeilenrücklauf** ein. Gemeinsam mit dem **vertikalen Synchronimpuls** steuert er beispielsweise den Gleichlauf der horizontalen und vertikalen Ablenkung des **Elektronenstrahls** in der Kathodenstrahlröhre. Der horizontale Synchronimpuls ist Teil der **horizontalen Austastlücke** und befindet sich zu Beginn jedes **Zeilensignals**.	Horizontalimpuls Zeilensynchronimpuls	*>Colour Lock-Fehler* *>Horizontaler Zeilenfang* *>Inkompatibilität innerhalb einer Videoformat-Familie* *>Vertikaler Bildsprung* «Die künstlerische Verwendung von analogen Bildstörungen» «Videotechnische Grundlagen»
Horizontalsynchronisation horizontal synchronisation	Die vom **horizontalen Synchronimpuls** ausgehende Synchronisation aller von ihm abhängigen Schaltkreise. Bei Kamera bzw. Monitor mit Kathodenstrahlröhre ist die Hochspannungserzeugung und Ablenkung des **Elektronenstrahls** mit der Horizontalsynchronisation verkoppelt.		*>Gleichlaufschwankungen* *>Horizontaler Zeilenfang* *>Kopfversatz abweichend*
Hue-Regler hue control	Regler, den es bei TV-Empfängern oder Monitoren der **Farbfernsehnorm NTSC** gibt, bzw. an NTSC-fähigen **Multinorm-Monitoren**. Er erlaubt die manuelle Einstellung des Farbtons, die zum Ausgleich von **Phasenverschiebungen** bei NTSC-Signalen nötig sein kann.		*>Hue-Fehler (NTSC)* «Videotechnische Grundlagen»
Hydrolyse hydrolysis	Irreversibler, chemischer Zersetzungsprozess, bei dem – ausgelöst durch die Präsenz von Wasser aus der Luftfeuchtigkeit und begünstigt durch erhöhte Temperaturen – das **Bindemittel** der **Magnetschicht** abgebaut wird. Die hydrolytische Spaltung der langkettigen, quervernetzten Polyester-Polyurethanmoleküle ist eine mögliche Ursache von *>Bandkleben und -quietschen*, sowie von einem verstärkten **Bandabrieb**.		*>Bandkleben und -quietschen*
induktiv inductive	Unter elektromagnetischer Induktion versteht man die Entstehung einer Wechselspannung in einem Draht oder einer Spule durch Einwirkung eines sich ändernden Magnetfeldes. Bei der Magnetaufzeichnung erzeugt der durch die Spulenwicklungen des **Magnetkopfes** fliessende Strom ein Magnetfeld, durch das die Magnetpartikel in der **Magnetschicht** des vorbeitransportierten Videobandes gepolt werden. Bei der Wiedergabe geschieht der umgekehrte Prozess: das		*>Übersprechen*

	Definition	Synonyme	Vorkommen im Buch
	Feld der gepolten Magnetpartikel induziert in den **Video-**, **Audio-** und **Kontrollköpfen** einen Strom, der dann weitergeleitet und verstärkt wird. Induktion kann aber auch entstehen, wenn z. B. das Magnetfeld eines Kabels auf ein benachbartes Kabel einwirkt und dort eine **Störspannung** induziert.		
Innenleiter inner conductor	Bestandteil eines Koaxialkabels in der Kabelmitte, der vom Aussenleiter (**Abschirmung**) isoliert geführt wird. Über den Innenleiter erfolgt die Übertragung des **Video-** bzw. **Audiosignals**, während der Aussenleiter in der Regel den Bezugspunkt bildet und mit dem Gehäuse verbunden ist.	Seele	*>Brummstörung*
Insert-Schnitt insert editing	Art des elektronischen **Bildschnitts** bei Video, mit der eine neue Szene (Bild und/oder Ton) störungsfrei in ein bereits bespieltes Band eingesetzt werden kann. Voraussetzung dafür ist ein Videogerät mit **fliegenden Löschköpfen**.		*>Farbschlieren nach dem Bildschnitt*
Interferenz interference	Überlagerung zweier oder mehrerer Wellen, die durch Addition ihrer Amplituden sich gegenseitig entweder auslöschen oder verstärken können. Interferenzen entstehen grundsätzlich bei allen Arten von Wellen (Elektrizität, Schall, Licht etc.). Beim TV-, bzw. Videobild können sich Interferenzen z. B. in Form von *>Moiré-Effekten* oder **Fischgratmuster** zeigen.		*>Brummstörung* *>Moiré-Effekt* *>Trägerfrequenz unsymmetrisch* *>Übersprechen*
K kapazitiv capacitive	Unter einer elektrischen Kapazität versteht man die Eigenschaft eines Kondensators, eines Kabels o. ä., elektrische Ladung zu speichern bzw. Wechselspannungen zu übertragen. Eine unerwünschte Übertragung zwischen zwei Kabeln kann durch eine **Abschirmung** unterbunden werden.		*>Übersprechen*
Koerzitivkraft coercivity	Magnetische Feldstärke, die aufgebracht werden muss, um die Remanenz, d.h. den Restmagnetismus eines Magnetpartikels (z. B. eines **Magnetbandes**) vollständig zu überwinden. Je höher die notwendige Koerzitivkraft bei der Aufnahme ist, desto stärker fällt auch das Signal beim Lesen aus: dadurch kann die Anzahl der nötigen Partikel verringert werden, um noch eine bestimmte, minimal notwendige Signalstärke zu gewährleisten. Dies ermöglicht eine Verringerung der Bandfläche und damit eine Optimierung der Gerätedimensionen.		*>Inkompatibilität innerhalb einer Videoformat-Familie* «Videotechnische Grundlagen»
Komponenten-Signal component signal	Im Gegensatz zum **Composite-Signal** werden bei dieser Verbindung zur Steigerung der Bildqualität **Helligkeits-** und **Farbsignale** getrennt geführt, wobei letztere aus zwei unabhängigen **Farbdifferenzsignalen** (R-Y und B-Y) bestehen. Die Komponenten-Signale sind eine (elektronisch realisierte) arithmetische Umrechnung der ursprünglichen **RGB-Signale** und weisen in der 4:4:4 Variante dieselbe **Auflösung** auf. Für die Aufzeichnung des Komponenten-Signals wird die **Bandbreite** der beiden Farbdifferenzsignale je halbiert, wofür die nähere Spezifizierung 4:2:2 steht. Die analoge Komponenten-Aufzeichnung kommt nur bei den **Videoformaten** M, MII, **Betacam** und **Betacam SP** vor, bei den digitalen Videoformaten hin-		*>Moiré-Effekt* «Videotechnische Grundlagen»

	Definition	Synonyme	Vorkommen im Buch
	gegen ist die Komponenten-Aufzeichnung vorherrschend. Bei konsequenter Signalführung über RGB- oder Komponenten-Signal (zusätzlich auch: **S-Video-Signal**) können **Cross Colour-** und **Cross Luminance-Effekte** verhindert werden. Auch das RGB-Signal zählt zu den Komponenten-Signalen, kann aber je nach Auslegung eine oder zwei zusätzliche Leitungen für die **Synchronsignale** benötigen, wenn sie nicht dem Grün-Kanal beigemischt sind.		
Kontrollimpuls control pulse	Die Kontrollimpulse befinden sich auf der **longitudinalen Kontrollspur** eines Videobandes und sind auf keinen Fall mit den **horizontalen**, bzw. **vertikalen Synchronimpulsen** zu verwechseln. Letztere sind in das **Videosignal** eingebettet und befinden sich daher auf den **Schrägspuren**. In der Regel ist ein Kontrollimpuls pro **Halbbild** aufgezeichnet, er dient als Referenz für das Auffinden, d.h. das **Tracking** der Schrägspur.	CTL-Impuls	*>Vertikale Synchronstörung* *>Wiedergabeköpfe verschmutzt* «Videotechnische Grundlagen»
Kontrollkopf control head	**Magnetkopf** im Videogerät, der die **Kontrollimpulse** auf einer **Längsspur** (**Kontrollspur**) auf das **Magnetband** schreibt und sie bei der Wiedergabe wieder liest. Er liegt in Bandlaufrichtung hinter der **Kopftrommel**, ist feststehend und häufig mit dem **Audiokopf** kombiniert.	Synchronkopf	*>Wiedergabeköpfe verschmutzt* «Videotechnische Grundlagen»
Kontrollspur control track	**Längsspur** auf dem Videoband, auf der sich die **Kontrollimpulse** befinden.	Synchronspur	*>Deformation des Bandes* *>Knicke und zerknittertes Band* *>Kratzer und Abnutzung des Bandes* *>Tracking-Fehler* *>Vertikale Synchronstörung* «Videotechnische Grundlagen»
Kopfpfad head path	Der tatsächliche Pfad, den ein auf der **Kopftrommel** platzierter **Magnetkopf** (**Videokopf**, **FM-Kopf** oder **fliegender Löschkopf**) auf dem **Magnetband** beschreibt, wenn diese rotiert. Für ein korrektes **Tracking** und eine ungestörte Wiedergabe muss der Kopfpfad genau mit der formatspezifisch festgelegten **Spurlage** übereinstimmen.		*>Bandführungsfehler* *>Tracking-Fehler*
Kopfsignal head signal	Bezeichnet hier das Signal, das durch den **Videokopf** geschrieben bzw. gelesen und verstärkt wird.		*>Kopfumschaltpunkt verschoben* *>Kopfversatz abweichend* *>Trägerfrequenz unsymmetrisch* «Videotechnische Grundlagen»
Kopfspalt head gap	Siehe **Magnetkopf**. Die Magnetköpfe variieren in der Gestalt, sind aber grundsätzlich als zwei zum Kreis bzw. Rechteck geschlossene Kernhälften mit aufgebrachten Drahtspulen aufgebaut. Die beiden Polschuhe, auch Kopfspiegel genannt, bilden die Kontaktfläche zum **Magnetband** und sind durch den Kopfspalt getrennt. Die Breite des Kopfspaltes liegt bei **Videoköpfen** bei wenigen Zehntel Mikrometern, bei **Audioköpfen** zwischen 3 und 8 Mikrometern. Je kleiner der Kopfspalt und je höher die relative **Kopf-zu-Band-geschwindigkeit**, umso höherfrequente Signale lassen sich aufzeichnen und wiedergeben.		*>Farbschlieren nach dem Bildschnitt* *>Wiedergabeköpfe verschmutzt* «Videotechnische Grundlagen

	Definition	Synonyme	Vorkommen im Buch
Kopftrommel head drum	Im Inneren der Videorekorder sämtlicher analoger und digitaler Formate befindet sich die sog. Kopftrommel, ein Aluminiumzylinder, dessen Durchmesser vom **Videoformat** abhängig ist. Sie besteht aus zwei Hälften: Einer unteren, feststehenden Trommelhälfte und einer oberen Hälfte, die abhängig vom Videoformat ebenfalls feststehend sein kann oder mit hoher Geschwindigkeit rotiert. Sind beide Hälften feststehend, so rotiert zwischen ihnen der Kopfsteg oder die Kopfscheibe mit den daran befestigten **Magnetköpfen**. Rotiert hingegen die obere Hälfte der Kopftrommel, so entfällt die Kopfscheibe bzw. der Kopfsteg, weil die Köpfe direkt an der oberen Trommelhälfte befestigt sind. Die am Steg bzw. der Trommel befestigten Magnetköpfe (d. h. die **Videoköpfe** und ggf. auch **FM-**, **PCM-** oder **fliegende Löschköpfe**) sind für die Aufnahme und Wiedergabe, bzw. das Löschen der Bild- und ggf. Toninformationen auf den **Schrägspuren** eines **Magnetbandes** zuständig. Dazu wird das Band auf einer leicht schrägen Führungskante um die Kopftrommel herumgeführt. Die Magnetköpfe stehen an der Trommel leicht hervor, um einen guten **Kopf-zu-Bandkontakt** zu gewährleisten.		*>Bandführungsfehler* *>Bandkleben und -quietschen* *>Deformation des Bandes* *>Farbschlieren nach dem Bildschnitt* *>Gleichlaufschwankungen* *>Knicke und zerknittertes Band* *>Kopfumschaltpunkt verschoben* *>Kopfversatz abweichend* *>Skew-Fehler* *>Wiedergabeköpfe verschmutzt* «Die künstlerische Verwendung von analogen Bildstörungen» «Ein Ratgeber zur Sichtung und Erfassung von Videokassetten» «Videotechnische Grundlagen»
Kopfumschaltpunkt head switching point	Der Kopfumschaltpunkt ist charakteristisch für das **Schrägspurverfahren** und zeigt sich einige **Zeilen** oberhalb des unteren Bildrandes in Form zweier weisser, schwarzer oder weiss-schwarzer Punkte (seltener handelt es sich um einen einzelnen Punkt). Sie blitzen – anders als ein **Dropout** – anhaltend in der gleichen Zeile auf und tanzen dabei leicht hin und her. Die Punkte entstehen, weil es bei der **Kopfumschaltung** zu einem **Phasensprung** in der **Trägerfrequenz** kommt.		*>Dropout und Dropout-kompensation* *>Kopfumschaltpunkt verschoben* *>Kopfversatz abweichend* *>Skew-Fehler* *>Vertikale Synchronstörung*
Kopfumschaltung head switch	Bei der Wiedergabe eines Videobandes lesen die **Videoköpfe**, die auf der rotierenden **Kopftrommel** um 180° versetzt angebracht sind, immer abwechselnd eine **Schrägspur** (= ein **Halbbild**). Damit immer nur das **Videosignal** des gerade aktiven Kopfes weitergeleitet wird, muss für die Wiedergabe jeder Schrägspur zwischen den Köpfen elektronisch umgeschaltet werden. Ausgelöst wird diese Kopfumschaltung durch einen Impuls, der immer dann in einer am stationären Teil der Kopftrommel befestigten Spule induziert wird, wenn ein am drehenden Teil der Kopftrommel befestigter Magnet vorbeizieht.		*>Kopfumschaltpunkt verschoben* *>Kopfversatz abweichend* *>Skew-Fehler*
Kopfversatz head alignment	Als Kopfversatz wird der Winkel zwischen den **Magnetköpfen** bezeichnet, die sich auf der rotierenden **Kopftrommel** eines Videogeräts befinden. Paarige **Videoköpfe**, die auf der Kopftrommel gegenüberliegend angeordnet sind, haben einen Kopfversatz von genau oder annähernd 180°.		*>Kopfversatz abweichend*
Kopf-zu-Bandgeschwindigkeit head-to-tape speed	Die Summe aus der Rotationsgeschwindigkeit der **Magnetköpfe** auf der **Kopftrommel** und der **Bandgeschwindigkeit** des Bandes im Videogerät. Wird die genau definierte Kopf-zu-Bandgeschwindigkeit erhöht oder gesenkt, z. B. durch ein den Bandtransport bremsendes *>Bandkleben und -quietschen*, durch *>Gleich-*		*>Bandkleben und -quietschen* *>Gleichlaufschwankungen* *>Inkompatibilität der Farbfernsehnormen (PAL – SECAM – NTSC)* «Videotechnische Grundlagen»

	Definition	Synonyme	Vorkommen im Buch
	laufschwankungen im Gerät oder durch eine falsche Einstellung bei **Long Play**-fähigen Formaten, kommt es zu Bild- und Tonstörungen.		
Kopf-zu-Bandkontakt head-to-tape contact	Sowohl für die Aufzeichnung als auch für die Wiedergabe eines **Videosignals** müssen alle **Videoköpfe** einen direkten Kontakt mit den **Video-**, **Audio-** und **Kontrollspuren** eines **Magnetbandes** haben. Ist dieser direkte Kontakt z.B. infolge Verschmutzung des **Bandpfades** nicht mehr optimal, kommt es zu Bild- und Tonstörungen.		*>Deformation des Bandes* *>Dropout und Dropout-kompensation* *>Knicke und zerknittertes Band* *>Wiedergabeköpfe verschmutzt* «Videotechnische Grundlagen»
L Längsspur longitudinal track	Spur auf einem Videoband, die im Gegensatz zu den **Schrägspuren** ununterbrochen längs zum Band verläuft. Sowohl die **Audiospuren**, als auch die **Kontrollspur** werden als Längsspuren geschrieben. Die **Audiosignale** können je nach **Videoformat** auch zusätzlich als **FM-** oder **PCM-Ton** auf die Schrägspuren aufgezeichnet sein. Die Längsspuren auf einem Band werden immer durch feststehende **Audio-** oder **Kontrollköpfe** gelesen und geschrieben, nie durch Köpfe auf der rotierenden **Kopftrommel**.		*>Bandführungsfehler* *>Deformation des Bandes* *>Dehnung oder Schrumpfung des Bandes in Längsrichtung* *>Dropout und Dropout-kompensation* *>Farbschlieren nach dem Bildschnitt* *>Inkompatibilität innerhalb einer Videoformat-Familie* *>Knicke und zerknittertes Band* *>Kratzer und Abnutzung des Bandes* *>Long Play* *>Tracking-Fehler* *>Wiedergabeköpfe verschmutzt* «Videotechnische Grundlagen
Long Play Long Play	Abgekürzt mit LP. Der Long Play-Modus wurde im Consumerbereich 1977 als erstes beim **Videoformat Betamax** eingeführt. Vorkommen bei den analogen Videoformaten **Video 2000**, Betamax, **VHS**, **S-VHS**, **Video8** und **Hi8** sowie bei diversen digitalen Videoformaten. Der LP-Modus ermöglicht bei gleicher Bandlänge eine 1,5–2 × verlängerte Spieldauer gegenüber der Aufzeichnung/Wiedergabe im **Standard Play**-Modus (SP) und wird am LP-fähigen Gerät wahlweise eingestellt. Im LP-Modus aufgezeichnete Bänder müssen auch im LP-Modus abgespielt werden, da es sonst zu Bild- und Tonstörungen kommt (vgl. *>Long Play*). Einige wenige Formate sehen eine Erhöhung der Aufnahmedauer um Faktor 3 oder mehr vor, dieser Modus ist bekannt als Super Long Play (SLP), manchmal auch als Extended Play (EP).	LP	*>Long Play* «Ein Ratgeber zur Sichtung und Erfassung von Videokassetten»
longitudinal longitudinal	Siehe **Längsspur**.		
Löschkopf erase head	Im **Bandpfad** eines Videorekorders ist der feststehende Löschkopf der **Kopftrommel** vorgelagert und löscht alle **Video-**, **Audio-** und **Kontrollspuren** des Bandes zugleich. Anders als mit **fliegenden Löschköpfen**, die sich auf der rotierenden Kopftrommel befinden, lässt sich mit ihm kein störungsfreier Assemble- oder **Insert-Schnitt** durchführen.		*>Farbschlieren nach dem Bildschnitt* «Videotechnische Grundlagen»
M Magnetband magnetic tape	Speichermedium für die magnetische Aufzeichnung von Informationen. Magnetbänder werden sowohl zur Aufzeichnung von **Audio-** und **Videosignalen**, als auch zur Speicherung von Computerdaten verwendet.		*>Dehnung oder Schrumpfung des Bandes in Längsrichtung* *>Dropout und Dropout-kompensation*

	Definition	Synonyme	Vorkommen im Buch
	Magnetbänder unterscheiden sich in Format, Grösse sowie Form, und können sowohl analoge als auch digitale Information speichern. Magnetbänder, die für die Videoaufzeichnung und -wiedergabe Verwendung finden, setzen sich in der Regel aus einer **Trägerfolie**, einer informationstragenden dünnen **Magnetschicht** und häufig auch aus einer **Rückseitenbeschichtung** zusammen.		*>Kratzer und Abnutzung des Bandes* *>Tracking-Fehler* *>Vertikale Synchronstörung* «Die künstlerische Verwendung von analogen Bildstörungen» «Ein Ratgeber zur Sichtung und Erfassung von Videokassetten» «Videotechnische Grundlagen»
Magnetkopf magnetic head	Elektromagnet, der zur Aufzeichnung, zur Wiedergabe und/oder zum Löschen von Ton- und Bildinformationen auf einem **Magnetband** dient. Im Videogerät gibt es sowohl feststehende Magnetköpfe (vgl. **Audiokopf**, **Kontrollkopf**, **Löschkopf**), als auch Magnetköpfe, die auf der **Kopftrommel** rotieren (vgl. **Videokopf**, **FM-Kopf**, **fliegende Löschköpfe**). Die Magnetköpfe variieren in der Gestalt, sind aber grundsätzlich als zwei zum Kreis bzw. Rechteck geschlossene Kernhälften mit aufgebrachten Drahtspulen aufgebaut. Ihre Kontaktflächen zum Band sind hochpräzise geschliffen und poliert und werden als Polschuhe bzw. Kopfspiegel bezeichnet. Sie sind durch den sog. **Kopfspalt** getrennt. Bei der Magnetaufzeichnung erzeugt der durch die Spulenwicklungen fliessende Strom ein Magnetfeld, dessen Polung auf die Magnetpartikel in der **Magnetschicht** des vorbeitransportierten Videobandes übergeht. Bei der Wiedergabe geschieht der umgekehrte Prozess: das Feld der Magnetpartikel induziert im Magnetkopf einen Strom, der dann weitergeleitet und verstärkt wird. Je kleiner der Kopfspalt und je höher die relative **Kopf-zu-Bandgeschwindigkeit**, umso höherfrequente **Video-** und **Audiosignale** lassen sich aufzeichnen und wiedergeben.		«Videotechnische Grundlagen»
Magnetschicht magnetic coat	In der Magnetschicht eines Videobandes sind sämtliche Bild- und Toninformationen eines Videos gespeichert. Die Beschichtungssysteme von **Magnetbändern** haben sich über die Jahrzehnte verändert. Von den frühesten **Videoformaten** bis zum Format **Betacam** wurde eine Dispersion aus einem **Bindemittel** und ferromagnetischen Eisenoxidpartikeln verwendet. Diese Bänder werden als Oxidbänder bezeichnet. Sie wurden durch Chromdioxid-Bänder und später durch die sogenannten MP-Bänder (Metal Particle) abgelöst, bei letzteren ersetzten reine Metallpartikel die Oxide. In der fortlaufenden Weiterentwicklung verzichtete man auf die Bindemittel und bedampfte die **Trägerfolie** mit Metall. Diese ME-Bänder (Metal Evaporated) wurden mit dem Format **Hi8** eingeführt und fanden später vor allem für digitale Formate Verwendung. Die verschiedenen Beschichtungen können auch nebeneinander existieren und sind abhängig vom Videoformat und Hersteller. Sie unterscheiden sich in erster Linie in der Wahl des magnetischen Materials, das eine unterschiedliche **Koerzitivkraft** hat, und auch in der Grösse der Magnetpartikel. Je kleiner die Partikel und je höher ihre Koerzitivkraft, umso höhere Frequenzen können aufgezeichnet werden. Für eine gute Haftung der ferromagnetischen Partikel auf der		*>Bandkleben und -quietschen* *>Dropout und Dropoutkompensation* *>Kratzer und Abnutzung des Bandes*

	Definition	Synonyme	Vorkommen im Buch
	Trägerfolie bedarf es eines Bindemittels mit verschiedenen Zusätzen wie diverse Füllstoffe, Gleitmittel, Dispergiermittel und auch antistatischer Kohlenstoff etc. Die Magnetpartikel werden bei der Aufzeichnung der **Video-**, **Audio-** und **Kontrollspuren** magnetisiert und speichern so die **Video-**, **Audio-** und **Synchronsignale**.		
Master master	Siehe **Generation**.		«Ein Ratgeber zur Sichtung und Erfassung von Videokassetten»
MAZ-Karte dub sheet	Abk. für Magnetaufzeichnungs-Karte. Beiblatt zu einem **Magnetband**, in das alle technischen Angaben zum Band und zu den **Kopiervorgängen**, **Generationen** bzw. **Migrationen** eingetragen werden. Dazu gehören Angaben zu **Videoformat**, **Farbfernsehnorm**, Belegung der **Audiospuren** etc. sowie Angaben zum Kopierweg, inkl. der Verkabelung. Jede neue Kopie muss eine eigene MAZ-Karte erhalten (vorzugsweise ein Exemplar zur Kassette, eines in die Unterlagen).	Magnetaufzeichnungs-Karte	«Ein Ratgeber zur Sichtung und Erfassung von Videokassetten»
Migration migration	Im Videokontext der Transfer von Informationen von einem **Videoformat** auf ein anderes, der in regelmässigen Abständen stattfinden sollte, weil Speichermedien und die dazugehörigen Geräte obsolet werden und **Magnetbänder** degradieren. Die Migration eines analogen **Videosignals** bedeutet heute eigentlich fast immer seine Digitalisierung. Das gewählte Zielformat einer Migration sollte 1. über eine möglichst geringe Kompression, 2. über eine möglichst weite Verbreitung und 3. über eine voraussehbare, lange Nutzungsdauer verfügen (vgl. **Archivmaster**).		«Ein Ratgeber zur Sichtung und Erfassung von Videokassetten»
Modulation modulation	Ein zu übertragendes **Nutzsignal** wird einer **Trägerfrequenz** aufmoduliert zwecks Übertragung oder Aufzeichnung. Dabei wird das Nutzsignal in den (höheren) Frequenzbereich des Trägersignals umgesetzt. Die Nachricht bzw. das Nutzsignal wird später empfangsseitig oder bei der Wiedergabe durch einen Demodulator wieder zurückgewonnen, vgl. auch **Demodulation**. Das Trägersignal selbst ist bezüglich der übertragenen Nachricht ohne Bedeutung, es ist nur zur Anpassung an die physikalischen Eigenschaften des Übertragungskanals bzw. des Speichermediums notwendig. Die zwei am häufigsten verwendeten analogen Verfahren sind **Frequenzmodulation** und Amplitudenmodulation.		*>Trägerfrequenz unsymmetrisch*
modulieren modulate	Siehe **Modulation**, vgl. auch **Frequenzmodulation**.		*>Bandkleben und -quietschen* «Videotechnische Grundlagen»
Multinorm-Abspielgerät multi-standard player	Diese Geräte verfügen über Umschalter (Schalter oder Menüeinstellungen), mit denen die Videobänder verschiedener **Farbfernsehnormen** wiedergegeben werden können. Sie eignen sich nur zum Sichten, nicht aber zur Erstellung von Kopien, da z. B. die europäischen Multinorm-Abspielgeräte **NTSC**-Formate nicht mit ihrer normspezifischen Frequenz des **Farbhilfsträgers** von 3,58 MHz, sondern mit der **PAL**-eigenen Farbhilfsträgerfrequenz von 4,43 MHz wiedergeben. Dabei wird das von den europäischen Geräten ausgegebene NTSC-Signal mit «NTSC4,43» bezeichnet.	Mehrnormen-Abspielgerät	*>Colour Lock-Fehler* «Ein Ratgeber zur Sichtung und Erfassung von Videokassetten» *>Inkompatibilität der Farbfernsehnormen (PAL – SECAM – NTSC)*

	Definition	Synonyme	Vorkommen im Buch
Multinorm-Gerät multi-standard device	Abspielgeräte und Monitore, die mehr als eine **Farbfernsehnorm** wiedergeben, allenfalls auch aufnehmen können.	Mehrnormen-Gerät	*>Inkompatibilität der Farbfernsehnormen (PAL – SECAM – NTSC)*
Multinorm-Monitor multi-standard monitor	Monitore, die mehr als eine **Farbfernsehnorm** wiedergeben können.	Mehrnormen-Monitor	*>Hue-Fehler (NTSC)*
N Nutzsignal effective signal	Die Bild-, Ton- und Synchroninformationen eines **Videosignals**, etwa ohne die störenden Rauschanteile oder **Störsignale** des Übertragungskanals bzw. Speichermediums.		*>Tracking-Fehler* *>Übersprechen*
NTSC NTSC	Abk. für «National Television Systems Committee». **Farbfernsehnorm**, die 1953 in den USA eingeführt wurde und bis 2009 noch in den USA, Japan etc. vorherrschend war. Im Gegensatz zur später eingeführten **PAL**-Norm ermöglicht das **Farbcodierverfahren** bei NTSC noch keinen automatischen Ausgleich im Empfangsgerät, wenn Phasenfehler auf der Übertragungsstrecke entstanden sind. Es kommt daher zu erheblichen Farbtonsprüngen bei wechselndem Empfang verschiedener Fernsehsender (vgl. *>Hue-Fehler [NTSC]*). Das **Timing** definiert 525 **Zeilen** pro **Vollbild** und 30 (präziser: 29,97) Vollbilder = 60 (präziser: 59,94) **Halbbilder** pro Sekunde.		*>Colour Lock-Fehler* *>Hue-Fehler (NTSC)* *>Inkompatibilität der Farbfernsehnormen (PAL – SECAM – NTSC)* *>Jalousie-Effekt (PAL)* *>Moiré-Effekt* «Die künstlerische Verwendung von analogen Bildstörungen» «Ein Ratgeber zur Sichtung und Erfassung von Videokassetten» «Videotechnische Grundlagen»
O Offene Spule open reel	Alle **Videoformate** vor 1971 (die ersten erfolgreichen Kassettensysteme wurden mit **VCR** und **U-matic** eingeführt) sind Videobänder auf Offener Spule. Genau wie bei Tonbändern mussten sie am Spulenteller befestigt und dem **Bandpfad** folgend manuell auf eine leere Aufwickelspule gefädelt werden. Nach abgeschlossener Aufzeichnung oder Wiedergabe wurde das Band zurück auf die Abwickelspule gespult. Es gibt zahlreiche 2", 1", ½" und ¼"-Offenspul-Formate. 2" und 1" waren Broadcast- bzw. professionelle Formate, ½" und ¼" waren für den institutionellen und privaten Gebrauch vorgesehen. Bei ½"Formaten gibt es Spulen verschiedener Grösse und Form, vorwiegend 13 cm und 18 cm im Durchmesser. Die häufigsten Formate sind der sog. Sony CV-Standard (Einführung ab 1965) und der AV-Standard (Einführung ab 1969), auch genannt Japan Standard 1 bzw. EIAJ-1. Zu Beginn sind beide Formate ausschliesslich schwarzweiss, erst in der Weiterentwicklung ist eine farbige Aufzeichnung möglich. Beide Formate zeichnen mit **Rasen** auf. CV hat im Schwarzweiss-Modus einen **Audiokanal** auf der **Längsspur**. Aufzeichnungsdauer bei CV 20 min und 40 min, bei AV 30 min und 60 min. CV verwendet Eisenoxid-Bänder, AV dagegen sog. High Density-Bänder (Chromdioxid). CV weist eine **Auflösung** von 270 Linien im Schwarzweiss-Modus und 220 Linien im Farb-Modus auf. Für AV gilt eine Auflösung von 300 Linien im Schwarzweiss-Modus und 240 Linien im Farb-Modus.		*>Trägerfrequenz unsymmetrisch* *>Vertikaler Bildsprung* «Ein Ratgeber zur Sichtung und Erfassung von Videokassetten» «Videotechnische Grundlagen»
Oszillator oscillator	In der Grundschaltung erzeugt der Oszillator eine mehr oder weniger konstante Frequenz (z. B. sinusförmig). Es gibt steuerbare Oszillatoren, die ein Signal bestimmter Stärke an ihrem Eingang in eine dazu analoge Frequenz		*>Colour Lock-Fehler* *>Vertikaler Bildsprung* «Videotechnische Grundlagen»

	Definition	Synonyme	Vorkommen im Buch
	wandeln (höhere Signalspannung am Eingang = höhere Frequenz). Um beispielsweise ein **Videosignal** aufzuzeichnen, bedarf es für die **Frequenzmodulation** des **Helligkeitssignals** eines steuerbaren Oszillators. Im Regelkreis kann sich ein Oszillator innerhalb eines definierten **Fangbereichs** auf ein externes Signal einstellen, vgl. **freilaufender Horizontaloszillator** und **freilaufender Vertikaloszillator**. Quarzstabile Oszillatoren hingegen erzeugen feste unveränderbare Frequenzen hoher Konstanz (z. B. in Uhren).		
P PAL PAL	Abk. für «Phase Alternation Line». **Farbfernsehnorm**, die als Weiterentwicklung der amerikanischen **NTSC**-Norm 1967 in Deutschland eingeführt wurde und bis 2008 v. a. in Westeuropa, Teilen Afrikas und in China vorherrschte. PAL baut auf die abgelöste Schwarzweiss-Fernsehnorm CCIR (Comité Consultatif International des Radiocommunications) auf. Das **Farbcodierverfahren** von PAL hat gegenüber NTSC den Vorteil, dass abweichende Farbwerte (Farbton und Farbsättigung) durch den TV-Empfänger automatisch ausgeglichen werden und nicht mehr manuell am TV-Gerät eingestellt werden müssen. Das **Timing** definiert 625 **Zeilen** pro **Vollbild** und 25 Vollbilder = 50 **Halbbilder** pro Sekunde.		*>Colour Lock-Fehler* *>Hue-Fehler (NTSC)* *>Inkompatibilität der Farbfernsehnormen (PAL – SECAM – NTSC)* *>Jalousie-Effekt (PAL)* *>Moiré-Effekt* *>Vertikaler Bildsprung* «Ein Ratgeber zur Sichtung und Erfassung von Videokassetten» «Videotechnische Grundlagen»
PCM-Kopf PCM head	Je nach **Videoformat** kann die Aufzeichnung und Wiedergabe eines **PCM-Tons** entweder durch die **Videoköpfe** erfolgen oder durch separate PCM-Köpfe, die auf der rotierenden **Kopftrommel** platziert sind.		
PCM-Ton PCM audio	Abk. für «Pulse Code Modulation». Hier wird das **Audiosignal** digital auf das **Magnetband** aufgezeichnet. Optionales Vorkommen bei den analogen **Videoformaten** MII, **Video8**, **Hi8** und **Betacam SP** (zusätzlich zum Ton auf der **Längsspur**, bzw. zum **FM-Ton**). Bei sämtlichen digitalen Videoformaten ist der PCM-Ton Standard. Je nach Videoformat wird er durch die auf der rotierenden **Kopftrommel** befindlichen Videoköpfe oder **PCM-Köpfe** aufgezeichnet bzw. wiedergegeben und ist auf einem Teil der **Schrägspur** lokalisiert. Der PCM-Ton ist von hoher Qualität, lässt sich annähernd verlustfrei kopieren sowie unabhängig vom Bildsignal editieren. Wie auch der FM-Ton, ist der PCM-Ton aufgrund seiner Lage auf der Schrägspur relativ anfällig für Störungen.		*>Bandführungsfehler* *>Deformation des Bandes* *>Dehnung oder Schrumpfung des Bandes in Längsrichtung* *>Dropout und Dropoutkompensation* *>Farbschlieren nach dem Bildschnitt* *>Inkompatibilität innerhalb einer Videoformat-Familie* *>Knicke und zerknittertes Band* *>Kratzer und Abnutzung des Bandes* *>Long Play* *>Tracking-Fehler* *>Wiedergabeköpfe verschmutzt* «Ein Ratgeber zur Sichtung und Erfassung von Videokassetten» «Videotechnische Grundlagen»
Phase phase	Beschreibt allgemein den Drehwinkel einer Sinusschwingung in Bezug zu einer Referenzschwingung. Bei einer **Phasenverschiebung** hat das verschobene Signal zwar dieselbe Frequenz, aber der Nulldurchgang der Schwingung ist um einen Winkel von 0–360° versetzt. Auch bei nicht sinusförmigen Signalen, wie z.B dem TV- oder **Videosignal** spricht man von Phasenverschiebung, wenn sie in Bezug zu einem **Synchronsignal** früher oder später beginnen.		*>Brummstörung* *>Colour Lock-Fehler* *>Hue-Fehler (NTSC)* «Videotechnische Grundlagen»

		Definition	Synonyme	Vorkommen im Buch
	Phasensprung phase jump	Abrupter Wechsel in der Lage der **Phase**, der z. B. beim **Bildschnitt** eines Videos passieren kann, und der zu Bild- und Tonstörungen führt. Der helle Punkt beim **Kopfumschaltpunkt** ist auf einen Phasensprung in der **Trägerfrequenz** im Moment der **Kopfumschaltung** zurückzuführen.		*>Kopfumschaltpunkt verschoben* *>Kopfversatz abweichend* *>Skew-Fehler* *>Vertikale Synchronstörung*
	Phasenverschiebung phase shift	Synchroner, aber phasenverschobener Verlauf von zwei oder mehr periodischen Schwingungen gleicher Frequenz. Sie erreichen den Nulldurchgang zu einem jeweils zeitlich versetzten Moment (vgl. **Phase, Phasensprung**).		*>Hue-Fehler (NTSC)* *>Jalousie-Effekt (PAL)*
Q	Querspurverfahren transverse scan method	Aufzeichnungsverfahren aus der Anfangszeit des Videos, eingesetzt beim sog. Quadruplex-Format (2"-**Offene Spule**). Die **Videospuren** werden dabei nahezu senkrecht auf das Band aufgezeichnet. Bei der Aufzeichnung und Wiedergabe wird das **Magnetband** in einem zylindrischen Kanal geführt, um sich der senkrecht rotierenden **Kopftrommel** anzupassen. Die vier auf der Kopftrommel gleichmässig verteilten **Videoköpfe** schreiben jeweils rund 18 **Zeilen** pro Spur, d.h. die Aufzeichnung ist segmentiert, da jede Videospur mehrere Zeilen bzw. Abschnitte von Zeilen enthält (vgl. **Schrägspurverfahren**).		«Videotechnische Grundlagen»
	Quietschen squeal	Signifikantes, mehr oder weniger lautes und hohes Quietschen, das auch im Deutschen oft mit dem englischen Begriff «Squeal» bezeichnet wird. Der Begriff «Dry Squeal» wird im Sprachgebrauch v. a. im Zusammenhang mit **Gleitmittelverlust** und daher in Abgrenzung zum **Sticky Shed Syndrom** verwendet, in der Literatur ist er jedoch wenig belegt.	Squeal	*>Bandkleben und -quietschen* «Ein Ratgeber zur Sichtung und Erfassung von Videokassetten» «Videotechnische Grundlagen»
R	Rasen guard band	Nicht beschriebener Sicherheitsabstand zwischen den **Schrägspuren** eines Videobandes, der ein Übersprechen benachbarter Schrägspuren verhindert. Das **Azimut**-Aufzeichnungsverfahren macht diese ungenutzten Bandpartien überflüssig, so dass die maximale Spieldauer des Bandes verlängert werden konnte.		*>Inkompatibilität innerhalb einer Videoformat-Familie* *>Tracking-Fehler*
	Rauschabstand signal-to-noise ratio	Grundsätzlich bezeichnet der Rauschabstand das Verhältnis vom **Nutzsignal** zum **Störsignal** und wird in Dezibel (dB) angegeben. Je grösser bei einem **Videosignal** die Differenz, d.h. der Abstand zwischen dem Nutzsignal und dem Störsignal ist, desto klarer ist das TV- oder Videobild. Je kleiner der Rauschabstand wird, z. B. von einer Kopier-**Generation** zur nächsten, desto mehr nimmt das **Bildrauschen** zu.	Signal-Rauschabstand Störabstand Fremdspannungsabstand	*>Inkompatibilität innerhalb einer Videoformat-Familie* *>Tracking-Fehler* «Die künstlerische Verwendung von analogen Bildstörungen» «Videotechnische Grundlagen»
	Rechteckanteil square wave component	Ein **Videosignal** ist in der Regel ein Gemisch von allen möglichen Frequenzen innerhalb eines gegebenen Frequenzbandes und enthält auch rechteckförmige Anteile, z. B. in den **vertikalen** und **horizontalen Synchronimpulsen**, die aufgrund ihrer steilen Flanken die höchsten Frequenzen im Signalspektrum aufweisen.		*>Übersprechen*
	Rechtecksignal square wave signal	Allgemeine Bezeichnung für ein periodisches, elektrisches Signal, das zwischen zwei Werten hin und her schaltet und dessen Kurve im Oszillogramm einen typischen rechteckförmigen Verlauf zeigt.		

	Definition	Synonyme	Vorkommen im Buch
Regelzeitkonstante recovery time constant	Wichtigster Kennwert eines Regelkreises, welcher im Videogerät oft aus mechanischen und elektronischen Komponenten zusammengesetzt ist (Regelung der **Bandgeschwindigkeit** bzw. der Trommelumdrehung). Es besteht ein ständiges Miteinander von Korrektursignal und Vergleich des Ist-Wertes einer Grösse (z. B. einer Umdrehungszahl) mit ihrem Sollwert. Erfolgt die Korrektur zu schnell, so kann es zu einer Überkorrektur kommen und das System wird unstabil. Erfolgt die Korrektur zu langsam, kann der gewünschte Wert nicht in nützlicher Frist erreicht werden. Dazu braucht es die Regelzeitkonstante, welche die Reaktionszeiten der einzelnen beteiligten Grössen aufeinander abstimmt.		*>Gleichlaufschwankungen*
Reinigungskassette cleaning tape	Kassette zur Reinigung des **Bandpfades** und der **Videoköpfe** im Videogerät, wenn sich **Bandabrieb** oder anderer Schmutz abgelagert hat. Erhältlich sind Nass- und Trocken-Reinigungskassetten, deren Wirkung jedoch unter Fachleuten kontrovers diskutiert wird. Das Ausmass der abrasiven Wirkung von Trocken-Reinigungskassetten bzw. die Schädlichkeit unflüchtiger Rückstände von Löse- und Reinigungsmittel bei Nass-Reinigungskassetten sind nicht hinlänglich untersucht. Verwendet man sie dennoch, sollten sie vom Fachhandel bezogen, sparsam und nach Anweisung angewendet werden.		*>Dropout und Dropoutkompensation* *>Wiedergabeköpfe verschmutzt* «Ein Ratgeber zur Sichtung und Erfassung von Videokassetten» «Videotechnische Grundlagen»
RGB-Signal RGB signal	Abk. für Rot Grün Blau, bzw. Red Green Blue. Qualitätvollstes **Videosignal**, bei dem die drei Grundfarben getrennt geführt werden und die Helligkeit ausschliesslich durch additive Farbmischung der drei Komponenten gewonnen wird. Das RGB-Signal erfordert von allen Videosignalen die grösste **Bandbreite** und wird nicht zum Kopieren, sondern in erster Linie in der Produktion und zur Signalübertragung an Sichtgeräte gewählt. Dazu müssen separat die **horizontalen** und **vertikalen Synchronimpulse** übermittelt werden.		*>Moiré-Effekt*
Ruck-Gleiten stick slip	Periodisches Ruck-Gleiten, das typisch ist für den Bandtransport bei *>Bandkleben und -quietschen*. Das Band haftet aufgrund der erhöhten Reibung an der **Kopftrommel** und den **bandführenden Teilen**, so dass sich der **Bandzug** erhöht, bis das Band schliesslich nachgibt und kurzzeitig zu schnell an der Kopftrommel vorbeigezogen wird und erneut zum Stocken kommt. Im Extremfall kommt die Wiedergabe ganz zum Stillstand.		*>Bandkleben und -quietschen*
Rückseitenbeschichtung back coat	Bei den meisten **Videoformaten** ist die **Trägerfolie** eines Videobandes nicht nur vorderseitig mit der **Magnetschicht** beschichtet, sondern weist auch eine Rückseitenbeschichtung auf (seit 1968). Diese setzt sich ähnlich wie die **Magnetschicht** aus einem Gemisch von **Bindemitteln** und diversen Füllstoffen (ohne Magnetpartikel) zusammen. Ihre Funktion liegt v. a. in der Verbesserung des Bandtransportes durch antistatische Zusätze wie Kohlenstoff sowie die Stabilisierung des Bandes für einen gleichmässigeren **Bandwickel**.		*>Bandkleben und -quietschen*

S

	Definition	Synonyme	Vorkommen im Buch
Scheitel peak	Der höchste bzw. niedrigste Punkt eines Signals, z. B. eines TV- oder **Videosignals** oder einer regelmässigen Schwingung. Der Abstand zwischen höchstem und niedrigsten Punkt wird als Scheitelspannung bezeichnet (V_{ss}) oder Peak-to-Peak-Spannung (V_{pp}).		*>Brummstörung*
Schrägspur helical track	Nach dem **Schrägspurverfahren** aufgezeichnete Spur auf dem **Magnetband**, die auch **Videospur** genannt wird, da sie alle nötigen Informationen für ein **Halbbild** enthält. Bei diversen analogen **Videoformaten** ab **VHS** kann sich auch ein **FM-Ton** auf der Schrägspur befinden (und zwar auf einem tieferen Niveau in der **Magnetschicht** als die Videospuren). Bei den Formaten MII, **Video8**, **Hi8** und **Betacam SP** und den digitalen Formaten kann sich zusätzlich ein **PCM-Ton** auf der Schrägspur befinden, oft an deren unterem oder oberen Ende.		*>Bandführungsfehler* *>Deformation des Bandes* *>Dehnung oder Schrumpfung des Bandes in Längsrichtung* *>Dropout und Dropout-kompensation* *>Farbschlieren nach dem Bildschnitt* *>Inkompatibilität der Farbfernsehnormen (PAL – SECAM – NTSC)* *>Inkompatibilität innerhalb einer Videoformat-Familie* *>Knicke und zerknittertes Band* *>Kopfumschaltpunkt verschoben* *>Kopfversatz abweichend* *>Kratzer und Abnutzung des Bandes* *>Long Play* *>Skew-Fehler* *>Tracking-Fehler* *>Vertikale Synchronstörung* *>Wiedergabeköpfe verschmutzt* «Videotechnische Grundlagen»
Schrägspurverfahren helical scan method	Aufzeichnungsverfahren, bei dem die **Videospuren** nicht wie bei einem Tonband auf eine ununterbrochene **Längsspur**, sondern in schräg zur Bandrichtung verlaufenden, parallelen Spuren aufgezeichnet werden. Dabei trägt jede der **Schrägspuren** die nötige Information für ein **Halbbild**. Bei der Aufzeichnung und Wiedergabe wird das Band in leicht schrägem Winkel an der rotierenden **Kopftrommel** mit den lesenden bzw. schreibenden **Videoköpfen** vorbeigeführt.		*>Kopfumschaltpunkt verschoben* «Videotechnische Grundlagen»
Schutzleiter protective earthing conductor	In elektrischen Kabeln wird häufig ein Schutzleiter mitgeführt, der eine Verbindung zum Gerätegehäuse herstellt und so vor Fehlspannungen aus dem Gerät selber (im Falle eines Defektes) und damit verbundenen elektrischen Schlägen schützen soll.	Erdung Erde	*>Brummstörung*
SECAM SECAM	Abk. für «Séquentielle Couleur à Mémoire». **Farbfernsehnorm**, die wie die **PAL**-Norm 1967 in Frankreich eingeführt wurde. Sie ist heute (bis Ende 2011) v. a. in Frankreich, Osteuropa, und in Teilen Afrikas verbreitet. Im Gegensatz zu PAL und **NTSC** ist SECAM ausschliesslich frequenzmoduliert. Das **Farbcodierverfahren** überträgt die beiden Farbkomponenten nacheinander, weshalb eine stets zwischengespeichert werden muss («mémoire»). Die dadurch halbierte Farbauflösung erweist sich nicht als gravierender Nachteil, wogegen **Cross Colour-Effekte** deutlicher zutage treten. Aufgrund der **Frequenzmodulation** ist im Studiobetrieb keine Bildmischung möglich, daher handelt es sich bei		*>Inkompatibilität der Farbfernsehnormen (PAL – SECAM – NTSC)* *>Moiré-Effekt* «Ein Ratgeber zur Sichtung und Erfassung von Videokassetten»

	Definition	Synonyme	Vorkommen im Buch
	SECAM nicht um eine Produktionsfarbfernsehnorm. Es kann aber gesendet und aufgezeichnet werden. Das **Timing** definiert 625 **Zeilen** pro **Vollbild** und 25 Vollbilder = 50 **Halbbilder** pro Sekunde.		
Seitenverhältnis aspect ratio	Das in Zahlen ausgedrückte Verhältnis von Bildbreite zu Bildhöhe eines Film-, Video- oder Fernsehbildes. Das native Seitenverhältnis aller (analogen und digitalen) Standard Definition-**Videoformate** ist 4:3. Seit der Einführung von HDTV wird das 4:3 Seitenverhältnis durch das Breitbildformat 16:9 verdrängt. Es existieren zahlreiche weitere Video-Seitenverhältnisse, die jedoch weniger häufig vorkommen. Wird ein 16:9-Bild auf ein 4:3-Videoformat aufgezeichnet, so kann das Bild entweder seitlich gestaucht («anamorph») oder in der Höhe reduziert und mit schwarzen Balken am oberen und unteren Bildrand («Letterbox») versehen werden. Ersteres eignet sich für die Wiedergabe auf einem 16:9-Monitor, letzteres für die Wiedergabe auf einem 4:3-Monitor.	Bildseitenverhältnis Ratio	«Ein Ratgeber zur Sichtung und Erfassung von Videokassetten» «Videotechnische Grundlagen»
Servoschaltung servo circuit	Die Servoschaltung in einem Videorekorder regelt die Drehzahl der Antriebsmotoren für den **Capstan** und die **Kopftrommel**. Geregelt werden müssen die Geschwindigkeit und Position der Kopftrommel sowie die **Bandgeschwindigkeit**. Beim **Bildschnitt** werden Zuspiel- und Aufnahmegerät mit Hilfe der Capstan-Servoschaltungen synchronisiert, sodass die jeweils richtige Bandposition erreicht wird.		*>Gleichlaufschwankungen* *>Vertikale Synchronstörung* «Videotechnische Grundlagen»
Sichtungskopie viewing copy	siehe **Generation**.	Konsultationskopie	*>Kratzer und Abnutzung des Bandes* «Ein Ratgeber zur Sichtung und Erfassung von Videokassetten»
Skew-Regler skew control	Spannhebel oder Drehregler im Videogerät, mit dem der **Bandzug** manuell sowohl erhöht als auch gelockert werden kann. Dies kann nötig werden, um bei der Wiedergabe einen Bildverzug am unteren (und ggf. auch am oberen) Bildrand auszugleichen, wenn das Band auf einem anderen Gerät oder bei einer anderen Temperatur aufgezeichnet worden ist bez. gedehnt, geschrumpft oder anderweitig deformiert ist.		*>Dehnung oder Schrumpfung des Bandes in Längsrichtung* *>Skew-Fehler* «Ein Ratgeber zur Sichtung und Erfassung von Videokassetten» «Videotechnische Grundlagen»
Spurlage track position	Die genaue Lage der aufgezeichneten **Video-**, **Audio-** und **Kontrollspuren** auf dem Videoband. Damit für eine ungestörte Wiedergabe Spurlage und **Kopfpfad** übereinstimmen (vgl. **Tracking**), muss das **Videoformat** stimmen, die Bandführung korrekt sein und das Band ohne Deformationen sein.		*>Bandführungsfehler* *>Dehnung oder Schrumpfung des Bandes in Längsrichtung* *>Tracking-Fehler* *>Vertikale Synchronstörung*
Spurwinkel track angle	Je nach **Videoformat** besitzen die **Schrägspuren** eines Bandes Spurwinkel unterschiedlicher Steilheit und Ausrichtung (von links unten nach rechts oben oder umgekehrt). Bei der Wiedergabe müssen die Spurwinkel genau mit dem **Abtastwinkel** der **Videoköpfe** übereinstimmen.		*>Bandführungsfehler* *>Dehnung oder Schrumpfung des Bandes in Längsrichtung* *>Inkompatibilität innerhalb einer Videoformat-Familie* *>Knicke und zerknittertes Band* *>Long Play* *>Skew-Fehler* «Videotechnische Grundlagen»

	Definition	Synonyme	Vorkommen im Buch
Standard Play Standard Play	Abgekürzt mit SP. Gegenteil von **Long Play** (LP). Bezeichnet den Standard-Modus, wenn LP-fähige **Videoformate** nicht im LP-Modus aufgezeichnet, bzw. wiedergegeben werden. Im SP-Modus können auf eine 60-Minuten-Kassette nur 60 Minuten Video aufgezeichnet werden.	SP	*>Long Play*
sternförmiges Anschlussschema star configuration	Die Anschlüsse aller stromverbrauchenden Geräte laufen sternförmig mit möglichst kurzen Leitungen zu einer gemeinsamen Steckdose zusammen. In längeren Versorgungsleitungen aus verschiedenen **Verbraucherkreisen** und/oder **Phasen** können durch die Leitungwiderstände Spannungsgefälle von einigen Volt entstehen, die über die Signalverbindungen der einzelnen Geräte ausgeglichen werden, wodurch *>Brummstörungen* sowohl im Ton wie auch im Bild entstehen können.		*>Brummstörung*
Sticky Shed Syndrom sticky shed syndrome	Stehender Begriff für das Phänomen bei *>Bandkleben und -quietschen*, wenn das durch **Hydrolyse** degradierte **Bindemittel** eines Videobandes sich löst und als **Bandabrieb** im **Bandpfad** sammelt. Oft auch als Abkürzung «SSS» zu finden.	SSS	*>Bandkleben und -quietschen*
Störsignal noise signal	Frequenzen innerhalb eines **Videosignals**, die das **Nutzsignal** stören und somit die Bild- und Toninformation verunklären. Je stärker das Störsignal, desto kleiner ist der **Rauschabstand**. Störsignale können sich äussern als mehr oder weniger regelmässige, dem Bild überlagerte Strukturen (z. B. **Fischgratmuster**) oder auch als **Bildrauschen**.		*>Tracking-Fehler*
Störspannung noise voltage	Gelangt eine Störspannung in das Gerät, bzw. in die Kabelverbindungen, so entsteht ein **Störsignal**, das dem **Nutzsignal** überlagert ist und in der Regel nicht mehr von ihm getrennt werden kann. Störspannungen mit periodischem Anteil können mitunter durch geeignete Filter gedämpft werden (vgl. Störsignal, **3D-Kammfilter**).	Fremdspannung	*>Brummstörung* *>Übersprechen*
S-Video-Signal S-Video signal	Abk. für Separated Video. Dieses **Videosignal** wird zwar wie das **Composite-Signal** in der Regel im **Colour Under-Verfahren** aufgezeichnet, verfügt aber über eine getrennte Führung des **Helligkeits-** und **Farbsignals**. Im Unterschied zum **Komponenten-Signal** enthält das Farbsignal die **Farbdifferenzsignale** in modulierter Form mittels **Farbhilfsträger**. Aus diesem Grund ist das S-Video-Signal qualitativ gesehen näher am Composite-Signal als am Komponenten-Signal.	Y/C-Signal	*>Moiré-Effekt*
S-VHS S-VHS	Abk. für: Super Video Home System. Analoges **Videoformat**, siehe **VHS**.		*>Inkompatibilität innerhalb einer Videoformat-Familie* *>Long Play* «Ein Ratgeber zur Sichtung und Erfassung von Videokassetten»
S-VHS-C S-VHS-C	Abk. für: Super Video Home System Compact Kassette, siehe **VHS**.		«Ein Ratgeber zur Sichtung und Erfassung von Videokassetten»

	Definition	Synonyme	Vorkommen im Buch
SVR SVR	Abk. für Super Video Recording. Analoges **Videoformat**, siehe **VCR**.	Super Video	*>Inkompatibilität innerhalb einer Videoformat-Familie* *>Long Play* «Ein Ratgeber zur Sichtung und Erfassung von Videokassetten»
Synchronsignal synchronisation signal	Entweder als getrennte **horizontale Synchronimpulse** bzw. **vertikale Synchronimpulse** geführt oder als Composite Sync, der beide zusammen enthält. In der Studiotechnik wird auch der sog. Black-**Burst** verwendet, eigentlich ein komplettes **Videosignal**, aber ohne Bildinhalt. In der Abkürzung FBAS-Signal (Farb-Bild-Austast-Synchron-Signal) steht das S für das Synchronsignal.	Sync Signal	«Die künstlerische Verwendung von analogen Bildstörungen» «Videotechnische Grundlagen»
T TBC TBC	Abk. für Time Base Corrector. Gerät mit einem digitalen Zwischenspeicher, das beim Kopieren zwischen Abspielgerät und Aufnahmegerät geschaltet wird, wenn das Ausgangsmaterial bei der Wiedergabe Instabilitäten aufweist. Das analoge **Videosignal** wird eingelesen und während der Dauer einiger **Zeilen** oder eines **Vollbildes** zwischengespeichert, damit Zeitfehler ausgeglichen werden können. Der Bildinhalt wird mit neuen **Synchronsignalen** ausgegeben, die sich nach dem Studiotakt oder einem internen, quarzgenauen Takt richten. Dieser Vorgang ist irreversibel. Vor allem beim Kopieren sehr alter **Videoformate** kann es nötig werden, noch vor den für die Digitalisierung notwendigen modernen TBC zuerst einen älteren TBC in den Signalweg zu schalten. Neuere TBCs sind für geringere Zeitfehler des Signals ausgelegt und können unter Umständen das stark instabile Videosignal nicht verarbeiten.	Time Base Corrector Zeitfehlerausgleicher	*>Dehnung oder Schrumpfung des Bandes in Längsrichtung* *>Gleichlaufschwankungen* *>Jalousie-Effekt (PAL)* *>Kopfversatz abweichend* *>Moiré-Effekt* *>Skew-Fehler* *>Vertikaler Bildsprung* «Videotechnische Grundlagen»
Testkassette test cassette	Videoband für die Überprüfung der Funktionstüchtigkeit und des Zustandes von Geräten und Bändern mittels Vergleich. Auf der Testkassette sollten zunächst **Farbbalken** aufgezeichnet sein, die von einem Referenzton von akurat 1 kHz begleitet sind. Daran sollte sich eine farbige, bewegte Bildsequenz mit synchronem Ton anschliessen. Der Bildinhalt ist dabei beliebig, sollte aber bekannt und unbedingt ohne Bildstörungen sein. In vielen Fällen kann eine Testkassette dazu dienen, zu ermitteln, ob vorgefundene Bild- und Tonstörungen auf einen Geräte-, Band-, Bedien- oder Produktionsfehler zurückgehen. Dabei muss die Testkassette hinsichtlich ihrer **Farbfernsehnorm** und ihres **Videoformates** identisch mit den zu sichtenden Bändern sein. Sie kann durch einen Videorestaurator oder ein Produktionsstudio angefertigt werden.		*>Bandführungsfehler* *>Brummstörung* *>Colour Lock-Fehler* *>Dropout und Dropoutkompensation* *>Gleichlaufschwankungen* *>Horizontaler Zeilenfang* *>Jalousie-Effekt (PAL)* *>Kopfumschaltpunkt verschoben* *>Kopfversatz abweichend* *>Moiré-Effekt* *>Skew-Fehler* *>Tracking-Fehler* *>Trägerfrequenz unsymmetrisch* *>Übersprechen* *>Vertikale Synchronstörung* *>Wiedergabeköpfe verschmutzt* «Ein Ratgeber zur Sichtung und Erfassung von Videokassetten» «Videotechnische Grundlagen»
Time Code time code	Abgekürzt mit TC. Der TC dient dazu, den Inhalt eines Bandes zeitlich zu verorten bzw. mit anderen Bändern oder Geräten bei der Produktion, beim Kopieren oder bei der Wiedergabe synchronisieren zu können. Er gibt immer «Stunde:Minute:Sekunde:**Vollbild**» an und wird als Impuls entweder auf eine (Audio-) **Längsspur** des Bandes (sog. LTC = Longitudinal	TC	«Ein Ratgeber zur Sichtung und Erfassung von Videokassetten»

	Definition	Synonyme	Vorkommen im Buch
	Time Code) aufgezeichnet, oder (wie ein **FM-Ton**) auf die **Schrägspur** (der sog. VITC = Vertical Interval Time Code, geschrieben in eine **Zeile** der **vertikalen Austastlücke**). Ein LTC kann auch nachträglich aufgezeichnet bzw. editiert werden. Frühe **Videoformate** besitzen keinen Time Code. Bei einigen davon kann er optional auf eine der **Audiospuren** geschrieben werden.		
Timing timing	Das sog. Timing eines TV- oder **Videosignals** bezeichnet die Anzahl von **Zeilen** pro **Vollbild** und **Halbbildern** pro Sekunde und wird durch die jeweilige **Farbfernsehnorm** vorgegeben. Ferner legt das Timing die genauen Längen des Bildteils, der Austastlücke sowie der **Synchronsignale** eines Signals fest.		*>Inkompatibilität der Farbfernsehnormen (PAL – SECAM – NTSC)* «Videotechnische Grundlagen»
Tracking tracking	Tracking (von engl. tracks = Spuren) bezeichnet die für eine störungsfreie Wiedergabe notwendige optimale Deckung der **Spurlagen** von **Schrägspuren** auf einem Videoband mit dem **Kopfpfad** der **Wiedergabeköpfe** im Videogerät. Je schlechter das Tracking, desto geringer wird der **Rauschabstand** und desto stärker das **Bildrauschen**.		*>Wiedergabeköpfe verschmutzt*
Tracking-Regler tracking control	Regler am Videogerät zur manuellen Optimierung des **Trackings**, um **Bildrauschen** zu minimieren. Bei moderneren **Videoformaten** kann das Tracking auch über die Fernbedienung eingestellt werden. Bei einigen Videorekordern erfolgt die Tracking-Regelung auch automatisch.	Spurlagen-Regler Spureinsteller	*>Bandführungsfehler* *>Deformation des Bandes* *>Dehnung oder Schrumpfung des Bandes in Längsrichtung* *>Kratzer und Abnutzung des Bandes* *>Skew-Fehler* *>Tracking-Fehler* «Ein Ratgeber zur Sichtung und Erfassung von Videokassetten» «Videotechnische Grundlagen»
Trägerfolie tape substrate	Dünne, durch Vorreckung zugfeste aber leicht elastische Polyesterfolie, die bei einem Videoband das Substrat für die informationstragende **Magnetschicht** bildet und ggf. rückseitig mit einer **Rückseitenbeschichtung** versehen ist. Die Zusammensetzung der Trägerfolie hat sich über die Jahre verändert. In der Anfangszeit des Videos wurden hierfür Celluloseacetat und Polyvinylchlorid eingesetzt, seit den frühen 1960er Jahren wird Polyethylenterephthalat verwendet. Für einige digitale Formate mit sehr dünnen Trägerfolien kommt heute auch Polyethylennaphthalat zum Einsatz.		*>Deformation des Bandes* *>Dehnung oder Schrumpfung des Bandes in Längsrichtung* *>Kratzer und Abnutzung des Bandes*
Trägerfrequenz carrier frequency	Allgemein ist eine Trägerfrequenz eine hochfrequente Schwingung, die mit einem niederfrequenteren **Nutzsignal** moduliert wird. Grundsätzlich liegt dieses Prinzip jeder Funkübertragung und jeder Übertragung von mehreren Kanälen durch ein Kabel zugrunde. Bei der analogen TV-Übertragung ermöglichen unterschiedliche Trägerfrequenzen das Senden verschiedener Programme: der TV-Empfänger filtert die gewünschte Trägerfrequenz (den TV-Kanal) heraus und **demoduliert** das Nutzsignal dann wieder. Auch bei dem **Farbhilfsträger**, auf den beim **Composite-Signal** das **Farbsignal** moduliert wird (vgl. **Frequenzmodulation**), handelt es sich um eine definierte Trägerfrequenz (in		*>Hue-Fehler (NTSC)* *>Jalousie-Effekte (PAL)* *>Kopfumschaltpunkt verschoben* *>Moiré-Effekt* *>Trägerfrequenz unsymmetrisch* «Videotechnische Grundlagen»

	Begriff	Definition	Synonyme	Vorkommen im Buch
		der **Farbfernsehnorm PAL** 4,43 MHz, in der **NTSC**-Norm 3,58 MHz). Sowohl bei der Fernsehübertragung als auch im Videogerät ist die Frequenzmodulation das vorherrschende Prinzip. Bei der störanfälligeren Amplitudenmodulation wird mit dem Nutzsignal nicht die Frequenz eines Trägers moduliert, sondern nur seine Stärke (Amplitude). Beim Farbsignal ist das die Farbsättigung, während der Farbton in der Phasenlage, also in der Frequenz des Hilfsträgers enthalten ist.		
	Trapezoidal Error trapezoidal error	Die **Spurwinkel** der **Schrägspuren** auf dem Videoband sind steiler oder flacher als die **Abtastwinkel** der **Wiedergabeköpfe**, so dass diese die Spuren teilweise verfehlen oder mindestens nicht in der Spurmitte mit maximalem Signalpegel lesen. Dies kann die Folge eines *>Bandführungsfehlers*, einer *>Dehnung oder Schrumpfung des Bandes in Längsrichtung* oder eines falsch eingestellten **Bandzuges** (*>Skew-Fehler*) sein.		*>Bandführungsfehler* *>Dehnung oder Schrumpfung des Bandes in Längsrichtung* *>Skew-Fehler*
U	U-matic U-matic	Analoges **Videoformat**, in Abgrenzung zu den beiden späteren Weiterentwicklungen dann auch bez. als **U-matic LB**, eingeführt 1971 als eines der ersten Kassettenformate. Grosse und kleine Kassetten. **Magnetband**: Breite ¾", max. Spieldauer 60 min (seltener 75 min). Aufzeichnung der **Videospuren** mit **Rasen**. Farbaufzeichnung im **Colour Under-Verfahren**. **Bandbreite**: 3 MHz = ca. 250 Linien **Auflösung**. Zwei abwärtskompatible Weiterentwicklungen für den Broadcastbereich: **U-matic HB** (Einführung 1977, Bandbreite: 3,5 MHz = ca. 260 Linien Auflösung) und **U-matic SP** (Einführung 1986, Bandbreite 3,8 MHz = ca. 300 Linien Auflösung). U-matic HB und U-matic SP verfügen im Vergleich zu ihrem Vorgängerformat über eine eigene Spur für den **Time Code**.		*>Colour Lock-Fehler* *>Inkompatibilität innerhalb einer Videoformat-Familie* *>Trägerfrequenz unsymmetrisch* *>Vertikaler Bildsprung* «Ein Ratgeber zur Sichtung und Erfassung von Videokassetten» «Videotechnische Grundlagen»
	U-matic LB U-matic LB	Abk. für U-matic Low Band, bzw. U-matic Lo Band. Analoges **Videoformat**, siehe **U-matic**.		*>Colour Lock-Fehler* *>Inkompatibilität innerhalb einer Videoformat-Familie* «Ein Ratgeber zur Sichtung und Erfassung von Videokassetten»
	U-matic HB U-matic HB	Abk. für U-matic High Band, bzw. U-matic Hi Band. Analoges **Videoformat**, siehe **U-matic**.		*>Colour Lock-Fehler* *>Inkompatibilität innerhalb einer Videoformat-Familie* «Ein Ratgeber zur Sichtung und Erfassung von Videokassetten»
	U-matic SP U-matic SP	Abk. für U-matic Superior Performance. Analoges **Videoformat**, siehe **U-matic**.		*>Inkompatibilität innerhalb einer Videoformat-Familie* «Ein Ratgeber zur Sichtung und Erfassung von Videokassetten»
	Underscan under scan	Professionelle Studiomonitore bieten die Möglichkeit des Underscan-Modus, damit das vom Monitorgehäuse an seinen Rändern beschnittene **Bildfeld** vollständig zu sehen ist. Dabei wird das gesamte Videobild leicht verkleinert, wodurch z. B. Bildstörungen erkannt werden können, selbst wenn sie sich (noch) nicht bis ins sichtbare Bildfeld erstrecken.		*>Kopfumschaltpunkt verschoben* *>Skew-Fehler* «Ein Ratgeber zur Sichtung und Erfassung von Videokassetten»

	Definition	Synonyme	Vorkommen im Buch
V VCR VCR	Abk. für Video Cassette Recording (Achtung! Diese Abk. wird im Englischen auch zur allgemeinen Bezeichnung eines Kassettenabspielgerätes verwendet!). Analoges **Videoformat**, eingeführt für den Consumermarkt 1971, mit der Besonderheit, dass die beiden Spulen übereinander und nicht nebeneinander angeordnet sind, annähernd quadratische Kassettenform. Aufgrund anhaltender technischer Komplikationen und der Inkompatibilität der Format-Weiterentwicklungen verdrängt durch seine Nachfolgeformate **VCR LP** und **SVR** sowie durch **Video 2000** und **VHS**. Nur eine Kassettengrösse, auch für die beiden Weiterentwicklungen. **Magnetband**: Breite ½", max. Spieldauer 60 min (seltener 80 min). Farbaufzeichnung im **Colour Under-Verfahren** mit **Rasen. Bandbreite:** 2,7 MHz = ca. 200 Linien **Auflösung**. Zwei nicht kompatible Weiterentwicklungen: VCR LP (Einführung 1975; max. Spieldauer 150 min., Bandbreite ca. 3 MHz = ca. 240 Linien Auflösung und SVR (Einführung 1978, max. Spieldauer 240 min., Bandbreite ca. 3,5 MHz = 280 Linien Auflösung). Beide Formate werden ohne Rasen aufgezeichnet, dafür mit versetztem **Azimut**.		*>Inkompatibilität innerhalb einer Videoformat-Familie* *>Long Play* «Ein Ratgeber zur Sichtung und Erfassung von Videokassetten»
VCR LP VCR LP	Abk. für Video Cassette Recording Long Play. Analoges **Videoformat**, siehe **VCR**.		*>Inkompatibilität innerhalb einer Videoformat-Familie* *>Long Play* «Ein Ratgeber zur Sichtung und Erfassung von Videokassetten»
Verbraucherkreis load circuit	Gruppe von Steckdosen, die in der Hausstromversorgung eine gemeinsame Sicherung teilen, bzw. Gruppen von Sicherungen, die in der Hausstromversorgung derselben **Phase** zugeordnet sind.		*>Brummstörung*
vertikale Austastlücke vertical blanking interval	Teil des **Videosignals**, der keine Bildinformation, sondern nur die **horizontalen Synchronimpulse** sowie den **vertikalen Synchronimpuls** enthält. Die vertikale Austastlücke setzt die Stärke des **Elektronenstrahls** in der Bildröhre auf Null, so dass er während des mehrere **Zeilen** dauernden **Bildrücklaufs** nicht sichtbar ist (vgl. **horizontale Austastlücke**). Beim **vertikalen Bilddurchlauf** ist die vertikale Austastlücke, die sich sonst ausserhalb des sichtbaren **Bildfeldes** befindet und Teil des **Bildrasters** ist, als schwarzer Querbalken zu sehen, der in vertikaler Richtung über den Bildschirm wandert.		*>Kopfumschaltpunkt verschoben* *>Vertikaler Bildfang* *>Vertikale Synchronstörung* «Die künstlerische Verwendung von analogen Bildstörungen»
vertikaler Bilddurchlauf vertically rolling picture	Wenn die **vertikalen Synchronimpulse** eines TV- oder **Videosignals** nicht korrekt gelesen werden können, fällt das Bild vertikal durch. Dabei kann das Bild sowohl von oben nach unten, als auch in umgekehrter Richtung mehr oder weniger schnell über den Bildschirm wandern. Zwischen den Bildern wird die **vertikale Austastlücke** als schwarzer Querbalken sichtbar. Je nach Ursache des vertikalen Bilddurchlaufes kann es sich um ein anhaltendes, periodisches Durchlaufen (*>Vertikaler Bildfang*) oder um ein unregelmässiges Phänomen (*>Vertikale Synchronstörung*) handeln.		*>Deformation des Bandes* *>Dehnung oder Schrumpfung des Bandes in Längsrichtung* *>Gleichlaufschwankungen* *>Inkompatibilität der Farbfernsehnormen (PAL – SECAM – NTSC)* *>Knicke und zerknittertes Band* *>Kratzer und Abnutzung des Bandes* *>Tracking-Fehler* *>Vertikaler Bildfang* *>Vertikale Synchronstörung*

	Definition	Synonyme	Vorkommen im Buch
vertikaler Synchronimpuls vertical sync pulse	Der vertikale Synchronimpuls ist Teil des **Videosignals** bzw. des **Synchronsignals** und leitet nach jedem geschriebenen **Halbbild** den **Bildrücklauf** ein. Gemeinsam mit dem **horizontalen Synchronimpuls** steuert er den Gleichlauf der horizontalen und vertikalen Ablenkung des **Elektronenstrahls** in der Kathodenstrahlröhre. Auf dem Videoband befindet er sich zu Beginn jeder **Schrägspur**. Beim **vertikalen Bilddurchlauf** wird der vertikale Synchronimpuls als schmaler schwarzer Streifen innerhalb der **vertikalen Austastlücke** sichtbar, wenn die Bildhelligkeit des Monitors erhöht wird. Beim **Bildschnitt** können mit Hilfe des vertikalen Synchronimpulses Aufnahme- und Abspielgerät aufeinander synchronisiert werden, so dass ein nahtloser Übergang von bestehender zu neuer Sequenz gewährleistet ist.		*>Wiedergabeköpfe verschmutzt* *>Deformation des Bandes* *>Dehnung oder Schrumpfung des Bandes in Längsrichtung* *>Gleichlaufschwankungen* *>Inkompatibilität innerhalb einer Videoformat-Familie* *>Kratzer und Abnutzung des Bandes* *>Tracking-Fehler* *>Vertikaler Bildfang* *>Vertikaler Bildsprung* *>Vertikale Synchronstörung* «Die künstlerische Verwendung von analogen Bildstörungen» «Videotechnische Grundlagen»
VHS VHS	Abk. für Video Home System. Analoges **Videoformat**, eingeführt 1976. Meist verbreitetes Heim-System. Eine Kassettengrösse. Zur Kameraaufzeichnung kleine VHS-C-Kassetten, die mit Hilfe von Adapterkassetten in stationären Videogeräten abgespielt werden können. **Magnetband**: Breite ½", max. Spieldauer 240 min (seltener 300 min). (**Standard Play**-Modus), bzw. 480 min (**Long Play**-Modus). Maximale Spieldauer der VHS-C-Kassetten 45 min im SP-Modus. Aufzeichnung der **Videospuren** ohne **Rasen** mit versetztem **Azimut**. Farbaufzeichnung im **Colour Under-Verfahren**. **Bandbreite**: 3 MHz = ca. 240 Linien **Auflösung**, bei Long Play-Aufzeichnung leichte Verminderung des **Rauschabstandes**. Tonaufzeichnung: **FM-Ton** möglich (hier bez. als: HiFi-Ton). Keine **Time Code**-Spur. Eine abwärtskompatible Weiterentwicklung: **S-VHS** (Einführung 1987, max. Spieldauer 300 min, Bandbreite: 4 MHz = ca. 400 Linien Auflösung, bei professionellen Geräten Aufzeichnung des Time Codes als VITC möglich, Farbaufzeichnung im Colour Under-Verfahren. Als wichtigste Neuerung gegenüber den Systemen mit **Composite-Verbindung** führt S-VHS auf breiter Ebene die getrennte Y/C- Signalführung ein (vgl. **S-Video-Signal**).		*>Farbschlieren nach dem Bildschnitt* *>Inkompatibilität innerhalb einer Videoformat-Familie* *>Long Play* «Die künstlerische Verwendung von analogen Bildstörungen» «Ein Ratgeber zur Sichtung und Erfassung von Videokassetten» «Videotechnische Grundlagen»
VHS-C VHS-C	Abk. für Video Home System Compact Kassette, siehe **VHS**.		«Ein Ratgeber zur Sichtung und Erfassung von Videokassetten» «Videotechnische Grundlagen»
Video 2000 Video 2000	Analoges **Videoformat**, eingeführt 1979 als Nachfolger des **VCR**-Systems für den Consumermarkt. Einziges Videoformat mit einer in beide Richtungen bespielbaren Wendekassette. Es zeichnet sich durch die dynamische Spurnachführung (Dynamic Tracking) aus, die allerdings störanfällig war. Es wurde vom qualitativ schlechteren **VHS**-System aus marktbedingten Gründen verdrängt. **Magnetband**: Breite ½" (Bespielung ¼" auf jeder Seite!), max. Spieldauer 2 x 240 min (**Standard Play**-Modus), bzw. 2 x 480 min. (**Long Play**-Modus). Farbaufzeichnung im **Colour Under-Verfahren**. **Bandbreite**: 3 MHz = ca. 240 Linien **Auflösung**. Tonaufzeichnung: Zwei Audio-**Längsspuren**.	VCC Video Compact Cassette	*>Long Play* «Ein Ratgeber zur Sichtung und Erfassung von Videokassetten»

	Definition	Synonyme	Vorkommen im Buch
Video8 Video8	Im Englischen auch bez. als «8 mm» oder «Standard 8». Analoges **Videoformat**, eingeführt 1984 für den Consumermarkt. Nur eine Kassettengrösse. **Magnetband**: Breite 8 mm, max. Spieldauer 90 min. (**Standard Play**-Modus), bzw. 180 min (**Long Play**-Modus). Farbaufzeichnung im **Colour Under-Verfahren**. **Bandbreite**: ca. 3 MHz = ca. 260 Linien **Auflösung**. Tonaufzeichnung: **FM-Ton**, optional **PCM-Ton** möglich.		*>Inkompatibilität innerhalb einer Videoformat-Familie* *>Long Play* «Ein Ratgeber zur Sichtung und Erfassung von Videokassetten» «Videotechnische Grundlagen»
Videoformat video format	Seit den Anfängen des Videos Mitte der 1950er Jahre sind zahlreiche analoge (und seit den späten 1980ern auch digitale) Videoformate entwickelt worden. Rein äusserlich unterscheiden sie sich u.a. in der Breite ihrer **Magnetbänder**, in der Bemessung und Gestalt der **Offenen Spulen**, später der Kassetten und der Anordnung der Kennlöcher auf den Rückseiten der Kassetten. Darüber hinaus zeigen sie Unterschiede in den Aufzeichnungsverfahren, **Bandgeschwindigkeiten**, in der Anordnung der **Video-**, **Audio-** und **Kontrollspuren** sowie in der Zusammensetzung der Beschichtungen der Magnetbänder. Auch qualitativ, d.h. hinsichtlich ihrer **Auflösung**, unterscheiden sich die Formate infolge unterschiedlicher **Bandbreiten** beträchtlich. Jedes Videoformat benötigt sein entsprechendes Abspielgerät. Weiterentwicklungen innerhalb einer Formatfamilie, wie bei z. B. **U-matic LB**, **U-matic HB** und **U-matic SP**, sind in der Regel abwärts-, jedoch nicht aufwärtskompatibel (vgl. weiterhin **VCR**, **VCR LP**, **SVR**, **Betamax**, **Betacam**, **Betacam SP**, **VHS**, **S-VHS**, **Video8**, **Hi8** sowie die Piktogramme und Legenden zur Formatidentifizierung in diesem Buch).		*>Colour Lock-Fehler* *>Farbschlieren nach dem Bildschnitt* *>Gleichlaufschwankungen* *>Inkompatibilität innerhalb einer Videoformat-Familie* *>Knicke und zerknittertes Band* *>Kopfumschaltpunkt verschoben* *>Long Play* *>Trägerfrequenz unsymmetrisch* *>Übersprechen* *>Vertikaler Bildsprung* «Die künstlerische Verwendung von analogen Bildstörungen» «Ein Ratgeber zur Sichtung und Erfassung von Videokassetten» «Videotechnische Grundlagen»
Videokopf video head	**Magnetkopf** im Videogerät, der für die Aufzeichnung bzw. Wiedergabe der **Videospuren** zuständig ist, auch Bildkopf genannt. Auf der rotierenden **Kopftrommel** eines Videogerätes befinden sich meistens zwei, je nach **Videoformat** aber auch bis zu sechs oder mehr Videoköpfe, wobei jeweils zwei Köpfe paarig, d. h. auf der Kopfscheibe/dem Kopfsteg gegenüberliegend mit einem sog. **Kopfversatz** von 180° angebracht sind. Die Videoköpfe lesen und schreiben die Bildinformation auf den **Schrägspuren**.	Bildkopf	*>Bandkleben und -quietschen* *>Farbschlieren nach dem Bildschnitt* *>Gleichlaufschwankungen* *>Inkompatibilität innerhalb einer Videoformat-Familie* *>Kopfumschaltpunkt verschoben* *>Kopfversatz abweichend* *>Long Play* *>Trägerfrequenz unsymmetrisch* *>Vertikale Synchronstörung* *>Wiedergabeköpfe verschmutzt* «Ein Ratgeber zur Sichtung und Erfassung von Videokassetten» «Videotechnische Grundlagen»
Videosignal video signal	Ursprünglich, noch vor der Einführung der Videoaufzeichnung, die Bezeichnung der Helligkeits- und Synchroninformation innerhalb eines TV-Empfängers nach der **Demodulation** des Antennensignals. Mit der Einführung des Farbfernsehens entstand das komplexeste unter den Videosignalen, das **Composite-Signal**, bestehend aus **Farbsignal**, **Helligkeitssignal**, Austastlücke, **vertikalen** und **horizontalen Synchronimpulsen** und **Burst**. Weniger komplexe, aber qualitativ hochwertigere Videosignale können über Kabelverbindungen übertragen werden: Die beste Qualität bietet hier das **RGB-Signal**, gefolgt vom		*>Brummstörung* *>Dropout und Dropoutkompensation* *>Horizontaler Zeilenfang* *>Hue-Fehler (NTSC)* *>Inkompatibilität innerhalb einer Videoformat-Familie* *>Jalousie-Effekt (PAL)* *>Kopfumschaltpunkt verschoben* *>Moiré-Effekt* *>Trägerfrequenz unsymmetrisch* *>Übersprechen*

		Definition	Synonyme	Vorkommen im Buch
		Komponenten-Signal. Das **S-Video-Signal** ist ein Kompromiss mit zwei Leitungsverbindungen ohne Begrenzung der **Bandbreite** für die Helligkeit, aber moduliertem Farbsignal mit entsprechenden Begrenzungen in **Auflösung** und **Rauschabstand**.		*>Vertikaler Bildfang* *>Vertikaler Bildsprung* *>Vertikale Synchronstörung* «Videotechnische Grundlagen»
	Videospur video track	Nur bei einigen sehr frühen **Videoformaten** (2"-**Offene Spule**) sind die Videospuren quer zum Band aufgezeichnet (sog. **Querspurverfahren**), mit den 1"- und ½"-Formaten hat sich bis heute das **Schrägspurverfahren** durchgesetzt. Bei diesem Verfahren werden die Videospuren als **Schrägspuren** auf das **Magnetband** aufgezeichnet. Jede Schrägspur beinhaltet die Information für ein **Halbbild**, d.h. in der **PAL**- und **SECAM**-Norm für 312,5 **Zeilen**, in der **NTSC**-Norm für 262,5 Zeilen. Auf der Videospur ist das gesamte **Videosignal** mit den **vertikalen** und **horizontalen Synchronimpulsen** aufgezeichnet, das vom **Wiedergabekopf** gelesen, danach verstärkt und **demoduliert** und an den Ausgang des Videogeräts geführt wird.		*>Deformation des Bandes* *>Dropout und Dropout-kompensation* *>Farbschlieren nach dem Bildschnitt* *>Inkompatibiliät innerhalb einer Videoformat-Familie* *>Knicke und zerknittertes Band* *>Kopfversatz abweichend* *>Kratzer und Abnutzung des Bandes* *>Long Play* *>Skew-Fehler* *>Tracking-Fehler* *>Wiedergabeköpfe verschmutzt*
	Vollbild frame	Bei allen analogen und digitalen **Videoformaten**, deren bewegtes Bild nach dem **Zeilensprungverfahren** aufgebaut ist, setzt sich jedes Vollbild aus zwei **Halbbildern** zusammen, die zeitlich nacheinander sowie ineinander «verkämmt» geschrieben werden. In den **Farbfernsehnormen PAL** und **SECAM** definiert das **Timing** 25 Vollbilder pro Sekunde (= 50 Halbbilder), und in der **NTSC**-Norm 30 (präziser: 29.97) Vollbilder pro Sekunde (= 60, präziser: 59,94 Halbbilder).	Einzelbild Videobild	*>Inkompatibilität der Farb-fernsehnormen (PAL – SECAM – NTSC)* «Videotechnische Grundlagen»
W	Wiedergabekopf playback head	Die **Video-**, **Audio-** und **Kontrollköpfe** im Videogerät sind sowohl für die Aufzeichnung als auch die Wiedergabe der Bild- und Toninformationen zuständig. Die Bezeichnung Wiedergabekopf fasst alle **Magnetköpfe** in ihrer wiedergebenden Funktion zusammen.	Lesekopf	*>Bandführungsfehler* *>Bandkleben und -quietschen* *>Deformation des Bandes* *>Dehnung oder Schrumpfung des Bandes in Längsrichtung* *>Dropout und Dropout-kompensation* *>Tracking-Fehler* *>Wiedergabeköpfe verschmutzt*
Z	Zeile scan line	Das TV- oder Videobild (**Vollbild**) setzt sich aus einzelnen, horizontalen Zeilen zusammen, die vom **Elektronenstrahl** in der Bildröhre jeweils von links nach rechts geschrieben werden. Beim **Zeilensprungverfahren** werden im Wechsel immer **Halbbild** 1 mit den ungeraden Zeilen 1,3,5,7 etc. und Halbbild 2 mit den geraden Zeilen 2,4,6,8 etc. geschrieben. Die Anzahl der Zeilen pro Halbbild hängt von der **Farbfernsehnorm** ab.	Bildschirmzeile	*>Colour Lock-Fehler* *>Dehnung und Schrumpfung des Bandes in Längsrichtung* *>Dropout und Dropout-kompensation* *>Farbschlieren nach dem Bildschnitt* *>Gleichlaufschwankungen* *>Horizontaler Zeilenfang* *>Hue-Fehler (NTSC)* *>Inkompatibilität der Farb-fernsehnormen (PAL – SECAM – NTSC)* *>Jalousie-Effekt (PAL)* *>Knicke und zerknittertes Band* *>Kopfumschaltpunkt verschoben* *>Kopfversatz abweichend*

	Definition	Synonyme	Vorkommen im Buch
			>Kratzer und Abnutzung des Bandes *>Skew-Fehler* *>Tracking-Fehler* *>Übersprechen* *>Vertikaler Bildsprung* *>Wiedergabeköpfe verschmutzt* «Videotechnische Grundlagen»
Zeilenfang horizontal hold	Wenn kein **Videosignal** anliegt, schwingt der **freilaufende Horizontaloszillator** im Monitor mit einer Frequenz, die niedriger ist als die **Zeilenfrequenz** (bei **PAL**: 15,625 kHz). Sobald ein Signal anliegt, leiten dessen **horizontale Synchronimpulse** den **Zeilenrücklauf** ein, und zwar bevor es der **Oszillator** selber tun würde. Das Zeitfenster, innerhalb dessen die **externe Synchronisation** des Oszillators erfolgen kann, ist der **Fangbereich**. Als Zeilenfang bezeichnet man den Vorgang der Synchronisation und die damit verbundene Beschaltung des Oszillators.	horizontaler Bildfang	*>Horizontaler Zeilenfang*
Zeilenfang-Regler horizontal hold control	Regler am Fernsehgerät oder Monitor, mit dem der **Zeilenfang** manuell eingestellt werden kann. Der Regler kann mit «H-Hold», «Horizontal Hold» etc. bezeichnet sein.	H-Hold	*>Horizontaler Zeilenfang*
Zeilenfrequenz line frequency	Anzahl der **Zeilen**, die pro Sekunde ausgegeben werden. Bei den **Farbfernsehnormen PAL** und **SECAM** beträgt die Zeilenfrequenz 15,625 kHz (= 25 x 625 Zeilen), bei **NTSC** beträgt sie 15,750 kHz (= 30 x 525 Zeilen) oder präziser: 15,734kHz (= 29,97 x 525 Zeilen).		*>Horizontaler Zeilenfang* *>Kopfumschaltpunkt verschoben* *>Kopfversatz abweichend* *>Skew-Fehler* *>Übersprechen* *>Vertikaler Bildsprung*
Zeilenrücklauf horizontal flyback	Dunkel getastete Rückführung des schreibenden **Elektronenstrahls** vom Ende einer soeben geschriebenen **Zeile** zurück zum linken Bildschirmrand an den Beginn der folgenden Zeile (vgl. **horizontale Austastlücke**).	Horizontalrücklauf	*>Horizontaler Zeilenfang* «Videotechnische Grundlagen»
Zeilensignal line signal	Das Zeilensignal beeinhaltet nicht nur den Bildinhalt einer **Zeile**, sondern auch die **horizontale Austastlücke** mit dem eingebetteten **horizontalen Synchronimpuls** und den sog. **Burst** für die Farberkennung.		*>Hue-Fehler (NTSC)*
Zeilensprungverfahren interlacing	Aufteilung eines **Vollbildes** in zwei nacheinander übertragene **Halbbilder** mit halbierter Anzahl **Zeilen**. Das Zeilensprungverfahren ist historisch bedingt. Bei der Einführung des Fernsehens war die **Bandbreite** für die Übertragung begrenzt, es bestand aber der Wunsch, 50 Bilder pro Sekunde übertragen zu können anstelle von 25, um ein starkes Flimmern (sog. Grossflächenflimmern) zu vermeiden. Ähnliches gilt für den Film: Es werden 24 Bilder pro Sekunde projiziert, aber der Lichtstrahl im Filmprojektor wird insgesamt einmal pro Bild unterbrochen.		

GLOSSARY OF VIDEO TERMINOLOGY

Joanna Phillips, Agathe Jarczyk

	Definition	Synonyms	Mentioned in this book
3D comb filter 3D-Kammfilter	A filter that is not tuned exclusively to a specific frequency in order to amplify or attenuate it, but produces a frequency response in a series of regularly spaced **peaks** or spikes. In acoustics, it is used to eliminate disruptive differences in propagation times, while in video it can be used to suppress >*Moiré Effects* like those produced by crosstalk between the **chrominance signal** and the **luminance signal**, or by misinterpretation of chromatic information as a fine pattern of luminance. When performing their function, 3D comb filters take account of information in one or more preceding or succeeding **frames**.		>*Moiré Effect*
A active picture area Bildfeld	The part of the **picture raster** that contains the picture content. In CRT-based TV sets and monitors, the screen housing usually crops all four edges of the active picture area. To make these hidden areas visible, professional monitors provide an **underscan** option. Projectors usually show the entire active picture area.		>*Dihedral Maladjustment* >*Shifted Head Switching Point*
archival copy Archivkopie	See **generation**.		'A Guide to Viewing and Cataloguing Videocassettes'
archival master Archivmaster	See **generation**.		'A Guide to Viewing and Cataloguing Videocassettes'
aspect ratio Seitenverhältnis	The numerical ratio of picture width to picture height of a film, video or television image. The native aspect ratio of all standard definition **video formats** (analogue and digital) is 4:3. However, since the introduction of High Definition television, 4:3 is being displaced by the widescreen aspect ratio 16:9. Numerous other video aspect ratios exist, but are used infrequently. If a 16:9 image is recorded onto a 4:3 video format, the image can either be compressed horizontally ('anamorphic') or scaled down with two horizontal black bars above and below the image ('letterboxing'). The first approach is best suited for playback on a 16:9 monitor, the second for playback on a 4:3 monitor.		'A Guide to Viewing and Cataloguing Videocassettes' 'Basic Principles of Video Technology'
audio channel Audiokanal	Signal guide for the **audio signal**, defined by the allocation of **audio tracks** on the videotape.		>*Crosstalk* >*Sticky Tape Syndrome*
audio head Audiokopf	A **magnetic head** in a video player or recorder that records **audio signals** onto **magnetic tape**, then reads them during playback. Sound is recorded on the **longitudinal track** of a videotape by a fixed audio head stationed downstream of the **head drum**, often in a single assembly with the **control head**. The way **FM** or **PCM audio** is recorded on a videotape's **helical tracks** depends on the **video format**; sometimes the sound is recorded by the **video heads**, sometimes by separate **FM heads** or **PCM heads** on the head drum.	sound head	>*Crosstalk* >*Head Clogging* >*Sticky Tape Syndrome*
audio signal Audiosignal	The audio signal is defined by its amplitude, frequency range, total harmonic distortion and **signal-to-noise ratio**. The last two variables are also criteria for assessing the quality of the **audio channel**. Different methods are used to record the audio signal, depending on the **video format** (cf. **audio track**, **audio head**).	sound signal	>*Crosstalk* >*Hum Trouble* >*Sticky Tape Syndrome* 'Basic Principles of Video Technology' 'The Artistic Use of Analogue Image Errors'

	Definition	Synonyms	Mentioned in this book
audio track Audiospur	Depending on the **video format**, there are three different methods of recording **audio signals** onto **magnetic tape**. In all analogue video formats, the audio track can be recorded as a linear or **longitudinal track** running parallel to the edge of the tape (stereo recordings use at least two longitudinal tracks). With the introduction of higher-quality **FM audio** (with **VHS**), audio signals could also be recorded onto the **helical tracks** – as well as or instead of the longitudinal tracks – immediately below the **video tracks**, at a deeper level in the **magnetic layer**. By contrast the audio tracks for digital **PCM audio** are extensions of the video tracks on reserved sections of the helical tracks. To make enough room to record PCM audio on the magnetic tape, several later tape formats dispense with one of the longitudinal tracks altogether.		*>Crosstalk* *>Tape Deformation* *>Tracking Error* 'A Guide to Viewing and Cataloguing Videocassettes'
azimuth Azimut	In order to extend the recording time of **magnetic tape**, the slant azimuth recording method was introduced with the **Betamax** and **VCR LP video formats**. This technique involves angling the **head gaps** of the **video heads** so they slant away from each other. This makes it possible to dispense with the unrecorded **guard band** areas between the **helical tracks** – which may account for as much as half of a videotape – and record the helical tracks immediately alongside each other, making maximum use of space without incurring any risk of crosstalk.	slant azimuth	*>Incompatibility within a Family of Video Formats*

B

back coat Rückseiten-beschichtung	In most **video formats** the **tape substrate** is not just coated with a **magnetic layer** on its front side, but also has a coating on its back side (since 1968). Like the magnetic layer, this is composed of a mixture of **binders** and various fillers (without magnetic particles). Its function is primarily to improve tape transport by the use of anti-static additives such as carbon black, and also to stabilise the tape so that the **tape pack** is wound as smoothly and evenly as possible.		*>Sticky Tape Syndrome*
bandwidth Bandbreite	The frequency coverage from the lowest to the highest frequency: here, of the **video signal**. Bandwidth is part of the **video format** specification. The greater the bandwidth of a signal with **frequency modulation**, the higher the **resolution** of the TV or video image (cf. **baseband bandwidth**).		*>Incompatibility within a Family of Video Formats* 'Basic Principles of Video Technology'
baseband bandwidth Basisbandbreite	In analogue video, usually describes the frequency coverage of the **composite signal** in an analogue transmission channel (e.g. in a TV transmitter), or the **bandwidth** available for a signal that is to be transmitted, excluding any accompanying sidebands produced by the **modulation** required for transmission. In the case of digital channels, the term is often applied to the paid-for data transfer rate, as opposed to the maximum data rate of which the channel is technically capable. The base frequency corresponds to 0 volts in the **video signal**, i.e. to the sync pulse, whereas the highest frequency (base plus deviation) corresponds to the brightest possible white in the picture.		*>Carrier Leak* *>Moiré Effect*

	Definition	Synonyms	Mentioned in this book
Betacam Betacam	Analogue **video format** introduced in 1982 for the broadcast sector. Using **Betamax** cassettes to start with, Betacam (alongside Panasonic's MII) and the **component signal** used by the format brought about a significant leap in quality compared to preceding analogue video formats. Betacam only uses one size of cassette. **Magnetic tape**: ½" wide; **magnetic layer**: iron oxide. Component signal: recorded on two adjacent **helical tracks**, one used for the **luminance signal**, the other for the two **colour difference signals**, each occupying half the available **bandwidth**. Bandwidth of the luminance signal: ca. 4 MHz = ca. 360 lines of **resolution**. Audio recording: two longitudinal **audio tracks**. **Time code**: recorded either on the **longitudinal** track as an LTC or on the helical track as a VITC. Backward-compatible enhancement: **Betacam SP**, introduced in 1986. Two sizes of cassette: small cassette with max. 36 min of recording time (described as 30 min), large cassette with 110 min of recording time (described as 90 min). Tape used was Metal Particle tape (MP tape). Bandwidth of luminance signal: 5.5 MHz = resolution of ca. 450 lines. Two longitudinal tracks are available for audio: the format also supports recording of **FM** and **PCM audio**, the latter by sacrificing one of the longitudinal audio tracks.		*>Incompatibility within a Family of Video Formats* 'A Guide to Viewing and Cataloguing Videocassettes' 'Basic Principles of Video Technology'
Betacam SP Betacam SP	Short for Betacam Superior Performance. Analogue **video format**; see **Betacam**.		*>Incompatibility within a Family of Video Formats* 'A Guide to Viewing and Cataloguing Videocassettes'
Betamax Betamax	Analogue **video format** introduced in 1975 for the consumer market. Betamax only uses one size of cassette. **Magnetic tape**: ½" wide; **magnetic layer**: iron oxide; max. recording time 215 min (**PAL**, **Standard Play**, later players also introduced a **Long Play** mode). Colour is recorded using the **colour-under method**, without **guard bands** thanks to the slant **azimuth** technique. **Bandwidth**: ca. 3.4 MHz = ca. 250 lines of **resolution**. Audio recording: two **longitudinal tracks**. **FM audio** supported as from Beta Hi-Fi format, **PCM audio** only supported by accessory equipment. Two backward-compatible enhancements: SuperBeta (introduced in 1985, ca. 280 lines of resolution), which also uses Betamax cassettes, and ED-Beta (Extended Definition, introduced in 1988, **NTSC** only, ca. 500 lines of resolution), which uses a precursor of metallised magnetic tape (ME tape), later more widely used for **Hi8** and digital tape formats.		*>Long Play* 'A Guide to Viewing and Cataloguing Videocassettes'
binder Bindemittel	Both the **magnetic layer** and the **back coat** of a videotape are composed of a mixture of binding agents and fillers. The binders used in both layers consist, as a rule, of polyester-polyurethane copolymers with various additives such as lubricants and plasticisers. The polyester-polyurethane copolymer is susceptible to the effects of **hydrolysis**, which include the breakdown	binding agent	*>Dropouts and Dropout Compensation* *>Sticky Tape Syndrome* 'Basic Principles of Video Technology'

	Definition	Synonyms	Mentioned in this book
	of molecular chains. If the process of deterioration is already advanced, it takes the form of **sticky shed syndrome**, which is known as >*Sticky Tape Syndrome* during playback.		
burst Burst	Part of a **video signal** that acts as a reference frequency for the in-phase – i. e. true-colour – **demodulation** of the **chrominance signal**. This reference signal is located immediately after the sync pulse, at the start of each **line signal**.	colour burst	>*Hue Error (NTSC)* 'Basic Principles of Video Technology'
capacitive kapazitiv	Electrical capacitance refers to the ability of a capacitor, condenser or cable to store an electric charge or conduct alternating voltages. Undesirable crosstalk between two cables can be prevented by using suitable **shielding**.		>*Crosstalk*
capstan Capstan	Drive shaft that powers the tape transport in a video or audio recorder. The tape is pressed against the capstan by a **pinch roller**.	capstan drive drive spindle	>*Time Base Error* 'Basic Principles of Video Technology'
carrier frequency Trägerfrequenz	Generally speaking, a carrier frequency is a high-frequency waveform which is **modulated** with a lower-frequency **effective signal**. Basically, this principle underpins all forms of radio communication and any multi-channel transmission over a cable. In analogue TV broadcasting different carrier frequencies support the broadcasting of different programmes: the TV set filters the required carrier frequency (the TV channel) from the signal and then **demodulates** the effective signal. The **colour subcarrier** onto which the **chrominance signal** in a **composite signal** is modulated (cf. **frequency modulation**) is also a defined carrier frequency (in the **PAL television standard** specified at 4.43 MHz, in the **NTSC** standard at 3.58 MHz). The main form of **modulation** used in television broadcasting and video devices is frequency modulation. In the case of the more interference-prone amplitude modulation, it is not the frequency of the carrier signal that is modulated with the effective signal, but only its amplitude. In the chrominance signal this represents the colour saturation, whereas the hue (colour tone) is represented by the subcarrier's phase angle, i.e. its frequency.		>*Carrier Leak* >*Hue Error (NTSC)* >*Moiré Effect* >*Shifted Head Switching Point* >*Venetian-blind Effect (PAL)* 'Basic Principles of Video Technology'
catch range Fangbereich	An **oscillator's** catch range is the frequency range about the oscillator's centre frequency within which it can be tuned to a **synchronisation signal** produced by an external source. The oscillator, centre frequency, catch range and sync signal form a simple control loop.		>*Horizontal Hold* >*Loss of Colour Lock* >*Vertical Hold*
chrominance signal Farbsignal	The chrominance signal is composed of the two **colour difference signals** and is represented by the 'C' in 'CVBS signal' (short for Colour-Video-Blank-Sync signal). It can be modulated onto the **luminance signal** (as in a **composite signal**), or else managed separately from the luminance signal (as in e.g. an **S-Video signal**).	colour signal chroma signal chrominance	>*Carrier Leak* >*Hue Error (NTSC)* >*Incompatibility within a Family of Video Formats* >*Moiré Effect* >*Venetian-blind Effect (PAL)* 'Basic Principles of Video Technology' 'The Artistic Use of Analogue Image Errors'

	Definition	Synonyms	Mentioned in this book
cleaning tape Reinigungskassette	Tape cassette used to remove deposits of **debris** and other dirt or dust particles from the **tape path** and **video heads** in a video device. Both wet and dry cleaning cassettes are available, although there is considerable controversy among specialists regarding their respective positive/negative effects. Not enough research has been carried out into the abrasive effects of dry head cleaning cassettes or the potential damage caused by non-volatile residue left behind by the solvents and cleaning agents in wet cleaning tapes. If the decision is taken to use them, it is important to obtain them from specialist suppliers, and to use them sparingly and according to the manufacturers instructions.	cleaning cassette head cleaning tape	*>Dropouts and Dropout Compensation* *>Head Clogging* 'A Guide to Viewing and Cataloguing Videocassettes' 'Basic Principles of Video Technology'
coercivity Koerzitivkraft	This refers to the strength or intensity of the magnetic field that must be applied in order to fully overcome the remanence – that is, the residual magnetism – of a magnetic particle (e.g. in a **magnetic tape**). The higher the coercivity required when making a recording, the stronger the signal will be when played back: this means a smaller number of particles is required to maintain the necessary minimum signal strength. It also means that the tape's surface area can be reduced, which in turn has a positive impact on equipment dimensions.	coercive force	*>Incompatibility within a Family of Video Formats* 'Basic Principles of Video Technology'
colour bars Farbbalken	Electronically generated test pattern with colour bars containing the colours white, yellow, cyan, green, magenta, red, blue and black for reference purposes. Playback of standard colour bars in black and white produces a grey scale.		*>Colour Smearing after an Editing Cut* *>Hue Error (NTSC)* *>Loss of Colour Lock* *>Venetian-blind Effect (PAL)* 'A Guide to Viewing and Cataloguing Videocassettes' 'Basic Principles of Video Technology'
colour difference signal Farbdifferenzsignal	For convenience and to reduce **bandwidth** requirements for the transmission and storage of a colour **video signal**, the primary red, green and blue signals are first converted into a **luminance signal** and two colour difference signals, as follows. During the conversion of the **RGB signal** into a **component signal**, the three primary colours – each of which originally had an equal maximum voltage excursion – are matrixed together to form the luminance signal using the proportions 59% Green, 30% Red and 11% Blue. In each case, the proportion is based on the sensitivity of the human eye. Two colour difference signals (B-Y and R-Y) are derived by further matrixing. These colour difference signals are used to **modulate** the **colour subcarrier**, but before this is done, coefficients are applied to derive signals identified as U and V: $U = (B-Y) \times 0.49$ and $V = (R-Y) \times 0.88$. The bandwidth of these signals is also significantly reduced. The original reason for converting the RGB signal into a luminance and two colour difference signals was twofold: first, the limited bandwidth available for broadcasting and second, the requirement to transmit the colour TV signal in a form that would also allow black-and-white receivers to display the picture without distortion and with the correct contrasts (shading).		*>Incompatibility within a Family of Video Formats* 'Basic Principles of Video Technology'

	Definition	Synonyms	Mentioned in this book
colour encoding Farbcodierverfahren	In order to transmit a **composite signal** the primary-colour red, green and blue signals must first be converted into **component signals** consisting of a **luminance signal** and two **colour difference signals**. The **bandwidth** of the two colour difference signals is drastically reduced, **modulated** onto a colour **subcarrier**, then added to the **luminance signal**. To allow this, the chosen subcarrier frequency lies within the luminance bandwidth. The encoding processes specific to each **television standard** differ in the type of **modulation** applied to the colour difference signals and the way they are combined in the joint **chrominance signal**.	colour encoding system	*>Incompatibility between Television Standards (PAL – SECAM – NTSC)*
colour lock control Colour Lock-Schalter	Players that support the **U-matic video format** using the **PAL television standard**, as well as **multi-standard players** capable of playing this format, have on their rear panels a control labelled 'Colour Lock'. Normally this control is set to the neutral position, but it can be useful for manually correcting a *>Loss of Colour Lock*. In some very old devices it may also take the form of a rotary knob or dial.		*>Loss of Colour Lock* 'A Guide to Viewing and Cataloguing Videocassettes'
colour subcarrier Farbhilfsträger	This is the reference frequency used for the **modulation** and **demodulation** of the **colour difference signals** in composite video. The difference in **phase** between the resulting **chrominance signal** and the colour subcarrier determines the hue, while the amplitude determines the colour saturation. Only the colour signal is transmitted; the colour subcarrier is suppressed. In each **scan line**, the reference point for demodulation is provided – almost immediately after the sync pulse – by the colour **burst**, which matches the frequency and phase of the colour subcarrier. **Carrier frequencies** differ depending on the **television standard**.		*>Hue Error (NTSC)* *>Incompatibility within a Family of Video Formats* *>Loss of Colour Lock* *>Moiré Effect* *>Venetian-blind Effect (PAL)* 'Basic Principles of Video Technology'
colour-under method Colour Under-Verfahren	This is the colour recording method used for almost all analogue **video formats**, except for formats which record **component signals** and some professional 1" and 2" formats. In contrast to the direct-colour method, which for recording purposes demands very high levels of mechanical precision and a high **carrier frequency** for the FM signal, the colour-under method enables both professionals and consumers to make stable colour recordings using less expensive, less sophisticated equipment. The principle consists of modulating the **colour subcarrier** down to a substantially lower frequency band in order to record it (for example **PAL** – normally at 4.43 MHz – and **NTSC** – normally at 3.58 MHz – are stepped down to a frequency range between 630 and 780 kHz). During playback the frequency of the colour subcarrier is then stepped up again and set to exactly 4.43 MHz or 3.58 MHz as appropriate.	colour-under system	*>Loss of Colour Lock* *>Incompatibility within a Family of Video Formats* 'Basic Principles of Video Technology'
component signal Komponenten-Signal	In contrast to a **composite signal**, a component signal enhances picture quality by managing the luminance and chrominance portions of the signal separately, the latter being comprised of two independent **colour difference signals** (R-Y and B-Y). A component signal		*>Moiré Effect* 'Basic Principles of Video Technology'

	Definition	Synonyms	Mentioned in this book
	is an electronically produced, mathematical derivation of the original **RGB signal**; at a ratio of 4:4:4, the full-bandwidth R, G and B signals all have the same **resolution**. To record a component signal, however, the **bandwidth** of the two colour difference signals is halved in each case: this is described as the 4:2:2 scheme. Analogue component recordings only appear in certain **video formats**: M, MII, **Betacam** and **Betacam SP**. In digital video formats, on the other hand, this type of component recording is predominant. If the chrominance and luminance portions of a signal are always carried and processed separately, as in the case of an RGB, component or even **S-Video signal**, it is possible to eliminate **cross-colour** and **cross-luminance effects**. An RGB signal is also a component signal; depending on the signal format, one or two extra wires may be required to transmit an RGB signal's **synchronisation signals** if they are not carried on the green channel.		
composite connection Composite-Verbindung	Relaying of the **composite signal** through a coaxial cable.		*>Moiré Effect*
composite signal Composite-Signal	TV or **video signal** which, unlike **RGB**, **component** and **S-Video signals**, carries the **luminance** and **chrominance signals** together. The colour information is **modulated** onto a **carrier frequency** (in the case of **PAL** ca. 4.43 MHz) and transmitted in the same frequency spectrum as the black-and-white signal. It is then extracted and **demodulated** from the composite signal by the television set or monitor. As a reference point for reconstructing the chrominance signal, a short **burst** is emitted at the start of each **line signal**, immediately after the sync pulse. All analogue TV broadcasting used to be based on the composite signal, to which audio was also added for broadcasting purposes. Most industry and consumer **video formats** record the composite signal using the **colour-under method**, which is also used for the S-Video signal, although in the latter the luminance and chrominance signals are managed separately.	CVBS signal Colour-Video-Blank-Sync signal	*>Hue Error (NTSC)* *>Loss of Colour Lock* *>Venetian-blind Effect (PAL)* 'Basic Principles of Video Technology'
control head Kontrollkopf	A **magnetic head** in the video player that records **control pulses** onto a **longitudinal track** (**control track**) on the **magnetic tape** and then scans them during playback. The control head is a fixed head located downstream of the **head drum**, and is often combined with the **audio head**.	CTL head sync head	*>Head Clogging* 'Basic Principles of Video Technology'
control pulse Kontrollimpuls	Control pulses are recorded on the **longitudinal control track** of a videotape, and should not be confused with the **horizontal** or **vertical sync pulses**. The latter are embedded in the **video signal**, hence recorded on the **helical tracks**. As a rule, one control pulse is recorded per **field** and acts as a reference for finding, i.e. accurately **tracking**, the helical track.	CTL pulse	*>Head Clogging* *>Vertical Synchronisation Error*

	Definition	Synonyms	Mentioned in this book
control track Kontrollspur	The **longitudinal track** on the videotape on which **control pulses** are recorded.	CTL track sync track	*>Creased or Crumpled Tape* *>Scratches and Tape Wear* *>Tape Deformation* *>Tracking Error* *>Vertical Synchronisation Error* 'Basic Principles of Video Technology'
cross-colour effect Cross Colour-Effekt	Standard term for the shimmering, multicoloured rainbow effects in a TV or video image that may be superimposed on fine structures in bright portions of the image – e.g. coarse-woven or fine-checked textiles – when parts of the **luminance signal** in a **composite signal** are misinterpreted as the **chrominance signal**.		*>Moiré Effect*
cross-luminance effect Cross Luminance-Effekt	Term for the fine pattern of stripes in the luminance of a TV or video image that may be superimposed on heavily saturated colour areas or vertical coloured edges with strongly contrasting hues if parts of the **chrominance signal** in a **composite signal** are misinterpreted as the **luminance signal**.		*>Moiré Effect*
curvature error Curvature Error	In this case, the **helical tracks** on a videotape are warped into curves due to *>Tape Deformation*, or the tape is transported past the **head drum** in a slightly S-shaped or curvilinear path due to *>Tape Misalignment*. Both phenomena cause the spinning **playback heads** to lose contact with the centre of the track in one or two sections, so that the picture information recorded in those sections is more or less obscured by noise. Any **FM audio** on the track may drop out completely.		*>Tape Deformation* *>Tape Misalignment*
D debris Bandabrieb	Particles from the **magnetic layer** (coating) of a videotape that become detached from the surface of the tape due to (1) chemical degradation (**hydrolysis**) and/or (2) mechanical stresses (e.g. friction). If debris collects along the **tape path** and on the **playback heads**, it can cause image and audio errors.	tape debris	*>Dropouts and Dropout Compensation* *>Head Clogging* *>Scratches and Tape Wear* *>Sticky Tape Syndrome* 'A Guide to Viewing and Cataloguing Videocassettes' 'Basic Principles of Video Technology'
demodulated demoduliert	See **demodulation**.		*>Carrier Leak* *>Hue Error (NTSC)* *>Moiré Effect* *>Venetian-blind Effect (PAL)*
demodulation Demodulation	The recovery by a TV receiver or video player of an **effective signal** that was **modulated** onto a **carrier frequency** for an analogue television broadcast or video recording (cf. **modulation**).		*>Carrier Leak* *>Hue Error (NTSC)* *>Incompatibility within a Family of Video Formats* *>Moiré Effect* *>Venetian-blind Effect (PAL)* 'Basic Principles of Video Technology'
dropout Dropout	The symptom is a black, white or black-and-white dot that flashes briefly on-screen and may have a horizontal comet tail. A severe dropout may disrupt one or		*>Dropouts and Dropout Compensation* *>Shifted Head Switching Point*

	Definition	Synonyms	Mentioned in this book
	more **scan lines** so that they flash black and white along their entire length. *>Dropouts and Dropout Compensation* occur when the **video** or **audio signal** is briefly interrupted, e.g. due to dirt particles on the tape or damage to the **magnetic layer**.		'A Guide to Viewing and Cataloguing Videocassettes' 'Basic Principles of Video Technology' 'The Artistic Use of Analogue Image Errors'
dropout compensator Dropoutkompensator	A circuit built into video players and recorders that is capable of mitigating the majority of **dropouts** by replacing the noisy areas in a **scan line** with intact content from preceding lines. The dropout compensator does this by splitting the **video signal** into one direct path, and one path that delays the signal by exactly one line. The compensator detects a signal dropout as soon as it happens, and immediately switches over to the delayed, intact substitute signal from the preceding line. Content from the intact line is repeated for as long as the dropout lasts, over multiple lines if necessary. Multi-line repetition will, of course, be clearly visible to viewers.	DOC	*>Dropouts and Dropout Compensation* *>Scratches and Tape Wear*
dub sheet MAZ-Karte	This refers to the paperwork included with a **magnetic tape** on which all technical details relating to the tape, copy **generation**, format **migrations** etc. are noted down. It includes information on the **video format**, **television standard**, allocation of **audio tracks** etc., as well as details of duplication methods (including cabling and the entire transfer path). Each new copy of a video should be given its own dub sheet (ideally one copy with the cassette, another in the accompanying documentation).	recording data sheet recording sheet	'A Guide to Viewing and Cataloguing Videocassettes'
E			
edge curl Edge Curl	Refers to the curling deformation of tape edges, usually caused by a poorly wound, stepped **tape pack** or mechanical stresses in the player/recorder or cassette itself, and by adverse climate conditions.		*>Tape Deformation* *>Tape Misalignment* 'Basic Principles of Video Technology'
editing Bildschnitt	Unlike movie editing or the early years of video editing, linear video editing – the standard editing method since the introduction of the **helical scan method** – is not done physically, by cutting the tape, but electronically, by copying selected scenes frame-accurately onto a new tape known as the **edit master**. For image effects, transitions or fade-overs, additional equipment is used such as **vision mixers**; for synchronising and stabilising picture sources, other specialist equipment such as synchronising generators and **TBCs** is used (cf. **vertical sync pulse**). In linear, tape-to-tape editing, a technical distinction is made between two kinds of editing: assemble editing (joining a new scene to an existing scene, which means that as well as new **video** and **audio tracks** a new **control track** has to be recorded) and **insert editing** (the seamless integration of a shorter scene into an existing longer scene, which involves deleting the 'underlying' picture). Insert editing also allows video and audio track(s) to be freely combined. For smooth, undisturbed editing cuts, the recording device should also be equipped with **flying erase heads**.		*>Colour Smearing after an Editing Cut* *>Vertical Synchronisation Error* 'Basic Principles of Video Technology' 'The Artistic Use of Analogue Image Errors'

	Definition	Synonyms	Mentioned in this book
effective signal Nutzsignal	The video, audio and synchronisation information contained in a **video signal**, stripped of the disruptive noise components or **noise signals** that characterise the transmission channel or storage medium.	content signal information signal	*>Crosstalk* *>Tracking Error*
electron beam Elektronenstrahl	The individual **scan lines** and resulting **fields** from which the TV or video picture on the screen of a cathode-ray tube is composed are generated by a beam of electrons that scans the phosphor layer on the rear of the screen. The beam is electromagnetically deflected – both horizontally and vertically – by deflection yokes (coils) mounted on the neck of the tube. The **luminance signal modulates** the intensity of the electron beam; during the **horizontal** and **vertical flyback** phases it is suppressed (blanked). In a CRT camera the electron beam scans the light-sensitive surface of the pickup tube.	beam of electrons	*>Horizontal Hold* *>Vertical Picture Jumping* 'Basic Principles of Video Technology' 'The Artistic Use of Analogue Image Errors'
erase head Löschkopf	In a video recorder's **tape path**, the fixed erase head is located upstream of the **head drum** and erases all **video**, **audio** and **control tracks** on the tape simultaneously. Unlike **flying erase heads**, which are mounted on the rotating head drum, a fixed erase head cannot be used to carry out undisturbed assemble or **insert editing** operations.		*>Colour Smearing after an Editing Cut* 'Basic Principles of Video Technology'
exhibition copy Ausstellungskopie	See **generation**.		*>Scratches and Tape Wear* 'A Guide to Viewing and Cataloguing Videocassettes'
external synchronisation externe Synchronisation	A professional recording setup requires external synchronisation of all the equipment and devices involved, so that the players/recorders etc. all switch to the start of the new **scan line** or new **field** at exactly the same time. If the **control pulses** are produced by the player itself, the process is described as internal synchronisation.		*>Vertical Synchronisation Error*
F field Halbbild	An individual **frame** in a standard-definition television or video picture consists of two successive fields (half-frames), each of which contains exactly half of the total number of **scan lines** that make up the full picture. The first field contains the even lines, the second contains the odd lines; as the fields change over, the even lines are '**interlaced**' with the odd lines. Depending on the **television standard**, TV and video pictures are composed of a certain number of frames per second, each frame comprising two interlaced fields. Thus **PAL** and **SECAM** specify 25 frames at 625 scan lines each per second, which equates to 50 fields of 312.5 lines each, while **NTSC** specifies 30 (more precisely: 29.97) frames at 525 lines each per second, which amounts to 60 (more precisely: 59.94) fields each consisting of 262.5 scan lines.	half-frame	*>Colour Smearing after an Editing Cut* *>Creased or Crumpled Tape* *>Dihedral Maladjustment* *>Head Clogging* *>Hum Trouble* *>Incompatibility between Television Standards (PAL – SECAM – NTSC)* *>Lengthwise Tape Expansion or Shrinkage* *>Shifted Head Switching Point* *>Skew Error* *>Vertical Hold* *>Vertical Picture Jumping* *>Vertical Synchronisation Error* 'Basic Principles of Video Technology' 'The Artistic Use of Analogue Image Errors'

	Definition	Synonyms	Mentioned in this book
field change Halbbildwechsel	The changeover from one **field** to the next, triggered by the **vertical sync pulse**. Depending on the **television standard**, the number of fields per second is either 50 (**SECAM**, **PAL**) or 60 (**NTSC**).		*>Vertical Hold* *>Vertical Synchronisation Error*
field frequency Halbbildfrequenz	The number of **fields** transmitted per second. The **PAL** and **SECAM television standards** specify a field frequency of 50 Hz (= 50 fields/second); in **NTSC** it is 60 Hz.	field change rate	*>Hum Trouble*
flying erase heads fliegende Löschköpfe	Video recorders equipped for assemble or **insert editing** are fitted with flying **erase heads**. Unlike stationary (fixed) erase heads, they are mounted on the rotating **head drum** alongside the **video heads**. Traditional erase heads stationed upstream of the head drum erase the tape across its entire width, whereas flying erase heads delete the relevant **video tracks** precisely at the interface between two **fields**, just before the video heads record the new tracks. The result is an absolutely clean, undisturbed **editing** cut.		*>Colour Smearing after an Editing Cut*
FM audio FM-Ton	FM audio is short for frequency-modulated audio (see **frequency modulation**), and is also described as AFM audio (AFM = Audio Frequency Modulation). It appears in various analogue **video formats** from **VHS** onwards. In the consumer formats VHS, **S-VHS**, **Video8**, **Hi8** and **Betamax**, FM audio is also referred to as Hi-Fi audio. An FM audio soundtrack may be recorded and played back either by the actual **video heads**, or by separate **FM heads** mounted in front of the video heads on the spinning **head drum** assembly. Like **PCM audio**, FM audio is also recorded on the tape's **helical tracks**. However, rather than being confined to a special section of each **video track**, FM audio is recorded along the entire length of the track, but at a deeper level in the **magnetic layer**. The signal quality is enhanced by frequency modulation, but the fact that the signal is located on the helical track does mean that – like PCM audio – it is more susceptible to audio errors.	AFM audio (A)FM audio Hi-Fi audio	*>Colour Smearing after an Editing Cut* *>Creased or Crumpled Tape* *>Dropouts and Dropout Compensation* *>Head Clogging* *>Incompatibility within a Family of Video Formats* *>Lengthwise Tape Expansion or Shrinkage* *>Long Play* *>Scratches and Tape Wear* *>Tape Deformation* *>Tape Misalignment* *>Tracking Error* 'A Guide to Viewing and Cataloguing Videocassettes' 'Basic Principles of Video Technology'
FM head FM-Kopf	Depending on the **video format**, **FM audio** may be recorded and played back either by the **video heads** or by separate FM heads mounted in front of the video heads on the spinning **head drum** assembly.		*>Head Clogging*
frame Vollbild	In all analogue and digital **video formats** that are based on the **interlacing** technique, each frame of the moving image contains two **fields** that are transmitted in quick succession and 'combed' into each other. In the **PAL** and **SECAM television standards**, the **timing** is defined at 25 frames per second (= 50 fields), and for the **NTSC** standard, at 30 (or more precisely: 29.97) frames per second (= 60, or more precisely: 59.94 fields).	picture image video picture video image	*>Incompatibility between Television Standards (PAL – SECAM – NTSC)*
free-running horizontal deflection oscillator freilaufender Horizontaloszillator	Two **oscillators** control the picture-scanning process in a picture tube: the free-running horizontal deflection oscillator controls the horizontal scan while the **free-running vertical deflection oscillator** controls the vertical scan, and together they build up the **picture**	line oscillator	*>Horizontal Hold*

	Definition	Synonyms	Mentioned in this book
	raster. The horizontal deflection oscillator is part of the generator that produces the anode voltage and other key voltages and should always – regardless of whether a picture is being displayed or not – oscillate freely, but be capable of synchronising instantly with a TV or **video signal** as soon as it is applied. This means that the oscillator must have a sufficiently broad **catch range**.		
free-running vertical deflection oscillator freilaufender Vertikaloszillator	Two **oscillators** build up the **picture raster** in a picture tube: the **free-running horizontal deflection oscillator** controls the horizontal scan, and the free-running vertical deflection oscillator controls the vertical scan. Both oscillators must oscillate freely while being capable of synchronising immediately with a TV or **video signal** as soon as it is applied. This means that the oscillator must have a sufficiently broad **catch range**.		*>Vertical Hold*
frequency modulation Frequenzmodulation	Frequency modulation (FM) is a transmission method whereby a **carrier frequency** is modified by the signal that is being transmitted. Compared to amplitude modulation, frequency modulation supports information-bearing signals with a higher dynamic range and is also less susceptible to **noise signals**. In a **video signal** the peak-to-peak voltage (also described as '**peak** voltage', abbreviated to V_{ss} or V_{pp}) is 1 volt. The lowest voltage is 0 volts, which corresponds to the level of the sync pulses. Picture black is fixed at 0.3 volts, picture white at 1 volt. The frequency of the **modulated** signal rises in proportion to its voltage, i.e. the lowest voltage generates the lowest frequency (around 3 MHz, depending on the **video format**), and the highest voltage generates the highest frequency (up to 7 MHz or more, depending on the format). The format-dependent difference between the lowest and highest frequencies is described as the frequency deviation or **frequency swing**.		*>Carrier Leak* *>Incompatibility within a Family of Video Formats*
frequency swing Frequenzhub	This represents the difference between the lowest and highest frequencies in a frequency-modulated signal. When a video is recorded the **luminance signal** is frequency-modulated, i.e. the lowest signal voltage (the sync pulses) is converted into the lowest frequency, while the picture white is converted into the highest frequency.	frequency deviation	*>Incompatibility within a Family of Video Formats* 'Basic Principles of Video Technology'
G generation Generation	In the context of video, every new copy made from an existing copy is known as a 'generation'. In analogue video, each generation results in a slight deterioration of the **video signal**: the **picture noise** in each new copy is added to the picture noise already present in the previous generation – the process is cumulative and irreversible. Different status is accorded to the different generations and reproductions of a videotape, as follows: (1) Camera master = original recording. (2) Edit master = finished, edited video: best signal quality. (3) **Master** = first generation after **editing** or, where the video is unedited, a first-generation copy of the camera master. In most cases, the artist retains the master and sells a submaster, which is used to produce the **exhibition** and **viewing copies**; consequently collections often refer to submasters as masters		*>Dropouts and Dropout Compensation* *>Shifted Head Switching Point* 'The Artistic Use of Analogue Image Errors'

	Definition	Synonyms	Mentioned in this book
	or copy masters. (4) Submaster = second-generation copy of the master. (5) Viewing and exhibition copies = third-generation copies of the submaster or copy master prepared specifically for viewings and exhibitions, with all the wear and tear involved. (6) **Archival master**, also known as **archival copy** = copy of copy with the best available signal quality, prepared for archival purposes. Nowadays usually produced by digitising the analogue source material. The target format selected for an archival master should have (a) the lowest possible compression, (b) the widest possible dissemination, and (c) the longest possible useful life.		
guard band Rasen	Refers to an unrecorded area or gap between the **helical tracks** on a videotape, designed to prevent *>Crosstalk* between adjacent tracks. The slant **azimuth** recording method rendered these unused sections of tape superfluous, which in turn meant that the maximum recording time of the tape could be extended.		*>Incompatibility within a Family of Video Formats* *>Tracking Error*
H head alignment Kopfversatz	Head alignment refers to the angle between the **magnetic heads** mounted on a video player or recorder's rotating **head drum**. Paired **video heads** mounted on opposite sides of the head drum have a head alignment of exactly or approximately 180°.		*>Dihedral Maladjustment*
head drum Kopftrommel	Inside all tape-based video recorders, whether they support analogue or digital formats, lies a head drum: an aluminium cylinder with a diameter that depends on the supported **video format**. The drum consists of two halves: a lower, fixed drum section and an upper drum which, depending on the video format, may also be fixed, or may rotate at high speed. If both drum halves are fixed, there will be a head bar or head disk that rotates in the narrow gap between them, with the **magnetic heads** mounted on it. If, on the other hand, the upper drum rotates, there is no need for a head disk or head bar because the heads are mounted directly on the upper half of the drum. The magnetic heads attached to the head bar or disk (i.e. the **video heads** and possibly also the **FM**, **PCM** and/or **flying erase heads**) are responsible for the recording, playback and – depending on the design of the tape machine – erasure of the video and possibly also audio information encoded on the **helical tracks** of the **magnetic tape**. A slightly sloping ruler edge guides the tape round the head drum, so that it is in the correct position for scanning or recording. The magnetic heads protrude slightly from the drum in order to maintain optimum **head-to-tape contact**.		*>Colour Smearing after an Editing Cut* *>Creased or Crumpled Tape* *>Dihedral Maladjustment* *>Head Clogging* *>Shifted Head Switching Point* *>Skew Error* *>Sticky Tape Syndrome* *>Tape Deformation* *>Tape Misalignment* *>Time Base Error* 'A Guide to Viewing and Cataloguing Videocassettes' 'Basic Principles of Video Technology' 'The Artistic Use of Analogue Image Errors'
head gap Kopfspalt	See also **magnetic head**. Magnetic heads vary in shape, but are basically constructed from two halves of a core, assembled to form a spherical or cuboid unit on which wire-wound coils are mounted. The two pole shoes, also known as head mirrors, create the contact surface with the **magnetic tape** and are separated by the head gap. The width of the head gap is, in the case of **video heads**, just a few tenths of a micrometre; in **audio heads** it ranges from 3 to 8 micrometres. The		*>Colour Smearing after an Editing Cut* *>Head Clogging* 'Basic Principles of Video Technology'

	Definition	Synonyms	Mentioned in this book
	smaller the head gap and the higher the relative **head-to-tape speed**, the higher the frequencies of the signals that can be recorded and played back.		
head path Kopfpfad	This is the actual path that a **magnetic head** (e.g. a **video head**, **FM head**, **flying erase head**, etc.) mounted on the **head drum** follows on the **magnetic tape** while the head drum is spinning. For correct **tracking** and undisturbed playback, the head path should correspond precisely to the **track position** specified by each **video format**.		*>Tape Misalignment* *>Tracking Error*
head signal Kopfsignal	The signal recorded and later played back/amplified by the **video head**.		*>Carrier Leak* *>Dihedral Maladjustment* *>Shifted Head Switching Point* 'Basic Principles of Video Technology'
head switch Kopfumschaltung	When a videotape is played back, the two **video heads**, positioned 180° apart on the spinning **head drum**, each read one **helical track** (= one **field**) in turn, in a constantly alternating process. To ensure that only the **video signal** from the currently active head is transmitted, the player must switch electronically from one head to the other and back again in order to play back each helical track correctly. This head switch is triggered by a pulse, induced in a coil attached to the stationary part of the head drum by a magnet attached to the rotating part of the drum. Every time the magnet passes the coil, a pulse is produced.		*>Dihedral Maladjustment* *>Shifted Head Switching Point* *>Skew Error*
head switching point Kopfumschaltpunkt	The head switching point is a characteristic feature of the **helical scan method** and appears a few scan lines above the bottom edge of the image in the shape of two black, white or black-and-white dots (or sometimes in the form of a single dot). Unlike a **dropout**, head switching points always appear on the same line, where they flash continuously in an agitated, side-to-side movement. The dots appear because the head switching process produces a **phase jump** in the **carrier frequency**.		*>Dihedral Maladjustment* *>Dropouts and Dropout Compensation* *>Shifted Head Switching Point* *>Skew Error* *>Vertical Synchronisation Error*
head-to-tape contact Kopf-zu-Bandkontakt	In order to record and play back a **video signal**, all the **video heads** must come into direct contact with the **video**, **audio** and **control tracks** on a **magnetic tape**. If this contact is attenuated or lost, e.g. due to dirt or **debris** in the **tape path**, the result will be image and audio errors.	head-to-tape interface	*>Creased or Crumpled Tape* *>Dropouts and Dropout Compensation* *>Head Clogging* *>Tape Deformation* 'Basic Principles of Video Technology'
head-to-tape speed Kopf-zu-Bandgeschwindigkeit	This refers to the sum of the rotational speed of the **magnetic heads** on the **head drum** and the **tape speed** of the tape in the video player. If the precisely specified head-to-tape speed increases or decreases, e.g. because the tape transport is impeded by *>Sticky Tape Syndrome*, or because of a *>Time Base Error* in the machine, or an incorrect setting for a **Long Play**-format tape, the viewer will experience image and audio errors.		*>Colour Smearing after an Editing Cut* *>Incompatibility between Television Standards (PAL – SECAM – NTSC)* *>Sticky Tape Syndrome* *>Time Base Error* 'Basic Principles of Video Technology'

	Definition	Synonyms	Mentioned in this book
helical scan method Schrägspurverfahren	This refers to a recording process in which – unlike an audiotape – the **video tracks** are not recorded along an uninterrupted **longitudinal track**, but are instead recorded diagonally across the tape's direction of motion, as parallel tracks. Each of the **helical tracks** carries the information required to generate one half-frame or **field**. During recording and playback, the tape is drawn at a slightly oblique angle past the rotating **head drum** on which the scanning or recording **video heads** are mounted.	helical scanning	*>Shifted Head Switching Point* 'Basic Principles of Video Technology'
helical track Schrägspur	A track recorded onto **magnetic tape** using the **helical scan method**: also known as a **video track** because it contains all the information required to produce one **field**. In various analogue **video formats** from the introduction of **VHS** onwards, **FM audio** can also be recorded onto the helical track (at a deeper level in the **magnetic layer** than the **video signal**). In the MII, **Video8**, **Hi8** and **Betacam SP** analogue video formats, as well as all digital formats, helical tracks may also include a **PCM audio** section, usually at the upper or lower end of the track.	diagonal track video track	*>Colour Smearing after an Editing Cut* *>Creased or Crumpled Tape* *>Dihedral Maladjustment* *>Dropouts and Dropout Compensation* *>Head Clogging* *>Incompatibility between Television Standards (PAL – SECAM – NTSC)* *>Incompatibility within a Family of Video Formats* *>Lengthwise Tape Expansion or Shrinkage* *>Long Play* *>Scratches and Tape Wear* *>Shifted Head Switching Point* *>Skew Error* *>Tape Deformation* *>Tape Misalignment* *>Tracking Error* *>Vertical Synchronisation Error* 'Basic Principles of Video Technology'
herringbone pattern Fischgratmuster	A herringbone pattern is a two-dimensional phenomenon that affects the image structure and is caused by **interference** between two or more signals or by residue from the **carrier frequency**, which may arise if **demodulation** is not sufficiently precise. The herringbone pattern may be synchronous with the **line signal**, in which case it will produce a very regular diagonal structure. It may be unsynchronised, however, in which case it may shift slightly from **scan line** to scan line. Depending on how fine the structures are and how far away the viewer is positioned, 'higher-level' structures may appear on-screen that look like transposed segments of circles reminiscent of e.g. cobblestones or fish scales.	moiré	*>Carrier Leak* *>Loss of Colour Lock* *>Moiré Effect*
Hi8 Hi8	Analogue **video format**, introduced in 1989 as an enhanced version of the **Video8** format. Like Video8, Hi8 only uses a single size of cassette. **Magnetic tape**: 8 mm wide; first-time use of metallised magnetic tape (ME = metal evaporated tape); support for **Long Play** recording mode; max. recording time 90 min (**Standard Play** mode) or 180 min (LP mode). Recording uses the **colour-under method**, managing **luminance** and **chrominance signals** separately (Y/C signal). **Band-**	Hi-8	*>Incompatibility within a Family of Video Formats* *>Long Play* 'A Guide to Viewing and Cataloguing Videocassettes'

	Definition	Synonyms	Mentioned in this book
	width: ca. 5 MHz = ca. 400 lines of **resolution**. Audio: support for **FM** and **PCM audio**.		
horizontal blanking interval horizontale Austastlücke	A component of the **video signal** that does not contain any picture information, but only the **horizontal sync pulse** and – in a **chrominance signal** – the colour **burst**. The blanking interval sets the intensity of the **electron beam** in the picture tube to zero, so it is invisible during **horizontal flyback** (cf. **vertical blanking interval**).	blanking H-BLANK horizontal blanking horizontal interval	*>Horizontal Hold*
horizontal flyback Zeilenrücklauf	This refers to the blanked-out (zero-luminance) return of the scanning **electron beam** from the end of the **scan line** that has just been traced back to the left-hand edge of the screen for the start of the next line (cf. **horizontal blanking interval**).	horizontal retrace	*>Horizontal Hold* 'Basic Principles of Video Technology'
horizontal hold Zeilenfang	If no **video signal** is applied, the **free-running horizontal deflection oscillator** in a monitor oscillates at a lower frequency than the **line frequency** of 15.625 kHz (**PAL**). As soon as a signal is applied, its **horizontal sync pulses** trigger the **horizontal flyback** – before the **oscillator** itself would do so. The window of time in which this **external synchronisation** of the oscillator can take place is known as the **catch range**, and in actual fact the term horizontal hold describes the process of synchronisation and associated switching of the oscillator.	H-hold	*>Horizontal Hold*
horizontal hold control Zeilenfang-Regler	Control on a TV set or monitor which can be used to manually adjust the **horizontal hold**. The control may be labelled 'H-Hold', 'Horizontal Hold', etc.	H-hold H-hold control	*>Horizontal Hold*
horizontal sync pulse horizontaler Synchronimpuls	The horizontal sync pulse is the component of the **video signal** or **synchronisation signal** which triggers **horizontal flyback** after each **scan line** of picture information has been scanned. Together with the **vertical sync pulse** it controls the synchronised horizontal and vertical deflection of the **electron beam** in the cathode-ray tube (CRT). The horizontal sync pulse is part of the **horizontal blanking interval** and is located at the start of each **line signal**.	H-pulse line sync pulse	*>Horizontal Hold* *>Incompatibility within a Family of Video Formats* *>Loss of Colour Lock* *>Vertical Picture Jumping* 'Basic Principles of Video Technology' 'The Artistic Use of Analogue Image Errors'
horizontal synchronisation Horizontalsynchronisation	This refers to the synchronisation of all the switching circuits that depend on the **horizontal sync pulse**. In a CRT camera or monitor, horizontal synchronisation is an integral part of high voltage generation and **electron beam** deflection.		*>Dihedral Maladjustment* *>Horizontal Hold* *>Time Base Error*
hue control Hue-Regler	Control found on TV sets or monitors that comply with the **NTSC television standard**, or on **multi-standard monitors** that support NTSC. The control is used to adjust colour hues manually, a procedure that is sometimes required in order to compensate for **phase shifts** in NTSC signals.		*>Hue Error (NTSC)* 'Basic Principles of Video Technology'
hum Brumm	A phenomenon that usually occurs if **noise voltage** from the AC power supply (50 or 60 Hz) accidentally leaks into the signal path. In the audio playback the **interference** is audible as a deep humming sound; in		*>Crosstalk* *>Hum Trouble*

	Definition	Synonyms	Mentioned in this book
	the video playback it may be visible as a series of more or less clearly defined horizontal bars that move slowly up or down over the video image. To avoid *>Hum Trouble* while making a recording, all the equipment should be connected to a single **load circuit** in a **star configuration**, i.e. powered from the same **phase** of the mains power supply. All signal path screens (**shielding**) should be connected to a common earth.		
hydrolysis Hydrolyse	Irreversible process of chemical decomposition, triggered by the presence of water in atmospheric humidity and stimulated by higher temperatures, which causes the **binder** in a tape's **magnetic layer** to degrade. Hydrolytic decomposition of long-chain cross-linked polyester-polyurethane molecules is a possible cause of *>Sticky Tape Syndrome*, as well as increased **debris**.		*>Sticky Tape Syndrome*
inductive induktiv	Electromagnetic induction refers to the generation of an alternating voltage in a wire or coil by the action of a constantly changing magnetic field. When a tape is magnetically recorded, a current flowing through the coil windings of the **magnetic head** generates a magnetic field, which polarises the magnetic particles in the **magnetic layer** of the videotape as it is drawn past the recording head. During playback this process is reversed: the field produced by the polarised magnetic particles induces a current in the **video**, **audio** and **control heads** which is then relayed and amplified. Induction may also take place, however, if the magnetic field in a cable acts on an adjacent cable and induces **noise voltage** in that cable.		*>Crosstalk*
inner conductor Innenleiter	The central component in a coaxial cable: it runs down the centre of the cable and is insulated by the outer conductor (**shielding**). The **video** and **audio signals** are transmitted through the inner conductor, while the outer conductor usually acts as the reference point and is connected to the outer jacket.	core	*>Hum Trouble*
insert editing Insert-Schnitt	Type of electronic video **editing** which is used to insert a new scene (video and/or audio) into a prerecorded tape without disturbance. The technique requires the use of a video recorder equipped with **flying erase heads**.	insert edit	*>Colour Smearing after an Editing Cut*
interference Interferenz	Convergence of two or more waves which, when their amplitudes are added together, may either cancel each other out or amplify each other. Generally speaking, interference can be produced by any kind of wave (electricity, sound, light etc.). In TV and video images, interference may appear as *>Moiré Effects* or **herringbone patterns**.		*>Carrier Leak* *>Hum Trouble* *>Moiré Effect*
interlacing Zeilensprungverfahren	This refers to the division of a **frame** (picture) into two **fields** that are transmitted in quick succession, each containing half the number of **scan lines**. Interlacing is a technique imposed by legacy requirements. When television was first introduced, the broadcasting **bandwidth** was limited. But in order to avoid pronounced on-screen flicker (large-area flicker), broad-		

	Definition	Synonyms	Mentioned in this book
	casters wanted to transmit 50 pictures per second instead of just 25. The same is true of film: 24 frames per second are projected, but the light beam from the film projector is interrupted once per frame.		
L line frequency Zeilenfrequenz	Number of **scan lines** that can be traced per second. In the **PAL** and **SECAM television standards** the line frequency is 15.625 kHz (= 25 x 625 lines); the **NTSC** line frequency is 15.750 kHz (= 30 x 525 lines), or more precisely 15.734 kHz (= 29.97 x 525 lines).		*>Crosstalk* *>Dihedral Maladjustment* *>Horizontal Hold* *>Shifted Head Switching Point* *>Skew Error* *>Vertical Picture Jumping*
line signal Zeilensignal	The line signal does not just carry the picture content of a **scan line**, but also the **horizontal blanking interval** as well as the embedded **horizontal sync pulse** and the **burst** signal used as a colour reference.		*>Hue Error (NTSC)*
load circuit Verbraucherkreis	Group of power outlets which, in a domestic power supply, share a common fuse or set of fuses, and are allocated to the same **phase** in the domestic supply.		*>Hum Trouble*
Long Play Long Play	Long Play (LP) mode was first introduced to consumer video in 1977, with the **Betamax video format**. It appears in the analogue video formats **Video 2000**, Betamax, **VHS**, **S-VHS**, **Video8** and **Hi8**, as well as various digital video formats. LP mode extends a videotape's recording/playback time by 1.5 to 2 times over the same length of tape recorded or played back in **Standard Play** (SP) mode, and can be selected as an option on an LP-compatible machine. Tapes recorded in LP mode must be played back in LP mode, otherwise image and audio errors will result (*>Long Play*). A small number of formats are capable of extending recording times by a factor of 3 or more; this mode is known as Super Long Play (SLP) or sometimes also Extended Play (EP).	LP	*>Long Play* 'A Guide to Viewing and Cataloguing Videocassettes'
longitudinal longitudinal	See **longitudinal track**.		
longitudinal track Längsspur	This refers to a track on a videotape that – unlike **helical tracks** – runs uninterrupted along the whole length of the tape. Both the **audio tracks** and the **control track** are recorded as longitudinal tracks. Depending on the **video format**, **audio signals** may also be recorded as **FM** or **PCM audio** on the helical tracks. The longitudinal tracks on a tape are always recorded and scanned by fixed **audio** or **control heads**, never by heads mounted on the rotating **head drum**.	linear track	*>Colour Smearing after an Editing Cut* *>Creased or Crumpled Tape* *>Dropouts and Dropout Compensation* *>Head Clogging* *>Incompatibility within a Family of Video Formats* *>Lengthwise Tape Expansion or Shrinkage* *>Long Play* *>Scratches and Tape Wear* *>Tape Deformation* *>Tape Misalignment* *>Tracking Error* 'Basic Principles of Video Technology'

	Definition	Synonyms	Mentioned in this book
loss of lubricant Gleitmittelverlust	Within and on top of a videotape's **magnetic layer** are, among other things, lubricants designed to reduce friction between **magnetic tape** and tape machine, helping to keep the tape transport smooth and even. Various substances are used as lubricants, ranging from long-chain fatty acids to silicone oils, etc. As a rule, these substances are not very volatile, but over a very long period of time they may gradually evaporate. Friction during playback can also result in a (minimal) loss of lubricant. In the case of older videotapes, lubricants and other agents may slough off during playback, causing a build-up of **debris** in the tape machine. Not enough research has yet been done into the precise reasons for loss of lubricant, but in general it is advisable not to store tapes at temperatures below 8°C, because otherwise the lubricant may migrate to the surface of the tape in the form of whitish, microscopically small crystals.	LoL	*>Sticky Tape Syndrome*
M luminance signal Helligkeitssignal	The luminance signal is the portion of the **video signal** which contains all the picture information except for the colour component. It is recorded using the **frequency modulation** method. The **horizontal** and **vertical sync pulses** are assigned to the lowest (base) frequency. Picture black is at a slightly higher frequency, and picture white is represented by the highest frequency. The total frequency range is described as the **frequency swing**, and successive enhancements of the various **video format** families succeeded in extending this range.	brightness signal luma signal luminance Y-signal	*>Carrier Leak* *>Hue Error (NTSC)* *>Incompatibility within a Family of Video Formats* *>Loss of Colour Lock* *>Moiré Effect* *>Venetian-blind Effect (PAL)* 'Basic Principles of Video Technology'
magnetic head Magnetkopf	Electromagnet used to record, play back and/or erase audio and video information on a **magnetic tape**. In a video device there are fixed (stationary) magnetic heads (cf. **audio head**, **control head**, **erase head**), as well as magnetic heads that are mounted on and rotate with the **head drum** (cf. **video head**, **FM head**, **flying erase heads**). Magnetic heads vary in shape, but are basically constructed from two halves of a core, assembled to form a spherical or cuboid unit on which wire-wound coils are mounted. The contact surfaces – where they touch the tape – are precision-ground and polished, and are known as pole shoes or head mirrors. They are separated by the **head gap**. During magnetic recording the current flowing through the coil windings generates a magnetic field, which polarises the magnetic particles in the **magnetic layer** of the videotape as it travels past the magnetic head. During playback this process is reversed: the field produced by the magnetic particles induces a current in the magnetic head, which is then relayed and amplified. The smaller the head gap and the higher the relative **head-to-tape speed**, the higher the frequencies of the **video** and **audio signals** that can be recorded and played back.		'Basic Principles of Video Technology'
magnetic layer Magnetschicht	A videotape's magnetic layer is where all the video and audio information for a video recording is stored. **Magnetic tape** coating systems have changed over the past few decades. From the earliest **video formats**	magnetic coat	*>Dropouts and Dropout Compensation* *>Scratches and Tape Wear* *>Sticky Tape Syndrome*

	Definition	Synonyms	Mentioned in this book
	until the arrival of **Betacam**, a dispersion of ferromagnetic iron-oxide particles in a binding agent (**binder**) was commonly used. Tapes of this type are referred to as oxide tapes. They were succeeded by chromium dioxide tapes and then by Metal Particle tapes (MP tapes), in which the oxides were replaced by pure metal particles. As tape formats continued to develop, the binder was dispensed with and the **tape substrate** itself was metallised. These Metal Evaporated tapes (ME tapes) were introduced with the **Hi8** standard and later used primarily in digital formats. Various types of coating may also co-exist, depending on the video format and the manufacturer. The main differences lie in (1) the choice of magnetic materials, which all have their own **coercivity** (coercive force), and (2) the size of the magnetic particles. The smaller the particles and the higher their coercivity, the higher the frequencies that can be recorded. To make sure the ferromagnetic particles adhere properly to the tape substrate, a binder is required; this contains a variety of additives including fillers, lubricants, dispersants and anti-static carbon black, etc. During the process of recording the **video**, **audio** and **control tracks**, the magnetic particles are polarised, thereby storing the video, audio and **synchronisation signals**.		
magnetic tape Magnetband	Storage medium for the magnetic recording of information. Magnetic tapes are used for recording **audio** and **video signals**, as well as computer files. There are many different formats, sizes and types of magnetic tapes, which can hold both analogue and digital information. Magnetic tapes used for video recording and playback usually consist of a **tape substrate**, a thin **magnetic layer** which accommodates the recorded information and, in many cases, a **back coat**.		*>Dropouts and Dropout Compensation* *>Lengthwise Tape Expansion or Shrinkage* *>Scratches and Tape Wear* *>Tracking Error* *>Vertical Synchronisation Error* 'A Guide to Viewing and Cataloguing Videocassettes' 'Basic Principles of Video Technology' 'The Artistic Use of Analogue Image Errors'
master Master	See **generation**.		'A Guide to Viewing and Cataloguing Videocassettes'
migration Migration	In the context of video, this refers to the transfer of information from one **video format** to another, which should take place at regular intervals simply because storage media and the associated recording and playback devices become obsolete, and **magnetic tapes** deteriorate. Nowadays, when we talk about the migration of an analogue **video signal**, we are almost always referring to its digitisation. The target format chosen for migration should have (1) the lowest possible compression, (2) the widest possible dissemination and (3) the longest possible useful life (cf. **archival master**).	format migration	'A Guide to Viewing and Cataloguing Videocassettes'
modulate modulieren	See **modulation**; cf. also **frequency modulation**.		*>Sticky Tape Syndrome* 'Basic Principles of Video Technology'

	Definition	Synonyms	Mentioned in this book
modulation Modulation	For transmission purposes, an **effective signal** is **modulated** onto a **carrier frequency** so that it can be broadcast or recorded efficiently. This means that the effective signal is converted into the (higher) frequency range of the carrier signal. The message or effective signal is later recovered by a demodulator at the reception or playback end. (cf. **demodulation**). The carrier signal itself has no importance as far as the actual transmitted message is concerned; it is only required for compatibility with the physical characteristics of the transmission channel or storage medium. The two most commonly used analogue methods are **frequency modulation** and amplitude modulation.		*>Carrier Leak*
multi-standard device Multinorm-Gerät	Players and monitors capable of playing back more than one **television standard**, and in some cases also of recording them.		*>Incompatibility between Television Standards (PAL – SECAM – NTSC)*
multi-standard monitor Multinorm-Monitor	Monitors capable of displaying more than one **television standard**.		*>Hue Error (NTSC)*
multi-standard player Multinorm-Abspielgerät	Multi-standard players are fitted with a control (either a physical switch or on-screen menu settings) which enables them to play videotapes conforming to different **television standards**. They are only useful for viewing tapes, not for making copies, because European multi-standard players, for example, do not play back **NTSC** formats at their standard-specific **colour subcarrier** frequency of 3.58 MHz; instead, they play them back at the **PAL**-specific colour subcarrier frequency of 4.43 MHz. This is why the NTSC signal emitted by European machines is designated 'NTSC4.43'.	multi-standard device multi-standard VCR	*>Incompatibility between Television Standards (PAL – SECAM – NTSC)* *>Loss of Colour Lock* 'A Guide to Viewing and Cataloguing Videocassettes'
N noise signal Störsignal	Frequencies in a **video signal** which interfere with the **effective signal** and cause noise in the video and **audio channels**: the stronger the noise signal, the lower the **signal-to-noise ratio**. Noise signals may be manifested as more or less regular structures superimposed over the image (e.g. **herringbone pattern**), or as **picture noise**.		*>Tracking Error*
noise voltage Störspannung	If noise voltage penetrates a device or connecting cables, it produces a **noise signal** which is superimposed on the **effective signal** and usually cannot be separated from it again. Noise voltages with a periodic component can sometimes be mitigated by suitable filters (cf. noise signal, **3D comb filter**).	interference voltage	*>Crosstalk* *>Hum Trouble*
NTSC NTSC	Abbreviation for 'National Television System Committee'. This **television standard** was introduced in the USA in 1953 and, prior to 2009, was still the main standard in the USA, Japan and other countries. Unlike the later **PAL** standard, the **colour encoding** system used in NTSC does not support automatic compensation at the receiver end if **phase** errors are produced during transmission. This means that variations in hue (colour tone) when receiving different transmissions from different broadcasters can be quite dramatic. The **timing** defines 525 **scan lines** per **frame** and 30 (more precisely: 29.97) frames (= 60, or more precisely 59.94 **fields**) per second.	National Television Systems Committee	*>Hue Error (NTSC)* *>Incompatibility between Television Standards (PAL – SECAM – NTSC)* *>Loss of Colour Lock* *>Moiré Effect* *>Venetian-blind Effect (PAL)* 'A Guide to Viewing and Cataloguing Videocassettes' 'Basic Principles of Video Technology' 'The Artistic Use of Analogue Image Errors'

		Definition	Synonyms	Mentioned in this book
O	open reel Offene Spule	All **video formats** prior to 1971 (the first successful cassette tape systems were introduced with the **VCR** and **U-matic** standards) were videotapes on open reels. Just like audiotapes, they had to be mounted on a spool support, then manually threaded along the **tape path** and onto an empty take-up reel. After the recording or playback, the tape was rewound onto the supply reel. There are many 2", 1", ½" and ¼" open-reel formats: 2" and 1" were broadcast or professional formats, ½" and ¼" were intended for institutional and private use. Reels for ½" formats come in many different shapes and sizes, most of them 13 or 18 cm in diameter. The most common formats are the Sony CV standard (introduced in 1965) and Sony AV standard (introduced in 1969), also known as Japan Standard 1 or EIAJ-1. Initially both formats were exclusively black-and-white; as they were developed further, they also became capable of supporting colour recordings. Both formats produce recordings with **guard bands**. In black-and-white mode, CV has an **audio channel** on the **longitudinal track**. CV recording times were 20 min and 40 min; AV recording times were 30 min and 60 min. CV uses iron-oxide tapes; AV, on the other hand, uses so-called High Density tapes (chromium dioxide). In black-and-white mode CV has a **resolution** of 270 lines, falling to 220 lines in colour mode. AV has a resolution of 300 lines in black-and-white mode and 240 lines in colour mode.		*>Carrier Leak* *>Vertical Picture Jumping* 'A Guide to Viewing and Cataloguing Videocassettes' 'Basic Principles of Video Technology'
	oscillator Oszillator	In a basic circuit, an oscillator generates a more or less constant frequency (e.g. sinusoidal). There are also controllable oscillators, which convert an input signal of a given strength into an equivalent frequency (higher signal voltage at input = higher frequency at output). To record a **video signal**, for example, a controllable oscillator is used to **frequency-modulate** the **luminance signal**. In a control circuit, an oscillator can adjust itself to an external signal within a defined **catch range**, cf. **free-running horizontal deflection oscillator** and **free-running vertical deflection oscillator**. Quartz-stabilised oscillators, on the other hand, generate a fixed, unchangeable frequency characterised by very high consistency (e.g. in watches).		*>Loss of Colour Lock* *>Vertical Picture Jumping* 'Basic Principles of Video Technology'
P	PAL PAL	Short for 'Phase Alternating Line', this is a **television standard** introduced in Germany in 1967 as an enhancement of the American **NTSC** standard. It continued in widespread use until 2008, especially in Western Europe, parts of Africa and China. PAL is based on the now obsolete CCIR (Comité Consultatif International des Radiocommunications) black-and-white television standard. The advantage of the PAL **colour encoding** system over NTSC is that varying colour values (hue and saturation) are automatically corrected by the TV receiver and no longer have to be adjusted manually on the TV set. The **timing** defines 625 **scan lines** per **frame** and 25 frames (= 50 **fields**) per second.	Phase Alternate Line Phase Alternation Line rate	*>Hue Error (NTSC)* *>Incompatibility between Television Standards (PAL – SECAM – NTSC)* *>Loss of Colour Lock* *>Moiré Effect* *>Venetian-blind Effect (PAL)* *>Vertical Picture Jumping* 'A Guide to Viewing and Cataloguing Videocassettes' 'Basic Principles of Video Technology'

	Definition	Synonyms	Mentioned in this book
PCM audio PCM-Ton	Short for 'Pulse Code Modulation', this is a method for digitally recording an **audio signal** onto **magnetic tape**. It is provided as an option in certain analogue **video formats**, including MII, **Video8**, **Hi8** and **Betacam SP** (supplementing the audio on a **longitudinal track** or an **FM audio** soundtrack). PCM audio is standard in all digital video formats. Depending on the video format, it may be recorded and played back either by the **video heads** or by separate **PCM heads** mounted on the rotating **head drum**, and is recorded on a reserved section of the **helical track**. PCM audio boasts high quality, supports near-lossless copying and can be edited independently of the picture signal. Like FM audio, its location on the helical track makes PCM audio relatively vulnerable to audio errors.	pulse-code modulation	*>Colour Smearing after an Editing Cut* *>Creased or Crumpled Tape* *>Dropouts and Dropout Compensation* *>Head Clogging* *>Incompatibility within a Family of Video Formats* *>Lengthwise Tape Expansion or Shrinkage* *>Long Play* *>Scratches and Tape Wear* *>Tape Deformation* *>Tape Misalignment* *>Tracking Error* 'A Guide to Viewing and Cataloguing Videocassettes' 'Basic Principles of Video Technology'
PCM head PCM-Kopf	Depending on the **video format**, **PCM audio** may be recorded and played back either by the **video heads** or by separate PCM heads mounted on the rotating **head drum**.		
peak Scheitel	This refers to the highest (or lowest) point in a signal, for example in a TV or **video signal**, or in a periodic oscillation. In a signal, the distance between the highest and lowest points is known as the peak voltage(V_{ss}) or peak-to-peak voltage (V_{pp}).		*>Hum Trouble*
phase Phase	This is a general term describing the angle of rotation of a sinusoidal oscillation (waveform or sine wave) in relation to a reference oscillation. In a **phase shift**, the shifted signal has the same frequency, but the zero crossing of the oscillation (waveform) is displaced by an angle between 0° and 360°. Even when the signal is non-sinusoidal, as in the case of TV and **video signals**, the term 'phase shift' is still used if the signal starts earlier or later than a **synchronisation signal**.		*>Hue Error (NTSC)* *>Hum Trouble* *>Loss of Colour Lock* 'Basic Principles of Video Technology'
phase jump Phasensprung	An abrupt change in the position of a **phase**, such as may happen, for example, during the **editing** of a video. Phase jumps can cause image or audio errors. The bright spot that appears at the **head switching point** is ultimately caused by a phase jump in the **carrier frequency** at the moment of the **head switch**.		*>Dihedral Maladjustment* *>Shifted Head Switching Point* *>Skew Error* *>Vertical Synchronisation Error*
phase shift Phasenverschiebung	Synchronous but displaced waveform of two or more periodic oscillations at the same frequency. They each reach their zero crossing at a different moment in time (cf. **phase**, **phase jump**).		*>Hue Error (NTSC)* *>Venetian-blind Effect (PAL)*
picture jumping Bildstandsschwankung	Picture steadiness refers to the centred position of the visible **active picture area** on the screen. The entire picture may wobble both horizontally and vertically if, for example, a *>Vertical Synchronisation Error* occurs, or if the video suffers from a *>Time Base Error*.	image unsteadiness	*>Creased or Crumpled Tape* *>Time Base Error* *>Vertical Picture Jumping* *>Vertical Synchronisation Error*

	Definition	Synonyms	Mentioned in this book
picture noise Bildrauschen	Noise contains all frequencies in a given frequency spectrum distributed in a chaotic, random fashion. Each analogue channel adds noise to the **effective signal**. In the **video signal**, this noise is manifested – depending on how much noise there is – as a more or less agitated image structure, and if the effective signal is lost completely, will show up on-screen as a mass of chaotically moving white, black and black-and-white dots.	image noise noise snow	*>Dropouts and Dropout Compensation* *>Head Clogging* *>Incompatibility within a Family of Video Formats* *>Lengthwise Tape Expansion or Shrinkage* *>Scratches and Tape Wear* *>Sticky Tape Syndrome* *>Tape Deformation* *>Tape Misalignment* *>Tracking Error* 'A Guide to Viewing and Cataloguing Videocassettes' 'The Artistic Use of Analogue Image Errors'
picture raster Bildraster	In analogue video, the picture raster is defined by the number of **scan lines** and the **aspect ratio**, depending on the **television standard**. The picture raster includes both the invisible scan lines in the **vertical flyback**, the invisible sections of the **horizontal flyback** and the **active picture area** used to display the actual picture contents.		*>Shifted Head Switching Point* *>Vertical Hold* 'A Guide to Viewing and Cataloguing Videocassettes' 'Basic Principles of Video Technology'
pinch roller Andruckrolle	In a video player, both **open-reel** tapes and videocassettes are transported from the supply reel, through a series of **tape guides**, past the **head drum** and finally to the take-up reel. The tape transport system is driven by the **capstan**, against which the tape is pressed by the pinch roller.	capstan pressure roll roller guide	*>Time Base Error*
pins Bolzen	A series of metal pins designed to direct and guide the videotape as it winds through the video player/recorder. See **tape guides**.	guide posts posts spindles	*>Sticky Tape Syndrome* *>Tape Deformation* 'Basic Principles of Video Technology'
playback head Wiedergabekopf	The **video**, **audio** and **control heads** in a video player or recorder are responsible for both recording and playing back video and audio information. The term playback head refers to all the **magnetic heads** when they are performing their playback function.	play head read head	*>Dropouts and Dropout Compensation* *>Head Clogging* *>Lengthwise Tape Expansion or Shrinkage* *>Sticky Tape Syndrome* *>Tape Deformation* *>Tape Misalignment* *>Tracking Error* *>Vertical Synchronisation Error*
protective earthing conductor Schutzleiter	Electrical cables often carry a protective conductor that makes an earth connection with the housing of an electronic device, with the aim of protecting the equipment – and users – from offset voltages in the device (caused by a fault, for example) and any resultant electric shocks.	clean earth earth earthing connection grounded cable grounded conductor grounded outlet path to ground	*>Hum Trouble*
R recovery time constant Regelzeit-konstante	This is the most important characteristic of a control circuit, which in a video device often consists of mechanical and electronic components (for controlling the **tape speed** or **head drum** rotation). The relationship	recovery time	*>Time Base Error*

	Definition	Synonyms	Mentioned in this book
	between a corrective signal and the process of comparing the actual value of a variable (e.g. rotational speed) with its target value is a constant. If an error (difference between actual and target values) is corrected too quickly, the result may be an overcompensation, which can cause the system to become unstable. If the error is corrected too slowly, the target value or level may not be attained in adequate (useful) time. Hence the need for a recovery time constant that coordinates the response times of the individual variables involved.		
resolution Auflösung	Applied to video, normally indicates the number of vertical line pairs that can be displayed in the **active picture area**. The resolution and **bandwidth** of the **video signal** are in direct proportion to each other: the greater the bandwidth, the higher the video resolution.	horizontal resolution	*>Incompatibility within a Family of Video Formats* 'Basic Principles of Video Technology'
RGB signal RGB-Signal	Short for red-green-blue signal. The highest-quality **video signal**, in which the three primary colours are transmitted separately and luminance is obtained solely by additive (cumulative) mixing of the three colour components. Of all video signals, the RGB signal requires the greatest **bandwidth**, hence is not used for copying; it is primarily used in production and for transmitting signals to display devices. In addition, the **horizontal** and **vertical sync pulses** are also transmitted separately.		*>Moiré Effect*
S scan line Zeile	A TV or video picture (or **frame**) is built up from single horizontal lines, called scan lines, traced on the fluorescent target in a picture tube by an **electron beam**, which travels from left to right. **Interlacing** means that **field** 1 (containing all the odd lines, e.g. 1,3,5,7 etc.) and field 2 (containing all the even lines, e.g. 2,4,6,8 etc.) are traced alternately, one line at a time. The number of lines per field depends on the **television standard**.	colour information line line scanning line	*>Colour Smearing after an Editing Cut* *>Creased or Crumpled Tape* *>Crosstalk* *>Dihedral Maladjustment* *>Dropouts and Dropout Compensation* *>Head Clogging* *>Horizontal Hold* *>Hue Error (NTSC)* *>Incompatibility between Television Standards (PAL – SECAM – NTSC)* *>Lengthwise Tape Expansion or Shrinkage* *>Loss of Colour Lock* *>Scratches and Tape Wear* *>Shifted Head Switching Point* *>Skew Error* *>Time Base Error* *>Tracking Error* *>Venetian-blind Effect (PAL)* *>Vertical Picture Jumping* 'Basic Principles of Video Technology'
scanning angle Abtastwinkel	The angle at which the **video heads** rotating on the **head drum** scan the **helical tracks** on the **magnetic tape**. For undisturbed playback, the scanning angle should match the **track angles**.	reading angle	*>Lengthwise Tape Expansion or Shrinkage* *>Skew Error* *>Tape Misalignment*

	Definition	Synonyms	Mentioned in this book
SECAM SECAM	Short for 'Séquentielle Couleur à Mémoire' (= sequential colour with memory). This is a **television standard** introduced, like the PAL standard, in France in 1967. At the end of 2011, it was still in widespread use in France, Eastern Europe and parts of Africa. Unlike **PAL** or **NTSC**, SECAM is exclusively frequency-modulated. The **colour encoding** method transmits each chrominance component separately in succession, one per **scan line**, which means that one line must always be held in a buffer or cache (hence 'mémoire') in order to recreate the colour information. The resultant halving of colour resolution is not a serious disadvantage, although **cross-colour effects** are more evident than in other standards. Because SECAM uses **frequency modulation**, no direct mixing of pictures is possible in the studio, which is why SECAM has never been used as a television standard for production purposes. It can, however, be broadcast and recorded. The **timing** defines 625 scan lines per **frame** and 25 frames (= 50 **fields**) per second.	Séquentielle Couleur Avec Mémoire	*>Incompatibility between Television Standards (PAL – SECAM – NTSC)* *>Moiré Effect* 'A Guide to Viewing and Cataloguing Videocassettes'
servo circuit Servoschaltung	The servo circuit in a video recorder controls the speed of the motors driving the **capstan** and **head drum**. The servo circuit's job is to control the speed and position of the head drum as well as the **tape speed**. During **editing**, the capstan servo circuits help to synchronise the playback and recording devices so that the tapes both stay precisely aligned with each other.		*>Time Base Error* *>Vertical Synchronisation Error* 'Basic Principles of Video Technology'
shielding Abschirmung	The signal-carrying **inner conductors** in cables or electronic devices are sheathed in suitable protective materials designed to prevent any electromagnetic **interference** from affecting the signal and to prevent fields generated within the cable or device from leaking out into the surrounding environment. Electrical fields are discharged to the earth connection or neutral earthing point by wire mesh (cable shielding), whereas magnetic fields are neutralised using mu-metal, a nickel-iron alloy (found in e.g. transformer housings or **magnetic head** cans). Static charges can be discharged by low-conductivity coatings (such as graphite) or conductive plastics.	screening	*>Crosstalk* *>Hum Trouble*
signal-to-noise ratio Rauschabstand	Basically, the signal-to-noise ratio defines the ratio of the **effective signal** to the **noise signal** and is expressed in decibels (dB). In a **video signal**, the greater the difference – i.e. the higher the ratio – between the effective signal and the noise signal, the clearer the TV or video image. As the signal-to-noise ratio falls, for example as one copy **generation** is succeeded by another, the more the **picture noise** increases.	S/N ratio SNR noise level noise margin noise ratio unweighted signal-to-noise ratio	*>Incompatibility within a Family of Video Formats* *>Tracking Error* 'Basic Principles of Video Technology' 'The Artistic Use of Analogue Image Errors'
skew control Skew-Regler	This refers to a lever, switch or knob on a video device that is used to manually increase or slacken the **tape tension**. This is sometimes necessary in order to compensate for image distortion at the bottom (sometimes also the top) of the image during playback if the videotape was recorded on another device, or at		*>Lengthwise Tape Expansion or Shrinkage* *>Skew Error* 'A Guide to Viewing and Cataloguing Videocassettes'

	Definition	Synonyms	Mentioned in this book
	another temperature, or if it is stretched, shrunk or otherwise deformed.		'Basic Principles of Video Technology'
square-wave component Rechteckanteil	As a rule, a **video signal** consists of a mixture of all possible frequencies within a given frequency band and also includes square-wave components, for example in the **vertical** and **horizontal sync pulses** which, because of their steep slopes, have the highest frequencies in the signal spectrum.		*>Crosstalk*
square-wave signal Rechtecksignal	This is a general term for a periodic electrical signal that switches back and forth between two levels or values, and which, when viewed on an oscilloscope, has a typically rectangular waveform.		
squeal Quietschen	An intrusive, more-or-less loud and high-pitched squealing or screeching noise. The term 'dry squeal' is generally used to refer to the audible effects of a **loss of lubricant**, hence to differentiate the symptoms from **sticky shed syndrome**, but there are not many examples of this usage in the literature.	squealing	*>Sticky Tape Syndrome* 'A Guide to Viewing and Cataloguing Videocassettes' 'Basic Principles of Video Technology'
Standard Play Standard Play	Also described as SP, this video recording/playback mode represents the default or standard mode when LP (**Long Play**)-enabled **video formats** are not recorded or played back in LP mode. In SP mode, a 60-minute tape can only hold 60 minutes of content.	SP	*>Long Play*
star configuration sternförmiges Anschlussschema	This describes an electrical configuration in which all electrically powered devices are connected by the shortest possible cables to a shared power outlet, in a star-shaped (radial) arrangement. When longer power cables are connected to a number of different **load circuits** and/or **phases**, potential gradients of several volts can be produced by resistance within the cables: these then balance out across the signal connections between the individual devices, causing *>Hum Trouble* in the audio and video output. Radially connected (USA: commonly grounded) outlets are used to avoid hum trouble.	common ground radial connection scheme star connection	*>Hum Trouble*
stick slip Ruck-Gleiten	Recurring stick slip is what happens to the tape transport as a result of *>Sticky Tape Syndrome*. Because of the increased friction, the tape adheres to the **head drum** and **tape guides**, which causes the **tape tension** to increase until the tape finally becomes unstuck and for a brief time moves too quickly past the head drum until it falters or sticks again. In extreme cases, playback may come to a complete standstill.		*>Sticky Tape Syndrome*
sticky shed syndrome Sticky Shed Syndrom	A standard term for the phenomenon which causes *>Sticky Tape Syndrome*, due to the degradation of a videotape's **binder** as a result of **hydrolysis** so that it disintegrates and collects along the **tape path** as **debris**. Often also abbreviated to 'SSS'.	SSS	*>Sticky Tape Syndrome*
S-VHS S-VHS	Abbreviation for Super Video Home System. An analogue **video format**; see **VHS**.		*>Incompatibility within a Family of Video Formats* *>Long Play* 'A Guide to Viewing and Cataloguing Videocassettes'

	Definition	Synonyms	Mentioned in this book
S-VHS-C S-VHS-C	Abbreviation for Super Video Home System Compact cassette; see **VHS**.		'A Guide to Viewing and Cataloguing Videocassettes'
S-Video signal S-Video-Signal	Short for Separated Video. While this **video signal** is, like a **composite signal**, usually recorded using the **colour-under method**, it is characterised by separate transmission of the **luminance** and **chrominance signals**. Unlike a **component signal**, the chrominance signal carries the **colour difference signals** in **modulated** form, using a **colour subcarrier**. This is why, in terms of quality, the S-Video signal is closer to a composite signal than to a component signal.	separated video Y/C signal	*>Moiré Effect*
SVR SVR	Abbreviation for Super Video Recording. Analogue **video format**; see **VCR**.	Super Video	*>Incompatibility within a Family of Video Formats* *>Long Play* 'A Guide to Viewing and Cataloguing Videocassettes'
synchronisation signal Synchronsignal	Relayed either as separate **horizontal sync pulses** or **vertical sync pulses**, or as a composite sync signal that carries both together. In studios a 'black burst' (cf. colour **burst**) is also used, which is in fact a complete **video signal**, but without the picture content. The 'S' in 'CVBS signal' (short for Colour-Video-Blank-Sync signal) stands for the synchronisation signal.	sync signal synchronising signal	'Basic Principles of Video Technology' 'The Artistic Use of Analogue Image Errors'
T tape guides bandführende Teile	All cylindrical or conical **pins**, posts and spindles, including the guide rollers, **capstan** and **pinch roller** in a video recorder/player, along which the **magnetic tape** is transported from the supply reel past the **head drum** to the take-up reel.	guides	*>Scratches and Tape Wear* *>Sticky Tape Syndrome* *>Tape Misalignment* 'A Guide to Viewing and Cataloguing Videocassettes' 'Basic Principles of Video Technology'
tape pack Bandwickel	The tape wound onto the supply reel or take-up reel. A correctly wound tape pack should show no stepping or windowing resulting from, for example, poor **tape tension**, incorrect handling, or abrupt transitions from fast winding to full stop.		*>Lengthwise Tape Expansion or Shrinkage* *>Tape Deformation* 'A Guide to Viewing and Cataloguing Videocassettes'
tape path Bandpfad	The path taken by the tape through the video recorder/player as it is drawn from the supply reel past the **tape guides** and **head drum** to the take-up reel.		*>Head Clogging* *>Scratches and Tape Wear* *>Skew Error* *>Tape Misalignment* *>Time Base Error* 'A Guide to Viewing and Cataloguing Videocassettes' 'Basic Principles of Video Technology'
tape speed Bandgeschwindigkeit	The speed at which the videotape is transported inside the video recorder/player from the supply reel past the **head drum** to the take-up reel. Each **video format** has a specific tape speed, which can be calculated from the number of interlaced **fields** per second combined with the width and angle of the **helical tracks** (cf. **head-to-tape speed**).		*>Incompatibility between Television Standards (PAL – SECAM – NTSC)* *>Incompatibility within a Family of Video Formats* *>Long Play* *>Time Base Error* 'Basic Principles of Video Technology'

	Definition	Synonyms	Mentioned in this book
tape substrate Trägerfolie	Thin, stretch-resistant (thanks to pre-stretching) but slightly elastic polyester film that forms the substrate for the information-bearing **magnetic layer** and may also have a **back coat** on its reverse side. Over the years, the composition of the tape substrate has changed. In the early days of video, cellulose acetate and polyvinyl chloride were used. Since the early 1960s, polyethylene terephthalate has been popular. For some digital formats that feature very thin substrates, polyethylene naphthalate is also used.	base film	*>Lengthwise Tape Expansion or Shrinkage* *>Scratches and Tape Wear* *>Tape Deformation*
tape tension Bandzug	For smooth, undisturbed recording and playback, the tape in a video recorder must be tensioned at a predefined level. Correct tape tension is a prerequisite for correct **head-to-tape contact**, smooth tape transport, clean tape wrap and an evenly wound **tape pack**.		*>Lengthwise Tape Expansion or Shrinkage* *>Skew Error* 'A Guide to Viewing and Cataloguing Videocassettes'
tape tension regulator Bandzugregelung	**Tape tension** is self-regulated by a mechanical sliding brake, but can also be manually increased or reduced – within certain limits – using a control slider or knob (known as **skew control**). The control works by adjusting the initial tension on the brake mechanism through a fine coiled spring.	tape tension control tape tension regulation	*>Skew Error* *>Time Base Error* 'Basic Principles of Video Technology'
TBC TBC	Short for Time Base Corrector, a device with a digital buffer that is connected between player and recorder during copying operations if the source material displays instabilities during playback. The analogue **video signal** is read and buffered for the duration of several **scan lines** or an entire **frame**, so that the system can compensate for any **timing** errors. The picture content is output with a new **synchronisation signal** based on the studio clock or an internal, quartz-stabilised clock. This procedure is irreversible. When copying very old **video formats** in particular, it may be necessary to connect an older TBC in the signal path upstream of the modern TBC that will be used to digitise the tape content. This is because newer TBCs are designed to process signals with fewer timing errors, and in certain circumstances may be unable to process very unstable video signals.	Time Base Corrector	*>Dihedral Maladjustment* *>Lengthwise Tape Expansion or Shrinkage* *>Moiré Effect* *>Skew Error* *>Time Base Error* *>Venetian-blind Effect (PAL)* *>Vertical Picture Jumping*
television standard Farbfernsehnorm	Prior to the introduction of High Definition Television (HDTV), three main groups of television standards were used worldwide. In America and Japan, the standard was **NTSC** (launched in 1953). In Western Europe, South America, Australasia and China the predominant standard was **PAL** (introduced in 1967). In France and Eastern Europe the main standard is **SECAM** (also since 1967), while in Africa both PAL and SECAM are used. The main differences between PAL, SECAM and NTSC lie in (1) their **colour encoding** and (2) their **timing**, i.e. the number of **scan lines** per **frame** and **fields** per second. The precursor of the NTSC standard was the black-and-white EIA (Electronic Industries Association) standard; the precursor of the PAL and SECAM standards was the CCIR (Comité Consultatif International des Radiocommunications) standard.	broadcasting standard colour TV standard TV broadcasting standard TV standard	*>Hue Error (NTSC)* *>Incompatibility between Television Standards (PAL – SECAM – NTSC)* *>Loss of Colour Lock* *>Venetian-blind Effect (PAL)* *>Vertical Picture Jumping* 'A Guide to Viewing and Cataloguing Videocassettes' 'Basic Principles of Video Technology' 'The Artistic Use of Analogue Image Errors'

	Definition	Synonyms	Mentioned in this book
test cassette Testkassette	This refers to a specially prepared videotape used to check the reliability and condition of video equipment (and tapes) by means of comparison. The first thing that should be recorded on a test cassette are **colour bars**, accompanied by an accurate 1 kHz reference tone. This should be followed by a sequence of colourful, moving images with synchronous audio. The picture content can be anything at all, but should be known to the viewer and should not contain any disturbance whatsoever. In many cases a test tape can be used to determine whether image or audio errors are due to equipment, tape, operator or production errors. It is important to ensure that the test cassette uses the identical **television standard** and **video format** as the videotapes that will be viewed. Test tapes may be obtained from a video conservator or production studio.	test tape	*>Carrier Leak* *>Crosstalk* *>Dihedral Maladjustment* *>Dropouts and Dropout Compensation* *>Head Clogging* *>Horizontal Hold* *>Hum Trouble* *>Loss of Colour Lock* *>Moiré Effect* *>Shifted Head Switching Point* *>Skew Error* *>Tape Misalignment* *>Time Base Error* *>Tracking Error* *>Venetian-blind Effect (PAL)* *>Vertical Synchronisation Error* 'A Guide to Viewing and Cataloguing Videocassettes' 'Basic Principles of Video Technology'
time code Time Code	Time code is used to pinpoint tape content by reference to time, and for synchronising tape content with other videotapes or equipment during production, copying or playback. It is always expressed in terms of 'Hour:Minute:Second:**Frame**', and is either recorded as a pulse on a tape's **longitudinal** (audio) **track** (in which case it is described as LTC = Longitudinal Time Code) or – like **FM audio** – on the **helical track** (in which case it is referred to as VITC = Vertical Interval Time Code, recorded on a **scan line** in the **vertical blanking interval**). LTC can also be recorded or edited retrospectively. Early **video formats** do not have time code, although some of them do support the retrospective recording of time code on one of the **audio tracks**.	TC	'A Guide to Viewing and Cataloguing Videocassettes'
timing Timing	The timing of a TV or **video signal** describes the number of **scan lines** per picture (**frame**) and the number of **fields** per second, and is specified by the relevant **television standard** in each case. Timing also defines the precise lengths of the picture component, blanking interval and **synchronisation signals** in a signal.		*>Incompatibility between Television Standards (PAL – SECAM – NTSC)* 'Basic Principles of Video Technology'
track angle Spurwinkel	Depending on the **video format** the **helical tracks** recorded on a videotape will have track angles of varying steepness and orientation (from bottom left to top right or vice versa). During playback the track angle must precisely match the **scanning angle** of the **video heads**.		*>Creased or Crumpled Tape* *>Incompatibility within a Family of Video Formats* *>Lengthwise Tape Expansion or Shrinkage* *>Long Play* *>Skew Error* *>Tape Misalignment* 'Basic Principles of Video Technology'
track position Spurlage	The exact position of the **video**, **audio** and **control tracks** recorded on a videotape. For undisturbed playback, the track position and **head path** must both match (cf. **tracking**), which means that the **video format**		*>Lengthwise Tape Expansion or Shrinkage* *>Tape Misalignment* *>Tracking Error*

	Definition	Synonyms	Mentioned in this book
	must be compatible, the tape wrap must be correct, and the tape itself must not have any deformations.		
tracking Tracking	In order to obtain undisturbed playback, the **track positions** of the **helical tracks** on a videotape should match the **head path** of the **playback heads** in the video player. Tracking is the term used to describe the ideal alignment between tracks and heads. If the tracking is poor, the **signal-to-noise ratio** is reduced, which results in increased **picture noise**.		*>Head Clogging*
tracking control Tracking-Regler	This refers to a manual control on the video player for optimising **tracking** in order to minimise **picture noise**. With modern **video formats**, tracking is generally adjusted using a remote control. In some video recorders tracking is also controlled automatically.	track position control track setting control	*>Lengthwise Tape Expansion or Shrinkage* *>Scratches and Tape Wear* *>Skew Error* *>Tape Deformation* *>Tape Misalignment* *>Tracking Error* 'A Guide to Viewing and Cataloguing Videocassettes'
transverse scan method Querspurverfahren	This refers to a recording process used in the early days of video, associated with the Quadruplex format (2″ **open-reel** format). The **video tracks** are recorded on the tape at an almost perpendicular (vertical) angle to the tape's direction of motion. During recording and playback, the **magnetic tape** is drawn through a cylindrical channel so that it conforms to the vertically rotating **head drum**. The four **video heads**, which are evenly distributed around the head drum, each record around 18 **scan lines** per track, i.e. the recording is segmented because each video track contains several lines or sections of lines (cf. **helical scan method**).	transverse scan	'Basic Principles of Video Technology'
trapezoidal error Trapezoidal Error	In cases of trapezoidal error, the **track angle** of the **helical tracks** on a videotape are steeper or shallower than the **scanning angle** of the **playback heads**, causing the heads to partially miss the tracks or fail to pick up the highest level of signal in the centre of each track. This may be the result of *>Tape Misalignment*, *>Lengthwise Tape Expansion or Shrinkage* or incorrectly adjusted **tape tension** (*>Skew Error*).		*>Lengthwise Tape Expansion or Shrinkage* *>Skew Error* *>Tape Misalignment*
U U-matic U-matic	This is an analogue **video format** which, in order to distinguish it from its two later enhancements, is also referred to as **U-matic LB**; it was introduced in 1971 as one of the first cassette formats. It uses large and small cassette sizes. **Magnetic tape**: ¾″ wide, max. recording time 60 min (sometimes also 75 min). **Video tracks** are recorded with **guard bands**. Colour is recorded using the **colour-under method**. **Bandwidth**: 3 MHz = ca. 250 lines of **resolution**. Two backward-compatible enhancements were produced for the broadcast industry: **U-matic HB** (introduced in 1977; bandwidth: 3.5 MHz = ca. 260 lines of resolution) and **U-matic SP** (introduced in 1986; bandwidth 3.8 MHz = ca. 300 lines of resolution). Unlike their predecessor, U-matic HB and U-matic SP both have a separate track for the **time code**.	¾″ tape	*>Carrier Leak* *>Incompatibility within a Family of Video Formats* *>Loss of Colour Lock* *>Vertical Picture Jumping* 'A Guide to Viewing and Cataloguing Videocassettes' 'Basic Principles of Video Technology'

	Definition	Synonyms	Mentioned in this book
U-matic HB U-matic HB	Short for U-matic High Band, or U-matic Hi Band. Analogue **video format**; see **U-matic**.	U-matic Hi Band U-matic High Band	*>Incompatibility within a Family of Video Formats* *>Loss of Colour Lock* 'A Guide to Viewing and Cataloguing Videocassettes'
U-matic LB U-matic LB	Short for U-matic Low Band, or U-matic Lo Band. Analogue **video format**; see **U-matic**.	U-matic Lo Band U-matic Low Band	*>Incompatibility within a Family of Video Formats* *>Loss of Colour Lock* 'A Guide to Viewing and Cataloguing Videocassettes'
U-matic SP U-matic SP	Short for U-matic Superior Performance. Analogue **video format**; see **U-matic**.	U-matic Superior Performance	*>Incompatibility within a Family of Video Formats* *>Loss of Colour Lock* 'A Guide to Viewing and Cataloguing Videocassettes'
underscan Underscan	Professional studio monitors usually provide the option of an underscan mode, allowing viewers to see the **active picture area** in full, without the usual cropped-off (overscanned) edges typical of standard monitors or TV sets. To make this possible, the entire video picture is slightly reduced in size, which can help to identify e.g. image errors before they extend into the visible part of the active picture area.		*>Shifted Head Switching Point* *>Skew Error* 'A Guide to Viewing and Cataloguing Videocassettes'
V VCR VCR	Short for 'Video Cassette Recording' (and not to be confused with the common abbreviation for 'Video Cassette Recorder'!), VCR was an analogue **video format** introduced in 1971 for the consumer market. Unusually, the two reels were positioned co-axially, one on top of (rather than alongside) the other, which meant that the cassette was more or less square in shape. Because of ongoing technical complications and incompatibility with later format enhancements, VCR was displaced by its successors **VCR LP** and **SVR**, and by other formats such as **Video 2000** and **VHS**. The format (including both later enhancements) only used one size of cassette. **Magnetic tape**: ½" wide, max. recording time 60 min (less common: 80 min). **Video tracks** are recorded with **guard bands**. Colour is recorded using the **colour-under method**. **Bandwidth**: 2.7 MHz = ca. 200 lines of **resolution**. Two incompatible enhancements: VCR LP (introduced in 1975; max. recording time 150 min, bandwidth ca. 3 MHz = ca. 240 lines of resolution) and SVR (introduced in 1978; max. recording time 240 min, bandwidth ca. 3.5 MHz = ca. 280 lines of resolution). Both later formats are recorded without guard bands, i.e. using the slant **azimuth** method.	Video Cassette Recording	*>Incompatibility within a Family of Video Formats* *>Long Play* 'A Guide to Viewing and Cataloguing Videocassettes'
VCR LP VCR LP	Short for Video Cassette Recording Long Play. Analogue **video format**; see **VCR**.		*>Incompatibility within a Family of Video Formats* *>Long Play* 'A Guide to Viewing and Cataloguing Videocassettes'

	Definition	Synonyms	Mentioned in this book
vertical blanking interval vertikale Austastlücke	This is a component in a **video signal** that does not carry any picture information, just the **horizontal sync** and **vertical sync pulses**. The vertical blanking interval sets the intensity of the **electron beam** in the picture tube to zero so that it is not visible during the **vertical flyback** (vertical retrace), which lasts for several **scan lines** (cf. **horizontal blanking interval**). In a **vertically rolling picture** the vertical blanking interval, which is usually positioned outside the visible **active picture area** as part of the **picture raster**, appears as a black crossbar that drifts vertically up or down the screen.	V-BLANK (vertical) blanking vertical interval	*>Shifted Head Switching Point* *>Vertical Hold* *>Vertical Synchronisation Error* 'The Artistic Use of Analogue Image Errors'
vertical flyback Bildrücklauf	The interval during which the scanning **electron beam** is blanked and moved rapidly back to the top of the screen after a **field** has been scanned (cf. **vertical blanking interval**).	vertical retrace	*>Vertical Hold* 'Basic Principles of Video Technology'
vertical hold Bildfang	Circuit in a TV set or monitor that synchronises the **vertical flyback** triggered by the **vertical sync pulse** in the TV or **video signal** with the picture tube´s **free-running vertical oscillator**. Vertical hold regulates the **field frequency**, preventing the picture from rolling or drifting vertically up or down the screen. The **catch range** is the tolerance (cf. **horizontal hold**).	V-hold	*>Vertical Hold* 'The Artistic Use of Analogue Image Errors'
vertical hold control Bildfang-Regler	Control on a TV set or monitor which is used to manually adjust the **vertical hold**. The control may be labelled 'V-Hold', 'Vertical Hold', etc.	V-hold control	*>Vertical Hold* *>Vertical Synchronisation Error*
vertical sync pulse vertikaler Synchronimpuls	The vertical sync pulse is the component in the **video signal** or **synchronisation signal** which triggers **vertical flyback** after each **field** has been scanned. Together with the **horizontal sync pulse**, it controls the smooth synchronisation of the horizontal and vertical deflection of the **electron beam** in a cathode-ray tube (CRT). On a videotape, the vertical sync pulse is located at the start of each **helical track**. In a **vertically rolling picture**, if the monitor's brightness is turned up high, the vertical sync pulse can be seen as a narrow black band inside the black bar that represents the **vertical blanking interval**. During **editing** the vertical sync pulse is used to synchronise recording and playback devices with each other so that the transition from an existing sequence to a new sequence is completely seamless.	V-pulse	*>Incompatibility within a Family of Video Formats* *>Lengthwise Tape Expansion or Shrinkage* *>Scratches and Tape Wear* *>Tape Deformation* *>Time Base Error* *>Tracking Error* *>Vertical Hold* *>Vertical Picture Jumping* *>Vertical Synchronisation Error* 'Basic Principles of Video Technology' 'The Artistic Use of Analogue Image Errors'
vertically rolling picture vertikaler Bilddurchlauf	If the **vertical sync pulses** in a TV or **video signal** cannot be read correctly, the picture will start to roll vertically. The picture may drift or scroll either up or down the screen, more or less quickly. Between each **frame** the **vertical blanking interval** is visible as a black crossbar. Depending on the cause of the picture roll, it may appear as regular, recurrent scrolling (*>Vertical Hold*) or as an irregular phenomenon (*>Vertical Synchronisation Error*).	picture roll roll vertical roll	*>Creased or Crumpled Tape* *>Head Clogging* *>Incompatibility between Television Standards (PAL – SECAM – NTSC)* *>Lengthwise Tape Expansion or Shrinkage* *>Scratches and Tape Wear* *>Tape Deformation* *>Time Base Error* *>Tracking Error* *>Vertical Hold* *>Vertical Synchronisation Error*

	Definition	Synonyms	Mentioned in this book
VHS VHS	Short for Video Home System, an analogue **video format** introduced in 1976 and the most popular domestic video system. One size of cassette. To make camera recordings, small **VHS-C** cassettes are used; these can be played back in standard video players by using adapter cassettes. **Magnetic tape**: ½" wide, max. recording time 240 min or sometimes 300 min (in **Standard Play** mode), or 480 min (in **Long Play** mode). Maximum recording time of VHS-C cassettes: 45 min in SP mode. **Video tracks** are recorded without **guard bands**, using the slant **azimuth** system. Colour is recorded using the **colour-under method**. **Bandwidth**: 3 MHz = ca. 240 lines of **resolution**, with Long Play recording resulting in a slightly reduced **signal-to-noise ratio**. Audio recording: **FM audio** supported (usually referred to as Hi-Fi audio). No **time code** track. One backward-compatible format enhancement: **S-VHS** (introduced in 1987, max. recording time 300 min; bandwidth: 4 MHz = ca. 400 lines of resolution; in professional recorders the time code can be recorded as VITC; colour is recorded using the colour-under method). The standard's most important innovation compared to systems using **composite connections** was the large-scale introduction with S-VHS of separate Y/C signal management (cf. **S-Video signal**).	Video Home System	*>Colour Smearing after an Editing Cut* *>Incompatibility within a Family of Video Formats* *>Long Play* 'A Guide to Viewing and Cataloguing Videocassettes' 'Basic Principles of Video Technology' 'The Artistic Use of Analogue Image Errors'
VHS-C VHS-C	Short for Video Home System Compact cassette; see **VHS**.	Video Home System Compact cassette	'A Guide to Viewing and Cataloguing Videocassettes' 'Basic Principles of Video Technology'
Video 2000 Video 2000	Analogue **video format** introduced in 1979 as a successor to the **VCR** system for the consumer market. The only video format with a reversible videocassette, playable in either direction. Another unusual feature was the standard's Dynamic Track Following (DTF) technology, although it was susceptible to **interference**. For market-driven reasons it was displaced by the lower-quality **VHS** system. **Magnetic tape**: ½" wide (¼" playable on each side!), max. recording time 2 x 240 min (in **Standard Play** mode) or 2 x 480 min (in **Long Play** mode). Colour is recorded using the **colour-under method**. **Bandwidth**: 3 MHz = ca. 240 lines of **resolution**. Audio recording: two **longitudinal tracks** for audio.	VCC Video Compact Cassette	*>Long Play* 'A Guide to Viewing and Cataloguing Videocassettes'
Video8 Video8	Also known as '8 mm' or 'Standard 8', this is an analogue **video format** introduced to the consumer market in 1984. Video8 only uses one size of cassette. **Magnetic tape**: 8 mm wide, max. recording time 90 min (in **Standard Play** mode) or 180 min (in **Long Play** mode). Colour is recorded using the **colour-under method**. **Bandwidth**: ca. 3 MHz = ca. 260 lines of **resolution**. Audio recording: support for **FM audio**, with **PCM audio** as an option.	8 mm Standard 8	*>Incompatibility within a Family of Video Formats* *>Long Play* 'A Guide to Viewing and Cataloguing Videocassettes' 'Basic Principles of Video Technology'

	Definition	Synonyms	Mentioned in this book
video format Videoformat	Since the early days of video in the mid-1950s, a very large number of analogue (and, since the late 1980s, also digital) video formats have been developed. Externally, they differ in the width of the **magnetic tape** used, in the dimensions and shapes of the **open reels** or later, cassettes, and in the arrangement of the alignment holes on the underside of the cassettes. Further differences may be found in the recording methods used, the varying **tape speeds**, the arrangement of the **video**, **audio** and **control tracks**, and the composition of the layers in the magnetic tapes. In terms of quality – that is, in terms of their respective **resolutions** – formats also differ substantially as a result of their varying **bandwidths**. Each video format requires a compatible playback device. Enhancements within a family of video formats, such as **U-matic LB**, **U-matic HB** and **U-matic SP**, are – as a rule – backward-compatible but not forward-compatible (cf. also **VCR**, **VCR LP**, **SVR**, **Betamax**, **Betacam**, **Betacam SP**, **VHS**, **S-VHS**, **Video8**, **Hi8** and the various pictograms, symbols and captions used in this book to identify formats).		*>Carrier Leak* *>Colour Smearing after an Editing Cut* *>Creased or Crumpled Tape* *>Crosstalk* *>Incompatibility within a Family of Video Formats* *>Long Play* *>Loss of Colour Lock* *>Shifted Head Switching Point* *>Time Base Error* *>Vertical Picture Jumping* 'A Guide to Viewing and Cataloguing Videocassettes' 'Basic Principles of Video Technology' 'The Artistic Use of Analogue Image Errors'
video head Videokopf	This is a **magnetic head** in a video player/recorder responsible for recording and playing back the **video tracks**; it is also referred to as a picture head. There are usually two video heads mounted on the rotating **head drum** in a video cassette player or recorder, but depending on the **video format** there may be as many as six or more video heads arranged in opposing pairs, i.e. mounted on the drum's head disk or head bar with a 180° **head alignment**. The video heads read and record picture information on the videotape's **helical tracks**.	picture head	*>Carrier Leak* *>Colour Smearing after an Editing Cut* *>Dihedral Maladjustment* *>Head Clogging* *>Incompatibility within a Family of Video Formats* *>Long Play* *>Shifted Head Switching Point* *>Sticky Tape Syndrome* *>Time Base Error* *>Vertical Synchronisation Error* 'A Guide to Viewing and Cataloguing Videocassettes' 'Basic Principles of Video Technology'
video signal Videosignal	Originally, before video recordings existed, this term referred to the luminance and synchronisation information in a TV receiver after the antenna signal was **demodulated**. When colour television was introduced, the most complex of video signals was developed: the **composite signal**, comprised of **chrominance signal**, **luminance signal**, blanking interval, **vertical** and **horizontal sync pulses**, and colour **burst**. Less complex but higher-quality video signals can be transmitted via cable connections: the best quality is provided by an **RGB signal**, closely followed by a **component signal**. The **S-Video signal** represents a compromise, with two wires and no limits on the **bandwidth** available for luminance, but with a **modulated** chrominance signal that places corresponding restrictions on **resolution** and **signal-to-noise ratio**.		*>Carrier Leak* *>Crosstalk* *>Dropouts and Dropout Compensation* *>Horizontal Hold* *>Hue Error (NTSC)* *>Hum Trouble* *>Incompatibility within a Family of Video Formats* *>Moiré Effect* *>Shifted Head Switching Point* *>Venetian-blind Effect (PAL)* *>Vertical Hold* *>Vertical Picture Jumping* *>Vertical Synchronisation Error* 'Basic Principles of Video Technology'

	Definition	Synonyms	Mentioned in this book
video track Videospur	Only in a few very early **video formats** (e.g. 2" **open reel**) are the video tracks recorded transversely across the tape (using the **transverse scan method**); with 1" and ½" tape formats the **helical scan method** is used instead, and remains the most popular video recording method today. According to this process, the video tracks are recorded as **helical tracks** diagonally across the **magnetic tape**. Each helical track carries all the information for one **field**; so in the **PAL** and **SECAM** standards, enough information for 312.5 **scan lines**, and in the **NTSC** standard, enough for 262.5 lines. The entire **video signal** including **vertical** and **horizontal sync pulses** is recorded on the video track, then scanned by the **playback head**, after which it is amplified and **demodulated** and finally relayed to the video player's output.		*>Colour Smearing after an Editing Cut* *>Creased or Crumpled Tape* *>Dihedral Maladjustment* *>Dropouts and Dropout Compensation* *>Head Clogging* *>Incompatibility within a Family of Video Formats* *>Long Play* *>Scratches and Tape Wear* *>Skew Error* *>Tape Deformation* *>Tracking Error*
viewing copy Sichtungskopie	See **generation**.	preview copy research copy	'A Guide to Viewing and Cataloguing Videocassettes'
vision mixer Bildmischer	Device for switching between two or more **video signals** during live recording or in post-production. The switch may be a cut (an instantaneous switch), a mix, a dissolve or a wipe.	video switcher video production switcher	*>Moiré Effect* 'Basic Principles of Video Technology' 'The Artistic Use of Analogue Image Errors'

NACHWEIS DER VIDEOSEQUENZEN UND -STILLS

Im Folgenden werden die Quellen der Videosequenzen und -stills angegeben, die im Kapitel «Kompendium der Bildstörungen beim analogen Video» und auf der beiliegenden DVD als Beispiele verwendet werden. Es wird weiterhin sowohl die technische und/oder manuelle Erzeugung der Bildstörungen beschrieben, als auch die Geräteanordnung für deren Aufzeichnung dokumentiert.
Für die beiliegende DVD wurden alle Videosequenzen mit der Einstellung «10bit-uncompressed 4:2:2» als Quicktime-Datei (.mov) in das Progamm Final Cut Pro eingelesen. Um Sequenzen verschiedener **Farbfernsehnormen** auf einer DVD abspielen zu können, wurden alle **NTSC**-Sequenzen zunächst auf **Betacam SP** im NTSC-System aufgezeichnet, anschliessend mit Hilfe eines Normenwandlers in das Farbfernsehsystem **PAL** gewandelt und in Final Cut Pro digitalisiert.
Sämtliche Sequenzen sind für die DVD skaliert worden, damit die Ränder des Videobildes und dort lokalisierte Störungen auch auf Bildschirmen ohne **Underscan**-Modus sichtbar sind.

Bildstörung	Video	Video & Copyright	Herkunft / Erzeugung der Bildstörung	Quellformat und Geräteanordnung bei der Aufnahme	Aufnahme durch
>Bandführungsfehler	1	Janos Urban «The Long Run» 29', s/w, Ton © 1973–74 Janos Urban	Bandführungsfehler erzeugt durch Ablenken des Bandes vom Bandpfad.	Format: ½" Offene Spule Sony CV Player: Sony CV-2100 ACE Via composite: CVS 517 (TBC 1) Via composite: Snell Wilcox TBS 100D (TBC 2) Via Tonmischpult Via composite: AJA io Via IEEE 1394a (FireWire): Final Cut Pro Videostill: Export Final Cut Pro	Johannes Gfeller
>Bandkleben und -quietschen	2	Found footage, frühe 1980er Jahre s/w, Ton © unbekannt	Bild- und Tonstörung vorgefunden. Aufnahme der Maschinengeräusche und des Bandquietschens durch externes Mikrofon.	Format: ½" Offene Spule Sony AV Player: Sony AV-3670 CE Via composite: CVS 517 (TBC 1) Via composite: Snell Wilcox TBS 100D (TBC 2) Via Tonmischpult Via composite: AJA io Via IEEE 1394a (FireWire): Final Cut Pro Videostill: Export Final Cut Pro	Johannes Gfeller
>Brummstörung	3	Nan Hoover «Returning to Fuji» 6', Farbe, Ton © 1984 Nan Hoover	Simulation des Bild-Brumms mithilfe des Funktionsgenerators Tektronix FG 504 (Taste mit sinusförmiger Ausgangsspannung gedrückt), des Differenzverstärkers AM 502 und diskreter Bauteile. Überlagerung des Videosignals mit von Sinuswelle abgeleiteter Störspannung. Der Ton-Brumm wurde separat generiert.	Format: U-matic HB PAL (Kopie) Player: U-matic SP Sony VO-9600P Via composite: Snell Wilcox TBS 100D Via composite: AJA io Via IEEE 1394a (FireWire): Final Cut Pro Videostill: Export Final Cut Pro	Johannes Gfeller Agathe Jarczyk Joanna Phillips
	4	Nan Hoover «Returning to Fuji» 6', Farbe, Ton © 1984 Nan Hoover	Konstellation wie bei Video 3, aber beim Funktionsgenerator Taste mit rechteckförmiger Ausgangsspannung gedrückt.	Format: U-matic HB PAL (Kopie) Player: U-matic SP Sony VO-9600P Via composite: Snell Wilcox TBS 100D Via composite: AJA io Via IEEE 1394a (FireWire): Final Cut Pro Videostill: Export Final Cut Pro	Johannes Gfeller Agathe Jarczyk Joanna Phillips
>Colour Lock-Fehler	5	Horizontale Farbbalken Farbe, Pegelton (1 kHz)	Betätigung des Colour Lock-Reglers. Schalterstellung: Mitte (normal) – links – Mitte (normal) – rechts – Mitte (normal)	Format: U-matic LB PAL Player: Sony VO-9800P Via composite: AJA io Via IEEE 1394a (FireWire): Final Cut Pro Videostill: Export Final Cut Pro	Agathe Jarczyk Joanna Phillips

INDEX OF VIDEO SEQUENCES AND STILLS

The following table lists the sources of the video sequences and stills used as examples of image errors in the chapter entitled 'Compendium of Image Errors in Analogue Video' and on the accompanying DVD. The list includes a description of the technical and/or manual method(s) used to generate the image error in each case, as well as the specific recording equipment setup. To produce the accompanying DVD, all the video sequences were imported into Final Cut Pro as QuickTime files (.mov), using the '10-bit uncompressed 4:2:2' setting. In order to reproduce sequences based on different **television standards** on a single DVD, all **NTSC** sequences were first recorded on **Betacam SP** videotape using an NTSC system, then converted to the **PAL** standard using a video standards converter and subsequently digitised in Final Cut Pro.
All sequences have been scaled for DVD so that the entire video picture, including image errors appearing at the very edges, can be viewed on screens without an **underscan** mode.

Image Error	Video	Video & Copyright	Creation of Image Error	Source Format and Recording Equipment Setup	Recorded by
>Tape Misalignment	1	Janos Urban 'The Long Run' 29', b/w, sound © 1973–4 Janos Urban	Tape misalignment produced by deflecting videotape from tape path.	Format: ½" Open-reel Sony CV Player: Sony CV-2100 ACE Via composite: CVS 517 (TBC 1) Via composite: Snell Wilcox TBS 100D (TBC 2) Via audio mixer Via composite: AJA io Via IEEE 1394a (FireWire): Final Cut Pro Video still: exported from Final Cut Pro	Johannes Gfeller
>Sticky Tape Syndrome	2	Found footage, early 1980s. B/W, sound © Unknown	Image and audio errors already present. Machine noise and tape squeal picked up by external microphone.	Format: ½" Open-reel Sony AV Player: Sony AV-3670 CE Via composite: CVS 517 (TBC 1) Via composite: Snell Wilcox TBS 100D (TBC 2) Via audio mixer Via composite: AJA io Via IEEE 1394a (FireWire): Final Cut Pro Video still: exported from Final Cut Pro	Johannes Gfeller
>Hum Trouble	3	Nan Hoover 'Returning to Fuji' 6', colour, sound © 1984 Nan Hoover	Video hum simulated using Tektronix FG 504 function/waveform generator (button for sine-wave output voltage selected), AM 502 differential amplifier and other components. Video signal overlaid by noise voltage derived from sine wave. Audio hum generated separately.	Format: U-matic HB PAL (copy) Player: U-matic SP Sony VO-9600P Via composite: Snell Wilcox TBS 100D Via composite: AJA io Via IEEE 1394a (FireWire): Final Cut Pro Video still: exported from Final Cut Pro	Johannes Gfeller Agathe Jarczyk Joanna Phillips
	4	Nan Hoover 'Returning to Fuji' 6', colour, sound © 1984 Nan Hoover	Same setup as for video 3, but this time with button for square-wave output voltage selected on function generator.	Format: U-matic HB PAL (copy) Player: U-matic SP Sony VO 9600P Via composite: Snell Wilcox TBS 100D Via composite: AJA io Via IEEE 1394a (FireWire): Final Cut Pro Video still: exported from Final Cut Pro	Johannes Gfeller Agathe Jarczyk Joanna Phillips
>Loss of Colour Lock	5	Horizontal colour bars Colour, tone (1 kHz)	Colour lock control used. Switch set to: centre (normal) – left – centre (normal) – right – centre (normal)	Format: U-matic LB PAL Player: Sony VO-9800P Via composite: AJA io Via IEEE 1394a (FireWire): Final Cut Pro Video still: exported from Final Cut Pro	Agathe Jarczyk Joanna Phillips

Bildstörung	Video	Video & Copyright	Herkunft / Erzeugung der Bildstörung	Quellformat und Geräteanordnung bei der Aufnahme	Aufnahme durch
	6	Herbert Wentscher «Politik» 1'30", Farbe, Ton © 1984 Herbert Wentscher	Betätigung des Colour Lock-Reglers. Schalterstellung: Mitte (normal) – links – Mitte (normal) – rechts – Mitte (normal)	Format: U-matic LB PAL Player: U-matic Sony VO-9800P Via composite: Sony BVT-800PS (TBC) Via composite: AJA io Via IEEE 1394a (FireWire): Final Cut Pro Videostill: Export Final Cut Pro	Agathe Jarczyk Joanna Phillips
>Deformation des Bandes	7	Fernsehmitschnitt von «Wer 3 x lügt», 1978 (Familie Kälin, Interlaken) Farbe , Ton © Schweizer Fernsehen	Bildstörung vorgefunden. Betätigung des manuellen Tracking-Reglers am Videogerät zur vertikalen Verschiebung der Störzonen.	Format: VCR PAL Player: Philips N1512 Via composite: AJA io Via IEEE 1394a (FireWire): Final Cut Pro Videostill: Export Final Cut Pro	Johannes Gfeller
	8	Peter Fischli / David Weiss «Der geringste Widerstand» 29', Farbe, Ton S-8 blow-up 16 mm Vertriebsformat Video (VHS) © Peter Fischli / David Weiss	Edge Curl erzeugt durch mechanischen Druck auf die Bandkante während des Bandtransportes im Gerät.	Format: VHS PAL (Kopie) Player: S-VHS Panasonic AG-7350 Via composite: FOR.A FA-400PS (TBC) Via composite: AJA io Via IEEE 1394a (FireWire): Final Cut Pro Videostill: Export Final Cut Pro	Agathe Jarczyk Joanna Phillips
>Dehnung oder Schrumpfung des Bandes in Längsrichtung	9	Rudolf Steiner «Dump the Dummy» 18', Farbe, Ton © 2000 Rudolf Steiner	Dehnung des Bandes durch mechanischen Zug.	Format: S-VHS PAL (Kopie) Player: S-VHS Panasonic AG-7650 Via composite: CVS 517 (TBC) Via composite: AJA io Via IEEE 1394a (FireWire): Final Cut Pro Videostill: Export Final Cut Pro	Agathe Jarczyk Joanna Phillips
	10	Rudolf Steiner «Dump the Dummy» 18', Farbe, Ton © 2000 Rudolf Steiner	Schrumpfung des Bandes durch zweistündige Erhitzung bei 70°C.	Format: S-VHS PAL (Kopie) Player: S-VHS Panasonic AG-7650 Via composite: CVS 517 (TBC) Via composite: AJA io Via IEEE 1394a (FireWire): Final Cut Pro Videostill: Export Final Cut Pro	Agathe Jarczyk Joanna Phillips
>Dropout und Dropoutkompensation	11	Silvie & Chérif Defraoui «Cartographie des contrées à venir» 18', Farbe, ohne Ton Band zur Installation © 1979 Silvie & Chérif Defraoui	Bildstörung vorgefunden.	Format: U-matic LB PAL (Kopie) Player: U-matic LB Sony VP-7040 Via composite: Snell Wilcox TBS 100D (TBC) Via composite: AJA io Via IEEE 1394a (FireWire): Final Cut Pro Videostill: Export Final Cut Pro	Johannes Gfeller
>Farbschlieren nach dem Bildschnitt	12	Claude Gaçon «Narziss» 6'15", Farbe, Ton © 1985 Claude Gaçon	Bildstörung erzeugt durch harten Bildschnitt mit VHS-Recorder. Video wurde auf bestehendes Bild (Farbbalken) aufgezeichnet.	Format: S-VHS PAL (Kopie) harter Bildschnitt Player: Sony SVO-5800P Via composite: JVC HR-J507 (recorder) Via composite: AJA io Via IEEE 1394a (FireWire): Final Cut Pro Videostill: Export Final Cut Pro	Johannes Gfeller

Image Error	Video	Video & Copyright	Creation of Image Error	Source Format and Recording Equipment Setup	Recorded by
	6	Herbert Wentscher 'Politik' 1'30", colour, sound © 1984 Herbert Wentscher	Colour lock control used. Switch set to: centre (normal) – left – centre (normal) – right – centre (normal)	Format: U-matic LB PAL Player: U-matic Sony VO-9800P Via composite: Sony BVT-800PS (TBC) Via composite: AJA io Via IEEE 1394a (FireWire): Final Cut Pro Video still: exported from Final Cut Pro	Agathe Jarczyk Joanna Phillips
>Tape Deformation	7	Television recording of 'Wer 3 x lügt', 1978 (Kälin Family, Interlaken) Colour, sound © Schweizer Fernsehen	Image error already present. Manual tracking control on video player used to shift noise bands vertically.	Format: VCR PAL Player: Philips N1512 Via composite: AJA io Via IEEE 1394a (FireWire): Final Cut Pro Video still: exported from Final Cut Pro	Johannes Gfeller
	8	Peter Fischli / David Weiss 'Der geringste Widerstand' 29', colour, sound S-8 blow-up 16 mm Distribution format: video (VHS) © Peter Fischli / David Weiss	Edge curl produced by exerting mechanical pressure on edge of videotape while it was moving through player.	Format: VHS PAL (copy) Player: S-VHS Panasonic AG-7350 Via composite: FOR.A FA-400PS (TBC) Via composite: AJA io Via IEEE 1394a (FireWire): Final Cut Pro Video still: exported from Final Cut Pro	Agathe Jarczyk Joanna Phillips
>Lengthwise Tape Expansion or Shrinkage	9	Rudolf Steiner 'Dump the Dummy' 18', colour, sound © 2000 Rudolf Steiner	Mechanical tension used to expand tape lengthwise.	Format: S-VHS PAL (copy) Player: S-VHS Panasonic AG-7650 Via composite: CVS 517 (TBC) Via composite: AJA io Via IEEE 1394a (FireWire): Final Cut Pro Video still: exported from Final Cut Pro	Agathe Jarczyk Joanna Phillips
	10	Rudolf Steiner 'Dump the Dummy' 18', colour, sound © 2000 Rudolf Steiner	Tape caused to shrink by two hours of heating at 70°C.	Format: S-VHS PAL (copy) Player: S-VHS Panasonic AG-7650 Via composite: CVS 517 (TBC) Via composite: AJA io Via IEEE 1394a (FireWire): Final Cut Pro Video still: exported from Final Cut Pro	Agathe Jarczyk Joanna Phillips
>Dropouts and Dropout Compensation	11	Silvie & Chérif Defraoui 'Cartographie des contrées à venir' 18', colour, no sound Installation tape © 1979 Silvie & Chérif Defraoui	Image error already present.	Format: U-matic LB PAL (copy) Player: U-matic LB Sony VP-7040 Via composite: Snell Wilcox TBS 100D (TBC) Via composite: AJA io Via IEEE 1394a (FireWire): Final Cut Pro Video still: exported from Final Cut Pro	Johannes Gfeller
>Colour Smearing after an Editing Cut	12	Claude Gaçon 'Narziss' 6'15", colour, sound © 1985 Claude Gaçon	Image error produced by rough cut-editing videotape in VHS video recorder. Video recorded over existing picture (colour bars).	Format: S-VHS PAL (copy) Rough-cut edit Player: Sony SVO-5800P Via composite: JVC HR-J507 (recorder) Via composite: AJA io Via IEEE 1394a (FireWire): Final Cut Pro Video still: exported from Final Cut Pro	Johannes Gfeller

Bildstörung	Video	Video & Copyright	Herkunft / Erzeugung der Bildstörung	Quellformat und Geräteanordnung bei der Aufnahme	Aufnahme durch
>Gleichlauf-schwankungen	13	Jean Otth «René Berger – Video portrait» 15'50", s/w, Ton © 1975 Jean Otth	Gleichlaufschwankung erzeugt durch Bremsen des Capstan im Videogerät.	Format: ½" Offene Spule Sony CV Player: Sony CV-2100 ACE Via composite: CVS 517 (TBC 1) Via composite: Snell Wilcox TBS 100D (TBC 2) Via composite: AJA io Via IEEE 1394a (FireWire): Final Cut Pro Videostill: Export Final Cut Pro	Johannes Gfeller Agathe Jarczyk Joanna Phillips
	14	Jean Otth «René Berger – Video portrait» 15'50", s/w, Ton © 1975 Jean Otth	Gleichlaufschwankung erzeugt durch Verstellen des Reglers (Bez. «hunting adjustment») im Geräteinnern, der die Zeitkonstante der Servoschaltung reguliert.	Format: ½" Offene Spule Sony CV Player: Sony CV-2100 ACE Via composite: CVS 517 (TBC 1) Via composite: Snell Wilcox TBS 100D (TBC 2) Via composite: AJA io Via IEEE 1394a (FireWire): Final Cut Pro Videostill: Export Final Cut Pro	Johannes Gfeller Agathe Jarczyk Joanna Phillips
>Horizontaler Zeilenfang	15	Mika Taanila «Kiila. Verbranntes Land» 6'35", Farbe, Ton © 2002 Mika Taanila	Öffnen des Monitorgehäuses, Drehen des Zeilenfang-Reglers im Gehäuseinneren mit dem Schraubenzieher. Drehrichtung nach links. Abfilmen der Bildstörung ab Monitor.	Format: VHS PAL (Kopie) Player: VHS Panasonic AG-7350 Monitor: Sony CVM-1850E† Videokamera : DVCAM Sony DSR-500WSP Via IEEE 1394a (FireWire): Final Cut Pro Videostill: Export Final Cut Pro	Agathe Jarczyk Joanna Phillips
	16	Mika Taanila «Kiila. Verbranntes Land» 6'35", Farbe, Ton © 2002 Mika Taanila	Öffnen des Monitorgehäuses, Drehen des Zeilenfang-Reglers im Gehäuseinneren mit dem Schraubenzieher. Drehrichtung nach rechts. Abfilmen der Bildstörung ab Monitor.	Format: VHS PAL (Kopie) Player: VHS Panasonic AG-7350 Monitor: Sony CVM-1850E† Videokamera: DVCAM Sony DSR-500WSP Via IEEE 1394a (FireWire): Final Cut Pro Videostill: Export Final Cut Pro	Agathe Jarczyk Joanna Phillips
>Hue-Fehler (NTSC)	17	Woody Vasulka & Steina «In the Land of the Elevator Girls» 4'20", Farbe, Ton © 1989 Woody Vasulka & Steina	Drehen des Hue-Reglers am Monitor zunächst nach rechts, dann nach links und wieder in seine Mittelstellung. Abfilmen der Bildstörung ab Monitor.	Format: U-matic NTSC Player: U-matic NTSC Sony VO-5850 Monitor: Sony PVM-2010QM Videokamera: DVCAM Sony DSR-500WSP Via IEEE 1394a (FireWire): Final Cut Pro Videostill: Export Final Cut Pro	Agathe Jarczyk Joanna Phillips
	18	Horizontale Farbbalken Farbe, Pegelton (1 kHz)	Drehen des Hue-Reglers am Monitor zunächst nach rechts, dann nach links und wieder in seine Mittelstellung. Abfilmen der Bildstörung ab Monitor.	Format: VHS NTSC (Kopie) Player: VHS Hitachi VT-LC50EM Monitor: Sony PVM-2010QM Videokamera: DVCAM Sony DSR-500WSP Via IEEE 1394a (FireWire): Final Cut Pro Videostill: Export Final Cut Pro	Agathe Jarczyk Joanna Phillips
>Inkompatibilität der Farbfernsehnormen (PAL-SECAM-NTSC)	19	Pipilotti Rist «You Called Me Jacky» 4', Farbe, Ton © 1990 Pipilotti Rist	Bedienfehler erzeugt durch Wiedergabe von PAL-Kassette im Multinorm-Abspielgerät mit NTSC-Einstellung. Abfilmen der Bildstörung ab Monitor.	Format: VHS PAL (Kopie) Player: VHS Panasonic AG-7350 (Multinorm-Abspielgerät im NTSC-Modus Monitor: JVC WM-H2000PN Videokamera: DVCAM Sony DSR-500WSP Via IEEE 1394a (FireWire): Final Cut Pro Videostill: Export Final Cut Pro	Lukas Gähwiler Agathe Jarczyk Joanna Phillips

Image Error	Video	Video & Copyright	Creation of Image Error	Source Format and Recording Equipment Setup	Recorded by
>Time Base Error	13	Jean Otth 'René Berger – Video portrait' 15'50", b/w, sound © 1975 Jean Otth	Time base error produced by slowing down capstan in player.	Format: ½" Open-reel Sony CV Player: Sony CV-2100 ACE Via composite: CVS 517 (TBC 1) Via composite: Snell Wilcox TBS 100D (TBC 2) Via composite: AJA io Via IEEE 1394a (FireWire): Final Cut Pro Video still: exported from Final Cut Pro	Johannes Gfeller Agathe Jarczyk Joanna Phillips
	14	Jean Otth 'René Berger – Video portrait' 15'50", b/w, sound © 1975 Jean Otth	Time base error produced by adjusting control inside player responsible for regulating time constant in servo circuit (= 'hunting adjustment').	Format: ½" Open-reel Sony CV Player: Sony CV-2100 ACE Via composite: CVS 517 (TBC 1) Via composite: Snell Wilcox TBS 100D (TBC 2) Via composite: AJA io Via IEEE 1394a (FireWire): Final Cut Pro Video still: exported from Final Cut Pro	Johannes Gfeller Agathe Jarczyk Joanna Phillips
>Horizontal Hold	15	Mika Taanila 'Kiila. Verbranntes Land' 6'35", colour, sound © 2002 Mika Taanila	Monitor casing opened, screwdriver used to turn horizontal hold control inside casing. Direction of rotation: left (anti-clockwise). Image error filmed directly from monitor.	Format: VHS PAL (copy) Player: VHS Panasonic AG-7350 Monitor: Sony CVM-1850E† Video camera: DVCAM Sony DSR-500WSP Via IEEE 1394a (FireWire): Final Cut Pro Video still: exported from Final Cut Pro	Agathe Jarczyk Joanna Phillips
	16	Mika Taanila 'Kiila. Verbranntes Land' 6'35", colour, sound © 2002 Mika Taanila	Monitor casing opened, screwdriver used to turn horizontal hold control inside casing. Direction of rotation: right (clockwise). Image error filmed directly from monitor.	Format: VHS PAL (copy) Player: VHS Panasonic AG-7350 Monitor: Sony CVM-1850E† Video camera: DVCAM Sony DSR-500WSP Via IEEE 1394a (FireWire): Final Cut Pro Video still: exported from Final Cut Pro	Agathe Jarczyk Joanna Phillips
>Hue Error (NTSC)	17	Woody Vasulka & Steina 'In the Land of the Elevator Girls' 4'20", colour, sound © 1989 Woody Vasulka & Steina	Hue control on monitor rotated first clockwise, then anticlockwise, then back to neutral (centre). Image error filmed directly from monitor.	Format: U-matic NTSC Player: U-matic NTSC Sony VO-5850 Monitor: Sony PVM-2010QM Video camera: DVCAM Sony DSR-500WSP Via IEEE 1394a (FireWire): Final Cut Pro Video still: exported from Final Cut Pro	Agathe Jarczyk Joanna Phillips
	18	Horizontal colour bars Colour, tone (1 kHz)	Hue control on monitor rotated first clockwise, then anticlockwise, then back to neutral (centre). Image error filmed directly from monitor.	Format: VHS NTSC (copy) Player: VHS Hitachi VT-LC50EM Monitor: Sony PVM-2010QM Video camera: DVCAM Sony DSR-500WSP Via IEEE 1394a (FireWire): Final Cut Pro Video still: exported from Final Cut Pro	Agathe Jarczyk Joanna Phillips
>Incompatibility between Television Standards (PAL – SECAM – NTSC)	19	Pipilotti Rist 'You Called Me Jacky' 4', colour, sound © 1990 Pipilotti Rist	Operator error reproduced by playing back PAL cassette in multi-standard player in NTSC mode. Image error filmed directly from monitor.	Format: VHS PAL (copy) Player: VHS Panasonic AG-7350 (multi-standard VCR in NTSC mode) Monitor: JVC WM-H2000PN Video camera: DVCAM Sony DSR-500WSP Via IEEE 1394a (FireWire): Final Cut Pro Video still: exported from Final Cut Pro	Lukas Gähwiler Agathe Jarczyk Joanna Phillips

Bildstörung	Video	Video & Copyright	Herkunft / Erzeugung der Bildstörung	Quellformat und Geräteanordnung bei der Aufnahme	Aufnahme durch
	20	Pipilotti Rist «You Called Me Jacky», 4', Farbe, Ton © 1990 Pipilotti Rist	Bedienfehler erzeugt durch Wiedergabe von NTSC-Kassette im Multinorm-Abspielgerät mit PAL-Einstellung. Abfilmen der Bildstörung ab Monitor.	Format: VHS NTSC (Kopie) Player: VHS Sony SVO-9620 (Multinorm-Abspielgerät im PAL-Modus) Monitor: JVC WM-H2000PN Videokamera: DVCAM Sony DSR-500WSP Via IEEE 1394a (FireWire): Final Cut Pro Videostill: Export Final Cut Pro	Lukas Gähwiler Agathe Jarczyk Joanna Phillips
	21	Pipilotti Rist «You Called Me Jacky» 4', Farbe, Ton © 1990 Pipilotti Rist	Bedienfehler erzeugt durch Wiedergabe von SECAM-Kassette im Multinorm-Abspielgerät mit PAL-Einstellung. Abfilmen der Bildstörung ab Monitor.	Format: VHS SECAM (Kopie) Player: VHS Hitachi VT-LC50EM (Multinorm-Abspielgerät im PAL-Modus) Monitor: JVC WM-H2000PN Videokamera : DVCAM Sony DSR-500WSP Via IEEE 1394a (FireWire): Final Cut Pro Videostill: Export Final Cut Pro	Lukas Gähwiler Agathe Jarczyk Joanna Phillips
	22	RELAX (chiarenza & hauser) «mouton endless» 32', Farbe, Ton © 1989 RELAX (chiarenza & hauser)	Bedienfehler erzeugt durch Wiedergabe von PAL-Kassette im Multinorm-Abspielgerät (PAL-Einstellung) auf einem Multinorm-Monitor (NTSC-Einstellung). Abfilmen der Bildstörung ab Monitor.	Format: VHS PAL (Kopie) Player: VHS Hitachi VT-LC50EM (Multinorm-Abspielgerät im PAL-Modus) Monitor: JVC TM-1010PN (Multinorm-Monitor im NTSC-Modus) Videokamera: DVCAM Sony DSR-500WSP Via IEEE 1394a (FireWire): Final Cut Pro Videostill: Export Final Cut Pro	Lukas Gähwiler Agathe Jarczyk Joanna Phillips
	23	RELAX (chiarenza & hauser) «mouton endless» 32', Farbe, Ton © 1989 RELAX (chiarenza & hauser)	Bedienfehler erzeugt durch Wiedergabe von NTSC-Kassette im Multinorm-Abspielgerät (NTSC-Einstellung) auf einem MultinormMonitor (PAL-Einstellung). Abfilmen der Bildstörung ab Monitor.	Format: VHS NTSC (Kopie) Player: VHS Hitachi VT-LC50EM (Multinorm-Abspielgerät im NTSC-Modus) Monitor: JVC TM-1010PN (Multinorm-Monitor im PAL-Modus) Videokamera: DVCAM Sony DSR-500WSP Via IEEE 1394a (FireWire): Final Cut Pro Videostill: Export Final Cut Pro	Lukas Gähwiler Agathe Jarczyk Joanna Phillips
	24	RELAX (chiarenza & hauser) «mouton endless» 32', Farbe, Ton © 1989 RELAX (chiarenza & hauser)	Bedienfehler erzeugt durch Wiedergabe von PAL-Kassette im Multinorm-Abspielgerät (PAL-Einstellung) auf einem MultinormMonitor (SECAM-Einstellung). Abfilmen der Bildstörung ab Monitor.	Format: VHS PAL (Kopie) Player: VHS Hitachi VT-LC50EM (Multinorm-Abspielgerät im PAL-Modus) Monitor: Sony PVM-2010QM (Multinorm-Monitor im SECAM-Modus) Videokamera : DVCAM Sony DSR-500WSP Via IEEE 1394a (FireWire): Final Cut Pro Videostill: Export Final Cut Pro	Lukas Gähwiler Agathe Jarczyk Joanna Phillips
>Inkompatibilität innerhalb einer Videoformat-Familie	25	Lukas Gähwiler «Olé: Zwei gegen keinen» 90', Farbe, Ton © 2007 Lukas Gähwiler	Referenzvideo ohne Bildstörungen.	Format: VCR PAL Long Play Player: VCR LP Philips N1700 Via composite: CVS 517 (TBC 1) Via composite: Snell Wilcox TBS 100D (TBC 2) Via SDI: AJA io Via IEEE 1394a (FireWire): Final Cut Pro Videostill: Export Final Cut Pro	Agathe Jarczyk Joanna Phillips

Image Error	Video	Video & Copyright	Creation of Image Error	Source Format and Recording Equipment Setup	Recorded by
	20	Pipilotti Rist 'You Called Me Jacky' 4', colour, sound © 1990 Pipilotti Rist	Operator error reproduced by playing back NTSC cassette in multi-standard player in PAL mode. Image error filmed directly from monitor.	Format: VHS NTSC (copy) Player: VHS Sony SVO-9620 (multi-standard VCR in PAL mode) Monitor: JVC WM-H2000PN Video camera: DVCAM Sony DSR-500WSP Via IEEE 1394a (FireWire): Final Cut Pro Video still: exported from Final Cut Pro	Lukas Gähwiler Agathe Jarczyk Joanna Phillips
	21	Pipilotti Rist 'You Called Me Jacky' 4', colour, sound © 1990 Pipilotti Rist	Operator error reproduced by playing back SECAM cassette in multi-standard player in PAL mode. Image error filmed directly from monitor.	Format: VHS SECAM (copy) Player: VHS Hitachi VT-LC50EM (multi-standard VCR in PAL mode) Monitor: JVC WM-H2000PN Video camera: DVCAM Sony DSR-500WSP Via IEEE 1394a (FireWire): Final Cut Pro Video still: exported from Final Cut Pro	Lukas Gähwiler Agathe Jarczyk Joanna Phillips
	22	RELAX (chiarenza & hauser) 'mouton endless' 32', colour, sound © 1989 RELAX (chiarenza & hauser)	Operator error reproduced by playing back PAL cassette in multi-standard player (in PAL mode) on multi-standard monitor (in NTSC mode). Image error filmed directly from monitor.	Format: VHS PAL (copy) Player: VHS Hitachi VT-LC50EM (multi-standard VCR in PAL mode) Monitor: JVC TM-1010PN (multi-standard monitor in NTSC mode) Video camera: DVCAM Sony DSR-500WSP Via IEEE 1394a (FireWire): Final Cut Pro Video still: exported from Final Cut Pro	Lukas Gähwiler Agathe Jarczyk Joanna Phillips
	23	RELAX (chiarenza & hauser) 'mouton endless' 32', colour, sound © 1989 RELAX (chiarenza & hauser)	Operator error reproduced by playing back NTSC cassette in multi-standard player (in NTSC mode) on multi-standard monitor (in PAL mode). Image error filmed directly from monitor.	Format: VHS NTSC (copy) Player: VHS Hitachi VT-LC50EM (multi-standard VCR in NTSC mode) Monitor: JVC TM-1010PN (multi-standard monitor in PAL mode) Video camera: DVCAM Sony DSR-500WSP Via IEEE 1394a (FireWire): Final Cut Pro Video still: exported from Final Cut Pro	Lukas Gähwiler Agathe Jarczyk Joanna Phillips
	24	RELAX (chiarenza & hauser) 'mouton endless' 32', colour, sound © 1989 RELAX (chiarenza & hauser)	Operator error reproduced by playing back PAL cassette in multi-standard player (in PAL mode) on multi-standard monitor (in SECAM mode). Image error filmed directly from monitor.	Format: VHS PAL (copy) Player: VHS Hitachi VT-LC50EM (multi-standard VCR in PAL mode) Monitor: Sony PVM-2010QM (multi-standard monitor in SECAM mode) Video camera: DVCAM Sony DSR-500WSP Via IEEE 1394a (FireWire): Final Cut Pro Video still: exported from Final Cut Pro	Lukas Gähwiler Agathe Jarczyk Joanna Phillips
>Incompatibility within a Family of Video Formats	25	Lukas Gähwiler 'Olé: Zwei gegen keinen' 90', colour, sound © 2007 Lukas Gähwiler	Reference video without image errors.	Format: VCR PAL Long Play Player: VCR LP Philips N1700 Via composite: CVS 517 (TBC 1) Via composite: Snell Wilcox TBS 100D (TBC 2) Via SDI: AJA io Via IEEE 1394a (FireWire):Final Cut Pro Video still: exported from Final Cut Pro	Agathe Jarczyk Joanna Phillips

Bildstörung	Video	Video & Copyright	Herkunft / Erzeugung der Bildstörung	Quellformat und Geräteanordnung bei der Aufnahme	Aufnahme durch
	26	Lukas Gähwiler «Olé: Zwei gegen keinen» 90', Farbe, Ton © 2007 Lukas Gähwiler	Bedienfehler erzeugt durch Wiedergabe von VCR LP-Kassette in VCR-Abspielgerät.	Format: VCR PAL Long Play Player: VCR Philips N1512 Via composite: CVS 517 (TBC 1) Via composite: Snell Wilcox TBS 100D (TBC 2) Via SDI: AJA io Via IEEE 1394a (FireWire): Final Cut Pro Videostill: Export Final Cut Pro	Agathe Jarczyk Joanna Phillips
	27	Lukas Gähwiler «Olé: Zwei gegen keinen» 90', Farbe, Ton © 2007 Lukas Gähwiler	Bedienfehler erzeugt durch Wiedergabe von VCR LP-Kassette in SV-Abspielgerät.	Format: VCR PAL Long Play Player: Grundig SVR 4004 Via Philips N1712 (Monitor mit UHF-Wandler) Via composite: CVS 517 (TBC 1) Via composite: Snell Wilcox TBS 100D (TBC 2) Via SDI: AJA io Via IEEE 1394a (FireWire): Final Cut Pro Videostill: Export Final Cut Pro	Agathe Jarczyk Joanna Phillips
	28	Simone Zaugg «My Favorite Dish is Fish» 3', Farbe, Ton © 1992 Simone Zaugg	Referenzvideo ohne Bildstörungen.	Format: U-matic HB PAL Player: U-matic SP Sony VO-9800P Via composite: AJA io Via IEEE 1394a (FireWire): Final Cut Pro Videostill: Export Final Cut Pro	Agathe Jarczyk Joanna Phillips
	29	Simone Zaugg «My Favorite Dish is Fish» 3', Farbe, Ton © 1992 Simone Zaugg	Bedienfehler erzeugt durch Wiedergabe von U-matic HB-Kassette in U-matic LB-Abspielgerät.	Format: U-matic HB PAL Player: U-matic LB Sony VO-5630P Via composite: AJA io Via IEEE 1394a (FireWire): Final Cut Pro Videostill: Export Final Cut Pro	Agathe Jarczyk Joanna Phillips
	30	Patrice Baizet «Les motifs du décor» 6', Farbe, Ton UVS Sampler 1, 1985 © 1983 Patrice Baizet	Referenzvideo ohne Bildstörungen.	Format: S-VHS PAL, Audio: HiFi Player: S-VHS Sony SVO-9620 Via Y/C: AJA io Via IEEE 1394a (FireWire): Final Cut Pro Videostill: Export Final Cut Pro	Agathe Jarczyk Joanna Phillips
	31	Patrice Baizet «Les motifs du décor» 6', Farbe, Ton UVS Sampler 1, 1985 © 1983 Patrice Baizet	Bedienfehler erzeugt durch Wiedergabe von S-VHS-Kassette in VHS- Abspielgerät.	Format: S-VHS PAL, Audio: HiFi Player: VHS Hitachi VT-LC50EM Via composite: AJA io Via IEEE 1394a (FireWire): Final Cut Pro Videostill: Export Final Cut Pro	Agathe Jarczyk Joanna Phillips
	32	Pipilotti Rist «Blutclip» 2'40", Farbe, Ton © 1993 Pipilotti Rist	Referenzvideo ohne Bildstörungen.	Format: Betacam SP PAL Player: Betacam SP Ampex CVR-70 Via component: AJA io Via IEEE 1394a (FireWire): Final Cut Pro Videostill: Export Final Cut Pro	Agathe Jarczyk Joanna Phillips

Image Error	Video	Video & Copyright	Creation of Image Error	Source Format and Recording Equipment Setup	Recorded by
	26	Lukas Gähwiler 'Olé: Zwei gegen keinen' 90', colour, sound © 2007 Lukas Gähwiler	Operator error reproduced by playing back VCR LP cassette in VCR player.	Format: VCR PAL Long Play Player: VCR Philips N1512 Via composite: CVS 517 (TBC 1) Via composite: Snell Wilcox TBS 100D (TBC 2) Via SDI: AJA io Via IEEE 1394a (FireWire): Final Cut Pro Video still: exported from Final Cut Pro	Agathe Jarczyk Joanna Phillips
	27	Lukas Gähwiler 'Olé: Zwei gegen keinen' 90', colour, sound © 2007 Lukas Gähwiler	Operator error reproduced by playing back VCR LP cassette in SV player.	Format: VCR PAL Long Play Player: Grundig SVR 4004 Via Philips N1712 (monitor with UHF tuner) Via composite: CVS 517 (TBC 1) Via composite: Snell Wilcox TBS 100D (TBC 2) Via SDI: AJA io Via IEEE 1394a (FireWire): Final Cut Pro Video still: exported from Final Cut Pro	Agathe Jarczyk Joanna Phillips
	28	Simone Zaugg 'My Favorite Dish is Fish' 3', colour, sound © 1992 Simone Zaugg	Reference video without image errors.	Format: U-matic HB PAL Player: U-matic SP Sony VO-9800P Via composite: AJA io Via IEEE 1394a (FireWire): Final Cut Pro Video still: exported from Final Cut Pro	Agathe Jarczyk Joanna Phillips
	29	Simone Zaugg 'My Favorite Dish is Fish' 3', colour, sound © 1992 Simone Zaugg	Operator error reproduced by playing back U-matic HB cassette in U-matic LB player.	Format: U-matic HB PAL Player: U-matic LB Sony VO-5630P Via composite: AJA io Via IEEE 1394a (FireWire): Final Cut Pro Video still: exported from Final Cut Pro	Agathe Jarczyk Joanna Phillips
	30	Patrice Baizet 'Les motifs du décor' 6', colour, sound UVS Sampler 1, 1985 © 1983 Patrice Baizet	Reference video without image errors.	Format: S-VHS PAL, Audio: HiFi Player: S-VHS Sony SVO-9620 Via Y/C: AJA io Via IEEE 1394a (FireWire): Final Cut Pro Video still: exported from Final Cut Pro	Agathe Jarczyk Joanna Phillips
	31	Patrice Baizet 'Les motifs du décor' 6', colour, sound UVS Sampler 1, 1985 © 1983 Patrice Baizet	Operator error reproduced by playing back S-VHS cassette in VHS player.	Format: S-VHS PAL, Audio: HiFi Player: VHS Hitachi VT-LC50EM Via composite: AJA io Via IEEE 1394a (FireWire): Final Cut Pro Video still: exported from Final Cut Pro	Agathe Jarczyk Joanna Phillips
	32	Pipilotti Rist 'Blutclip' 2'40", colour, sound © 1993 Pipilotti Rist	Reference video without image errors.	Format: Betacam SP PAL Player: Betacam SP Ampex CVR-70 Via component: AJA io Via IEEE 1394a (FireWire): Final Cut Pro Video still: exported from Final Cut Pro	Agathe Jarczyk Joanna Phillips

Bildstörung	Video	Video & Copyright	Herkunft / Erzeugung der Bildstörung	Quellformat und Geräteanordnung bei der Aufnahme	Aufnahme durch
	33	Pipilotti Rist «Blutclip» 2'40", Farbe, Ton © 1993 Pipilotti Rist	Bedienfehler erzeugt durch Wiedergabe von Betacam SP-Kassette in Betacam-Abspielgerät.	Format: Betacam SP PAL Player: Betacam Sony BVW-40P Via composite: AJA io Via IEEE 1394a (FireWire): Final Cut Pro Videostill: Export Final Cut Pro	Agathe Jarczyk Joanna Phillips
	34	Rudolf Steiner «Corn» 4', Farbe, Ton © 1999 Rudolf Steiner	Referenzvideo ohne Bildstörungen.	Format: Hi8 PAL, (A)FM-Ton Player: D8 Sony GV-D200E Via composite: AJA io Via IEEE 1394a (FireWire): Final Cut Pro Videostill: Export Final Cut Pro	Agathe Jarczyk Joanna Phillips
	35	Rudolf Steiner «Corn» 4', Farbe, Ton © 1999 Rudolf Steiner	Bedienfehler erzeugt durch Wiedergabe von Hi8-Kassette in Video8-Abspielgerät.	Format: Hi8 PAL, (A)FM-Ton Player: Video8 Sony EV- S850PS Via composite: FOR.A F-400PS (TBC) Via composite: AJA io Via IEEE 1394a (FireWire): Final Cut Pro Videostill: Export Final Cut Pro	Agathe Jarczyk Joanna Phillips
>Jalousie-Effekt (PAL)	36	Jacques Guyonnet «Lucifer photophore» 11', Farbe, Ton © 1974 Jacques Guyonnet	Bildstörung erzeugt mit Hilfe eines modifizierten Signalsplitters, der das S-Video-Signal in ein RGB-Signal demoduliert. Aufzeichnung des phasenverschobenen RGB-Signals.	Format: U-matic LB Player: Sony VP-9000P Via composite: Snell Wilcox TBS 100D (TBC1) Via Y/C: S-RGB Transcoder YR-1000 Via RGB: AJA io Via IEEE 1394a (FireWire): Final Cut Pro Videostill: Export Final Cut Pro	Johannes Gfeller
>Knicke und zerknittertes Band	37	Josef Dabernig «WARS» 10', s/w, Ton 16 mm auf Video © 2001 Josef Dabernig, Courtesy of Galerie Andreas Huber, Wien	Anfertigen von Querknicken im Band mit dem Falzbein.	Format: VHS PAL (Kopie) Player: VHS Panasonic AG-7350 Via composite: FOR.A FA-400PS (TBC) Via composite: AJA io Via IEEE 1394a (FireWire): Final Cut Pro Videostill: Export Final Cut Pro	Agathe Jarczyk Joanna Phillips
	38	Josef Dabernig «WARS» 10', s/w, Ton 16 mm auf Video © 2001 Josef Dabernig, Courtesy of Galerie Andreas Huber, Wien	Anfertigen mehrerer Diagonalknicke im Band mit dem Falzbein, Knickwinkel steiler als Spurwinkel.	Format: VHS PAL (Kopie) Player: VHS Panasonic AG-7350 Via composite: FOR.A FA-400PS (TBC) Via composite: AJA io Via IEEE 1394a (FireWire): Final Cut Pro Videostill: Export Final Cut Pro	Agathe Jarczyk Joanna Phillips
	39	Josef Dabernig «WARS» 10', s/w, Ton 16 mm auf Video © 2001 Josef Dabernig, Courtesy of Galerie Andreas Huber, Wien	Anfertigen eines Diagonalknickes im Band mit dem Falzbein, Knickwinkel steiler als Spurwinkel. Knickwinkel flacher als in Video 38.	Format: VHS PAL (Kopie) Player: VHS Panasonic AG-7350 Via composite: FOR.A FA-400PS (TBC) Via composite: AJA io Via IEEE 1394a (FireWire): Final Cut Pro Videostill: Export Final Cut Pro	Agathe Jarczyk Joanna Phillips

Image Error	Video	Video & Copyright	Creation of Image Error	Source Format and Recording Equipment Setup	Recorded by
	33	Pipilotti Rist 'Blutclip' 2'40", colour, sound © 1993 Pipilotti Rist	Operator error reproduced by playing back Betacam SP cassette in Betacam player.	Format: Betacam SP PAL Player: Betacam Sony BVW-40P Via composite: AJA io Via IEEE 1394a (FireWire): Final Cut Pro Video still: exported from Final Cut Pro	Agathe Jarczyk Joanna Phillips
	34	Rudolf Steiner 'Corn' 4', colour, sound © 1999 Rudolf Steiner	Reference video without image errors.	Format: Hi8 PAL, (A)FM audio Player: D8 Sony GV-D200E Via composite: AJA io Via IEEE 1394a (FireWire): Final Cut Pro Video still: exported from Final Cut Pro	Agathe Jarczyk Joanna Phillips
	35	Rudolf Steiner 'Corn' 4', colour, sound © 1999 Rudolf Steiner	Operator error reproduced by playing back Hi8 cassette in Video8 player.	Format: Hi8 PAL, (A)FM audio Player: Video8 Sony EV-S850PS Via composite: FOR.A F-400PS (TBC) Via composite: AJA io Via IEEE 1394a (FireWire): Final Cut Pro Video still: exported from Final Cut Pro	Agathe Jarczyk Joanna Phillips
>Venetian-blind Effect (PAL)	36	Jacques Guyonnet 'Lucifer photophore' 11', colour, sound © 1974 Jacques Guyonnet	Image error produced using a modified signal splitter to demodulate an S-Video signal into an RGB signal. Phase-shifted RGB signal recorded.	Format: U-matic LB Player: Sony VP-9000P Via composite: Snell Wilcox TBS 100D (TBC 1) Via Y/C: S-RGB Transcoder YR-1000 Via RGB: AJA io Via IEEE 1394a (FireWire): Final Cut Pro Video still: exported from Final Cut Pro	Johannes Gfeller
>Creased or Crumpled Tape	37	Josef Dabernig 'WARS' 10', b/w, sound 16 mm on video © 2001 Josef Dabernig, Courtesy of Galerie Andreas Huber, Vienna	Bonefolder used to create transversal creases in videotape.	Format: VHS PAL (copy) Player: VHS Panasonic AG-7350 Via composite: FOR.A FA-400PS (TBC) Via composite: AJA io Via IEEE 1394a (FireWire): Final Cut Pro Video still: exported from Final Cut Pro	Agathe Jarczyk Joanna Phillips
	38	Josef Dabernig 'WARS' 10', b/w, sound 16 mm on video © 2001 Josef Dabernig, Courtesy of Galerie Andreas Huber, Vienna	Bonefolder used to create multiple diago-nal creases in videotape: angle of creases steeper than track angle.	Format: VHS PAL (copy) Player: VHS Panasonic AG-7350 Via composite: FOR.A FA-400PS (TBC) Via composite: AJA io Via IEEE 1394a (FireWire): Final Cut Pro Video still: exported from Final Cut Pro	Agathe Jarczyk Joanna Phillips
	39	Josef Dabernig 'WARS' 10', b/w, sound 16 mm on video © 2001 Josef Dabernig, Courtesy of Galerie Andreas Huber, Vienna	Bonefolder used to create single diagonal crease in videotape: angle of crease steeper than track angle, but shallower than in video 38.	Format: VHS PAL (copy) Player: VHS Panasonic AG-7350 Via composite: FOR.A FA-400PS (TBC) Via composite: AJA io Via IEEE 1394a (FireWire): Final Cut Pro Video still: exported from Final Cut Pro	Agathe Jarczyk Joanna Phillips

Bildstörung	Video	Video & Copyright	Herkunft / Erzeugung der Bildstörung	Quellformat und Geräteanordnung bei der Aufnahme	Aufnahme durch
	40	Josef Dabernig «WARS» 10', s/w, Ton 16 mm auf Video © 2001 Josef Dabernig, Courtesy of Galerie Andreas Huber, Wien	Anfertigen eines Diagonalknickes im Band mit dem Falzbein, Knickwinkel flacher als Spurwinkel.	Format: VHS PAL (Kopie) Player: VHS Panasonic AG-7350 Via composite: FOR.A FA-400PS (TBC) Via composite: AJA io Via IEEE 1394a (FireWire): Final Cut Pro Videostill: Export Final Cut Pro	Agathe Jarczy Joanna Phillips
	41	Josef Dabernig «WARS» 10', s/w, Ton 16 mm auf Video © 2001 Josef Dabernig, Courtesy of Galerie Andreas Huber, Wien	Anfertigen eines Längsknickes im Band mit dem Falzbein.	Format: VHS PAL (Kopie) Player: VHS Panasonic AG-7350 Via composite: FOR.A FA-400PS (TBC) Via composite: AJA io Via IEEE 1394a (FireWire): Final Cut Pro Videostill: Export Final Cut Pro	Agathe Jarczyk Joanna Phillips
	42	Josef Dabernig «WARS» 10', s/w, Ton 16 mm auf Video © 2001 Josef Dabernig, Courtesy of Galerie Andreas Huber, Wien	Zerknittern des Bandes.	Format: VHS PAL (Kopie) Player: VHS Panasonic AG-7350 Via composite: FOR.A FA-400PS (TBC) Via composite: AJA io Via IEEE 1394a (FireWire): Final Cut Pro Videostill: Export Final Cut Pro	Agathe Jarczyk Joanna Phillips
>Kopfumschaltpunkt verschoben	43	Roman Signer «Zandwagen Project, Museum Hedendaagse Kunst, Utrecht, März / April 1982» 19'30", s/w, Ton © 1982 Roman Signer	Referenzvideo ohne Bildstörungen.	Format: VHS PAL (Kopie) Player: S-VHS Sony SVO-9620 Via composite: AJA io Via IEEE 1394a (FireWire): Final Cut Pro Videostill: Export Final Cut Pro	Agathe Jarczyk Joanna Phillips
	44	Vito Acconci «Claim Excerpt» 62', s/w, Ton © 1971 Vito Acconci	Bildstörung vorgefunden.	Format: VHS PAL Player: S-VHS Sony SVO-5800P Via composite: AJA io Via IEEE 1394a (FireWire): Final Cut Pro Videostill: Export Final Cut Pro	Johannes Gfeller
>Kopfversatz abweichend	45	Klara Kuchta «Blond vénitien II (Hommage à Pietro Bembo)» 31', s/w, Ton © 1978 Klara Kuchta	Bildstörung erzeugt durch Dejustieren eines Videokopfes, um den Versatz zwischen den beiden Köpfen zu verschieben.	Format: ½" Offene Spule Sony AV Player: Sony AV-3670 CE Via composite: CVS 517 (TBC 1) Via composite: Snell Wilcox TBS 100D (TBC 2) Via composite: AJA io Via IEEE 1394a (FireWire): Final Cut Pro Videostill: Export Final Cut Pro	Johannes Gfeller

Image Error	Video	Video & Copyright	Creation of Image Error	Source Format and Recording Equipment Setup	Recorded by
	40	Josef Dabernig 'WARS' 10', b/w, sound 16 mm on video © 2001 Josef Dabernig, Courtesy of Galerie Andreas Huber, Vienna	Bonefolder used to create single diagonal crease in videotape: angle of crease shallower than track angle.	Format: VHS PAL (copy) Player: VHS Panasonic AG-7350 Via composite: FOR.A FA-400PS (TBC) Via composite: AJA io Via IEEE 1394a (FireWire): Final Cut Pro Video still: exported from Final Cut Pro	Agathe Jarczyk Joanna Phillips
	41	Josef Dabernig 'WARS' 10', b/w, sound 16 mm on video © 2001 Josef Dabernig, Courtesy of Galerie Andreas Huber, Vienna	Bonefolder used to create single longitudinal crease in videotape.	Format: VHS PAL (copy) Player: VHS Panasonic AG-7350 Via composite: FOR.A FA-400PS (TBC) Via composite: AJA io Via IEEE 1394a (FireWire): Final Cut Pro Video still: exported from Final Cut Pro	Agathe Jarczyk Joanna Phillips
	42	Josef Dabernig 'WARS' 10', b/w, sound 16 mm on video © 2001 Josef Dabernig, Courtesy of Galerie Andreas Huber, Vienna	Videotape deliberately crumpled.	Format: VHS PAL (copy) Player: VHS Panasonic AG-7350 Via composite: FOR.A FA-400PS (TBC) Via composite: AJA io Via IEEE 1394a (FireWire): Final Cut Pro Video still: exported from Final Cut Pro	Agathe Jarczyk Joanna Phillips
>Shifted Head Switching Point	43	Roman Signer 'Zandwagen Project, Museum Hedendaagse Kunst, Utrecht, March/April: 1982' 19'30", b/w, sound © 1982 Roman Signer	Reference video without image errors.	Format: VHS PAL (copy) Player: S-VHS Sony SVO-9620 Via composite: AJA io Via IEEE 1394a (FireWire): Final Cut Pro Video still: exported from Final Cut Pro	Agathe Jarczyk Joanna Phillips
	44	Vito Acconci 'Claim Excerpt' 62', b/w, sound © 1971 Vito Acconci	Image error already present.	Format: VHS PAL Player: S-VHS Sony SVO-5800P Via composite: AJA io Via IEEE 1394a (FireWire): Final Cut Pro Video still: exported from Final Cut Pro	Johannes Gfeller
>Dihedral Maladjustment	45	Klara Kuchta 'Blond vénitien II (Hommage à Pietro Bembo)' 31', b/w, sound © 1978 Klara Kuchta	Image error produced by deliberately misaligning one video head in order to shift head alignment.	Format: ½" Open-reel Sony AV Player: Sony AV-3670 CE Via composite: CVS 517 (TBC 1) Via composite: Snell Wilcox TBS 100D (TBC 2) Via composite: AJA io Via IEEE 1394a (FireWire): Final Cut Pro Video still: exported from Final Cut Pro	Johannes Gfeller

Bildstörung	Video	Video & Copyright	Herkunft / Erzeugung der Bildstörung	Quellformat und Geräteanordnung bei der Aufnahme	Aufnahme durch
>Kratzer und Abnutzung des Bandes	46	Barbara Meyer Cesta «Barbies Portrait» 70', Farbe, Ton © 1997 Barbara Meyer Cesta	Während des Bandtransportes kratzendes Werkzeug gegen das Magnetband gehalten.	Format: VHS PAL (Kopie von Hi8) Player: VHS Panasonic AG-7350 Via composite: I.DEN IVT-9SPM (TBC) Via composite: AJA io Via IEEE 1394a (FireWire): Final Cut Pro Videostill: Export Final Cut Pro	Agathe Jarczyk Joanna Phillips
	47	Barbara Meyer Cesta «Barbies Portrait» 70', Farbe, Ton © 1997 Barbara Meyer Cesta	Kopie ca. 5 Tage im Dauerbetrieb laufen lassen.	Format: Hi8 PAL (Kopie) Player: Hi8 Sony EVO-9800P Via Y-C: AJA io Via IEEE 1394a (FireWire): Final Cut Pro Videostill: Export Final Cut Pro	Agathe Jarczyk Joanna Phillips
>Long Play	48	Vito Acconci «Remote Control» 62'30", s/w, Ton Installation Kanal 2 von 2 © 1971 Vito Acconci	Referenzvideo ohne Bildstörungen.	Format: VHS PAL Long Play Player: VHS JVC HR-S6700 Via composite: AJA io Via IEEE 1394a (FireWire): Final Cut Pro Videostill: Export Final Cut Pro	Agathe Jarczyk Joanna Phillips
	49	Vito Acconci «Remote Control» 62'30", s/w, Ton Installation Kanal 2 von 2 © 1971 Vito Acconci	Bedienfehler erzeugt durch Wiedergabe von Long Play-Aufzeichnung im Standard Play-Modus.	Format: VHS PAL Long Play Player: S-VHS Sony SVO-9620 Via composite: AJA io Via IEEE 1394a (FireWire): Final Cut Pro Videostill: Export Final Cut Pro	Agathe Jarczyk Joanna Phillips
>Moiré-Effekt	50	EBU Library of Video Test Sequences, «Luminance Zone Plate» Farbe, Pegelton (1kHz)	Die Bildstörung entsteht auf dem Bildschirm. Abfilmen der Bildstörung ab Monitor.	Format: Betacam SP PAL Player: Betacam SP Sony BVW-75P Monitor: JVC WM-H2000PN Videokamera: DVCAM Sony DSR-500WSP Via IEEE 1394a (FireWire): Final Cut Pro Videostill: Export Final Cut Pro	Lukas Gähwiler Agathe Jarczyk Joanna Phillips
	51	Jean Otth «Autoportrait de Profil» 21', Farbe, Ton © 1977 Jean Otth	Bildstörung erzeugt, indem das Composite-Signal des TBCs mit dem Y-Kanal des Y/C Eingangs verbunden wurde, das Farbsignal wurde korrekt dem C-Kanal zugeführt.	Format: U-matic LB PAL Player: Sony VP-9000P Via composite: Snell Wilcox TBS 100D Via composite auf Y-Eingang (Y/C), C auf C-Eingang (Y/C): Aja io Via IEEE 1394a (FireWire): Final Cut Pro Videostill: Export: Final Cut Pro	Johannes Gfeller
>Skew-Fehler	52	Fernsehmitschnitt «Hobbykeller mit Helmut Scheuer» s/w, Ton ZDF, Ausstrahlung vom 15.9.1973, 15.30 Uhr © 1973 ZDF	Betätigung des Skew-Reglers.	Format: ½" Offene Spule Sony CV Player: Sony CV-2100 ACE Via composite: CVS 517 (TBC 1) Via composite: Snell Wilcox TBS 100D (TBC 2) Via composite: AJA io Via IEEE 1394a (FireWire): Final Cut Pro Videostill: Export Final Cut Pro	Johannes Gfeller

Image Error	Video	Video & Copyright	Creation of Image Error	Source Format and Recording Equipment Setup	Recorded by
>Scratches and Tape Wear	46	Barbara Meyer Cesta 'Barbies Portrait' 70', colour, sound © 1997 Barbara Meyer Cesta	Scratching tool deliberately held against videotape while it was moving through player.	Format: VHS PAL (copy from Hi8) Player: VHS Panasonic AG-7350 Via composite: I.DEN IVT-9SPM (TBC) Via composite: AJA io Via IEEE 1394a (FireWire): Final Cut Pro Video still: exported from Final Cut Pro	Agathe Jarczyk Joanna Phillips
	47	Barbara Meyer Cesta 'Barbies Portrait' 70', colour, sound © 1997 Barbara Meyer Cesta	Copy played continuously over 5-day period.	Format: Hi8 PAL (copy) Player: Hi8 Sony EVO-9800P Via Y-C: AJA io Via IEEE 1394a (FireWire): Final Cut Pro Video still: exported from Final Cut Pro	Agathe Jarczyk Joanna Phillips
>Long Play	48	Vito Acconci 'Remote Control' 62'30", b/w, sound Installation Channel 2 of 2 © 1971 Vito Acconci	Reference video without image errors.	Format: VHS PAL Long Play Player: VHS JVC HR-S6700 Via composite: AJA io Via IEEE 1394a (FireWire): Final Cut Pro Video still: exported from Final Cut Pro	Agathe Jarczyk Joanna Phillips
	49	Vito Acconci 'Remote Control' 62'30", b/w, sound Installation Channel 2 of 2 © 1971 Vito Acconci	Image error reproduced by playing back Long Play recording in Standard Play mode.	Format: VHS PAL Long Play Player: S-VHS Sony SVO-9620 Via composite: AJA io Via IEEE 1394a (FireWire): Final Cut Pro Video still: exported from Final Cut Pro	Agathe Jarczyk Joanna Phillips
>Moiré Effect	50	EBU Library of Video Test Sequences, 'Luminance Zone Plate' Colour, tone (1 kHz)	This image error appears on-screen. Image error filmed directly from monitor.	Format: Betacam SP PAL Player: Betacam SP Sony BVW-75P Monitor: JVC WM-H2000PN Video camera: DVCAM Sony DSR-500WSP Via IEEE 1394a (FireWire): Final Cut Pro Video still: exported from Final Cut Pro	Lukas Gähwiler Agathe Jarczyk Joanna Phillips
	51	Jean Otth 'Autoportrait de Profil' 21', colour, sound © 1977 Jean Otth	Image error generated by feeding composite signal from TBC through Y channel of Y/C input. Chrominance signal correctly fed through C channel.	Format: U-matic LB PAL Player: Sony VP-9000P Via composite: Snell Wilcox TBS 100D Via composite to Y input (Y/C), C to C input (Y/C): AJA io Via IEEE 1394a (FireWire): Final Cut Pro Video still: exported from Final Cut Pro	Johannes Gfeller
>Skew Error	52	Television recording 'Hobbykeller mit Helmut Scheuer' B/W, sound ZDF, broadcast on 15/09/1973 at 3:30 p.m. © 1973 ZDF	Skew control adjusted.	Format: ½" Open-reel Sony CV Player: Sony CV-2100 ACE Via composite: CVS 517 (TBC 1) Via composite: Snell Wilcox TBS 100D (TBC 2) Via composite: AJA io Via IEEE 1394a (FireWire): Final Cut Pro Video still: exported from Final Cut Pro	Johannes Gfeller

Bildstörung	Video	Video & Copyright	Herkunft / Erzeugung der Bildstörung	Quellformat und Geräteanordnung bei der Aufnahme	Aufnahme durch
>Tracking-Fehler	53	Silvie & Chérif Defraoui «Mirador» 20', Farbe, Ton UVS-Sampler 1, 1985 © 1983 Silvie & Chérif Defraoui	Betätigung des manuellen Tracking-Reglers.	Format: VHS PAL (Kopie) Player: VHS Panasonic DMR-ES30V Via composite: AJA io Via IEEE 1394a (FireWire): Final Cut Pro Videostill: Export Final Cut Pro	Johannes Gfeller
>Trägerfrequenz unsymmetrisch	54	Alex Sutter, Johannes Gfeller, Peter Schlosser «Hyper-TV» 55', s/w, Ton © 1981 Sutter, Gfeller, Schlosser	Verstellen von zwei Reglern mit der Bezeichnung «Carrier Balance» im Geräteinnern.	Format: ½" Offene Spule Sony AV Player: Sony AV-3670 CE Via composite: CVS 517 (TBC 1) Via composite: Snell Wilcox TBS 100D (TBC 2) Via composite: AJA io Via IEEE 1394a (FireWire): Final Cut Pro Videostill: Export Final Cut Pro	Johannes Gfeller
>Übersprechen	55	Roman Signer «Aktion in der Tabakfabrik, Krems / Stein, 18. Juni 1988, 15 Uhr» 2'16", Farbe, Ton © 1989 Roman Signer	Bildstörung vorgefunden.	Format: U-matic LB PAL Player: U-matic Sony VO-9800P Via composite: I.DEN IVT-9SPM (TBC) Via composite: AJA io Via IEEE 1394a (FireWire): Final Cut Pro Videostill: Export Final Cut Pro	Agathe Jarczyk Joanna Phillips
	56	Alex Sutter «Magnetwolf» s/w, Ton © 1979 Alex Sutter	Video- und Audiosignal moduliert zum Antennen-Signal und wieder demoduliert zum Video- und Audiosignal. Tonfehler erzeugt durch leichte Verschiebung des Empfangskanals beim TV-Demodulator.	Format: ½" Offene Spule Sony AV Player: Sony AV-3670 CE Via composite: Snell Wilcox TBS 100D (TBC) Via composite: Schriftgenerator Panasonic VW-CG2E Character Generator Via Sony Colour RF Adaptor CVA-200 CEU Via RF: Barco TV Demodulator VSD2 Via composite: AJA io Via IEEE 1394a (FireWire): Final Cut Pro Videostill: Export Final Cut Pro	Johannes Gfeller Agathe Jarczyk
>Vertikaler Bildfang	57	Mika Taanila «Kiila. Verbranntes Land» 6'35", Farbe, Ton © 2002 Mika Taanila	Betätigung des vertikalen Bildfang-Reglers am Monitor, Drehrichtung nach rechts. Abfilmen der Bildstörung ab Monitor.	Format: VHS PAL Player: VHS Panasonic AG-7350 Monitor: Sony PVM-1442QM Videokamera: DVCAM Sony DSR-500WSP Via IEEE 1394a (FireWire): Final Cut Pro Videostill: Export Final Cut Pro	Agathe Jarczyk Joanna Phillips
	58	Mika Taanila «Kiila. Verbranntes Land» 6'35", Farbe, Ton © 2002 Mika Taanila	Betätigung des vertikalen Bildfang-Reglers am Monitor, Drehrichtung nach links. Abfilmen der Bildstörung ab Monitor.	Format: VHS PAL Player: VHS Panasonic AG-7350 Monitor: Sony PVM-1442QM Videokamera: DVCAM Sony DSR-500WSP Via IEEE 1394a (FireWire): Final Cut Pro Videostill: Export Final Cut Pro	Agathe Jarczyk Joanna Phillips

Image Error	Video	Video & Copyright	Creation of Image Error	Source Format and Recording Equipment Setup	Recorded by
>*Tracking Error*	53	Silvie & Chérif Defraoui 'Mirador' 20', colour, sound UVS-Sampler 1, 1985 © 1983 Silvie & Chérif Defraoui	Use of manual tracking control.	Format: VHS PAL (copy) Player: VHS Panasonic DMR-ES30V Via composite: AJA io Via IEEE 1394a (FireWire): Final Cut Pro Video still: exported from Final Cut Pro	Johannes Gfeller
>*Carrier Leak*	54	Alex Sutter, Johannes Gfeller, Peter Schlosser 'Hyper-TV' 55', b/w, sound © 1981 Sutter, Gfeller, Schlosser	Two controls labelled 'Carrier Balance' adjusted inside player.	Format: ½" Open-reel Sony AV Player: Sony AV-3670 CE Via composite: CVS 517 (TBC 1) Via composite: Snell Wilcox TBS 100D (TBC 2) Via composite: AJA io Via IEEE 1394a (FireWire): Final Cut Pro Video still: exported from Final Cut Pro	Johannes Gfeller
>*Crosstalk*	55	Roman Signer 'Aktion in der Tabakfabrik, Krems / Stein, 18. Juni 1988, 15 Uhr' 2'16", colour, sound © 1989 Roman Signer	Image error already present.	Format: U-matic LB PAL Player: U-matic Sony VO-9800P Via composite: I.DEN IVT-9SPM (TBC) Via composite: AJA io Via IEEE 1394a (FireWire): Final Cut Pro Video still: exported from Final Cut Pro	Agathe Jarczyk Joanna Phillips
	56	Alex Sutter 'Magnetwolf' B/W, sound © 1979 Alex Sutter	Video and audio signals modulated into antenna signal, then demodulated back into video and audio signals. Audio error produced by slight shift of receiver channel in TV demodulator.	Format: ½" Open-reel Sony AV Player: Sony AV-3670 CE Via composite: Snell Wilcox TBS 100D (TBC) Via composite: Panasonic VW-CG2E Character Generator Via Sony Colour RF Adaptor CVA-200 CEU Via RF: Barco TV Demodulator VSD2 Via composite: AJA io Via IEEE 1394a (FireWire): Final Cut Pro Video still: exported from Final Cut Pro	Johannes Gfeller Agathe Jarczyk
>*Vertical Hold*	57	Mika Taanila 'Kiila. Verbranntes Land' 6'35", colour, sound © 2002 Mika Taanila	Monitor's vertical hold control adjusted (direction of rotation: clockwise). Image error filmed directly from monitor.	Format: VHS PAL Player: VHS Panasonic AG-7350 Monitor: Sony PVM-1442QM Video camera: DVCAM Sony DSR-500WSP Via IEEE 1394a (FireWire): Final Cut Pro Video still: exported from Final Cut Pro	Agathe Jarczyk Joanna Phillips
	58	Mika Taanila 'Kiila. Verbranntes Land' 6'35", colour, sound © 2002 Mika Taanila	Monitor's vertical hold control adjusted (direction of rotation: anticlockwise). Image error filmed directly from monitor.	Format: VHS PAL Player: VHS Panasonic AG-7350 Monitor: Sony PVM-1442QM Video camera: DVCAM Sony DSR-500WSP Via IEEE 1394a (FireWire): Final Cut Pro Video still: exported from Final Cut Pro	Agathe Jarczyk Joanna Phillips

Bildstörung	Video	Video & Copyright	Herkunft / Erzeugung der Bildstörung	Quellformat und Geräteanordnung bei der Aufnahme	Aufnahme durch
>*Vertikaler Bildsprung*	59	Johannes Gfeller «AV-3670 CE» 5', s/w, Ton © 2007 Johannes Gfeller	Aufnahme mit der Kamera Sony AVC-3250 CE mit, bzw. ohne externem, quarzstabilem Synchronisationsgenerator. Anschließende Wiedergabe via TBC.	Format: ½" Offene Spule Sony AV Player: Sony AV-3670 CE Via composite: FOR.A FA-450P (TBC 1) Via composite: Snell Wilcox TBS 100D (TBC 2) Via composite: AJA io Via IEEE 1394a (FireWire): Final Cut Pro Videostill: Export Final Cut Pro	Johannes Gfeller
>*Vertikale Synchronstörung*	60	Geneviève Calame «Labyrinthes Fluides» 10', Farbe, Ton © 1976 Geneviève Calame	Bildstörung erzeugt, indem dem Abspielgerät ein vertikales Synchronsignal mit variabler Frequenz zugeführt wurde. Dieser externe Synchronimpuls wurde im Wechsel ein- und ausgeschaltet und erzeugte so eine unregelmäßige Synchronisation.	Format: U-matic LB Player: Sony VP-9000P Via composite: Snell Wilcox TBS 100D (TBC) Via Tektronix FG 501/ FG 504 Via composite: AJA io Via IEEE 1394a (FireWire): Final Cut Pro Videostill: Export Final Cut Pro	Johannes Gfeller
>*Wiedergabeköpfe verschmutzt*	61	Gérald Minkoff «Ego l'Eloge» 10', Farbe, ohne Ton © 1971–77 Gérald Minkoff	Bildstörung vorgefunden.	Format: U-matic LB Player: Sony VP-9000P Via composite: Snell Wilcox TBS 100D (TBC) Via composite: AJA io Via IEEE 1394a (FireWire): Final Cut Pro Videostill: Export Final Cut Pro	Johannes Gfeller

Image Error	Video	Video & Copyright	Creation of Image Error	Source Format and Recording Equipment Setup	Recorded by
>Vertical Picture Jumping	59	Johannes Gfeller 'AV-3670 CE' 5', b/w, sound © 2007 Johannes Gfeller	Recording made using Sony AVC-3250 CE camera with/without external, crystal-stabilised sync generator. Subsequently played back through TBC.	Format: ½" Open-reel Sony AV Player: Sony AV-3670 CE Via composite: FOR.A FA-450P (TBC 1) Via composite: Snell Wilcox TBS 100D (TBC) Via composite: AJA io Via IEEE 1394a (FireWire): Final Cut Pro Video still: exported from Final Cut Pro	Johannes Gfeller
>Vertical Synchronisation Error	60	Geneviève Calame 'Labyrinthes Fluides' 10', colour, sound © 1976 Geneviève Calame	Image error produced by sending variable-frequency vertical sync signal (external sync pulse) to player. External sync pulse repeatedly switched on and off in order to force irregular synchronisation.	Format: U-matic LB Player: Sony VP-9000P Via composite: Snell Wilcox TBS 100D (TBC 2) Via Tektronix FG 501/FG 504 Via composite: AJA io Via IEEE 1394a (FireWire): Final Cut Pro Video still: exported from Final Cut Pro	Johannes Gfeller
>Head Clogging	61	Gérald Minkoff 'Ego l'Eloge' 10', colour, no sound © 1971–7 Gérald Minkoff	Image error already present.	Format: U-matic LB Player: Sony VP-9000P Via composite: Snell Wilcox TBS 100D (TBC) Via composite: AJA io Via IEEE 1394a (FireWire): Final Cut Pro Video still: exported from Final Cut Pro	Johannes Gfeller

WEITERFÜHRENDE LITERATUR //
// FURTHER READING

Video- und Fernsehtechnik allgemein //
// Video and Television Technology in General

Claus Biaesch-Wiebke, *Videosysteme. Technik und Arbeitsweise von Videorecordern, Videokameras und Camcordern*, Würzburg: Vogel Buchverlag, 1991

Jürgen Burghardt, *Handbuch der professionellen Videorecorder*, Essen: Edition Filmwerkstatt, 1994

Ronald J. Compesi, *Video Field Production and Editing*, 5th Edition, Old Tappan, New Jersey: Allyn & Bacon, 1999

Bettina Gruber/ Maria Vedder, *DuMonts Handbuch der Video Praxis. Technik, Theorie und Tips*, 5. Auflage, Ostfildern: DuMont Reiseverlag, 1994

Keith Jack, *Video Demystified: A Handbook for the Digital Engineer*, 5th Edition, Newnes, 2007

Dana M. Lee, *Television Technical Theory*, Dubuque, Iowa: Kendall Hunt, 2010
auch/also: http://www.danalee.ca/ttt/index.html

Friedrich Manz, *Videorecorder-Technik. Grundlagen, Schaltungstechnik und Service*, 5. Auflage, Würzburg: Vogel Buchverlag, 1991

Ulrich Schmidt, *Professionelle Videotechnik: analoge und digitale Grundlagen, Signalformen, Videoaufnahme, Speicherung, Signalverarbeitung und Studiotechnik*, 5. aktualisierte und erweiterte Auflage, Berlin, Heidelberg, New York: Springer, 2009

Edwin Paul J. Tozer (ed.), *Broadcast Engineer's Reference Book*, Elsevier, Focal Press 2004

Johannes Webers, *Handbuch der Film- und Videotechnik. Die Aufnahme, Speicherung, Bearbeitung und Wiedergabe audiovisueller Programme*, 8. neu bearbeitete und erweiterte Ausgabe, Poing: Franzis Verlag GmbH, 2009

Marcus Weise/Diana Weynand, *How Video Works. From Analog to High Definition*, 2nd Edition, Oxford: Focal Press, 2007

Geschichte der Videoformate und -geräte //
// History of Video Formats and Devices

Eric D. Daniel et al. (eds.), *Magnetic Recording. The First 100 Years*, New York: IEEE Press, 1989

Aaron Foisi Nmungwun, *Video Recording Technology. Its Impact on Media and Home Entertainment*, Hillsdale (NJ): Lawrene Erlbaum Associates, 1989

Siegfried Zielinski, *Zur Geschichte des Videorekorders*, Potsdam: Polzer, 2010

LabGuy's World: *The History of Video Tape Recorders before Betamax and VHS*
http://www.labguysworld.com

Ampex Video History, *Magnetbandtechnik – Wissen und Historie, Grundlagen der Tonband-, Videoband- und Datatechnik im Internet*
http://www.magnetbandmuseum.info/historie4-video-technik.html

Misterbetamax, your one stop website for beta format treasures
http://www.mrbetamax.com

Historische Handbücher der DIY-Videoszene //
// Historic Guides of the Early DIY Video Community

Charles Bensinger, *The Video Guide*, 2nd revised edition, Santa Barbara, California: Video-info Publications, 1981

Ken Marsh, *Independent Video. A Complete Guide to the Physics, Operation, and Application of the New Television for the Student, the Artist and for Community TV*, San Francisco: Simon and Schuster, 1974

Peter Utz, *Video User's Handbook. The Complete Illustrated Guide to Operating and Maintaining Your Video Equipment*, 3rd edition, New York: Prentice Hall Press, 1989

Videofreex (ed.), *The Spaghetti City Video Manual: A Guide to Use, Repair, and Maintenance*, 4th edition, New York: Praeger, 1977 [Deutsche Ausgabe, nach der Erstauflage, New York, 1973: Werner Nitzschke/Charly Weller et al. (Hrsg.), *Video-Handbuch, Gebrauch, Wartung, Reparatur*, Berlin: Büro für off-Kudamm Kinos, 1975]

Bildstörungen beim analogen Fernsehen und Video //
// Image Errors in Analogue Television and Video

Werner Aring, *Fernseh-Bildfehler-Fibel*. 4. neu bearbeitete Auflage. München: Franzis Verlag, 1970

Johannes Gies/Carl-Martin Kirsch, *Kleine Fernseh-Bildfehler-Fibel. Typische und häufige Bildfehler anhand von Schirmbildaufnahmen erklärt*, 2. neu bearbeitete und erweiterte Auflage, München: Franzis Verlag, 1977

Otto Paul Herrnkind, *Fernseh-Bildfehler-Fibel*, München: Franzis Verlag, 1952

John Meagher, *RCA Colour TV Troubleshooting Pict-O-Guide*, Radio Corporation of America, 1965

Bernd Rodekurth, *Videorecorder Bildfehler-Fibel. Ein Fehlerkatalog für Service-Techniker, um Reparaturen schnell und fachgerecht auszuführen*, 3. neu bearbeitete und erweiterte Auflage, München: Franzis Verlag, 1991

Prestospace Consortium, *Training and Dissemination*, 2004
http://www.prestospace.org/training/index.en.html

Identifikation der Videoformate //
// Video Format Identification

Mona Jimenez/Liss Platt, *Videotape Identification and Assessment Guide*, Austin: Texas Commission on the Arts, 2004
auch/also: http://www.arts.state.tx.us/video/pdf/video.pdf

Memoriav, *Memoriav Empfehlungen: Video. Die Erhaltung von Videodokumenten*, Bern: Memoriav, 2006
auch/also: http://de.memoriav.ch/dokument/Empfehlungen/empfehlungen_video_de.pdf

Prestocenter, *Keeping Audiovisual Content Alive*
http://www.prestocentre.eu/

Sarah Stauderman/Paul Messier, *Video Format Identification Guide*, 2007
http://videopreservation.stanford.edu/vid_id/index.html

Tim Stoffel, *Videotape formats*, 2004
http://www.lionlamb.us/quad/format.html

The PALsite, *The home of the PAL video system. Betamax, Betacam, U-matic & Video 2000 information*
http://www.palsite.com

Archivierung, präventive Konservierung und Restaurierung von Video //
// Video Archiving, Preservation, Conservation and Restoration

AMIA fact sheet
http://www.amianet.org/resources/guides/fact_sheets.pdf

Christoph Blase / Peter Weibel (Hrsg.), *RECORD > AGAIN! 40jahrevideokunst.de – Teil 2*, Ostfildern: Hatje Cantz, 2010

Deirdre Boyle, *Video Preservation. Securing the Future of the Past*, New York: Media Alliance, 1993

Canadian Conservation Institute (ed.), *Preservation of Electronic Records: New Knowledge and Decision-making*, Postprints of a Conference, Symposium 2003, Ottawa: Canadian Conservation Institute, 2005

Rudolf Frieling / Wulf Herzogenrath (Hrsg.), *40 Jahrevideokunst.de – Teil 1. Digitales Erbe: Videokunst in Deutschland von 1963 bis heute*, Ostfildern: Hantje Cantz, 2006

Hannah Frost, *Video Preservation*, list of links by ConservationOnline
http://cool.conservation-us.org/bytopic/video/

Guggenheim (ed.), *Media Art Documentation*
http://www.guggenheim.org/new-york/collections/conservation/time-based-media/media-art-documentation

Independent Media Arts Preservation, *Serving the field of independent media arts with preservation resources, information, training and advocacy*
http://imappreserve.org/

Joe Iraci, 'Disaster Recovery of Modern Information Carriers: Compact Discs, Magnetic Tapes, and Magnetic Discs', in: *Technical Bulletin*, No. 25, Ottawa: Canadian Conservation Institute, 2002

Joe Iraci, 'Remedies for Deteriorated or Damaged Modern Information Carriers', in: *Technical Bulletin*, No. 27, Ottawa: Canadian Conservation Institute, 2005

Jim Lindner, *Videotape restoration: 'Where do I start?'*, New York: VidiPax TM, 2004
http://www.media-matters.net/docs/JimLindnerArticles/Videotape%20Restoration.pdf

Memoriav, *Memoriav Empfehlungen: Video. Die Erhaltung von Videodokumenten*, Bern: Memoriav, 2006
auch / also: http://de.memoriav.ch/dokument/Empfehlungen/empfehlungen_video_de.pdf

Sherry Miller Hocking / Mona Jimenez, *Video Preservation – The Basics*, 2000
http://experimentaltvcenter.org/history-preservation

National Academy Press, *Preservation of Historical Records*, Washington, DC, 1986
auch / also: http://www.nap.edu/catalog.php?record_id=914#toc

Bärbel Otterbeck / Christian Scheidemann (Hrsg.), *Wie haltbar ist Videokunst? Beiträge zur Konservierung und Restaurierung audiovisueller Kunstwerke, How durable is video art? Contributions to preservation and restauration of the audiovisual works of art*, Symposium im Kunstmuseum Wolfsburg, 25. November 1995, Kunstmuseum Wolfsburg, 1997

Koichi Sadashige (ed.), *Data Storage Technology Assessment – 2002 Projections through 2010. Storage Media Environmental Durability and Stability*, National Media Lab, 2003
auch / also: http://digitalpreservation.ssl.co.uk/asset_arena/text/nt/AP_NML_DSTAssessment.pdf

Scart, *A website on audiovisual heritage by Packed*, Brussels 2012. Interviews with various experts
http://www.scart.be/?q=en/content/interview-page

Tate (ed.), *Matters in Media Art. An online resource for the preservation and legacy time-based and new media works of art*
http://www.tate.org.uk/about/projects/matters-media-art

John Van Bogart, *Magnetic Tape Storage and Handling: A Guide for Libraries and Archives*, Washington, DC: National Media Lab and Commission on Preservation and Access, 1995
http://www.clir.org/pubs/reports/pub54/

Timothy Vitale/Paul Messier, *Video Preservation. Video Migration in the Preservation Laboratory. Tools to Identify and Use Historic Video Equipment*, 2007
http://videopreservation.conservation-us.org/

Jim Wheeler, *Videotape Preservation Handbook*, 2002
http://www.amianet.org/resources/guides/WheelerVideo.pdf

Jim Wheeler, *The Dos and Don'ts of Videotape Care*, Oceano Tape Restoration & Archival Services, 2004
http://cool.conservation-us.org/byauth/wheeler/wheeler3.html

Jim Wheeler/Peter Brothers/Hannah Frost (eds.), *AMIA Video Preservation Fact Sheets*, 2004–5
http://www.amianet.org/resources/guides/fact_sheets.pdf

Gaby Wijers/Evert Rodrigo/Ramon Coelho (eds.), *De houdbaarheid van videokunst – The sustainability of video art*, Amsterdam: Stichting Behoud Moderne Kunst, 2003
auch/also: http://www.nimk.nl/en/pdf/CONSERVERING_1tm80.pdf

Digitalisierung und Kompression //
// Digitisation and Compression

Arne Heyna/Marc Briede/Ulrich Schmidt, *Datenformate im Medienbereich*, München: Hanser Verlag, 2003

Charles Poynton, *Digital Video and HDTV. Algorithms and Interfaces*, 5th edition, San Francisco: Elsevier, 2003

Peter Symes, *Digital Video Compression*, New York: Mc Graw-Hill, 2004

John Watkinson, *Compression in Video & Audio*, London: Focal Press,1995

Online-Glossare zu Begriffen der Fernseh- und Videotechnik //
// Online Glossaries of Television and Video Technology Terms

http://www.vasquez.de/service/glossar_video/glosdeA.htm
http://www.bet.de/lexikon/default.aspx
http://www.eai.org/resourceguide/glossary.html
http://www.imappreserve.org/info_res

Letzter Zugriff auf alle URLs am 30.9.2012 //
//All URLs most recently accessed on 30/09/2012

Johannes Gfeller

Studium der Kunstgeschichte, Philosophie und Allgemeinen Sprachwissenschaft an der Universität Bern, daneben 1978–1983 Mitbegründung und Aufbau der Medienproduktionsfirma Container TV in Bern. Autodidaktische Ausbildung zum Fachfotografen und Medientechniker, in diesen Bereichen bis 2001 selbständig für Denkmalpflege und Museen tätig. 1987–2002 Dozent für Ästhetik und Technik der Videokunst an der Schule für Gestaltung Bern-Biel. 2001–2011 Aufbau des Curriculums und Professor für Erhaltung Moderner Medien im Studiengang Konservierung und Restaurierung an der Hochschule für Gestaltung, Kunst und Konservierung HGKK. Entwurf und Leitung des vom Bundesamt für Kultur unterstützten Forschungsprojekts AktiveArchive von 2002 bis 2012. Leitung/Mitarbeit/Beratung weiterer nationaler und internationaler Forschungsprojekte. Zahlreiche internationale Tagungs- und Symposiumsbeiträge. Mitglied der Kompetenznetzwerke Film und Video von Memoriav. Seit 2006 Gastdozent an der Akademie der bildenden Künste Wien. Seit Herbst 2011 Professor und Leiter des Master-Studienganges Konservierung Neuer Medien und Digitaler Information KNMDI an der Staatlichen Akademie der Bildenden Künste Stuttgart.

Johannes Gfeller

Studied Art History, Philosophy and Linguistics at the University of Bern, while also (1978-1983) cofounding and managing media production company Container TV in Bern. Self-taught photographer and media technician, working freelance for architectural conservation and museum clients (until 2001). 1987-2002: lecturer in Aesthetics and Video Art Technology at the Bern+Biel School of Design. 2001-2011: Professor for Contemporary Media Conservation (with responsibility for the curriculum) on the Conservation and Restoration programme at the College of Design, the Arts and Conservation HGKK. 2002-2012: organised and managed the AktiveArchive research project, sponsored by the Swiss Federal Office of Culture. Has managed/worked on/advised other national and international research projects. Has contributed to numerous international conferences and symposia. Member of Memoriav Film and Video expert networks. Since 2006: visiting lecturer at the Academy of Fine Arts, Vienna. Since autumn 2011: Professor and Director of Master's programme in Conservation of New Media and Digital Information KNMDI at the State Academy of Fine Arts in Stuttgart.

Agathe Jarczyk

Konservatorin-Restauratorin für Moderne Materialien und Medien, mit Schwerpunkt Videokunsterhaltung. Führt seit 2008 das «Atelier für Videokonservierung» in Bern. In dieser Funktion konservatorisch-restauratorische Betreuung von Videokunstwerken zahlreicher Schweizer und internationaler Museen und Sammlungen. Zusätzlich Durchführung von Forschungsprojekten im Bereich Videokonservierung und Lehrtätigkeit in der Vertiefung «Moderne Materialien und Medien» des Fachbereichs Konservierung und Restaurierung an der Hochschule der Künste Bern, sowie an der Akademie der bildenden Künste Wien. Weitere Vermittlungstätigkeit an zahlreichen internationalen Konferenzen und Workshops, und Mitorganisation des Workshops «TechFocus 1: Caring for Video Art» am Guggenheim Museum in New York.

2001 Diplom in Konservierung und Restaurierung moderner Materialien und Medien an der HGKK (seit 2003 HKB), Berner Fachhochschule. Zwischen 2002 und 2008 tätig als Restauratorin bei videocompany, Zofingen.

Agathe Jarczyk

Conservator/restorer of modern materials and media, focussing on video art preservation. Since 2008: owner of Studio for Video Conservation in Bern, Switzerland, providing conservation treatment and caretaking for video artworks in numerous Swiss and international museums and collections. Conducts research projects on video conservation, and teaches on the Conservation and Restoration of Modern Materials and Media programme at Bern University of the Arts and the Academy of Fine Arts in Vienna. Makes frequent contributions to international conferences and workshops, and co-organised the TechFocus 1: Caring for Video Art workshop at the Guggenheim Museum in New York.

2001: degree in Conservation of Modern Materials and Media from Bern University of Applied Sciences. 2002–2008: worked as video conservator at videocompany in Zofingen, Switzerland.

Joanna Phillips

Seit 2008 Konservatorin-Restauratorin für zeitgenössische Kunst am Solomon R. Guggenheim Museum in New York, mit Schwerpunkt Medienkunsterhaltung. Am Guggenheim Museum Aufbau einer Restaurierungswerkstatt für Medienkunst sowie Entwicklung und Implementierung neuer Strategien und Praktiken für die Erhaltung von video-, audio-, dia-, film- sowie computerbasierten Kunstwerken. Zusätzlich verschiedene Aktivitäten als Vorstandsmitglied der Electronic Media Group (EMG) des amerikanischen Restauratorenverbandes AIC, u. a. Mitorganisation der amerikanischen Workshop-Reihe «TechFocus» zur Erhaltung von Medienkunst. Vermittlungstätigkeit an zahlreichen internationalen Konferenzen und Workshops.

2002 Diplom im Fach Gemälderestaurierung an der Dresdener Hochschule für Bildende Künste, von 2003 bis 2005 Assistenzrestauratorin am Schweizerischen Institut für Kunstwissenschaft (SIK-ISEA) in Zürich. Von 2005 bis 2008 Mitarbeiterin im schweizerischen Forschungsprojekt AktiveArchive zur Erhaltung elektronischer Kunst.

Joanna Phillips

Since 2008: Associate Conservator of Contemporary Art at the Solomon R. Guggenheim Museum in New York, specialising in conservation of time-based media art. Launched a media conservation lab at the Guggenheim Museum, developing and implementing new strategies and practices for the preservation of video, audio, slide, film and computer-based artworks. Also involved in various activities as a member of the board of the Electronic Media Group (EMG) at the American Institute for Conservation (AIC), including the joint organisation of the TechFocus series of professional workshops on media art preservation. Makes frequent contributions to international conferences and workshops.

2002: Master's degree in Painting Conservation from Dresden Academy of Fine Arts, Germany. 2003–2005: Assistant Conservator at the Swiss Institute for Art Research (SIK-ISEA) in Zurich. 2005–2008: member of Swiss AktiveArchive research project team exploring the preservation of electronic artworks.

Irene Schubiger

Studium der Kunstwissenschaft in Basel, Berlin und Köln. 2002 Promotion zum Thema Selbstdarstellung in der Videokunst. Tätig im Bereich Museum, freie kuratorische Aufträge und als Dozentin an verschiedenen Schweizer Hochschulen für Gestaltung und Kunst; 2004–2011 im Forschungsprojekt AktiveArchive des schweizerischen Bundesamts für Kultur (Dokumentation und Erhaltung elektronischer Kunst) an der Hochschule der Künste Bern und am Schweizerischen Institut für Kunstwissenschaft Zürich (SIK-ISEA); seither freischaffend als Autorin, Lektorin und Redaktorin.

Irene Schubiger

Studied Art History in Basel, Berlin and Cologne. 2002: doctoral dissertation on self-presentation in video art. Works for museums and as a freelance curator and lecturer for various Swiss institutes of art and design. 2004–2011: worked for Bern University of the Arts and the Swiss Institute for Art Research in Zurich (SIK-ISEA) on the AktiveArchive research project (documentation and preservation of electronic art) sponsored by the Swiss Federal Office of Culture. Now works as a freelance author, proofreader and editor.

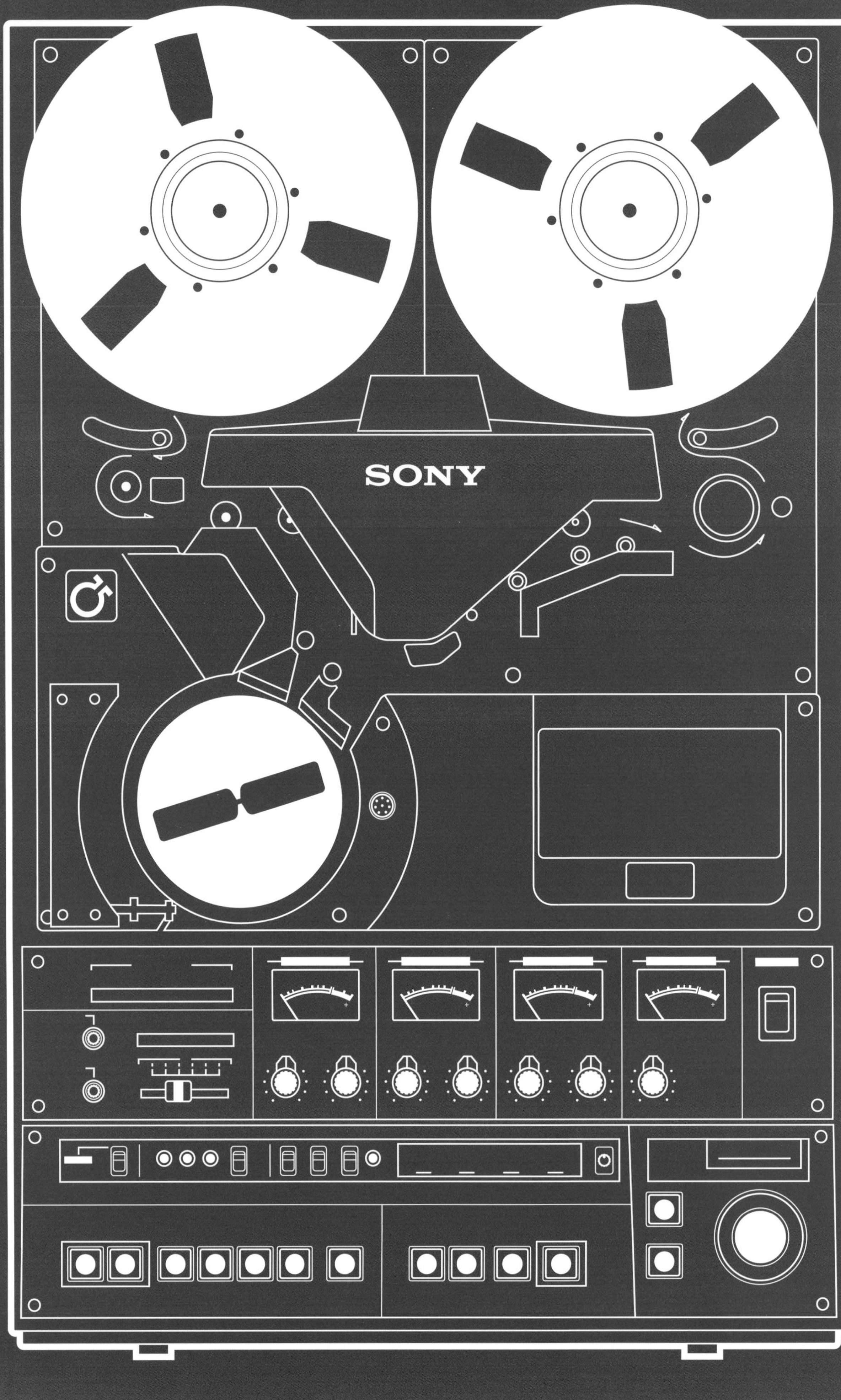
SONY

KUNST material 2

herausgegeben vom Schweizerischen Institut für Kunstwissenschaft //
// published by Swiss Institute for Art Research

1 Kunsttechnologische Forschungen zur Malerei von Ferdinand Hodler (2007)

2 Kompendium der Bildstörungen beim analogen Video
Compendium of Image Errors in Analogue Video (2012)

3 Kunsttechnologische Forschungen zu Cuno Amiet (Arbeitstitel, 2014)

Sony Broadcast BVH-1000 1" High-Band Video Recorder

1. **Digital Betacam (1993)**
Gross // Large · 145 x 253 x 25 mm
Kassettengehäuse blau. // Tape shell is coloured blue.

2. **Digital Betacam (1993)**
Klein // Small · 96 x 156 x 25 mm
Kassettengehäuse blau. // Tape shell is coloured blue.

3. **Betacam SX (1996)**
Gross // Large · 145 x 253 x 25 mm
Kassettengehäuse gelb. // Tape shell is coloured yellow.

4. **Betacam SX (1996)**
Klein // Small · 96 x 156 x 25 mm
Kassettengehäuse gelb. // Tape shell is coloured yellow.

5. **MPEG IMX (2000)**
Gross // Large · 145 x 253 x 25 mm
Kassettengehäuse türkis. // Tape shell is coloured turquoise.

6. **MPEG IMX (2000)**
Klein // Small · 96 x 156 x 25 mm
Kassettengehäuse türkis. // Tape shell is coloured turquoise.

7. **Digital S (1996)**
104 x 162 x 25 mm
Auch als D9 bezeichnet. // Also referred to as D9.

8. **Digital8 (1999)**
62 x 95 x 15 mm
Auch als D8 bezeichnet. Verschiedene Kassetten-Designs sind möglich. Es gibt verschiedene Versionen des Logos.
// Also referred to as D8. There are various different cassette designs, and also various versions of the logo.

9. **DV (1995)**
Gross // Large · 78 x 125 x 15 mm
Verschiedene Kassetten-Designs sind möglich.
// There are various different cassette designs.

10. **DV (1995)**
Klein // Small · 48 x 66 x 12 mm
Auch als MiniDV bezeichnet. Verschiedene Kassetten-Designs sind möglich.
// Also referred to as MiniDV. There are various different cassette designs.

11. **DVCAM (1996)**
Gross // Large · 78 x 125 x 15 mm
Kassettengehäuse blau. Ggf. zusätzlich (seit 2011) HDV-Logo auf der Kassette. Aufzeichnung und Wiedergabe auch im DV-Format, bzw. seit 2011 im HDV-Format möglich.
// Tape shell is coloured blue and may also have an HDV logo (as from 2011). Also capable of recording and playing back DV and (as from 2011) HDV formats.

12. **DVCAM (1996)**
Klein // Small · 48 x 66 x 12 mm
Kassettengehäuse blau. Zusätzlich MiniDV-Logo (und seit 2011 ggf. HDV-Logo) auf der Kassette. Aufzeichnung und Wiedergabe auch im DV-Format, bzw. seit 2011 im HDV-Format möglich.
// Tape shell is coloured blue and may also have a MiniDV logo (and, as from 2011, an HDV logo). Also capable of recording and playing back DV and (as from 2011) HDV formats.

13. **DVCPRO 25 (1995), DVCPRO 50 (1999)**
Extragross // Extra large · 102 x 172 x 15 mm
Gelbe Schliessklappe (bei DVCPRO 50 sehr selten auch blaue Schliessklappe). DVCPRO 50-Player können DVCPRO 25-Kassetten wiedergeben. // Cassette lid coloured yellow (lid of DVCPRO 50 also – very rarely – blue). DVCPRO 50 players can play back DVCPRO 25 cassettes.

14. **DVCPRO 25 (1995), DVCPRO 50 (1999)**
Gross // Large · 78 x 125 x 15 mm
Bemerkungen: wie zu 13. // See notes to 13.

15. **DVCPRO 25 (1995), DVCPRO 50 (1999)**
Medium // Medium · 65 x 97 x 15 mm
Bemerkungen: wie zu 13. // See notes to 13.

16. **HDCAM (1997), HDCAM SR (2003)**
Gross // Large · 145 x 253 x 25 mm
HDCAM: orange Schliesskappe, HDCAM SR: blaue Schliessklappe. // HDCAM: orange lid, HDCAM SR: blue lid.

17. **HDCAM (1997), HDCAM SR (2003)**
Klein // Small · 96 x 155 x 25 mm
HDCAM: orange Schliesskappe, HDCAM SR: blaue Schliessklappe. // HDCAM: orange lid, HDCAM SR: blue lid.

18. **HDV (2004)**
Gross // Large · 78 x 125 x 15 mm
Zusätzlich DVCAM- und DV-Logos auf der Kassette. Aufzeichnung und Wiedergabe auch in diesen beiden Formaten möglich. // Cassette may also have DVCAM and DV logos; capable of recording and playing back both formats.

19. **HDV (2004)**
Klein // Small · 48 x 66 x 12 mm
Zusätzlich DVCAM- und MiniDV-Logos auf der Kassette. Aufzeichnung und Wiedergabe auch in diesen beiden Formaten möglich. // Cassette may also have DVCAM and DV logos; capable of recording and playing back both formats.

20. **DVCPRO HD (2005)**
Extragross // Extra large · 102 x 172 x 15 mm
Rote Schliessklappe. Auch genannt DVCPRO 100. Die Player können auch DVCPRO 25 und 50 abspielen. // Red lid. Also referred to as DVCPRO 100. Players can also play back DVCPRO 25 and 50 formats.

21. **DVCPRO HD (2005)**
Gross // Large · 78 x 125 x 15 mm
Bemerkungen: wie zu 20. // See notes to 20.

22. **DVCPRO HD (2005)**
Medium // Medium · 65 x 97 x 15 mm
Bemerkungen: wie zu 20. // See notes to 20.

Die Piktogramme illustrieren alle gängigen digitalen Videoformate, die in europäischen Kunstsammlungen anzutreffen sind. Je nach Hersteller kann die Gestaltung der Kassettenfenster leicht von den Piktogrammen abweichen. Die wenigen Ausnahmen, bei denen innerhalb eines Formates deutlich unterschiedliche Kassetten-Designs auftreten, sind in der Legende vermerkt. In Anbetracht der Vielzahl an neu aufkommenden, digitalen Formaten kann diese Übersicht nur ein Zeitschnitt sein.

The following pictograms illustrate all the digital video formats most likely to be found in European art collections. Depending on the manufacturer, the shapes of any windows in the cassettes may differ slightly from the shapes shown in the pictograms. There are certain exceptions to the standard cassette designs: variants are mentioned in the relevant captions. In view of the steady proliferation of new digital formats, this overview should be treated as a snapshot in time.

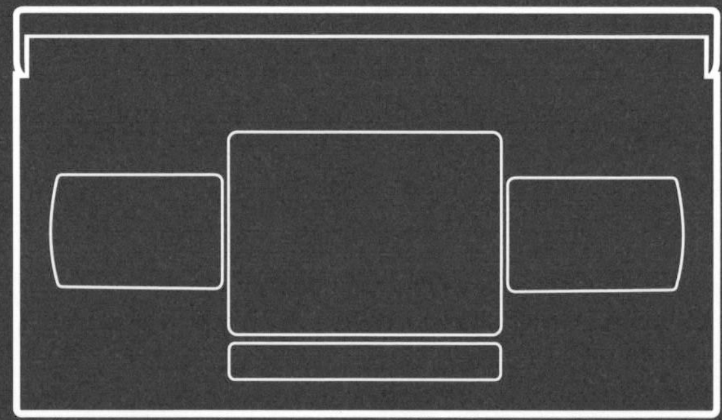

1. Digital BETACAM™

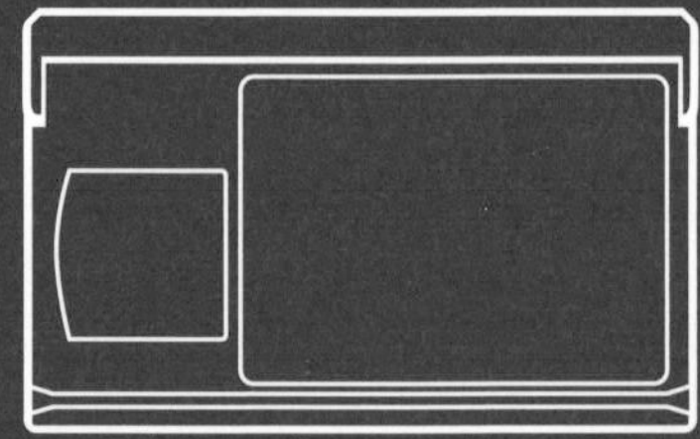

2. Digital BETACAM™

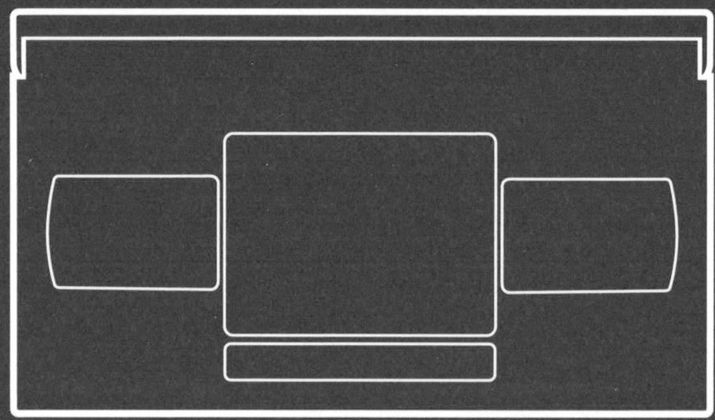

3. BETACAM SX™

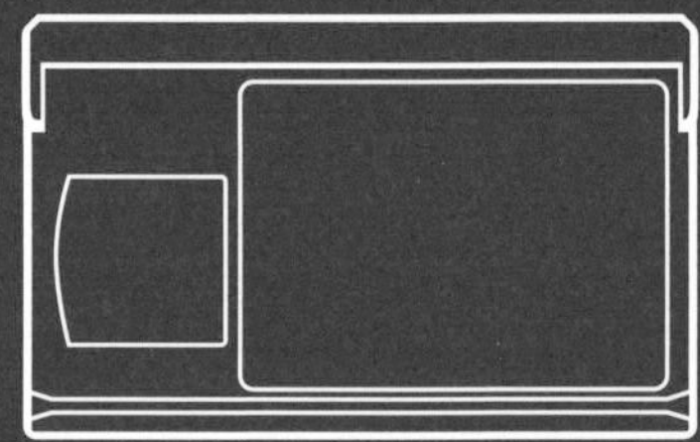

4. BETACAM SX™

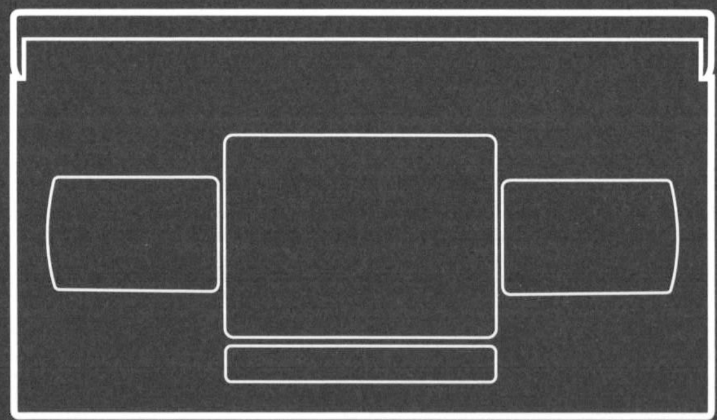

5. MPEG IMX™

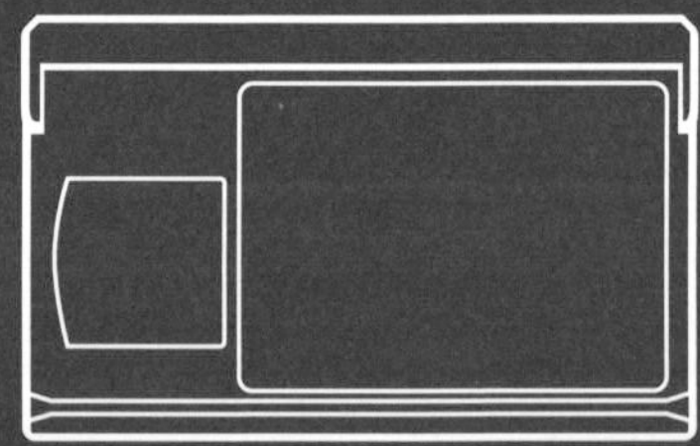

6. MPEG IMX™

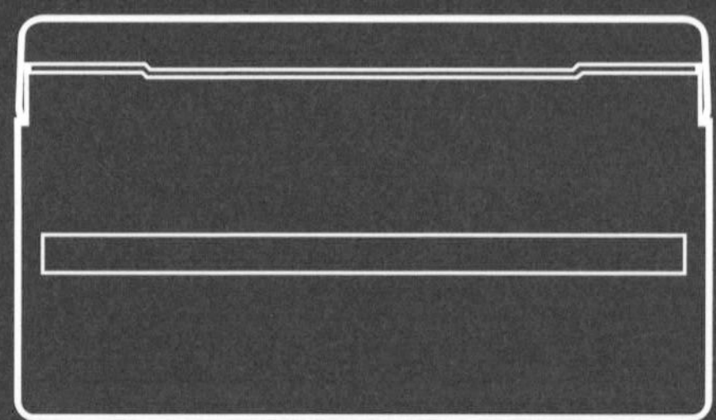

7. DIGITAL S

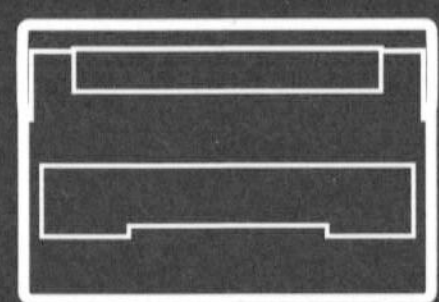

8. Digital 8